Spurenfossilien

Springer

Berlin
Heidelberg
New York
Barcelona
Hongkong
London
Mailand
Paris
Singapur
Tokio

Richard G. Bromley

Spurenfossilien

Biologie, Taphonomie und Anwendungen

Mit 188 Abbildungen

Springer

Autor:

Associate Prof. Dr. Richard G. Bromley
University of Copenhagen
Geological Institute
Øster Voldgade 10, DK-1350 Copenhagen

Übersetzer:

Peter Suhr
Dr. Harald Walter
Sächsisches Landesamt
für Umwelt und Geologie,
Bereich Boden und Geologie Freiberg,
Halsbrücker Straße 31 a, D-09599 Freiberg

Dr. Wolfgang Engel
Karl-Christ-Straße 8, D-69118 Heidelberg

Titel der englischen Originalausgabe: „Trace Fossils: Biology, Taphonomy and Applications" (2nd Ed.).
© R. G. Bromley, 1996
This translation of "Trace Fossils: Biology, Taphonomy and Applications" (2nd Ed.) is published by arrangement with Chapman & Hall, UK.
With kind permission of Kluwer Academic Publishers.

ISBN-13: 978-3-540-62944-3   e-ISBN-13: 978-3-642-59832-6
DOI:10.1007/978-3-642-59832-6

Die Deutsche Bibliothek - CIP-Einheitsaufnahme
Bromley Richard G.: Spurenfossilien : Biologie, Taphonomie und Anwendungen / Richard G.
Bromley. Bearb. von Franz T. Fürsich. Aus dem Engl. übers. von Peter Suhr ... Berlin ; Heidelberg ;
New York ; Barcelona ; Hongkong ; London ; Mailand ; Paris ; Singapur ; Tokio : Springer, 1999
    Einheitssacht.: Trace fossils
    ISBN 978-3-540-62944-3

Umschlaggestaltung: *design & production* GmbH, Heidelberg
Satz: Büro Stasch, Bayreuth

SPIN: 10567494   32/3020 - 5 4 3 2 1 0 - Gedruckt auf säurefreiem Papier

Geleitwort zur deutschen Ausgabe

Als Ausdruck der Aktivität von Organismen finden sich Spuren in fast allen Sedimenten und Ablagerungsräumen, und dies war in der geologischen Vergangenheit nicht viel anders. Im Vergleich zu Körperfossilien lange Zeit vernachlässigt, sind Spurenfossilien heute als wichtiges Hilfsmittel bei der Rekonstruktion von Ablagerungsräumen anerkannt und sind Bestandteil palökologischer Analysen. R. G. Bromleys Buch über Spurenfossilien, dessen zweite Auflage nun in einer deutschen Übersetzung vorliegt, ist das einzige moderne Lehrbuch über das Thema, das diesen Namen verdient. Wer allerdings hofft, es als Bestimmungsbuch verwenden zu können, wird enttäuscht werden: Es geht dem Autor, einem der führenden Vertreter des Faches, nicht um eine Auflistung von Spurengattungen oder gar -arten, sondern darum, dem Leser zum einen die biologischen Ursachen von Spurenfossilien nahezubringen, zum anderen den Einfluß sedimentologischer und diagenetischer Faktoren auf ihre Erhaltung herauszustellen. Erst mit diesen Kenntnissen lassen sich Spurenfossilien sinnvoll für die Lösung geologischer und paläontologischer Fragestellungen einsetzen.

Die Ichnologie war in der ersten Hälfte unseres Jahrhunderts eine Domäne deutschsprachiger Paläontologen. Zahlreiche Fachausdrücke wurden deshalb aus dem Deutschen ins Englische übersetzt. In den letzten Jahrzehnten jedoch wurden die meisten Arbeiten über Spurenfossilien in Englisch verfaßt. Auch neue Konzepte und Begriffe wurden in der Regel auf Englisch vorgestellt. In der vorliegenden Übersetzung finden sich viele Fachbegriffe zum ersten Mal ins Deutsche übertragen, was nicht immer ein leichtes Unterfangen war. Auch wenn Englisch die gängige Wissenschaftssprache verkörpert, ist es sinnvoll und notwendig, daß eine Fachterminologie auch auf deutsch vorliegt. Das Glossar am Ende des Buches stellt englische und deutsche Begriffe gegenüber und erläutert sie: eine hochwillkommene Ergänzung des Textes.

Obwohl die Ichnologie inzwischen ein fest etablierter Zweig der Paläontologie ist, haben viele Paläontologen und Geologen ein unvollständiges oder verzerrtes Bild von den Möglichkeiten und der Informationsfülle, die in Spurenfossilien stecken. R. G. Bromleys Buch kann dazu beitragen, diese Ansicht zu korrigieren.

Franz T. Fürsich, Würzburg

Vorwort zur zweiten englischen Auflage

Seit der Veröffentlichung der ersten Auflage dieses Buches im Jahr 1990 hat die ichnologische Forschung eine spektakuläre Beschleunigung erfahren. In der ersten Jahreshälfte 1995 erschien ungefähr alle zwei Wochen ein zukunftsweisender Artikel.

Seit 1990 erschienen in mehreren paläobiologischen Lehrbüchern Kapitel über Ichnologie. Dies ist ein wichtiger Schritt vorwärts. Das Kapitel in Dodd und Stanton (1990) ist ausgezeichnet, obwohl es überarbeitet werden müßte. Es erschienen mehrere bedeutende Werke zur Ichnologie, darunter ein Buch über Evolution und Verhalten (Boucot 1990), Goldrings Buch (1991) über Fossilien im Gelände, ein ganzer Abschnitt in Palaios (herausgegeben von Ekdale und Pollard 1991), ein Kapitel in „Facies Models" von Walker und James (Pemberton *et al.* 1992), ein SEPM Workshop (Maples und West 1992) und die Lyell Lectures (herausgegeben von Goldring und Pollard 1993).

Bei der Veröffentlichung ichnologischer Artikel spielte die Zeitschrift Ichnos eine wichtige Rolle. Sie wurde im Jahr 1989 durch Bob Frey und George Pemberton gegründet, um die Untersuchung von Spurenfossilien zu fördern. Es war eine der wichtigsten Aufgaben der Zeitschrift, die Arbeit von Spezialisten auf den Gebieten der Invertebraten- und Vertebraten-Spurenfossilien, der Bohrungen, der Koprolithen, der Fraßspuren von Insekten in Pflanzen und der Termitennester zusammenzuführen. Dies hat einigend auf das Fach gewirkt.

Während der letzten Jahre haben Spezialisten für Spurengefüge Arbeitstreffen organisiert. Der erste „International Ichnofabric Workshop" fand 1991 in Norwegen statt, der zweite 1993 in Utah. Im Jahre 1995 wurde der dritte in Dänemark abgehalten.

Dieses Buch wurde bewußt so geschrieben, daß es eine Brückenfunktion zwischen den lebenden grabenden Faunen und den Spurenfossilien erfüllen kann. Es besteht daher aus zwei Teilen: Neoichnologie und Paläoichnologie. Doch mit der ersten Ausgabe gelang es nicht, eine Brücke zwischen den benachbarten Disziplinen der benthischen Ökologie und der Ichnologie zu schlagen. Es erscheint mir ungewöhnlich, daß ein (exzellentes) Buch mit dem Titel „The Environmental Impact of Burrowing Animals und Animal Burrows" (Meadows und Meadows 1991) erscheint, und fast jeder Verweis auf die Ichnologie vermieden wird. Ich hoffe, daß das vorliegende Buch helfen wird, diesen Zustand zu verbessern. Allerdings habe ich nur eine Besprechung der ersten Ausgabe durch einen Biologen gesehen. Der Begriff „Fossilien" im Titel scheint abschreckend zu wirken.

In der Hoffnung, die Vertiefung des Stoffes zu fördern, habe ich umfassend auf weitere Literatur verwiesen. Die erste Auflage enthielt 493 Zitate. Diese Zahl wurde in der zweiten Auflage nahezu verdoppelt (861) – Ausdruck der enormen Aktivität in dem

Fach. Es handelt sich um 29 Artikel von 1990, 48 von 1991, 31 von 1992, 32 von 1993, 45 von 1994 und bereits 13 von 1995 oder im Druck befindliche.

Der gesamte Text wurde auf den neuesten Stand gebracht und durch einige neue Abschnitte ergänzt. Das Kapitel 12 wurde hinzugefügt und der Titel dementsprechend um das Wort „Anwendungen" erweitert. Ich hatte einen ichnotaxonomischen Anhang geplant; dies scheiterte aber aus Platzgründen. Nichtsdestoweniger finden sich für die meisten im Buch erwähnten Ichnotaxa Beschreibungen oder Illustrationen; man sollte auch den Index benutzen.

Für die Vermengung der Begriffe bei der Beschreibung der Sauerstoffarmut – wie anoxisch und anaerob – in der ersten Auflage wurde ich gerügt. Ich habe versucht, dieses Mal den Empfehlungen von Tyson und Pearson (1991) zu folgen und hoffe, daß die Bezeichnungen jetzt eindeutig sind.

Während ich dieses Vorwort schreibe, kämpft Ulla Asgaard mit dem Index, wofür ich ihr herzlich danke. Sie half mir auch sehr bei den Feinheiten der Textverarbeitung und ebenso, als meine engste Kollegin, durch ihre Inspiration.

Die internationale ichnologische Gemeinschaft ist eng verwoben und funktioniert ausgezeichnet. Ich danke allen ihrer Mitglieder, zu denen ich Kontakt habe, für die Anregungen, die dieses Buch möglich gemacht haben. Ich nenne keine Namen, jeder weiß, wer gemeint ist.

Ich danke den folgenden Organisationen für die Erlaubnis, die aufgeführten Fotografien zu publizieren: dem Direktor des Geological Survey of Greenland für die Abb. 3.6, 6.8, 8.3, 8.5, 8.13, 9.4, 9.9, 10.5 und 10.17; Conoco für die Abb. 9.2, 10.4, 10.14, 10.23–25, 11.1–3, 11.5a, 11.7, 11.14, 11.15 und 11.18; Statoil (Norwegen) für die Abb. 11.4, 11.5b, 11.6, 11.8, 11.12, 11.13, 11.16 und 11.17, und dem Institute for Continental Shelf Research (Trondheim) für die Abb. 10.21, 11.9 und 11.10.

Vorwort zur ersten englischen Auflage

Dies ist ein aus persönlicher Sicht geschriebenes Buch über Organismen und Sedimente – kurz über Spurenfossilien. Es soll keine allgemeine Einführung in die Ichnologie sein, sondern ist als Lehrbuch für fortgeschrittene Studenten gedacht. Dennoch werden alle vorkommenden Begriffe im Text erklärt oder sind im Glossar enthalten.

Die meisten Bearbeiter von Spurenfossilien sind Geologen, die die Bekanntschaft von Spurenfossilien in Gesteinen machten, bevor sie sich mit Aktivitäten von spurenerzeugenden Tieren im Sediment befaßten. Einige hatten niemals die Gelegenheit, das Verhalten endobenthischer Tiere zu studieren. Ein Großteil der bisher existierenden Bücher und Kapitel in Lehrbüchern sind aus dieser Erfahrung heraus geschrieben und beginnen mit Gesteinen und nicht mit den Organismen, die die Strukturen erzeugen, welche später zu Spurenfossilien werden (z. B. Frey 1975, Frey und Pemberton 1984, 1985, Ekdale, Bromley und Pemberton 1984).

Diese rein geologische Sicht kann zu einer einseitigen Haltung gegenüber Spurenfossilien führen, zu einer Tendenz, sie wie Briefmarken zu behandeln und sie in direkte Beziehung zu bestimmten Ablagerungsbereichen oder zu bestimmten spurenerzeugenden Organismen zu setzen.

Es ist wichtig, sich daran zu erinnern, daß die meisten Spurenfossilien im ursprünglich unkonsolidierten Sediment durch Bewegungen des Erzeugers entstehen: Sedimentaufarbeitung durch Substratfresser, Aushöhlen von Wohngängen oder Gefügeänderungen des Substrats bei der Fortbewegung. (Substratanbohrungen und Bioerosion werden in diesem Buch nicht behandelt). Nach Adolf Seilacher repräsentieren Spurenfossilien „fossiles Verhalten". Hallam (1975, S. 55) hebt hervor, daß „eine gründliche Kenntnis der Art und Weise, in welcher kriechende und grabende Organismen erhaltungsfähige Strukturen in weichen Sedimenten erzeugen, offensichtlich entscheidend für das richtige Verständnis der Spurenfossilien ist". Die vielen Formen und Gefüge von Spurenfossilien sind auch das Produkt verschiedener Prozesse der Taphonomie und Diagenese, denen das Sediment und seine Strukturen im Laufe der Zeit unterworfen waren.

Mein Buch ist daher in zwei Abschnitte untergliedert. Teil I beginnt mit der Behandlung von Tier-Substrat-Beziehungen bei einem breiten Spektrum verschiedener Organismen und Verhaltensweisen. Neben eigenen Untersuchungen sind andere Beispiele der Literatur entnommen. Teil I schließt mit einem Kapitel über Bioturbation, die vom biologischen Standpunkt aus behandelt wird. Diese neoichnologische Sichtweise ermöglicht, die Palichnologie unter einem neuen Blickwinkel zu sehen. Wir überwinden die Fossilisationsbarriere im Teil II und wenden biologische Prinzipien auf die Spurenfossilien sowie auf die biogenen Texturen an, wie sie uns in den Sedimentgesteinen begegnen.

Die biologische und taphonomische Sichtweise legt den Schwerpunkt auf die unterschiedliche Tiefe, in der verschiedene Lebewesen in einem Substrat operieren. Folglich wird die endobenthische Gemeinschaft in übereinanderliegende Stockwerke unterteilt. Diese Unterteilung besitzt eine grundlegende Bedeutung für die Zuordnung der überlieferten Gesteinsgefüge oder Spurenfossilien. Weiterhin erlaubt dieses Unterteilungsprinzip eine ökologische Einteilung der Spurenfossilien in „Spurengilden", einem hier neu eingeführten Konzept. Ferner wird die Seilachersche Ichnofazies unter einem neuen Blickwinkel betrachtet.

Ein abschließendes Kapitel ist der Übertragung dieser Informationen auf die Zweidimensionalität von Bohrkernen gewidmet. Gekernte Bohrungen liefern eine meist vollständige vertikale Gesteinsabfolge in unverwittertem Zustand. Sie besitzen dagegen eine begrenzte laterale Erstreckung auf Grund des nur wenige Zentimeter betragenden Kerndurchmessers. Andererseits entwickelte sich die Untersuchung von Spurenfossilien auf ausgedehnten, herausgewitterten, exponierten Schichtflächen übertägiger Aufschlüsse. Die Anwendung dieser Methodik in einem Bohrkernschuppen ist für viele gut ausgebildete Spezialisten nicht einfach. In dem zylindrischen Format des Bohrkerns lassen sich im allgemeinen biogene Texturen oder Spurengefüge leichter feststellen als einzelne Spurenfossilien, die in vertikalen Anschnitten gewöhnlich nicht erkennbar sind.

Ich habe vermieden, bereits publizierte Abbildungen in das Buch aufzunehmen; fast ausnahmslos sind alle Bilder neu. Natürlich basieren viele Zeichnungen auf publizierten Abbildungen, sie wurden aber mit anderer Betonung umgezeichnet. Dies war sehr zeitintensiv und mühevoll und hätte ohne den ständigen Ansporn und die Unterstützung meiner Kollegin Ulla Asgaard die eigene Kraft überstiegen. Sie recherchierte schwierige Literatur, bereitete deutsche Texte für mich auf, arbeitete sich kritisch und konstruktiv durch zahlreiche frühere Entwürfe und unterstützte mich bei der Textverarbeitung. Henrik Egelund half mir bei einigen Grafiken, und Jan Asgaard fertigte die fotografischen Abzüge sowie einige Negative an.

Die Fotografien stammen von langjährigen eigenen Feldarbeiten und Laboruntersuchungen. Diese Arbeiten wären ohne die Hilfe, den Ansporn und die Unterstützung von sehr vielen Freunden und Kollegen unmöglich gewesen. Ich sehe hier von einer Auflistung ihrer Namen ab, da ich nicht wüßte, wo ich diese Liste beenden sollte. Die Laborfotos wurden gemeinsam mit Margit Jensen, die auch eine frühe Form des ersten Teils dieses Buches kritisch durchgesehen hat, im meeresbiologischen Laboratorium der Universität Kopenhagen in Helsingør aufgenommen. Kollegen, die mir freundlicherweise Fotografien zur Verfügung stellten, werden in den Unterschriften der entsprechenden Abbildungen genannt.

R. G. Bromley 1990

Inhalt

Einführung 1

Teil 1. Neoichnologie 3

1   Beziehungen zwischen Tier und Sediment 5
1.1   Warum graben sich Lebewesen ein? 5
    1.1.1   Schutz und Verbergen 5
    1.1.2   Atmung 5
    1.1.3   Suspensionsfressen 6
    1.1.4   Sedimentfressen 6
    1.1.5   Fressen von Oberflächendetritus 7
    1.1.6   Züchten 7
    1.1.7   und das Gegenteil 7
    1.1.8   Chemosymbiose 8
    1.1.9   Räuberisches Verhalten 8
    1.1.10 Reproduktion und Schock 9
    1.1.11 Weitere Verhaltensweisen 9
1.2   Wie graben Lebewesen? 9
    1.2.1   Durchdringung 10
    1.2.2   Komprimierung 11
    1.2.3   Aushöhlung 13
    1.2.4   Stopfgefüge (Versatz) 13
    1.2.5   Spreiten 13
    1.2.6   Bioturbation 14
1.3   Das Substrat 14
    1.3.1   Korngröße 16
    1.3.2   Wassergehalt 16
    1.3.3   Scherfestigkeit 17
    1.3.4   Schleim und die Auswirkung auf die Bioturbation . 18
    1.3.5   Terminologie der Substratkonsistenz 19
1.4   Röhren und Wandungen 19
1.5   Physikalische Einführung in die Strömungen in Gängen 20
1.6   Tier-Sediment-Ökologie 21

2   Im Sediment grabende Organismen 23
2.1   Mesofauna und Mikrofauna im Porenraum 23

2.2   Haustoriide Amphipoden (Flohkrebse) 25
2.3   Eindringlinge in weichen Substraten 26
2.4   Schwimmen durch das Substrat 27

3   Die Tätigkeit der Würmer 29
3.1   Zwei Würmer in weichem Schlamm 29
      3.1.1   Ein Priapulide 29
      3.1.2   Ein fleischfressender polychaeter Wurm 31
3.2   Seeanemonen und andere Cnidarier 31
      3.2.1   Actinaria 31
      3.2.2   Ceriantharia 33
      3.2.3   Seefedern 35
3.3   U-förmige Grabgänge für Suspensionsfresser 35
      3.3.1   Der chaeptopteride Wurm 36
      3.3.2   Die dicken Wirte 38
      3.3.3   Ein nicht so ungewöhnlicher Echiure 39
      3.3.4   Abschließende Bemerkungen über U-förmige Gänge 40
      3.3.5   Speichenförmige, U-förmige und L-förmige Grabgänge 41
3.4   U-förmige Grabgänge für Detritusfresser 44
      3.4.1   Der Schlickwattkrebs 44
      3.4.2   Die Lebensweise des Sandwurms 45
      3.4.3   U-förmige Gänge mit Trichteröffnung 48
      3.4.4   Eine Holothurie mit Füßchen 50
      3.4.5   Einige Enteropneusten 50
      3.4.6   Ringförmige Vertiefungen um Aufwölbungen 52
      3.4.7   Giftige Würmer 54
3.5   Sedimentfressende Förderer 54
      3.5.1   Ein dicker Förderer unter den Holothurien 55
      3.5.2   Ein länglicher Förderer unter den Polychaeten 56
      3.5.3   Pectinariidae, die mobilen Röhrenwürmer 58
      3.5.4   Umgekehrte Förderaktivität 60
3.6   Eine dickwandige U-Röhre 61
3.7   Kaminbildende Würmer 62
3.8   „Unvollständige Würmer", die Pogonophoren 64

4   Einige bekannte grabende Organismen 67
4.1   Muscheln 67
      4.1.1   Ein Sedimentfresser 67
      4.1.2   Ein durch Strömung angetriebener Suspensionsfresser 70
      4.1.3   Ausgleichs- und Fluchtspuren bei Muscheln 75
      4.1.4   Chemosymbiontische Bivalven 77
4.2   Zwei Herzseeigel der gleichen Gattung 79
      4.2.1   Ein Herzseeigel in fast anoxischem Milieu 79
      4.2.2   Ein Herzseeigel in ausgeprägt anaeroben Milieu 84
4.3   Grabende anomure Crustaceen 85
      4.3.1   Callichirus major 87
      4.3.2   Dreidimensionale Netzwerke für Sedimentfresser 90

    4.3.3 Spiralige und dendritische Bauformen 94

    4.3.4 Y-förmige Grabgänge suspensionsfressender Züchter 96

    4.3.5 Sedimentfresser als Züchter 100

    4.3.6 Klassifikation von thalassinoiden Gangsystemen 101

4.4 Stomatopoden 101

4.5 Weitere Crustaceen und einige Fische 102

4.6 Spiralige Fallen 105

5   Die Synökologie der Bioturbation 109

5.1 Kommensalismus 109

    5.1.1 Kombinationsstrukturen 109

    5.1.2 Abhängigkeit von der Entfernung 114

5.2 Veränderung des Substrats durch Bioturbation 115

    5.2.1 Physikalische Effekte der Bioturbation 117

    5.2.2 Homogenisierung kontra Heterogenisierung 121

    5.2.3 Chemische Effekte der Bioturbation 122

5.3 Biologische Effekte: Amensalismus und Sukzession von Gemeinschaften ... 123

    5.3.1 Amensale Beziehungen 123

    5.3.2 Trophischer Gruppenamensalismus 124

    5.3.3 Sukzession von Gemeinschaften 125

    5.3.4 Ersatz von Gemeinschaften 127

5.4 Stockwerkbau 128

    5.4.1 Gradienten des Lebensraums 128

    5.4.2 Vertikale Unterteilung des Lebensraums 129

    5.4.3 Einige Gründe für vertikale Beschränkungen 132

    5.4.4 Endobenthische Stockwerke in der Tiefsee 133

5.5 Modellierung von Bioturbationsprozessen 135

    5.5.1 Beschreibende Modelle 135

    5.5.2 Mathematische Modelle 136

    5.5.3 Ein Stockwerkmodell 137

Teil 2. Palichnologie 139

6   Die Fossilisationsbarriere 141

6.1 Taphonomie der Spurenfossilien 143

6.2 Erhaltungspotential 143

    6.2.1 Semirelief-Erhaltung 144

    6.2.2 Vollrelief-Erhaltung 147

6.3 Kumulative Strukturen 149

6.4 Schlüssel-Bioturbatoren und Vorzugs-Spurenfossilien 150

7   Einige ichnologische Prinzipien 153

7.1 Das gleiche Individuum oder die gleiche Art kann unterschiedliche
Strukturen anlegen, die auf unterschiedlichen Verhaltensmustern beruhen 153

7.2 Der gleiche Bau kann in verschiedenen Substraten unterschiedlich
erhalten sein 154

7.3 Verschiedene Erzeuger von Spuren können bei ähnlichem Verhalten
identische Strukturen erzeugen 154
7.4 Mehrere Erzeuger von Gängen können eine einzige Struktur erzeugen 156
7.5 Organismen, die Spuren erzeugen, bleiben nicht erhalten 157

8 Ichnotaxonomie und Klassifikation 159
8.1 Die Entwicklung der Nomenklatur von Spurenfossilien 159
8.2 Der Status der Namen von Spurenfossilien nach den IRZN 160
   8.2.1 Fossil oder nicht Fossil? 161
   8.2.2 Duale Nomenklatur 161
8.3 Ichnotaxobasis 162
   8.3.1 Allgemeine Form 163
   8.3.2 Details der Gangbegrenzung 163
   8.3.3 Verzweigung 169
   8.3.4 Füllmaterial und Struktur 171
   8.3.5 Fährten 172
8.4 Ichnogenus und Ichnospezies 173
8.5 Zusammengesetzte Spurenfossilien 175
8.6 Einige problematische Ichnogenera 175
   8.6.1 *Ophiomorpha – Thalassinoides – Spongeliomorpha* 175
   8.6.2 *Cruziana – Rusophycus – Isopodichnus* 177
8.7 Ichnofamilien 180
8.8 Verwirrung und Folgerungen 181

9 Stratinomie, Toponomie und Ethologie von Spurenfossilien 185
9.1 Klassifikation nach der Erhaltung 185
9.2 Eine ethologische Klassifikation 186
   9.2.1 Ruhespuren (Cubichnia) 186
   9.2.2 Kriechspuren (Repichnia) 190
   9.2.3 Weidespuren (Pascichnia) 190
   9.2.4 Freßspuren (Fodinichnia) 190
   9.2.5 Wohnspuren (Domichnia) 190
   9.2.6 Fallen und Kultivierungs-Spuren (Agrichnia) 190
   9.2.7 Raubspuren (Praedichnia) 191
   9.2.8 Ausgleichsspuren (Equilibrichnia) 192
   9.2.9 Fluchtspuren (Fugichnia) 193
   9.2.10 Über dem Substrat angelegte Strukturen (Aedificichnia) ... 193
   9.2.11 Brutstrukturen (Calichnia) 193
9.3 Bewertung der Klassifikation nach dem Verhalten 193
9.4 Funktionale Interpretation der Spurenfossilien 196
   9.4.1 Schächte und U-Gänge 196
   9.4.2 Gangbegrenzung 197
   9.4.3 Echte Verzweigungen 198
   9.4.4 Die Art der Füllung 199
   9.4.5 Spreiten 200
   9.4.6 Chemosymbiose 201
9.5 Funktionelle Interpretation: Folgerungen 202

10 Vergesellschaftungen von Spurenfossilien: Vielfalt und Fazies 205
10.1 Terminologie von Spurenfossilassoziationen 205
    10.1.1 Spurenfossilvergesellschaftung 205
    10.1.2 Ichnozönose 205
    10.1.3 Suite 208
    10.1.4 Ichnofazies 210
10.2 Organismen- und Spurenvielfalt 211
    10.2.1 Fossilisationspotential 211
    10.2.2 Überschneidung von Stockwerken 211
10.3 Stockwerkbau und Spurengefüge 214
    10.3.1 Modellierung des Spurengefüges 214
    10.3.2 Stockwerkbau und Sauerstoff 218
10.4 Umfang der Bioturbation 221
    10.4.1 Feststellung des Bioturbationsgrades 221
    10.4.2 Bewertung von Quantitätsunterschieden 222
10.5 Opportunistische und Ausgleichsökologie 225
    10.5.1 Spurenfossilien von Opportunisten 226
    10.5.2 Klimax-Spurenfossilien 229
10.6 Spurengilden 230
    10.6.1 Ökologische Gilden und funktionale Gruppen 230
    10.6.2 Gilden in der Ichnologie 231
    10.6.3 Beispiele von Spurengilden 232
10.7 Seilachersche oder archetypische Ichnofazies 235
    10.7.1 Die Salinitätsbarriere 238
    10.7.2 Scoyenia-Ichnofazies 238
    10.7.3 Glossifungites-Ichnofazies 238
    10.7.4 Psilonichnus-Ichnofazies 239
    10.7.5 Skolithos-Ichnofazies 239
    10.7.6 Cruziana-Ichnofazies 241
    10.7.7 Rusophycus-Ichnofazies? 242
    10.7.8 Arenicolites-Ichnofazies 243
    10.7.9 Zoophycos-Ichnofazies 244
    10.7.10 Nereites-Ichnofazies 245
    10.7.11 Fuersichnus-Ichnofazies? 246
    10.7.12 Mermia-Ichnofazies? 246
10.8 Benötigen wir archetypische Ichnofazies? 246

11 Spurengefüge und Spurenfossilien in Bohrkernen 249
11.1 Aufschluß kontra Kern 249
    11.1.1 Vorteile des Bohrkerns 249
    11.1.2 Nachteile von Bohrkernen 250
11.2 Spurenfossilien in Bohrkernen 251
    11.2.1 Untersuchungstechniken an Bohrkernen 251
    11.2.2 Zweidimensional sehen – dreidimensional denken 252
    11.2.3 Wiedererkennen von Ichnotaxa 253
11.3 Einige Ichnotaxa in Bohrkernen 256
    11.3.1 *Planolites*, *Palaeophycus* und *Macaronichnus* 257

11.3.2 *Phycosiphon incertum* 259
11.3.3 *Thalassinoides* und *Ophiomorpha* 261
11.3.4 *Teichichnus, Zoophycos* und *Rhizocorallium* 262
11.3.5 Verlorene Ichnotaxa 263
11.4 Spurengefüge und Spurenvielfalt 265

12 Problemlösungen mit Hilfe von Spurenfossilien 269
12.1 Erkennen von Streßfaktoren 269
12.1.1 Sauerstoff 270
12.1.2 Salinität 273
12.1.3 Brackwasser 274
12.1.4 Süßwasser 275
12.2 Zusammenspiel mit Ablagerungsprozessen 275
12.2.1 Langsam und vorhersagbar 276
12.2.2 Event-Ablagerungen 277
12.2.3 Das Besiedlungsfenster 278
12.2.4 „Röhrenförmige Tempestite" 278
12.3 Ichnologie und Sequenz-Stratigraphie 280
12.3.1 Grenzflächen 281
12.3.2 Meeresspiegelschwankungen 283
12.4 Analyse von Spurenfossilien mit Hilfe von Vergesellschaftungen 283
12.5 Spurenfossilanalyse mit Hilfe von Spurengefügen 285

Folgerungen 291

Literaturverzeichnis 293

Glossar 325

Sachverzeichnis 333

Einführung

Spuren sind Strukturen, die in Festgesteinen, in Lockersedimenten oder in anderen Substraten von Organismen angelegt werden. Mit ihrer Untersuchung ist die Fachrichtung Ichnologie befaßt. Spurenfossilien sind die fossilen Äquivalente dieser Strukturen; die Fachrichtung heißt Palichnologie.

Da diese Definitionen alle Spurenfossilien einschließen, sind sie sehr unscharf. Wenn wir jedoch Spuren in Teilgruppen unterteilen, kann jede dieser definierten Gruppen präziser und sinnvoller erfaßt werden. Spurenfossilien umfassen:

- Fußabdrücke, Fährten und Gänge in unverfestigten Sedimenten,
- Raspelspuren, Bohrungen und Ätzspuren in festen Substraten,
- Kotpillen, Pseudokot und Koprolithen.

Einige Geologen zählen auch Abdrücke von Pflanzenwurzeln, Algenmatten-Laminite und Stromatolithe zu den Spurenfossilien.

Ich werde mich fast ausschließlich auf die erste Kategorie beschränken. Spurenfossilien sind in diesem Zusammenhang biogene Sedimentstrukturen. In der zoologischen Terminologie, wie sie in den Internationalen Regeln für die zoologische Nomenklatur (IRZN) benutzt wird, werden sie als Aktivität von Tieren behandelt. Dadurch unterscheiden sich Spurenfossilien von Körperfossilien, die aus Skeletteilen oder anderen Resten des Körpers von Organismen bestehen.

Tiere, die eine endobenthische Lebensweise angenommen haben, d. h. die im unkonsolidierten bis konsolidierten Sediment des Meeres- oder Seebodens leben, kommen praktisch in allen Stämmen des Tierreichs vor. Diese taxonomische Verschiedenartigkeit bedingt ein weites Spektrum präadaptionaler Werkzeuge und Strategien für ein Leben im Sediment und für dessen Aufarbeitung. Entsprechend erzeugt jede Verhaltensweise unterschiedliche Sedimentstrukturen. Die Wühlstrategie kann abhängig vom Zustand des Substrats, das durchdrungen und aufgearbeitet wird, modifiziert werden. Nicht nur endobenthische, sondern auch viele epibenthische Organismen verändern das Substrat, auf dem sie leben und legen dabei biogene Sedimentstrukturen an.

Das Ergebnis ist eine verwirrende Anzahl von Strukturen. Sie reichen von Dinosaurier-Trittsiegeln über Strukturen von eingegrabenen Lungenfischen und eierlegenden Schildkröten bis hin zu Strukturen von im Hinterhalt liegenden Heuschreckenkrebsen. Sie umfassen weiterhin Spuren von Schlammkrebsen, die systematisch das Sediment zur Nahrungssuche aufarbeiten, oder von kleinen Ostracoden, die sich ihren Weg zwischen Sandkörnern bahnen, welche größer als sie selbst sind.

Dieses weitgespannte morphologische Spektrum erfordert eine allgemeine Terminologie, die es erlaubt, die Strukturen in einer einzelnen Fachrichtung zu behandeln und sie auf der Basis ähnlicher Merkmale zu klassifizieren. Mit der wachsenden Bedeutung der Ichnologie tauchte eine Anzahl von Begriffen auf, von denen viele durch verschiedene Autoren unterschiedlich benutzt werden. Die hier verwendeten Begriffe folgen dem Gebrauch bei Ekdale, Bromley und Pemberton (1984) sowie Frey und Pemberton (1985, S. 76–79) und sind in einem Glossar am Ende des Buches zusammengestellt.

Wir wollen mit der Begriffsdiskussion und der Beschreibung ichnologischer Vorgänge beginnen, bevor wir uns mit Tier-Sediment-Beziehungen beschäftigen, die auf der Untersuchung einiger rezenter Beispiele beruhen. In einem Buch dieses Umfangs kann keine umfassende Behandlung des Stoffs erfolgen; ich habe aber eine Anzahl von Fallbeispielen ausgesucht, die unterschiedliche Kategorien der Sedimentaufarbeitung veranschaulichen.

Das Buch ist in zwei Teile gegliedert. Im ersten werden rezente Prozesse und Organismen untersucht (Neoichnologie). Im zweiten überschreiten wir die Fossilisationsbarriere und studieren Spurenfossilien und die Ergebnisse endobenthischer Aktivitäten, wie sie in fossilen Sedimenten auftreten (Palichnologie).

Teil 1
Neoichnologie

Kapitel 1

Beziehungen zwischen Tier und Sediment

1.1
Warum graben sich Lebewesen ein?

Es gibt viele Gründe, warum Lebewesen Sedimente verändern. Bei einigen geschieht dies zufällig, wie bei Krabben oder Vierfüßlern, die ihre Fußabdrücke auf der Sedimentoberfläche hinterlassen. Andererseits gibt es Organismen, die ihr ganzes Leben damit verbringen, bei der Nahrungssuche komplizierte Strukturen anzulegen. Die spezialisierten Endobionten haben gelernt, verschiedene Eigenschaften ihres Substrats auszunutzen, um den notwendigen Bedürfnissen ihres Lebens Rechnung zu tragen, wie z. B. der Atmung, dem Fressen, der Vermehrung und dem Schutz.

1.1.1
Schutz und Verbergen

Der vielleicht wichtigste Vorteil für ein Tier, das unter der Sedimentoberfläche lebt, ist der Schutz vor Vorgängen über der Sedimentoberfläche. Bei turbulenten Strömungsverhältnissen und in Ablagerungsbereichen, die periodisch auftauchen, ist das endobenthische Milieu sicherer als das epibenthische. Ein sonnendurchwärmter Strand, der bei Ebbe freiliegt, kann den Anschein eines lebensfeindlichen Milieus erwecken. Flaches Schürfen mit dem Spaten fördert aber häufig eine reiche Besiedlung unter der Sedimentoberfläche zu Tage.

Zusätzlich zum physischen Schutz sind endobenthische Lebewesen vor potentiellen Räubern geschützt, besonders wenn diese bei der Jagd auf ihr Sehvermögen angewiesen sind. Die sogenannten Ruhespuren, die häufig am durchlichteten Meeresboden auftreten, sind meist Ausdruck von sich verbergenden Organismen. Es ist sicherer, mit Sediment bedeckt zu sein, als am Meeresgrund frei zu liegen. Tief oder schnell grabende Lebewesen finden so Schutz vor flach oder langsam grabenden Räubern. Die Rollen können jedoch auch vertauscht werden. Viele Räuber (Fische, Crustaceen, Polychaeten) verbergen sich in einem Bau und warten in diesem Hinterhalt auf eine vorbeikommende epibenthische Beute.

1.1.2
Atmung

Ein anderer Vorteil, einen zylindrischen Bau zu bewohnen, besteht darin, daß in ihm die Wasserzirkulation leicht aufrechterhalten werden kann. Verschiedene Organismen benutzen zu diesem Zweck unterschiedliche Mechanismen; z. B. arbeiten Würmer mit peristaltischen Kontraktionen ihres gestreckten Körpers, um Wasser durch den Bau zu pressen. Crustaceen und Fische modifizieren Schwimmorgane, um eine Strömung zu erzeugen.

In jedem Fall ist es möglich, mit einem geringen Energieaufwand eine starke Strömung zu erzeugen, mit der genügend Wasser zu den Atmungsorganen transportiert werden kann. Außerhalb des Baus würden mit der gleichen Aktivität kaum ausreichende Mengen frischen Wassers zu den Kiemen gelangen. Wenn der grabende Organismus beim Eindringen in das Sediment in Bereiche geringeren Sauerstoffpartialdrucks kommt, sorgt die Durchspülung mit Frischwasser für eine ausreichende Sauerstoffversorgung. Durch die hydraulische Effektivität der Gänge können grabende Organismen in Lagen mit geringerem Sauerstoffgehalt leben als die meisten epibenthischen Lebewesen (Sassaman und Mangum 1972).

1.1.3
Suspensionsfressen

Die im Bau erzeugte Strömung kann auch genutzt werden, um suspendierte Nahrungsteilchen zu sammeln. Die Suspensionsfresser entwickelten verschiedene Vorrichtungen, um das Seston, das im Wasserstrom suspendiert ist, einzufangen. Dazu gehören Tentakeln, Haarsiebe an Gliedmaßen und Schleimnetze (Kap. 3.3). Viele epibenthische Suspensionsfresser hängen von der Nahrung in natürlichen Strömungen ab. Ihre gespreizten feinen Fangeinrichtungen sind exponiert und damit auch verwundbar. Die Baubewohner dagegen kontrollieren ihre eigene Strömung, und die Gänge bieten ihrer Filterausrüstung Schutz. Sie können folglich Lebensbereiche besiedeln, die für epibenthische Suspensionsfresser ungeeignet sind.

1.1.4
Sedimentfressen

Die weitaus meisten Endobionten sind Sedimentfresser, die das Sediment wegen der darin enthaltenen Nahrungsstoffe aufarbeiten. Bei dieser Lebensweise existieren zahlreiche Nischen mit mannigfaltigen Spezialisierungen und der Entwicklung zahlreicher spezieller Strategien (Kap. 3.5, 4.1.1, 4.2.2, 4.3.2). Einige Organismen verschlingen das Sediment wahllos und verdauen alles, was möglich ist. Die meisten gehen eher selektiv vor und konzentrieren sich auf Partikel mit bestimmten organischen Komponenten. Viele Lebewesen verdauen Mikroalgen und Bakterien, die an der Zersetzung des organischen Materials beteiligt sind (Westall und Rincé 1994) und einen Biofilm aus organischen Substanzen auf den Sedimentpartikeln hinterlassen (Taghon *et al.* 1978; Newell 1979; Hauksson 1979). Verschiedene Sedimentfresser beuten solche Nahrungsquellen deutlich unter der Redoxgrenze (RPD), weit unterhalb der Sedimentoberfläche, aus. Im Unterschied zum Seston und zum Oberflächendetritus, deren Angebot zeitlich schwankt, bildet der organische Gehalt der Sedimente eine relativ konstante Nahrungsquelle (Levinton 1972).

Das den Sedimentfressern zur Verfügung stehende Angebot an Enzymen ist begrenzt. Die Organismen hängen zu einem gewissen Umfang von den im Darm und im Sediment auftretenden Mikroben ab, um organisches Material aufzuschließen. Im gewissen Sinne dient das Substrat für Sedimentfresser sozusagen als externes Verdauungsorgan (Rice und Rhoads 1989; Levinton 1989).

1.1.5
Fressen von Oberflächendetritus

In aquatischen Ablagerungsmilieus ist der Anteil an organischem Material an der Grenzfläche Sediment/Wasser am höchsten, an der das Material unreif und reichhaltig ist und kontinuierlich erneuert wird. Viele vagile, epibenthische Lebewesen beuten diese Nahrungsquelle aus. Wird das Angebot schnell erneuert, kann es jedoch auch sessilen Detritusfressern genügen, die im allgemeinen noch den Vorteil einer endobenthischen Behausung haben. Viele Spritzwürmer (Sipunculida) und viele Ringelwürmer (Annelida), Muscheln und Crustaceen haben sich diese Lebensweise zu eigen gemacht. Sie leben geschützt unter der Oberfläche im Sediment und fressen radial um die Bauöffnung herum oder fangen Detritus in einem Trichter (Kap. 3.4.3).

Der Begriff Detritusfressen ist nicht allgemein anerkannt. Ökologen neigen zu der Auffassung, daß Detritusfresser entweder ihre Nahrung *in situ* wie Sedimentfresser aufnehmen oder den Detritus resuspendieren und ihre Nahrung wie Suspensionsfresser einfangen. Darüber hinaus benutzen viele Ökologen den Begriff Detritus als Synonym für Partikel organischen Materials, sei es an der Sedimentoberfläche oder im Sediment (de Wilde 1976). Der größte Teil des Phytoplanktons tritt als Lage an der Oberfläche des pelagischen Meeresbodens auf (Billet *et al.* 1983; Suchanek *et al.* 1985; Rice *et al.* 1986; Carney 1989). Seltener wird es von einem Suspensionsstrom herantransportiert und sofort mit Sediment bedeckt (Reichardt 1987).

Aus sedimentologischer Sicht stellen Ausbeuter organischer Anreicherungen an der Sedimentoberfläche Spezialisten dar, die für die Analyse von Lebensgemeinschaften und Spurenfossilien wichtig sind. Deshalb wird diese biologisch nicht einheitliche Gruppe hier unter dem Gesichtspunkt der Ernährungsweise als Einheit abgegrenzt. In diesem Buch wird der Begriff Detritusfresser im Sinne von Oberflächendetritus-Fresser benutzt.

1.1.6
Züchten

Die Suche nach geeigneten Bakterien – oder anderen Nahrungsorganismen – kann durch Aufzucht an den Bauwänden oder auf gezielt angereicherten organischen Stoffen in Kammern innerhalb des Gangs erleichtert werden. Die Tätigkeit von grabenden Organismen auf und unter dem Meeresboden erhöht die mikrobielle Aktivität im Sediment (z. B. Andersen und Kristensen 1991). Man sagt, daß Züchtung stattfindet, wenn die Tätigkeit des grabenden Organismus die Produktion von Mikroorganismen so beeinflußt, daß sie sich positiv auf die Nahrungsquelle des Tieres auswirkt (de Wilde 1991).

Wie im terrestrischen Raum Blattschneiderameisen Pilze auf Blattschnipseln kultivieren, züchten einige callianasside Krebse Bakterien auf Seegrasschnipseln (Kap. 4.3.4) und einige Annelida und Echiurida (Igelwürmer) Organismen an den Wänden ihrer Grabgänge (Kap. 3.3.3).

1.1.7
und das Gegenteil

Einige endobenthische Organismen – verteilt über viele Stämme – produzieren stark toxische, halogenhaltige Verbindungen (Woodin *et al.* 1987). Diese Verbindungen kommen im Körper vor, sind aber auch gewöhnlich in den Wänden der Grabgänge konzentriert. Die Giftstoffe reduzieren oder verhindern in den Wandungen die Entwicklung von Mikroben und anderen Faunen und wirken abschreckend auf Räuber. Eine Gruppe – die Enteropneusten – hat die Benutzung der Giftstoffe sehr weit getrieben (vgl. Kap. 3.4.5).

1.1.8
Chemosymbiose

Die Chemosymbiose wurde zuerst in Lebensgemeinschaften von Tiefseeschloten entdeckt, in denen Bartwürmer (Pogonophoren) und große Muscheln Gemeinschaften mit autolithotrophen Bakterien bilden. Diese Bakterien können aus den Schloten stammendes HS^- oxidieren, wobei Kohlenstoff gebunden und Kohlehydrate und Enzyme zum Wachstum und Stoffwechsel des Wirtsorganismus produziert werden (z. B. Hand und Somero 1983; Felbeck *et al.* 1984; Jannasch 1984). Seitdem ist bakterielle Chemosymbiose in anderen Lebensräumen festgestellt worden, in denen Hydrogensulfid oder Methan in enger Nachbarschaft mit sauerstoffreichem Wasser auftritt, was allgemein im lockeren Meeresboden und vor allem in der Umgebung von natürlichen Gas- und Erdölaustritten der Fall ist (Paull *et al.* 1984; Hovland und Thomsen 1989).

Einige Wirtsorganismen – wie Vertreter der Lucinaceen (Muscheln) – tragen Bakterien in sich (Fisher und Hand 1984; Reid und Brand 1986). Andere benutzen vor allem Bauwandungen, um Bakterien zu züchten, oder sie graben tiefe „Schwefelbrunnen" in sauerstoffarme Sedimente. Diese modifizierten Gänge beschäftigen die Ichnologen, und das Spurenfossil *Chondrites* wurde überzeugend als das Werk eines Chemosymbionten neu interpretiert (Seilacher 1990; Fu 1991).

Zur Oxidation dieser Sulfide wird Energie verbraucht, die sonst aus dem System verlorenginge, da es unterhalb der Redoxgrenze liegt. Die Symbiose mit Invertebraten erweitert den Lebensraum, in dem eine Oxidation des Sulfids durch Bakterien stattfinden kann, und stärkt die bakterielle Ausrichtung der Gemeinschaft.

1.1.9
Räuberisches Verhalten

Auch Endobionten stellen eine Nahrungsquelle dar. Einige grabende Räuber fangen vagiles Endobenthos – wie der Maulwurf Regenwürmer in einem ausgedehnten offenen Gangsystem. Andere – wie Rüsselwürmer (Priapulida) und räuberische Schnekken – graben aktiv und fangen weniger mobile Beute. Viele Räuber suchen epibenthisch und graben nach unten, wenn sie eine Beute geortet haben, wie dies einige Rochen und Seesterne tun (Smith 1961; Mauzey *et al.* 1968; Veldhuizen und Phillips 1978). Diese epibenthischen Räuber können viel größere Störungen im Substrat verursachen als ihre endobenthische Beute. Wie oben erwähnt, legen andere Räuber Gänge an, in denen sie sich auf die Lauer legen (Kap. 4.4).

Viele sessile grabende Organismen werden durch Räuber abgeweidet, indem die oberen Teile abgefressen werden, ohne das Beutetier zu töten. Die verlorenen Teile regenerieren später wieder (de Wilde 1976; Woodin 1982; Kap. 4.1.2).

1.1.10
Reproduktion und Schock

Spezielle Kammern für das Ausbrüten von Nachkommen wurden besonders bei Insekten beschrieben (z. B. Wohlenberg 1939, Abb. 34; Frey und Pemberton 1985, Abb. 10). Ihre Morphologie ist extrem variabel. Vor allem die Nester von Termiten können ausgeprägte Spurenfossilien bilden (Kap. 9.2.10).

Tiere, die vor Räubern fliehen oder plötzlich verschüttet werden, können Panikstrukturen anlegen (Kap. 9.2.9). In anderen Fällen kann ein Tier seinen Bau langsam nach oben verlagern, um seine Lage dem aufsedimentierten Gewässerboden anzugleichen (Kap. 9.2.8).

1.1.11
Weitere Verhaltensweisen

Weitere Sedimentstrukturen werden von endobenthischen Organismen mit unterschiedlichen Verhaltensweisen erzeugt. Das Bild wird noch dadurch kompliziert, daß viele grabende Organismen mit breiter Spezialisierung verschiedene Freßverhalten annehmen können, um sich ändernden Bedingungen anzupassen (Cadée 1984). Tatsächlich können Teile einzelner Bausysteme auf unterschiedliche Lebensweisen zurückgeführt werden. Auch wenn es nicht immer möglich ist, die Morphologie von Spurenfossilien direkt mit dem Verhalten des Tieres zu korrelieren, ist es trotzdem möglich, Spurenfossilien in breite Verhaltenskategorien einzuteilen (Kap. 9.2).

1.2
Wie graben Lebewesen?

Wie bereits festgestellt, lösen endobenthische Lebewesen das Problem des Eindringens in das Substrat auf sehr verschiedene Weise. Es liegen viele Studien über einzelne Gruppen oder Arten grabender Organismen vor, jedoch nur wenige von allgemeiner Bedeutung. Ungeachtet der exzellenten Übersichtsarbeiten von Schäfer (1956, 1962), Trueman und Ansell (1969) und Trueman (1975) ist man einer universellen Terminologie nicht näher gekommen. Verschiedene Autoren benutzten Begriffe wie „aushöhlen" und „stoßen", um zwischen verschiedenen Möglichkeiten des Grabens zu unterscheiden. Jedoch sind diese Begriffe nur verschwommen definiert (z. B. Carney 1981).

Thayers (1979, 1983) Terminus „bulldozing" für alle biogenen Sedimentbewegungen ist ungeeignet, ausgenommen bei Anwendung auf die Wühltätigkeit einiger Hummer. Gleichfalls deckt Thayers (1983) Unterteilung des „bulldozing" in „Gleiten", „Umschichten", „Graben" und „Eindringen" nicht die allgemeinen Bedürfnisse des Ichnologen ab. Wir brauchen aber Begriffe, um allgemeine Kategorien der Bioturbationsprozesse aufstellen zu können. Je nachdem, ob während des Grabvorgangs Sediment transportiert und resedimentiert, oder ob es beiseite geschoben wird, werden folgende Arten der Sedimentdurchdringung unterschieden: Eindringen, Komprimieren, Aushöhlen und Versetzen. Diese Begriffe beziehen sich eher auf sedimentäre Eigenschaften als auf die Muskelaktivität des grabenden Organismus. Sie sind eher ichnologische als biologische Begriffe.

1.2.1
Durchdringung

Ein Tier kann das Substrat durchdringen, indem es das Sediment beiseite schiebt und mit seinem Körper kurzzeitig verdrängt. Bei der Fortbewegung schließt sich das Substrat hinter ihm wieder. Durch den Prozeß der Verwirbelung (Abb. 1.1) wird das Sediment vermischt und strukturell homogenisiert. Wetzel (1983b) folgt Schäfer (1956), der die so entstandene Struktur als Biodeformationsgefüge bezeichnet.

In einem extrem wasserhaltigen Sediment bewegen sich einige Organismen durch die Anwendung modifizierter Schwimmtechniken effektiv fort (Kap. 2.4). Zum Beispiel bevorzugen einige Polychaeten (Borstenwürmer) eine wellenförmige anstelle der peristaltischen Fortbewegung, mit der die Würmer in ein festeres Sediment eindringen würden.

Die Aktivität der Meiofauna und der sehr kleinen Makrofauna kann auch als Durchdringen bezeichnet werden. Durch die Fortbewegung zwischen Partikeln, die wenig kleiner oder etwas größer als die Organismen selbst sind, werden die Partikel kontinuierlich gelockert und geringfügig verlagert. Dieser Prozeß bewirkt, daß die früheren Strukturen verschwimmen bzw. letztlich verschwinden, und daß dabei eine Homogenisierung des Sediments stattfindet (Kap. 2.1).

Ein Sedimentbewohner, der dicht unter der Sedimentoberfläche ein festeres Substrat aufarbeitet, türmt dieses zu einem Grat auf, da der Körper das verdrängte Sediment nach oben schiebt. Wenn sich das Tier vorwärts bewegt, fällt der Grat im allgemeinen hinter ihm wieder zusammen. Dies ist für verschiedene terrestrische Vertebraten typisch – wie Maulwürfe (Abb. 1.2a), schlammbewohnende Reptilien (Gans 1960, 1968) und Insekten (Frey und Howard 1969, Tafel 4).

Zahlreiche Lebewesen dringen in Lockersedimente ein, um sich zu verstecken oder um Beute zu fangen. Zum Beispiel verursacht ein *Octopus* bei der Suche nach eingegrabener Beute am Meeresgrund Lagerungsstörungen im Sediment (Abb. 1.3).

Eine andere Gruppe von Eindringstrukturen sind die panischen Fluchtspuren, die ein Tier anlegt, das durch plötzliche Sedimentation verschüttet wird und sich aufwärts kämpft, um den Kontakt mit der neuen Oberfläche wieder herzustellen (Kap. 9.2.9; Abb. 3.4e; 3.23c und 4.8e).

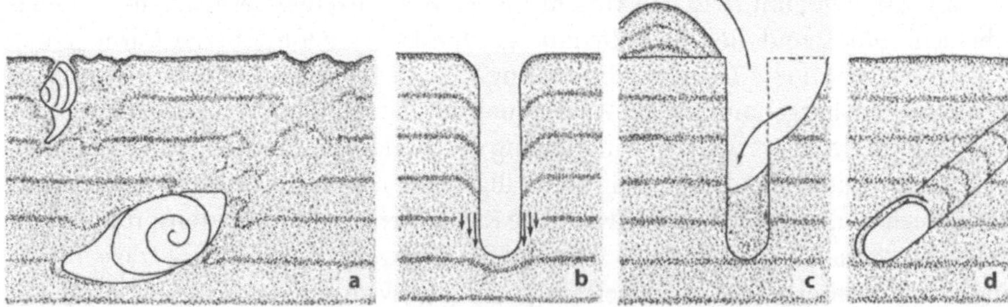

Abb. 1.1. Mechanismen der Massenverlagerung durch Organismen in Sedimenten. **a** Turbulenz oder Verwirbelung in schlammigem Sediment. **b** Scherung. **c** Aufwärts gerichtete Massenverlagerung durch Aushöhlen, gefolgt von abwärts gerichteter Verlagerung durch passive Verfüllung. **d** Seitlicher Massentransport durch Versatz (Stopfgefüge), der eine aktive Verfüllung erzeugt. *a–c* verändert nach Hanor und Marschall 1971

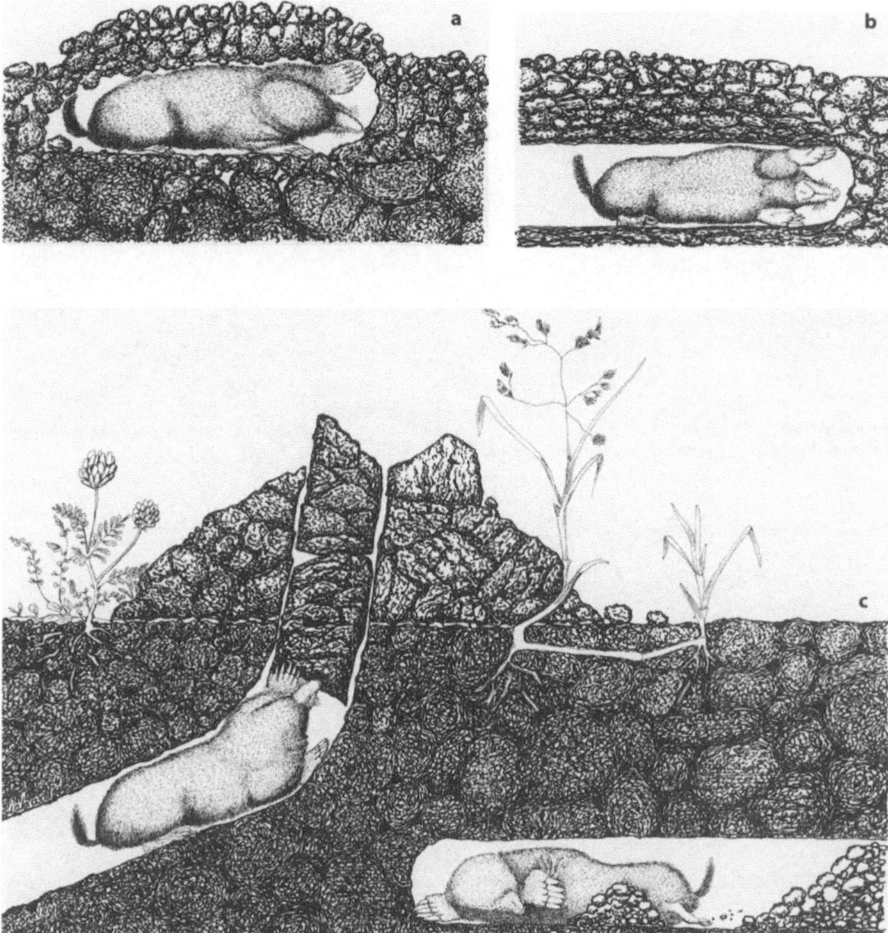

Abb. 1.2. Die Grabstrategie wird durch die Konsistenz des Substrats bestimmt, demonstriert am Beispiel des Maulwurfs. **a** Oberflächennaher Grabgang durch Eindringen in nicht kompaktierten Boden. Der Grabgang verstürzt hinter dem Tier. **b** Graben in einem tieferen Niveau durch Beiseitedrücken des Bodens hinterläßt einen offenen Gang ohne verstürztes Material. Das Gefüge des Substrats wurde plastisch verformt. **c** In einem noch tieferen Niveau mit kompaktiertem Boden wird der Grabgang ausgehöhlt und das Haufwerk zur Oberfläche transportiert. Es entsteht ein offener Gang. Verändert nach Mellanby (1971) und Buch (1980)

1.2.2
Komprimierung

Komprimierungs-Strukturen entstehen beim Wühlvorgang durch Beiseitepressen und Verdichten des Sediments (Kap. 8.3.2). Wenn das Tier sich fortbewegt, hinterläßt es einen offenen Grabgang. Dessen feste, kompaktierte Wände können glatt oder durch charakteristische Eindrücke ornamentiert sein (Kap. 9.2).

Maulwürfe und schlammbewohnende Reptilien sind typische Vertreter dieser Grabstrategie (Abb. 1.2b). Ein Graben mit Komprimierung des Sediments ist auch bei

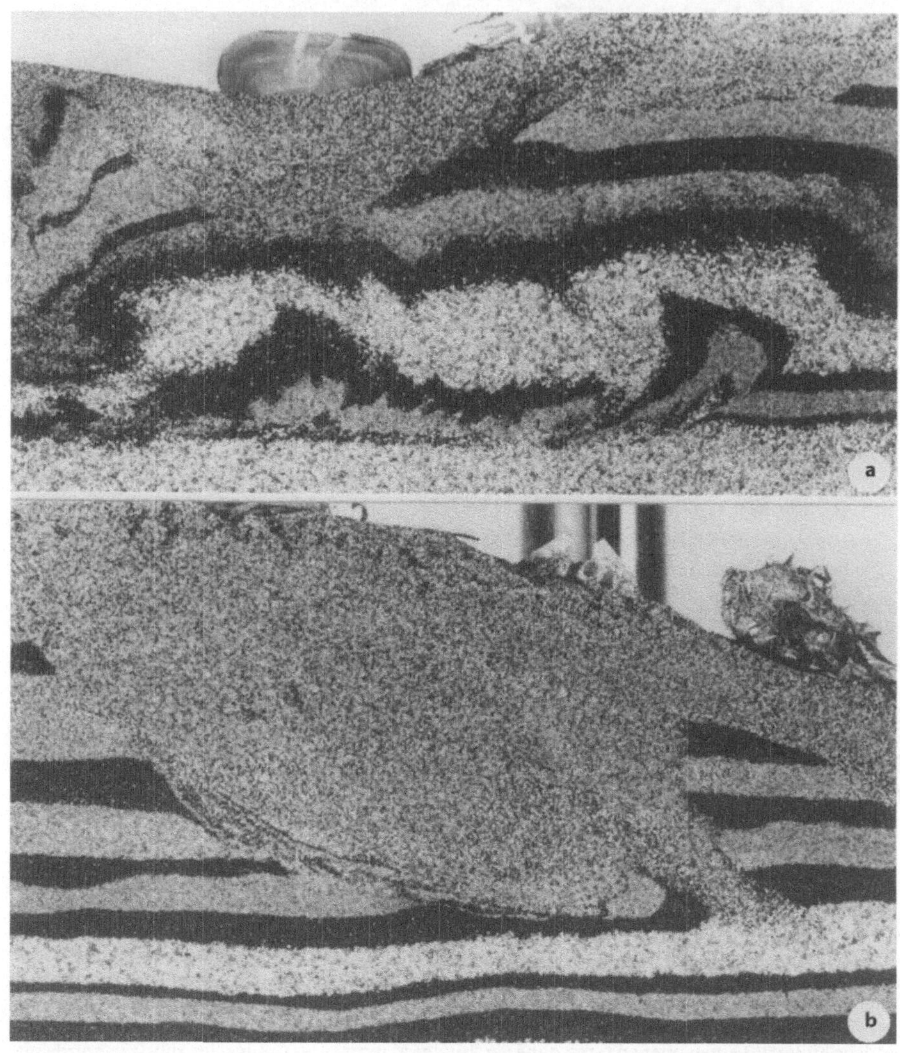

Abb. 1.3. Durch einen Tintenfisch (*Octopus vulgaris*) erzeugte Strukturen in laminierten Sanden eines Aquariums (**a, b** Ansicht von verschiedenen Seiten). Das Aquarium war am Meeresgrund aufgestellt und wurde von dem Tintenfisch in Besitz genommen, nachdem er den ursprünglichen Bewohner – die Muschel, deren Schale nun an der Sedimentoberfläche liegt – erbeutet und gefressen hatte. 4 m Wassertiefe, Kefallinia, Griechenland

Invertebraten verbreitet – z. B. bei Muscheln und bei vielen Arten von Würmern. Die offenen Tunnel und der Kompaktionsvorgang verändern die Haupteigenschaften des Sediments wesentlich. Körner werden durch Verwirbelung oder Zerscherung verschoben, während die offenen Gänge verfüllt werden, sei es durch passive Füllung mit aufgewirbelten Partikeln von oben (Abb. 1.1c) oder durch eine aktive Füllung aus anderen Teilen des Bausystems (Kap. 5.2; 8.3.4).

1.2.3
Aushöhlung

Die einfachste Methode, offene Gänge in leicht kompaktierten Sedimenten anzulegen, ist die Aushöhlung. Dieser Prozeß beinhaltet das Lockern des Sediments im vorderen Bauabschnitt und den Wegtransport, meist aus der Gangöffnung heraus an die Oberfläche des Substrats.

Die meisten grabenden Säugetiere des terrestrischen Raumes legen ihre Gänge in dieser Weise an (Abb. 1.2c). Im aquatischen Ablagerungsmilieu sind Crustaceen und Fische aktive Aushöhler. Normalerweise wird das Sediment in einem Korb, der durch die Gliedmaßen oder bei Fischen durch das Maul gebildet wird, aus dem Bau verfrachtet. Ein starker Spülstrom kann gleichfalls benutzt werden, um die Sedimentkörner aus dem Bau zu entfernen. Alternativ kann ein Teil oder das gesamte Material in den Verdauungstrakt aufgenommen werden, den Körper passieren und außerhalb oder innerhalb des Baus ausgeschieden werden.

Durch diesen Prozeß findet eine bedeutende Verlagerung von Partikeln statt. Die physikalischen Haupteigenschaften des Substrats verändern sich nicht wesentlich, außer durch die offenen Gangsysteme, die in ihm angelegt wurden.

1.2.4
Stopfgefüge (Versatz)

Die am weitesten entwickelte Form des Durchdringens von Sediment ist der Versatz. Das Tier lockert die Körner vor sich, transportiert sie bei der Vorwärtsbewegung rückwärts an sich vorbei und resedimentiert sie hinter seinem Körper (Abb. 1.1d). Dieser Vorgang benötigt nur ein Minimum an Materialtransport und erlaubt es, einen kleinen Bau im Sediment anzulegen und zu unterhalten. Der Durchmesser des Grabgangs muß nur wenig größer sein als das Tier selbst, um den Transport des Sediments am Tier vorbei zu ermöglichen.

Beim Transport der Körner werden diese nach Gewicht, Größe usw. sortiert. Einige Partikel werden in den Verdauungstrakt aufgenommen und intern zum Hinterteil des Tieres transportiert. Normalerweise besitzt das auf diese Weise abgelagerte Material eine laminierte, uhrglasförmige Struktur (Abb. 1.4; Kap. 8.3.4).

Es ist fast eine Gesetzmäßigkeit, daß die notwendige Arbeit beim Transport fester Körper durch ein dichtes Medium vom Querschnitt des Körpers abhängt. Aus diesem Grund besitzen die meisten grabenden Organismen gestreckte, wurmförmige Körper. Das Graben mit Hilfe der Versatztechnik ist jedoch so effizient, daß viele dieser Organismen nicht länglich gestreckt sind, sondern – wie beispielsweise einige spatangoide Echinoiden – halbkugelig (Kanazawa 1992).

1.2.5
Spreiten

Die Versatztechnik ist eine so wirkungsvolle Strategie, daß sie dem Anwender größere Freiheiten erlaubt. So bevorzugt eine Anzahl von Tieren statt axialer seitwärtige Bewegungen durch das Sediment. Die aus einer solchen seitlichen Verschiebung des Baus resultierende Struktur ist eine Spreite. Wir wissen fast nichts über die Anlage von

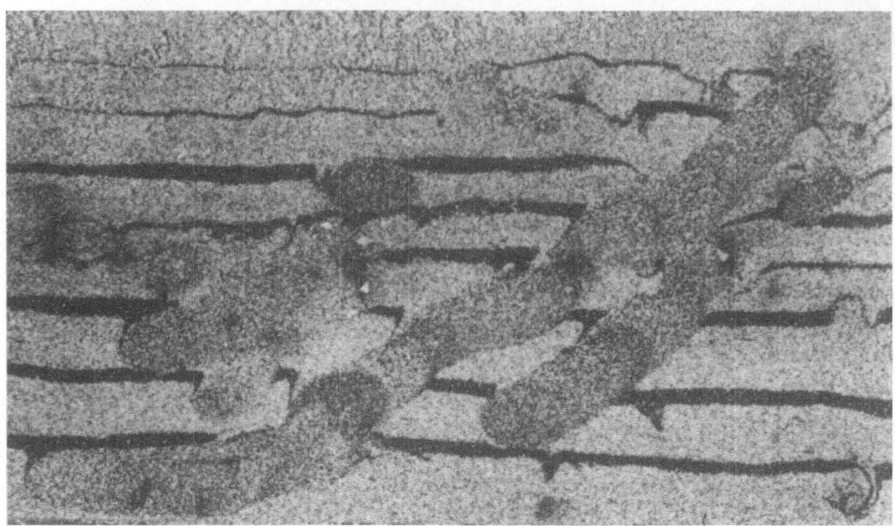

Abb. 1.4. Versatzstrukturen (backfill) eines einzelnen spatangoiden Echinoiden (*Echinocardium mediterraneum*) in laminierten Sanden eines Aquariums, das am Meeresgrund aufgestellt war. 4 m Wassertiefe, Kefallinia, Griechenland

Spreiten durch lebende Organismen; unsere Interpretation dieser Strukturen leitet sich aus der Morphologie der Spurenfossilien ab (Seilacher 1953a, 1967a). Einige Spreiten resultieren aus der vertikalen Verlagerung einer U-Röhre als Reaktion auf Schwankungen des Meeresbodens (Kap. 9.2.8), die Mehrheit der Spreiten beruht aber auf endogenen Abbauaktivitäten von Sedimentfressern (Kap. 9.4.5). Seitliche Bewegungen vergrößern die aktive Oberfläche des Tieres, mit der es in Kontakt zum Sediment ist, und erleichtern damit die Versorgung mit Nahrung.

1.2.6
Bioturbation

Darunter werden Aktivitäten zusammengefaßt, die eine Sedimententschichtung und damit ein Auslöschen primärer Sedimentstrukturen bewirken (Abb. 1.5). Entschichtung vermindert generell den Ordnungsgrad von Sedimenten und führt zur Homogenisierung. Umgekehrt führen einige endobenthische Aktivitäten zum Eintrag neuen Sediments und zur Bildung neuer Strukturen, die dann als eigenständige Spurenfossilien erhalten bleiben können (Kap. 5.2.2). Für diesen Prozeß wurde durch Richter (1952) der Begriff Bioturbation eingeführt. Geringfügige Homogenisierungen durch die Meiofauna bezeichneten Howard und Frey (1975) als Kryptobioturbation.

1.3
Das Substrat

Die Zusammensetzung der endobenthischen Lebensgemeinschaft wird ganz wesentlich durch die Konsistenz des sedimentären Materials bestimmt. Die Substratkonsistenz

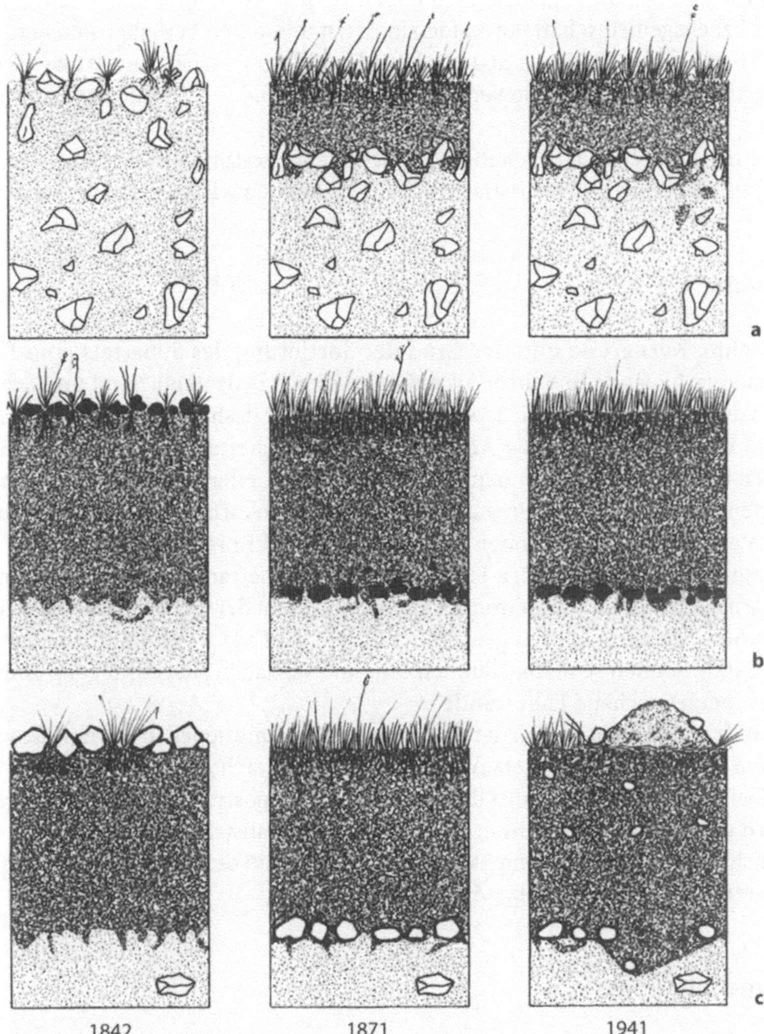

Abb. 1.5. Bodenprofile, die Darwins (1881) Experiment zur Bioturbation durch Regenwürmer illustrieren. **a** Als das Feld 1841 gepflügt wurde, enthielt der Oberboden gleichmäßig verteilte große Feuersteinbrocken. Bis 1871 hatten die Regenwürmer feines Material aufwärts transportiert, und die Feuersteinbrocken waren auf die Basis der Aktivitätszone der Würmer 7,5 cm unter die Oberfläche abgesunken. Die obere Schicht bestand nun aus einem feuersteinfreien Lehm. Kieth (1942) untersuchte die Lokalität noch einmal und fand das Gefüge unverändert. Eine Ausnahme bildete der Lehm, der durch umgekehrten Transport – wahrscheinlich durch andere Wurmarten – nach unten zwischen die Feuersteinbrocken gelangt war. **b** Bis 1871 wurde eine Schicht Schlacke, die man 1842 auf der Oberfläche eines Feldes abgelagert hatte, in 18 cm Tiefe an der Basis des Lehms akkumuliert. Die gleiche Situation bestand noch 1941. **c** Auf dem dritten Feld lagen 1842 Kreidegerölle an der Oberfläche. Bis 1871 war die Schicht durch die Aktivität der Regenwürmer in 18 cm Tiefe gewandert. 1941 wurde eine veränderte Situation angetroffen. Maulwürfe hatten des Feld besiedelt und Kreidegerölle wieder zur Oberfläche transportiert. Die Aktivitäten der Regenwürmer setzte sich daneben weiterhin fort, so daß die Gerölle z. T. wieder nach unten transportiert wurden. Da die oberen 7,5 cm nun Gerölle enthielten, wurde vermutet, daß die Besiedelung durch die Maulwürfe ungefähr 20 Jahre vorher erfolgt war (Kieth 1942). Verändert nach Jewell (1958)

steuert wie und warum Organismen graben und ist so ein limitierender Faktor für die in einer Lebensgemeinschaft vorhandenen Arten und deren Verhaltensmuster. Da die Konsistenz sowohl in vertikaler als auch lateraler Richtung variiert, steuert sie die räumliche vertikale und horizontale Verteilung der Arten und ihr Verhaltensmuster im Sediment.

Viele mechanische Eigenschaften des Sediments bestimmen die Konsistenz, und obwohl sie alle sehr eng voneinander abhängen, können wir sie getrennt betrachten.

1.3.1
Korngröße

Die absolute Korngröße und der Grad der Sortierung des Substrats sind für das sedimentaufarbeitende Endobenthos außerordentlich bedeutend. Sand und Schlamm sind für die Bewohner verschiedene Welten. Es scheint deshalb zweckmäßig, Untersuchungen von endobenthischen Arten oder Gemeinschaften mit granulometrischen Analysen des bewohnten Sediments zu koppeln. Alexander *et al.* (1993) setzten mehrere Arten grabender Muscheln auf verschiedenen Siebkorngrößen aus und beobachteten unterschiedliche Reaktionen einzelner Arten auf Korngrößen.

Korngrößenanalysen müssen jedoch mit Vorsicht betrachtet werden. Die funktionelle Korngröße, wie sie der Bewohner erlebt, muß nicht der physikalischen Korngröße entsprechen. Schlamm enthält gewöhnlich Pellets und kann sich dann wie Sand verhalten. Sande können schleimgebunden sein und verhalten sich dann ganz anders als reine, saubergewaschene Laborsande.

Ein anderes Problem liegt in der Abhängigkeit der funktionellen Korngröße von der absoluten Größe des Bewohners. Wenn junge und erwachsene Vertreter einer Art in demselben Sediment leben, wird die Korngröße des Substrats von den jeweiligen Bewohnern unterschiedlich erfahren. Sie müssen ihre Grabstrategien dem jeweils unterschiedlich empfundenen Sediment anpassen, was sich in den resultierenden biogenen Strukturen widerspiegelt (Abb. 1.6).

1.3.2
Wassergehalt

Der Porenraum und damit auch der Porenwassergehalt eines Sedimentes bestimmt seine Festigkeit. Der ursprüngliche Wassergehalt einer Ablagerung schwankt sehr stark. Durch das Gewicht der überlagernden Schicht findet eine Kompaktion und eine Entwässerung unmittelbar unter der Oberfläche statt, so daß ein vertikales Profil durch das Substrat hinsichtlich des Wassergehalts zoniert ist.

Mechanische Eigenschaften des Sediments, die vom Wassergehalt abhängen, sind Thixotropie und Dilatanz. Chapman und Newell (1947) und Chapman (1949) diskutierten die Bedeutung dieser Eigenschaften für grabende Organismen. Wenn die Festigkeit des Mediums, welche vom grabenden Organismus als Widerstand gegen das Eindringen wahrgenommen wird, während der Einwirkung der Kraft mit der Zeit abnimmt, zeigt das Sediment thixotrope Eigenschaften. Das Korngerüst kollabiert und das Sediment wird verflüssigt. Wenn andererseits die Festigkeit des Sediments bei der Einwirkung einer Kraft zunimmt, zeigt ein Sediment Dilatanz. Durch die Einwirkung der Kraft wird das Sediment entregelt und die intergranulare Reibung erhöht.

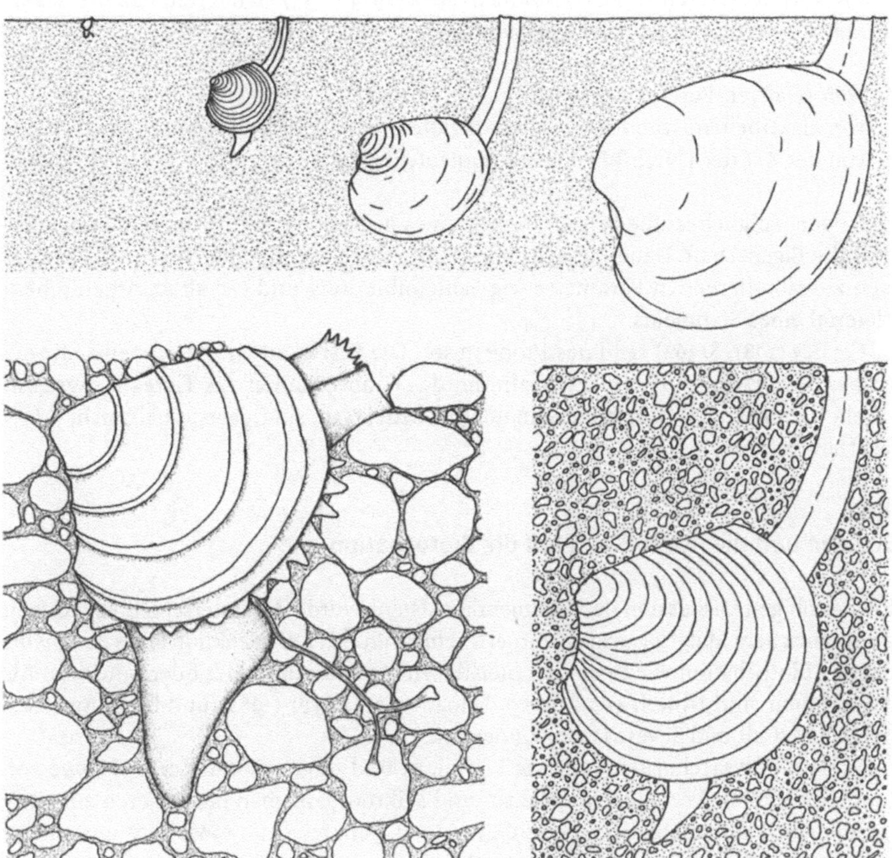

Abb. 1.6. Oben: Vier Wachstumsstadien von *Mercenaria mercenaria*. Unten: Vergrößerte Darstellung der ersten beiden Stadien, bei denen die Größe der Klappen dem adulten Stadium entspricht. Dabei wird drastisch der scheinbare Unterschied der Substratkorngröße betont, wie ihn die wachsende Muschel wahrnimmt. In dem „groben" und „feinem" Sediment sind unterschiedliche Grabtechniken erforderlich. Entsprechend unterschiedlich ist die Skulpturierung der Klappen. Juvenile Exemplare von *Mercenaria mercenaria* können wie Sandkörner transportiert werden (Woodin 1991). Verändert nach Stanley (1972)

Das gleiche Sediment kann thixotrope oder dilatante Eigenschaften aufweisen, je nach der Packung seiner Körner, nach seinem Wassergehalt und nach der Art der Krafteinwirkung. So kann ein Sediment, das sich nahe der Oberfläche thixotrop verhält, kurz darunter Dilatanz aufweisen. Thixotrope Eigenschaften begünstigen intrusive und kompressive Eindringtechniken, dilatante dagegen Aushöhlung und Versatz.

1.3.3
Scherfestigkeit

Wegen der komplexen Eigenschaften der Sedimente kann die Festigkeit nicht direkt als grundlegende Materialeigenschaft definiert werden. Auch ist es nicht einfach, sie quantitativ experimentell zu bestimmen. Silva (1974, S. 53) stellte fest, daß die Scherfestigkeits-Parameter feinkörniger Sedimente

- vom relativen Porenraum, Wassergehalt, Porosität,
- von elektrochemischen Intergranularkräften (z. B. Kohäsionskräften) und
- von der Art der Durchführung experimenteller Tests

abhängen. Folglich ist die Scherfestigkeit eines gegebenen Sediments keine unveränderliche Eigenschaft. Dabei berücksichtigt Silva noch nicht einmal die am schwierigsten zu kalkulierenden Parameter wie Schleimbindung und Gehalt an organischem Material eines Sediments.

Carney (1981, S. 362) sieht das Problem so: „Die Festigkeit eines Sediments, die ein grabender Organismus erfährt, bestimmt das Grabverhalten des Tieres". Insgesamt gesehen können Scherkräfte, die ichnologisch bedeutsam sind, gegenwärtig nicht präzise erfaßt werden.

1.3.4
Schleim und die Auswirkung auf die Bioturbation

Bei der obigen Diskussion der Sedimentkonsistenz wurde der unterschiedliche Gehalt an organischem Material ausgeklammert. Sein Einfluß auf die Reaktion eines Sediments bei der Bioturbation wird von den meisten Autoren unterschätzt oder ignoriert. Als Ausnahmen sind Nowell *et al.* (1981), Rhoads und Boyer (1982) und im Süßwasserbereich McCall und Tevesz (1982) zu nennen.

Schleimpolysaccharide sind eine komplexe und ungenau definierte Gruppe von Makromolekülen. Verschiedene Makro- und Mikroorganismen produzieren eine Reihe chemisch unterschiedlicher Schleime (z. B. Schäfer 1956, 1962; Pequignat 1970; Myers 1977a). Freigrabende Lebewesen, die die obersten Lagen eines Sediments besiedeln, sondern Schleim ab, um die Körner zu binden, zwischen denen sie sich bewegen. Dadurch wird die für die Fortbewegung benötigte Energie reduziert (Abb. 5.6). Lebewesen, die Gänge in Sanden errichten, tränken ihr umgebendes Medium mit Schleim, um die Gangwandungen zu verfestigen. Schleim wird auch von manchen Suspensionsfressern benutzt, um als Nahrung Seston aus dem Bewässerungsstrom zu fangen.

Die verschiedenen Schleime unterscheiden sich auch in ihrem biologischen Abbau und somit ihrer Langlebigkeit. Wenn die Körner eines Substrats durch einen elastischen Film verbunden sind, ändern sich die mechanischen Eigenschaften des Sediments grundlegend.

Andererseits sondern die Substratbewohner gerade schleimige Bindesubstanzen ab, um die Substrateigenschaften zu verändern. Während die ursprünglichen Eigenschaften des Substrats bestimmen, welche Lebewesen in ihm einen Lebensraum finden, wird es durch die Aktivität der Tiere verändert, die in ihm leben (Kap. 5.2). So ist es schwierig, die Konsistenz eines bioturbaten Substrats sinnvoll zu beschreiben. Standardmethoden der Sedimentbeschreibung sind für das Verständnis der Organismus-Sediment-Beziehungen weitgehend ungeeignet (vgl. Whitlatch 1981; Jones und Jago 1987).

1.3.5
Terminologie der Substratkonsistenz

Auf Grund dieser Problematik benutzen Bearbeiter von Spurenfossilien nur eine sehr einfache Klassifikation (Ekdale *et al.* 1984a; Ekdale 1985), die folgendermaßen zusammengefaßt werden kann:

Ein stark wasserhaltiges Sediment wird als Flüssiggrund (soupground) bezeichnet. Dieses Substrat besitzt eine flüssige Konsistenz, die Körner haben kaum Kontakt untereinander oder sind von schleimigen Substanzen überzogen; Lebewesen können durch das Substrat „schwimmen". Dennoch bauen sessile Endobionten darin Röhren, die durch Schleim oder andere organische Materialien gestützt werden. In einigen Fällen handelt es sich dabei um nach oben gerichtete Fortsetzungen von Gängen, die in tieferliegenden, stärker entwässerten Sedimenten begonnen wurden (Abb. 5.6a).

Die am weitesten verbreiteten aquatischen Substrate sind der Weichgrund (softground) und der Lockergrund (looseground), die aus wäßrigem Sediment bestehen, in dem die Körner aber Kontakt untereinander haben (Goldring 1995a). Weichgründe bestehen aus Ton oder siltigem Schlamm, während der Begriff Lockergrund kürzlich für Sand und Kies eingeführt wurde. Diese Begriffe schließen thixotrope und dilatante Sedimente ein. Das Anlegen eines permanenten Grabgangs in einem Weichgrund erfordert einige wandstützende Maßnahmen, die entweder durch Komprimierung allein oder zusammen mit einer Schleimimprägnation erreicht werden. Techniken wie Aushöhlung und Versatz können in festeren Partien des Weichgrunds angewendet werden.

Fortgeschrittene Entwässerung und Kompaktion führen zu einem Festgrund (firmground). Solche Sedimente treten am Meeresboden nach Erosion der obersten Schichten durch Freilegung der verfestigten tieferen Niveaus auf. In den freigelegten Reliktsedimenten werden im allgemeinen nur Aushöhlungen beobachtet; die weitgehende Kompaktion schließt die Anwendung kompressiver Grabtechniken aus.

Diese drei Kategorien beschreiben eine zunehmende Verfestigung des Substrats ohne Zementation. Die Bildung von Zement innerhalb des Porenraums und die damit verbundene Verfestigung des Substrats führt zu einem Hartgrund (hardground). In diesem fehlen Bioturbationsprozesse und werden durch Bioerosionsprozesse abgelöst.

Die Endung „-grund" besagt, daß das Substrat an der Sedimentoberfläche aufgeschlossen ist. Unterhalb der Sedimentoberfläche – in der Zone der Durchwühlung – kann sich die Textur des Substrats signifikant ändern. Das Endobenthos kann unter einem Flüssiggrund auf weichgrundartige und festgrundartige Konsistenz stoßen. In diesen Fällen wird der modifizierte Begriff „verdeckter Festgrund" benutzt. Er zeigt an, daß das feste Substrat nicht am Meeresboden aufgeschlossen ist.

1.4
Röhren und Wandungen

Unkonsolidierte Sedimente sind nur schwer zu durchdringen, es sei denn, die einzelnen Körner sind mit Schleim ummantelt. – Terrestrische Arthropoden, die nicht in der Lage sind, Schleim abzusondern, benutzen gesponnene und gewebte Fäden. – Normalerweise sondert ein benthischer Organismus an der Grenzfläche zum Substrat Schleim ab, auch wenn er lediglich über die Sedimentoberfläche kriecht. Freigrabende Formen,

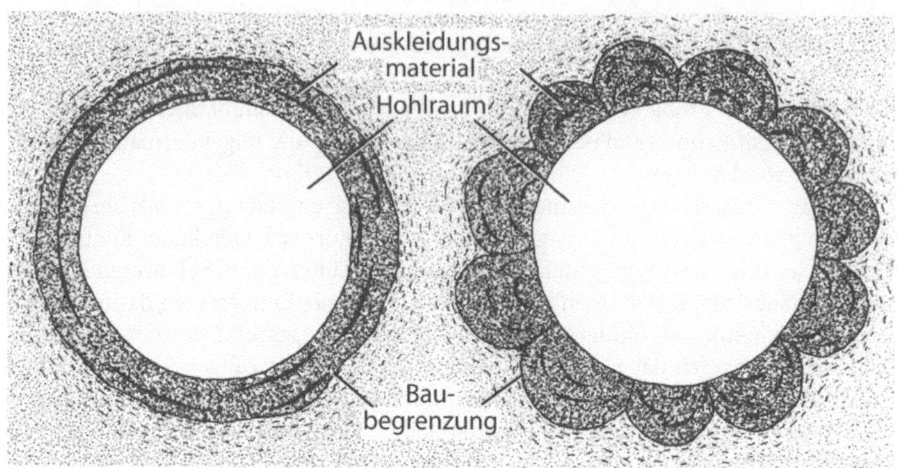

Abb. 1.7. Die zwei Elemente einer Gangwandung. Eine Auskleidung der Innenseite des Gangs mit tonigem Material durch den Bewohner, die entweder konzentrisch laminiert (links) ist oder von Pellets aufgebaut (rechts) wird, und die durch Kompaktion entstandene Deformation des unmittelbar an den Bau angrenzenden Substrats

die sich durch Flüssig- und Weichgründe bewegen, hinterlassen Spuren aus Schleim, durch den das Vordringen erleichtert wird (Myers 1977a).

Bei der Anlage eines Baus innerhalb eines Flüssig- oder Weichgrunds wird normalerweise das umgebende Sediment mit Schleim getränkt (Abb. 5.6). Dieser stabilisiert die Wandung, beugt einem Einsturz vor und versiegelt gleichzeitig die permeable Umgebung, was einen effektiven Bewässerungsstrom durch den Grabgang ermöglicht (Schäfer 1956).

In dauerhafteren Gängen, die länger bewohnt werden, wird der Wandkonstruktion mehr Aufmerksamkeit gewidmet (Kap. 8.3.2). Zusätzlicher Schleim wird benutzt, um passiv feinkörniges Sediment aus dem Bewässerungsstrom zu gewinnen und zur Verfestigung zu nutzen. Das Tier kann auch aktiv Nahrungsreste und Detritus in die Wand einbauen. Schlammpellets, Sandkörner, Skelettfragmente, Seegrasblätter usw. werden gesammelt, formatiert und – wenn nötig – wie bei einem Mauerwerk in die Wandkonstruktion eingebaut (z. B. Fager 1964; Anderson und Meadows 1978).

Die Wandung enthält also zwei Komponenten: die kompaktierte Struktur an der Außenseite der ursprünglichen Gangbegrenzung und die aktiv aufgebaute oder passiv akkumulierte Auskleidung innen (Abb. 1.7). Ein Grabgang, der eine feste Auskleidung aus organischem Material oder aus Partikeln besitzt, wird gewöhnlich als Röhre bezeichnet (Hertweck 1972). Eine Röhre, die sich über den Boden erhebt, bezeichnet man auch als Kamin (Kap. 3.7).

1.5
Physikalische Einführung in die Strömungen in Gängen

Die in Gängen lebenden Tiere benutzen physikalische Effekte, um mit einem minimalen Aufwand an Stoffwechselenergie Strömungen (Wasser oder Luft) in ihren Gängen

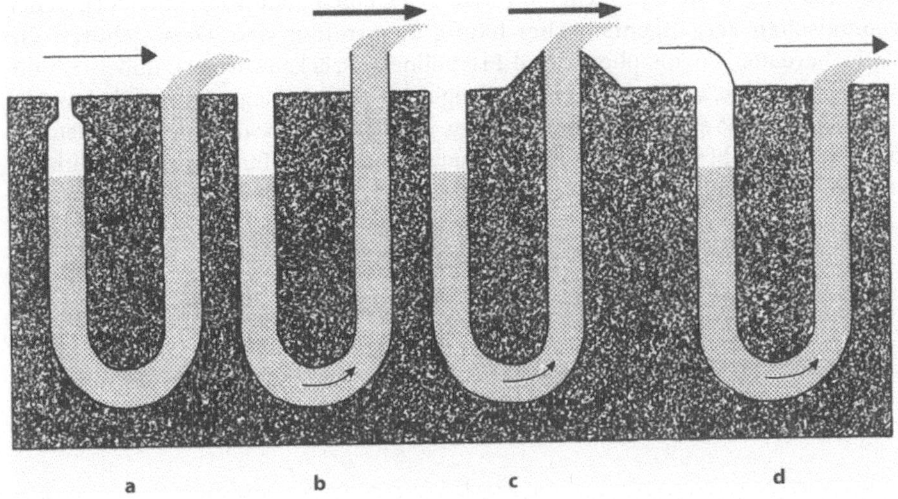

Abb. 1.8. Vier Möglichkeiten, durch eine Bodenströmung einen Wasserstrom in einem Bau zu induzieren. Die Dicke der Pfeile gibt qualitativ die Stromgeschwindigkeit an. Angeregt von Vogel (1978)

aufrecht zu erhalten (Vogel 1978). Nach dem Bernoullischen Prinzip muß der Druck in einer kontinuierlichen Strömung abnehmen, wenn die Stromgeschwindigkeit ansteigt, damit die Gesamtenergie konstant bleibt. Deshalb wird in einem Bau mit unterschiedlich großen Öffnungen eine Strömung induziert. Je größer die Öffnung eines Gangs, desto größer die Tendenz, daß durch die den Bau passierende Strömung Material aus dem Grabgang weggeführt wird (Abb. 1.8a). Wenn eine Öffnung als Kamin emporragt, wird die Stromgeschwindigkeit darüber erhöht, und es entsteht der gleiche Effekt (Abb. 1.8b). Auch wenn eine Öffnung einer U-Röhre aus einer Erhebung ragt, wird die Geschwindigkeit des Bodenstroms erhöht und der Druck entsprechend gesenkt (Abb. 1.8c). In allen drei Beispielen spielt die Richtung des Bodenstroms keine Rolle. Eine vierte Möglichkeit, eine Strömung zu erzeugen, besteht darin, eine horizontale Röhre gegen den statischen Druck des Bodenstroms zu richten (Abb. 1.8d). Dieses System erfordert natürlich eine genaue Ausrichtung der Röhre gegen die Bodenströmung.

1.6
Tier-Sediment-Ökologie

Viele der publizierten autökologischen Untersuchungen enthalten wenig Informationen für den Ichnologen und Sedimentologen. In einigen Fällen wurden die Untersuchungen durch Geologen vorgenommen, um die biologisch-sedimentologischen Zusammenhänge herauszuarbeiten. Es existieren jedoch noch große Lücken beim Verständnis der Tier-Sediment-Beziehungen. Die wenigen im Detail untersuchten Arten entstammen meist leicht zugänglichen Lebensräumen. Wir wissen im Grunde genommen nichts über die Spreitenerzeuger, obwohl ihre Strukturen in vielen fossilen Abfolgen anzutreffen sind. Bestimmte Gruppen wurden außerdem vernachlässigt, da sie heute nur noch in wenigen Relikten vorkommen, deren bioturbate Aktivitäten in der geologischen Vergangenheit aber häufig anzutreffen sind. Dazu gehören die Hemichordaten, Pogonophoren und Priapuliden (Brückenwürmer). Außerdem die aplacophoren Mollusken, von denen bislang keine Art ichnologisch bearbeitet wurde.

Indem wir uns auf das beschränken, was vorliegt, werden wir in den nächsten Kapiteln eine Anzahl von Organismen behandeln, die typisch für bioturbate Sedimentumlagerungen sind.

Kapitel 2

Im Sediment grabende Organismen

2.1
Mesofauna und Mikrofauna im Porenraum

Bei Meeresböden, die für eine endobenthische Besiedlung ausreichend fest und durchlüftet sind, werden die Partikelzwischenräume der obersten Zentimeter von Mikroorganismen besiedelt (z. B. Swedmark 1964; Fenchel 1969; Reise und Ax 1979; Gooday *et al.* 1992; Meadows *et al.* 1994). In Sanden sind diese Organismen meist kleiner als die Partikel, zwischen denen sie leben. Sie gehören taxonomisch zu den Ostracoden, Nematoden, Copepoden (Ruderfußkrebse), Turbellarien, Archianneliden und zum juvenilen Makrobenthos, wie Polychaeten und Mollusken (Abb. 2.1).

Durch die Aktivität dieser Organismen – viele von ihnen weiden die organischen Beläge von Körnern ab – werden ständig Partikel verlagert. Reichelt (1991) beobachtete Nematoden, die fadenartige schleimgestützte Gangsysteme zwischen den Körnern errichteten. Diese existierten für einige Stunden, bis sie durch andere Organismen zerstört werden. Ott (1993) beschreibt einen chemosymbiontischen Nematoden, der mit Bakterien bedeckt war, die Sulfid oxidieren, und der ständig zwischen der aeroben Sedimentoberfläche und der darunter liegenden anaeroben Zone pendelte.

Einige Mitglieder der Mesofauna – wie tanaide Crustaceen – legen größere und stabilere Gänge an. Viele Radiolarien und Foraminiferen besiedeln die obersten Millimeter der marinen Schlämme (Abb. 2.2; Lipps 1983; Gooday 1986; Miller 1988; Gooday *et al.* 1992; Meadows *et al.* 1994) und verändern das Sedimentgefüge. Agglutinierende Foraminiferen und die weniger bekannten Tiefseegruppen der Komokiidae und Xenophyophoria benutzen Sedimentkörner zum Aufbau ihrer Skelette (Tendal 1972; Tendal und Hessler 1977).

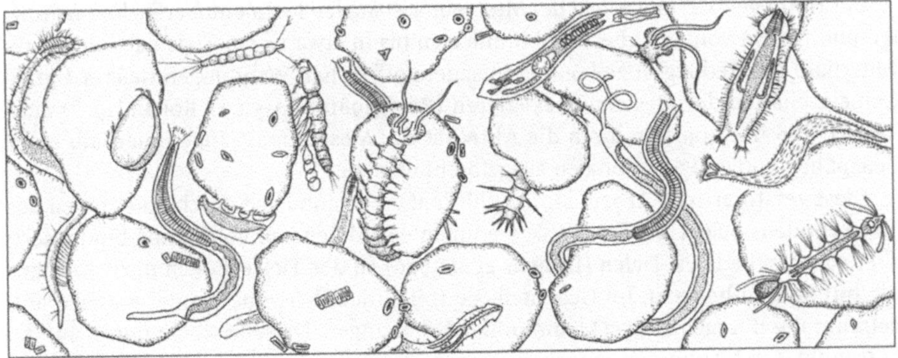

Abb. 2.1. Eine Auswahl von Vertretern der Mesofauna, die den Intergranularraum eines marinen Sands besiedeln. Diatomeen haften auf den Körnern. Nach Thorson (1968)

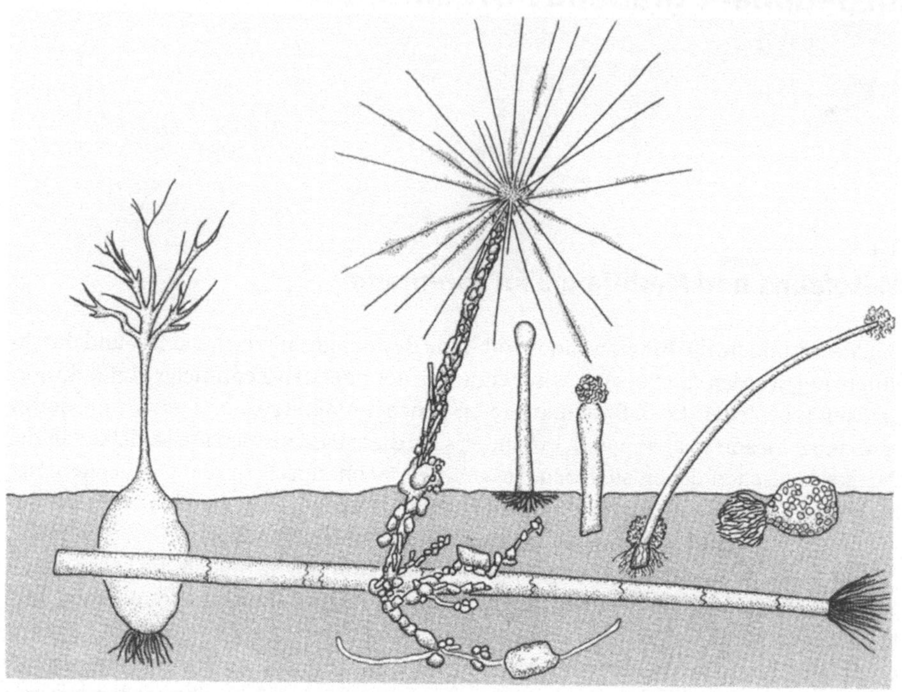

Abb. 2.2. Lebendstellung einiger benthischer Foraminiferen, die den Schichtverband schlammiger Sedimente stören, etwa 2,5fach vergrößert. Von links nach rechts: *Pelosina arborescens, Marsipella arenaria, Hyperammina* sp., *Pilulina* sp., *Bathysiphon* sp. und *Saccammina sphaerica.* Im Schlamm liegend *Bathysiphon filiformis.* Verändert nach Christensen (1971)

Cullen (1973) beschreibt den Einfluß der Mesofauna auf exogene Spuren. In einem Aquarium mit vorher gesiebten Meeresboden-Sedimenten (Maschenweite: 1 mm) hinterließ ein Einsiedlerkrebs charakteristische Fährten, bevor er aus dem Gefäß entfernt wurde. Im Laufe der nächsten Tage verlor die Fährte allmählich an Deutlichkeit, bis sie letztlich verschwand, ausgelöscht durch die Aktivität der Mesofauna.

Der Homogenisierungseffekt der Mesofauna ist an der Sedimentoberfläche am größten und nimmt von den obersten Millimetern bis in etwa 1,5 cm Tiefe nach unten ab. Unterhalb der Redoxgrenze können in sauerstoffreichen Wandungen tieferer Gänge Gemeinschaften der Mesofauna existieren (Reise 1981; Kap. 5.1.2). Ronan (1977) fand heraus, daß in Aquarien durch die Aktivität der Mesofauna Gänge innerhalb einer Zeitspanne von einigen Monaten ausgelöscht werden.

Diese zerstörerische Arbeit der Sandlückenfauna kann auch durch Fotografien des Tiefseebodens belegt werden. Tiefseesedimente sind generell vollständig bioturbiert, aber sogar in hadalen Tiefen (Lemche *et al.* 1976) ist der Tiefseeboden nicht vollständig mit Spuren bedeckt. Im Gegenteil, sie treten deutlich voneinander entfernt auf, getrennt durch regelmäßige, kleinräumige Erhebungen. Diese Erscheinung ist auf die konstante Zerstörung der exogenen Spuren durch die Aktivität der Mesofauna zurückzuführen. Auf einigen Bildern, auf denen spurenerzeugende Tiere frische Fährten hinterlassen haben, sind ältere Teile der Fährten schon innerhalb der Grenzen des Bildes in Auflösung begriffen (Heezen und Hollister 1971, Abb. 4.20 und 5.1; Hollister *et al.* 1975, Abb. 21.18).

Zeitrafferaufnahmen des tiefen Ozeanbodens belegen, daß über einen Zeitraum von einigen Wochen eine allmähliche Auslöschung der oberflächennahen Spuren durch die Aktivität der Mesofauna stattfindet (Paul 1977). Die Fährte des Einsiedlerkrebses von Cullen (1973) verschwand innerhalb weniger Tage; eine vergleichbare Fährte einer anomuren Krabbe in einer Tiefe von fast 5 000 m des Pazifischen Ozeans war erst nach einigen Monaten ausgelöscht (Paul *et al.* 1978).

Anaerobe Mikroben treten auch noch unterhalb der Basis der aeroben Zone auf. Ihre Aktivitäten reichen bis einige 100 m in den Untergrund (Parkes *et al.* 1993).

2.2
Haustoriide Amphipoden (Flohkrebse)

Durch heranwachsende juvenile Organismen besteht hinsichtlich der Größe keine abrupte Grenze zwischen Meso- und Makrofauna. Im Zentimeterbereich – zu groß, um noch zur Mesofauna gerechnet zu werden – treten Amphipoden als bedeutende grabende Organismen in einem breiten Spektrum von Sedimenten des Süßwassers bis zu denen des Abyssals auf.

Nicolaisen und Kanneworff (1969) untersuchten zwei Brackwasserarten, *Bathyporeia pilosa* und *Bathyporeia sarsi*. Diese Amphipoden leben in geringfügig unterschiedlichen Tiefen in Sanden (5 und 7 cm unterhalb der Oberfläche) und bewegen sich mehr oder weniger kontinuierlich durch das Sediment. Mit der Dorsalseite nach unten lassen die Tiere über sich einen kleinen offenen Raum frei, den Bau, durch den die Körner transportiert werden. Da der Bau durch die Gliedmaßen gestützt wird, scheinen sie wenig oder keinen Schleim abzusondern (Abb. 2.3a). Mit den restlichen Gliedmaßen werden einzelne Körner aufgenommen, im Bau von vorn nach hinten trans-

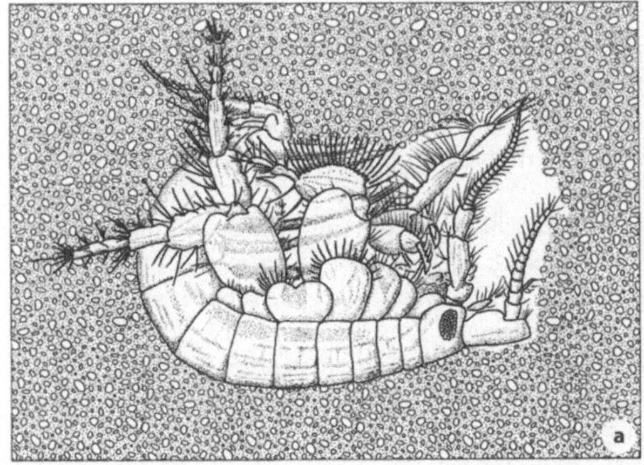

Abb. 2.3. a Der Amphipode *Bathyporeia sarsi* bei der Aufarbeitung von Sand in seinem Bau. Das Dach und die Seiten werden durch eine Reihe von verschieden spezialisierten Gliedmaßen gestützt. **b** Versatzstrukturen von *Haustorius* sp. in einem laminierten Sand (Röntgenaufnahme). Verändert nach Nicolaisen und Kanneworff (1969) und Howard und Elders (1970)

portiert und organische Umhüllungen entfernt, die als Nahrung aufgenommen werden. Auf diese Weise schiebt sich das Tier mit seinem Bau durch das Substrat vorwärts.

Andere Arten – wie *Haustorius arenarius*, *Urothoe marina* und Arten von *Bathyporeia* – graben mit der Dorsalseite nach oben (Dennell 1933; Watkin 1939, 1940), ihr Freßverhalten ist jedoch ähnlich.

Howard und Elders (1970) untersuchten die Tätigkeit von sieben Arten von Flohkrebsen in einem künstlich laminierten Sediment. Es wurden zuerst kleine, uhrglasförmige Versatzstrukturen angelegt (Abb. 2.3b). Bei der kontinuierlichen Durchwühlung des Sediments wurde die bestehende Lamination aber ausgelöscht und ein homogenes, kryptobioturbates Sediment erzeugt. Die sieben Arten zeigten nicht nur geringe Unterschiede bei der bevorzugten Sedimenttiefe (Kap. 5.4.2), sondern erzeugten auch leicht unterschiedliche Grabgangstrukturen.

Dies ist aber nicht die einzige Aktivität von im Sand grabenden Amphipoden. Hertweck (1972) beschreibt fast 20 cm tiefe, offene vertikale Schächte, die durch den Amphipoden *Talitrus salator* im mediterranen oberen Sandstrand angelegt wurden. Der Sandfloh *Talorchestia deshayesii*, der eigentlich ein epibenthischer Algenfresser ist, gräbt in Sandstränden in ähnlicher Weise (Reid 1938). Im tieferen Wasser baut *Haploops tubicola* feste vertikale Röhren (Abb. 5.13d). Corophioide Amphipoden werden später behandelt (Kap. 3.4.1).

2.3
Eindringlinge in weichen Substraten

Viele Organismen bewegen sich innerhalb von Weichgründen frei und mehr oder weniger kontinuierlich. Räuberische Schnecken, von denen die Naticiden besonders gut untersucht wurden, sind ein gutes Beispiel dafür.

Trueman (1968c) beschreibt bei drei Arten den Wühlvorgang im Sand. Das Gehäuse dieser Schnecken ist weitgehend mit Weichteilen bedeckt. Das Tier verwendet die Doppelankertechnik beim Eindringen in das Substrat. Das Propodium (vorderer Teil des Fußes) bedeckt den Kopf, wird als Endanker ausgedehnt und findet so Halt im Sediment. Der hintere Teil des Fußes wird hinuntergedrückt (Abb. 2.4a). Das Blut wird jetzt aus dem Propodium, das daraufhin schrumpft, nach hinten in das Mesopodium verlagert, das sich ausdehnt und den Eindringanker bildet. Dieser Ankerpunkt erlaubt dem Tier, mit dem nun dünnen Propodium vorwärts in das Sediment einzudringen.

Während dieses Vorgangs wird viel Schleim an das umgebende Sediment abgegeben. Es wird kein eigentlicher Bau angelegt. Als Respirationskammer dient die Mantelhöhle innerhalb des Gehäuses, und bei der Vorwärtsbewegung schließt sich das Sediment wieder hinter dem Tier. Durch Eindringen, Einschleimen und Transport des Substrats sowie dessen Wiederablagerung hinter dem Tier entsteht im Substrat ein chaotisches Biodeformationsgefüge. Strukturstörungen durch Naticiden und andere Schnecken weisen Howard (1968) und Frey und Howard (1972) (Abb. 2.4b und 6.3) in Röntgenaufnahmen nach. Schäfer (1956) vergleicht die Spur des Naticiden *Lunatia nitida* mit dem Effekt, den ein durch das Substrat bewegter Ball hervorruft. Es bildet sich dabei eine gestörte Zone, an deren Begrenzung die sedimentäre Schichtung deformiert ist.

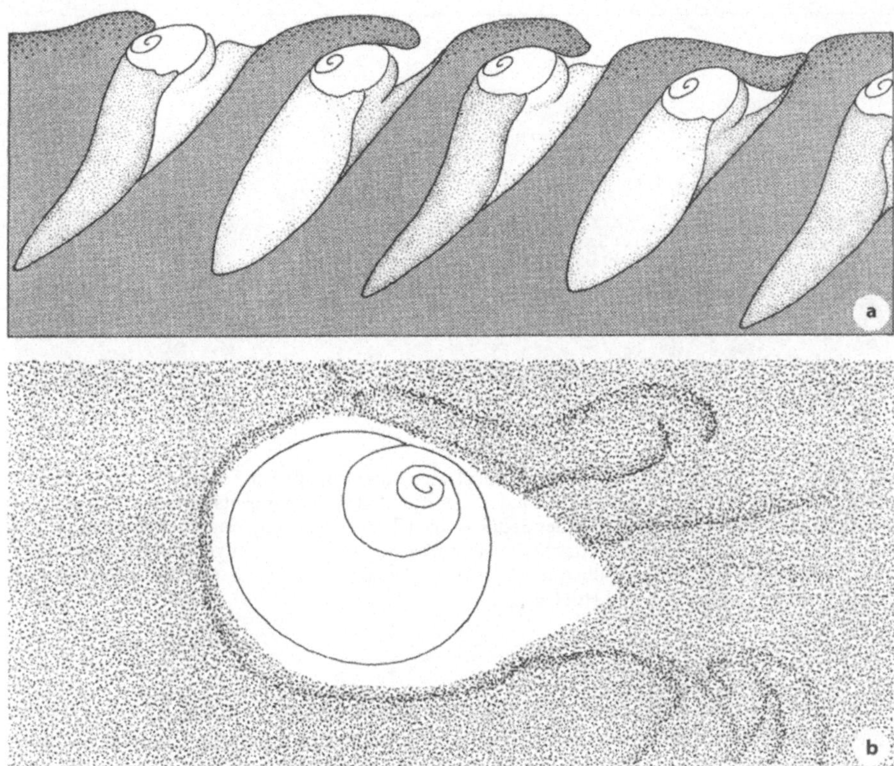

Abb. 2.4. Naticide Schnecken. **a** *Polinices josephinus* dringt unter Anwendung der Doppelankertechnik in das Substrat ein. Aufgeblähte Teile sind hell dargestellt. **b** Biodeformationsstruktur von *Polinices duplicatus* beim Eindringen in das Substrat. In Anlehnung an Trueman (1968c) und nach einer Röntgenaufnahme von Frey und Howard (1972). Siehe auch Abb. 6.3

2.4
Schwimmen durch das Substrat

Die zu den Cephalochordaten gehörenden Lanzettfischchen sind außerordentlich effiziente endobenthische Organismen, die eine ungewöhnliche Mobilität innerhalb des sedimentären Milieus entwickeln. Arten von *Branchiostoma* modifizieren ihr Verhalten in Abhängigkeit von der Konsistenz des Substrats (Abb. 2.5). Als Lebensraum werden gut sortierte Sande bevorzugt. Durch Zerbrechen der Körner oder durch die Entfernung der organischen Hüllen wird die Rauhigkeit künstlich gesteigert und der Sand für eine Besiedlung durch Lanzettfischchen ungeeignet (Webb und Hill 1958).

Schäfer (1956, 1962) bestätigt, daß *Branchiostoma lanceolatum* ähnliche Techniken wie beim Schwimmen im Wasser benutzt, um sich durch das Sediment zu bewegen. Obwohl der Tierkörper mit Schleim beschichtet ist, dringt kein Schleim in das Sediment ein, das lose bleibt und hinter dem Tier wieder zusammenfällt. Verwirbelungen erzeugen kleine Deformationsstrukturen im Sediment. Hagemeier und Hinrichs (1931) fanden heraus, daß in Aquarien gehaltene dichte Populationen von Lanzettfischchen

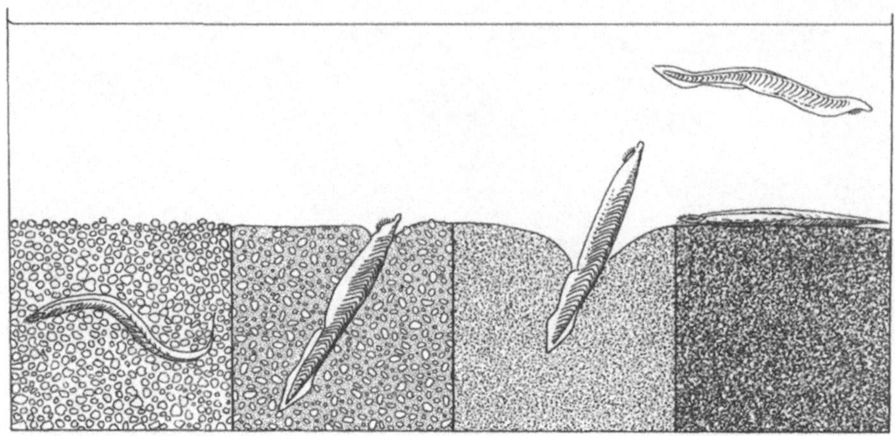

Abb. 2.5. Verhalten von Lanzettfischchen in Substraten unterschiedlicher Konsistenz. Von links nach rechts: In durchlässigen, reinen Sanden lebt das Tier innerhalb des Sediments. In feinen Sanden muß der Mund zur Wasseraufnahme über der Sedimentoberfläche liegen, das Wasser kann über die Kiemenspalten herausgepumpt und in das Sediment abgegeben werden. In tonigen Sanden muß der gesamte Kiemenschlauch aus dem Substrat herausragen. Schlamm wird von Lanzettfischchen nicht besiedelt. Verändert nach Webb und Hill (1958)

sechs Monaten nach der Besiedlung eine invers gradierte Schichtung in vorher homogenen Sedimenten erzeugten. Der Effekt war sogar schon nach einer Woche feststellbar.

Ricketts und Calvin (1962) lieferten eine lebendige Darstellung der Aktivitäten von Lanzettfischchen. „Es ist schwer zu glauben, daß Tiere so schnell graben können. Sie stürzten sich selbst mit dem Kopf voran in den Sand. Scheinbar graben sie im dicht gepackten Sand so schnell, wie die meisten Fische schwimmen".

Kapitel 3

Die Tätigkeit der Würmer

Viele Autoren teilen die grabenden Organismen in zwei Gruppen ein: Tiere mit einem festen Skelett an oder in der Nähe ihrer Körperoberfläche und Tiere, die vollständig oder funktional weich sind (z. B. Trueman und Ansell 1969; Elders 1975). Die weichen grabenden Organismen umfassen viele längliche Formen, die nachstehend – auch auf die Gefahr hin, den Widerspruch der Zoologen herauszufordern – als Würmer bezeichnet werden sollen.

3.1
Zwei Würmer in weichem Schlamm

3.1.1
Ein Priapulide

Die Priapulida sind ein Phylum der unsegmentierten Würmer mit lediglich sechs rezenten Gattungen, die wiederum nur geringe fossile Erhaltungschancen besitzen. Sie gehen vermutlich auf präkambrische Vorfahren zurück. Die heutigen Vertreter sind wahrscheinlich Reste eines großen Phylums, das bereits im Paläozoikum Bedeutung erlangte und seitdem durch die Konkurrenz von grabenden Organismen mit effizienterem Grabverhalten verdrängt wurden (Van der Land 1970). Im mittelkambrischen Burgess-Schiefer kommen mehr als fünf grabende Arten gemeinsam vor (Conway Morris 1977).

Priapuliden haben einen vorderen, nach innen gestülpten Teil, das mit Dornenreihen bewehrte Prosoma, einen Hauptkörper und einen schwanzartigen Anhang. Das Grabverhalten ist lediglich bei einer einzigen Art – bei *Priapulus caudatus* – untersucht. Die bei einer zweiten Art (*Halicryptus spinulosus*) beobachteten Bewegungen lassen jedoch ein ähnliches Verhalten vermuten (Friedrich und Langeloh 1936). Diese und vier andere Arten sind schlammbewohnende Carnivoren (Van der Land 1970).

Nach Schäfer (1962), Hammond (1970) und Elder und Hunter (1980) bewegt sich *Priapulus caudatus* unter Verwendung der Doppelankertechnik leicht durch wäßriges Schlammsubstrat (Abb. 3.1).

In sehr flüssigem Substrat stößt diese Technik an die Grenze der Anwendbarkeit. Wenn das Prosoma nach außen gestülpt wird und in den davor befindlichen Schlamm eindringt, kann der Durchdringungsanker nach hinten gleiten. Der Körper wird in gekrümmter Stellung gehalten, um einen hohen Reibungswiderstand zu gewährleisten. Das Prosoma wird nun als Endanker aufgeblasen, und der sich zusammenziehende Körper wird von diesem Anker nach vorn geschoben. Wenn sich das Prosoma zusammenzieht, durchläuft eine peristaltische Welle den Körper nach vorn, der sich in den Raum, der durch das Prosoma freigeworden ist, zwängt. Erneut bildet sich am Hinterteil ein Durchdringungsanker aus. Der Wühlzyklus dauert eine Minute, bei dem sich das Tier um 25 % seiner Länge vorwärts bewegt.

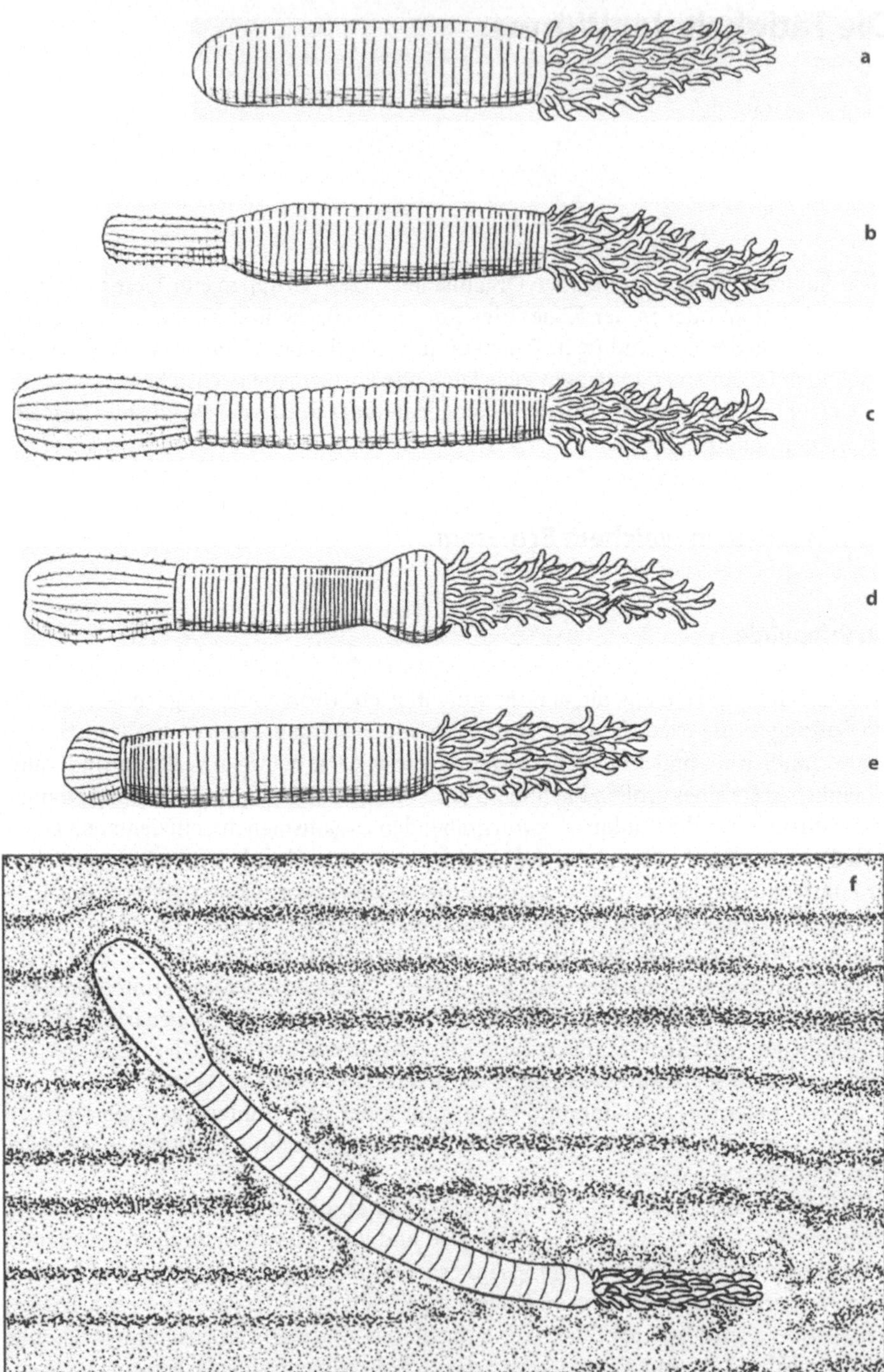

Abb. 3.1. *Priapulus caudatus.* **a–e** Aufeinanderfolgende Körperformen während eines Wühlzyklus.
f Biodeformation durch *Priapulus caudatus.* Die gekrümmte Haltung verstärkt die Hebelwirkung des
Durchdringungsankers. Verändert nach Schäfer (1962), Hammond (1970) und Elder und Hunter (1980)

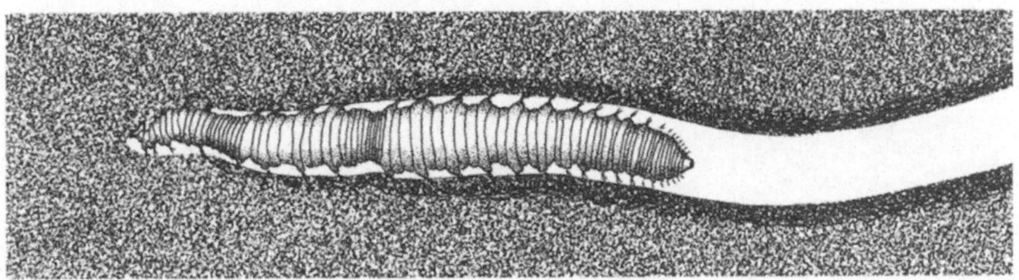

Abb. 3.2. *Polyphysia crassa* bei der Anlage eines Gangs im Schlamm. Drei peristaltische, kontraktile Wellen bewegen sich vorwärts. Die nach rückwärts gerichteten Setae (Borsten) auf den Anhängen des verbreiterten Teils am Rumpf bilden einen effektiven Durchdringungsanker. Verändert nach Elder (1973)

Es wird kein offener Bau erzeugt, da sich das Sediment hinter dem Tier wieder schließt (Abb. 3.1f). Andere Autoren haben aber von Gängen berichtet, die durch peristaltische Bewegungen bewässert werden (z. B. Mettam 1969).

3.1.2
Ein fleischfressender polychaeter Wurm

Eine andere Art der Anpassung an die Durchdringung halbflüssiger Sedimente ist bei dem fleischfressenden scalibregmiatiden Polychaeten *Polyphysia crassa* zu beobachten. Elder (1973) entdeckte, daß diese Art anstelle einer Doppelankertechnik, die von vielen Würmern angewendet wird, das lockere Substrat vor sich mit Hilfe seines Prostomiums seitlich herauskratzt (Abb. 3.2). Es wurde kein zyklisches Graben beobachtet; das Kopfende des Tieres schiebt sich kontinuierlich und azyklisch im Sediment voran, während der Rest des Körpers mittels nach vorn verlaufender peristaltischer Wellen nachrückt.

Diese Aushöhlungstechnik ist in Flüssiggrund nicht immer anwendbar, während sie in Sedimenten höherer Scherfestigkeit häufig auftritt. Nachdem das Prostomium von *Polyphysia crassa* Partikel oder Flocken aus ihrem Verband gelöst hat, schieben die Parapodia den Schlamm zur Seite sowie nach hinten. Ein offener Bau entsteht (Abb. 5.13d). Stoßende Bewegungen des Schwanzes drücken den Bau auseinander, und die Wandungen werden mit Schleim stabilisiert (Elder 1973).

Nach Fauchald (1974) war der oberflächennahe Detritus von Flüssiggründen das erste Substrat, das von den primitiven präkambrischen Polychaeten besiedelt wurde, bevor effizientere Grabtechniken die Besiedlung festerer Substrate erlaubte. Während die Priapuliden wahrscheinlich noch primitive grabende Organismen waren, haben die meisten heutigen Besiedler wäßriger Substrate effizientere Grabtechniken entwickelt, um sich dem halbflüssigen Lebensraum anzupassen.

3.2
Seeanemonen und andere Cnidarier

3.2.1
Actinaria

In der Gruppe der Seeanemonen finden sich auch Arten, die die Fähigkeit besitzen, sich im weichen Sediment festzusetzen. Dank der Studien von Ansell und Trueman (1968)

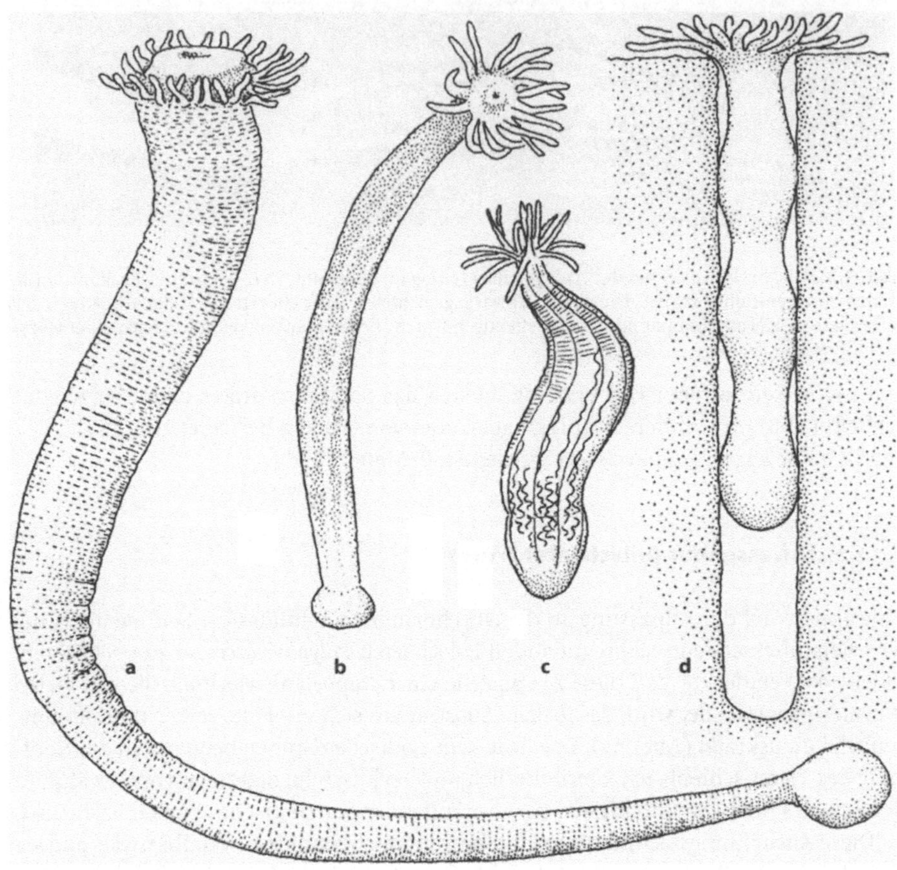

Abb. 3.3. Grabende actinide Seeanemonen. **a** Die große *Harenactis attenuata* in etwa halber natürlicher Größe und **b** *Edwardsiella californica* in doppelter natürlicher Größe mit einer aufgeblähten Physa-Knolle. **c** *Edwardsia tricolor* in natürlicher Größe. **d** Eine Actinide in ihrem einfachen schleimgestützten Bau, der durch peristaltische Bewegungen bewässert wird. Verändert nach Ricketts und Clavin (1962); Morton und Miller (1968) und Sassaman und Mangum (1972)

über eine Form mit Physa und von Mangum (1970) über eine Form mit Fußscheibe ist die Grabaktivität dieser relativ einfachen Tiere gut bekannt.

Seeanemonen graben mit Hilfe peristaltischer Bewegungen, die unter Zusammenziehung ringförmiger Muskeln von der Tentakelkrone zur Basis den Körper durchlaufen. Die Basalscheibe ist zu einer knolligen Physa modifiziert, welche als terminaler Anker aufgebläht werden kann oder für das Eindringen in das Substrat zugespitzt wird (Abb. 3.3). Unter Verwendung der Doppelankertechnik dringen die Seeanemonen leicht in das oberste Sediment ein. Ihr Bau ist winzig und wird dabei durch Schleim und durch den Körper des Bewohners gestützt. Er ist wenig größer als die Seeanemone selbst und wird durch peristaltische Wellen des Körpers bewässert (Abb. 3.3d).

Einige endobenthische Seeanemonen sind keineswegs schwächliche grabende Organismen. Wenn es gereizt wird, zieht sich das Tier in die Röhre zurück und bläht seine Physa stark auf. Ricketts und Calvin (1962, S. 240) beschreiben, wie schwierig es ist, eine große *Harenactis attenuata* in diesem zusammengezogenen Zustand aus dem Sediment herauszuziehen, wenn deren Physa bis zu 45 cm tief im Sediment festhaftet (Abb. 3.3a).

3.2.2
Ceriantharia

Diese kleine Ordnung der Anthozoen besitzt für die Ichnologie eine größere Bedeutung als die Actinarien, weil sie halb dauerhafte, mit Wänden versehene Gänge anlegt. Cerianthiden legen normalerweise jeweils einen einzelnen senkrechten Schacht an. Von einigen Arten wird berichtet, daß sie diesen in einer Tiefe von mehreren Zentimetern in einen langen horizontalen Stollen ausweiten, der wiederum verzweigt sein kann (Picton und Manuel 1985; Jensen 1992). Beginnen wir mit den Schächten.

Der Bau ist mit Schleim ausgekleidet, in welchen zahllose abgestoßene Nesselkapseln eingebettet sind. Dieser spezielle Kapseltyp wird ausschließlich für den Röhrenbau verwendet (Mariscal *et al.* 1977). Die langen und verfilzten Fäden dieser Kapseln bilden ein festes Wandungsmaterial. Wird sie aus ihrem Bau entfernt, produziert eine nackte Seeanemone sofort einen neuen Mantel von Nesselfäden, wenn sie wieder langsam in das Sediment eindringt.

In einem bestehenden Grabgang können andere Fremdmaterialien in die Röhre eingebaut werden, und der ausgekleidete Bau wird bis zu einer gewissen Tiefe unter das Tier verlängert (Abb. 3.4b). Wenn dem Organismus von oben Gefahr droht, zieht er sich bis auf den Grund seiner Röhre zurück. Werden Individuen von *Cerianthus membranaceus* in ihrem Bau unter dem Meeresboden gestört, halten sie sich beim Zurückziehen mit ihren Tentakeln an der Öffnung der biegsamen Röhre fest, ziehen diese dicht hinter sich her und hinterlassen so keine sichtbaren Spuren.

Die dauerhafte Struktur wird von dem Tier nicht freiwillig verlassen oder verlagert. In Aquarien können Individuen mehrere Jahre ohne Verlagerung ihres Baus leben, falls dieser unzerstört bleibt. Ich habe dagegen einen jungen *Cerianthus membranaceus* beobachtet, wie er aus seiner Röhre floh, nachdem ihn von unten ein *Echinocardium mediterraneum* angestoßen hatte.

Schäfer (1962) beschreibt ein Nordseesediment, das von *Cerianthus lloydii* durchwühlt wurde. Diese Art legt einen Grabgang von fast einem Zentimeter Durchmesser an, der etwas länger als sein Körper ist. Die Struktur ist mit Nesselkapseln, Schleim oder Sand ausgekleidet. Während periodischer Akkumulationsphasen am Meeresboden halten die Tiere den Kontakt mit der Sedimentoberfläche aufrecht, indem sie die Gänge mit der Sedimentation nach oben verlagern (Abb. 3.4c). Auf diese Weise können lange Ausgleichsstrukturen entstehen, deren Ausmaße in keinem Verhältnis zur Größe des Tieres stehen (Kap. 9.2.8). Remane (1940) beobachtete solch einen *Cerianthus*-Bau von 1 m Länge.

Wenn bei Zunahme der Sedimentationsrate das Tier verschüttet wird, ändert sich sein Verhalten. Die Bildung von Röhren wird eingestellt. Das Tier bündelt seine Tentakeln und durchdringt das Sediment bis zur neuen Oberfläche, wo es den nächsten Bau anlegt (Abb. 3.4d und e). Diese Fluchtspur sollte nicht mit einer Ausgleichsstruktur verwechselt werden, welche lediglich eine Modifikation der normalen Röhre darstellt (Kap. 9.2.9).

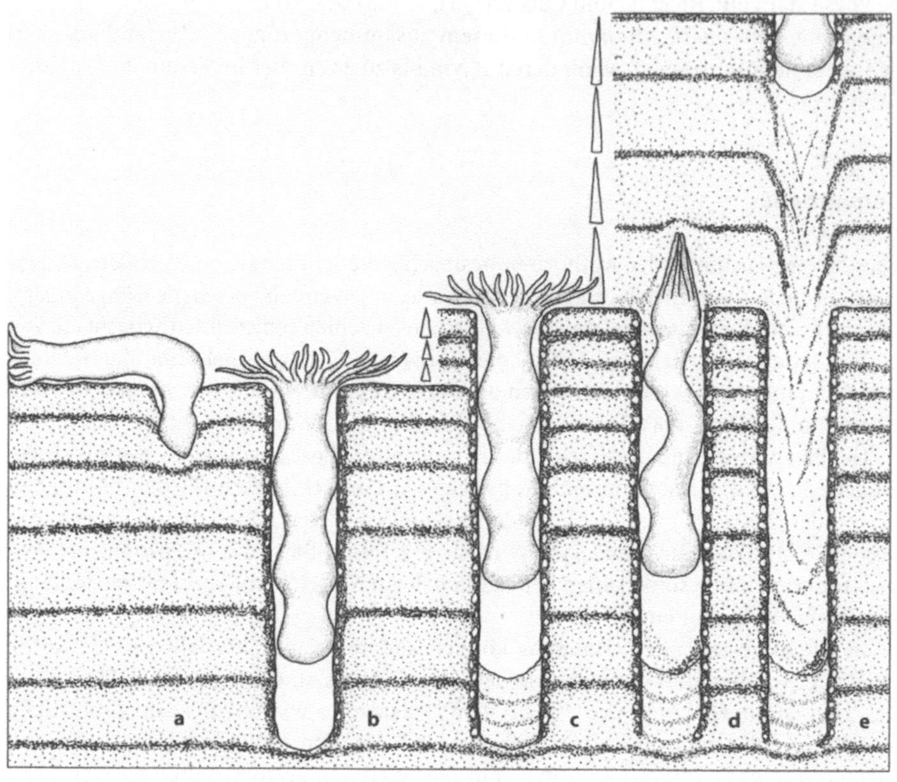

Abb. 3.4. Verhalten von *Cerianthus lloydii* unter verschiedenen Bedingungen. **a** Beginnendes Eindringen in das Substrat nach der Freilegung: protrusive Kompression. **b** Errichtung eines Domichnion, das mit Nesselkapseln und Sandkörnern ausgekleidet wird. **c** Retrusiver Ausgleich als Reaktion auf geringen Sedimentzuwachs erzeugt ein Equilibrichnion (Kap. 9.2.8) (**d–e**). Graben bei stärkerer Sedimentation löst retrusive Fluchtreaktionen aus und erzeugt ein Fugichnion (Kap. 9.2.9) bis zum neuen Meeresboden, wo wieder ein Domichnion eingerichtet wird. Verändert nach Schäfer (1962)

Frey (1970) fand vertikale Röhren von *Ceriantheopsis americanus* von etwa 1,5 cm Breite und bis zu 35 cm Tiefe. Dabei treten kleinere, schwer zu deutende Seitenzweige auf. Eventuell wurden sie während der Ausbesserung und Wiederherstellung der Röhre nach Erosionsschäden angelegt oder stellen Grabgänge von asexuell knospenden Individuen dar.

Große Exemplare legen eindrucksvolle Gänge an. Die im Intertidal vorkommende *Ceriantheopsis aestuari* aus Kalifornien wurde von Ricketts und Calvin (1962) als eine Art beschrieben, die „in einer schwarzen, pergamentartigen Röhre lebt, die mit Kot bedeckt und mit Schleim überzogen ist. Aktivere Ausgräber als die Autoren haben Exemplare mit fast 2 m langen Röhren geborgen". Die Größe der Gänge und das spezielle Wandungsmaterial spricht dafür, daß *Ceriantheopsis aestuari* zu der anderen Gruppe von Cerianthiden gehört.

Drei Cerianthiden wurden aus ausgedehnten, tief gelegenen und verzweigten Gängen beschrieben: *Cerianthus* sp. aus dem Flachwasser (Ricketts und Calvin 1962) und zwei Tiefwasserformen, *Arachnanthus sarsi* (Picton und Manuel 1985) und *Cerianthus vogti* (Jensen 1992).

Am besten untersucht ist *Cerianthus vogti*. Im Europäischen Nordmeer enthält der Schlammboden zwischen 1244 m und 2926 m Tiefe dichte Populationen von Cerianthiden. Die Tiere leben unter der Redoxgrenze in einem ausgedehnten, verzweigten Röhrensystem, das wahrscheinlich einige Meter lang und etwa 10 cm tief ist. Die Röhrenwandung wird aus zwei Lagen aufgebaut. Die äußere besteht aus dem umgebenden Sediment, das in ein Netzwerk aus lockeren, hellgrünen filzartigen Matten von verfrachteten Cnidariern eingewoben ist. Das Innere der Röhre ist glatt, lederartig und schwarz. Der äußere Durchmesser der Röhre beträgt 2 cm.

Wo in diesem Gebiet natürliche Austritte von Methan und Schwefelwasserstoff auftreten (Hovland und Thomsen 1989), sind Populationen von Cerianthiden besonders dicht und kommen zusammen mit zahlreichen Pogonophoren vor. Dies veranlaßt Jensen (1992) zu der Annahme, daß die Gänge als „Gasleitungen" dienten, in denen sich Methan und Schwefelwasserstoff konzentrierten. Diese Gase versorgen Symbionten, die Sulfid und Methan oxidieren und die in den dicken Gangwandungen in bakteriellen Kulturen gedeihen (Kap. 1.1.8).

3.2.3
Seefedern

Die Pennatulaceen sind eine Ordnung der Octokorallen, die in typischer Ausbildung eine federartige Rhachis mit zahlreichen koloniebildenden Individuen besitzen. Die stammartige Basis ist fest im Sediment verankert und daher fähig, biogene Strukturen zu erzeugen (Abb. 5.13c). Über die Aktivität dieser Kolonien ist jedoch wenig bekannt, obwohl einige Arten verhältnismäßig mobil sind. Die Hauptfunktion des Stiels ist wahrscheinlich die Verankerung. Bei der intertidalen Art *Stylatula elongata* aus dem amerikanischen Pazifik zieht sich die gesamte Kolonie bei Ebbe in ihre Gänge zurück. Während der Flut ragt sie aus ihren Gängen heraus, kann sich aber bei Störung fluchtartig zurückziehen (Ricketts und Calvin 1962).

B. Bett (pers. Mitt. 1994) beobachtete die Tiefseeart *Pennatula aculeata*, die sich vollständig in das Substrat zurückzog, als sie mit dem Kameragehäuse angestoßen wurde, später aber wieder hervorkam.

Es ist auch bekannt, daß Pennatuliden frei rotieren, um sich in der Strömung auszurichten. Tatsächlich ist die Orientierung der Pennatuliden ein nützlicher Anzeiger für die Strömungsrichtung auf Tiefseefotos (Ohta 1984).

Einige Autoren sehen in den Pennatulaceen die Erzeuger des Spurenfossils *Zoophycos*, wobei der Stamm der Kolonie verschiedenen Funktionen des Sedimentfressens gedient haben soll. Bradley (1973, 1980, 1981) erweitert diese Ansicht inzwischen auf eine Reihe von Spurenfossilien. Bis wir jedoch die Sedimentaufarbeitung und das Verhalten der Pennatulaceen vollständiger verstehen, gehören solche Vermutungen in den Bereich der Spekulation.

3.3
U-förmige Grabgänge für Suspensionsfresser

Von den zahlreichen Beispielen für diese Lebensweise sollen zwei gegensätzliche Organismen als repräsentativ herausgegriffen werden: *Chaetopterus variopedatus* und echiure Würmer. Polychaete und echiure Würmer sind nicht eng verwandt, ihre Lebensweisen zeigen jedoch bemerkenswerte Übereinstimmungen. Beide sind gut bekannt und in etlichen Lehrbüchern dargestellt (z. B. Barnes 1980). Sie illustrieren ichnologische Prinzipien jedoch so treffend, daß ihre Beschreibung hier kurz wiederholt werden soll.

3.3.1
Der chaeptopteride Wurm

Chaetopterus variopedatus wurde ursprünglich aus der Adria beschrieben. Einige amerikanische Beschreibungen dieses Taxons (Enders 1908; MacGinitie 1939) sind hinsichtlich ihrer Zugehörigkeit zweifelhaft (Mary Petersen, pers. Mitt. 1988). Die betreffende amerikanische Art und ihr Verhalten scheint jedoch der größeren europäischen ähnlich zu sein. *Chaetopterus variopedatus* lebt im sandigen Substrat des Gezeitenbereichs in einer U-förmigen Röhre, die mit einer kräftigen pergamentartigen Absonderung und mit Partikeln des umgebenden Sediments ausgekleidet ist. Die Röhre eines ausgewachsenen Wurms kann an der Basis des U einen Durchmesser von 2 cm

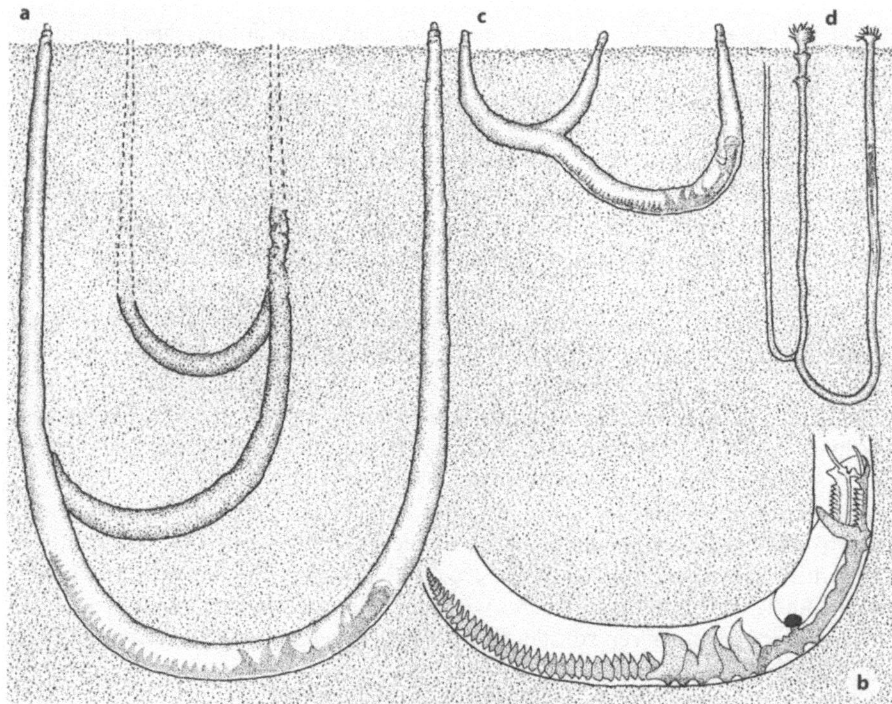

Abb. 3.5. a *Chaetopterus variopedatus* in seiner U-Röhre mit Resten früherer Wachstumsstadien. Nach Beobachtungen in flachem Wasser bei Kefallinia, Griechenland. **b** *Chaetopterus variopedatus* in Freßposition in seiner Röhre. Das Seston-Netz wird kontinuierlich als ein großer Ball (schwarz) aufgerollt. **c** *Chaetopterus* sp. in einer kleineren U-Röhre demonstriert eine weitere Möglichkeit der Röhrenvergrößerung. **d** Die U-Röhre des Polychaeten *Lanice conchilega*. Diese Röhre ist in der Form eines „W" erweitert. Verändert nach Enders (1908), Seilacher (1951) und Barnes (1980)

besitzen, der entlang der vertikalen Äste nach oben hin abnimmt und sich weiter zu den Öffnungen hin verschmälert. An der Oberfläche überragen die Öffnungen als kurze Kamine die Sedimentoberfläche. Die Röhren können bei großen subtidalen Individuen bis zu 1,2 m lang werden (Abb. 3.5a). Von Enders (1908) aus der Gezeitenzone beschriebene Röhren des Polychaeten *Chaetopterus* sp. erreichen die Hälfte dieser Länge.

Enders (1908) beobachtete frisch geschlüpfte Larven, die erste Röhren mit weniger als 1 mm Durchmesser und etwa 2 cm Länge anlegen. Diese kleinen Röhren werden von dem wachsenden Wurm durch die Anlage eines Schlitzes und die Aushöhlung eines breiteren U-förmigen Baus, als Erweiterung des vorherigen, vergrößert (Abb. 3.5c). Den Abraum stößt das Tier am entgegengesetzten Ende der ersten Röhre aus. Die Wand des Gangs wird während der Besiedlungsperioden verstärkt und erweitert.

Wenn der neue Bau fertig ist, werden die alten Zweige durch eine pergamentartige Wandung versiegelt. Die Aktivitäten anderer Endobionten können solche bereits vorhandenen Zweige zerstören, so daß die vollständige Wachstumsgeschichte des grabenden Organismus nur äußerst selten überliefert ist (Abb. 3.5a). Diese Art der U-Röhrenerweiterung ist auch von anderen Röhrenwürmern bekannt (Abb. 3.5d und 3.6).

Chaetopterus variopedatus ist im allgemeinen ein hochspezialisierter Suspensionsfresser. Hinter dem Kopf krümmen sich zwei große Notopodien hornartig gegen die Wand des Baus. Von diesen wird ein Schleimnetz gesponnen, das sich nach vorn zu einer Futtertasche ausweitet (Abb. 3.5b). Der Entwässerungsstrom, der durch drei fächerartige, weiter hinten am Körper sitzende Parapodien ausgelöst wird, durchströmt dieses Netz, das sämtliches Suspensionsmaterial zurückhält. Das Seston wird mit dem Netz zu einem Futterball zusammengerollt, während durch die Parapodien weiteres

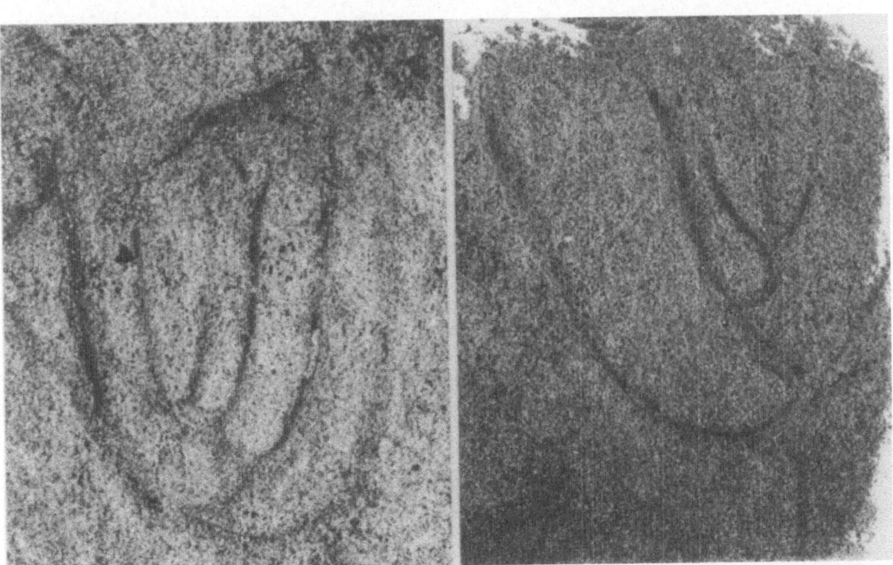

Abb. 3.6. U-Röhren aus der mitteljurassischen Vardekløft Formation von Jameson Land, Ostgrönland, in etwa ½facher Größe, die ein ähnliches Wachstumsmuster wie *Chaetopterus variopedatus* zeigen (Abb. 3.5). Droser *et al.* (1994) beschrieben ähnliche Spurenfossilien in kambro-ordovizischen Sandsteinen. Siehe auch Abb. 3.8, 3.14, 4.29, 4.33 und 5.4

Netzmaterial sekretiert wird. Wenn der Ball genügend groß ist, hört die Netzsekretion auf, und die große Pille wird zur Nahrungsaufnahme nach vorn in die Mundöffnung transportiert (Barnes 1980).

Andere Gattungen der Familie, deren Ernährungsweise ähnlich ist, konstruieren einzelne senkrechte Röhren mit apikaler Öffnung (Barnes 1964, 1965). Einige Arten von *Mesochaetopterus* dehnen ihre Röhren bis über einen Meter in das Substrat hinein aus (MacGinitie und MacGinitie 1949).

3.3.2
Die dicken Wirte

Trotz ähnlicher Lebensweisen und Gangformen kann man sich kaum zwei unterschiedlicher aussehende Würmer vorstellen als *Urechis caupo* und *Chaetopterus variopedatus*. Den plumpen und glatten *Urechis caupo* bezeichnet man wegen der in seinem Bau lebenden kommensalen Gäste als Wirt. Solch eine Gastfreundschaft ist unter den grabenden Organismen verschiedener Zugehörigkeit nicht ungewöhnlich (Kap. 5.1).

Fisher und MacGinitie (1928) beschreiben Laborversuche, bei denen Individuen von *Urechis caupo* in Glasröhren-Gängen beobachtet wurden. Beim Fressen sondern die Individuen ein konisches Netz aus Schleim über den Querschnitt des Gangs ab, den

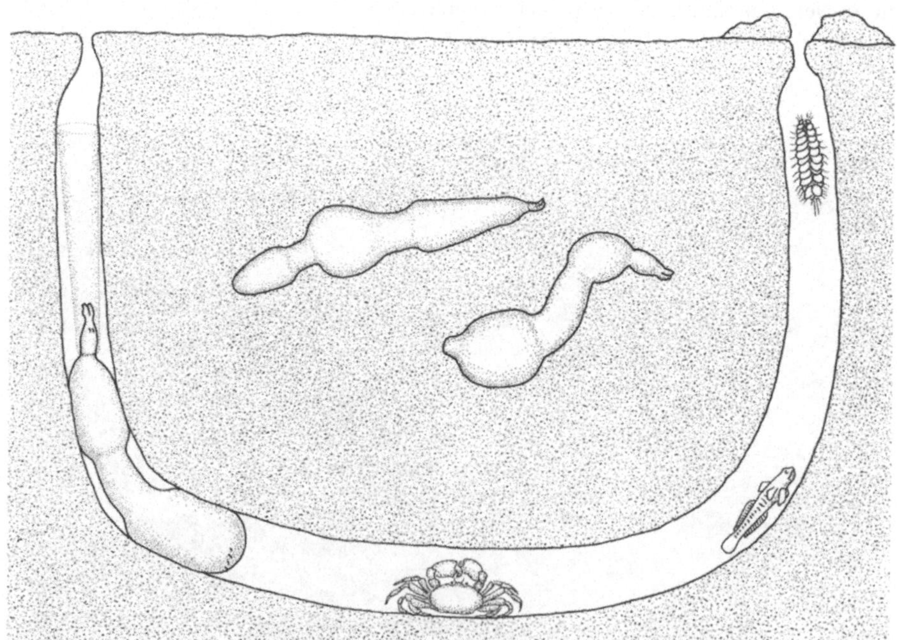

Abb. 3.7. Der echiure Wurm *Urechis caupo* in seinem U-förmigen Bau. Peristaltische Schübe von Wasser werden an seinem Körper vorbei gepumpt und füllen dabei das Schleimnetz mit Seston. Im Bau sind drei Symbionten zu erkennen. Zwischen den beiden Ästen des Baus sind zwei Individuen von *Urechis caupo* mit peristaltischen Bewegungen dargestellt. Verändert nach Fisher und MacGinitie (1928) und Ricketts und Calvin (1962)

　　　　　　

der Bewässerungsstrom passieren muß. Der Strom wird durch peristaltische Bewegungen des Wurms erzeugt, und das zarte und ursprünglich unsichtbare Netz mit Seston verstopft. Die darin zurückgehaltenen Partikel sind bis 40 Å klein (MacGinitie 1945). Wenn das Netz voll ist, wird es – wie bei *Chaetopterus* – samt Inhalt aufgefressen.

Urechis caupo durchdringt das Substrat, in dem zuerst das sehr kurze, proboscide Vorderteil eingeführt wird, um das Sediment zu lockern. Dann kriecht er vorwärts und stellt einen Endanker her. Übrigens sind peristaltische Bewegungen bei diesen nicht segmentierten Würmern viel effizienter als bei Anneliden (Mettam 1969; Schembri und Jaccarini 1977).

Ein dauerhafter Bau wird in Form eines großen, nicht ummantelten U angelegt, das aus senkrechten Schächten und einem horizontalen mittleren Teil besteht (Abb. 3.7). Die Vergrößerung des Gangs wird durch Aushöhlung unter Verwendung zweier Gliedmaßenpaare am Vorderende erreicht, und ein Kranz von Schwanzgliedmaßen schiebt den Abraum nach hinten aus dem Grabgang heraus. *Urechis* besitzt zur Atmung eine vergrößerte Kloake, die benutzt wird, um das Material aus dem Grabgang herauszublasen. Verengte Gangöffnungen erhöhen die Geschwindigkeit der Austrittsströmung und verbessern die Effizienz der Reinigung.

Urechis ist ein ungewöhnlicher Echiure. Nach Fisher (1946, S. 265) sind die vier oder fünf Arten, die über die ganze Welt verstreut sind, „sehr alten Ursprungs, dessen Vorläufer sich im Paläozoikum in viele Arten aufspalteten. Sie gehören zu der ehrenwerten Gesellschaft von *Lingula* und anderer Aristokraten, die man als lebende Fossilien bezeichnet".

3.3.3
Ein nicht so ungewöhnlicher Echiure

Ein anderer Echiure, *Echiurus echiurus*, wurde im Detail untersucht, allerdings nicht, als er in einer Glasröhre lebte. *Echiurus echiurus* höhlt fast auf die gleiche Weise wie *Urechis caupo* aus. Abweichend von diesem wird bei der Vorwärtsbewegung lediglich der größere Rüssel nach hinten gelegt und nur die vorderen und hinteren Borsten werden eingesetzt. Die Gangwandung wird mit Schleim ausgekleidet und durch die peristaltischen Doppelankerbewegungen des dicken Wurmes verfestigt (Gislén 1940; Schäfer 1962). Die Gänge von *Echiurus echiurus* in feinem Schlicksand sind U-förmig, 30 bis 50 cm tief und ihre Öffnungen verengt (Abb. 3.8).

Grabgangerweiterungen folgen dem Muster von *Chaetopterus*: Ein neuer Ast wird in Verbindung mit dem alten U ausgehöhlt und der verlassene Ast mit Sediment gefüllt (Abb. 3.8a). In Stechkernen konnten Reineck *et al.* (1967) an den *Echiurus echiurus*-Gängen sowohl protrusive als auch retrusive Spreiten nachweisen (Kap. 8.4). Diese traten hauptsächlich in Gängen ausgewachsener Tiere auf (Abb. 3.8b). Die Grabgänge waren deutlich nach oben und unten versetzt, auch wenn ein Grund dafür nicht unmittelbar ersichtlich war.

Gislén (1940) beobachtete aus dem Dachbereich abgekratztes Material, das zum Vergraben von Kotpillen am Boden des Baus diente, wodurch eine retrusive Spreitenbänderung entsteht. Reineck *et al.* (1967) vermuten, daß geringe, in den Bau eindringende Sedimentmengen in den Boden eingepreßt werden. Bei größeren Mengen kann dieses Material jedoch am Dach verklebt werden, wodurch eine protrusive Spreite entsteht. Da verdautes Material normalerweise nicht den Bau verläßt, muß es ebenfalls in die Gangwandungen gepreßt werden (Elders 1975).

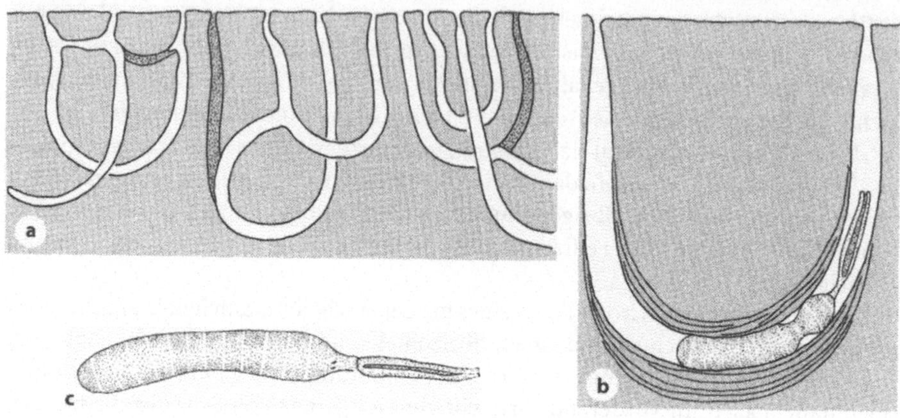

Abb. 3.8. *Echiurus echiurus;* **a** Gänge von sehr schnell wachsenden, juvenilen Individuen mit verschiedenen Möglichkeiten der Vergrößerung des U, das bis zu 12 cm weit in das Substrat reicht. **b** Etwa 50 cm tiefer Bau eines adulten Wurms mit einer Spreitenstruktur. **c** *Echiurus echiurus* in Ruhestellung. Verändert nach Gislén (1940) und Reineck *et al.* (1967)

Der zum Greifen geeignete Rüssel von *Echiurus echiurus* wurde beim Fressen von Detritus beobachtet (Gislén 1940; Schäfer 1962; Nyholm und Bornö 1969), wie er rings um den Bau die Sedimentoberfläche abweidete. Dabei wurde kein Sediment, sondern nur Partikel organischen Detritus' aufgenommen. Der Rüssel diente anscheinend auch zum Abweiden der Bauwandungen (Reineck *et al.* 1967). Dieser Vorgang kann zeitweilig, wenn kein äußeres Sediment in den Bau gelangt, zur Spreitenbildung führen. Details dieser Sedimentaufarbeitung sind jedoch unbekannt.

3.3.4
Abschließende Bemerkungen über U-förmige Gänge

Über die Freßtechnik von *Urechis caupo* wissen wir sehr viel, wenig aber über die von ihm erzeugten Sedimentstrukturen. Andererseits kennen wir wenig über die Freßgewohnheiten von *Echiurus echiurus*, dagegen aber einiges über die Struktur seiner Gänge. *Urechis caupo* wurde hauptsächlich in Gefangenschaft in einer Glasröhre untersucht, wo es keine Alternative zum Suspensionsfressen gab. Sein reduzierter Rüssel deutet kaum auf andere Freßgewohnheiten hin. Bisher wurde nur ein Exemplar von *Urechis caupo* beobachtet, das außerhalb seines Baus in einem Aquarium mit dem Rüssel wenig effizient Sediment aufnahm (Fisher 1946).

Echiurus echiurus andererseits wurde in seinem dichten Substrat untersucht, wo sein Seston-Netz – falls es existierte – möglicherweise nicht bemerkt wurde. Den Tieren stand jedoch Detritus und Sediment zur Verfügung, von denen sie sich ernährten. Nachdem ein Tier den Bereich rund um das orale Ende seines Baus gründlich abgeweidet und keinen Detritus hinterlassen hatte, wendete es manchmal im Grabgang, um am anderen Ende um die zweite Öffnung herum zu weiden. Anschließend ruhte es (Gislén 1940).

Bei einer Tiefwasserform beobachteten Smith *et al.* (1986) das gleiche Phänomen: Einer aktiven Periode von 120 Std. folgte eine 30tägige Ruhephase. Es scheint, daß das Tier unsichtbar und nicht aktiv in seinem Bau verweilte, während sich neuer Detritus ansammelte. Wahrscheinlich muß aber ein alternativer Freßvorgang angenommen werden. Vielleicht wird die Gangwandung ausgebeutet; beim Vergraben von Kotpillen, das zur Anlage von Spreitenlaminae führt, könnte es sich um eine Kultivierung von Mikroorganismen handeln (Kap. 1.1.6). Chuang (1962) beschreibt eine andere Form, *Ochetostoma erythrogrammon*, die Partikel von den Gangwandungen abweidet.

Die zahlreichen schleimsekretierenden Tuberkeln könnten auch ein Seston-Netz bilden. Wir wissen es nicht. Niemand hat es bisher beschrieben. Die dürftigen Fakten, so wie wir sie kennen, sagen uns, daß *Urechis caupo* ein Suspensionsfresser wie *Chaetopterus variopedatus* ist, während *Echiurus echiurus* ein Sedimentfresser ist. Dieser Unterschied in der Ernährungsweise scheint aber unwahrscheinlich, da die Gänge beider Sedimentfresser sich so sehr ähneln.

3.3.5
Speichenförmige, U-förmige und L-förmige Grabgänge

Fotografien des abyssalen Meeresbodens zeigen sehr häufig auffällige radiale Strukturen (z. B. Ewing und Davis 1967, Abb. 53–59; Hollister *et al.* 1975, Abb. 21.15; Young *et al.* 1985; Gaillard 1991, Abb. 3A und B). Schon im Jahre 1970 hatte Häntzschel einige dieser Aufnahmen mit Spurenfossilien verglichen. Einige Strukturen stammen von polychaeten Würmern, andere könnten Spuren oder Körper von Xenophyophoria sein (Tendal 1972, Tafel 16D; 1980).

Eine Gruppe radialer Strukturen mit breiten, schaufelförmigen Speichen ist besonders auffällig. Von Ohta (1984) werden sie auf Grund von Fotografien als das Werk von Echiuren interpretiert; in einigen Fällen war sogar der ausgestreckte Rüssel des Echiuren sichtbar. Durch die verbesserte Technologie besitzen wir heute *in situ*-Videos und Zeitrafferfotografien von Flach- und Tiefwasser-Echiuren (Rice *et al.* 1991).

Nach Jaccarini und Schemri (1977) fressen die Echiuren mit ihrem Rüssel auf zwei verschiedene Weisen. Einige Arten strecken ihren Rüssel bis an den Meeresboden aus und transportieren durch vibrierende Strömungen selektiv Detritus zum Mund. Dabei entsteht praktisch keine Störung des Sediments, auch wenn die Abfuhr von organischem Material durch Farbunterschiede auf den Tiefseefotografien sichtbar ist. Andere Arten schürfen aktiv Oberflächensediment in den Bau, wenn sie ihren Rüssel einziehen; dabei entstehen radiale Furchen, die ein gewisses Erhaltungspotential als Spurenfossilien haben. Eine dritte Möglichkeit der Nahrungsaufnahme besteht nach Bett und Rice (1993) darin, daß der Rüssel über den Detritus ausgestreckt und seitlich geschwenkt wird. Dies hinterläßt kaum Spuren im Sediment.

Im Zusammenhang mit dieser Tätigkeit gibt es mehrere Hinweise auf L-förmige Gänge von Echiuren mit nur einer Öffnung (Abb. 3.9). Von de Vaugelas (1989) stammt ein Modell eines L-förmigen Gangs von Tiefwasser-Echiuren (Abb. 3.10). Dieses Modell wird von Bett und Rice (1993) kritisiert, die aber immerhin feststellen, daß Kotmaterial offenbar nicht wieder an die Oberfläche gelangt und deshalb im Bau verblieben sein könnte.

Die Existenz von Tiefsee-Echiuren mit L-förmigen Gängen, in denen sie ihre Exkremente verbergen, führt Kotake (1992) zu der Annahme, daß Echiuren die Erzeuger von *Zoophycos* seien. Beim Längenwachstum des Tieres sollte die damit verbundene endobenthische Kreisbewegung eine Spirale beschreiben. Allerdings sind *Zoophycos*-Spreiten viel regelmäßiger als alle bisher beschriebenen Speichenstrukturen von Echiuren.

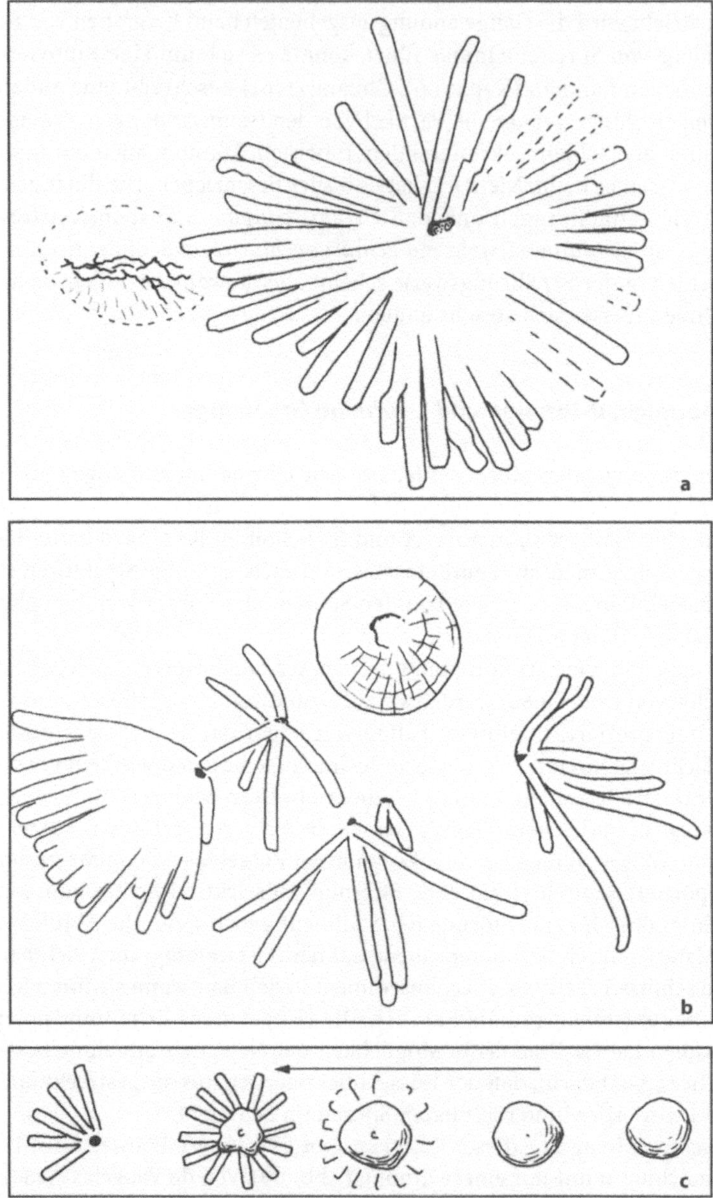

Abb. 3.9. Drei Beispiele von Tiefsee-Echiuren nach einer Tiefseefotografie. **a** Speichenstrukturen neben einer Aufwölbung mit einem Spalt (links). Der Bau muß eine L-Form besitzen (Abb. 3.10). **b** Eine Aufwölbung mit einer zentralen Vertiefung, in der Nachbarschaft von fünf Öffnungen mit Speichen. Offenbar handelt es sich um einen U-förmigem Gang, bei dem der Freßschacht in Bereiche mit frischem Detritus verlagert werden kann, während der Hinterschacht stationär bleibt. **c** Ein gutes Beispiel einer W-Technik beim Verlagern eines U-Baus (z. B. Abb. 3.14). Bei einer Verlagerung nach links werden aufeinanderfolgende Öffnungen mit Speichen verlassen und über ihnen eine Erhebung aufgebaut wenn der Kopf- durch den Hinterschacht ersetzt wird. *a* und *b* sind nach einer Fotografie gezeichnet, die von Ohta (1984) veröffentlicht wurde. *c* B. Bett (pers. Mitt. 1994)

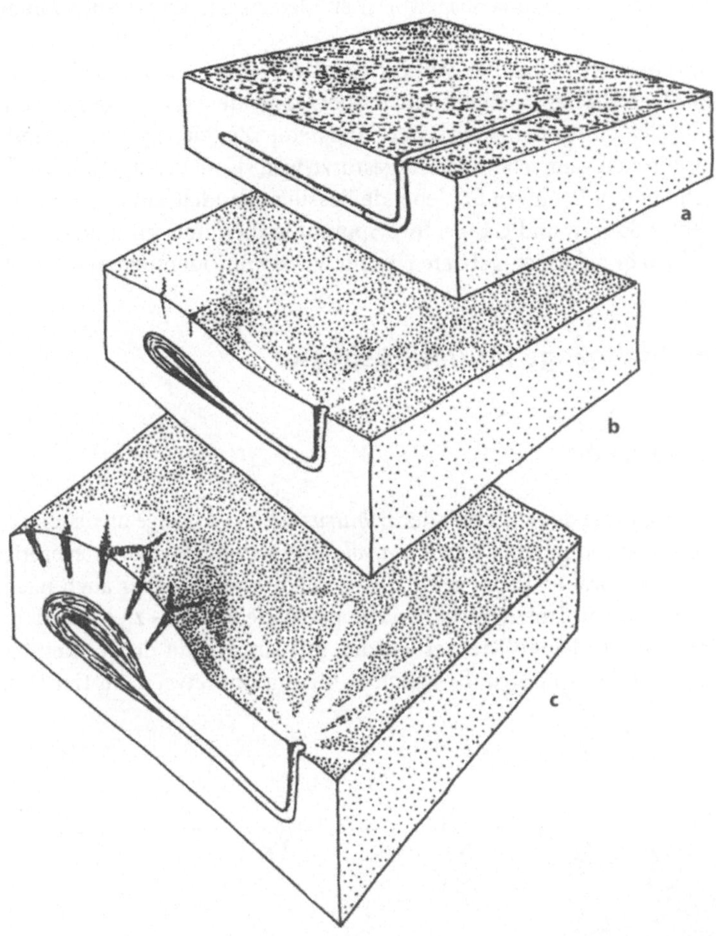

Abb. 3.10. Entwicklung einer Aufwölbung mit Spalt und einer Speichenspur, gezeigt an einem abyssalen Echiuren in einem L-Bau. Verändert nach de Vaugelas (1989). **a** Ein neuer Bau, der Rüssel ragt aus der Öffnung. **b** Die Bewegung des Rüssels führt zur Ausbildung radialer Spuren. **c** Exkremente werden im Bau zurückgehalten, es wird vermutet, daß sie in die Bauwandungen eingepreßt werden. Wenn das Volumen der Auskleidung steigt, entsteht die Aufwölbung mit einem klaffenden Spalt

Die im Intertidal lebende Art *Prashadus pirotansis* reckt ihren Rüssel vom Top eines Hügels nach unten und scheint daher auch einen Bau mit nur einem Eingang anzulegen (Hughes und Crisp 1976). Hughes *et al.* (1993) beschreiben eine andere, größere Flachwasserart, *Maxmuelleria lankesteri*. Diese Art erzeugt ebenfalls einen L-förmigen Bau von 1 m Tiefe und 2 m Länge. In Phasen verstärkter Tätigkeit schürft die Art große Mengen von Oberflächensediment in den Bau. Man nimmt an, daß das Tier in der darauffolgenden Ruhephase das Sediment in seinem Bau sortiert. Dann wird Sedimentmaterial aus der Öffnung ausgestoßen und ein großer Hügel angelegt. Auch Kotmaterial wird heraustransportiert; einige Pellets werden aber in die Bauwandung eingearbeitet, wie bei *Echiurus echiurus* (Kershaw *et al.* 1983; Hughes *et al.* 1993).

Dies und die Wiederaufnahme ausgeworfenen Materials kann als Anbau interpretiert werden.

Risk (1973) beschreibt den Bau von *Listriolobus pelodes* mit bis zu vier aktiven Öffnungen am Meeresboden. Er liefert auch überzeugende Argumente für radiale Rüsselspuren auf Schichtflächen silurischer Sandsteine. Zugehörige Gänge sind nur selten erhalten. Sie sind wahrscheinlich eingestürzt, weil sie nicht aufgefüllt wurden. Auch wenn es sich bei den Echiuren um lebende Fossilien handelt, sind sie bedeutende Erzeuger rezenter Spuren und Gänge. Ihre Spurenfossilien müssen in der geologischen Überlieferung sehr zahlreich auftreten, wenn wir sie nur identifizieren könnten.

3.4
U-förmige Grabgänge für Detritusfresser

3.4.1
Der Schlickwattkrebs

Während die Deutung der Funktion der *Echiurus echiurus*-Gänge unsicher ist, sind die Gänge des Watt-Amphipoden *Corophium volutator* verläßlicher zu interpretieren. Das Tier benutzt zum Graben gepanzerte Gliedmaßen und ist daher auch nach meiner Definition kein Wurm. Trotzdem ist hier die passende Stelle, es zu behandeln.

Die Gänge dieses kleinen Krebses wurden seit langem auf den Wattenflächen der Nordsee studiert. Sie sind grundsätzlich U-förmig und etwa 4 cm tief (Linke 1939;

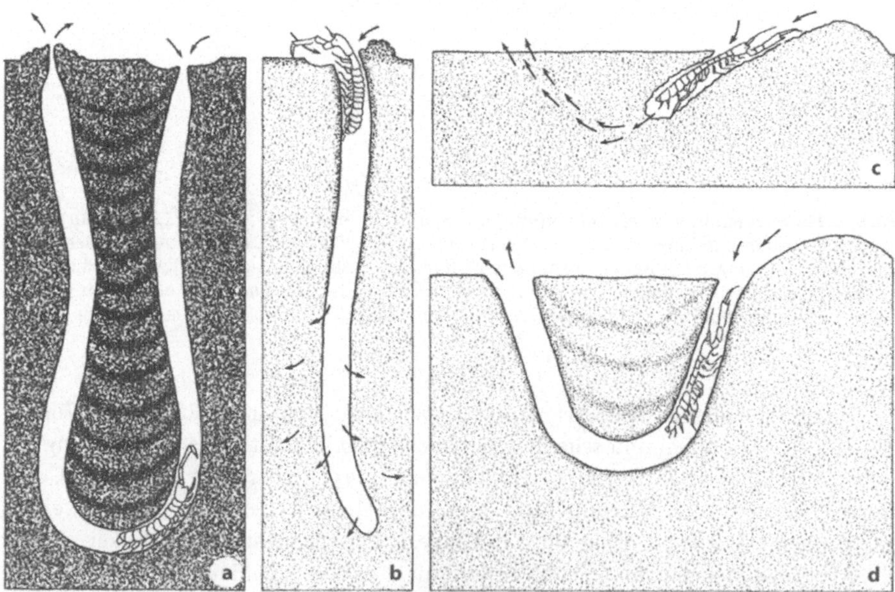

Abb. 3.11. a U-förmige Gänge von *Corophium volutator* in Schlamm und **b** in Sand. Die Pfeile zeigen Wasserströmungen an. Verändert nach Seilacher (1953a). **c** Ein Stadium bei der Anlage des Baus von *Corophium arenarium*. Der Durchgang von Respirationswasser durch das Substrat lockert das Sediment auf und erleichtert den Bau des zweiten Astes. Dieser Bau wird so stufenweise vertieft (**d**). Daten nach Ingle (1966)

Häntzschel 1939; Schäfer 1962; Farrow 1975). Der Amphipode legt um eine der Öffnungen strahlenförmige Freßspuren an, indem er mit seinem verlängerten zweiten Antennenpaar Detritus zusammenharkt. Als natürliche Folge des Detritusfressens werden rund um die andere Öffnung des U-Baus Kotpillen ausgeschieden.

Härtet man den Grabgang mit Hilfe von Kunstharz und schneidet ihn dann, wird zwischen den Schenkeln des U eine protrusive Spreite sichtbar (Abb. 3.11a; Reineck 1958, Tafel 4, Abb. 9; Seilacher 1967a, Tafel 1a und c).

Aus dem Vorhandensein einer Spreite läßt sich nicht zwingend auf Sedimentfressen unter der Sedimentoberfläche schließen. Die Amphipoden verlassen häufig ihre Gänge und errichten neue. Die Spreite ist dann vermutlich ein Ergebnis der Verlegung des Baus. Durch Transport des Sediments vom Boden zur Decke im Scheitelbereich des U wird dieser Teil des Baus nach unten verlagert, und die Schenkel werden länger. Yeo und Risk (1981) behaupten, sowohl protrusive als auch retrusive Spreiten in Vergesellschaftung mit *Corophium volutator* gefunden zu haben, die im Stil den Ausgleichsspreiten des Spurenfossils *Diplocraterion parallelum* ähneln (Abb. 8.11). Es ist jedoch unsicher, ob diese Autoren tatsächlich retrusive und „yoyo"-Spreiten beobachtet oder ihre Existenz lediglich angenommen haben.

Auf relativ hochgelegenen und trockenen Wattenflächen beobachtete Mortensen (1900), daß beide Öffnungen durch jeweils einen Haufen von Exkrementen verschlossen waren, um möglicherweise die Feuchtigkeit im Inneren aufrechtzuerhalten. Durch Anheben der Pfropfen konnten die Amphipoden an beiden Enden des U-förmigen Baus fressen (cf. Hertweck 1970, Abb. 71).

Im Sand zeigt *Corophium volutator* ein völlig anderes Verhalten (Abb. 3.11b). In stärker durchlässigem Substrat ist es nicht notwendig, eine vollständige U-Röhre aufrechtzuerhalten. Ein einzelner Schacht ist ausreichend, da das Spülwasser in die freien Porenräume des umgebenden Sandes austreten kann. Dadurch bleibt als wahrscheinlichste Deutung nur das Fressen von Detritus, wobei sich Abbauriefen und Kotpillen unmittelbar nebeneinander um die einzelnen Röhren entwickeln. Bei jeder Flut werden die Kotpillen entfernt und die Detrituslage erneuert.

Schäfer (1962) bemerkte, daß Röhren von *Corophium volutator* verzweigt sein können. Möglicherweise entsprechen sie den von Thamdrup (1935) erwähnten Brutröhren, in welche die jugendlichen Individuen kleine Ausflüge vom Bau der ausgewachsenen Tiere aus unternehmen.

Eine andere Art, *Corophium arenarium*, lebt im Sand, wo sie mit Schleim ummantelte U-Röhren anlegt (Abb. 3.11c und d). Bei dieser Art scheint es sich also um einen Suspensionsfresser zu handeln.

3.4.2
Die Lebensweise des Sandwurms

Arenicola marina ist normalerweise ein Detritusfresser, obwohl er auch viel Sediment zu sich nimmt. Wie zuerst von Thamdrup (1935) beschrieben, baut der Wurm einen J-förmigen, schleimgestützten Bau in losem Sand (Abb. 3.12a). Wells (1948) betont, daß während der Ausstülpung des Schlunds die dornig vorstehende Buccalmasse das Sediment gewöhnlich geringfügig aushöhlt. Darüber hinaus wird – dieser initialen Durchdringungsphase folgend – eine Technik mit Doppelanker und Kompressionsdruck verwendet, bei welcher kein Sediment verschluckt wird (Wells 1944).

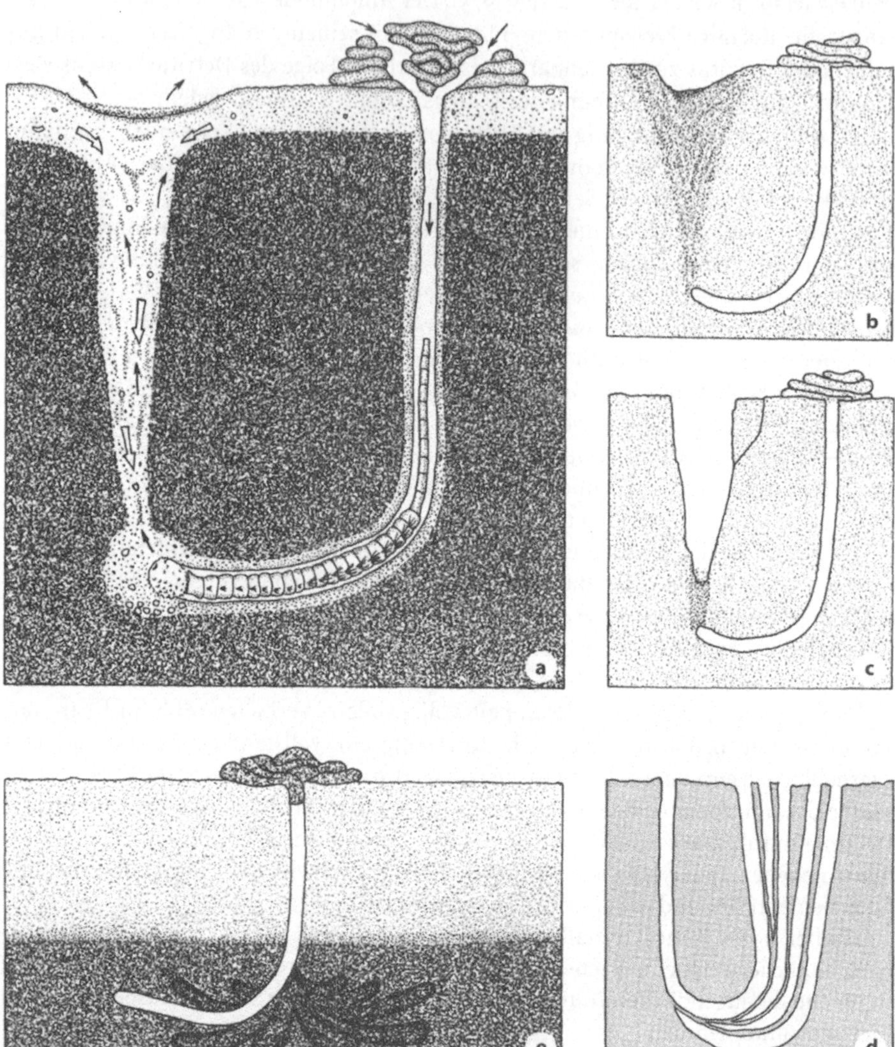

Abb. 3.12. Die Tätigkeit von *Arenicola marina*. **a** Das Standardsystem, bei dem Sediment im Kopfschacht nach unten gefördert (links), an seiner Basis selektiv aufgenommen und als Kotschnüre über dem Hinterschacht abgelagert wird. Gröbere Körner sammeln sich unter dem Kopf an. Oxidiertes Sediment ist hell dargestellt. Weiße Pfeile zeigen Sedimentbewegungen, schwarze Pfeile Wasserströmungen an. Der dornige Pharynx ist als terminaler Anker aufgebläht dargestellt. Bauvarianten in lockerem (**b**) und im verfestigten (**c**) Sediment. **d** Ungewöhnliche Variante eines Baus, bei der es *Arenicola marina* gelingt, in tonigem Material zu graben. **e** Kumulative Struktur, in der der sedimentfressende Wurm in einem Substrat, das reich an organischem Material ist, den Bau radial um einen stationären Hinterschacht verlagert. Verändert nach Schäfer (1962); Rijken (1979) und anderen im Text erwähnten Quellen

Der prinzipielle Aufbau eines Baus wurde von Wells (1945) detailliert beschrieben. Am distalen Ende des Baus entsteht bei der Aufnahme des Sands durch das Tier ein konischer Kopfschacht, in den Sediment immer wieder nachstürzt. Das aufgenommene Material wird aus dem Hinterschacht ausgestoßen. Der Nachfall des Sands am Kopfschacht wird durch den Wurm unterstützt, welcher sich in der Röhre nach oben bewegt und dabei – seinen terminalen Anker verbreiternd – das Sediment abwärts schleppt (Wells 1945). Man könnte diesen Anker als Schleppanker bezeichnen.

Dabei entsteht am Meeresboden eine trichterförmige Vertiefung, in deren Zentrum Detritus schnell nach unten abströmt (Rijken 1979, Tafel 1). Die Vertiefung dient dabei als Falle, in der sich weiterer Detritus ansammelt (cf. Lampitt 1985).

Wasser wird gegen die Richtung des Sedimenttransports durch den Bau gepumpt. Nachdem es durch die Kotschnüre in den Bau eingetreten ist, verläßt es, dem Weg des geringsten Widerstandes folgend, den Kopfschacht aus locker gepacktem Sand. Der Aufwärtsstrom bewirkt, daß das Sediment im Kopfschacht eine flüssige Konsistenz bewahrt, und daß in dem den Bau umgebenden Sand ständig oxidierende Bedingungen herrschen.

Krüger (1959) beschreibt, wie das im Entwässerungsstrom enthaltene Seston durch das Sediment des Kopfschachts gefangen und vom Wurm gefressen wird. Daraus schließt er, daß die Funktion des Baus auf Suspensionsfressen angelegt war. Der Sand des Kopfschachts ist besonders reich an organischen Partikeln (Jacobsen 1967).

Hylleberg (1975) zeigt, daß die Sandwürmer des Pazifiks, *Abarenicola pacifica* und *Abarenicola vagabunda*, nicht in der oben beschriebenen Weise durch Filtrieren existieren können. Er wies jedoch in den Kotpillen höhere Konzentrationen organischen Materials als im umgebenden Sediment nach, in dem die Würmer weideten, und sieht darin eine Kultivierung von Mikroorganismen. Die wachsende Oberfläche der Nachfallgrube über dem Kopfschacht könnte zusammen mit dem Durchstrom sauerstoffreichen Wassers ein günstiges Milieu für die Kultivierung von Mikroorganismen schaffen. So lernen wir nebenbei noch verschiedene Ernährungsweisen des Sandwurms kennen. Der erhöhte Gehalt an organischem Material im Kot könnte alternativ durch sehr schnelle Besiedlung von Mikroorganismen entstehen (Longbottom 1970).

Eine deutliche Zunahme der Meiofauna (Reise und Ax 1979; Reise 1981) sowie von Mikroben (Reichardt 1988) tritt innerhalb des Kopfschachts und in den sauerstoffreichen Gangwandungen auf. Obwohl der Wurm diese Tiere nicht frißt, nimmt er Bakterien auf, von denen sie leben. Eine ähnlich reiche Meiofauna existiert in Gängen zahlreicher Tiere (Kap. 5.1.2).

Dieses Standardmodell für die Ernährungsweise von Arenicoliden gilt nicht ausschließlich. Schäfer (1962) und Rijken (1979) zeigen, daß *Arenicola marina* auch in feinerkörnigen und festeren Sedimenten gedeiht, in denen kein Nachfall im Kopfschacht auftritt (Abb. 3.12b–d). Die Sedimentstrukturen, die durch diese Aktivitäten erzeugt werden, unterscheiden sich von den Gängen im weichen Sand. Rijken (1979) beobachtete auch einen *Arenicola marina*, der anstelle eines Trichters aufeinanderfolgende Versuchsröhren in einem Sediment mit hohem organischem Anteil grub. Hierbei handelt es sich um echtes Sedimentfressen (Abb. 3.12e).

Einige Autoren untersuchten die Langzeitaktivität der Würmer und ihren Einfluß auf das Sediment. Wells (1945) und Rijken (1979) betonen, daß die Würmer häufig die Position ihres Kopfschachts wechseln, während die Position des Hinterschachts beibehalten wird (Abb. 3.12e). *Abarenicola pacifica* verändert seine Position alle drei Tage (Woodin 1991). Auf diese Weise wird durch Rotation um den Hinterschacht ein radiales Muster erzeugt, das man von vielen Spurenfossilien kennt (Kap. 6.3).

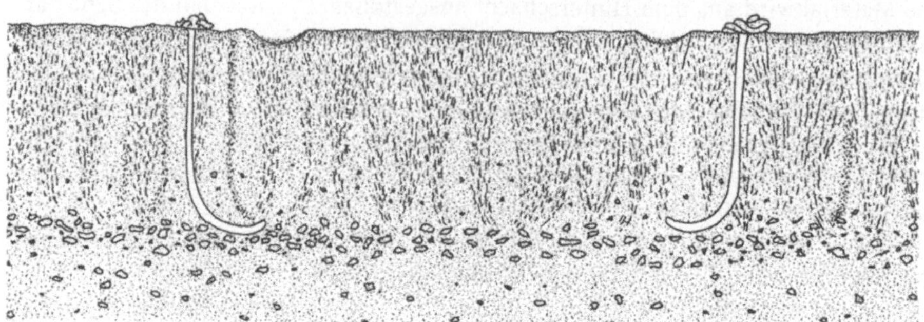

Abb. 3.13. Durch Bioturbation gradiertes Sediment, vor allem durch die Tätigkeit von *Arenicola marina*. In Anlehnung an Schäfer (1962)

Im Vertikalprofil entsteht bei anhaltender Bioturbation des Sandwurms eine charakteristische Textur (Abb. 3.13; Reineck 1958, Tafel 3, Abb. 8), wie sie aus frühholozänen Sanden bekannt ist (Hansen 1977).

Die Würmer erzeugen durch diesen Entmischungseffekt im Sediment eine gradierte Schichtung (van Straaten 1952, 1956; Trewin und Welsh 1976). Sandkörner und Partikel aller Größenordnungen werden nach unten in den Kopfschacht gesogen, wobei die größeren auf Grund ihres Durchmessers nicht gefressen werden. Diese bilden eine Lage entlang der Ebene, in der sich die Wurmköpfe befinden, wenn sich die Population durch das Sediment bewegt (Abb. 3.13). Kleinere Körner haften besser als größere am Schleim des Rüssels (Baumfalk 1979), dadurch enthalten Kotschnüre, die am Meeresboden abgeschieden werden, einen etwas höheren Feinanteil. Ähnliche Änderungen der Sedimentzusammensetzung durch *Abarenicola pacifica*, mit einer Resuspension von Tonpartikeln, beschreibt Swinbanks (1981a).

Die rasche Aufarbeitung des Sediments durch Sandwürmer fand immer wieder Beachtung (Davidson 1891). Swinbanks (1981a) berechnete, daß *Abarenicola pacifica* in Britisch Kolumbien die obersten 10 cm des Sediments innerhalb von 100 Tagen vollständig aufarbeitet. Mit ähnlicher Geschwindigkeit durchwühlen *Arenicola marina*-Populationen die holländischen Wattenflächen bis in eine Tiefe von 33 cm, wobei die Sommerrate um eine Größenordnung höher ist als der Winterwert (Cadée 1976).

3.4.3
U-förmige Gänge mit Trichteröffnung

Viele Tiere legen U-förmige Gänge mit einem trichterförmigen Eingang an. Powell (1977) bezeichnete diese Lebensweise als Trichterfallenfressen. Die Untersuchung eines maldaniden Wurms (Kudenov 1978), die ich als Lektüre empfehle, beschäftigt sich detailliert mit dieser Ernährungsweise.

Einige endobenthische Holothurien sind Trichterfallenfresser. Myers (1977a) und Powell (1977) wiesen diese Ernährungsweise bei dem länglichen Apoditen *Leptosynapta tenuis* von der Nordatlantik-Küste der USA nach. *Leptosynapta tenuis* lockert vor sich das Sediment mit seinen Tentakeln und bewegt sich unter Verwendung der Doppelankertechnik vorwärts (Clark 1964; Hunter und Elder 1967). Die Holothurie drückt dann ihren

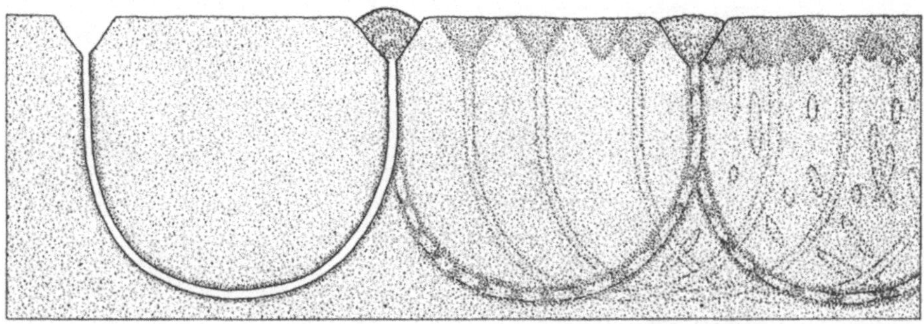

Abb. 3.14. Mit Trichteröffnung versehene U-förmige Gänge von *Leptosynapta tenuis.* Die schlanken Holothurien selbst sind nicht zu sehen. Eine Verschiebung des Gangs verursacht eine starke Bioturbation in den obersten 3 cm, im Niveau der mit Kot gefüllten Trichter. Die U-Gänge verursachen dagegen tiefer unten in der anaeroben Zone viel weniger Störungen. Daten nach Myers (1977a)

Körper gegen die Wandung des Baus, um sie zu kompaktieren und um Schleim aufzutragen. Beim Graben nimmt sie Sediment auf. Es handelt sich hierbei um eine Vermischung von Techniken, die sowohl echte Aushöhlung als auch Kompression beinhaltet.

Zunächst wird ein U-förmiger Bau angelegt (Abb. 3.14), mit einem Trichter am Kopfende und einem Kothaufen am anderen Ausgang. Anders als bei *Arenicola marina* wird der Bau – wie bei *Chaetopterus variopedatus* – alle ein oder zwei Tage verlegt. Ausgehend vom Trichterschacht, wird ein neuer U-förmigen Bau angelegt. Der alte Trichterschacht wird jetzt zum neuen Hinterschacht. Über den Darm wird der beim Anlegen des neuen Baus entstandene Abraum in den Hohlraum des verlassenen Grabgangs gestopft. Wenn das Tier Sediment von der Oberfläche aufnimmt, entwickelt sich um die Tentakelkrone ein neuer Trichter, und der vorherige Trichter wird nun mit Kot verfüllt.

Abweichend von *Arenicola marina* dringt der Bewässerungsstrom über den Trichter ein und wird über die Kotpillen wieder hinausgepumpt. Powell (1977) fand im Kot gegenüber dem umgebenden Oberflächensediment eine Anreicherung organischen Kohlenstoffs. *Leptosynapta tenuis* wendet gelegentlich in seinem Grabgang und nimmt seinen Kot erneut auf. Dies geschieht aber zu selten, um wesentlich zu seiner Ernährung beizutragen. Der hohe organische Gehalt des Kots kann an einem beschleunigten Bakterienwachstum im Bewässerungsstrom liegen. Ich schreibe dies einem erhöhten Nährstoffgehalt des Detritus zu, der sich in der Trichterfalle, dort wo der Wurm frißt, ansammelt. Auf jeden Fall schaffen die Holothurien mit der Zeit beim Durchwühlen des Sediments eine oberste Lage mit reifem Kotmaterial, das später wiederverwertet wird (Abb. 3.14).

Myers (1977a) konnte zeigen, daß im Aquarium durch die Bildung und das Füllen der Trichter die obersten 3 cm des Sediments vollständig durchwühlt werden. Die Holothurien verschmähen dabei die feinsten und gröbsten Partikel des Sediments, eine gradierte Schichtung wurde daher bisher nicht beschrieben.

Nach Rhoads (1974) ernährt sich *Leptosynapta* sp. ganz anders, nämlich in einer „Kopf-nach-unten"-Orientierung. Powell (1977) fand einige Individuen, die sich aus dem Bau herausreckten, um einerseits in einem Radius um die Öffnung herum nach Detritus zu kratzen und andererseits von der Wandauskleidung zu fressen. So passen diese Detritus-Sediment-Fresser die Art der Sedimentaufarbeitung – wie auch *Arenicola* – den jeweils im Lebensraum vorherrschenden Bedingungen an.

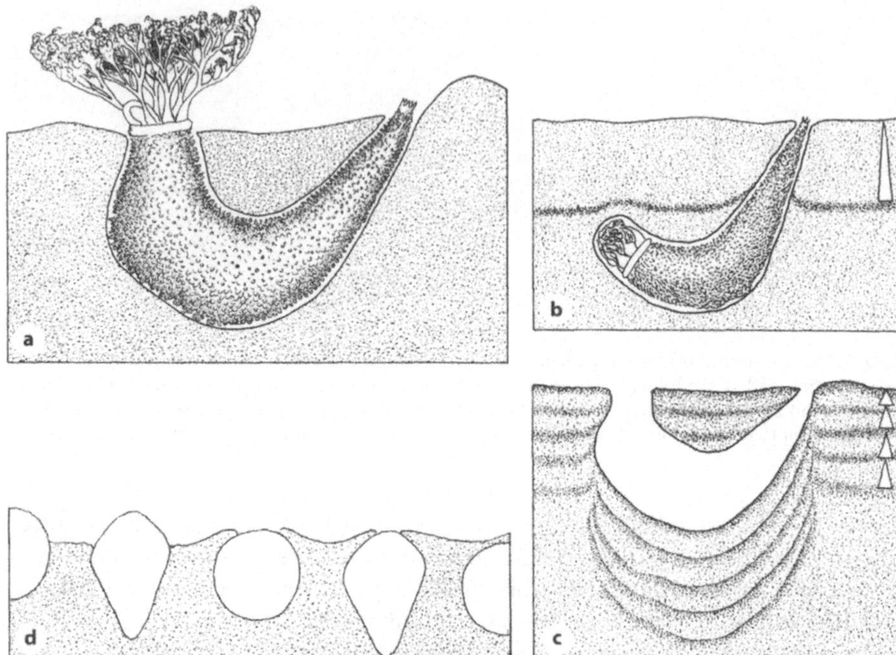

Abb. 3.15. Die Holothurie *Thyone briareus*. **a** Ein Tier in seinem U-förmigen Bau. **b** Um zu atmen, stellt das Tier bei schneller Aufsedimentation des Meeresbodens über das Hinterende zuerst wieder Kontakt mit dem Meerwasser her. **c** Kleine Sedimentschübe führen dazu, daß das Tier eine retrusive Ausgleichsspreite anlegt. **d** Querschnittsformen eines Tieres, das mit der Breitseite voran in das Sediment eindringt. Daten nach Pearse (1908) und nach Röntgenaufnahmen von Howard (1968)

3.4.4
Eine Holothurie mit Füßchen

Nicht alle Holothurien in U-förmigen Gängen sind Trichterfallenfresser. *Thyone briareus* ist beispielsweise ein Suspensionsfresser (Pearse 1908). Sie ist eine mit Füßchen versehene Holothurie, die es bevorzugt, sich an versenkte harte Objekte anzuheften und sich nach unten zu ziehen. Sie kann aber auch ohne solche Hilfe Weichgründe erobern. Dies geschieht sehr langsam und mit der Breitseite nach vorn, wobei die Tiere ihren Körperquerschnitt deformieren (Abb. 3.15d).

Thyone briareus übersteht plötzliches Einsedimentieren bis in eine Tiefe von 15 cm und gräbt sich dann wieder zur neuen Oberfläche hinauf (Abb. 3.15c). Das Tier bewegt sich in der gleichen Weise nach oben wie nach unten und erzeugt so eine retrusive Spreite, die eher eine Ausgleichsstruktur als eine Fluchtspur darstellt (Kap. 9.2.8).

3.4.5
Einige Enteropneusten

Bewohner von U-Gängen mit Trichterfallenfraß treten in mehreren, untereinander nicht verwandten Gruppen der Würmer auf (Abb. 5.13d). Viele Enteropneusten der Gattun-

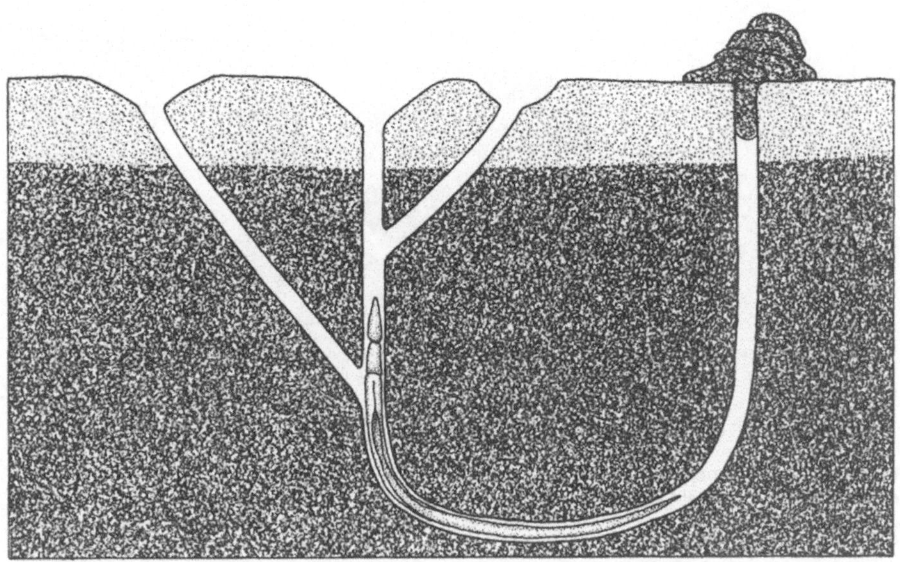

Abb. 3.16. Gangsystem des Enteropneusten *Balanoglossus clavigerus*, der 60 cm tief in ein schwarzes, anaerobes Substrat eindringt. Verändert nach Stiasny (1910)

gen *Balanoglossus* und *Saccoglossus* sind z. B. grabende Organismen. Die schwerfälligen Tiere gleiten mit Hilfe ihrer geißelartigen Fortsätze und mittels peristaltischer Kontraktionsbewegungen des Rüssels durch das Sediment. Dieses wird unselektiert aufgenommen (Rao 1954; Suchanek und Colin 1986). Dadurch entsteht an dem einen Ende des U-Baus ein Trichter, während am anderen koprogenes Material angehäuft wird.

Nach Stiasny (1910) lebt *Balanoglossus clavigerus* im Mittelmeer deutlich unter der Redoxgrenze. Schwarzes (anaerobes) koprogenes Material deutet auf Sedimentfressen in größerer Tiefe hin. Das Tier legt jedoch auch Trichter an und reckt sich häufig aus seinem Grabgang heraus, um Detritus zu verwerten (Abb. 3.16). Morton und Miller (1968) erwähnen *Balanoglossus*-Gänge mit einem spiraligen Kopfschacht. Der gesamte Bau von *Saccoglossus inhacensis* besteht aus engen Spiralen (Van der Horst 1934). Einige Enteropneusten erreichen eine ziemliche Größe: *Balanoglossus gigas* wird bis zu 1,5 m lang und legt Gänge von 3 m Länge an, in denen er als Trichterfallenfresser vom Detritus lebt (Powell 1977; Barnes 1980).

Die detaillierteste Untersuchung eines grabenden Enteropneusten wurde von Duncan (1987) an *Balanoglossus aurantiacus* vorgenommen. Diese an der Küste des Westatlantik lebende Form legt einen schmalen U-förmiger Gang von 5–6 mm Durchmesser mit ovalem Querschnitt an, der mit Schleim dünn ausgekleidet ist (Abb. 3.17). Während die eine Öffnung eng ist, tritt die andere aus einem Kothaufen aus, so daß ideale Bedingungen für eine passive Belüftung gegeben sind (Kap. 1.5). Die Ebene des U verläuft senkrecht zum Meeresboden. In der Nähe der engen Öffnung wird im rechten Winkel zu dieser Ebene eine weitere Öffnung angelegt, die zu einem Trichter weiterentwickelt wird. Der U-förmige Bau hat daher zwei Eingänge: einen für die Wasserzirkulation und einen zweiten zur Nahrungsbeschaffung. Nur ein Trichter ist jeweils in Funktion.

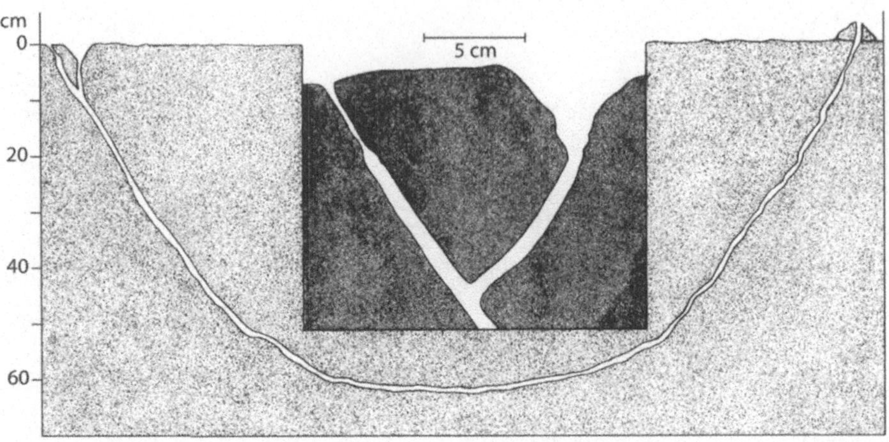

Abb. 3.17. Der U-förmige Bau von *Balanoglossus aurantiacus*. Die Doppelöffnung auf der linken Seite ist vergrößert dargestellt. Beachte, daß der Seitenausgang mit Trichter nicht in der Ebene des U liegt, wie hier dargestellt. Verändert nach Duncan (1987)

Das Tier ist in der Lage, sich extrem zu strecken und seinen Durchmesser soweit zu verkleinern, daß er nur noch die Hälfte des Gangdurchmessers einnimmt. Dadurch kann der Wurm im Grabgang umkehren. Bevor er einen neuen Grabgang anlegt, wendet er und legt Kot in der Trichteröffnung ab. Das Tier ist extrem mobil und erstellt alle ein oder zwei Tage einen neuen Bau. Duncan (1987) beobachtete den Wurm niemals außerhalb des Grabgangs oder Kot aufnehmend. Tiere, die in Aquarien auf der Sedimentoberfläche ausgesetzt wurden, gruben sich innerhalb von Stunden in das Substrat ein. Offenbar handelt es sich bei dem Tier um einen Schlüssel-Bioturbator (Kap. 5.2.1 und 6.4).

Duncan betont, daß verglichen mit den wenigen Informationen, die über andere Arten von Enteropneusten vorliegen, der Bau von *Balanoglossus aurantiacus* offenbar einzigartig ist, und daß die vielen grabenden Arten ein breites Verhaltensspektrum aufweisen (z. B. Brambell und Cole 1939; Brambell und Goodhart 1941; Knight-Jones 1953; Burdon-Jones 1951, 1956).

Eine ganz andere Lebensweise wurde von Romero-Wetzel (1989) und Jensen (1992) bei dem Tiefwasser-Enteropneusten *Stereobalanus canadensis* beschrieben. Dieser Eichelwurm lebt kolonial in verzweigten Netzwerken bis in Tiefen von 10 cm unter dem Meeresboden. Diese ausgeprägten Horizonte sind mit diagonalen oder vertikalen Schächten verbunden. Die Kotpillen werden im tiefsten Netzwerk abgelegt. Darüber entwickelt sich eine Aufwölbung, die vermutlich aus dem beim Anlegen der Gänge angefallenen Abraum besteht. Die Gänge haben einen runden Querschnitt von 6 mm und ähneln morphologisch dem Spurenfossil *Thalassinoides* (Abb. 3.18).

3.4.6
Ringförmige Vertiefungen um Aufwölbungen

Unter den Unmengen deutlicher Strukturen, die vom abyssalen Meeresboden auf Film festgehalten wurden, sind von ringförmigen Vertiefungen umgebene Erhebungen besonders häufig und weit verbreitet (z. B. Ewing und Davis 1967, Abb. 77 und 78; Hollister

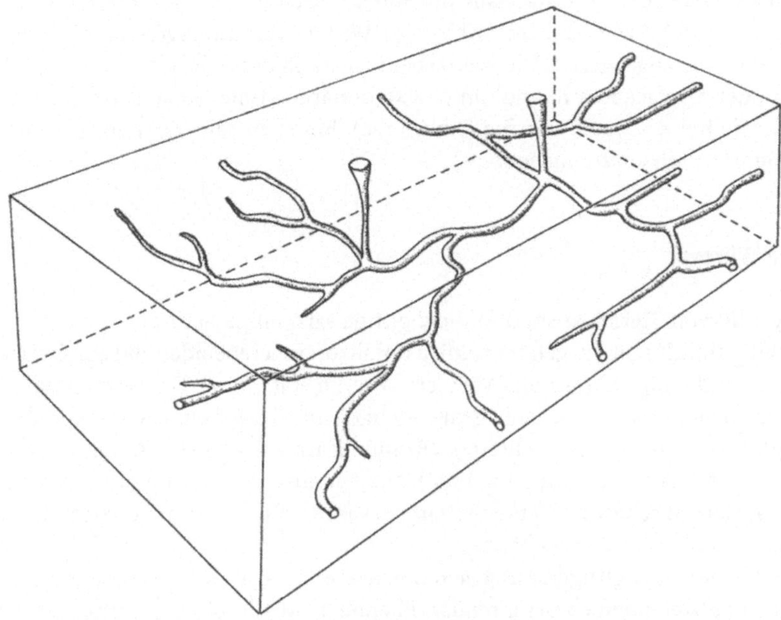

Abb. 3.18. Das Gangsystem von *Stereobalanus canadensis* aus den obersten 12 cm eines Kastenkerns. Nach Romero-Wetzel (1989)

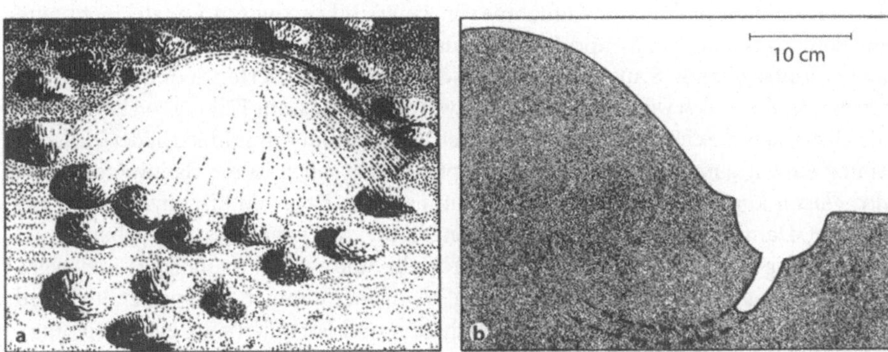

Abb. 3.19. Gruben um eine Erhebung. **a** Gut entwickeltes Beispiel von einer Tiefseefotografie. Viele solcher Strukturen zeigen nur einen einzelnen Ring von Gruben. **b** Querschnitt durch Erhebung und Grube, nach einem Kastenkern. Verändert nach Mauviel *et al.* (1987)

et al. 1975, Abb. 21 und 6.B; Lampitt 1985; Gaillard 1991, Abb. 5D, E, G und H; Abb. 3.19). Der Spurenerzeuger blieb lange unbekannt, bis Mauviel *et al.* (1987) die Spur und den Verursacher in einem Kastenkern fingen. Es handelte sich um Reste eines Enteropneusten, die aber keine Bestimmung der Art zuließen.

Die Kastenkernprobe zeigte, daß es sich bei den Vertiefungen um leicht elliptische Trichter mit Längsdurchmessern von 10 bis 13 cm handelte. In einer Tiefe von 5 cm verengen sie sich zu einem Grabgang mit einem Durchmesser von 2 cm, der 12 cm weit nach unten verfolgt werden kann (Abb. 3.19). Weitere Verbindungen mit der Erhebung wurden nicht nachgewiesen. Die wahrscheinlichste Deutung ist ein U-förmiger Gang, bei dem der Kopfschacht häufig um den stationären Hinterschacht verlagert wird – ähnlich wie bei *Arenicola marina* (Abb. 3.12e). Eine zentrale Vertiefung in der Aufwölbung ist selten auszumachen.

3.4.7
Giftige Würmer

Eine Anzahl von Tierarten sondern hochgiftige salzhaltige Verbindungen ab, die alle bromhaltig sind. Zu diesen gehören einige Korallen, ein terebellider und ein arenicolider Polychaet und einige phoronide Würmer (Woodin *et al.* 1987). Dagegen enthalten fast alle untersuchten Enteropneusten große Mengen an Giftstoffen, vor allem in den ausgeprägten Duftstoffen des Schleims (Brambell und Cole 1939; Knight-Jones 1953; Ashworth und Cornier 1967; King 1986). Die chemische Zusammensetzung variiert zwar von Gemeinschaft zu Gemeinschaft, was innerhalb einer Art überrascht, Bromphenole sind aber besonders häufig.

Wie die Tiere ihre giftigen Ausscheidungen überleben, ist schwierig zu erklären. Die mit ihnen auftretenden chlorführenden Phenole sind allerdings wegen ihrer desinfizierenden Wirkung gut bekannt. Die Hauptaufgabe der Gifte besteht wohl darin, Räuber abzuschrecken. Ein auffälliges Ergebnis der in den Gangwandungen und in grabenden Organismen vorhandenen Giftstoffe ist die Reduktion oder das völlige Fehlen einer mikrobiellen Besiedlung des Grabgangs.

Mit den Auswirkungen beschäftigte sich King (1986). Die Abnahme der aeroben Aktivität kann die biologische Aufnahme von Sauerstoff verringern, was zu einer breiteren Oxidationszone von S- und Fe-Verbindungen führen würde. Die hätte zur Folge, daß der Eintrag von H_2S aus außerhalb des Grabgangs reduzierten Sedimenten abnehmen würde. Zusätzlich würde die Oxidation 2wertigen Eisens eine Fällung von Eisenhydroxiden bewirken, die eine bessere Barriere gegen den Zustrom von Sulfiden bildet (d. h. man benutzt ein Gift, um ein anderes zu bekämpfen). Tatsächlich ist die Gangwandung von *Saccoglossus kowalewskii* mit einer etwa 2 mm starken Lage von Eisenhydroxiden ausgekleidet. Damit sind die Rahmenbedingungen für die Diagenese vorgegeben.

Nach King (1986) ist der verringerte mikrobielle Stoffwechsel Grundlage für eine größere Langlebigkeit der Schleimauskleidung. Wenn aber weniger Energie benötigt wird, um Schleim zu erneuern, steht sie für Wachstum und Fortpflanzung zur Verfügung.

Jensen *et al.* (1992) fiel auf, daß in ähnlich konstruierten Gangsystemen von Enteropneusten und Echiuren im gleichen Sediment eine unterschiedliche Besiedlung durch Mikro- und Meiofauna stattfand. Die Gangwandungen der Echiuren enthielten eine vielfältige Gemeinschaft von Nematoden, Foraminiferen und Bakterien, während die vergifteten Wände der Enteropneusten nicht besiedelt waren.

3.5
Sedimentfressende Förderer

Viele benthische Organismen leben im Substrat mit dem Kopf nach unten in senkrechter oder geneigter Stellung. Das in der Tiefe aufgenommene Sediment scheiden sie mit ihrem Kot am Meeresboden aus und bewirken so einen beträchtlichen Aufwärtstransport von Partikeln. Rhoads (1974) prägte für diesen nach oben gerichteten Transport den Begriff „Förderband" (conveyor-belt). Thayer (1983) folgend, kann dieser Prozeß als „Förderaktivität" und die Tiere als „Förderer" bezeichnet werden.

3.5.1
Ein dicker Förderer unter den Holothurien

Den molpadiden Holothurien fehlen Podien. Die Art *Molpadia oolitica* wurde von Rhoads und Young (1971) in der Cape Cod Bay, Massachusetts, studiert, wo sie im Schlamm in Wassertiefen von über 22 m vorkommt. Die Tiere fressen etwa 20 cm unter dem Meeresboden und nehmen selektiv Sediment auf, das sie mit ihren Tentakeln sammeln. Die Exkremente werden auf den Meeresboden ausgestoßen; dort bilden sie konische Haufen. Die Freßaktivität führt zu einer Anreicherung von gröberem, nicht aufgenommenem Sediment am unteren Ende des grabenden Tieres (Abb. 3.20a). Wie

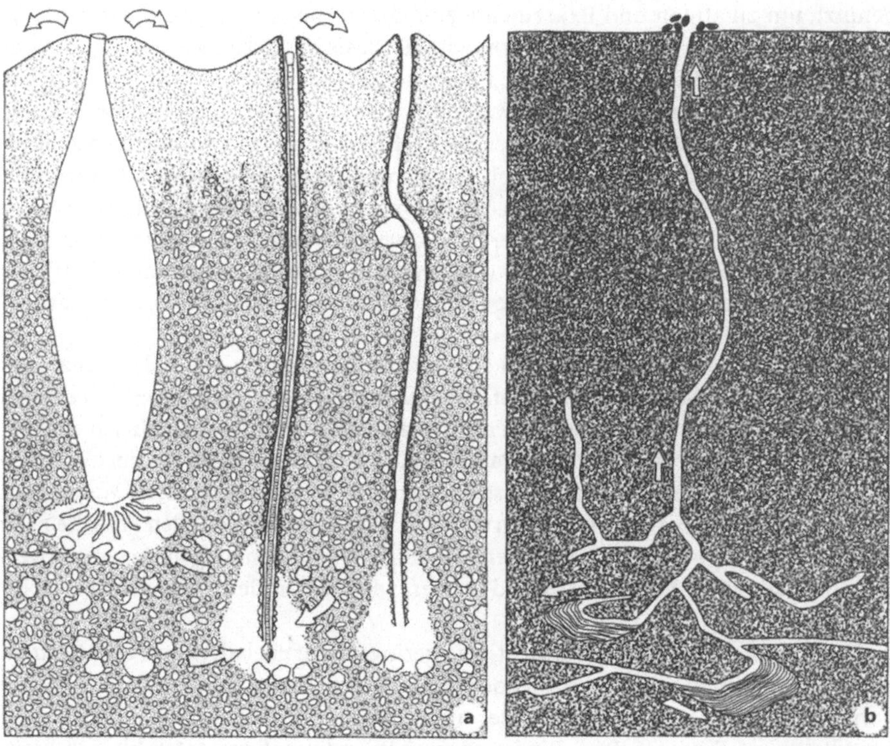

Abb. 3.20. Gangsysteme fördernder Sedimentfresser. **a** *Molpadia oolitica*, 20 cm unter dem Meeresboden fressend, gemeinsam mit zwei Individuen von *Clymenella torquata* in ihren mit Schleim gebundenen Sandröhren. Sie nehmen nur feine Partikel auf, die nach oben verlagert werden (Pfeile). Dadurch wird das gesamte Substrat nach unten verlagert, und es entsteht eine gradierte Schicht. Im Kopfniveau bildet sich eine Restlage grober Körner. **b** *Heteromastus filiformis* (Gangdurchmesser übertrieben) mit zwei Richtungen der Partikeladvektion (Pfeile). Verändert nach Schäfer (1962) und Rhoads (1967, 1974)

das Tier sich an eine andere Stelle bewegt, was von Zeit zu Zeit notwendig ist, wurde nicht beobachtet.

Die sedimentologische Bedeutung der Tätigkeit von *Molpadia oolitica* ist beträchtlich. Bei Förderprozessen dieses Umfangs kann eine größere Population die obersten 20 cm des Sediments nicht nur relativ schnell durchmischen, sondern im Freßniveau auch eine grobkörnige Residualschicht anlegen. Ökologisch ist ihre Aktivität gleichfalls bedeutend. Die Kothaufen bilden am Meeresboden eine ausgeprägte Topographie, die die Verteilung der anderen benthischen Arten beeinflußt (Kap. 5.1.2).

Eine andere Holothurie, *Trochodonta* sp. aus Neuseeland, scheint sich ähnlich wie *Molpadia oolitica* zu verhalten.

3.5.2
Ein länglicher Förderer unter den Polychaeten

Der capitellide Wurm *Heteromastus filiformis* wurde von Linke (1939), Schäfer (1962) und Cadée (1979) in der Nordsee untersucht. Dieser dünne Wurm lebt in einem Schacht, der, in schlammigem Sediment angelegt, etwa 20 bis 30 cm unter die Oberfläche reicht. Der fast dauerhaft besiedelte Schacht wird sorgfältig mit Schleim ausgekleidet und benutzt, um zu atmen und Exkremente zum Meeresboden zu transportieren. Zur Nahrungssuche unternimmt der Wurm von der Basis des Schachtes aus, in schräger oder horizontaler Richtung Vorstöße in das umgebende Sediment (Abb. 3.20b). Die auf diese Weise entstehenden Stollen werden nicht sorgfältig angelegt und können einstürzen, sobald der Wurm sie verlassen hat (Schäfer 1962). Trotzdem können zahlreiche Teile der Struktur röntgenographisch sichtbar gemacht werden (Howard und Frey 1975, Abb. 50). Nach dem Fressen des Sediments wird Kotmaterial als ovale Pillen zur Sedi-mentoberfläche transportiert und dort als Haufen abgelagert (Linke 1939, Abb. 67). Diese Pellets sind verfestigt und gegenüber physikalischer und bakterieller Zerstörung resistent (Cadée 1979). Sie können auch nach Umlagerung noch nachgewiesen werden.

Wenn das Tier anaerobes Material aus Bereichen unterhalb der Redoxgrenze verarbeitet, sind die Kotpillen schwarz gefärbt. *Heteromastus filiformis* ist an ein Leben in solchen Tiefen unter der Sedimentoberfläche angepaßt. Sein Hämoglobin hat eine extrem hohe Affinität zum Sauerstoff (Pals und Pauptit 1979). Der Wurm atmet über seinen Schwanz, der aus dem oberen Ausgang der Röhre in das durchlüftete Wasser ragt (Reise 1981). *Heteromastus filiformis* frißt nicht selektiv, seine Kotpillen enthalten alle Korngrößen mit Ausnahme derjenigen, die zu groß sind, um aufgenommen zu werden. Deshalb entsteht ein Rückstand gröberer Körner in der Tiefe, in der er frißt (Cadée 1979).

Heteromastus filiformis verursacht eine geringere Partikeladvektion als *Molpadia oolitica*. Er holt sich sein Material jedoch aus größeren Tiefen als die Holothurien und vermischt daher Sediment und Wasser mit sehr unterschiedlichen chemischen und physikalischen Eigenschaften. Die im anaeroben Sediment erzeugten kleinen Freßstrukturen können als Spurenfossilien erhalten bleiben (Kap. 6.2).

Schäfer (1962) beobachtete einen anderen Ablauf des Sedimentfressens bei *Heteromastus filiformis*, der völlig neue ichnologische Perspektiven eröffnet. Ein günstig verlaufender Anschnitt im Sediment zeigte, daß der Wurm eine Spreite erzeugt (Abb. 3.20b) – was im anaeroben Schlamm gewöhnlich unsichtbar bleibt. Die laterale

Abb. 3.21. *Maldanus* sp. aus Kefallinia (Griechenland) in seinem Bau. Ansicht durch eine Aquariumwandung. Die schleimgebundene Röhre ist nicht sichtbar, reicht aber in einem kurzen Kamin über den Meeresboden (× 2)

Verlegung des Gangs beruht vermutlich auf einem Freßprozeß, bei dem die Exkremente in der Tiefe abgelagert werden, anstatt an die Sedimentoberfläche transportiert zu werden. Die biogen dicht gepackte Spreite dürfte als Spurenfossil ein höheres Fossilisationspotential besitzen als die ungefüllten Freßgänge (Kap. 6.3).

Das Vorkommen der meist unsichtbaren Spreiten in Gängen von *Heteromastus filiformis* bedeutet, daß dieser Wurm nicht ausschließlich ein Förderer ist; er kann auch Stopfgefüge erzeugen. Es ist allerdings unklar, wie wichtig diese Freßweise für diese Art ist, und ob auch andere capitellide Würmer auf diese Weise fressen.

Maldanide Polychaeten besitzen eine ähnliche Lebensweise wie die Capitelliden (Abb. 3.21). Mangum (1964) beschreibt fünf sympatrische Arten, die koexistieren konnten, weil sie etwas unterschiedliche Korngrößen und Freßtiefen bevorzugten. Rhoads (1967) und Featherstone und Risk (1977) untersuchten detailliert eine dieser Arten, *Clymenella torquata* (Abb. 3.20a), die durch ihre Freßaktivität eine gradierte Schicht hinterläßt (Rhoads und Stanley 1965).

Fisher *et al.* (1980) wiesen eine vertikale Durchmischung von Seesedimenten durch kopfüber im Sediment steckende, tubificide, oligochaete Würmer nach – ein nicht-marines Beispiel für eine Förderaktivität.

3.5.3
Pectinariidae, die mobilen Röhrenwürmer

Die pectinariiden Polychaeten sind für den Bau zarter konischer Röhren aus feinen Sandkörnern bekannt, die sie mit sich herumtragen. Die Aktivität dieser Würmer beeinflußt die Substratkonsistenz und das Gefüge beträchtlich. Die untersuchten Arten (Fauchald und Jumars 1979) zeigen ähnliche Verhaltensweisen, obwohl Unterschiede in der Abhängigkeit vom Lebensraum auftreten.

Pectinariide Würmer leben kopfüber und stark geneigt bis fast senkrecht im Feinsand bis Schlamm. Die hintere Röhrenspitze liegt gewöhnlich an der Sedimentoberfläche frei, die Freßaktivitäten finden 5 bis 6 cm darunter statt. Das Sediment wird durch kammartige Borsten ausgehöhlt, die in zwei Fächern am Kopf angeordnet sind. Die Tentakeln suchen dann im aufgelockerten Sediment aktiv nach Nahrungspartikeln. Abgebautes Material wird durch die Röhre transportiert und an der Oberfläche als Pseudokotpillen ausgeworfen. Auf diese Weise entsteht um den Kopf herum eine Aushöhlung, die allmählich vergrößert wird. Die Tentakeln gleiten über die Oberfläche dieser Aushöhlung, bearbeiten das Sediment und durchdringen es.

Wenn das Sediment relativ nährstoffreich ist, kann das Tier über lange Zeit an einem Ort verharren, wobei es von einer großen Höhle aus einen oder mehrere senkrechte Schächte anlegt (Abb. 3.22b). Watson (1927) und Wilcke (1952) beschrieben, wie bei *Lagis koreni* Pumptätigkeiten des Wurms einen plötzlichen Wasserstrom erzeugten, mit dem die Höhle erweitert wurde. Sie beobachteten ferner, daß aus der Röhre herausragende Tentakeln Detritus von der Sedimentoberfläche aufnahmen. Es wird angenommen, daß ein Wechsel zwischen Detritus- und Sedimentfressen stattfindet.

In einem Substrat mit geringerem organischen Gehalt verlagert der Wurm häufig seine Position und erzeugt durch seine Förderaktivität jedesmal eine kleine Höhle, wenn er mit dem Fressen aussetzt. Es wird kein Schacht angelegt. Das Sedimentfressen in der ständig zusammenstürzenden Höhle erfolgt äußerst selektiv, und nur Material mit einem Partikeldurchmesser von unter 1 mm wird an der Sedimentoberfläche ausgeworfen. Gröberes Material verbleibt im Freßniveau (Abb. 3.22a).

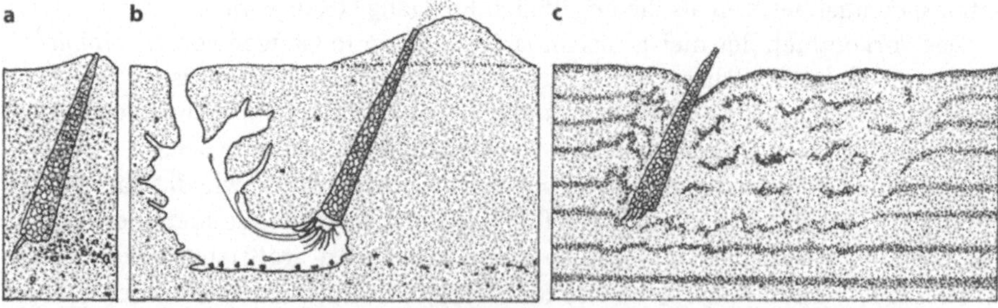

Abb. 3.22. Störungen des Sediments durch pectinariide Würmer. **a** Entstehung eines gradierten Sediments durch Selektion der feinen Fraktion beim Fressen einer Population von *Cistenides gouldii*. **b** *Lagis koreni* legt während des Fressens eine Höhle und einen Schacht an. **c** Bei einer Verlagerung von *Lagis koreni* durch das Sediment entsteht eine schmale Biodeformationsstruktur. Verändert nach Wilcke (1952); Schäfer (1962) und Rhoads (1967)

Im Laufe der Zeit arbeitet eine Population von Pectinariiden die obersten 5 bis 6 cm des Sediments mittels vertikaler Partikeladvektion durch. Dabei erzeugt sie eine gradierte Schicht, wie Gordon (1966) und Rhoads (1967) bei *Cistenides gouldii*, und Ronan (1977) bei *Pectinaria californiensis* beobachteten. Nichols (1974) fand andererseits, daß bei einer kontinuierlichen Grabtätigkeit von *Pectinaria californiensis* in tieferem Wasser die obersten 5 cm homogenisiert wurden.

Die fast senkrechte Röhre wird durch die Grabaktivität am unteren Ende seitlich durch das Sediment bewegt. Drehende Bewegungen halten das obere Ende in einer konstanten Position. Bei Verlagerung der aufrecht stehenden Röhre entsteht eine bleistiftdünne Störungszone (Abb. 3.22c; Schäfer 1962).

Andere, nicht notwendigerweise eng verwandte, Tiere besitzen ähnliche Lebensgewohnheiten wie die Pectinariiden. Schäfer (1962) betont die Ähnlichkeiten zwischen Pectinariiden und scaphopoden Mollusken. Scaphopoden benutzen jedoch ihren Fuß

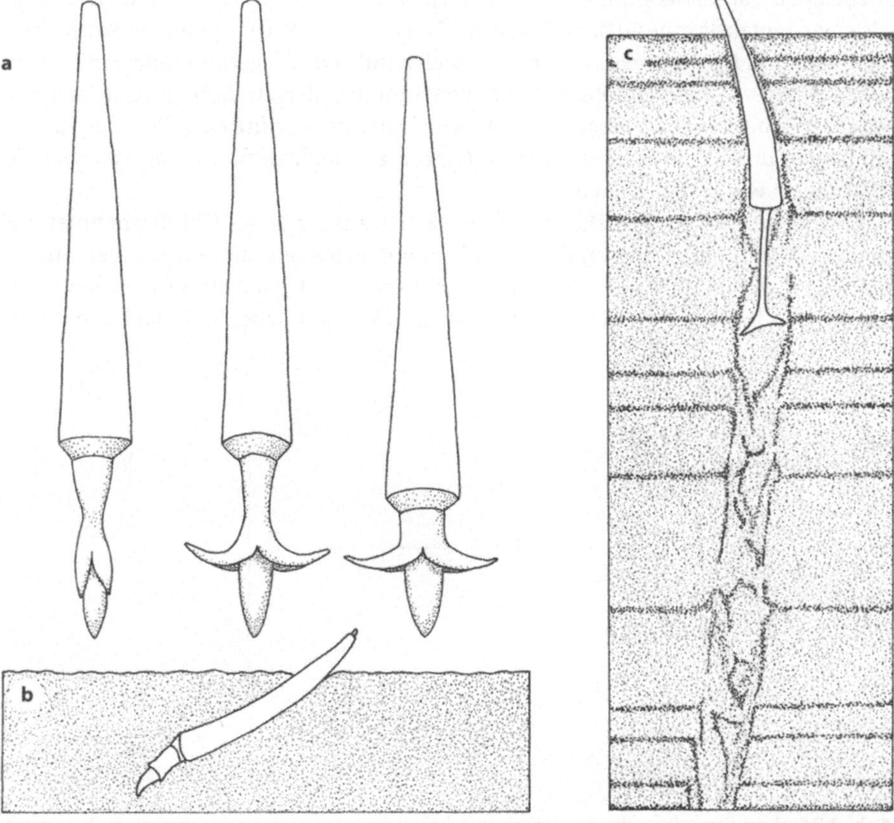

Abb. 3.23. Scaphopoden. **a** Teil des Grabzyklus von *Dentalium entalis*. Die zugespitzte Schale verhindert das Zurückgleiten und dient als Durchdringungsanker. Dehnbare Loben am Fuß werden ausgefaltet und bilden einen terminalen Anker. **b** *Dentalium entalis* in Lebendstellung. **c** Nach schnellem Eingraben kann der Fuß trotzdem die Schale aufwärtsschieben und eine Fluchtstruktur erzeugen. Verändert nach Morton (1959); Schäfer (1962) und Trueman (1968b)

als terminalen Anker, wobei Kompression erzeugt wird. Andererseits macht Dinamani (1964) darauf aufmerksam, daß bei einer Aktivität des Fußes eine Verflüssigung des Sediments auftritt. Wir benötigen noch weitere Kenntnisse über die Grabvorgänge von Scaphopoden.

Ein weiterer Unterschied liegt in der Neigung einiger Scaphopoden, Fluchtgänge anzulegen (Abb. 3.23c). Diese Reaktion tritt bei Pectinariiden nicht auf.

3.5.4
Umgekehrte Förderaktivität

Eine systematische vertikale Advektion von Partikeln kann auch nach unten gerichtet sein. Quantitativ ist dieser Anteil gegenüber dem vorher beschriebenen Aufwärtstransport zwar gering, die ichnologischen und diagenetischen Auswirkungen dieses Prozesses sind jedoch bedeutend.

Viele an der Oberfläche fressende Organismen lagern ihre Exkremente im Sediment ab. Myers (1977a) berichtet über umgekehrte Förderstrategien von Polychaeten – dem terebelliden *Polycirrus eximus* und dem cirratuliden *Tharyx acutus* – ,die beide mittels einer Tentakelkrone an der Oberfläche Detritus fressen. Die Spioniden *Scolecolepis squamata* und *Pygospio elegans* verhalten sich ähnlich und lagern Kotpillen mit einem hohen Anteil organischer Substanz in reinen Strandsanden ab (Abb. 3.24c; Reise 1981). Eine Tiefseebivalve, *Abra longicallus*, lebt vom Detritus, legt ihre Kotpillen aber in Aushöhlungen unter dem Meeresboden ab (Abb. 4.2), möglicherweise um Bakterien als Nahrungsquelle zu kultivieren.

Eine weitere wichtige Stelle, an der abwärts transportiertes Oberflächenmaterial abgelagert wird, sind Gangwandungen mit Ummantelungen von Detritus. Der terebellide Wurm, der im folgenden Abschnitt beschrieben wird, kann als Beispiel dienen. Er legt Röhren bis in eine Tiefe von 30 cm an und benutzt dabei Material für die Aus-

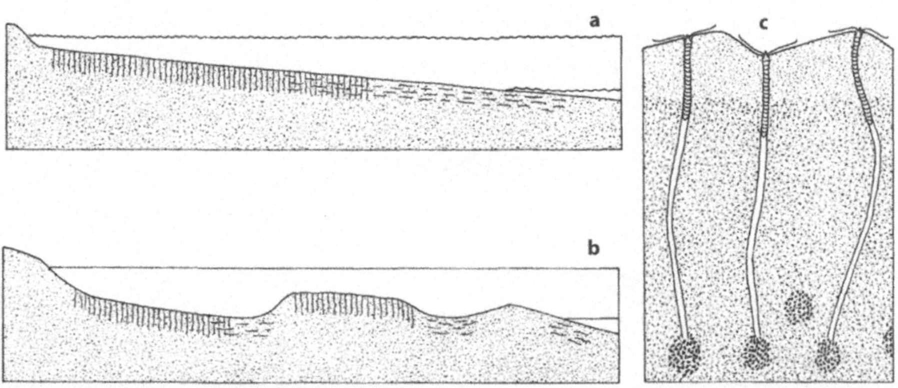

Abb. 3.24. Zwei Strandprofile mit der räumlichen Verteilung von zwei polychaeten Würmern, *Scolecolepis squamata* (senkrechtes Symbol) und *Paraonis fulgens* (horizontales Symbol, Kap. 4.6). Dargestellt sind die Hoch- und Niedrigwasserstände. **a** Ein flacher, 70 m breiter Vorstrand zeigt eine einfache Verteilung. **b** Ein topographisch stärker gegliederter Vorstrand von 200 m Breite. **c** Der umgekehrt fördernde Wurm *Scolecolepis squamata*. Die 5–10 cm mächtige gebleichte obere Zone stellt das Sediment dar, das bei jeder Flut aufgearbeitet wird. Verändert nach Wohlenberg (1939) und Röder (1971)

kleidung, das von der Sedimentoberfläche stammt. Die Wandung wird ständig ausgebessert, vergrößert und erweitert, so daß bei diesem Vorgang eine große Menge an Oberflächenmaterial in das Sediment eingearbeitet wird. Nach Featherstone und Risk (1977) bestehen bis zu 50 % des Sediments von Wattenflächen aus Gangwandungen.

3.6
Eine dickwandige U-Röhre

Viele terebellide Würmer sind Fleischfresser. Wilson (1980) beschreibt die Art *Eupolymnia heterobranchia*, die einen U-förmigen Bau bewohnt und mit ihren ausgebreiteten Tentakeln Larven anderer Würmer einfängt. Durch den koordinierten Einsatz vieler Tentakeln ist diese Art in der Lage, selbst große Beutetiere, wie den Amphipoden *Corophium* sp., zu fangen.

Aller und Yingst (1978) beschreiben dagegen den detritusfressenden Terebelliden *Amphitrite ornata*, der ebenfalls in U-Gängen lebt und diese mit einem Schuppenwurm und einer Krabbe teilt. Ein oder beide Enden des Gangs sind normalerweise von einem Sandhaufen umgeben, der bei dem Freßvorgang aufgeschüttet wurde (Abb. 3.25).

Der Kopf des Tieres trägt zahlreiche leichtbewegliche, fadenförmige Tentakeln, die strahlenförmig von einer der Öffnungen des Baus ausgehen. Grober Sand und Detritus werden über die Tentakeln zum Mund befördert. Der Wurm entläßt am selben Ende, an dem er frißt, einen Sedimentstrom, der keine Pillen enthält. Durch die Möglichkeit, im Grabgang zu wenden, kann der Wurm an jeder der beiden Öffnungen fressen. So dienen die Äste des U-Baus, jeweils alternativ benutzt, als Einzelschächte, und die einzige Notwendigkeit für die Anlage eines U ist die Bewässerung, die durch peristaltische Bewegungen aufrecht gehalten wird.

Zusätzlich zur Nahrungsaufnahme mit Hilfe der Tentakeln, weidet der Wurm an den Wandungen seiner Röhre, um möglicherweise Bakterien als Nahrung aufzunehmen. So könnte sich auch dieser Wurm im geringen Umfang von kultivierten Nahrungs-

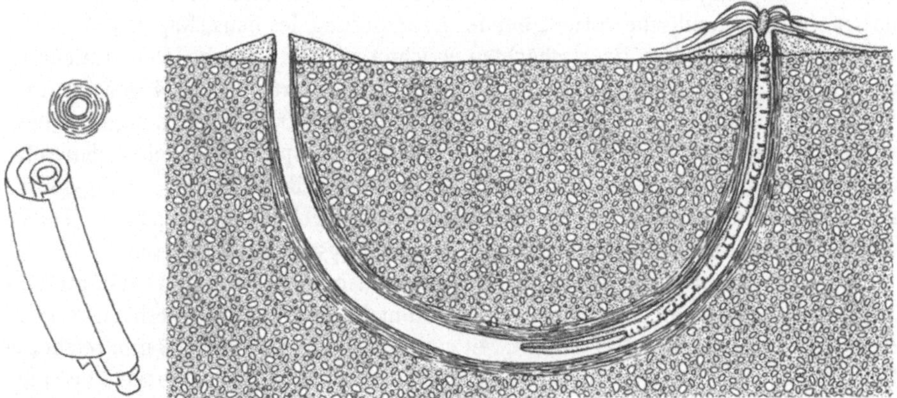

Abb. 3.25. Der U-Bau von *Amphitrite ornata* mit laminierter Schlammwandung. Im Querschnitt und als vergrößertes Konstruktionsschema (links). Daten nach Rhoads (1967) und Aller und Yingst (1978)

organismen ernähren. Der Bau von *Amphitrite ornata* ist dick mit Sedimentmaterial ummantelt, das im Vergleich zum umgebenden Sediment einen größeren Anteil feinen Materials enthält. Der Grabgang kann einen Durchmesser um 0,5 cm besitzen und die Wandung 1 bis 1,5 cm stark sein. Die Wandung besteht aus verschiedenen konzentrischen Lagen, von denen jede an der inneren Fläche eine organische Lage von ca. 5 µm Stärke aufweist. Nur die innerste Lage ist ein glatt durchgehender Zylinder. Die äußeren Lagen sind in der Längsrichtung geteilt und umhüllen teilweise die nächste innere Lage (Abb. 3.25). Das Material der Wandlage besteht aus kleinen, millimetergroßen spindelförmigen Brocken.

Aller und Yingst (1978) vermuteten, daß „nur die innerste Röhre und ihre Auskleidung als primäre Wohnstruktur dient. Die äußeren Lagen entstehen entweder durch leichte laterale oder vertikale Verlagerungen des Baus – wie bei einer Spreite –, oder sie repräsentieren ältere, kleinere Röhrendurchmesser, die das Tier nach einer Wachstumsperiode wie bei einer Häutung sprengt". Ein Tier, vor allem wenn es ausgewachsen ist, kann keinen neuen Grabgang anlegen, wenn es aus seiner Röhre entfernt wird. So könnten sich in der Struktur des Baus verschiedene Wachstumsstadien widerspiegeln.

In jeder Wachstumsphase werden alle früheren Röhrenwandungen durch eine Ausweitung des Gangdurchmessers weiter in das umgebende Sediment gedrückt und eine neue Auskleidungsschicht angebracht. Das den Bau unmittelbar umgebende Sediment muß deutlich stärker kompaktiert sein als das benachbarte Substrat (vgl. Abb. 8.2). Knight-Jones (1953) beobachtete ähnliche Längsspalten in der äußeren Ummantelung von Enteropneusten-Gängen und deutete sie ebenfalls als Ergebnis des Größenwachstums des Bewohners.

3.7
Kaminbildende Würmer

Mehrere Arten von polychaeten Würmern verlängern ihre Gangauskleidungen über den Meeresboden, indem sie Kamine anlegen. Andere errichten einen massiven Kamin über schwach ausgekleideten Gangöffnungen. Die Verlängerung der Öffnung durch eine verkleidete Röhre bietet besseren Schutz vor Räubern und Einsedimentieren, bringt die Öffnung in ein Stockwerk, in dem Suspensionsfressen möglich ist und hat ferner einige hydraulische Vorteile bei der Bewässerung des Baus (Kap. 1.5).

Kamine können über Einzelschächten errichtet werden – wie bei *Diopatra cuprea* und *Owenia fusiformis* (Fager 1964) – oder bei anderen Arten als Verlängerung einer U-Röhre – wie bei *Lanice conchilega*. Die Funktion und Struktur des Kamins können von Art zu Art wechseln; wir müssen uns hier auf ein Beispiel beschränken: den Polychaeten *Diopatra cuprea* aus dem westlichen Nordatlantik. In Myers (1970, 1972) findet der Neoichnologe weitere gute Beispiele. Für entsprechende Vergleiche mit *Lanice conchilega* sei auf Seilacher (1951) und Ziegelmeier (1952, 1969) verwiesen.

Diopatra cuprea legt eine Röhre mit zwei verschiedenen Merkmalen an (Abb. 3.26). Im Sediment wird Schleim abgesondert, der im Kontakt mit Meerwasser erhärtet und so eine verklebte Einzelkornlage schafft. Mit einem Durchmesser von 5–8 mm reicht die Röhre bis in eine Tiefe von 1 m. Im Unterschied dazu wird am Meeresboden eine kurze verstärkte Röhre in Form eines umgekehrten J errichtet. Diese Röhre wird an der Sedimentoberfläche angelegt und dann von dem Wurm nach unten gezogen, so daß sie nach oben als Kamin herausragt aber fest verankert ist. Der Wurm reckt sich aus der Röhre

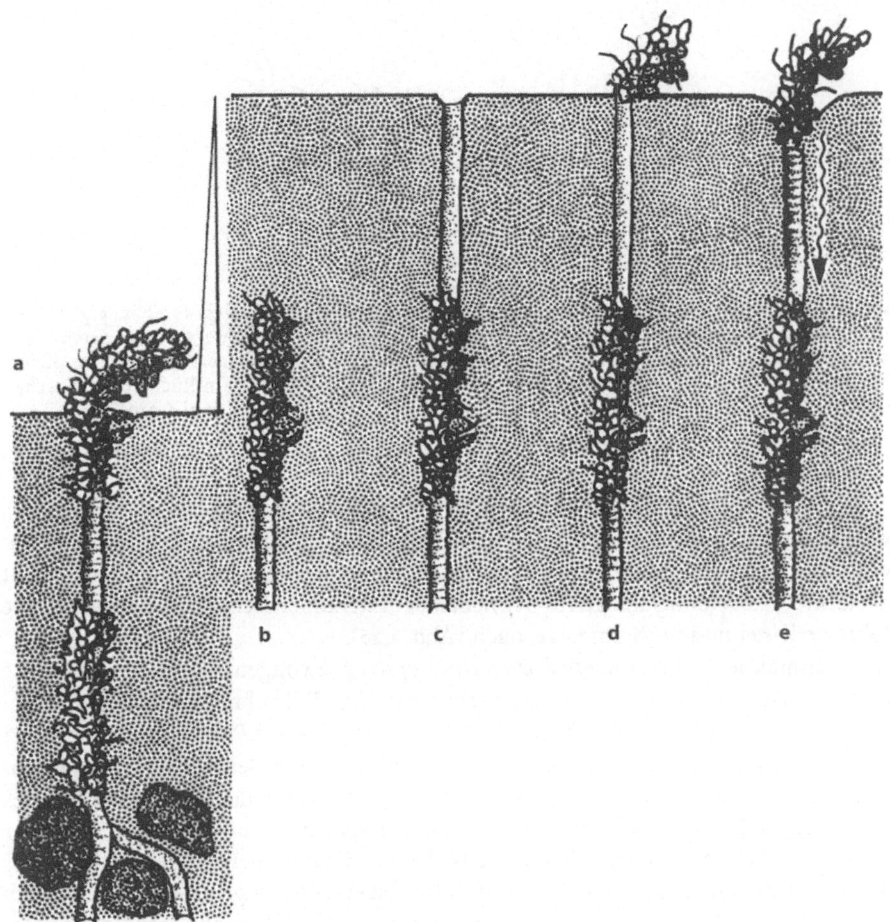

Abb. 3.26. Reaktion von *Diopatra cuprea* auf Aufschüttung. **a** Die Stromrichtung verläuft senkrecht zu Papierebene, der Kamin liegt rechtwinklig dazu. **b** Sedimentationsereignis: Die Röhre wird gestreckt und **c** ein nicht verkleideter Röhrenteil wird bis zur neuen Oberfläche angelegt. **d** Ein neuer verkleideter Kamin wird über den Meeresboden hinaus errichtet und **e** in das Sediment hineingezogen. Verändert nach Myers (1972)

heraus und sammelt Schalenfragmente und Körner von vorzugsweise flacher Form, die er in die Röhre einbaut. Die Körner werden dachziegelförmig verbaut (Abb. 3.26).

Durch mikrobielle Aktivität können tiefere Teile der Baus zerstört werden; der Wurm ist aber in der Lage, die Auskleidung wieder zu erneuern. Ist der Bau in gröberen Sedimenten errichtet, können bei der Erneuerung Verzweigungen angelegt werden.

An den J-förmigen Kaminen bleiben driftende Pflanzenreste und andere Partikel hängen, die der Wurm als Nahrung sammelt. Myers (1972) fand heraus, daß die Öffnung senkrecht zur Stromrichtung ausgerichtet ist. Die Würmer treten manchmal in Reihen auf, die senkrecht zur Stromrichtung liegen und entlang derer auch die J-förmig gebogenen Kamine angeordnet sind (Frey und Howard 1969, Tafel 3, Abb. 3).

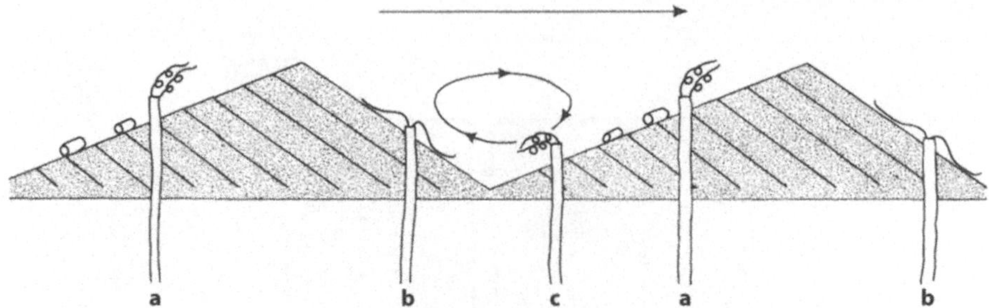

Abb. 3.27. Verhalten des röhrenbildenden Polychaeten *Pseudopolydora kempi* in Abhängigkeit vom Mikromilieu migrierender Rippeln. **a** Am Luvhang kürzt der Wurm die Röhre, wenn sie durch Erosion freigelegt wird, und ernährt sich als Detritusfresser. **b** Der Wurm verlängert die Röhre im Gleichschritt mit der Sedimentation und lebt ebenfalls als Detritusfresser. **c** Im Rückstrom zwischen Rippeltrögen ernährt er sich als Suspensionsfresser. Verändert nach Nowell *et al.* (1989)

Wenn *Diopatra cuprea* unter mehr als 5 cm mächtigem Sediment begraben wird, schiebt das Tier die J-Röhre nach oben, solange das Sediment noch lose ist. Dann bewegt es sich zur neuen Sedimentoberfläche, indem es Schleim ausstößt und eine nicht verstärkte Auskleidung anlegt. An der neuen Sedimentoberfläche wird eine verstärkte Röhre errichtet und nach unten gezogen (Abb. 3.26).

Bei allmählicher Erosion wird *Diopatra cuprea* gezwungen, die verstärkte Röhre hinunterzuziehen. Dadurch wird der nicht verstärkte Teil geknickt und zerstört, ein Schaden, der aber leicht zu beheben ist. Wenn die verstärkte Röhre soweit hinuntergezogen wird, daß sie an einen anderen im Sediment liegenden verstärkten Röhrenabschnitt stößt, ändert der Wurm sein Verhalten und schneidet den oberen Teil des Kamins ab. Sollte die Erosion sowohl die Röhre als auch den Wurm freilegen, kürzt der Wurm die Röhre an beiden Seiten auf eine Länge, die etwa der doppelten Länge des Wurms entspricht. Er kriecht dann mit der Röhre zu einer günstigen Stelle, an der er sich eingräbt und die Röhre nachzieht. Andere Röhrenwürmer zeigen ähnliche Reaktionen, um sich ändernden sedimentären Bedingungen am Meeresboden anzupassen (Abb. 3.27).

Die Zunahme des Röhrendurchmessers von *Diopatra cuprea* wird in der gleichen Weise durch Aufschlitzen der Röhre ermöglicht wie bei *Amphitrite ornata* (Kap. 3.6). Anschließend werden neue konzentrische Lagen von Schleim aufgetragen.

Dadurch, daß es zwei unterschiedliche Typen von Röhren gibt, ist der Bau von *Diopatra cuprea* mit zwei verschiedenen Spurenfossilien verglichen worden. Von einigen Autoren wurde der nicht verstärkte Teil einer Röhre dem Ichnogenus *Skolithos* zugeschrieben (z. B. Skoog *et al.* 1994), während Kern (1978) eine mit Schalenbruchstücken verstärkte Röhre aus dem Eozän als *Diopatrichnus* bezeichnet.

3.8
„Unvollständige Würmer", die Pogonophoren

Die Pogonophoren gehören zu einem kleinen Stamm mit wenigen Arten, die vor allem aus der Tiefsee bekannt sind. Pogonophoren sind sehr schlanke Tiere, die, wie andere „unfertige Tiere", keinen Darm haben. Sie leben in Chemosymbiose mit Bakterien, die auf reduzierten Verbindungen, vor allem Sulfiden, beruht (Reid 1989).

Es gibt zwei Gruppen: Die großen Vestimentifera, die an hydrothermalen Schloten und kalten Austritten, angeheftet an harte Substrate, leben und die kleinen Perviata, die weitverbreitet in allen Ozeanen in reduzierenden Sedimenten auftreten. Alle Vertreter der Perviata leben endobenthisch. Sie treten verstreut auf, lokal stellen sie aber die dominierenden Arten einer Gemeinschaft und sollten daher in diesem Buch einen bedeutenden Platz einnehmen. Unglücklicherweise ist aber über ihre Lebensweise fast nichts bekannt, was für einen Ichnologen von Wert wäre.

Das Tier lebt mehr oder weniger senkrecht in einer organischen Röhre im Sediment, wenigstens im oberen Teil, das tiefere Ende verbleibt meist im Meeresboden, wenn der Kastenkern gezogen wird (Dando und Southward 1986; Abb. 3.28).

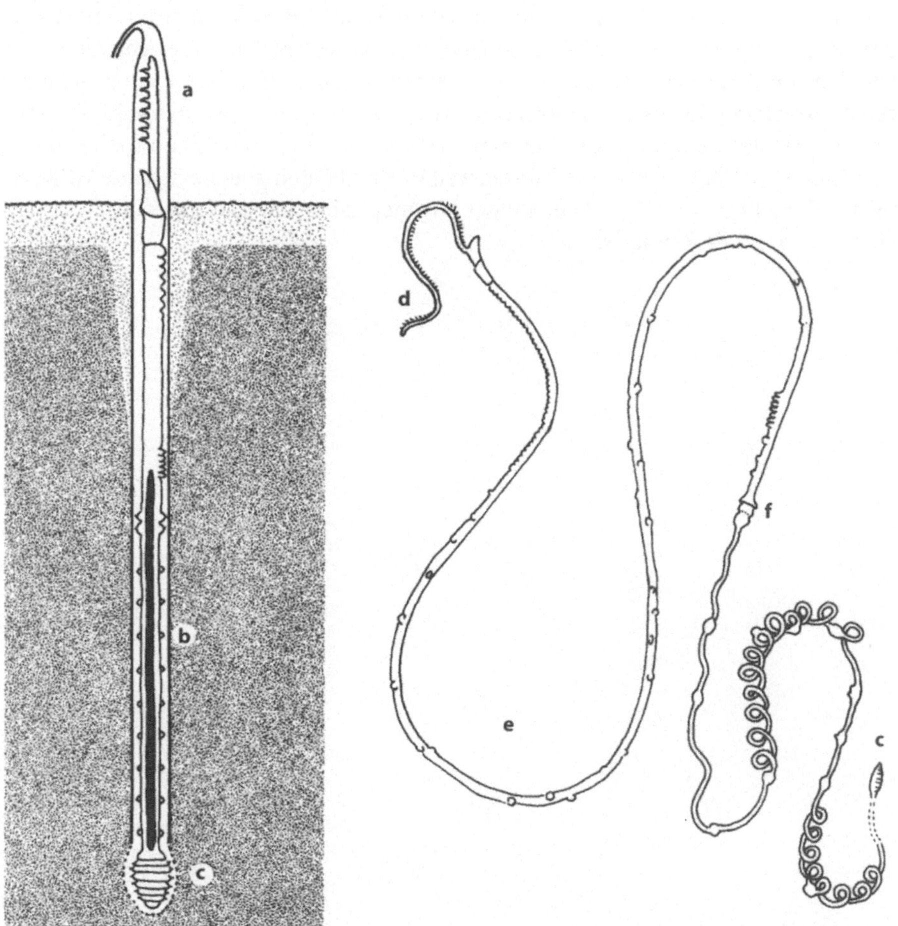

Abb. 3.28. Darstellung eines Pogonophoren in seiner Röhre im Sediment (links) und das Schema eines Individuums, das aus der Röhre entfernt wurde. **a** Das obere Ende der Röhre reicht über das Sediment hinaus und ist gebogen, was verhindert, daß Partikel eindringen können. **b** Bereich mit symbiontischen Bakterien (schwarz). **c** Opisthosoma, ein Graborgan. **d** Tentakel (einige Arten besitzen viele). **e** Vorderer Teil. **f** Gürtel. Verändert nach Southward *et al.* (1986)

Bei einigen Arten ist der Verlauf der Röhre nach unten sehr unregelmäßig, mit Windungen und schrägen Abschnitten. Die Röhren erstrecken sich bis in eine Tiefe von 1,5 m (Ivanov 1960). Einige Individuen reichen bis an die Oberfläche und können in Nahaufnahmen vom Meeresboden nachgewiesen werden (Dando und Southward 1986, Abb. 5). Andere ragen nicht aus der Röhre heraus; sie müssen in der Lage sein, mit ihren Tentakeln durch die Röhrenwandung hindurch Sauerstoff aus der obersten Sedimentlage aufzunehmen. Es sind Tiere, die gelernt haben, in der Nachbarschaft zu anaeroben Bedingungen zu leben!

Alle Pogonophoren hängen völlig von chemolithotrophen Bakterien ab. Es scheint möglich, daß auf der Nahrungsgrundlage von symbiontischen Bakterien ein ganzer Stamm sich ausbreitet und Lebensräume erobert, in denen normalerweise reduzierende Bedingungen herrschen, die von abgeschnürten Becken im Flachmeer (Southward *et al.* 1986) bis zur abyssalen Tiefsee (Southward 1979) reichen. Falls die Bioturbationseigenschaften dieser Gruppe von Würmern bekannt wären, könnten wir einen weiteren Aspekt dieser nicht erhaltungsfähigen, aber faszinierenden Tiere behandeln. Wir könnten den Verursacher einiger Spurenfossilien finden, die bei niedrigem Sauerstoffgehalt in tieferen Stockwerken auftreten, wie *Chondrites* und *Zoophycos*. Einige sehr tiefe und filigrane Spurenfossilien wie *Trichichnus* (Kap. 10.6.3) und *Bathichnus paramoudrae* (Bromley *et al.* 1975) wären weitere Kandidaten, aber ihr seltenes Vorkommen paßt nicht zu der Häufigkeit, mit der Pogonophoren heute auftreten. Hier besteht eine weitere große Kenntnislücke.

Kapitel 4

Einige bekannte grabende Organismen

Vier Gruppen grabender Organismen verdienen weit mehr Aufmerksamkeit, als ihnen hier zuteil werden kann. Unter ihnen sind einige, deren Verhalten so verschieden ist, daß selbst unsere lückenhafte Kenntnis zu einer umfangreichen Literatur geführt hat. Daher wurden lediglich solche Arten ausgewählt, die eine ichnologische Bedeutung besitzen.

4.1
Muscheln

Für diese Klasse der Mollusken ist Graben eine so normale und wahrscheinlich auch ursprüngliche Lebensweise, daß es sinnvoll erscheint, auch auf die Unterschiede zu den nicht grabenden Muscheln einzugehen. Die meisten Merkmale der Klasse basieren auf Modifikationen, die es den frühpaläozoischen Muscheln ermöglichte, sich zur Weichgrund-Infauna zu entwickeln. Während des Phanerozoikums entwickelten die Muscheln eine Reihe enger Beziehungen zu ihrem sedimentären Substrat. Einige Arten von *Donax* graben im Sand so schnell, daß sie der Strandlinie mit steigender und fallender Tide folgen können (Trueman 1971). Eine andere extreme Form ist *Panopea generosa*, eine besonders große Art, die gut über 1 m unter der Sedimentoberfläche lebt (Barnes 1980).

Der Leser sollte Stanley (1970) sowie die vielen Arbeiten von Yonge (z. B. 1939, 1949) und Yonge und Thompson (1976) konsultieren, um einen Einblick in die unterschiedlichen Formen des Grabens zu erhalten. Ansell und Trueman (1967) und Trueman (z. B. 1975) untersuchten die Details des Grabprozesses von Muscheln. Die folgende Beschreibung von zwei Arten ist für die Ichnologie von Bedeutung.

Der charakteristische Ernährungsstil der Bivalven ist Suspensionsfressen, auch wenn neuerdings erkannt wurde, daß Chemosymbiose unter ihnen verbreitet ist (Reid 1990). Da bei Arten mit diesen Ernährungsgewohnheiten die Nahrung zugeführt wird, leben die Organismen recht ortsständig und sind nicht gezwungen, sich zu bewegen, wenn sie nicht gestört werden. Einige Bivalven sind aber Sedimentfresser, die ihre Lage ständig verändern und damit viel mehr Störungen im Sediment hervorrufen.

4.1.1
Ein Sedimentfresser

Als Beispiel eines grabenden Organismus wurde die Muschel *Yoldia limatula* von Rhoads (1963), Stanley (1970) und Aller (1978) und Bender und Davis (1984) in flachmarinen Ton-Schluff-Substraten untersucht.

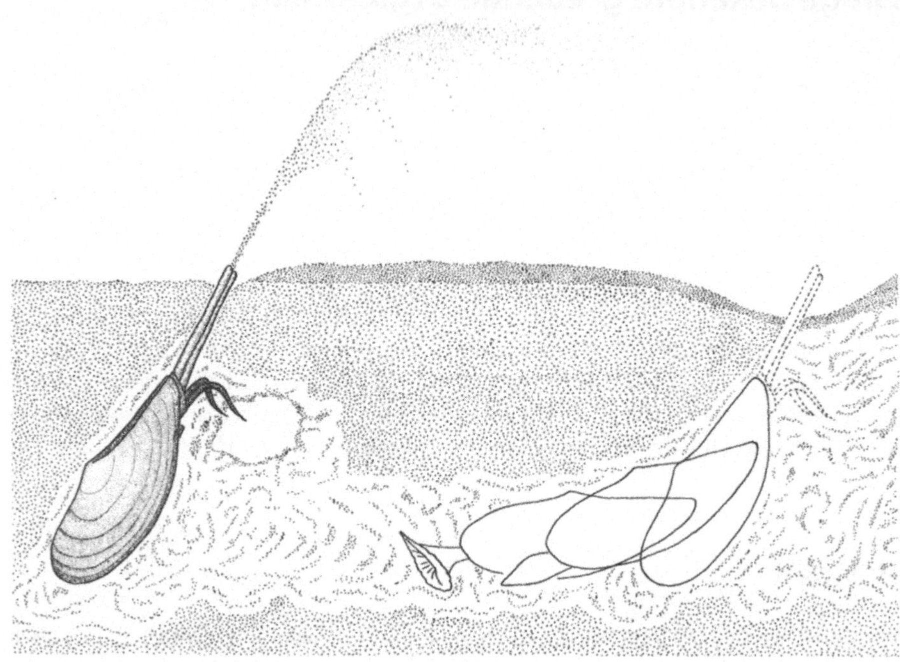

Abb. 4.1. *Yoldia limatula* als Sedimentfresser und bei der Verlagerung von rechts nach links zu einer neuen Freßstelle. Verändert nach Rhoads (1963, 1974) und Aller und Cochran (1976)

Yoldia limatula ist sehr mobil und gräbt nur flach, wobei das hintere Ende der Schale ungefähr 1 bis 8 cm tief im Meeresboden steckt. Bewegungen durch die oberen Schichten des Sediments werden unter Anwendung der Doppelankertechnik ermöglicht, wobei die Schale etwa parallel zum Meeresboden orientiert ist. Der Fuß, mit dem sie in das Substrat eindringt, hat ein gespaltenes Ende, das zusammengefaltet ein scharfe Schaufel bildet. Während sich der Fuß vorwärts bewegt, ist die Schale geöffnet und wirkt als Eindringanker. Bei völlig herausgestrecktem Fuß öffnen sich die beiden Flügel an dessen Ende und verkeilen sich als terminaler Anker im Sediment. Die Schale wird nun geschlossen und zu dem Fuß herangezogen (Abb. 4.1).

Die nuculoiden Protobranchia (primitive Bivalven) sind Detritus- und Sedimentfresser, die mit Hilfe großer Fühlertentakeln, die eingezogen werden können, Sediment als Nahrung aufnehmen. Einige Arten sammeln mit diesen Fühlern Oberflächendetritus, während *Yoldia limatula* Material, das von unterhalb des Meeresbodens stammt, verarbeitet.

In Freßposition liegen die Sipho-Enden frei über dem schlammigen Sediment. Die Fühler erkunden das Substrat und transportieren Sediment mit Hilfe von Cilien zum Mund. In der Mantelhöhle wird dieses Material sortiert und größtenteils als unverdaulich wieder ausgestoßen. Es tritt als eine Wolke losen Sediments über den Atemsipho aus der Muschel aus und setzt sich in unmittelbaren Umgebung wieder ab. Die genießbare Fraktion passiert den Verdauungstrakt und verläßt ihn als kompakte Kotpillen, die ebenfalls über den Atemsipho ausgestoßen werden. Röntgenaufnahmen von fressenden Tieren in Aquarien zeigten Kavernen innerhalb des Sediments, die durch den

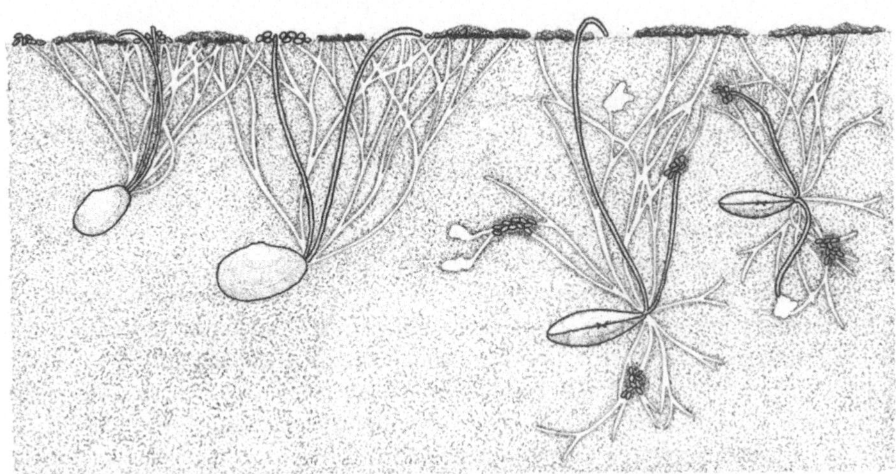

Abb. 4.2. Die Tiefseemuscheln *Abra nitida* (links) und *Abra longicallus* in Lebendstellung. Die Aktivitätszone des Siphos ist durch ein Netzwerk verlassener Röhren gekennzeichnet. *Abra nitida* ist ein Detritusfresser und lagert sowohl Pseudokotpillen als auch Kotpillen auf dem Meeresboden ab, was ein normales Verhalten bei Telliniden ist. *Abra longicallus* frißt jedoch Sediment unterhalb der Oberfläche, transportiert Pseudokotmaterial zur Oberfläche und deponiert Kotpillen im Freßniveau. Allen (1983) deutet dieses Verhalten als Züchtung von Kulturen. Verändert nach Wikander (1980)

Freßvorgang gebildet wurden (Stanley 1970). Bender und Davis (1984) beobachteten an den Wänden dieser Kavernen deutliche Rillen. Die Aushöhlungen können größer als das Tier selbst sein und miteinander in Verbindung stehen, einbrechen und dadurch Vertiefungen hinterlassen.

Somit schließt die Aufarbeitung des Sedimentes durch *Yoldia limatula* viele Prozesse ein (Abb. 4.1). Durch periodische Ortsveränderung des Tieres wird das Sediment bis in eine Tiefe von 3–8 cm durchwühlt, während beim Freßvorgang Material von unten an die Oberfläche des Meeresbodens gefördert wird. Ein Teil dieses Materials ist in kompakten Kotpillen festgelegt, während der kräftige Ausstoß von Pseudokot in die Wassersäule zu einer Resuspension des feinen Materials führt.

Nach Bender und Davis (1984) beträgt das täglich ausgestoßene Material bis zum 200fachen Körpergewicht des Tieres. Unter Berücksichtigung der inaktiven Wintermonate ließ sich abschätzen, daß ein 14 mm langer Organismus jährlich 440 g Sediment resuspendiert. Beim Fressen wird also feines Material suspendiert, sowie eine instabile Sedimentoberfläche mit Kotpillen und eine grobkörnige Schicht im Sediment angelegt.

Einige Aktivitäten der sedimentfressenden veneroiden heterodonten Muscheln – wie *Tellina, Macoma* und *Scrobicularia* (Abb. 5.12 und 5.13) – führen wahrscheinlich zu ähnlichen Effekten (Schäfer 1962). Jedoch fressen diese Bivalven Oberflächendetritus, den sie entweder als Pellets an die Oberfläche zurückverfrachten oder in tieferen Niveaus vergraben (Abb. 4.2). Die im Intertidal-Bereich lebende Art *Scrobicularia plana* ernährt sich je nach Stand der Gezeiten unterschiedlich. Bei Flut lebt sie abwechselnd als Suspensionsfresser oder von anaeroben Sedimenten unter dem Meeresboden; bei Ebbe, wenn die räuberische Aktivität von Fischen und Krabben zurückgeht, steckt die Bivalve ihren Einström-Sipho aus dem Sediment und lebt als Detritusfresser (Hughes 1969).

4.1.2
Ein durch Strömung angetriebener Suspensionsfresser

Die Tellinacea sind schnellgrabende Muscheln und meistens Sedimentfresser. Wie die im letzten Abschnitt erwähnten, besitzen sie getrennte Siphonen, wobei der Einström-Sipho, wie es für die Tellinidea typisch ist, als Sondierungsvorrichtung zum Einsaugen von Detritus und Sediment dient (Abb. 4.2). In einer Familie – den Solecurtidea – entwickelten sich zumindest einige Arten zu Suspensionsfressern, behielten jedoch die getrennten Siphonen und die Fähigkeit des schnellen Eingrabens bei.

Das Verhalten von *Solecurtus strigilatus* und die daraus resultierenden Sedimentstrukturen wurden von Dworschak (1987b) und Bromley und Asgaard (1990) im Mittelmeer untersucht. *Solecurtus strigilatus* lebt bevorzugt in einem J-förmigen Bau im Mittelsand des flachen Subtidals. Das Tier besitzt einen zylindrischen, wurmförmigen Körper, der – oberflächlich betrachtet – untypisch für eine Muschel ist. Die Schale ist zu klein, um den gesamten Körper aufzunehmen. Die dünnen Klappen zeigen eine divarikate Skulptur, die die Anwachslinien schräg schneidet (Abb. 4.3; Seilacher 1972). Vorn ist ein kräftiger Fuß ausgebildet; am hinteren Ende der Schale erstreckt sich als Fortsetzung der Mantelhöhle ein langer Muskelsack. Dieser enthält die Kiemen und kann im entspannten Zustand die doppelte Länge der Schalen erreichen oder ganz in die Schalen zurückgezogen werden (Abb. 4.4). Am hinteren Ende der Mantelhöhle befindet sich ein Paar großer kontraktiler Siphonen.

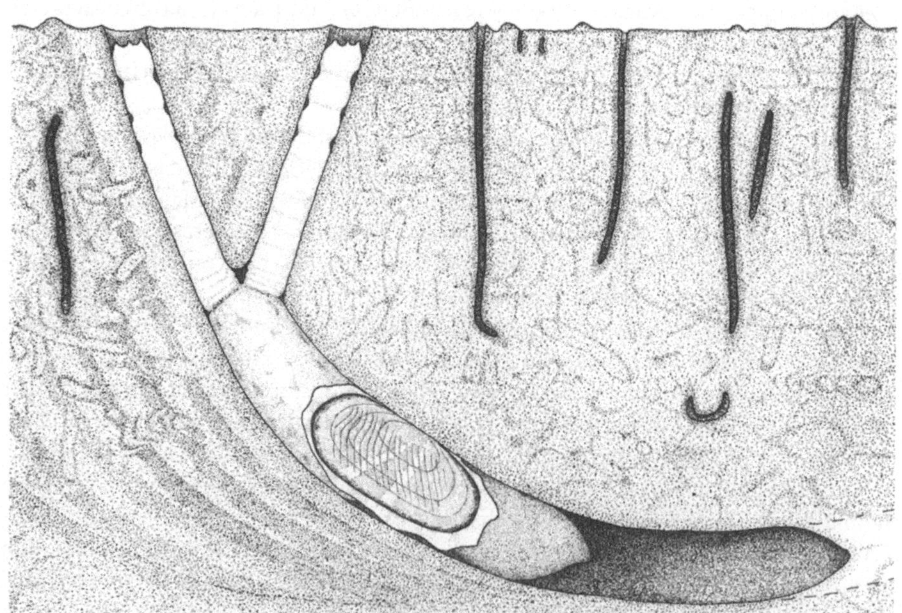

Abb. 4.3. *Solecurtus strigilatus* in Freßstellung. Der Bau wird regelmäßig verlagert und hinterläßt eine spreitenähnliche Struktur im Sediment. Die oberen Abschnitte werden schnell durch Bioturbation ausgelöscht (Abb. 4.6a). Die Tiefe des Baus beträgt 30 cm. Die gestrichelten Linien rechts unten markieren den Pfad, der während der Flucht eingeschlagen wird

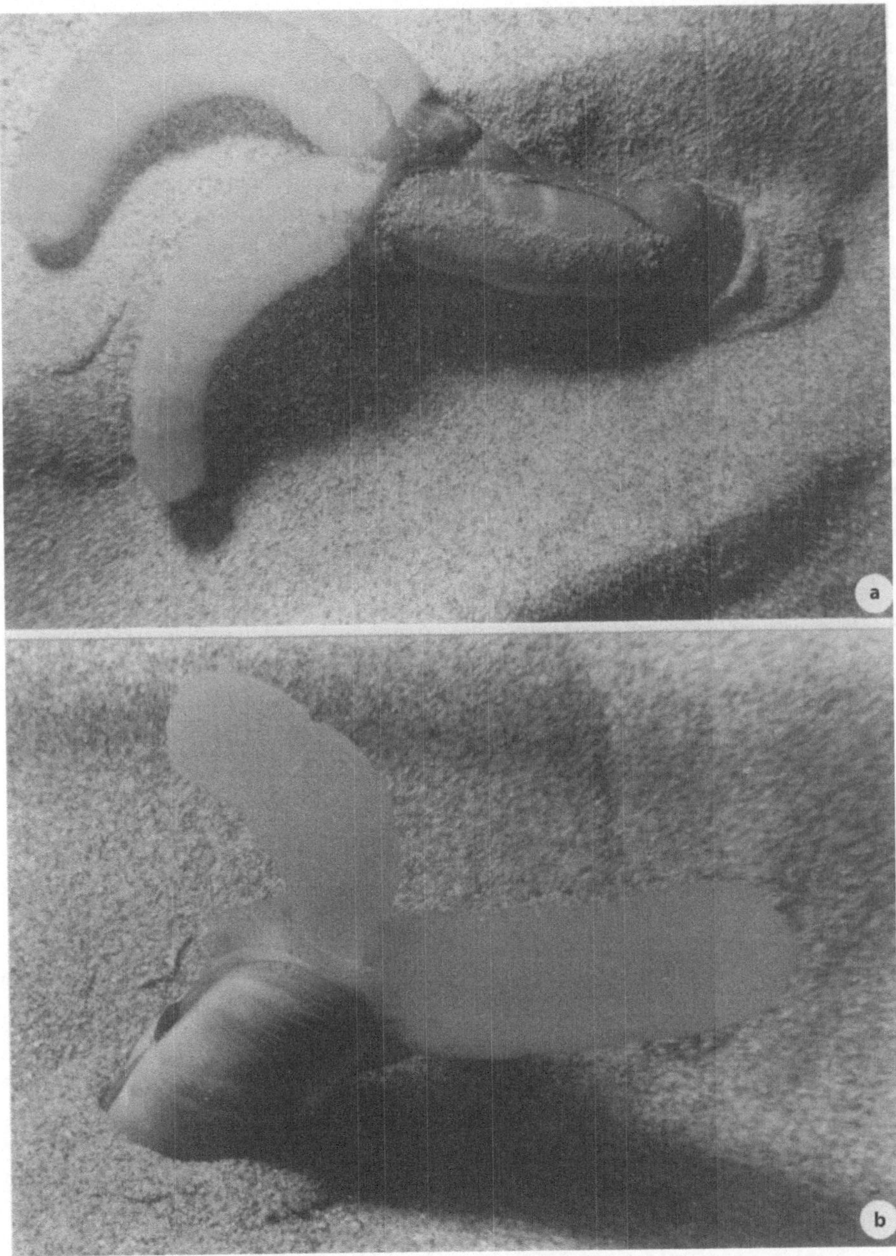

Abb. 4.4. a Ein freigelegter *Solecurtus strigilatus* schiebt den Fuß in das Substrat. **b** Einige Minuten später hat sich das Tier selbst in aufrechte Position gebracht. 2 m Wassertiefe, Kefallinia, Griechenland (halbe natürliche Größe)

Die Muschel zeigt wirksame Fluchtreaktionen: Versucht man das Tier freizulegen, gräbt es sich tiefer ein oder weicht horizontal aus und stößt die Enden seiner Siphonen ab. Die langsam pulsierenden Sipho-Enden, die frei in das Wasser ragen, dienen als Ablenkung für Räuber und neugierige Wissenschaftler (Kap. 1.1.9).

Ein ausgegrabenes Individuum dringt mit seinem Fuß in das Substrat ein, erzeugt mit seinem Endanker eine Hebelwirkung und kann normalerweise seinen langen Körper innerhalb von 2 min vertikal aufrichten (Abb. 4.4). Innerhalb weiterer 2 min ist das Tier im Sand verschwunden. Einmal eingegraben, bedient sich die Muschel der Doppelankertechnik oder der „push-and-pull"-Methode, wie Seilacher und Seilacher (1994) sie bezeichnete, die folgende Phasen umfaßt (Abb. 4.5):

- Die Siphonen und die Mantelhöhle werden mit Wasser gefüllt. Die Schalenschließmuskeln sind entspannt, und der Fuß zusammengezogen.
- Die Siphonen werden geschlossen und kontrahiert, so daß Wasser in die erweiterte Mantelhöhle eindringen kann. Der Fuß ragt wie die Klinge eines Klappmessers heraus.
- Durch die Kontraktion der Mantelhöhle wird ein Wasserstrahl aus einer Öffnung nahe der Basis des Fußes nach vorn herausgetrieben. Die vorderen Schalenschließmuskeln kontrahieren und der hydrostatische Druck der Mantelhöhle preßt den hinteren Teil der Schale gegen die Wände des Baus. Das Schalenornament verhindert ein Zurückgleiten und verankert die Schale.
- Der Fuß wird blitzschnell herausgeschoben und in das durch den Wasserstrom verflüssigte Sediment getaucht. Dann verdickt er sich an seiner Spitze, um einen Endanker zu bilden.

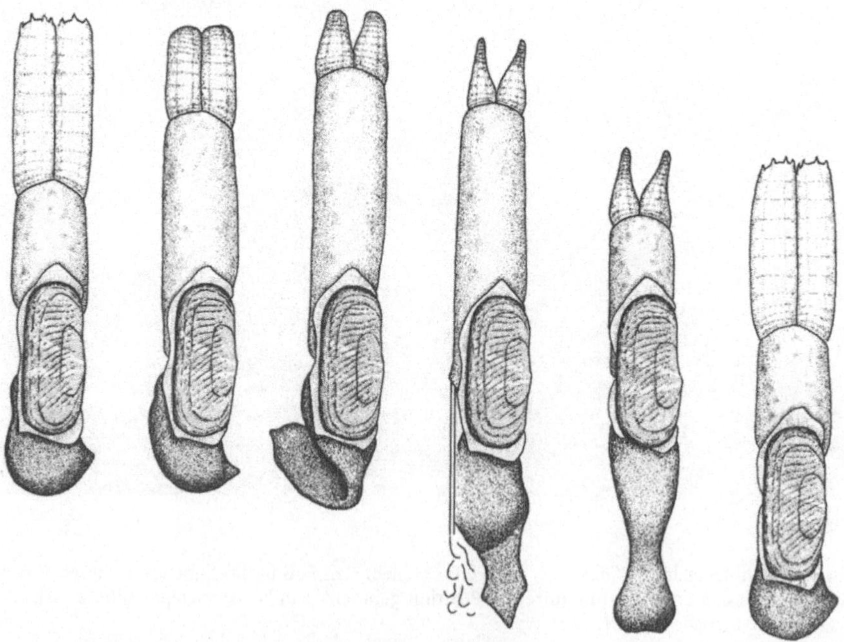

Abb. 4.5. Der Grabzyklus von *Solecurtus strigilatus*, verändert nach Bromley und Asgaard (1990). *Erklärung siehe Text*

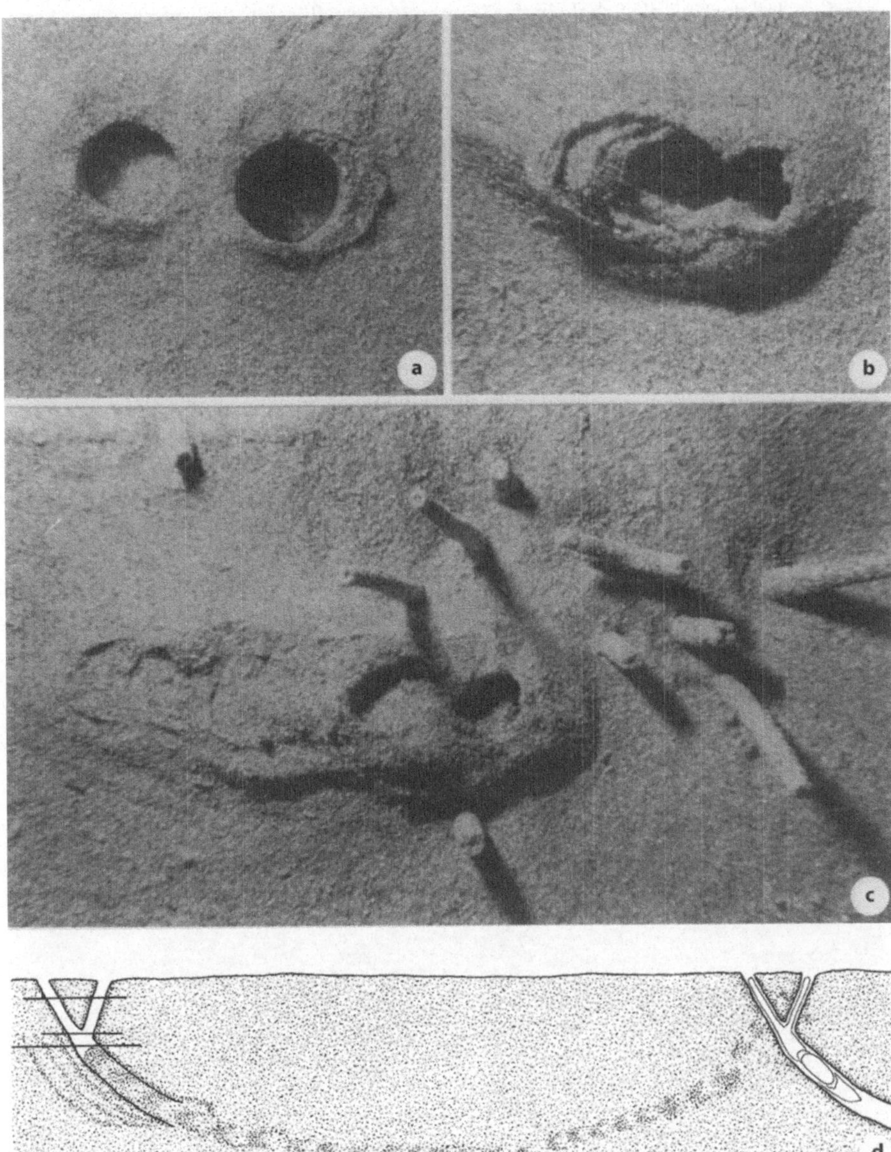

Abb. 4.6. Durch vorsichtiges Wegspülen des Sandes am Meeresboden angeschnittene horizontale Gänge von *Solecurtus strigilatus*. Die Schnittlagen sind in **d** angegeben. **a** Die schleimimprägnierten Wände der Siphonalschächte widerstehen dem Ausspülen. Versatz durch das entweichende Tier blokkiert das Lumen der Schächte. **b** Eine kurze Spreite wird sichtbar. **c** Eine lange Spreite ist mit Schleim getränkt. Die Röhren stammen von dem Polychaeten *Lanice* sp., 2 m Wassertiefe, Kefallinia, Griechenland. **d** Durch das Fotografieren wurde das Tier gestört, floh seitlich unter Versatz seines Wohngangs und errichtete ungefähr 2 m weiter einen neuen

- Die hinteren Schalenschließmuskeln kontrahieren und geben den Eindringanker frei, so daß der Fuß die Schale in das immer noch verflüssigte Sediment ziehen kann. Dieses Wasser-Sand-Gemisch fließt nun zurück, passiert die zusammengezogene Schale sowie die Mantelhöhle und füllt den Raum, den der Körper der Muschel bisher eingenommen hatte. Dann entspannen sich die Schließmuskeln der Schale erneut, um den Eindringanker wiederherzustellen.

- Die kontrahierten Siphonen öffnen sich von neuem und lassen Wasser in die zusammengezogene Mantelhöhle eindringen. Die Ausdehnung beider Körperteile beginnt von neuem. Bei Flucht wiederholt sich dieser Zyklus im 10-Sekunden-Rhythmus.

Die Gangwandungen (Abb. 4.6a–c) sind innerhalb von 48 Std. nach Errichtung eines neuen Baus reichlich mit Schleim vollgesogen. In älteren Systemen, die längere Zeit bewohnt waren, zeigt eine Spreite die dorsalwärtige Verlegung des Baus an. Diese Ausgleichsstruktur, die auf wiederholte Reizung der Sipho-Enden durch epibenthische Tiere hinweisen könnte, ähnelt dem Ichnogenus *Teichichnus*. Außer der Schleimimprägnation besitzen die Wandungen und die Spreite keine besondere Auskleidung.

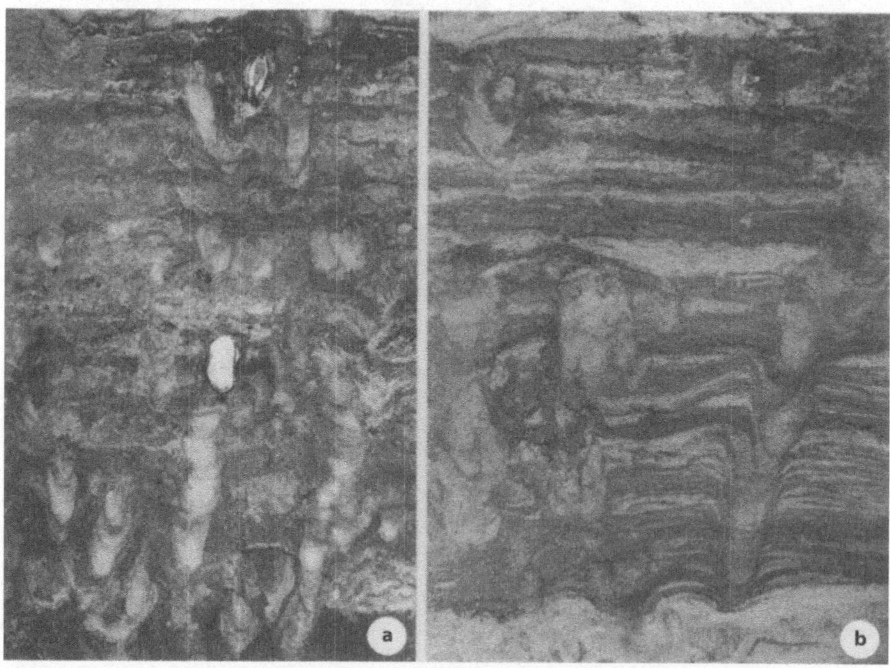

Abb. 4.7. Ausgleichsstrukturen, die durch eine Population von *Hiatella arctica* beim Ausweichen nach oben während der Akkumulation von Sand erzeugt wurden. Pleistozän, Lønstrup Klint, Dänemark. **a** Einige Individuen starben während der Aufwärtsbewegung und blieben als Körperfossilien in Lebendstellung erhalten. Die Spuren sind ca. 2 cm breit, die maximal beobachtete Aufwärtsbewegung betrug 30 cm. Ein Wachstum während der Aufwärtsbewegung ist an den Spuren nicht ablesbar. **b** Vergrößerung des uhrglasförmigen Versatzes. Fotos und Daten mit frdl. Genehmigung von Peter Johannesen

Die Flucht wird mit dem Fuß voran, dem Bogen des Gangs folgend, angetreten. Das Tier kehrt in etwa 1–2 m Entfernung von den ursprünglichen Gangöffnungen (Abb. 4.6d) in die Nähe des Meeresbodens zurück und beginnt rasch mit dem Anlegen eines neuen Baus.

4.1.3
Ausgleichs- und Fluchtspuren bei Muscheln

Die Grabtechnik der Muscheln besteht in einer nach vorn oder ventral gerichteten Durchdringung des Substrats. Ein Graben nach hinten stellt einen völlig anderen Vorgang dar, und tatsächlich versuchen es nur wenige Arten. Experimente zeigen, daß nur einige Muscheln in der Lage sind, sich nach oben zu bewegen und selbst eine dünne Schicht von plötzlich über ihnen abgelagertem Sediment zu durchdringen. Diese Fähigkeit überrascht allerdings nicht bei Arten, die im strandnahen Bereich in sandiger Umgebung leben (Abb. 4.7 und 4.8; Armstrong 1965; Woodin und Martinelli 1991). Eine

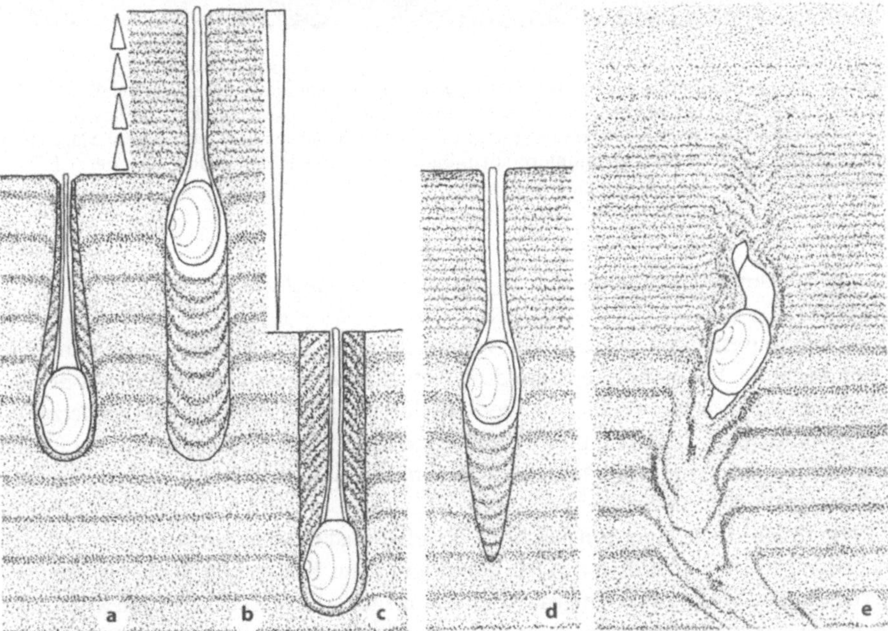

Abb. 4.8. Strukturen, die von einer juvenilen *Mya arenaria* erzeugt wurden. **a** Bei Nichtsedimentation führt das Wachstum der Muschel auf dem Meeresboden zu einer protrusiven Ausgleichsspur. **b** Langsame, gleichmäßige Ablagerung von Sediment zwingt die Muschel, ihre Position wiederholt dem ansteigenden Meeresboden anzugleichen, wobei eine retrusive Ausgleichsspur erzeugt wird. **c** Reaktion auf eine allmähliche Abtragung des Sediments durch kontinuierliches Eingraben in das Substrat. Daraus resultiert eine protrusive Ausgleichsstruktur. **d** Extrem langsame, gleichmäßige Sedimentation, aber geringfügig schneller als die Wachstumsrate des Tieres, zwingt es, sich gleichmäßig nach oben zu bewegen. Die retrusive Ausgleichsstruktur spiegelt den Wachstumsvektor wider. **e** Plötzliche schnelle Ablagerung führt zu Fluchtreaktionen der verschütteten Muschel, die mit dem Fuß voran aufwärts durch das Sediment dringt und eine spiralige Fluchtstruktur erzeugt. *a–d* Verändert nach Reineck (1958, 1970) und *e* nach Schäfer (1962)

Abb. 4.9. Röntgenaufnahme des Seesterns *Astropecten* sp. aus dem Flachwasser von Kefallinia, Griechenland. Der Magen ist mit kürzlich aufgenommenen grabenden Bivalven gefüllt. Der Seestern kann sich nicht seitlich durch das Sediment bewegen. Er muß seine Beute von der Oberfläche aus jagen und sich zu jeder einzelnen Bivalve hinuntergraben. Dadurch verursacht der Räuber eine beträchtliche Bioturbation

detaillierte Untersuchung von Kranz (1974) über das Fluchtpotential von 25 Arten ist lesenswert.

Ausgewachsene *Mya arenaria* sind ziemlich unbeweglich. Juvenile Exemplare hingegen beginnen bei plötzlicher Einsedimentation eine rege Wühltätigkeit, mit der sie den Sedimentzuwachs ausgleichen oder sich durch Flucht entziehen können, letzteres durch Wenden im Grabgang und Aufwärtsgraben mit dem Fuß voran (Abb. 4.8). Im Unterschied dazu sind Scheidenmuscheln zum Wenden zu lang; sie stoßen sich einfach nur nach oben (Kranz 1974).

Der erfolgreichste Jäger von *Solecurtus strigilatus* ist *Octopus vulgaris* (Abb. 1.3), der schnell mit einem Fangarm in den Bau eindringen kann. Ein anderer Räuber ist der Seestern *Astropecten* ssp., dessen meiste Arten endobenthische Muscheln fressen (Abb. 4.9). Da der Seestern nur langsam gräbt, können erwachsene Exemplare von *Solecurtus strigilatus* durch schnelles Graben *Astropecten* ssp. entfliehen. Cristensen (1970) beschrieb, wie *Tellina fabula* dem Angriff von *Astropecten irregularis* durch seitliches Graben entkam, da ein eingegrabener Seestern sich nicht seitlich bewegen kann. *Cultellus* sp. zieht sich schnell in Tiefen außerhalb der Reichweite des Seesterns zurück. Eine ähnliche Reaktion läßt sich bei *Mercenaria mercenaria* auf der Flucht vor *Asterias forbesi* beobachten (Doering 1981).

Mya arenaria kann weder seitlich noch schnell abwärts fliehen. Die Tiefe, in der die adulten Exemplare leben, liegt jedoch außerhalb der Reichweite der meisten Räuber.

4.1.4
Chemosymbiontische Bivalven

Einige Gruppen von Muscheln leben in Endosymbiose mit schwefelliebenden Mikroben. Zwei Gruppen sind gut dokumentiert und legen deutlich ausgeprägte Gänge an.

Lucinacea. Diese Superfamilie besteht aus drei Familien. Alle rezenten Arten von zwei dieser Familien – Lucinidae und Thyasiridae – leben in Symbiose mit autolithotrophen Bakterien (Dando und Southward 1986; Dando *et al.* 1986; Reid und Brand 1986; Reid 1989). Dabei entstanden beträchtliche Veränderungen in der Anatomie und dem Verhalten der Bivalven. Die meisten Arten leben in größeren Tiefen.

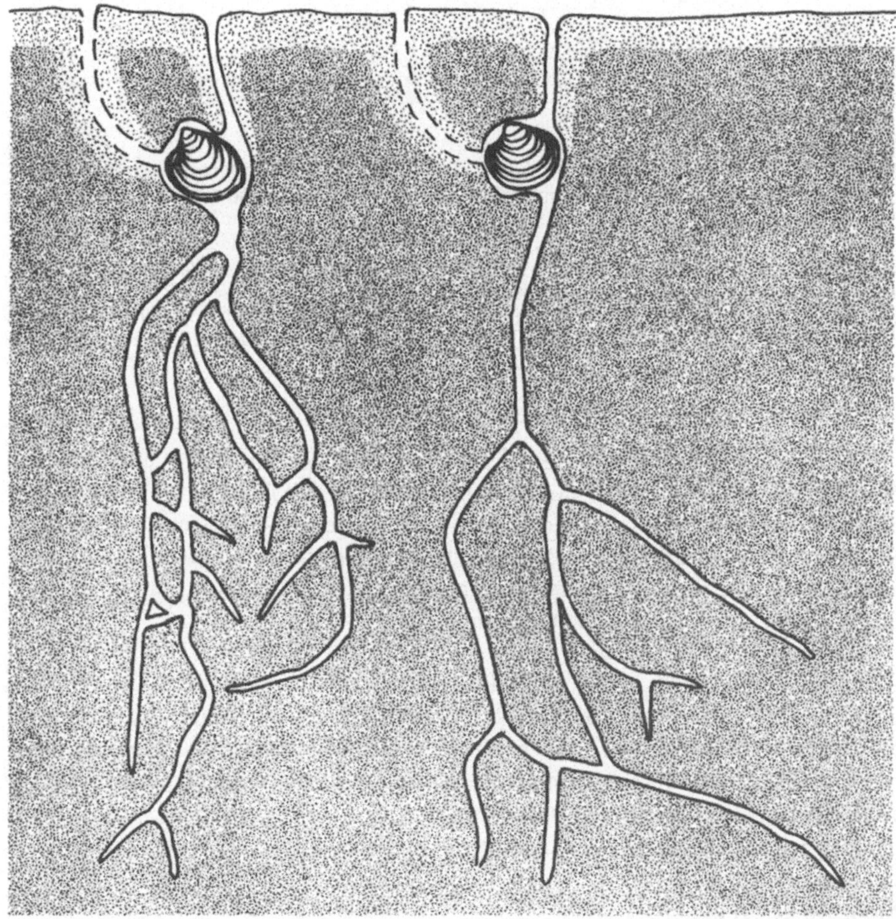

Abb. 4.10. Gangsystem zweier Individuen von *Thyasira flexuosa*. Mit dem weit ausziehbaren Fuß wird eine Röhre für die Atemluft bis zur Oberfläche gegraben (gestrichelte Linie) und etwa 15 cm tiefer eine Sulfid-Quelle angezapft. Die Kanäle werden von Zeit zu Zeit verlegt und bilden so ein dichtes Geflecht. Verändert nach Dando und Southward (1986)

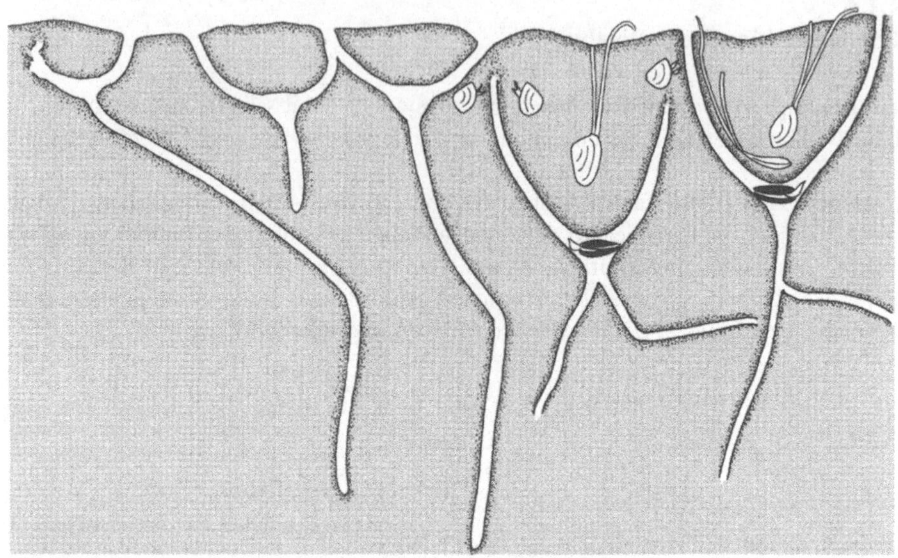

Abb. 4.11. Y-Gänge der sulfidliebenden chemosymbiontischen Bivalve *Solemya velum*. Das Tier verbringt die meiste Zeit in der Kammer im tieferen Teil des U, in dem die Wandungen mit Schleim getränkt sind. Die Öffnungen werden meist geschlossen gehalten, teilweise auf Grund von Störungen durch in oberen Stockwerken lebenden Bivalven-Arten (hier sind nur Telliniden und Nuculoiden dargestellt). *Solemya velum* ist in der Lage, in dieser Zeit niedrigere Sauerstoffgehalte zu überstehen. Der untere, tief in anoxische Milieus hinabreichende Schacht, verleitet zu Vergleichen mit einigen Crustaceen-Gängen (Abb. 4.24 und 4.28) und wird als Sulfid-Zufuhrkanal interpretiert. Wie durch die beiden im Kontakt stehenden Gänge angezeigt, verlagert *Solemya velum* alle paar Tage seine Lage. Daten von Frey (1968), Stanley (1970) und Levinton und Bambach (1975)

Die Lucinaceen besitzen nur einen hinteren Ausström-Sipho. Das einströmende Wasser tritt über eine vordere, mit Schleim ausgekleidete Röhre, ein, die von dem Fuß gebildet wird (Allen 1958). Auf diese Weise wird ein tiefer U-förmiger Gang angelegt. Dando *et al.* (1986) vermuten, daß unterhalb der Redoxgrenze durch die Wandung der vorderen Röhre HS^- in den Luftstrom eintreten kann, das von den Bakterien, die in den Kiemen des Wirts leben, benötigt wird.

Dando und Southward (1986) beobachteten bei zwei Arten von *Thyasira*, daß der wurmförmige Fuß unter der Schale Sediment bis in eine Tiefe sondierte, die etwa dem 15fachen Durchmesser der Schale entsprach, und dabei eine verzweigte, wurzelförmige Struktur anlegte (Abb. 4.10). Ähnliche, aber einfachere Systeme von Kanälen stammen von Luciniden. Diese Kanäle stimmen perfekt mit Strukturen überein, die als Schwefelquellen gedeutet werden (Seilacher 1990).

Die Lucinaceen sind eine alte Gruppe von Bivalven, und Liljedahl (1992) nimmt an, daß die früheste bestimmbare Art aus dem Silur – *Ilionia prisca* – bereits chemosymbiontisch gelebt hat.

Solemyacea. Diese kleine Artengruppe existiert ebenfalls schon seit langer Zeit. *Solemya*-Arten legen U-Gänge an und erweitern ebenfalls ihren Grabgang durch einen tiefen Schacht nach unten (Abb. 4.11). Diese Bivalven besitzen keine Siphonen sondern bewegen sich frei im U-Bau. Ihre Kiemen enthalten zahlreiche Bakterien, und ihr Darm ist stark reduziert oder fehlt bei einigen Arten ganz. *Solemya* ssp. tritt in Seegraswiesen und verschmutzten Hafenbecken auf, in denen der Sauerstoffgehalt gering ist. In rezenten Arten wurde Chemosymbiose durch Felbeck (1983), Felbeck *et al.* (1984) und Reid (1989) nachgewiesen. Der Schacht wird als Sulfid-Zufuhrkanal angesehen, durch den Porenwasser aus tieferen Sedimentschichten gepumpt wird.

Der Querschnitt eines U-förmigen Gangs ist elliptisch mit der längsten Achse in der Ebene des U. Unter der Annahme, daß diese Geometrie auf Gänge der Solemyacea beschränkt ist, bezeichnet Seilacher (1990) Y-förmige elliptische Spurenfossilien als *Solemyatuba curvatus*. Er betrachtet auch die elliptischen U-Gänge ohne Schacht von *Arenicolites curvatus* aus dem Devon (Goldring 1964) als das Werk von Solemyaceen und fand ähnliche Strukturen im Ordovizium.

Nach Campbell (1992) gedeihen einige Arten von *Solemya* in der Nachbarschaft von Ölaustritten und in methanreicher Umgebung. Die Gänge dieser *Solemya* sind mit authigenem Karbonat ausgekleidet, das das Erhaltungspotential als Spurenfossil erhöht. Campbell (1992) nennt dazu Beispiele aus dem Miozän.

4.2
Zwei Herzseeigel der gleichen Gattung

Die Spatangoida sind die für eine endobenthische Lebensweise am besten ausgerüsteten irregulären Echinoiden (Abb. 4.12). Die Entwicklung von Fasziolen erlaubt eine effiziente Art der Bewässerung der Gänge. Die Spezialisierung der Stacheln und Ambulacralfüßchen ermöglicht die Anwendung verschiedener Lebensweisen und die Anpassung an unterschiedliche Sedimenttypen. Seit der Oberkreide stellen die Spatangoida eine sehr erfolgreiche Gruppe dar.

Obwohl die Biologie vieler Spatangoiden-Arten gut bekannt ist, existieren nur wenige Untersuchungen über ihre Lebensweise im Substrat. Einen Durchbruch erzielte Nichols (1959), der *Spatangus purpureus* und *Echinocardium cordatum* in Aquarien und in der freien Natur beobachtete. Von den späteren Untersuchungen sind die von Chesher (1963, 1968, 1969) über *Moira atropus*, *Brissopsis alta* und *Meoma ventricosa* (Abb. 4.13) für den Ichnologen besonders wichtig. Untersuchungen von Kanazawa (1991, 1992) an verschiedenen Spatangoida erbrachten eine unerwartete Vielfalt an Details über Bewegungen der Stachel und über die Art und Weise wie Sedimentpartikel bewegt werden.

Die am besten bekannte Art ist *Echinocardium cordatum*. Ulla Asgaard, Margit Jensen und ich untersuchten die kleinen Individuen der schlammbewohnenden Gemeinschaften des Øresunds zwischen Dänemark und Schweden. Zum Vergleich haben wir das Grabverhalten von *Echinocardium mediterraneum* in einem sandigen Weichgrund von Kefallinia (Griechenland) im Gelände und im Labor untersucht.

4.2.1
Ein Herzseeigel in fast anoxischem Milieu

Echinocardium cordatum verhält sich bezüglich des Substrats überraschend variabel. In reinen Sanden des Intertidals bis flachen Subtidals erreichen die Individuen eine Länge von 4 cm und graben sich 15–20 cm tief ein. Im tieferen Wasser und bei schlam-

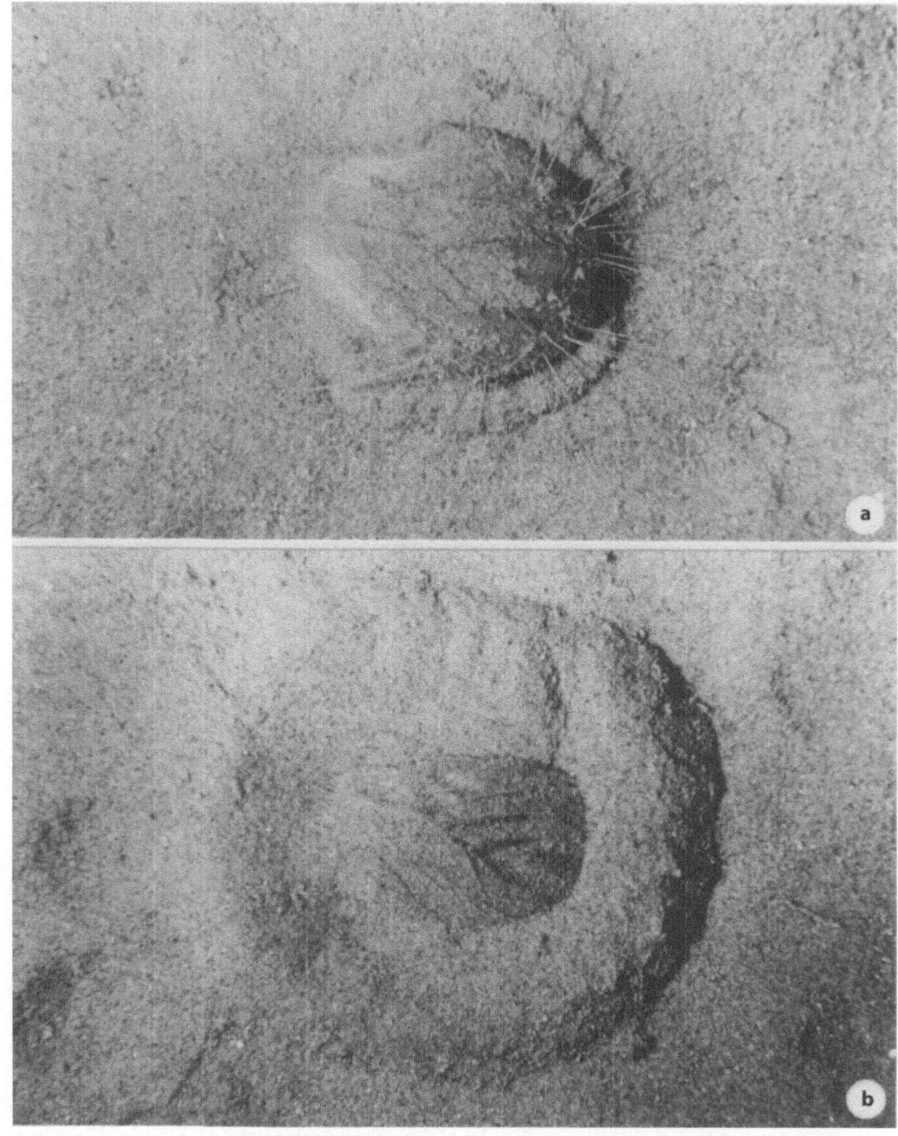

Abb. 4.12. Eingraben eines spatangoiden Echinoiden in das Substrat. **a** Freigelegte *Lovenia elongata* stellen furchterregend abgespreizte, mit Widerhaken besetzte Stachel zu ihrem Schutz auf. **b** Wenn sich der Seeigel eingräbt, werden sie wieder eingefaltet. Das Tier ist in weniger als 2 min mit Sediment bedeckt und hat sich etwa 1 cm tief eingegraben. 2 m Wassertiefe, Golf von Aqaba

migen Substraten werden die Seeigel nicht so groß und graben nicht tiefer als 3–5 cm (Nichols 1959; Buchanan 1966).

Kleine Individuen, die im Schlamm 4 cm unterhalb der Oberfläche graben, legen wenige Zentimeter in der Stunde zurück (bei 9 °C). Sie bewegen sich in 6–24 mm lan-

Abb. 4.13. Zwei Ansichten des sich langsam bewegenden großen Spatangoiden *Meoma ventricosa*, der 15 min zuvor auf den Meeresboden ausgesetzt worden war. Er hat sich bereits fast vollständig eingegraben. Man beachte den schleimbeladenen Sedimentteppich, der sich über die Stacheln bewegt und die bioturbate Oberfläche des Substrats, auf der diese Art vorherrscht. 12 m Wassertiefe, Six Men´s Bay, Barbados

gen Abschnitten fort, unterbrochen von langen Pausen. Während jeder Pause werden enge Schächte gegraben. Pro Tag wird etwa ein Schacht angelegt, wobei Tiere, die gestört werden, es auch auf drei Schächte in einer Stunde bringen.

Echinocardium cordatum legt einen gut definierten Bau an, der aus drei Teilen besteht. Um das Tier herum liegt die Gangkammer, die von einer schleimigen Hülle zusammengehalten wird und von den gebogenen Stachelspitzen, die den Seeigel umgeben, gestützt wird. Auch der Schacht und ein vergleichbarer horizontaler Kanal, der als Drainage dient, wird durch einen schleimigen Mantel ausgekleidet (Abb. 4.14).

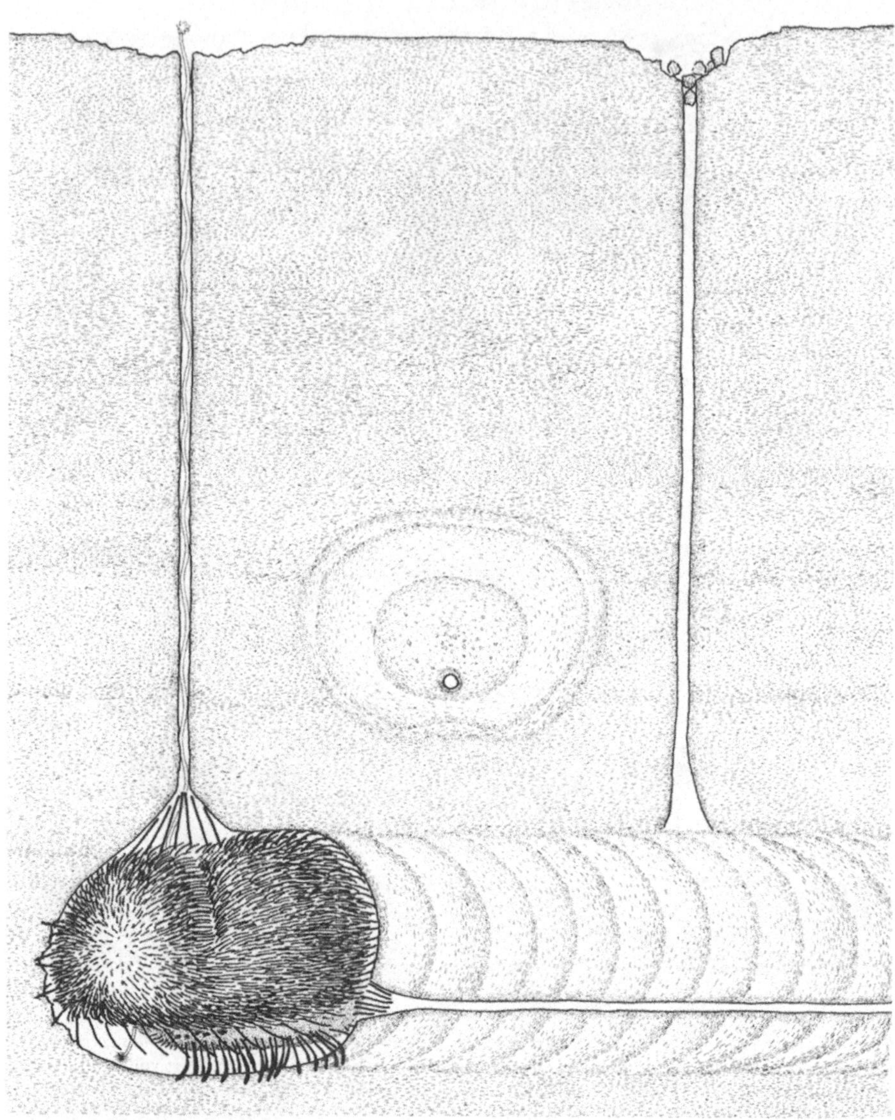

Abb. 4.14. *Echinocardium cordatum* in seinem Bau. Hinter ihm ein verlassener Schacht, der in dem schlammigen Substrat offen bleibt. Darüber ein Querschnitt des Versatzes und der nicht zentral gelegenen Drainage

Alle Stacheln sind mit einem schleimabsondernden Epithel dünn bedeckt, so daß ihre schleimigen Spitzen mit der Gangwandung eine Einheit bilden. An der Stirnseite durchdringen lange Stacheln die Schleimwand und brechen das Substrat bei der Fortbewegung des Tieres auf. An der Unterseite dringen die spatenartigen Stacheln des Tieres in das Substrat ein. Die einzigen Teile des Tieres, die sich außerhalb der Begrenzung des Baus befinden, sind zwei verschiedene Ambulacralfüßchen. Die für die Nahrungs-

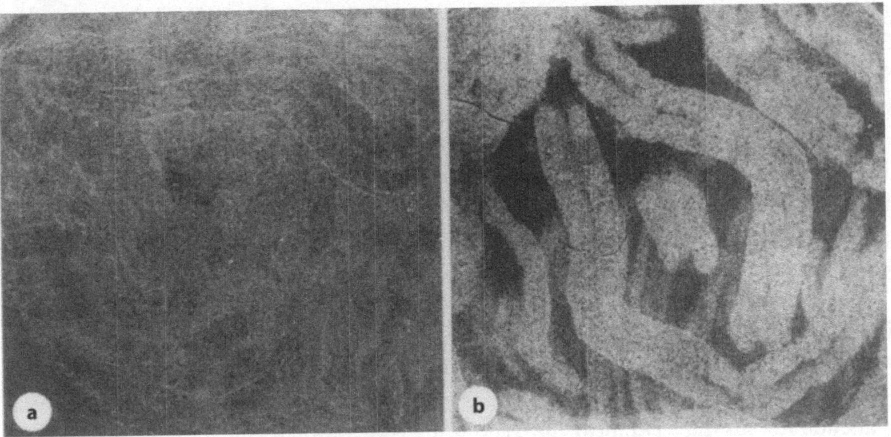

Abb. 4.15. Versatzstrukturen von *Echinocardium cordatum* durch den Glasboden eines Aquariums gesehen. **a** Entmischung: In einem schlecht sortierten Sand treten im Versatz helle und dunkle Körner getrennt auf. **b** Durchmischung: In laminierten Sanden führt die gleiche Aktivität zu einer Durchmischung. Eine helle Lage wurde in eine dunkle hineingezogen (½ der natürlichen Größe)

aufnahme bestimmten Füßchen (Podien) des frontalen Ambulacralfeldes ragen aus dem Schacht über den Meeresboden heraus, um dort Detritus zu sammeln; die sensorischen Füßchen pressen ihre spitzen Enden durch die Auskleidung, um das Substrat dahinter zu erkunden. Die restlichen Füßchen werden für Arbeiten innerhalb des Baus eingesetzt.

Bei der Fortbewegung des Tieres werden Sedimentpartikel im Schleim gefangen, der die Transport-Stacheln umgibt, und es entwickelt sich ein Reibungsteppich aus schleimgebundenem Sediment, das sich kontinuierlich nach hinten bewegt. Der elastische Teppich wird als uhrglasförmige Stopflamelle am Hinterende des Tieres wieder abgelagert (Abb. 4.14 und 4.15).

Hinter dem Tier wird mit Hilfe der Röhrenfüße eine Drainageröhre angelegt. Sie ist mit Schleim ausgekleidet und dient dazu, das Atemwasser abzuführen. Eine Meiofauna und Bakterien besiedeln die Röhre, deren Schleimauskleidung bricht und Wasser in das poröse Sediment abgibt, wenn der Seeigel sich einige Dezimeter vorwärts gewühlt hat.

Der durch die Fasziolen erzeugte Wasserdurchfluß ist langsam aber stetig. Das Wasser tritt in die Schachtöffnung ein, passiert die Atmungs-Podien und tritt über die Drainageröhre wieder aus.

Von den vier bis sechs für die Ernährung zuständigen Füßchen wird jeweils immer eines in dem Schacht nach oben gestreckt, um Nahrungspartikel vom Meeresboden aufzunehmen. Sie werden auf das frontale Ambulacralfeld fallengelassen, in Schleim gehüllt und zur Furche des Ambulacralfeldes befördert, wo Enzyme abgesondert werden und die Verdauung beginnt, bevor die Nahrung den Mund an der Unterseite erreicht (Pequignat 1970).

Aus dem Wühlhorizont wird auch anaerobes Sediment aufgenommen; der Darm ist immer gut mit Sand gefüllt. Am hinteren Ende des Darms befindet sich ein ansehnlicher Blinddarm, der voll von sulfidoxidierenden Bakterien ist (De Ridder und Jangoux 1993). Daher vermuten Bromley *et al.* (1995), daß diese tief grabenden Arten einen Teil ihrer Nahrung aus der Symbiose mit diesen Bakterien beziehen. Im Labor aufgetretene Störungen belegen, daß *Echinocardium cordatum* sehr gut Perioden anaerober Bedingungen überstehen kann. Das Tier ist ausgezeichnet an das Leben im anaeroben Sediment angepaßt, auch wenn langfristig sowohl der Seeigel als auch die symbiontischen Bakterien auf sauerstoffreiches Wasser vom Meeresboden angewiesen sind.

Während des Fressens an der Oberfläche und der Anlage der Röhre fällt Sediment durch den Schacht auf die Apikalscheibe und wird – wie die Exkremente – in das Stopfgefüge eingebaut (Nichols 1959). Da auf diese Weise mehr Material hinter dem Tier eingestopft wird, als vor ihm ausgehöhlt wurde, muß das eingestopfte Material etwas stärker kompaktiert sein als das umgebende Sediment.

Die Bedeutung des Detritusfressens bei dieser Art ist gut bekannt (Buchanan 1966; Thorson 1968; Pequignat 1970; De Ridder *et al.* 1985). Das eingesenkte frontale Ambulacralfeld scheint sich bei dieser und auch bei vielen anderen Arten der Spatangoida als Folge des Detritusfressens entwickelt zu haben (Chesher 1963). Als tiefgrabende Art nimmt *Echinocardium cordatum* – vermutlich zum Zwecke der Chemosymbiose – nahrungsarmes, sulfidreiches Sediment auf. Zusätzlich führt sie den Symbionten, die im hinteren Blinddarm leben, weiteres sulfidisches Material zu, das bei der Verdauung von Sedimenten anfällt, die reich an organischem Material sind.

Die Wühlaktivität dieses Seeigels verursacht nur geringe Verlagerungen des Sediments nach unten. Wenn er das Sediment durchdringt, wird aber der Gehalt an verbrennbarer organischer Substanz aus den Exkrementen und dem reichlichen Schleim in dem Stopfmaterial erhöht.

4.2.2
Ein Herzseeigel in ausgeprägt anaeroben Milieu

Echinocardium mediterraneum ähnelt oberflächlich *Echinocardium cordatum*, allerdings trifft dies weniger zu, wenn er seiner Stacheln beraubt ist. Dann kann man sehen, daß *Echinocardium mediterraneum* nicht herzförmig ist, daß die frontale Furche fehlt und daß er einen kreisförmigen Umriß sowie eine flache Unterseite besitzt. Über seine Lebensgewohnheiten wurde fast nichts publiziert. Die Art ist in reinen bis schluffigen Mittelsanden des Flachwassers des östlichen Mittelmeeres häufig anzutreffen.

Die Tiere leben etwa 2–5 cm unter dem Meeresboden. Die maximale Vorwärtsbewegung ist bei Sommertemperaturen beträchtlich schneller als bei *Echinocardium cordatum* aus dem Øresund: Bei 15 °C beträgt sie 10 cm pro Stunde. In Aquarien bewegen sich die Individuen jedoch normalerweise langsamer vorwärts: etwa 1–2 cm pro Stunde.

Die Lage von *Echinocardium mediterraneum* im Substrat (Abb. 4.16) unterscheidet sich von der des *Echinocardium cordatum* beträchtlich. Das frontale Ende des Tieres liegt höher, so daß die Körperachse etwa um 30° gegen die Horizontale geneigt ist. In Intervallen wird – wie bei *Echinocardium cordatum* – ein dünner Schacht zur Oberfläche angelegt. Es sind jedoch keine detritussammelnden Podien am Ausgang des Schachtes auszumachen.

Rings um den vorderen Rand des scharfen Umrisses sind eine Reihe von langen, gebogenen Stacheln ausgebildet, die den Rand eines offenen Raumes unter der flachen Basis des Seeigels markieren. Innerhalb dieser suboralen Kammer nimmt der Seeigel mit Hilfe der langen Oralröhre aktiv Sediment auf (Abb. 4.16). Es werden kontinuierlich Partikel aufgesammelt, fallengelassen oder in den Mund gestopft, wenn sich das Tier allmählich durch das Sediment vorwärts bewegt.

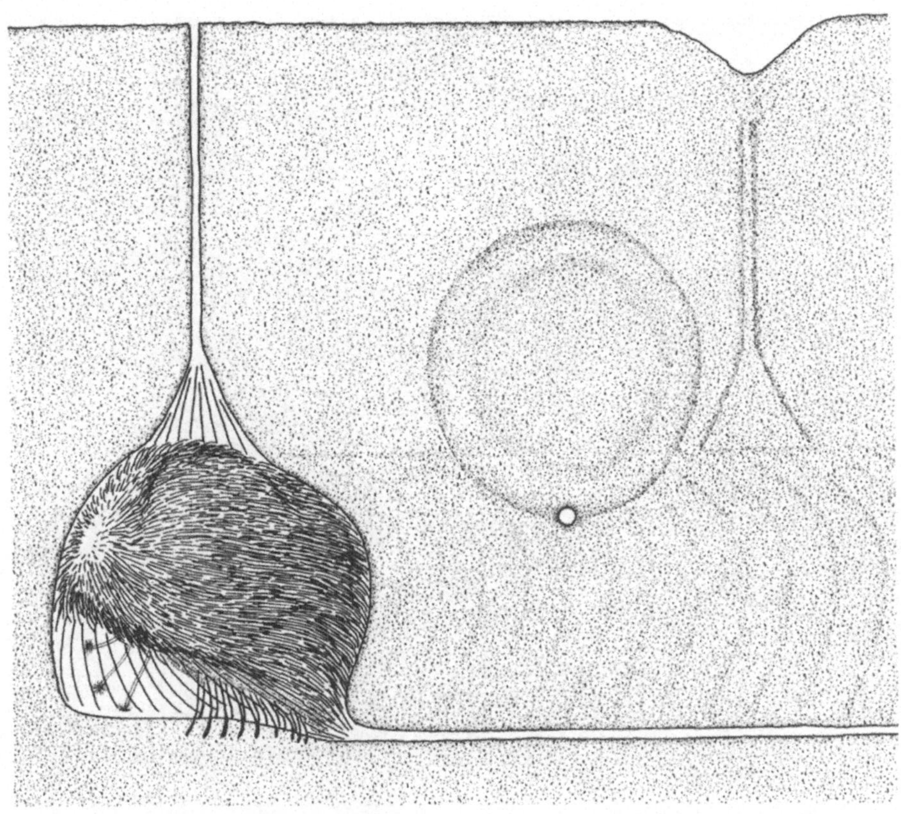

Abb. 4.16. *Echinocardium mediterraneum* in Lebendstellung und Sediment fressend in seinem Bau. Der verlassene Schacht ist eingestürzt und mit Sand gefüllt. Ein Querschnitt durch das Stopfgefüge zeigt die Lage der Abflußröhre im tieferen Teil

In anderen Details ähnelt das Wühlverhalten dem von *Echinocardium cordatum*. Das Stopfgefüge enthält eine dünne, schleimausgekleidete Abflußröhre, die die uhrglasförmigen Stopfstrukturen durchschneidet und bis weit hinter dem Tier offen bleibt.

Echinocardium mediterraneum scheint ein reiner Sedimentfresser zu sein. Dies verursacht einen umfangreichen horizontalen Transport und nur einen geringen vertikalen Austausch von Partikeln während der Anlage des Schachts. Wie bei *Echinocardium cordatum* wird eine charakteristische schleimgebundene Stopfstruktur gebildet (Abb. 1.4).

4.3
Grabende anomure Crustaceen

Für den Ichnologen sind die Gänge anomurer Crustaceen von besonderer Bedeutung, vor allem wegen Parallelen in ihrer Konstruktionsweise zu den in Gesteinen häufigen Ichnogenera *Ophiomorpha* und *Thalassinoides* (Abb. 8.12).

Seit dem Beginn des Mesozoikums haben die Anomuren in verschiedenen Kombinationen zahlreiche Ernährungsstrategien als Detritus-, Sediment- und Suspensionsfresser sowie als Züchter entwickelt. Die Thalassinideen-Gattungen *Callianassa*, *Callichirus* und *Upogebia* sind heute unter den grabenden Anomuren die bedeutendsten (Abb. 4.17).

Da die Morphologie von Gängen bei einer wachsenden Zahl von Arten beschrieben sind, deutet sich ein Muster an, das auch bei Spurenfossilien erkennbar sein sollte. Im folgenden werden einige Beispiele charakteristischer trophischer Gruppen und ihre korrespondierenden Bautypen behandelt.

4.3.1
Callichirus major

Die große callianasside Art *Callichirus major* besiedelt die im mittleren Energieniveau liegenden Sandstrände der Atlantikküste der südöstlichen USA. Diese Art wurde bis zur Revision der Gattung *Callichirus* durch Manning und Felder (1986) unter *Callianassa* geführt. Die Anpassung ihrer Morphologie und ihres Verhaltens an lose Substrate und physikalisch wechselnde Bedingungen haben diese Art bekannt und zu dem am meisten diskutierten Spurenerzeuger unter den Invertebraten gemacht. Dies beruht vor allem auf der Ähnlichkeit ihrer Gänge mit dem Spurenfossil *Ophiomorpha nodosa*, wie durch Weimer und Hoyt (1964) nachgewiesen wurde.

Die Gänge von *Callichirus major* reichen so tief in das Sediment, daß die unteren Teile fast unerreichbar sind. Intakte Epoxidharz-Abgüsse können aus diesen Tiefen nicht gewonnen werden (Frey 1975). Nach Pryor (1975) bestehen die Gänge aus zwei Elementen: einem horizontalen Labyrinth von schlammausgekleideten Tunnels, die 2–4 m tief im Sediment liegen und einer Reihe von Schächten, die das Labyrinth mit der Sedimentoberfläche verbinden. In den höheren Bereichen des Strandes können die Schächte eine Tiefe von 5 m erreichen (Frey *et al.* 1978). Bisher wurde keine detaillierte Abbildung des in der Tiefe verborgenen Labyrinths publiziert (Abb. 4.18). Pryor (1975) konnte jedoch etwa 100 Krebse aus 10 Oberflächenöffnungen pumpen, die anzeigen, daß die Tiere gemeinsam innerhalb des untereinander verbundenen Gangsystems leben.

Frühere Autoren rechneten *Callichirus major* zu den Sedimentfressern (Pohl 1946); jedoch bestehen die Kotpillen aus feinem Material, das kaum aus einem reinen Sandsubstrat stammen kann und sich eindeutig aus einer Suspension herleiten läßt. Pryor (1975) stellte fest, daß sich die Tiere zum Fressen im oberen Teil der Schächte aufhalten und durch das schnelle Schlagen mit ihren Pleopoden einen einwärts gerichteten Wasserstrom erzeugen. Das Wasser strömt durch ein Netz von Haaren an den

◄ **Abb. 4.17.** Durchwühlen des Sediments durch Callianassiden. **a** Ein bedauernswerter Krebs, *Upogebia* sp. (3 cm lang), der dem Sonnenschein und der Luft außerhalb seines Baus ausgesetzt wurde. Vorstrand von Puerto Peñasco, Mexiko. **b** Das Werk der gleichen Art. Drei verschiedene Komponenten wurden nach oben transportiert: um die Gangöffnung herum (in der Mitte oben) ein konischer Haufen aus Sand, der bei der Anlage des Grabgangs aus 40 cm Tiefe an die Oberfläche geschafft wurde; zylindrische Kotpillen aus Schlamm, die beim Suspensionsfressen anfallen; und die Häutungsreste des grabenden Tieres. Die ursprüngliche Substratoberfläche ist im Vordergrund zu sehen. **c** Erhebungen, die durch die sedimentfressende Art *Glypturus acanthochirus* (vgl. Abb. 4.25c) erzeugt wurden, 4 m Wassertiefe, Große Bahama Bank, pelletführende Schlammfazies

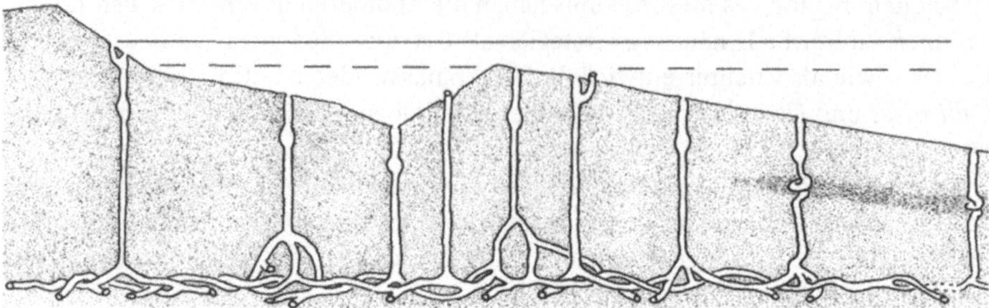

Abb. 4.18. Schematische Darstellung eines Strandprofils von 3–4 m Höhe. Es zeigt das Gangsystem einer Population von *Callichirus major*. Der Gangdurchmesser ist vergrößert dargestellt. Die Lage des Mittleren Hoch- und Niedrigwassers ist eingezeichnet. Verändert nach Frey *et al.* (1978)

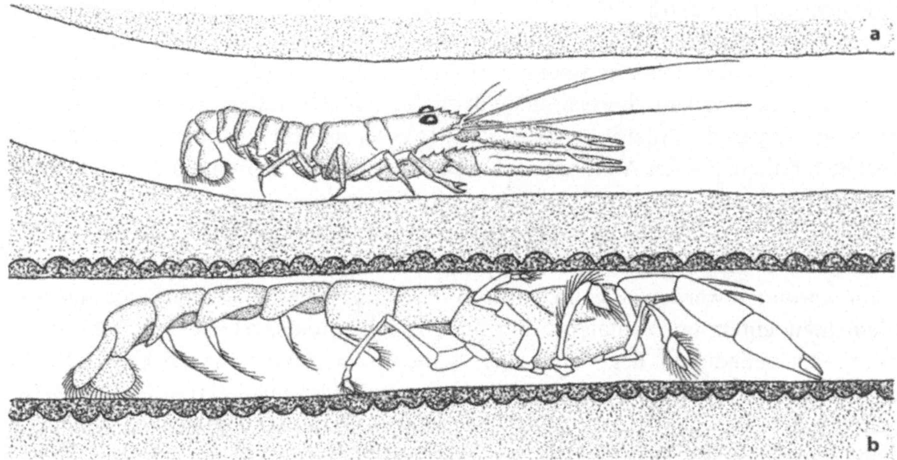

Abb. 4.19. Gänge des Hummers *Nephrops norvegicus* **a** und *Callichirus major* **b** mit gleichem Gangdurchmesser dargestellt, um den relativen Unterschied in der Lumenfüllung des Grabganges durch den Bewohner zu zeigen. Verändert nach Bromley und Asgaard (1972b)

Maxillipeden, die das Seston herausfiltern und zum Mund befördern. Nach 15–30 min wird die Stromrichtung für einige Minuten umgekehrt und Kotpillen aus der Gangöffnung herausgespült. Dann entsteht eine Pause von wenigen Minuten, in der die Tiere wahrscheinlich wieder ihre Freßposition einnehmen.

Callichirus major füllt den Durchmesser seines Baus fast völlig aus (Abb. 4.19b). Durch die verengte Öffnung wird die Strömung beschleunigt und so ein effektiver Abtransport der Kotpillen sichergestellt. Die enge Öffnung schützt den Grabgang auch vor dem Eindringen von Räubern oder Sediment, und normalerweise verlassen die Krebse niemals dieses sichere Labyrinth. Der turbulente Lebensbereich macht ständige Reparaturen und Veränderungen der Öffnungen notwendig (Abb. 4.20). Die tieferen Teile der Schächte sind jedoch relativ dauerhaft und können durch Bryozoen besiedelt werden (Pohl 1946).

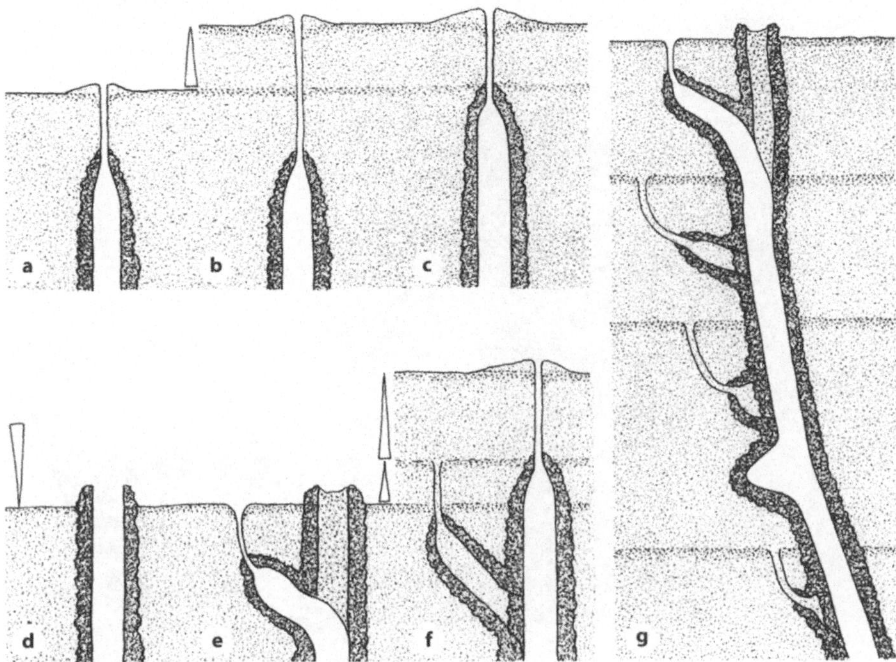

Abb. 4.20. a–f Reaktion von *Callichirus major* auf erosive Zerstörung und Verschüttung seiner Gangöffnung. **g** Ein Beispiel von *Ophiomorpha nodosa* aus dem Pleistozän von Florida. Verändert nach Howard (1978)

Die Kotpillen sind kompakt und zerfallen nicht so schnell. Bei den anomuren Krebsen (Moore 1939) sind die Kotpillen stäbchenförmig mit einer Anzahl von in der Längsachse verlaufenden Kanälen (26 bei dieser Art; Abb. 4.21). Die Tiere erzeugen reichliche Mengen an Kotpillen. Pryor zählte etwa 40 Pellets pro Minute, die eine einzelne Öffnung während des auswärts gerichteten Stromintervalls verließen. Da sie aus feinem Sediment bestehen, das sich normalerweise im Strandbereich in Suspension befindet, stellt die Ablagerung dieser sandkorngroßen Pellets einen bedeutenden biogenen Eintrag von Schlamm in die sonst reinen Sande dar. Eine Aufarbeitung der Pellets kann zur Ablagerung von weitverbreiteten Schlammlagen bis zu vielen Zentimetern Mächtigkeit führen (Pryor 1975).

Eine weitere Quelle biogenen Tons in Sanden stammt aus dem Material der Gangwandung von *Callichirus major*. Um den losen Sand zu stabilisieren, werden von dem Tier sandige, schlammgebundene und mit gallertartigem Schleim versetzte runde Pellets in die Wände gedrückt. Diese ragen als halbkugelige Warzen an der Außenseite der Wandauskleidung in den umgebenden Sand, während die Innenseite glatt ist. Die Schächte werden besonders dick ausgekleidet, stellenweise so dick wie der Gangdurchmesser (Pohl 1946). Dieser Schlamm scheint nicht aus den Exkrementen zu stammen, weil sonst die festen Kotpillen nachweisbar sein müßten. Da feine Bestandteile im umgebenden Sediment nicht auftreten, müssen sie aus der Suspension eingefangen worden sein.

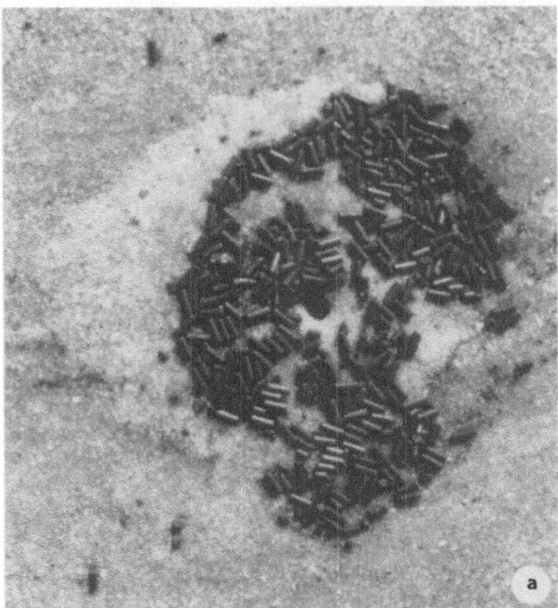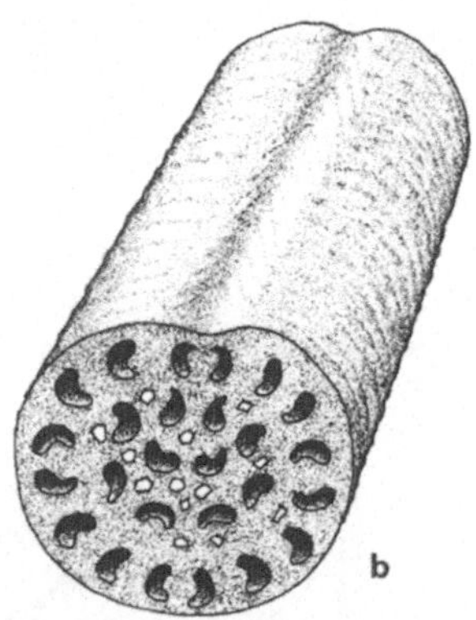

Abb. 4.21. Kotpillen von *Callichirus major*. **a** Eine enge Gangöffnung am Strand von Georgia (USA). Drei verschiedene Sedimente werden angetroffen: die Oberfläche des Vorstrandes; eine durch Wasser verwaschene Erhebung aus hellem Sand, der wahrscheinlich beim Erweitern des Gangs aus einigen Metern Tiefe an die Oberfläche geschafft wurde und dunkle Kotpillen als Resultat des Suspensionsfressens. **b** Eine Kotpille mit einem Durchmesser von etwa 1 mm, verändert nach Pryor (1975)

4.3.2
Dreidimensionale Netzwerke für Sedimentfresser

Anders als *Callichirus major* sind die meisten grabenden Arten von *Callianassa* und *Callichirus* Sedimentfresser. Obwohl nur eine geringe Zahl von Arten untersucht wurde, scheint sich doch bei der Art der Durchwühlung des Sediments ein Muster abzuzeichnen. Es kann voreilig sein, Gangtypen versuchsweise zu klassifizieren, ich gehe jedoch das Risiko ein, eine solche vorläufige Klassifikation zu erstellen. Es scheint, daß drei sich wiederholende Baupläne auftreten: zwei- oder dreidimensionale Netzwerke, Spiralen und dendritische Strukturen.

Callianassa californiensis ist vielleicht das am besten bekannte Beispiel für zweidimensionale Netzwerke. Die Art kommt vor allem in schlammigen Sanden des Gezeitenbereichs im Nordostpazifik vor. Aber auch viele andere Arten scheinen ein ähnliches Verhalten zu zeigen; dazu gehören *Callichirus islagrande*, die Sand und *Callianassa jamaicense louisianensis*, die Ton bevorzugt (Phillips 1971).

MacGinitie (1934) beschreibt das Grabverhalten von *Callianassa californiensis*, die ausgegrabenes Sediment in einem Korb aus Haaren an ihren Gliedmaßen transportiert. Der Durchmesser des Gangs ist eng, so daß Kammern angelegt werden, in denen das Tier wenden und seine Fortbewegungsrichtung ändern kann. Das Tier arbeitet ununterbrochen, und wenn es nicht aktiv gräbt, reinigt es sich. Das ausgegrabene Ma-

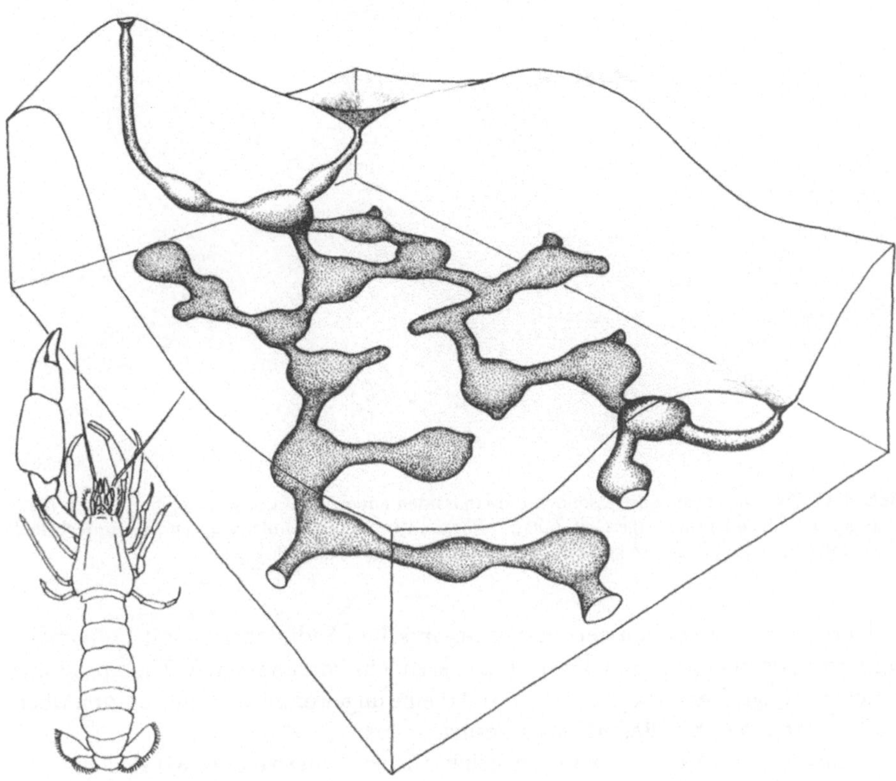

Abb. 4.22. Ganglabyrinth von *Callianassa californiensis*. Das tiefere der zwei Stockwerke ist dunkler punktiert. Basierend auf Swinbanks und Murray (1981)

terial wird nach Nahrung durchsucht. Die Menge des unverdaulichen Materials übertrifft die des verdaulichen, wird aufgehäuft und letztlich nach außen transportiert. Das Tier verläßt niemals seinen Bau.

Verbindungen zwischen benachbarten Gängen werden vermieden, Durchbrüche werden verstopft und beim Graben umgangen. Material aus aufgegebenen, eingestürzten Gangabschnitten sowie Abraum werden zum Meeresboden transportiert und dort als Sedimentkegel um die Ausgänge herum angehäuft. Dieses Material wird über dem an organischen Substanzen reichen Oberflächendetritus abgelagert, der bei fortgesetzter Sedimentförderung durch die gesamte Population allmählich in das Freßniveau gerät. Zu diesem Zeitpunkt ist dann in dem Detritus eine Mikrobenkultur herangereift, von der die Bakterien wahrscheinlich die Hauptnahrungs-Quelle ausmachen (MacGinitie 1932). Auf diese Weise können in weniger als einem Jahr die obersten 70 cm des Sediments durch eine dichte Population aufgearbeitet werden, wobei eine gradierte Schicht entsteht (MacGinitie 1934; Warme 1967).

Die südafrikanische Art *Callianassa kraussi* erzeugt einen ähnlichen Effekt (Branch und Pringle 1987). Ihre Tätigkeit führt im Sediment zu einem deutlichen Anstieg der Anzahl von Bakterien. Lebende Diatomeen werden bis in eine Tiefe von mindestens 40 cm versenkt.

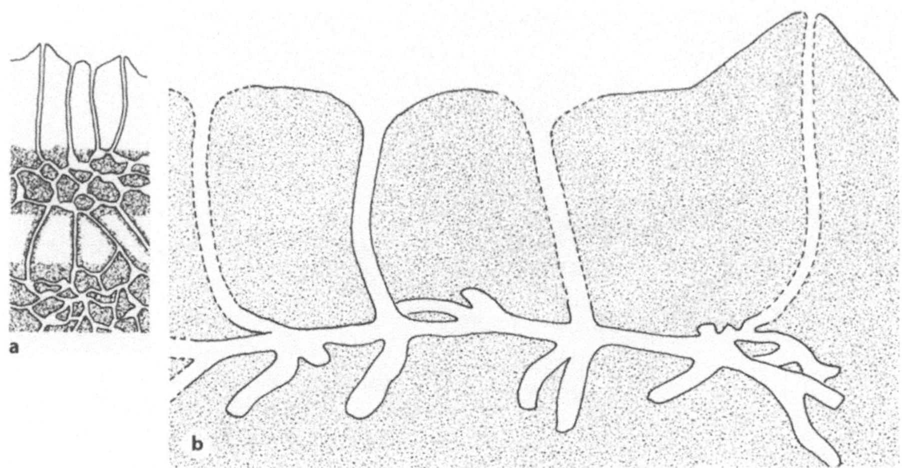

Abb. 4.23. Zwei von sedimentfressenden Callianassiden angelegte Gangsysteme, im gleichen Maßstab gezeichnet. **a** Die winzige *Callianassa biformis*. Höhe des Schnittes 40 cm. Verändert nach Hertweck (1972). **b** *Callianassa* sp. Verändert nach Suchanek *et al.* (1986)

Durch das Fressen von versenkten organischen Sedimenten gerät *Callianassa californiensis* in engen Kontakt mit reduzierendem Porenwasser. R. Thompson und Pritchard (1969) fanden heraus, daß diese Art eine ungewöhnliche Fähigkeit zum Überleben unter anaeroben Bedingungen besitzt.

Swinbanks und Murray (1981) und Swinbanks und Luternauer (1987) stellten Harzausgüsse von verschiedenen Grabgängen her (Abb. 4.22). Die Öffnungen sind eng und führen über geneigte Schächte zu einer im allgemeinen horizontal verlaufenden Galerie. Diese ist häufig dichotom verzweigt und besitzt Wendekammern an den Knotenpunkten. Eine Auskleidung tritt nur an den Öffnungsschächten auf. Thompson und Pritchard (1969) stellten fest, daß die Grabgänge so instabil konstruiert waren, daß sie leicht einstürzten. Der Einsturz der Freßgalerien gehört jedoch zur Strategie der Sedimentdurchwühlung. Lediglich die Atmungskanäle weisen eine gewisse Stabilität auf.

Das Bild eines reinen Sedimentfresser-Systems wird durch Untersuchungen von Powell (1974) gestört, der herausfand, daß der Mageninhalt von *Callianassa californiensis* signifikante Mengen planktischer Organismen enthalten kann. Dies würde auf eine zusätzliche, während der Flut durch Suspensionsfressen aufgenommene Nahrung hindeuten.

Einige Arten von *Callianassa* verhalten sich ähnlich wie *Callianassa californiensis* (Abb. 4.23). Im oberen Vorstrandbereich der Küste des US-Staates Georgia treten im Sand Grabgänge von *Callianassa biformis* auf, die gerade verlaufen, wenig verzweigt sind und die – wie die viel größeren Gänge von *Callichirus major* – eine feste Schlammauskleidung aufweisen. Sie deuten auf laterale Wanderungen der Organismen hin, die spreitenartige Strukturen erzeugen. In bindigem Sediment wird von Sedimentfressern ein Kammerlabyrinth angelegt, das keine sichtbaren Wandstrukturen zeigt (Abb. 4.23a; Hertweck 1972). *Callianassa jamaicense* zieht zwar Schlamm als Substrat vor, kann aber auch in Sand graben, wenn toniges Material zur Verfügung steht, mit dem sie die Sandwandungen auskleiden kann (Phillips 1971).

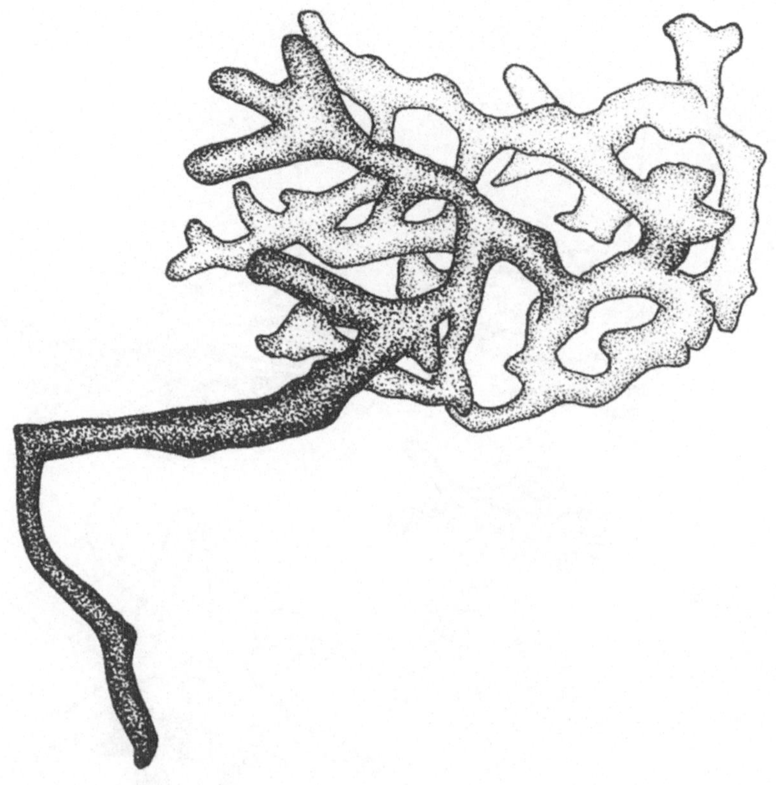

Abb. 4.24. Kammersystem von *Alpheus heterochaelis*, schräg von unten gesehen. Die in vier Niveaus auftretenden Labyrinthe sind durch die Intensität der Punktierung unterschieden; das hellste ist das flachste Niveau. Verändert nach Bromley und Frey (1974)

Ähnlich bringt auch die europäische *Callianassa subterranea* keine speziellen Wandauskleidungen in bindigen Substraten an, während in Sand die Röhren durch Schleim stabilisiert werden (Lutze 1938). *Callianassa subterranea* legt – wie *Callianassa californiensis* – fast einen halben Meter unter dem Meeresboden in Ton ein knolliges Netzwerk an. Atkinson und Nash (1990) fanden unter den Grabgängen nur einen einzigen Schacht, der an der Sedimentoberfläche austrat, und sie folgerten ebenfalls, daß diese Arten in der Lage sind, Zeiten mit anaeroben Bedingungen zu überstehen. Nahe dem oberen Ende des Schachts existiert eine Wendekammer, die vielleicht zum Atmen benutzt wird. Einige Gänge besitzen eine zusätzliche Galerie, die von dem Netzwerk aufrecht, horizontal oder schräg nach unten geführt wird.

Howard und Frey (1975) beschreiben in Gezeitenrinnen der Küste des US-Staates Georgia die Tätigkeit der Garnele *Alpheus heterochaelis* (Caridea) (Abb. 4.24). Der Bau besteht aus mehreren Stockwerken verzweigter Galerien, unter denen sich ein zickzackförmiger Schacht noch tiefer in das Substrat erstreckt. Dieser Schacht muß einem anderen Zweck dienen als die darüberliegenden Galerien, in denen mehrere Garnelen gemeinschaftlich leben. Tatsächlich lädt dieser Schacht zum Vergleich mit ähnlichen Strukturen von *Upogebia*-Grabgängen ein (Kap. 4.3.4).

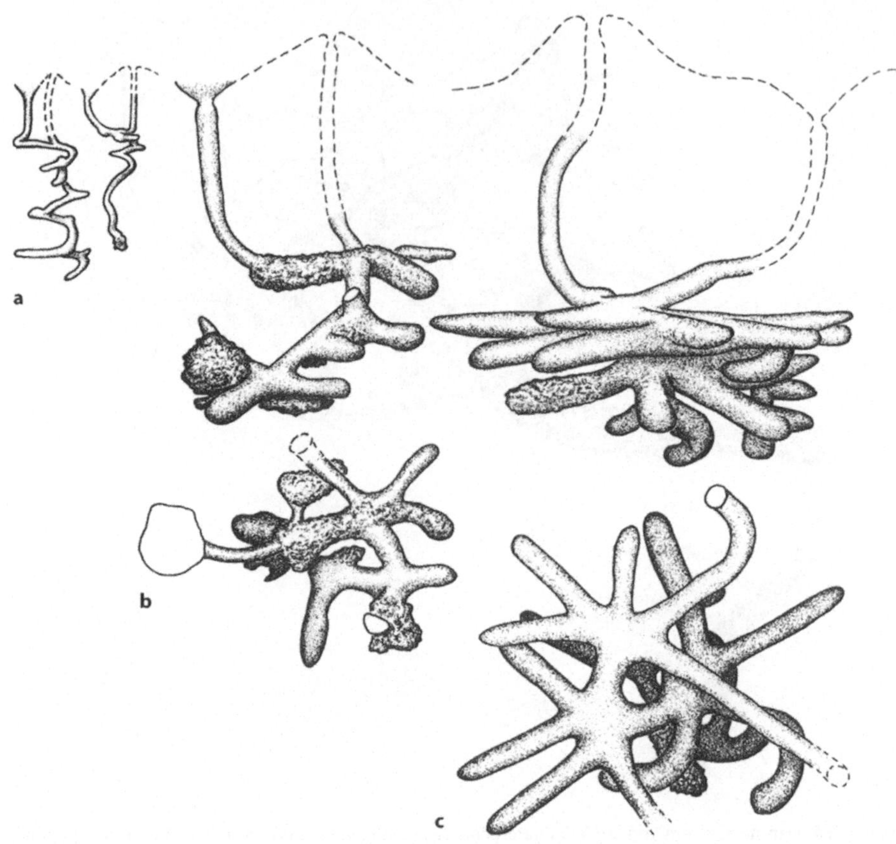

Abb. 4.25. Spiralförmige Grabgänge von Callianassiden im gleichen Maßstab. Tiefere Stockwerke sind dunkler punktiert, und unregelmäßige, mit Pflanzenresten gefüllte Kammern sind gekennzeichnet. **a** 20 cm tiefer Gang von *Callianassa* sp. cf. *C. bouvieri*, (cf. Dworschak und Pervesler 1988). Der schmale vertikale Schacht führt zu einer Erhebung, der spiralförmige zu einer Vertiefung. **b** Eine größere Struktur von *Callianassa* sp. seitlich und von oben gesehen. **c** Eine ähnliche Struktur von dem Callianassiden cf. *Glypturus acanthochirus* seitlich und in der Aufsicht. Verändert nach Shinn (1968) und Braithwaite und Talbot (1972)

4.3.3
Spiralige und dendritische Bauformen

Gänge einiger Decapoden sind nach dem Prinzip einer Spirale konstruiert, auch wenn seitliche Verzweigungen und flach gedrückte Freßgalerien in verschiedenen Niveaus die spiralförmige Struktur verschleiern können. Beispielsweise fand Dworschak (1987a), daß *Callianassa tyrrhena* eine Spirale bis in eine Tiefe von 62 cm baut. Ein vergleichbarer Bau wird von Braithwaite und Talbot (1972, Tafel 3) von den Seychellen beschrieben. Eine spiralförmige Anordnung charakterisieren auch die von Shinn (1968) und Enos (1983, Abb. 4) von den Bahamas, sowie die von Farrow (1971, Abb. 12B und 14A) vom Aldabra Atoll abgebildeten Grabgänge (Abb. 4.25).

Spiralförmige Grabgänge werden auch von dem thalassinoiden Krebs *Jaxea nocturna* in der Adria angelegt (Abb. 4.26; Pervesler und Dworschak 1985). Bei diesen

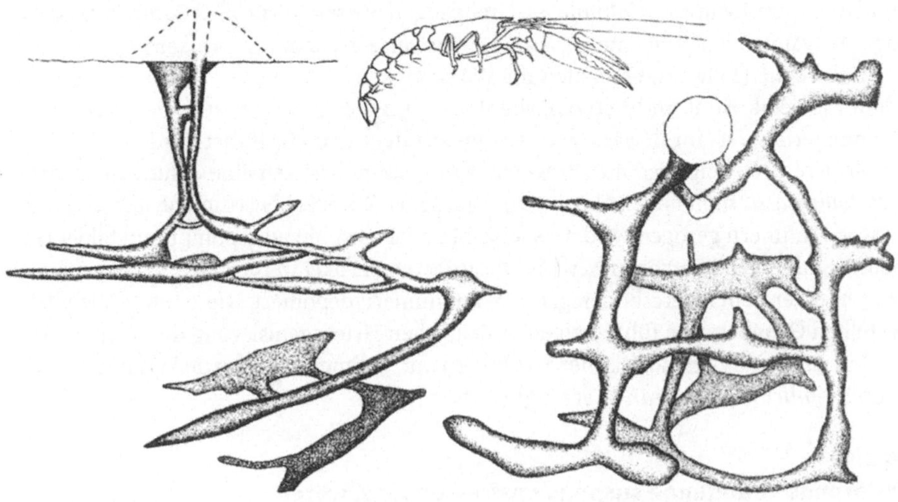

Abb. 4.26. Spiralbau von *Jaxea nocturna*, von der Seite und von oben gesehen. Verändert nach Pervesler und Dworschak (1985)

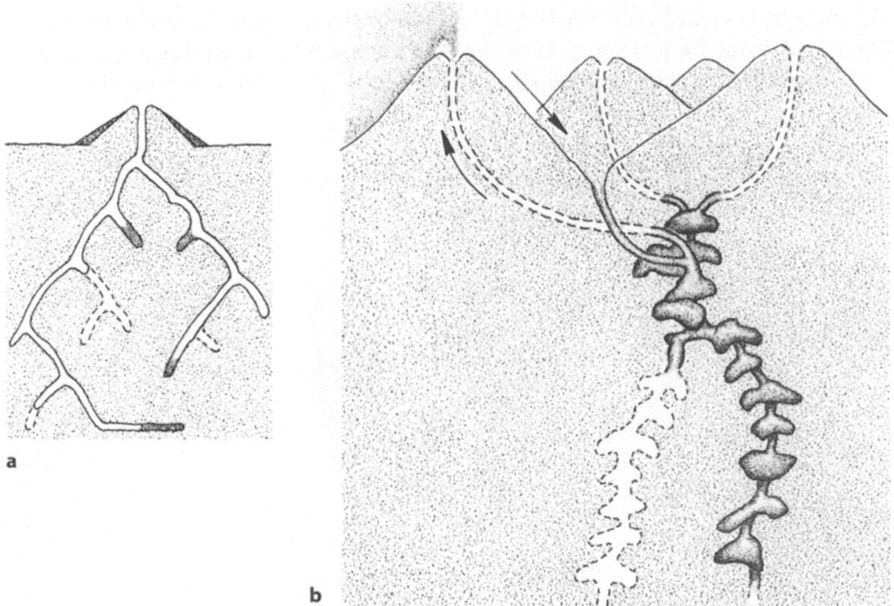

Abb. 4.27. Dendritische Grabgänge von Callianassiden. **a** Der Bau von *Callichirus islagrande*, in dem 24 Std. lang Sediment aufbereitet wird. Unterbrochene Linien zeigen neue Aushöhlungen an, dunklere Tönungen repräsentieren abgelagertes Sediment. **b** Sedimentaufarbeitung durch *Callianassa rathbunae*. Gröberes wird nach unten in Kammern abgelagert, Feinmaterial geht in Suspension. Verändert nach *a* Hill und Hunter (1976) und *b* Suchanek (1983)

und den spiralförmigen *Callianassa*-Grabgängen weisen die großen Sedimentkegel an den Ausgängen der Schächte auf eine Lebensweise als Sedimentfresser hin.

Colin *et al.* (1986) untersuchten die Wühltätigkeit verschiedener Callianassiden auf dem Eniwetak Atoll und betonen die Bedeutung der Resuspension des geförderten Feinmaterials, das im Bewässerungsstrom aus dem Bau abgeführt wird.

Andere Grabgänge sedimentfressender Anomuren besitzen eine dendritische Struktur. *Callianassa rathbunae* (Abb. 4.27b) verarbeitet Oberflächensediment, das in unterirdische Kammern gezogen wird. Das feine Material wird hinausgepumpt und bildet Haufen, die mit Algen überzogen werden. Die gröberen Partikel werden aussortiert und in bis zu 3 m unter dem Meeresboden gelegenen Kammern deponiert. Diese mit grobem Sand gefüllten Gangbereiche führen zu einer deutlichen Heterogenisierung des Sediments.

Ein anderer Typ dendritischer Strukturen mit Sedimentkegel an den Öffnungen wird durch *Callichirus islagrande* erzeugt (Abb. 4.27a).

4.3.4
Y-förmige Grabgänge suspensionsfressender Züchter

Die Grabgänge der verschiedenen Arten der Gattung *Upogebia* besitzen eine bemerkenswert einheitliche Konstruktionsweise. Von diesen ist *Upogebia pugettensis* aus dem Nordostpazifik vielleicht die am besten bekannte Art (Abb. 4.28).

Stevens (1929) fertigte von Grabgängen dieser Art Gipsausgüsse an und konnte die charakteristische Y-förmige Struktur belegen. Die Kenntnis über die Aktivität dieses Schlammkrebses wurde von MacGinitie (1930) erweitert, der die Tiere lebend in Glasröhren und kleinen Aquarien im Laboratorium untersuchte. Die Krebse benutzen zum Fangen von Seston einen Haarkorb, der von den Vordergliedmaßen gebildet wird.

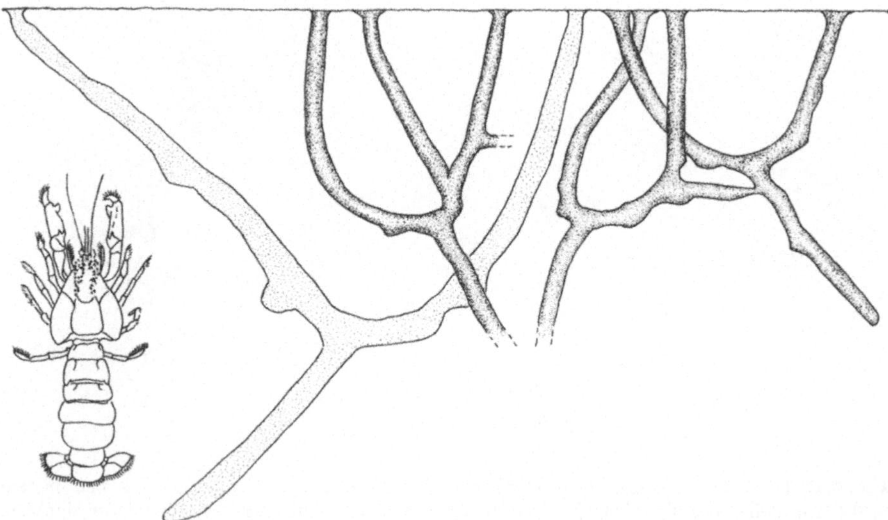

Abb. 4.28. Grabgänge von *Upogebia pugettensis*. Der große Bau reicht bis in eine Tiefe von 60 cm, verändert nach Thompson (1972). Die komplexeren, kleineren Grabgänge wurden nach Swinbanks und Murray (1981) verändert

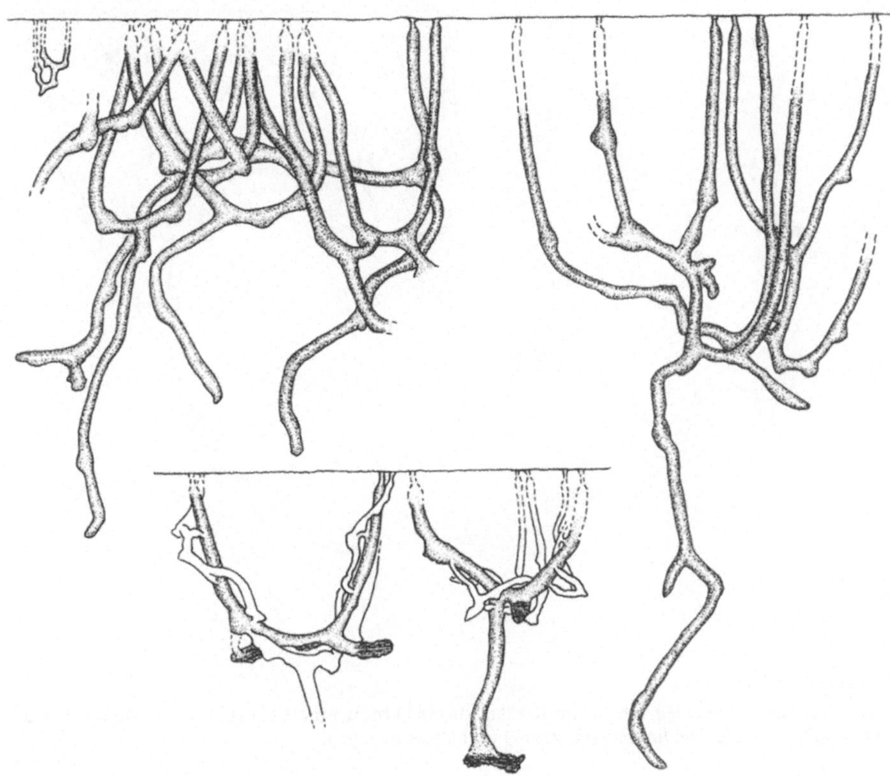

Abb. 4.29. Oben: Gänge von *Upogebia pusilla* zeigen eine komplizierte Überlagerung verschiedener Individuen und (links) einen juvenilen Bau, der die Ausdehnung des U-förmiger Gangs zeigt. Der längste Schacht reicht nahezu bis in eine Tiefe von 1 m. Verändert nach Ott *et al.* (1976) und Dworschak (1983). Unten: Im gleichen Maßstab Gänge von *Upogebia affinis*, die Überlagerungen verschiedener Individuen zeigen. Gekennzeichnete Kammern mit rauhen Wandungen enthalten Pflanzenhäcksel. Verändert nach Bromley und Frey (1974)

Obwohl die dauerhaften Gänge mit Schleim sicher ausgekleidet sind, trägt der Krebs von Zeit zu Zeit neuen Schlamm auf die Wände auf.

Tatsächlich fördern die schlammbewohnenden *Upogebia* ssp. – im Unterschied zu den in Sand grabenden Arten von *Callianassa* und *Callichirus* – beim Anlegen ihrer Gänge wenig Sediment an die Oberfläche (Swinbanks und Luternauer 1987). Dadurch werden um die Gangöffnungen herum keine Sedimentkegel angehäuft. Sie nutzen die Kompaktionseigenschaften des Substrats aus, um durch das Einpressen von Abraum in die Gangwände Verdichtungsstrukturen zu erzeugen (Ott *et al.* 1976).

Thompson (1972) beobachtete, daß dabei eine mehrschichtige Auskleidung mit einer inneren glatten, schleimigen Oberfläche entsteht. Die äußere Begrenzungsfläche der Wandung gegen das Substrat ist knollig, wie bei Grabgängen von *Callichirus major*. Sie untersuchte die relative Widerstandsfähigkeit dieser Art und von *Callianassa californiensis* gegenüber anaeroben Bedingungen (Thompson und Pritchard 1969) und fand heraus, daß *Callianassa* gegenüber reduzierenden Bedingungen toleranter reagiert. Die Stoffwechselrate von *Upogebia pugettensis* ist höher, und im Unterschied zum

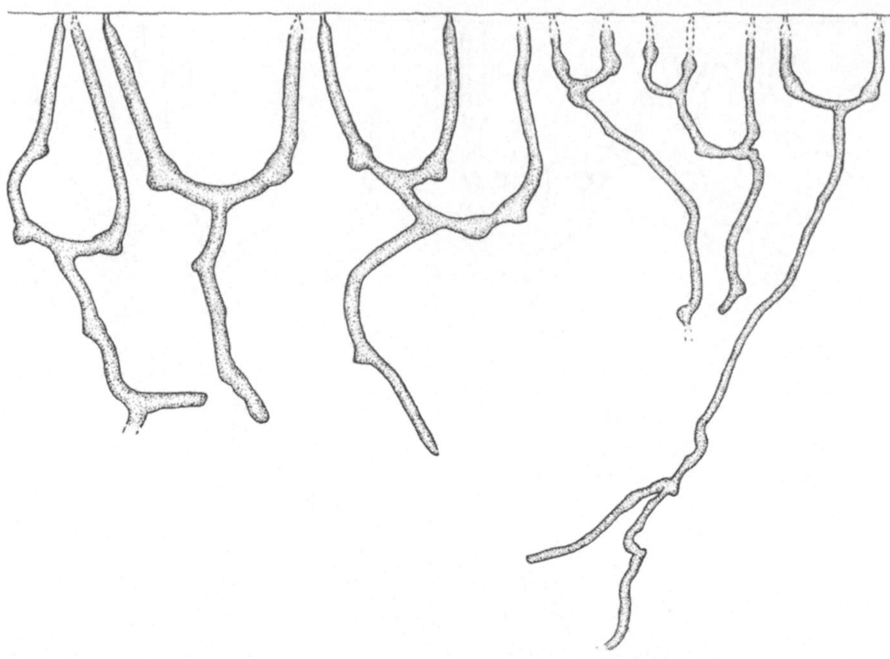

Abb. 4.30. Gänge von *Upogebia pusilla*, der längste reicht bis in eine Tiefe von ca. 1 m. Verändert nach Dworschak (1983, die drei linken Grabgänge) und Ott *et al.* (1976)

Sedimentfresser lebt sie, isoliert von dem umgebenden Porenwasser, innerhalb eines dauerhaften Baus sicherer.

Swinbanks und Murray (1981) stellten vom unteren Teil der Gangsysteme Kunstharzausgüsse her. Von der U-förmigen Struktur erstreckt sich ein Schacht bis 60 cm unter die Oberfläche.

Der Bau von *Upogebia affinis* von der Atlantikküste der USA ähnelt dem von *Upogebia pugettensis* (Abb. 4.29). Frey und Howard (1975) gelang es, Ausgüsse von den Enden einiger tiefer Schächte herzustellen. Viele endeten etwa 1 m unter dem Meeresboden in nicht ausgekleideten Kammern mit Pflanzenmaterial. Von der Außenfläche dieser Kammern zweigten kleine Gänge ab (Bromley und Frey 1974; Frey und Howard 1975; Curran und Frey 1977) und werden als das Werk juveniler Krebse interpretiert. Es wird angenommen, daß das Pflanzenmaterial zum Kultivieren von Bakterien benutzt wird, die der Ernährung der alten wie der jungen Krebse dienen.

Eine Kammer mit sich zersetzendem Inhalt und 1 m unter dem Meeresboden gelegen ist jedoch ein zu gefährlicher Aufenthaltsort für junge Krebse, die mit dem Graben beginnen. Alternativ könnten die dünnen Gänge von kommensalen Crustaceen einer anderen Art stammen, die besser an das Leben in solcher Umgebung angepaßt ist. Vielleicht beuten Amphipoden solche lokalen Nahrungsquellen aus.

Ott *et al.* (1976) beschreiben Schächte der mediterranen Art *Upogebia pusilla* mit einer Eindringtiefe von bis zu 1,5 m. Einige Schächte sind gegabelt, und viele enthalten in den tieferen Teilen zersetzte Seegrasblätter (Abb. 4.29 und 4.30). Das hier angetroffene Wasser war durch die bakterielle Aktivität stark reduzierend. Diese Autoren konn-

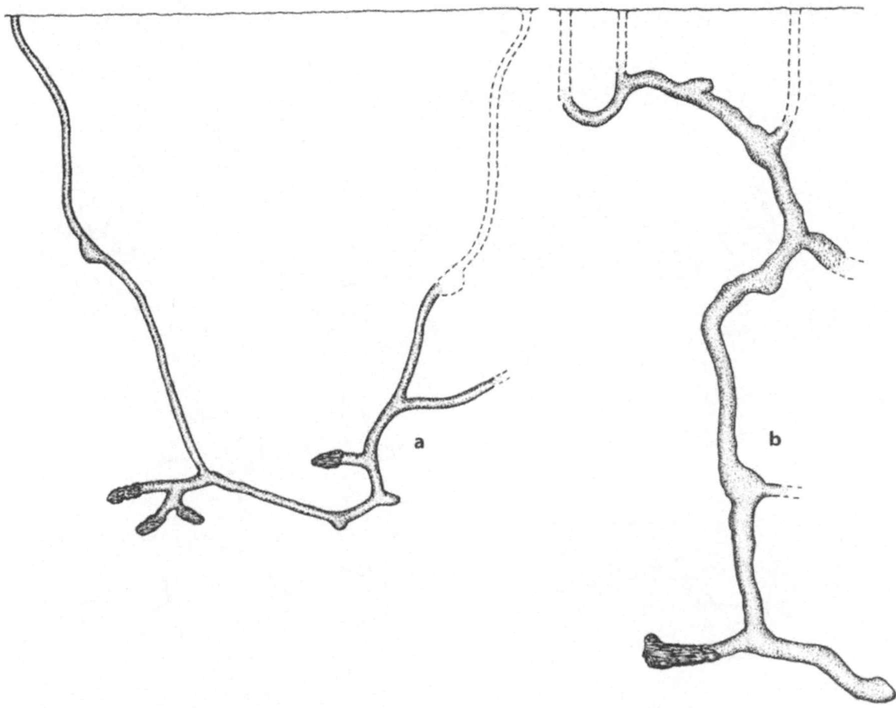

Abb. 4.31. Links der Bau von *Corallianassa longiventris*, 1,5 m tief. Verändert nach Suchanek (1985). Rechts, im gleichen Maßstab, der tiefere Bau von *Axius serratus*. Verändert nach Pemberton *et al.* (1976)

ten keine Aktivitäten von Suspensionsfressern feststellen. Statt dessen waren die Krebse ständig damit beschäftigt, an den Wänden der U-Röhre Material von einem Ort zum anderen zu verlagern. Sie nehmen daher an, daß die Krebse Bakterien als Nahrung kultivieren, indem sie zersetztes Blattmaterial im Schacht aussortieren und in die belüfteten Wände der durchspülten U-Röhre einbringen.

Ein Vergleich mit dem Y-Bau der Bivalve *Solemya* drängt sich auf (Kap. 4.1.4). Handelt es sich bei dem Schacht um eine Sulfid-Quelle, die durch die Zugabe von Seegrasblättern genährt wird? Wo könnte bei Abwesenheit von Chemosymbionten in den Körpern der Krebse die Chemosymbiose stattfinden – an den Gangwandungen?

Interessant ist in diesem Zusammenhang, daß Dworschak (1983, 1987a) bei der Untersuchung der gleichen Art an einer anderen Lokalität kein Pflanzenmaterial in den vertikalen Schächten fand. Tatsächlich ernährten sich die Individuen durch suspendiertes Material. Offenbar sind diese grabenden Krebse vielseitig und können die günstigsten Nahrungsquellen ausbeuten, die in einem Ablagerungsbereich verfügbar sind.

Neben einigen anderen repräsentiert *Corallianassa longiventris* eine Gruppe von Arten, die Ähnlichkeiten mit der Lebensweise von *Upogebia* aufweisen. Der Bau besitzt keine Y-Form, sondern ist hauptsächlich U-förmig und enthält 1–2 m unter dem Meeresboden angelegte Kammern, die dazu benutzt werden, Pflanzenmaterial zu lagern (Abb. 4.31). *Corallianassa longiventris* sammelt driftende Seegrasblätter und Algen am Meeresboden und verfrachtet sie nach unten in die Kammern. Die Reste werden zer-

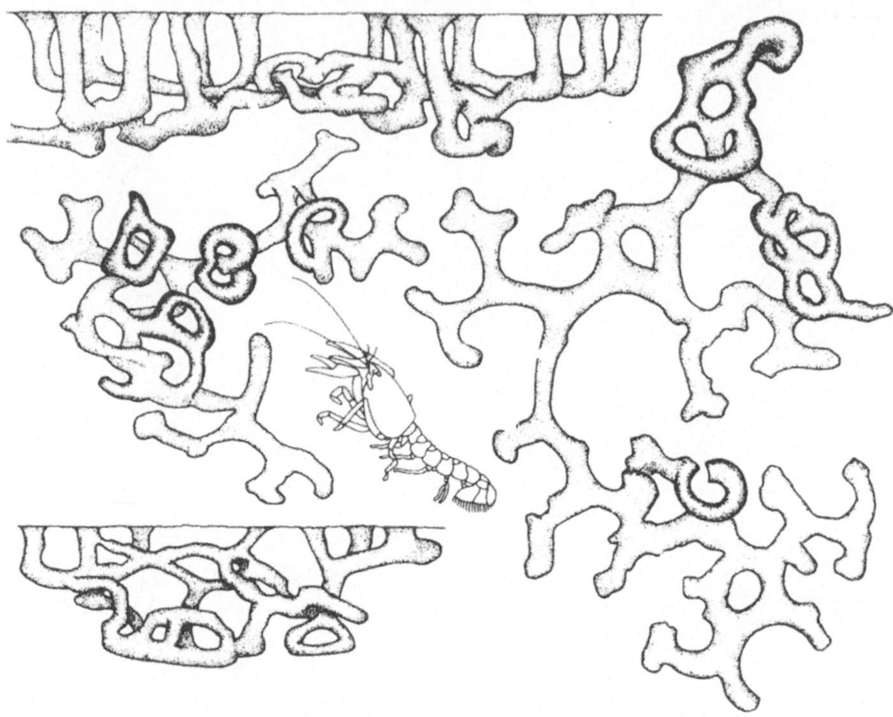

Abb. 4.32. Gänge von *Calocaris macandreae*, von der Seite und von unten gesehen. Maximale Tiefe 20 cm. Daten von Nash *et al.* (1984)

kleinert und teilweise in die Gangwandungen eingebaut (Suchanek 1985; Dworschak und Ott 1993).

Ähnlichkeiten mit *Upogebia* ssp. Arten sind offensichtlich, und die Aufzucht von Nahrungsorganismen ist eine plausible Erklärung für dieses Verhalten. Der tiefe, weitläufige Bau von *Axius serratus* (Abb. 4.31) könnte Teil eines ähnlichen Systems sein, da Pemberton *et al.* (1976) auch Seegrasblätter in den Wänden dieser Gänge entdeckten.

4.3.5
Sedimentfresser als Züchter

Ein weiteres Beispiel für die Aufzucht von Nahrungsorganismen ist der Thalassinoide *Calocaris macandreae* aus den küstenfernen Schlämmen des Nordseeschelfs. In zwei Stockwerken – 10 bis 19 cm und 14 bis 22 cm tief – wird ein System von Gängen angelegt. Das obere Niveau ist durch zahlreiche Schächte mit der Oberfläche verbunden und dadurch gut belüftet. Die nicht immer vorhandenen tieferen Galerien sind breiter und bestehen aus einer Reihe von Us, die untereinander durch gebogene oder runde Galerien verbunden sind (Abb. 4.32; Nash *et al.* 1984). Die Tiere sammeln eifrig Reste tierischen Materials, das sie jedoch nicht fressen, sondern in die Gangwandungen einbauen. Die Mägen sind stets mit Schlamm gefüllt (Buchanan 1963). Es wird angenommen, daß Bakterien als Nahrung in den Gangwänden gezüchtet werden – ein Sedimentfressen, ergänzt durch Züchtung.

Es ist nicht bekannt, wie weit verbreitet die Aufzucht von Nahrungsorganismen unter anscheinend sedimentfressenden Krebsen ist. Verschiedene callianasside Arten lagern Seegrasblätter in spezielle Kammern ihrer Gänge ein (Abb. 4.25 und 4.29). Shinn (1968), Enos (1983) und Dworschak und Ott (1993) beobachteten dies bei dem Callianassiden *Glypturus acanthochirus* auf den Bahamas und Suchanek (1983) auf St. Croix, Braithwaite und Talbot (1972) bei einem Callianassiden von den Seychellen und Farrow (1971) bei einem Callianassiden auf dem Aldabra Atoll. Farrow fand auch eingelagertes Seegras in Grabgängen des Thalassinoiden *Neaxius* sp.

Zusätzlich besteht die Möglichkeit, daß einige dieser Crustaceen das gesammelte organische Material benutzen, um mit Hilfe chemolithoautotropher Bakterien für chemosymbiontische Prozesse Methan oder Sulfide zu erzeugen (Kap. 1.1.8).

4.3.6
Klassifikation von thalassinoiden Gangsystemen

Ich habe in diesem Kapitel versucht, die wenigen Gruppen, über die Informationen vorliegen, nach Kriterien wie Nahrung und Morphologie zu gliedern und bin dabei dem Beispiel von Suchanek (1985) und Griffis und Suchanek (1991) gefolgt. Die Definition dieser „ichnologischen Gruppen" ist unscharf und wird noch dadurch erschwert, daß Individuen und Arten zeitweise und in Abhängigkeit von den Umweltbedingungen ihre Ernährungsweise ändern. Mittlerweile betonen Dworschak und Ott (1993) eine Übereinstimmung der Konstruktionsprinzipien von Gangsystemen und nehmen an, daß dieses Merkmal bei einer Gliederung wichtiger ist als das Verhalten. Die Morphologie dieser potentiellen Spurenfossilien bietet für jeden etwas: für den Sedimentologen Hinweise auf die Nahrungsweise zur Rekonstruktion des Paläomilieus und für den Paläontologen taxonomische Fingerabdrücke zur Bestimmung des Spurenerzeugers.

4.4
Stomatopoden

Heuschreckenkrebse sind gefräßige Fleischfresser, die erstmals im Jura auftauchen. Viele Arten graben sich ein und warten in dem Versteck auf vorbeikommende Beute (Caldwell und Dingle 1976). Der Grundaufbau der Gänge variiert von Art zu Art, gewöhnlich handelt es sich jedoch um ein weites U mit zwei ähnlichen Öffnungen, von denen eine geschlossen sein kann (Abb. 4.36d).

Im Mittelmeer legt *Squilla mantis* flache U-Gänge mit zwei Öffnungen an (Manfrin und Piccinetti 1970; Pervesler und Dworschak 1985). An der Atlantikküste der USA baut *Squilla empusa* verzweigte Gänge mit separaten Öffnungen (Abb. 4.33; Frey und Howard 1969; Howard und Frey 1975). Hertweck (1972) beschreibt aus Sanden Gänge von *Squilla* sp. mit dicken Schlammauskleidungen. Am Nordende seines Verbreitungsgebietes auf Rhode Islands, USA, treten zwei Bautypen von *Squilla empusa* auf. Nach Myers (1979) lebt das Tier im Sommer in flachen U-Gängen (Abb. 4.33). Im Herbst gräbt es einen 50 cm tiefen Schacht, der wahrscheinlich mit einer Seitenkammer versehen ist, in der es bei stagnierenden Wasserbedingungen überwintert.

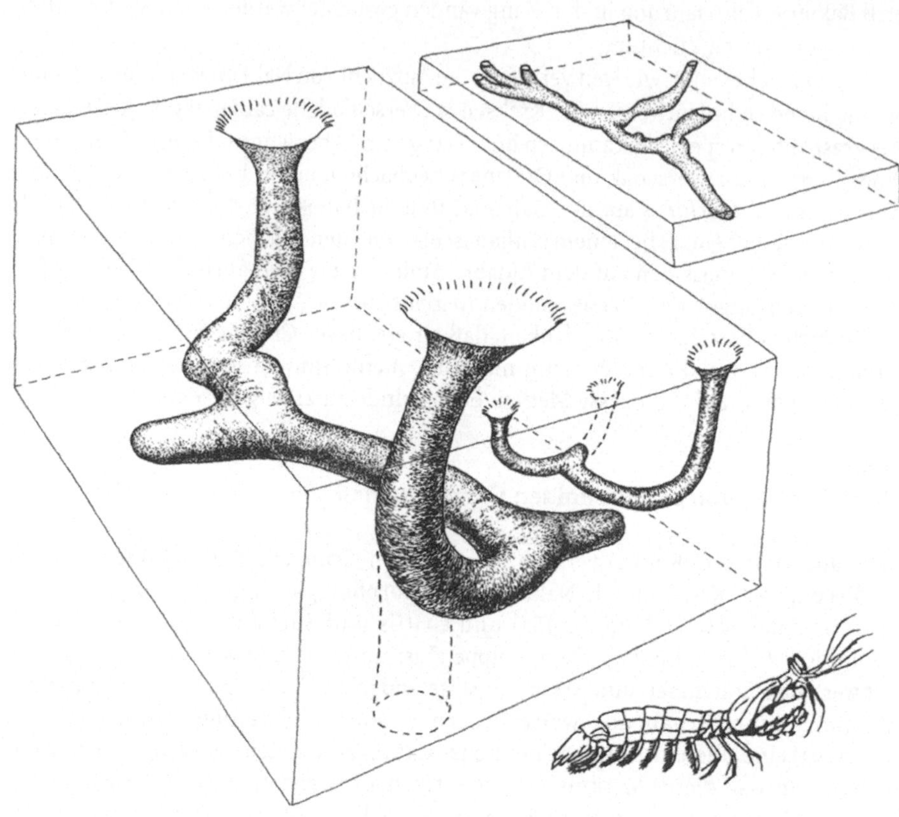

Abb. 4.33. Gänge von *Squilla empusa*. Die große Blockgrafik links ist 50 cm hoch und zeigt einige Sommergänge. Der obere Teil des tiefen Schachtes, der im Winter angelegt wurde, ist durch eine unterbrochene Linie angedeutet. Der Bau eines juvenilen Tiers zeigt die Art der Erweiterung während des Wachstums (vgl. Abb. 3.5). Daten nach Myers (1979). Die kleinere Struktur wurde nach Frey und Howard (1969) verändert und im gleichen Maßstab dargestellt

4.5
Weitere Crustaceen und einige Fische

Wir können die Crustaceen nicht verlassen, ohne auf einige andere Spurenerzeuger unter ihnen hinzuweisen, auch wenn die meisten der von ihnen erzeugten Gänge im Grunde sehr einfach sind.

Verschiedene Hummerarten legen einfache U-Gänge oder J-förmige Strukturen an, die gewöhnlich einen annähernd dreieckigen Querschnitt und einen flachen Boden aufweisen. Solche einfachen Strukturen, die durch Seitenverzweigungen und drei oder vier Öffnungen erweitert werden können, stammen von *Homarus vulgaris* und *Homarus americanus* (Dybern 1973; Myers 1979).

Der Norwegische Hummer, *Nephrops norvegicus*, führt dies noch weiter und bildet ziemlich komplizierte Netzwerke (Abb. 4.34; Dybern und Hoisæter 1965; Chapman und Rice 1971). Außerdem legen nach dem Larval-Stadium juvenile Individuen von *Nephrops*

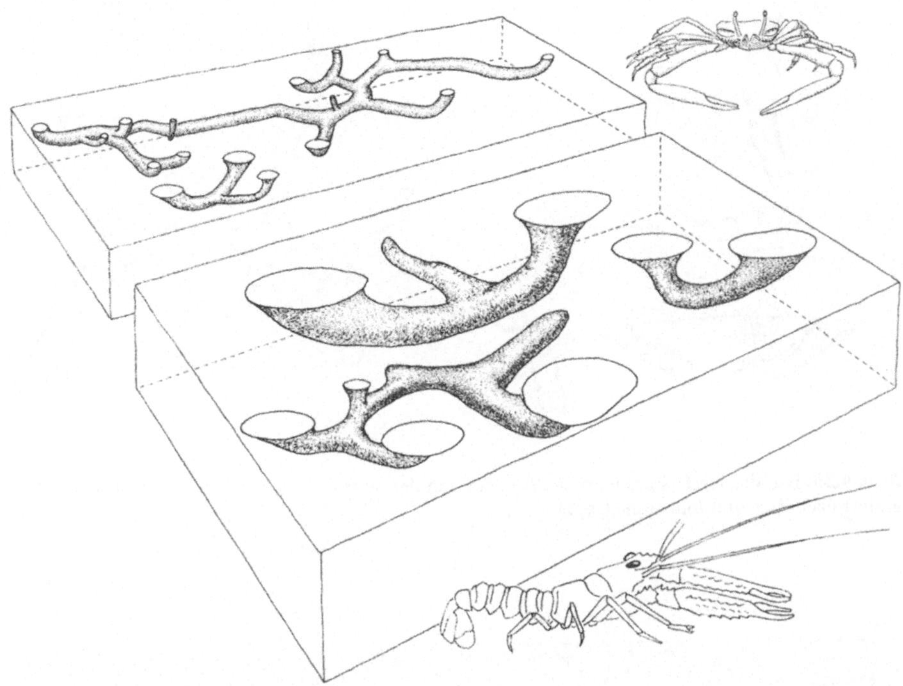

Abb. 4.34. Gänge der Krabbe *Goneplax rhomboides* und des Hummers *Nephrops norvegicus*. Block-diagramme ca. 25 cm hoch. Daten von Atkinson (1974a, b) und Rice und Chapman (1971)

norvegicus Grabgänge in den Gängen adulter Tiere an. Mit fortschreitendem Wachs-tum des juvenilen Tieres erweitert es seinen Grabgang und verlagert ihn. Dadurch entsteht ein kompliziertes Gangsystem, in dem zwei oder mehr Individuen verschie-dener Größe leben. Nach und nach werden die Gänge juveniler Tiere räumlich von denen ausgewachsener Tiere getrennt (Tuck *et al.* 1994).

Die brachyure Krabbe *Goneplax rhomboides* bildet auch U-Gänge, die zu Labyrinthen erweitert werden können (Abb. 4.34). Diese haben einen flacheren Querschnitt und einen geringeren Durchmesser als die Gänge von *Nephrops norvegicus*. Ganz ähnliche Gänge werden durch die eng verwandte miozäne Krabbe *Ommatocarcinus corioensis* angelegt, die in ihrem Bau, *Thalassinoides suevicus*, gefunden wurde (Jenkins 1975).

Ähnliche Strukturen werden im gleichen Ablagerungsraum durch den Fisch *Lesueurigobius friesii* erzeugt (Abb. 4.35). Das zugrunde liegende U ist zu einer undeut-lichen Wendekammer aufgebläht, kann jedoch zu einem kleinen Netzwerk erweitert werden, das mehrere Individuen bewohnen (Rice und Johnstone 1972).

Eine Vielfalt von Fischarten erzeugt ein breites Spektrum unterschiedlicher Bau-formen. Ich kann darauf nicht eingehen, deshalb sei der Leser auf die hervorragenden Übersichtsarbeiten von Atkinson (1986) und Atkinson und Taylor (1991) verwiesen. Insbesondere Ziegelbarsche (z. B. Fricke und Kacher 1982), Meeraale (z. B. Tyler und Smith 1992) und Lungenfische (z. B. McAllister 1988) bilden beeindruckende potenti-elle Spurenfossilien.

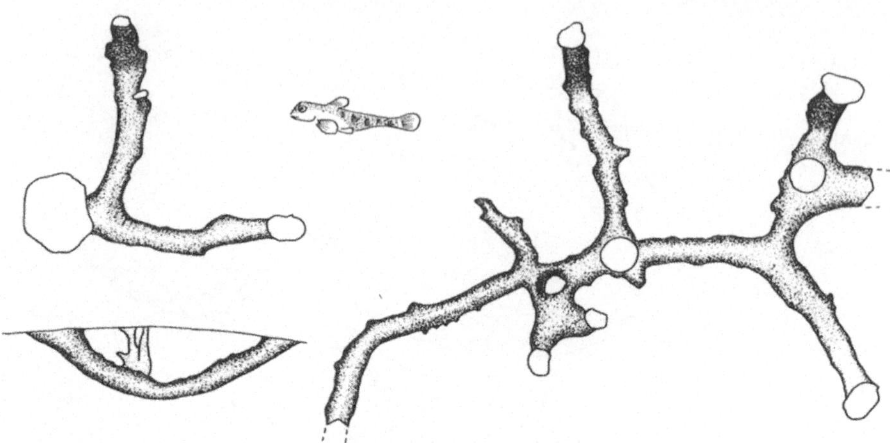

Abb. 4.35. Bau des Fisches *Lesueurigobius friesii* von der Seite (10 cm tief) und in der Aufsicht. Verändert nach Rice und Johnstone (1972)

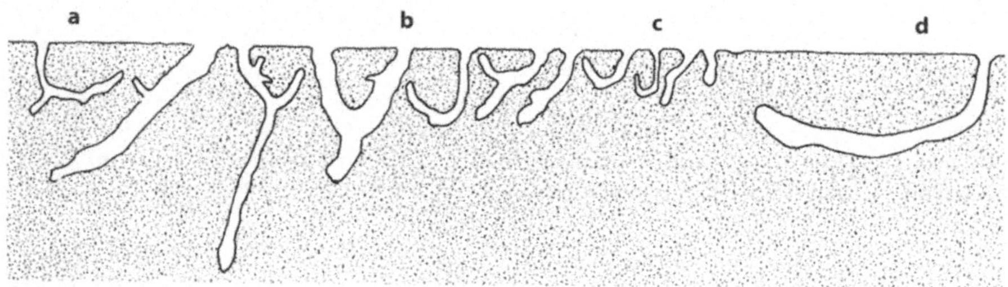

Abb. 4.36. Gänge der Gespensterkrabbe *Ocypode quadrata* aus **a** einer Vordüne, **b** aus dem Strandbereich und **c** aus dem Vorstrand. Die längsten sind 50 cm tief. Verändert nach Hill und Hunter (1976). **d** Bau von *Pseudosquilla ciliata* im gleichen Maßstab. Verändert nach Braithwaite und Talbot (1972)

Im kleineren Maßstab legt der Amphipode *Maera loveni* in dem gleichen Sediment wie der Norwegische Hummer ebenfalls U-Gänge an. Viele kleine U-Gänge und Verbindungen erzeugen ein weit verzweigtes Labyrinth, das einer Miniaturausgabe von *Callianassa*-Systemen nicht unähnlich ist (Abb. 5.4).

Im oberen Vorstrand- und im Strandbereich subtropischer und tropischer Gebiete treten Winker- und Gespensterkrabben als aktiv grabende Organismen auf. Sie leben in einfachen J-förmigen Behausungen, über die die Krabbe Verbindung zu dem sich mit den Gezeiten ändernden Wasserspiegel hält (Abb. 4.36a–c; Hayasaka 1935; Frey und Mayou 1971).

Auch Landkrabben sind weitverbreitete grabende Organismen im terrestrischen Raum und im Strandbereich wärmerer Regionen. Ungeachtet ihrer Häufigkeit wissen wir sehr wenig über die Morphologie ihrer Gänge. Hogue und Bright (1971) beschreiben aus Kenia spiralige Schächte von *Cardisoma carnifex*. Gänge von Krabben aus dem Aldabra Atoll besitzen ebenfalls eine spiralige Form (Farrow 1971). Um den Grundwas-

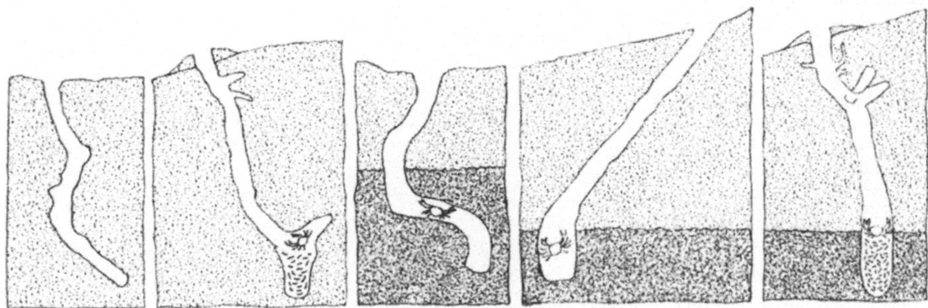

Abb. 4.37. Gänge der Landkrabbe *Cardisoma carnifex*. Der Grundwasserspiegel ist, soweit bekannt, eingezeichnet. Der längste Bau reicht bis in eine Tiefe von 1,3 m. Verändert nach Hogue und Bright (1971)

serspiegel zu erreichen, graben einige Landkrabben bis in eine Tiefe von über 3 m (Abb. 4.37; Bright und Hogue 1972).

Es ist bekannt, daß viele Flußkrebse graben oder zumindest kleinere Wohnhöhlen anlegen. In Kanada beobachteten Williams *et al.* (1974), daß *Cambarus fodiens* teilweise als Sedimentfresser lebt. Innerhalb eines Jahres ändert sich die Form des Baus mehrfach. Er ist verzweigt und reicht bis etwa 1,5 m unter die Oberfläche bis zum Grundwasserspiegel. Änderungen der Struktur des Baus, als Reaktion auf Schwankungen des Wasserspiegels, führen zu einem komplizierten Gangsystem (Hasiotis und Bown 1992).

4.6
Spiralige Fallen

Dieser kurze Überblick über grabende Organismen soll mit einem Wurm abgeschlossen werden, der nur sehr wenig Sediment bewegt. Allerdings erzeugt er charakteristische Strukturen, die Spiralen und mäandrierenden Spurenfossilien gleichen und bei deren Anlage sehr viel Schleim in das Sediment abgegeben wird (Schäfer 1962, Röder 1971).

Paraonis fulgens bewohnt mittel- bis hochenergetische Wattgebiete und Sandstrände. In der Nordsee besiedelt er im Vorstrandbereich eine etwas tiefere Zone als der invers fördernde Wurm *Scolecolepis squamata* (Abb. 3.24).

Der Bau besteht aus zwei Teilen mit jeweils anderer Funktion (Abb. 4.38). Der obere Teil, der innerhalb der durchlüfteten Sande liegt, enthält eine Anzahl übereinanderliegender Spiralen. Je Bau treten mindestens drei Spiralen auf, die durch steil geneigte oder vertikale Schächte verbunden sind. Die Spiralen liegen horizontal, sind entweder rechts oder links gewunden und können außen in unvollständigen Windungen enden, so daß Mäander entstehen. Selten werden benachbarte Windungen durch eine Brücke verbunden. Der Gangdurchmesser beträgt 0,2–0,4 mm, der Spiraldurchmesser selten mehr als 8 cm. Ungefähr 3 mm trennen die aufeinanderfolgenden Windungen voneinander. Die Bauwandungen enthalten reichlich Schleim, mit dem auch das Sediment zwischen den Windungen getränkt ist.

Der untere Teil des Systems besteht aus einer abwärts gerichteten Verlängerung der vertikalen Verbindungsschächte, die bis in die Reduktionszone reichen. Diese Gänge

Abb. 4.38. Gangsystem von
Paraonis fulgens. Die gepunkte-
te Fläche gibt die Redoxgrenze
an, die ungefähr an der Basis
der täglichen Aufarbeitungszone des Sediments liegt. Verändert nach Gripp (1927) und
Röder (1971)

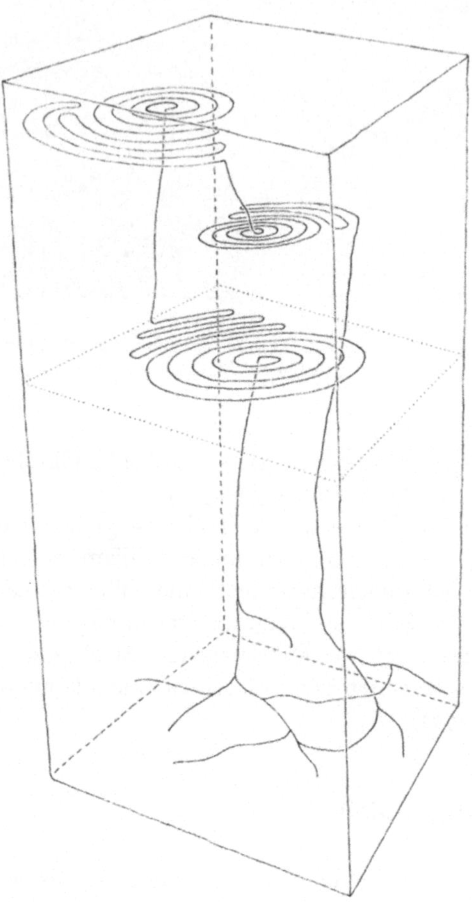

sind verzweigt und zu unregelmäßigen, U-förmigen Bögen verbunden. Die Wände
enthalten keinen freien Sauerstoff, was belegt, daß in dieser anaeroben Region kein
Wasser zirkuliert.

Bei Ebbe, wenn der Wasserspiegel unter die Ebene der Spiralen sinkt, sucht der
Wurm in den unteren Gängen Zuflucht und stellt die Atmung ein. Wenn der Wasserspiegel mit der Flut wieder zu steigen beginnt, bewegt sich der Wurm allmählich mit nach
oben. Die hereinkommenden Brecher arbeiten die oberflächennahen Schichten des Sedimentes auf und zerstören den oberen Teil des Gangsystems. Während der Flut werden die Spiralen schnell wieder hergestellt. Wenn das Wasser erneut zurückgeht, zieht
sich der Wurm wieder zurück, und die Spiralen werden ausgelöscht. Von dem während
der Flut vollständigen Bau werden bei Niedrigwasser nur die Teile beobachtet, die die
Ebbe überstanden. Röder (1971) fand heraus, daß bei den untersuchten Gängen 76 % der
Spiralen in Sedimenten lagen, die durch die vorhergehende Flut aufgearbeitet worden
waren.

Paraonis fulgens ist kein Sedimentfresser, dafür ist er zu klein. Röder fand im Darm
von bei Ebbe aufgesammelten Exemplaren benthische Diatomeen. Bemerkenswert

Abb. 4.39. Spiral-Fallen von *Paraonis fulgens* in einem Wattsand, Manø, Dänemark

ist, daß diese Diatomeen und alle anderen im Darm gefundenen Porenbewohner mobile Arten sind. Obwohl nicht direkt beobachtet, rekonstruierte Röder folgende Freßweise:

Benthische Diatomeen vermehren sich und wachsen nahe des Meeresbodens im Sonnenlicht auf. Durch die Wirkung der Wellen bei Ebbe und Flut werden die Algen über die gesamte durchlüftete und aufgearbeitete Zone des Strandsands verteilt. Zwischen den Aufarbeitungsphasen bewegen sich die lebenden Diatomeen vertikal aufwärts zur Oberfläche. Ihr Weg wird durch horizontale, spiralförmige Schleimnetze unterbunden, in denen sie bei ihrer Aufwärtswanderung gefangen werden. Durch wiederholtes Aufsuchen der nur für kurze Zeit existierenden Spiralen kann sich der Wurm kontinuierlich von Diatomeen ernähren. Auch vertikale Bewegungen des Wasserspiegels tragen zur Ansammlung von Nahrungsorganismen in den Schleimnetzen bei.

Die Aufarbeitung kann eine ungleichmäßige Verteilung der Diatomeen im Sediment zur Folge haben, besonders dann, wenn oberflächennahe Lagen ungestört einsedimentiert werden. Die Population von Würmern wird natürlich bevorzugt diese Lagen aufsuchen und in ihnen gehäuft Spiralen anlegen. Risk und Tunnicliffe (1978) beschreiben als Beispiel eine dichte Population von der kanadischen Atlantikküste. Diese Autoren führen auch Spiralen an, die widerstandsfähig genug waren, um mäßige Aufarbeitung und Transport zu überstehen.

Das Freßsystem von *Paraonis fulgens* ist eindeutig auf ein eng begrenztes physikalisches Milieu beschränkt. Es kann nicht im subtidalen Bereich funktionieren. Deshalb besteht nur eine geringe Chance auf Überlieferung als fossile Struktur (Kap. 6.2 und Kap. 10.7.2).

Ähnliche aber größere Spiralen und Mäander treten als Spurenfossilien in Tiefwasserablagerungen besonders häufig auf. Bei den meisten handelt es sich jedoch um Stopfstrukturen und nicht um offene Gänge. Diese Spurenfossilien – und die Kotstränge, die am Tiefseeboden fotografiert wurden – sind am ehesten als das Werk von Sedimentfressern zu deuten, die nicht mobile Nahrung suchen. Allerdings hat Röders *Paraonis fulgens*-Modell dazu angeregt, die Funktion einiger anderer Spurenfossilien – der Graphoglypten – als Fallen zu interpretieren (Seilacher 1977; Kap. 9.2.6).

Kapitel 5

Die Synökologie der Bioturbation

Die vorherigen Kapitel beschäftigten sich mit der Autökologie ausgewählter Arten. Sedimente werden jedoch selten nur durch eine Art allein aufgearbeitet. Häufiger wird ein endobenthischer Lebensraum von einer Gemeinschaft in viele ökologische Nischen unterteilt, die jeweils durch eine, auf eine besondere Lebensweise spezialisierte, Art besetzt werden. Die Bioturbationsprozesse sind dadurch außerordentlich variabel und hängen davon ab, welche Arten vorkommen, in welcher Intensität sie tätig sind, wie häufig sie auftreten, ob ihre Häufigkeit jahreszeitlich schwankt, wie sich die Arten gegenseitig beeinflussen usw. Im folgenden wollen wir einige Aspekte des komplizierten Bioturbationsprozesses betrachten.

5.1
Kommensalismus

Die verschiedenen Arten einer endobenthischen Gemeinschaft beeinflussen und stören sich gegenseitig, da sie sich dasselbe Substrat teilen. Diese Arten hängen in unterschiedlichem Maße voneinander ab, was von einer Symbiose mit wechselseitigem Nutzen bis zur Ausbeutung einer Nahrungsquelle reicht, die durch eine andere Art angeboten wird.

Koprophagie ist beispielsweise ein bedeutendes Element der benthischen Nahrungsketten (Frankenberg und Smith 1968). Kotmaterial wird sehr schnell durch Mikroben besiedelt, die dessen Nahrungswert vergrößern (Longbottom 1970; Johnson 1977). Ablagerungen biogenen Materials durch Suspensionsfresser im Sediment stellen deshalb für Sedimentfresser eine Nahrungsquelle dar, die andernfalls nicht verfügbar wäre.

5.1.1
Kombinationsstrukturen

Zu den unmittelbar voneinander abhängigen Arten gehören diejenigen, die den gleichen Bau bewohnen. Das spezielle Lebensmilieu eines bereits vorhandenen Baus schafft für andere Tiere einen Lebensraum, der ihnen Schutz, Bewässerung und Nahrung aus der Tätigkeit des Erzeugers des Baus gewährt. Die Gäste sind normalerweise neutrale Kommensalen, die zu Parasiten werden, wenn ihre Anwesenheit dem Erzeuger des Baus wenig Nutzen bietet.

Dafür gibt es zahlreiche Beispiele. MacGinitie (1934) fand sieben Kommensalen, die zusammen mit *Callianassa californiensis* lebten. Ein Copepode, ein Krebs und ein Polychaet treten nur in den Gängen von *Callianassa californiensis* auf, während zwei pinnotheride Krabben und die Muschel *Cryptomya californica* (Abb. 5.1) auch in den

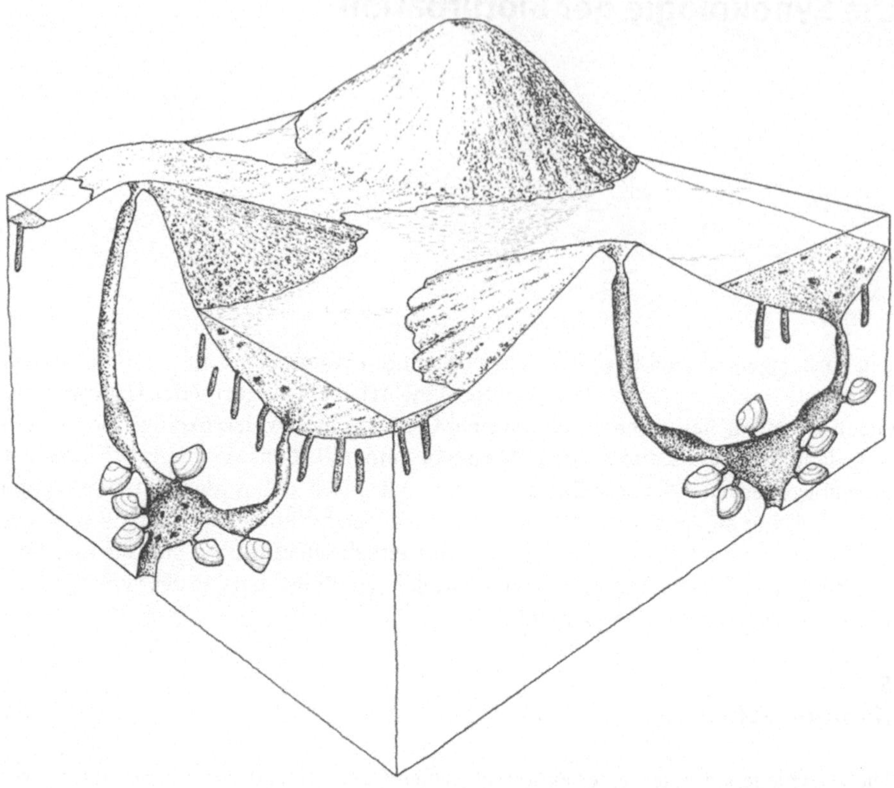

Abb. 5.1. Durch Sedimentfressen von *Callianassa californiensis* entstandene Sedimentkegel und Vertiefungen, in denen bei Ebbe Wasser steht. Der Polychaet *Spio* sp. hängt von dieser Topographie ab, da er seine Gänge nur unter einer Wasserfläche anlegt. Zahlreiche Muscheln der Spezies *Cryptomya* sp. haben sich in die Wandungen der oberen Stockwerke der Crustaceen-Gänge eingegraben. Verändert nach Swinbanks (1981b) und Swinbanks und Murray (1981)

Gängen von *Upogebia pugettensis* und *Urechis caupo* vorkommen. Bei Ebbe benutzt ein gobiider Fisch Gänge als Refugium.

Die Gastfreundschaft von *Urechis caupo* ist bekannt. Fisher und MacGinitie (1928) führen drei Gastarten auf: den bereits genannten Gobiiden und eine der Krabben, die auch in Gängen von *Callianassa californiensis* vorkommt, sowie einen Schuppenwurm, der sonst in keinem anderen Bau gefunden wird (Abb. 3.7). Phillips (1971) stellte fest, daß auch pinnixide Krabben häufige Gäste in den Gängen von *Callianassa jamaicense* und *Callichirus islagrande* sind. Myers (1977b) entdeckte Gänge des Polychaeten *Scoloplos robustus*, die mindestens einen, möglicherweise aber zahlreiche, nichtgrabende Polychaeten beherbergten.

Beispiele endobenthischer Symbiosen liefern die tropischen alpheiden Krebse des Pazifischen und Indischen Ozeans, die mit nichtgrabenden gobiiden Fischen zusammenwohnen (Magnus 1967; Karplus *et al.* 1972; 1974). Die Pistolenkrebse haben ein geringes Sehvermögen und ziehen aus der Anwesenheit von Fischen mit ausgesprochen gutem Sehvermögen Nutzen, die tagsüber am Eingang des Baus Stellung bezie-

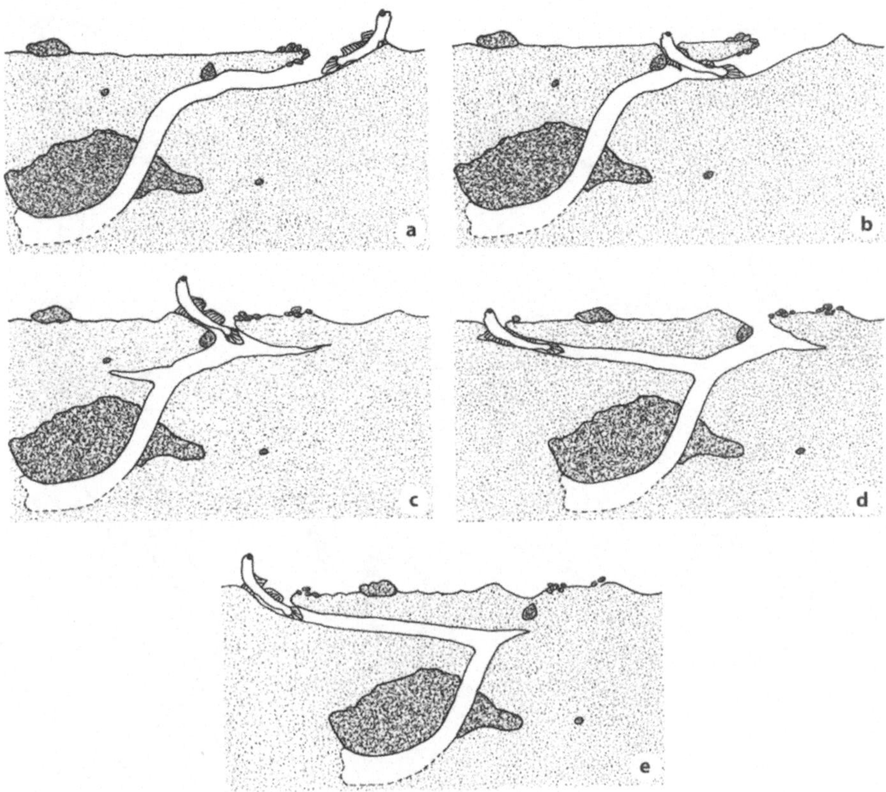

Abb. 5.2. Aktivitäten im oberen Teil des Baus des Gobiiden *Cryptocentrus sungami* und des Krebses *Alpheus djiboutensis* (nicht zu sehen) in Intervallen von jeweils 24 Std. Verändert nach Karplus *et al.* (1974)

hen. Die Gobiiden (Grundeln) verbergen sich nachts und wenn tagsüber Gefahr droht, im Bau. Der Krebs frißt Sediment im kiesigen Substrat und verändert den Bau ständig (Abb. 5.2). Die Anwesenheit des Fisches erlaubt auch dem Alpheiden, den Bau zu verlassen und Detritus in der Umgebung des Eingangs aufzunehmen.

Im allgemeinen sind solche Gäste selbst keine grabenden Tiere. Verschiedentlich teilen sich jedoch zwei oder mehr grabende Arten einen Bau, dessen Morphologie die Aktivität beider oder aller Bewohner widerspiegelt. Der tropische Alpheide *Alpheus crassimanus* wohnt – wie oben beschrieben – mit einem grabenden gobiiden Fisch zusammen (Farrow 1971; Karplus *et al.* 1974). Der Fisch gestaltet die Eingänge und die oberen Teile des Systems, die einen größeren Durchmesser besitzen, als die durch den Krebs angelegten tieferen Teile.

Einen komplizierten Fall schilderte Atkinson (1974a). Auf Schlickgründen des schottischen Schelfs graben der Hummer *Nephrops norvegicus*, die Krabbe *Goneplax rhomboides* und der gobiide Fisch *Lesueurigobius friesii* normalerweise unabhängig voneinander (Abb. 4.34 und 4.35). Kombinationen der Gänge kommen jedoch auch vor; ein System besaß 13 Öffnungen zur Oberfläche. Verschiedene Teile dieses Netzwerks (Abb. 5.3) deuten auf Grund typischer morphologischer Merkmale darauf hin, daß jede

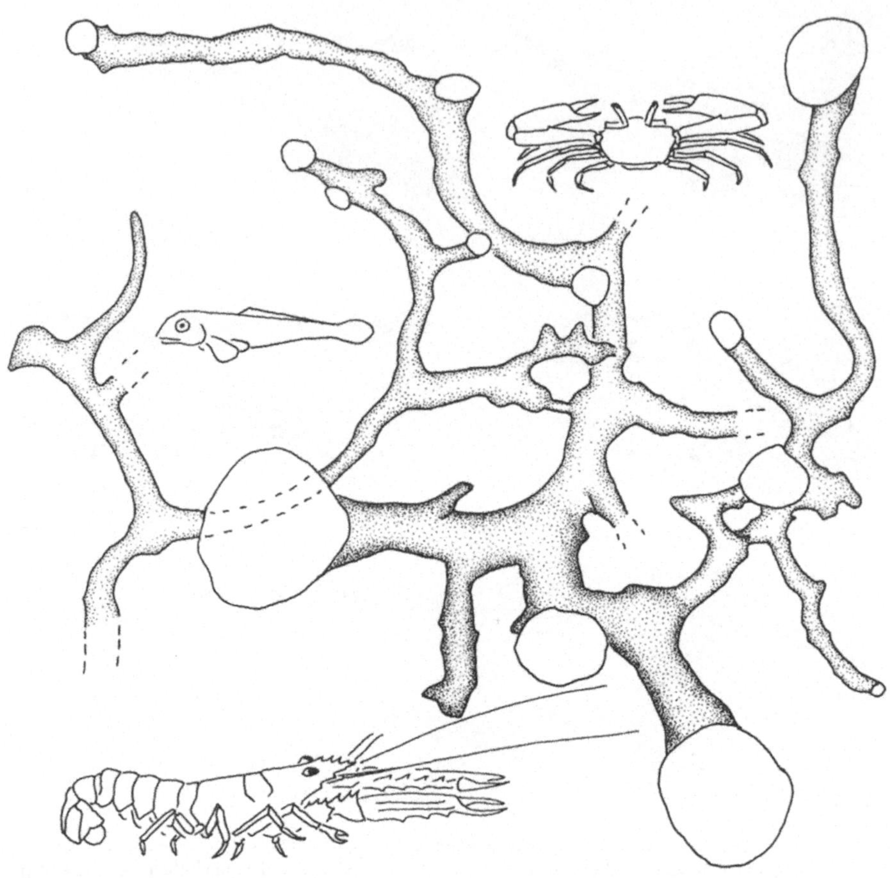

Abb. 5.3. Das komplexe System eines Einzelstockwerks mit untereinander verbundenen Gängen eines Fisches, einer Krabbe und eines Hummers (siehe Abb. 4.34 und 4.35). Verändert nach Atkinson (1974a)

einzelne dieser drei Arten an der Konstruktion beteiligt war. Der Hummer kann nicht in die engeren Gangteile der Krabbe und des Fisches eindringen. Tuck *et al.* (1994) fügten den Arten, die gemeinsam einen Bau anlegen, den thalassinoiden Krebs *Jaxea nocturna* und den Igelwurm *Maxmuelleria lankesteri* hinzu.

Ein noch größerer Unterschied zeigt sich im Stil des kombinierten Bausystems von *Nephrops norvegicus* und des Amphipoden *Maera loveni* (Abb. 5.4). In diesem Fall sind die Gänge nur miteinander verbunden, um den Wasserstrom zu teilen, und es ist zweifelhaft, ob noch andere Beziehungen zwischen den Arten bestehen. Gleiches gilt für den capitelliden Wurm *Notomastus latericeus* und den scalibregmiatiden Wurm *Scalibregma inflatum*, die ihre Gänge mit *Echiurus echiurus*-Gängen verbinden, wenn diese hinreichend häufig auftreten, anstatt Öffnungen direkt an der Oberfläche anzulegen (Abb. 5.5; Reineck *et al.* 1967).

Ähnlich kann die mit kurzem Sipho ausgestattete Muschel *Cryptomya californica* durch Besiedlung der Gangwandungen von *Callianassa californiensis, Upogebia*

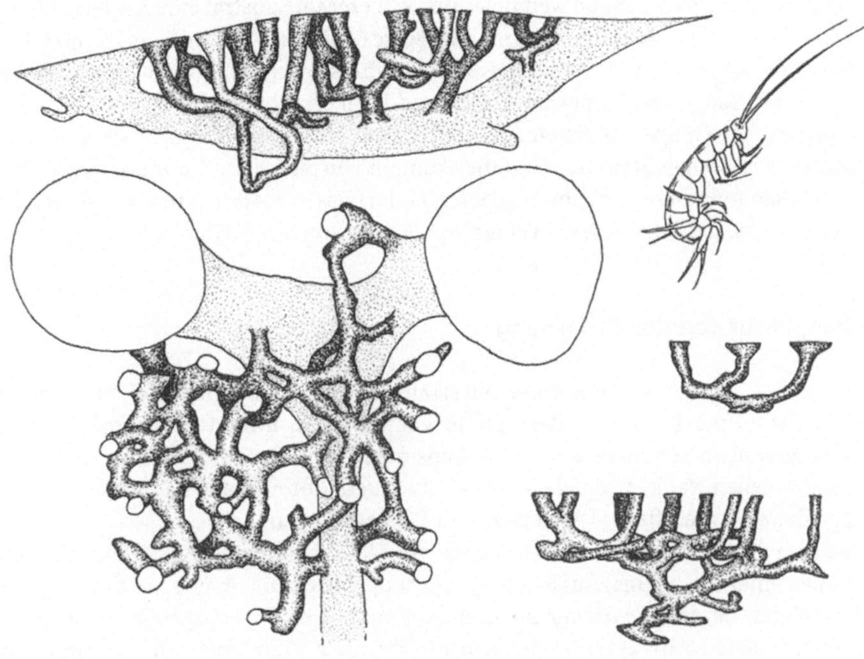

Abb. 5.4. Gänge von *Maera loveni* in Verbindung mit größeren Strukturen von *Nephrops norvegicus*. Verändert nach Atkinson *et al.* (1982)

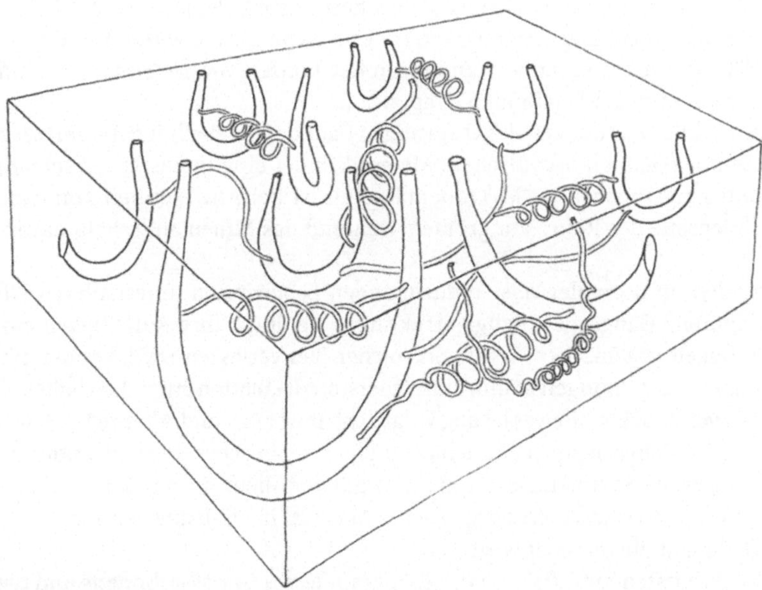

Abb. 5.5. Spiralige Gänge von *Notomastus latericeus* und gestrecktere Gänge von *Scalibregma inflatum*, die die Schenkel der U-Gänge von *Echiurus echiurus* benutzen, um den Kontakt mit dem Meeresboden zu vermeiden. In Anlehnung an Reineck *et al.* (1967)

pugettensis und *Urechis caupo* weit tiefer und sicherer im Substrat eine Behausung und Bewässerung finden, als es ihr sonst möglich wäre (Abb. 5.1; MacGinitie 1934). Frey und Pemberton (1987) beschreiben ein Beispiel von Überschwemmungsfächern und Stränden, wo sich Gänge von Maulwurfsgrillen und Winkerkrabben überlagern.

Kombinierte Gänge entstehen auch durch Besiedlung einer vom ursprünglichen Erzeuger verlassenen Struktur. Hummer können beispielsweise Gänge anderer Tiere übernehmen und diese nach ihren eigenen Bedürfnissen modifizieren. Auf diese Weise benutzt *Homarus americanus* Gänge von *Squilla empusa* (Myers 1979).

5.1.2
Abhängigkeit von der Entfernung

Um einen bewohnten Bau entstehen physikalische und chemische Gradienten, die die unmittelbare Umgebung verändern. Diese schaffen häufig attraktive Lebensbedingungen für andere im Sediment lebende Organismen. Tief in der Reduktionszone mit vielen mikrobiellen Nahrungsquellen entsteht in sauerstoffreichen Höfen um bewässerte Gänge dynamische Effekte (Andersen und Kristensen 1991).

Reise (1981) fand auf vielen Wattflächen um Makrobenthos-Gänge herum Konzentrationen einer Meiofauna. Auf Sandflächen ist die Meiofauna häufig an die Gänge des Amphipoden *Corophium arenarium* und des Polychaeten *Pygospio elegans* gebunden. Die umgekehrte Förderaktivität des Wurms führt in 4–7 cm Tiefe – am unteren Ende der Röhre – zu einer Konzentration des organischen Kotmaterials und zu einer maximalen Dichte des Meiobenthos.

Im Durchwühlungsbereich am Vorderende des Pectinariiden *Lagis koreni* zieht die gute Sauerstoffversorgung eine große Anzahl winziger Polychaeten an (Reise 1981). Um Gänge von Polychaeten der Gattung *Nereis* herum sind Nematoden um bis zu 94 % gegenüber der Umgebung angereichert. Im Unterschied dazu wurde keine Meiofauna in der Nähe der reduzierenden Wandungen der Röhren von *Heteromastus filiformis*, die nicht bewässert sind, gefunden (Kap. 3.5.2).

An den Schlickwandungen des U-förmigen Baus des Terebelliden *Amphitrite ornata* (Kap. 3.6) mit reichlich organischem Material findet eine intensive Zersetzung statt (Aller und Yingst 1978). Die Mikrobentätigkeit ist bei Anwesenheit von Sauerstoff an der Innenseite der Röhre am größten, während das Milieu außerhalb davon anaerob ist.

So werden im normalerweise reduzierenden Lebensraum unterhalb der Oberfläche durchlüftete Gänge zu Vorzugs-Strukturen, die durch ihre Auffälligkeit eine größere Häufigkeit vortäuschen. Wenn ein solcher Bau verlassen wird, können physikalisch induzierte Strömungen in ihm eine Sauerstoffzirkulation aufrechterhalten, die mit der biogen verursachten Bewässerung vergleichbar ist (Ray und Aller 1985). Selbst nach Auffüllung des Gangs bleibt er ein Gebiet erhöhter organischer Konzentration und zieht dadurch anaerobe Sedimentfresser an. Dies gilt vor allem für das Kotmaterial in der Füllung, wodurch verwertbares organisches Material in ein bakterienreiches, reduzierendes Sediment eingebracht wird.

Förderaktivitäten modifizieren die Topographie des Gewässerbodens und die Konsistenz der Substratoberfläche. Dies wiederum verändert die Zusammensetzung der Gemeinschaft. Zum Beispiel stellen die konischen Sandhaufen neben den Schächten der Holothurie *Molpadia oolitica* ein Substrat dar, das für die Besiedlung durch suspensionsfressende Röhrenwürmer geeignet ist (Kap. 3.5.1). Diese Sandkegel werden durch die Wurmröhren stabilisiert und bleiben, nachdem sie von den Holothurien wieder verlassen wurden, noch lange erhalten. Zwischen diesen Hügeln entsteht durch leicht abbaubares Material mit feinkörnigen Pellets ein Flüssiggrund, der für Suspensionsfresser ungeeignet ist.

Ein anderes Beispiel für eine Veränderung des Lebensraums durch grabende Organismen ist die Ansammlung von Kaminen am Meeresboden, die Verlängerungen ausgekleideter Wurmröhren darstellen. Woodin (1978) wies nach, wie sie durch Stabilisierung des Bodens und vergrößerte Rauhigkeit der Oberfläche ein Refugium für kleinere grabende Arten schaffen.

5.2
Veränderung des Substrats durch Bioturbation

Seit langem ist bekannt, daß endobenthische Organismen die Eigenschaften des Sediments, das sie bewohnen, tiefgreifend verändern (Dapples 1942). Die bei der Bioturbation auftretenden Prozesse beeinflussen die beiden Phasen eines Sediments: Partikel und Fluide. Jede Phase unterliegt entweder einer Advektion (Massentransport) oder einer Diffusion (Abb. 1.1).

Physikalische Effekte beziehen sich hauptsächlich auf Advektion und Diffusion der Partikel:

- Sedimententschichtung bewirkt die Zerstörung früherer Sedimentstrukturen und führt entweder zur Homogenisierung des Sediments oder zur Bildung neuer Gefüge.
- Wassergehalt oder Sedimentkompaktion können durch verschiedene biologische Aktivitäten verändert werden.
- Durch Zusammenballen der Partikel zu Pellets kann die Korngröße zunehmen und die Sortierung verbessert werden.
- Suspensionsfresser können viel feinkörniges Material in das Substrat einbringen.
- Die physikalischen Sedimenteigenschaften ändern sich wesentlich, wenn die Infauna Schleim als Wandungsauskleidung absondert und Partikel und Kotpillen eingeschleimt werden (Abb. 5.6).

Chemische Effekte sind sehr vielfältig:

- Beim Fressen, Graben und beim Röhrenbau wird Material kontinuierlich zwischen den unterschiedlichen chemischen Reaktionszonen verlagert.
- Das Anlegen von Gängen und die Bildung von Kotpillen ändert die Geometrie von Reaktionen und Lösungsdiffusionen. Dadurch entsteht anstelle einer vertikal geschichteten Verteilung ein Mosaik biogeochemischer Mikromilieus (Abb. 5.7).
- Neues reaktionsfähiges organisches Material wird in Form von Stoffwechselprodukten (Schleimsekretionen und tote Organismen) in die Ablagerung eingebracht.
- Freßvorgänge und mechanische Verwühlung beeinflussen mikrobiologische Populationen, die chemische Reaktionen in Gang setzen.

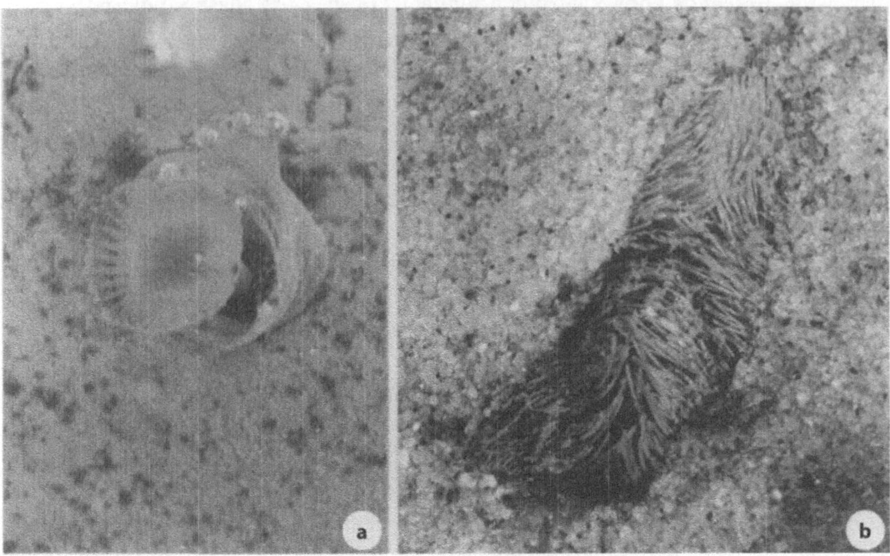

Abb. 5.6. Tiere und ihr Substrat (in Aquarien). **a** Der Polychaet *Myxicola infundibulum* bei Besiedlung eines Flüssiggrunds, indem er eine zähe Schleimröhre als Bauwandung absondert (× 2). **b** Der Spatangoide *Echinocardium mediterraneum*, im lockeren Sand verschwindend. Er kontrolliert sorgfältig den Wühlvorgang, so daß keine unerwünschten Partikel in den Bau gelangen. Partikel im Kontakt mit den Stacheln sind mit unsichtbarem elastischem Schleim zementiert (× 5)

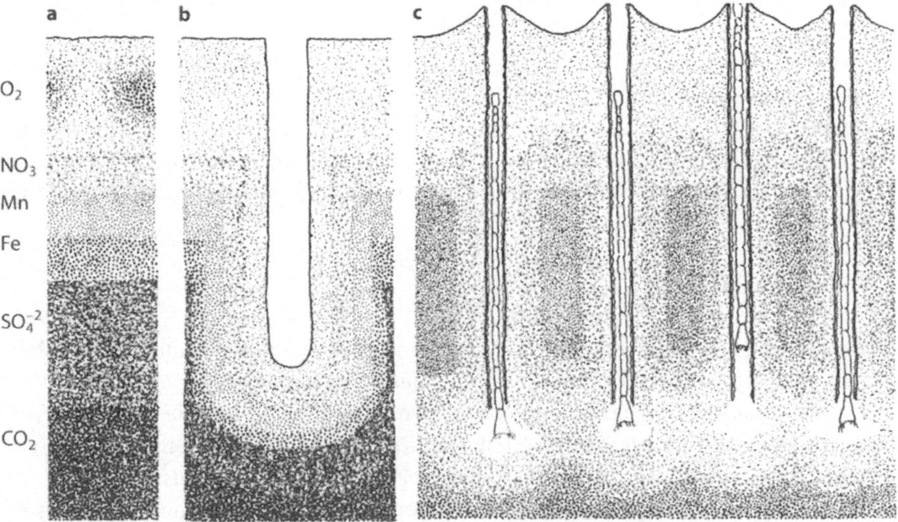

Abb. 5.7. Biologische Störungen einer angenommenen klassischen vertikalen Zonierung von elektronischen Akzeptoren im Sediment. **a** Zwei Anreicherungen von Pellets in der Oxidationszone. **b** Reaktionszone um einen bewässerten Bau. **c** Inverse Oxidation-Reduktion-Schichtung, entstanden bei Bewässerung durch eine Population fördernder Würmer (*Clymenella torquata*). Verändert nach Aller (1982)

Biologische Effekte beziehen sich hauptsächlich auf die ökologischen Abhängigkeiten der Gemeinschaften von sich verändernden Substrateigenschaften:

- Durch Änderungen der physikalischen und chemischen Substrateigenschaften wird die Qualität des Lebensraums verändert. Ändert sich das Substratmilieu, wird auch die Bioturbationsgemeinschaft verändert.
- Die Aktivität einiger endobenthischer Organismen schafft Bedingungen, die Aktivitäten anderer Arten ausschließt und die dadurch aus der Lebensgemeinschaft verschwinden (Kap. 5.3.2).

Im folgenden werden diese Aspekte der Bioturbation, von Levinton (1977) als „Sedimentkonditionierung" bezeichnet, untersucht, wobei vor allem diejenigen betont werden, die für den Geologen wichtig sind.

5.2.1
Physikalische Effekte der Bioturbation

Geotechniker könnten leicht die physikalischen Eigenschaften von See- und Meeressedimenten bestimmen, würden sie nicht durch bioturbate Prozesse verschleiert (Keller *et al.* 1976; Richards und Parks 1976; Meadows und Meadows 1994). Organismen verändern die Packungsdichte und die Kohäsion der Sedimente in unterschiedlichen Tiefen und in örtlich und zeitlich sehr stark wechselndem Ausmaß, so daß der Effekt der Bioturbation sehr schwer abzuschätzen ist. Untersuchungen einzelner Lokalitäten oder Arten führen zu sehr unterschiedlichen Ergebnissen. Dazu einige Beispiele:

Myers (1977a) und Powell (1977) zeigten übereinstimmend, daß die Holothurie *Leptosynapta tenuis* (Abb. 3.14) durch das Material in den Trichterfüllungen eine Verdichtung des Sediments in den oberen 3 cm verursacht, während das Sediment darunter durch die Anlage von Gängen weniger verdichtet wird.

Rhoads (1974) und Aller (1978) zeigen, daß in Buzzards Bay sessile Suspensions- und Sedimentfresser zur Verdichtung des Gefüges beitragen, während mobile Sedimentfresser die Permeabilität erhöhen. Die Produktion von Pellets durch Suspensions- und Sedimentfresser schafft eine oberflächennahe Schicht von 2–4 cm Mächtigkeit mit einem hohen Wassergehalt (bis zu 90 %) sowie geringer Scherfestigkeit (Abb. 5.8). Levinton und Bambach (1975) finden eine Grenzfläche zwischen Flüssiggrund und Festgrund in 5–10 cm Tiefe. Die stark wasserhaltige Schicht kann durch Wasserströmungen leicht aufgearbeitet werden (Yingst und Aller 1982) und zu einer Trübung des Bodenwassers führen. Diese Prozesse schwanken in Abhängigkeit von der Aktivität des Endobenthos jahreszeitlich. An der Küste Neuenglands fand McMasters (1962) ein Substrat, das im Sommer lockerer gepackt war als im Winter, wenn die Bioturbationstätigkeit stärker eingeschränkt ist. Levinton (1977) stellte sogar eine tageszeitliche Schwankung der Sedimentkonsistenz fest.

Organismen, die ihre Röhren zementieren, erhöhen deutlich die Stabilität des Substrats, und die Aktivität dichter Populationen verursacht eine organische Zementation eines großen Teils der Körner an der Sediment/Wasser-Grenzfläche (Abb. 4.6c; Young und Rhoads 1971; Featherstone und Risk 1977). Die obere Fortsetzung der Röhre als Kamin verstärkt die Unebenheiten am Meeresboden. Dadurch wird

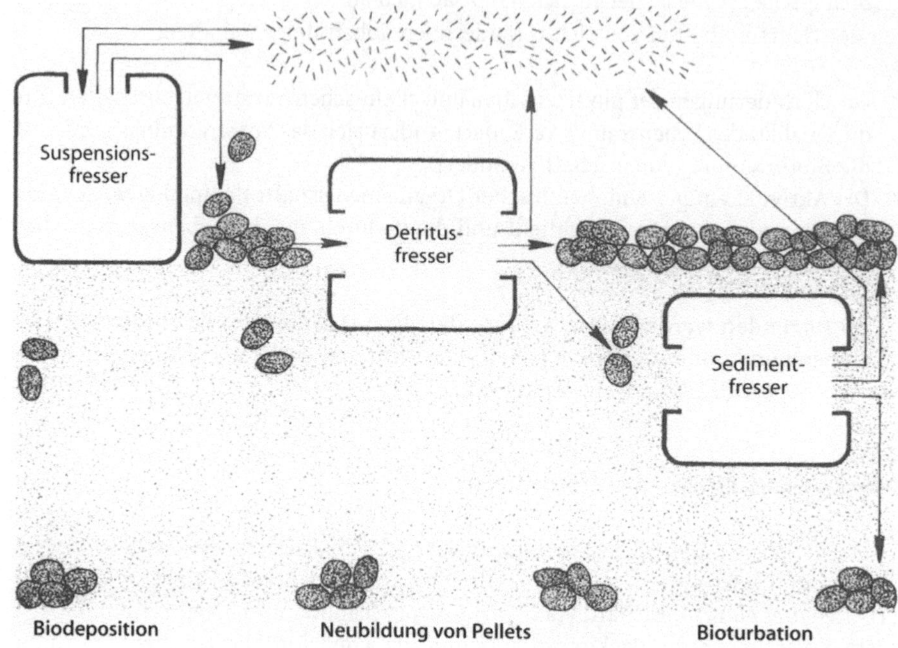

Abb. 5.8. Der Seston-Pellet-Zyklus. Nach Haven und Morales-Alamo (1968) und Young (1971)

die Umlagerung der Bodensedimente durch Strömungen reduziert (Eckman und Nowell 1984). Einige röhrenbildende Organismen sind nicht so ortsständig, wie es oftmals den Anschein hat. Nach Myers (1977a) schwimmt der spionide Polychaet *Prionospio* sp. außerhalb seiner schrägen Röhren frei und legt zweimal täglich einen neuen Gang an. Räuber können diesen Prozeß beschleunigen: Myers (1977a) beobachtete einen Plattwurm, der in die Röhren von Amphipoden eindrang und die Crustaceen in die Flucht schlug, die dann anderswo neue Röhren bauen mußten.

Diese bemerkenswerten autökologischen Fallbeispiele sollte nicht isoliert betrachtet werden. Normalerweise wird das Substrat durch eine Gemeinschaft umgearbeitet, und die Aktivitäten ihrer Mitglieder beeinflussen sich in vielfältiger Weise. Myers (1977a) fand heraus, daß die Sedimentaufarbeitung durch die dominierenden grabenden Organismen einer bestimmten Gemeinschaft, *Leptosynapta tenuis*, gemeinsam mit dem Polychaeten *Scoloplos robustus* zu einer Kompaktion führt.

In einer Gemeinschaft, in der der fördernde Maldanide *Clymenella torquata* sowie der Terebellide *Amphitrite ornata*, der seine U-Röhren mit Schleim auskleidet (Abb. 3.20 und 3.25), vorherrschen, wird das durch den maldaniden Wurm zur Oberfläche transportierte feinkörnige Material von dem Terebelliden als Wandungsmaterial wieder nach unten befördert (Aller und Yingst 1978; Aller 1982).

Zusätzlich zu solchen Komplikationen, die alle Bioturbationsgemeinschaften betreffen, durchwühlen die verschiedenen Arten das Sediment mit unterschiedlicher Intensität. Ein entstandenes Sedimentgefüge muß nicht unbedingt auf der Aktivität einer Art beruhen, die ein zahlenmäßiges Übergewicht besitzt. Rhoads (1967) liefert dazu ein Beispiel: Auf einer Fläche, auf der verhältnismäßig ortsständige Röhrenwürmer vorherrschten, war die Rate der Sedimentaufarbeitung an zwei Stellen bemerkenswert hoch. An diesen Stellen fand sich jeweils nur eine vagile naticide Schnecke.

So tragen verschiedene Arten in unterschiedlichem Umfang zur Störung des Sediments bei. Die Anwesenheit von Schlüssel-Bioturbatoren ist für die Bewertung des Bioturbationspotentials einer endobenthischen Gemeinschaft wesentlicher als die relative Biomasse ihrer Mitglieder.

Das Einbringen von Feinsediment in das Substrat durch Suspensionsfresser verändert die Konsistenz beträchtlich. Material, das sich unter den gegebenen hydrodynamischen Bedingungen normalerweise in Suspension befindet, wird gefangen und als sandgroße Pellets akkumuliert, die eine höhere Sedimentationsgeschwindigkeit haben als die beteiligten Einzelpartikel. Epibenthische Tiere sind bei dem Prozeß der Biosedimentation ebenso aktiv wie endobenthische Tiere (Abb. 5.8 und 5.9b; Kap. 4.3). Austern können beispielsweise durch Biosedimentation bewirken, daß Schlammpartikel siebenmal schneller als durch Gravitation in ruhigem Wasser sedimentiert werden (Lund 1957; Haven und Morales-Alamo 1966). Besonders Tunikaten, eine Tiergruppe, die kaum ein Erhaltungspotential als Körperfossilien besitzt, tragen in starkem Maße zur Biosedimentation bei.

Um als Mikrokoprolithen erhalten zu bleiben, müssen Kotpillen einsedimentiert werden, bevor ihre feinen Partikel durch Bakterien oder Meiofauna zerlegt und resuspendiert werden (Haven und Morales-Alamo 1968, 1972; Rhoads *et al.* 1977) oder – was wahrscheinlicher ist – sie von Detritus- und Sedimentfressern erneut aufgenommen werden (Abb. 5.8).

Im Unterschied zur Biosedimentation ist die biologische Resuspension ebenfalls ein wichtiger Prozeß. Roberts *et al.* (1981) wiesen nach, daß beim Freßvorgang große Mengen feinen Detritus' aus *Callianassa*-Gängen herausgepumpt werden. Durch Bodenströmungen wird dieses Material weggeführt (Abb. 4.27). Wie bei manchen Crustaceen (Suchanek 1983; Dworschak und Ott 1993) und Würmern (Abb. 1.5, 3.13, 3.20 und 3.22) führt Sedimentfressen gewöhnlich zu einer biologischen Schichtung, da grobkörniges Material im unteren Teil der Tätigkeitszone eines grabenden Organismus angereichert wird.

Ein bedeutender sedimentärer und ökologischer Faktor ist die Anlage von Sedimentkegeln durch Sedimentfresser. Diese Kegel enthalten Material aus tieferen Teilen des Substrats, das an die Oberfläche gebracht wird und dort die epibenthische Fauna begräbt, die Topographie des Meeresbodens verändert sowie neue Lebensräume schafft. Sedimentationsraten von 1–2 cm pro Monat wurden von Smith *et al.* (1986) bei großen Kegeln eines echiuren Wurms in der Tiefsee ermittelt.

Schließlich modifiziert der Eintrag von Schleim die Konsistenz des Substrats (Kap. 1.3.4; Frankel und Mead 1973; Meadows und Meadows 1994; Meadows und Tufail 1994). In feinkörnigem Sediment, das viel Ton enthält, kann die Kohäsion bereits für eine Tunnelkonstruktion ausreichen, die durch die Komprimierung der Wandung noch unterstützt wird. Aber auch hier scheiden viele Organismen während der Sedimentaufarbeitung Schleim aus, wie beispielsweise der Herzseeigel *Echinocardium cordatum* (Kap. 4.2.1). In kohäsionslosen Sanden ist die Anlage eines offenen Baus gewöhnlich unmöglich, ohne das umgebende Sediment mit Schleim zu durchtränken (Abb. 5.6; Kap. 4.1.2). Sedimentfressende Seesterne bringen reichlich Schleim in das

Abb. 5.9. Pellets sind potentielle Spurenfossilien. **a** Pellets von Sedimentfressern aus aragonitischem Schlamm, Große Bahama-Bank, peloidführende Schlammfazies. Die Längsachse der Pellets beträgt etwa 1 mm, Rasterelektronenmikroskop-Aufnahme. **b** Oberfläche von biogen abgelagertem Schlamm in einem Muschelpflaster des Watts von Fanø, Dänemark. Das Sediment besteht vollständig aus Kotpillen und Pseudopillen von *Mytilus edulis*. Links ist ein Schalenteil der Muschel zu sehen. Die kleinen runden Gangöffnungen gehören zur Schnecke *Hydrobia ulvae* und haben einen Durchmesser von 0,2 mm

Sediment ein, wenn sie es in großen Mengen verdauen (Shick *et al.* 1981). Diese Imprägnierung verändert die hydrodynamischen Bedingungen bei einer Umlagerung von Sanden deutlich (Abb. 4.6; Nowell *et al.* 1981).

5.2.2
Homogenisierung kontra Heterogenisierung

Viele Geologen vermuten, daß Bioturbation unvermeidlich zur Homogenisierung führt, und daß ein vollständig bioturbat durchgearbeitetes Sediment strukturlos ist (Bayer *et al.* 1985; Droser und Bottjer 1986). Sicherlich können einige Formen der Bioturbation zu einer Homogenisierung führen, für die Ichnologie wäre es aber bedauerlich, wenn dies immer zuträfe.

Es gibt verschiedene Gruppen von Tieren, die eine vollständige Homogenisierung herbeiführen. Dazu gehört die Meiofauna (Kap. 2.1), die stufenweise die Sedimentstrukturen auslöscht, ohne dem Sediment neue aufzuprägen. Auch die Bewohner von Flüssig- und wäßrigen Weichgründen verursachen beim Durchdringen des Substrats diffuse Turbulenzen, die zur Bildung eines annähernd strukturlosen Gefüges führen. Allerdings treten dabei gravitative Sortierungsprozesse auf. Schwermineralkörner sammeln sich dann am Boden der durchmischten Zone an (Abb. 4.15).

Mobile, nicht selektierende Sedimentfresser können ein Substrat homogenisieren, wie z. B. die vertikal fördernden Würmer. Bei genauer Betrachtung fressen jedoch nur wenige dieser Tiere nicht selektiv. Häufig erzeugen sie in der Zone, in der sie tätig sind, eine deutlich gradierte Schichtung (Rhoads und Stanley 1965; Jumars *et al.* 1982; Wheatcroft und Jumars 1987). Die relative Verlagerung von feinen Partikeln nach oben und von groben nach unten kann zu einer scharfen Grenze zwischen feinen und groben Sedimenten führen (Abb. 1.5 und 3.13; Meldahl 1987).

Auch der umgekehrte Effekt ist möglich. McCave (1988) zeigte, wie bei diffuser Bioturbation in feinkörnigen Sedimenten kieskorngroße Klasten nach oben transportiert werden können. Diese Verlagerung könnte auf der nach oben abnehmenden Scherfestigkeit beruhen; in Oberflächennähe fehlt der Umschließungsdruck um große Sedimentpartikel. Vermutlich beruht auf diesem Prozeß auch die Anreicherung von Manganknollen am Meeresboden. Ob grobe Partikel sich nach oben oder nach unten bewegen, hängt von der Art des jeweils dominierenden Bioturbationsprozesses ab. So ist es bei Komprimierung leichter, einen großen Klasten nach oben zu drücken, als ihn in dichteres Sediment nach unten zu pressen. Andererseits würde eine Aushöhlung des Sediments von unten das Einsinken von Klasten ermöglichen (Abb. 1.5). Bei der Verfrachtung von Sediment nach oben können große Partikel in bereits ausgehöhlte Kammern absinken (Abb. 4.27b).

In einer biogen gradierten Schicht können Strukturen sehr schwach ausgebildet sein, aber irgendeine Art von Ichnogefüge ist in jedem Fall zu erwarten, auch wenn es kaum zu erkennen ist. Ein homogenes Substrat ist nicht mit einem Substrat gleichzusetzen, in dem keine Gefüge zu erkennen sind (Abb. 6.5 und 6.6).

In den meisten endobenthischen Gemeinschaften gibt es jedoch Arten, die die Gänge mit Material füllen, das sich von dem umgebenden Sediment unterscheidet. Außerdem können stützende Wände oder konstruktive Kompressionszonen den Bau nachzeichnen. Wie dicht sich solche Gefüge auch gegenseitig überlagern mögen, dieser Prozeß wird letztlich nicht zu einer Gleichförmigkeit des Substrats führen.

5.2.3
Chemische Effekte der Bioturbation

Während physikalische Effekte bei der Bioturbation hauptsächlich die feste Phase des Sediments betreffen, werden chemische Effekte zusätzlich durch Advektion und Diffusion der Fluide beeinflußt.

Durch die Absenkung der Redoxgrenze (RPD), durch Pumpen von Bodenwasser in das Substrat hinein oder aus ihm heraus, hat die Bioturbation eine unmittelbare Auswirkung auf das chemische Milieu. Rhoads (1974), Rhoads *et al.* (1977) und Aller (1978) zeigten, daß Pumpen durch Endobenthos die Redoxgrenze in einem Sediment auf 3–6 cm unter die Oberfläche absenkt, während sie im selben Sediment bei fehlender Infauna etwa 1 cm unter der Oberfläche liegt. Eine ähnliche Absenkung der Redoxgrenze wurde unter Gangsystemen von Enteropneusten im Tiefwasser beobachtet (Jensen 1992).

Aller (1982) fand heraus, daß der advektive Transport von Partikeln und Fluiden durch grabende Organismen die chemischen Gradienten stark verändert (Abb. 5.7). Maldanide Würmer können beispielsweise lokal eine oxidierende Lage unterhalb der Redoxgrenze schaffen.

Graf (1989) belegt diese Advektion mit einem bemerkenswerten Beispiel aus der Tiefsee. Nach der Ablagerung des Phytoplanktons im Frühsommer wurde das organische Material von Schlüssel-Bioturbatoren – dem Sipunculiden *Nephasoma* sp. und dem Enteropneusten *Stereobalanus canadensis* – in ihr Aktivitätsniveau befördert, wobei Konzentrationen in Tiefen von 10 und 6–8 cm auftraten. Der Transport verlief recht schnell und bewegte sich eher in Zeiträumen von Tagen als von Wochen.

Bioturbation kann auch die Migration verschiedener Elemente in der benthischen Grenzschicht drastisch verändern. Beispielsweise kann die Migrationsfähigkeit von Silizium durch Bioturbation, vor allem als Folge der enormen Flächenvergrößerung der Sediment/Wasser-Grenzfläche an den Gangwandungen, um den Faktor 10 gesteigert werden (Schink und Guinasso 1977; Aller 1980).

Durch intensive Zersetzungsprozesse in den Auskleidungen von Gängen können verschiedene Elemente mobilisiert werden. Aller und Yingst (1978) entdeckten Anreicherungen von Eisen, Mangan und Zink in den mit Schlamm ausgekleideten Wandungen der U-Röhren von *Amphitrite ornata*. Die Metallanreicherungen sind entlang der inneren Gangwandungen konzentriert, und das durchströmende Wasser führt im Kontakt mit dieser Oberfläche zur zusätzlichen Ausfällung von Metallen aus dem Seewasser. Aller (1983) nimmt an, daß dünne organische Auskleidungen der Gänge als molekulare Siebe wirken und Anionen binden, welche die Chemie des Sediments stark beeinflussen.

Paul (1977) und Jumars *et al.* (1981) betonen einen anderen sedimentchemischen Effekt, der durch Partikeladvektion verursacht wird – den des wiederholten Kontakts von Partikeln mit Bodenwasser. Bei Anwesenheit von Sedimentfresser-Gemeinschaften passieren Partikel viele Male die Därme der Organismen (Rhoads 1974). Im Darm kann die Chemie und Mineralogie der Tonminerale verändert werden. Je häufiger sie in den Darmtrakt gelangen, desto weiter gehen solche Veränderungen (Pryor 1975).

In der Tiefsee fördert die langsamere Einbettung den Prozeß der Karbonatlösung (Paul 1977). Bei einem an Kalziumkarbonat übersättigten Wasser kann auch das Gegenteil eintreten. Große, robuste Pellets, die durch Schleim gebunden und mit reaktionsfreudigen Umwandlungsprodukten angereichert sind, können bevorzugt durch Karbonat zementiert werden (Abb. 5.9a). In Bereichen langsamer Sedimentation bilden solche Pellets häufig Mineralisationskerne für Glaukonit und Phosphat, während sie in der bioturbaten Durchmischungszone immer wieder aufgearbeitet werden.

Aus alledem wird deutlich, daß Bioturbation die Frühdiagenese der Sedimente und einzelner Partikel durch eine erhöhte chemische Reaktionsfähigkeit am Meeresboden fördert.

5.3
Biologische Effekte: Amensalismus und Sukzession von Gemeinschaften

Durch Bioturbation verursachte physikalische und chemische Änderungen im Substrat verändern das ökologische Umfeld der grabenden Gemeinschaft. Grundlegende biologische Auswirkungen der Bioturbation wurden von Reise und Ax (1979) hinsichtlich der Meiofauna und von Aller (1978), Yingst und Rhoads (1980) sowie von Andersen und Kristensen (1991) hinsichtlich der Mikroorganismen untersucht. Durch die Aktivität einer Klimax-Gemeinschaft wird die Redoxgrenzfläche enorm vergrößert. Mikrobielles Wachstum ist dort am größten. Konstantes Pumpen von Meerwasser in das Substrat hinein und von Umwandlungsprodukten aus dem Substrat heraus schafft, unter gleichzeitigem kontinuierlichen Eintrag von neuem organischen Material, optimale Wachstumsbedingungen für Mikrobengemeinschaften. Bakterien sind eine wesentliche Nahrungsquelle für Sedimentfresser und gedeihen unter Bedingungen, die von dem Endobenthos erzeugt werden (Rhoads *et al.* 1978; Branch und Pringle 1987). Es handelt sich dabei um eine gemeinschaftliche Kultivierung von Nahrungsorganismen.

Die dynamischen Prozesse in einer Weichgrundgemeinschaft sind sehr kompliziert, und die Arten beeinflussen sich untereinander auf sehr unterschiedliche Weise und Intensität. Die Aktivität einer einzelnen Art kann die Struktur des Lebensraums verändern (Substratkonsistenz und Bodenmilieu) und dadurch die Zusammensetzung der gesamten Gemeinschaft beeinflussen. Kommensale Beziehungen zwischen einigen Organismen werden in Kap. 5.1 behandelt. Die folgenden Beispiele zeigen einen gegenteiligen Effekt: den Amensalismus.

5.3.1
Amensale Beziehungen

Amensalismus tritt auf verschiedenen hierarchischen Ebenen auf. Einzelne Arten können durch die Aktivität anderer verdrängt werden. Wegen ihrer engen wechselseitigen Beziehungen verändert das Fehlen einer einzelnen Art die Struktur der Gemeinschaft vollständig. Amensalismus kann bestimmte Gilden (z. B. mobile Sedimentfresser der mittleren Stockwerke, Kap. 10.6.3) oder vollständige trophische Gruppen (z. B. alle Sedimentfresser) ausschließen.

Im einfachsten Fall kann eine Art eine andere durch räuberische Aktivität direkt verdrängen. So zeigte Wilson (1980), wie der terebellide Polychaet *Eupolymnia heterobranchia* die Tentakeln vor seinem U-Bau ausbreitet, um die Larven des grabenden nereiden Polychaeten *Nereis vexillosa* zu erbeuten. Dadurch wird die Nereiden-Population merklich reduziert.

Levinton (1977) nimmt an, daß sich Arten durch zwei weitere Vorgänge ökologisch gegenseitig verdrängen. Durch den Ausbeutungs-Mechanismus kann eine Art eine andere durch eine effektivere Ausbeutung begrenzter Ressourcen vom Wettbewerb verdrängen. Beim Einmischungs-Mechanismus schließt eine Art eine andere direkt von der Ausbeutung einer Nahrungsquelle aus. Die folgenden Beispiele beziehen sich auf Amensalismus durch Einmischung. Weitere Beispiele finden sich bei Ronan (1977), Woodin und Jackson (1979), Brenchley (1981, 1982) und Thayer (1983).

Wilson (1981) wies nach, daß die Bioturbation durch *Abarenicola pacifica* eine abschreckende Wirkung auf einige endobenthische Arten hatte, auf andere aber nicht. Dichte intertidale Populationen des Sandpierwurms führen zu einer Abnahme der Häufigkeit des Spioniden *Pygospio elegans* und des Ranzenkrebses *Cumella vulgaris*. Der große Spionide *Pseudopolydora kempi* ist davon jedoch nicht betroffen, auch nicht der Amphipode *Corophium spinicornis* oder sämtliche vorkommenden Oligochaeten. Kleinere Arten können sich nicht an die durch den Sandpierwurm verursachten Störungen des Sediments anpassen. Andererseits vermindern beide spioniden Würmer die Überlebensmöglichkeit juveniler Sandpierwürmer beträchtlich, da sie sich von ihnen ernähren.

Eine vollkommen andere Situation – auch aus dem Gezeitenbereich – beschreibt Woodin (1977). Dort werden durch Röhrenwürmer Algen kultiviert, die die Struktur des Lebensraums verändern und die Aktivität der sedimentfressenden Würmer behindern. Zwei nereide Polychaeten fangen treibende Fragmente von Ulvaceen (Grünalgen) ein und befestigen sie an ihren Röhren (vgl. Fager 1964). Die Algen gedeihen hier und dienen als Futter für die sie kultivierenden Würmer. Das üppige Wachstum der Algen, die normalerweise auf Sandflächen nicht vorkommen, verändert die Bedingungen am Boden. So wird der Zugang einiger Sedimentfresser, besonders der kopfüber im Sand lebenden maldaniden Polychaeten, zu sauerstoffreichem Wasser behindert.

Natürlich kann es auch vorkommen, daß eine Art ihren Lebensraum durch ihre eigene Tätigkeit so nachteilig beeinflußt, daß sie selbst ihre Lebensgrundlagen zerstört. Dies wurde bei einer Population des Lanzettfischchen *Branchiostoma nigeriense* beobachtet, die aus einer nigerianischen Lagune verschwand (Webb und Hill 1958). Die schnelle Durchdringung des Substrats durch die Lanzettfischchen erfordert ein besonders lockeres Sediment (Kap. 2.4). Webb (1969) fiel auf, daß die Packungsdichte des Sediments bei jedem Eindringen von Lanzettfischchen zunimmt, so daß das Substrat nach einiger Zeit nicht mehr für eine Besiedlung geeignet ist. *Branchiostoma caribaeum* bevorzugt gleichfalls reine Sande, die durch Wellenschlag oder Strömungstätigkeit häufig umgelagert werden (Cory und Pierce 1967).

5.3.2
Trophischer Gruppenamensalismus

Dieses Konzept stammt von Rhoads und Young (1970). Sie fanden, daß Suspensionsfresser in Gezeitensedimenten vor der Küste Neuenglands vor allem auf sandigen oder festen Schlickböden auftreten, während Sedimentfresser dichte Populationen auf weichen Schlammsubstraten bilden (Sanders 1958). Sedimentfressen in weichen Schlammsedimenten destabilisiert das Substrat und schafft eine Oberfläche mit Pellets, die leicht resuspendiert werden kann. Solche Substrateigenschaften sind für Suspensionsfresser ungünstig, nicht etwa, weil suspendiertes Nahrungsmaterial fehlt, sondern weil ihr Filtermechanismus durch die starke Trübung verstopfen kann und die auf der instabilen Oberfläche siedelnden Larven begräbt oder verhindert, daß sie sich dort ansiedeln. Die Aktivität von Individuen einer trophischen Gruppe verhindert so die Ansiedlung von Mitgliedern einer anderen. Zu vergleichbaren Schlüssen kommen Johnson (1971); Aller und Dodge (1974); Whitlatch (1977) und Tamaki (1988) durch Untersuchungen in anderen Gebieten.

Es können aber auch umgekehrte Beziehungen auftreten. Wo zementierte Röhren von Suspensionsfressern in einem Sediment sehr dicht stehen, können die mobilen Gilden von Sedimentfressern (Kap. 10.6.2) nicht siedeln. Reineck (1963) beobachtete, daß *Echinocardium cordatum* an Stellen, an denen das Substrat von mit Schalen ausgekleideten Röhren des Polychaeten *Lanice conchilega* durchlöchert ist, nicht auftritt. Konzentrationen von Röhren stellen beträchtliche Behinderungen für verschiedene mobile grabende Organismen dar (Brenchley 1982).

5.3.3
Sukzession von Gemeinschaften

Eine Gemeinschaft kann ihren Lebensraum so verändern, daß er unter Umständen für die existierende Gemeinschaft weniger günstig wird. Ihre Mitglieder sind dann gegenüber einwandernden Arten nicht länger konkurrenzfähig. Auf diesem Weg öffnen Pionierarten den Weg für nachfolgende Gemeinschaften (Johnson 1972).

Ob Veränderungen in einer Gemeinschaft spontan auf ökologischen Veränderungen innerhalb einer zunehmend reifer werdenden Gemeinschaft oder auf äußeren Veränderungen des Lebensraums beruhen, ist schwer zu entscheiden (Johnson 1972; Levinton und Bambach 1975). Im ersten Fall handelt es sich um eine Sukzession von Gemeinschaften, im letzteren um einen Ersatz von Gemeinschaften.

Eine klassische Untersuchung über die Sukzession von Gemeinschaften stammt von McCall (1977). In einem Flachwassergebiet enthielt der Meeresboden nach einer katastrophalen ökologischen Störung keine Fauna mehr. Innerhalb von 10 Tagen war er von einer einzigen Polychaetenart reich besiedelt. Zwei weitere Polychaetenarten folgten nach 30 Tagen, gemeinsam mit zwei Muschelarten. Die Würmer legten zahlreiche kleine Schächte und U-Gänge an. Diese Pioniere sind in der Hintergrundgemeinschaft selten oder fehlen. Erst nach einigen Monaten erschienen Arten einer reifen Gemeinschaft und legten Stockwerkgänge an. Nach etwa einem Jahr hatte sich eine Klimax-Gemeinschaft wieder etabliert.

Durch ökologische Störungen wiederholt sich mehrfach die Abfolge von Gemeinschaften, was – gemittelt über einen längeren Zeitraum – zu einer Zunahme der Diversität führt (Thistle 1981).

Auf ein anderes Beispiel von Gemeinschafts-Sukzession wiesen Kidwell und Aigner (1985) hin. Bei geringer Sedimentationsrate sammeln sich die Schalen aufeinanderfolgender Generationen im Sediment lebender Muscheln in einem Weichgrund an und verwandeln das Substrat allmählich in einen Festgrund, der viele harte Skelettteile enthält (Abb. 5.10) und damit für die ursprüngliche Weichgrundgemeinschaft einen ungünstigen Lebensraum darstellt.

Abschließend ein Beispiel für den möglichen Ersatz einer Gemeinschaft, in dem zwei Gemeinschaften mit sehr unterschiedlichen Schlüssel-Bioturbatoren in aneinander-

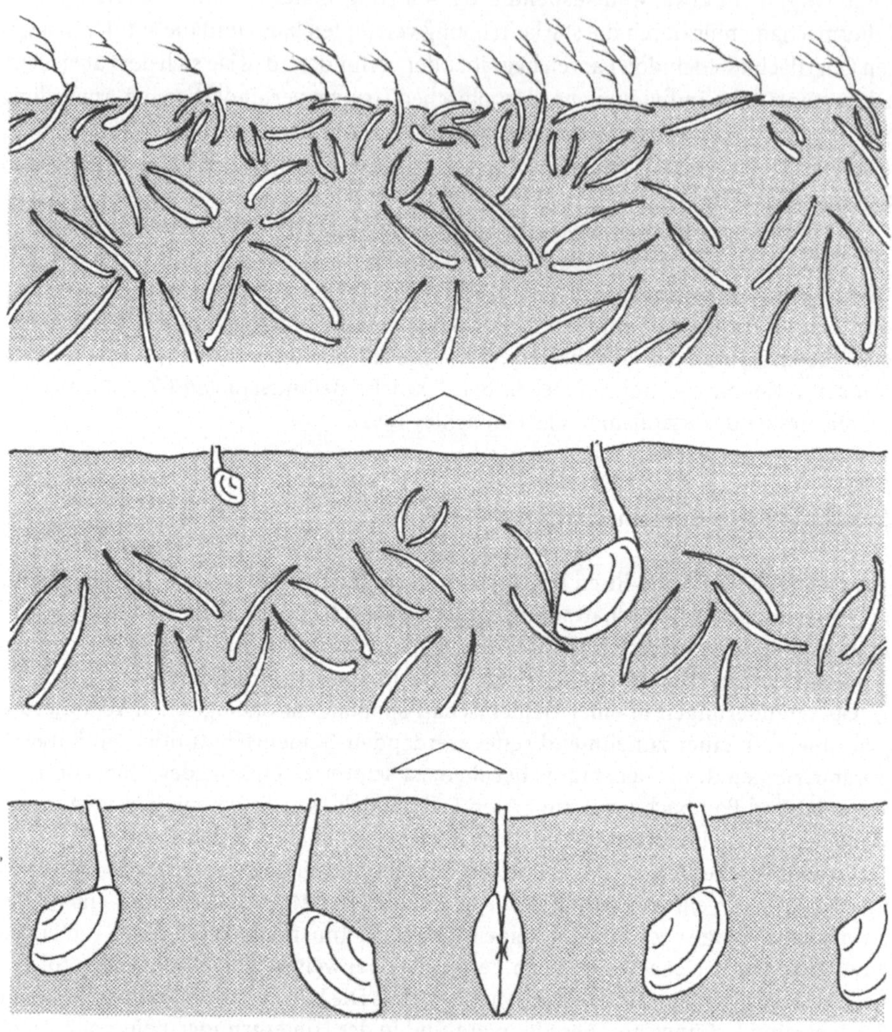

Abb. 5.10. Sukzession von Gemeinschaften auf einem stabilen Schlammboden. Die Anhäufung verschiedener Generationen von Schalen verändert die Konsistenz des Substrats. Nach Kidwell und Aigner (1985)

grenzenden Lebensräumen auftreten (Abb. 3.24). Senkrechte Schächte von *Scolecolepis squamata* gehen von schwach ausgeprägten topographischen Erhebungen aus, während die spiraligen Fallen von *Paraonis fulgens* in den benachbarten Mulden eines Vorstrandprofils angelegt sind. Geringfügige Milieuschwankungen könnten dazu führen, daß beide Faziesbereiche in einem geologischen Profil wechsellagern. Die vorschnelle Interpretation derartiger Abfolgen würde bei traditioneller Deutung der Spurenfossilien zur Annahme eines Wechsels von intertidalen und abyssalen Ablagerungsräumen führen.

5.3.4
Ersatz von Gemeinschaften

Von außen aufgezwungene Änderungen der Umwelt können Änderungen in der Gemeinschaft am Boden bewirken. Solche Schwankungen beinhalten Änderungen der Temperatur, der Salinität, des Sauerstoffs und der Sedimentzufuhr (Miller 1990).

Reineck *et al.* (1968) und Hertweck (1970) beschreiben den Ersatz einer Gemeinschaft aus der Nordsee, südlich von Helgoland. Der kalte Winter 1962/63 vernichtete das Benthos am schlammigen Meeresboden in einer Wassertiefe von 20–30 m. Die Pioniergemeinschaft, die sich von 1963–1964 entwickelte, wurde von einer dichten Population des juvenilen *Echiurus echiurus* beherrscht, die die oberen 10 cm vollständig aufarbeitete (Abb. 5.11a). In 1965 war die Population von *Echiurus echiurus* wieder merklich geschrumpft.

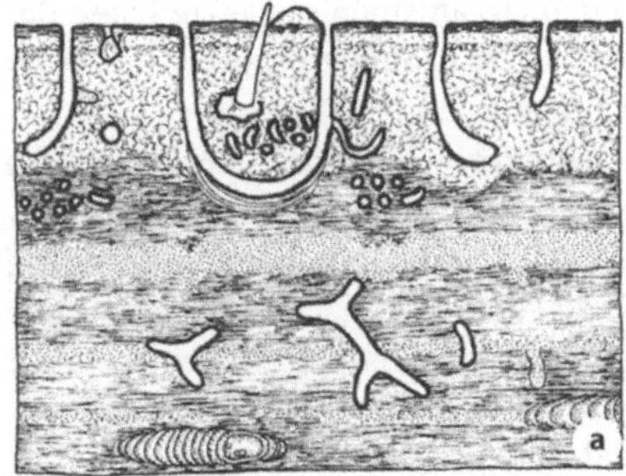

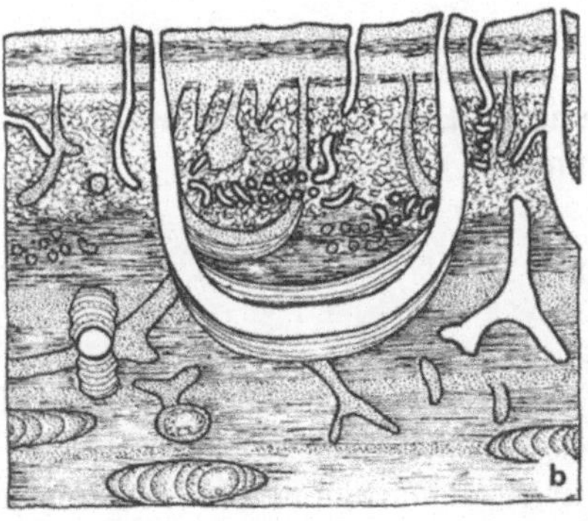

Abb. 5.11. Entwicklung einer *Echiurus echiurus*-Gemeinschaft in der Nähe von Helgoland über einen Zeitraum von 5 Jahren. **a** 1964: eine dichte Population juveniler Echiuren gemeinsam mit pectinariiden Würmern und einigen Muschelarten, die den oberen Teil des Substrats vollständig durchwühlt haben. Untere Stockwerke werden von *Notomastus latericeus* (Abb. 5.5) und *Callianassa subterranea* besiedelt. Als tiefstes lebt der Stopfgefüge produzierende Seeigel *Echinocardium cordatum*. **b** 1967: Vereinzelte adulte Echiuren, die ihren Bau weniger als juvenile verlagern, aber Spreiten erzeugen, verursachen nur eine geringe Bioturbation. **c** 1968: Die Echiuren-Population ist abgestorben. Der durch die juvenilen Echiuren homogenisierte Horizont und ihre Besiedlungsfläche bleibt teilweise erkennbar. In den historischen Lagen (Kap. 5.4.4) gibt es Hinweise auf wiederholte Besiedlung durch Echiuren. Verändert nach Hertweck (1970)

Sie ging bis 1967 noch weiter zurück. Es gab keine Neubesiedlung, alle Individuen waren ausgewachsen. Ihre Grabgänge enthielten Spreitenstrukturen. Die vollständig bioturbierte Schicht, die 1964 von juvenilen Echiuren geschaffen worden war, wurde jetzt von *Notomastus latericeus* aufgearbeitet (Abb. 5.11b). Bis 1968 waren alle Echiuren abgestorben. Der Horizont ihrer Aktivität, den jetzt laminierte Sedimente bedecken, blieb jedoch erhalten (Abb. 5.11c). In tiefen Stechkernen treten ähnliche Horizonte in Intervallen von 20–30 cm auf. Was hat also der kalte Winter bewirkt? Die Räuber getötet und ein Besiedlungsfenster für die Larven der Echiuren geöffnet?

Ein mehr klassisches Beispiel für Nachfolge-Gemeinschaften stammt aus Perioden der Sedimentationsunterbrechung. Durch physikalische Kompaktion und Bioturbation wird Sediment entwässert und ändert seine Konsistenz. Es existieren zahlreiche Beispiele von zusammengesetzten Spurenfossilvergesellschaftungen (Kap. 10.1.3), bei denen die Strukturen einer Weichgrundgemeinschaft von denen einer Festgrundgesellschaft gekreuzt werden. Wird der Meeresboden zementiert und bildet sich ein Hartgrund, stellt eine Gemeinschaft von bohrenden Organismen die letzte Phase der Besiedlung dar (z. B. Goldring und Kazmierczak 1974; Bromley 1975; Fürsich 1978; Mángano und Buatois 1991; Wilson und Palmer 1992).

Ein anderer Effekt kann zu der gleichen Beziehung von Festgrundstrukturen, die Weichgrundgänge kreuzen, führen. Er beruht auf der relativen Tiefe eines Grabgangs oder von Stockwerken (Kap. 5.4) in Abhängigkeit von der zunehmenden Verfestigung des Sediments mit der Tiefe – ein verdeckter Festgrund (Kap. 1.3.5). Dabei kann die Abfolge ähnlicher Wühlgefüge sowohl einen Ersatz von Gemeinschaften (Zeit), als auch einen Stockwerkbau einer einzigen Gemeinschaft bei aufsedimentierendem Meeresboden (Raum) anzeigen. Diese Alternativen sind nicht einfach auseinanderzuhalten (Walker und Diehl 1986).

5.4
Stockwerkbau

Hinsichtlich ihrer physikalischen, chemischen und biologischen Parameter weisen subaquatische Sedimente eine vertikale Zonierung auf. Dadurch entsteht eine vertikale Unterteilung des endobenthischen Lebensraums.

5.4.1
Gradienten des Lebensraums

Gravitative Kompaktion innerhalb der obersten Meter führt zu einer Entwässerung und Änderung der Konsistenz des Substrats. Dadurch nimmt die Scherfestigkeit nach unten durch alle Bereiche mit endobenthischer Aktivität zu. Die Bioturbation der Infauna modifiziert und beschleunigt im allgemeinen den Verfestigungsprozeß (z. B. Myers 1977a).

Normalerweise existiert innerhalb des obersten Meters ein steiler Gradient in der Verteilung des organischen Materials, mit einer extrem hohen Konzentration an der Sedimentoberfläche. Whitlatch (1980) fand heraus, daß das organische Material hier im Vergleich zu tieferen Sedimenten um 300 % angereichert ist. Durch biogene Vermischung ist das organische Material in dem Bereich von 2–20 cm ziemlich homogen verteilt (Johnson 1977).

Durch Zersatz des organischen Materials entsteht sowohl im Sauerstoffpartialdruck als auch im pH-Wert ein Gradient. Die Verteilung des organischen Materials und des Sauerstoffs im Sediment führt wiederum zu einer vertikalen Zonierung der Mikrobengemeinschaft (Rhoads *et al.* 1976). Da Bakterien die Hauptnahrungsquelle für Sedimentfresser sind, verstärkt dieser Gradient zusätzlich die vertikale Polarität der Nahrungsquellen.

5.4.2
Vertikale Unterteilung des Lebensraums

Die Biologen kennen seit langem das Phänomen der gestaffelten vertikalen Strukturen von Lebensgemeinschaften. In Wäldern oder in aquatischen benthischen Gemeinschaften wird dies als „ökologische Stratifizierung" bezeichnet (Seilacher 1978). Im geologischen Zusammenhang ist dieser Begriff verwirrend. Die meisten Geologen

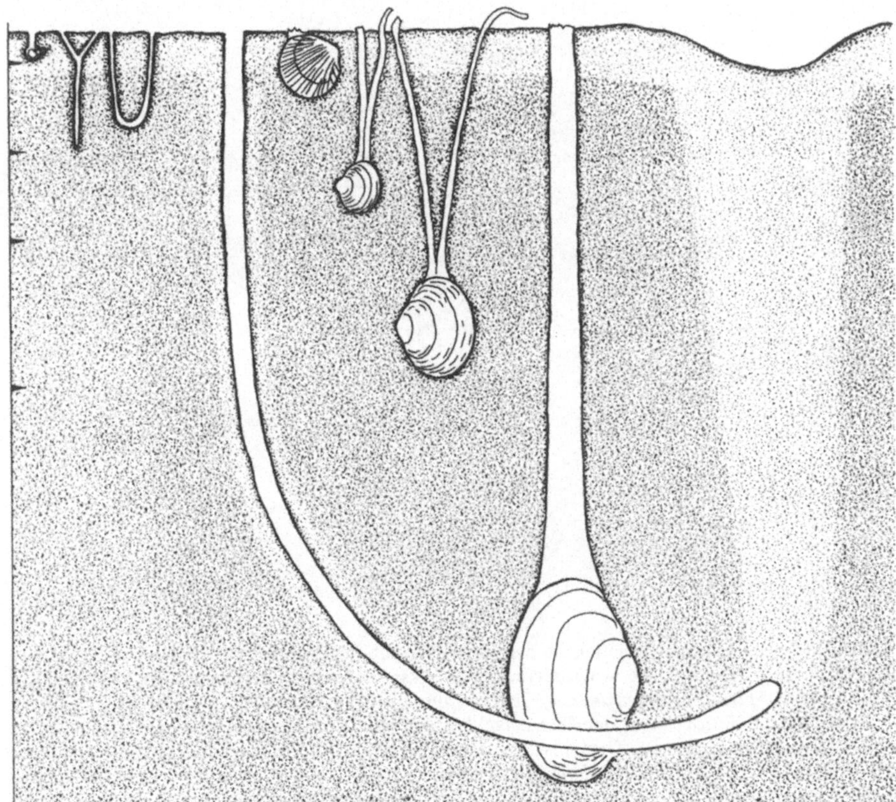

Abb. 5.12. Ein frühes Stockwerkdiagramm für Wattengemeinschaften aus der Dänischen Nordsee. Thamdrup (1935), dessen Abbildung hier verändert dargestellt ist, beobachtete fünf Stockwerke in 0–1, 1–4, 4–7, 7–12 bzw. 12–25 cm Tiefe. Von links: die kleine Schnecke *Hydrobia ulvae*, die Y-Gänge des Polychaeten *Pygospio elegans*, der U-Gang des Amphipoden *Corophium volutator*, der J-förmige Bau des Sandpierwurms *Arenicola marina*, und die Muscheln *Cerastoderma edule*, *Macoma balthica*, *Scrobicularia plana* und *Mya arenaria*

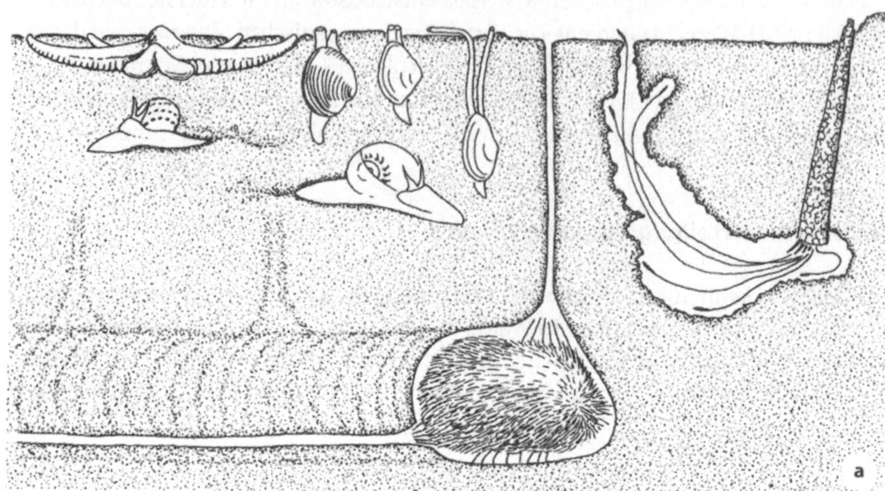

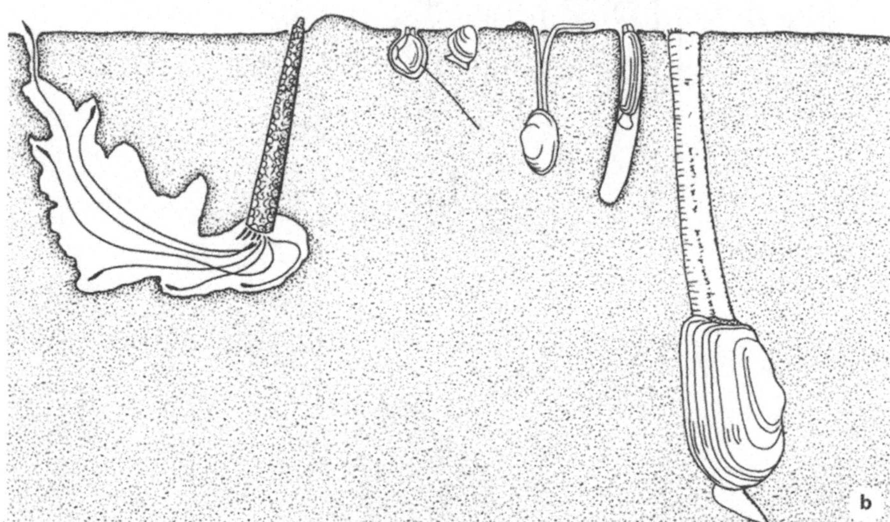

Abb. 5.13. Stockwerkgemeinschaften aus dem dänischen Sublitoral, nach Thorson (1968). **a** Die *Venus*-Gemeinschaft in Sand in 15–20 m Wassertiefe. Von links: der Seestern *Astropecten* sp., die Muscheln *Venus gallina*, *Spisula subtruncata* und *Tellina fabula* mit zwei karnivoren Schnecken; darunter *Natica nitida* und *Natica catena*, der Herzseeigel *Echinocardium cordatum* und der pectinariide Wurm *Lagis koreni*. **b** Die *Syndosmya*-Gemeinschaft, ebenfalls im Sand bei 15–20 m Wassertiefe. Von links: *Lagis koreni* und die Muscheln *Corbula gibba*, (verankert durch einen starken Byssusfaden), *Nucula tenuis*, *Syndosmya alba*, *Cultellus pellucidus* und *Mya truncata*. **c** Die *Amphiura* Gemeinschaft im Schlamm bei 20–30 m Wassertiefe. Von links: der Herzseeigel *Brissopsis lyrifera*, der karnivore Polychaet *Nephthys ciliata*, der Schlangenstern *Amphiura filiformis* beim Suspensionsfressen, die Schnecke *Turritella communis* ebenfalls beim Suspensionsfressen, die detritusfressende Schnecke *Aporrhais pespelicani* und die Seefeder *Pennatula phosphorea*. **d** Die *Haploops*-Gemeinschaft im Schlamm unter 30 m Wassertiefe. Von links: der Amphipode *Haploops tubicola*, der durch einen Spalt im oberen Bereich einer pergamentartigen Röhre frißt, der Enteropneuste *Harrimania kupferi* und der Polychaet *Polyphysia crassa* in U-Gängen, die Muschel *Nuculana pernula* und der Inger („Wurmfisch") *Myxine glutinosa*

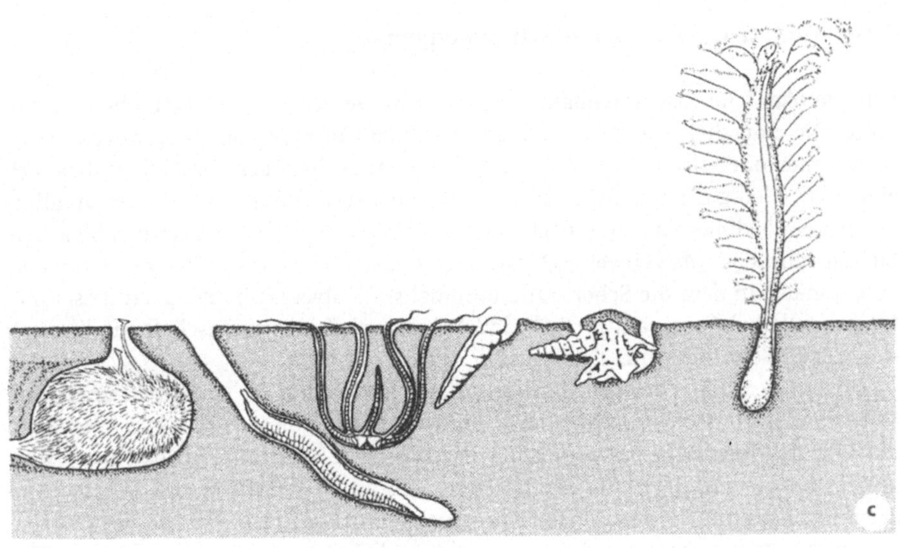

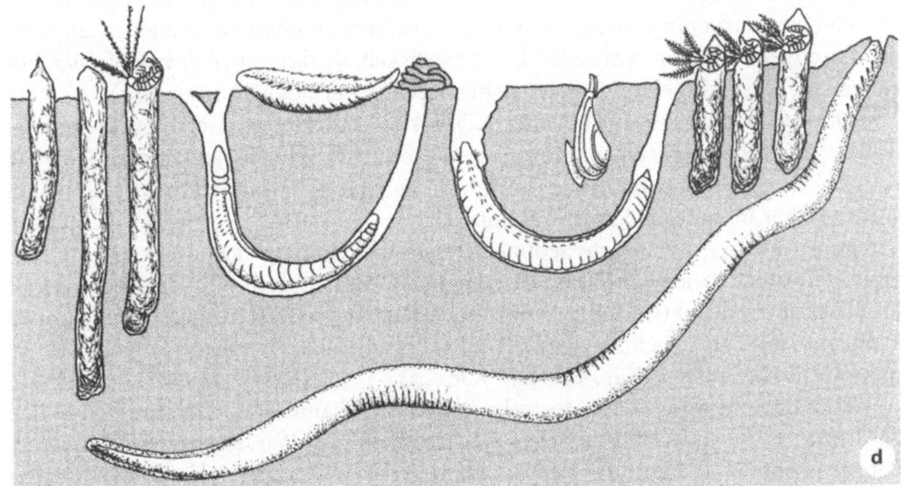

benutzen dafür den Begriff „Stockwerke" oder „tiering" (*engl.*), der von Bottjer und Ausich (1982) benutzt wurde. In einer bahnbrechenden Arbeit über Stockwerke schlugen Werner und Wetzel (1982) diesen Begriff (*engl.* storeys) vor.

Endobenthische Stockwerke wurden im Detail in intertidalen und flachsubtidalen Zonen beschrieben. Eine frühe Darstellung von Stockwerken publizierte Thamdrup (1935) für dänische Gezeitenbereiche (Abb. 5.12). Seine Untersuchungen wurden später auf subtidale Gemeinschaften der dänischen Küstengewässer ausgedehnt (Abb. 5.13). Auf der amerikanischen Seite des Nordatlantik untersuchte Whitlatch (1980) die vertikale Verbreitung der endobenthischen Polychaeten im Gezeitenbereich. In Kalifornien arbeitete Ronan (1977) ebenfalls über Polychaeten und Levinton (1979) über Muscheln.

5.4.3
Einige Gründe für vertikale Beschränkungen

Rein physikalische Zusammenhänge begrenzen die Verbreitung vieler endobenthischer Tiere. Die einfachste Methode, sich von Freßplatz zu Freßplatz zu bewegen, ist zu schwimmen oder sich auf der Sedimentoberfläche zu bewegen. Deshalb graben sich einige Tiere lediglich ein, um zu fressen oder sich zu verbergen und stören im allgemeinen das Sediment nur oberflächennah (Abb. 9.3). Auch die zum Graben benötigte Energie führt dazu, daß einzelne Organismen sich auf den obersten Teil des Sediments beschränken, in dem die Scherkräfte minimal sind. Myers (1977b) macht diesen Befund vor allem dafür verantwortlich, daß 85 % einer Lebensgemeinschaft auf die obersten 2 cm beschränkt sind.

Zahlreiche Studien belegen, daß die meisten Aktivitäten am und direkt unter dem Meeresboden stattfinden. Whitlatch (1980; 1981) wies in diesem Zusammenhang auf die Rolle des organischen Materials hin. Die Diversität ist dort am höchsten, wo organisches Nahrungsmaterial am häufigsten vorkommt. Er stellte fest, daß Polychaetenarten in bestimmten Niveaus Nahrung aufnehmen: viele Arten dicht an der Oberfläche, nach unten fortschreitend weniger. Aller und Cochran (1976) entdeckten am Boden der Flachsee eine 4 cm mächtige Zone vollständiger Sedimententschichtung, die eine 12 cm mächtige Zone mit Anzeichen unregelmäßiger Wühltätigkeit überlagerte. Die Abfolgen variieren von Ort zu Ort und von Gemeinschaft zu Gemeinschaft, sind aber im allgemeinen dort am deutlichsten entwickelt, wo das Fehlen physikalischer Störungen die Ausbildung von Klimax-Gemeinschaften ermöglicht (Kap. 10.5).

Trotz der Attraktivität des obersten Niveaus birgt diese Zone Gefahren, wenn man an den physikalischen Streß, die Gefahr, gefressen zu werden und an Raumkonkurrenz denkt (Abb. 6.3). Viele Suspensionsfresser, die weniger mobil als Sedimentfresser sind, suchen daher im tieferen Substrat Schutz.

Einige wenige spezialisierte Sedimentfresser und Kultivierer von Bakterien besetzen tiefere Stockwerke. Für diese tiefer grabenden Organismen stellt die Redoxgrenze im Substrat ein attraktives Niveau dar. Die Anlage bewässerter Gänge im anaeroben Sediment vergrößert die Redoxgrenzfläche enorm und damit auch das Potential für mikrobielle Aktivitäten (Kap. 5.1.2 und Kap. 5.3).

Wenn die Redoxgrenze am Meeresboden verläuft, kann sich im dysaeroben Milieu das kritische Gleichgewicht zwischen sauerstoffhaltigem Wasser und reduzierendem Porenwasser günstig auf die Lebensbedingungen des schalentragenden Epibenthos, das in Symbiose mit Schwefelbakterien lebt, auswirken. Savrda und Bottjer (1987) führen dafür den Begriff exaerobe Biofazies ein.

Die Redoxgrenzfläche wird auch in durchlüfteten Meeresböden, wo die Redoxgrenze im Sediment liegt, von vielen Gemeinschaften ausgenutzt, einschließlich der chemosymbiontischen Arten. Diese Arten sind jedoch gezwungen, den Kontakt mit dem Meeresboden aufrechtzuerhalten, auch auf die Gefahr hin, mit Aktivitäten in den oberen Stockwerken in Konflikt zu geraten. Levinton (1977) zeigte, wie die tiefgrabende Muschel *Solemya velum* durch Verlagerung von oberen Teilen ihrer Grabgänge den Kontakt mit flach grabenden Muscheln vermeidet (Abb. 4.11, Kap. 4.1.4).

Wie wir gesehen haben, benutzen viele Organismen mehr als eine Ernährungsweise. Zum Beispiel besitzen die Grabgänge von *Upogebia* ssp. (Kap. 4.3.4) einen oberen U-förmigen Gang zum Suspensionsfressen und zum Atmen und einen unteren Gangabschnitt für das Kultivieren von Mikroben. Vergleichbar frißt auch *Heteromastus filiformis* in tieferen Stockwerken, atmet aber über einen Schacht an der Oberfläche (Kap. 3.5.2).

Levinton (1977) machte darauf aufmerksam, daß Tiere in der Lage sind, ihr Aktionsniveau während ihrer Ontogenie zu verlegen (Abb. 1.6 und 5.11). Ausgewachsene, vertikal fördernde Arten fressen in tieferen Niveaus als juvenile. *Cistenides gouldii* (Whitlatch 1974) und *Scoloplos armiger* (Reise 1979) fressen ebenfalls mit fortschreitendem Wachstum in immer tieferen Niveaus, und zwar jahreszeitabhängig, da die Fortpflanzung den Jahreszeiten folgt.

5.4.4
Endobenthische Stockwerke in der Tiefsee

Seitdem es Stechrohre und Kastengreifer ermöglichen, intakte Proben vom tieferen Meeresboden zu gewinnen, kennt man die vertikale Trennung der Faunen oder ihrer biogenen Strukturen. In Turbiditen vom abyssalen Ozeanboden beobachteten Griggs *et al.* (1969) sechs Typen von Grabgängen, von denen jeder in einer charakteristischen Tiefe, zwischen 10 und 50 cm unter dem Meeresboden, auftritt. Jumars (1978) fand eine deutliche vertikale Zonierung von Polychaetenarten in Kernen aus dem

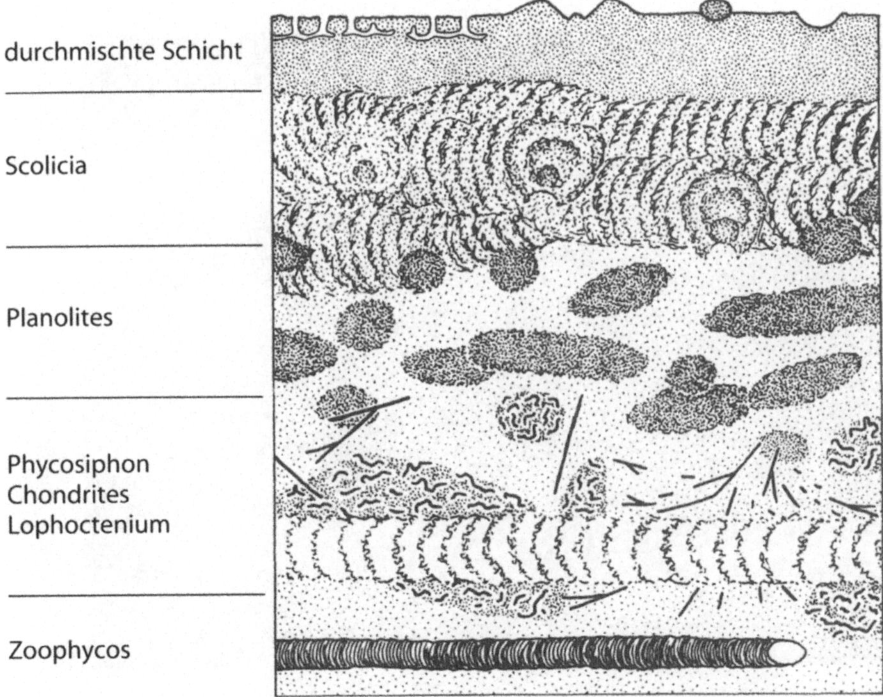

Abb. 5.14. Stockwerkdiagramm von Spuren aus Kastenkernen aus einer Wassertiefe von 2–3,5 km vor Nordwestafrika. In der durchmischten Schicht sind Oberflächenspuren und *Paleodictyon* sp. angedeutet. Verändert nach Wetzel (1984)

bathyalen Pazifik. Ichnologische Studien von Wetzel (1981, 1983b) erbrachten – in bathyalen Meeressedimenten vor Westafrika – eine Stockwerkstruktur mit fünf Niveaus endobenthischer Aktivität (Abb. 5.14).

Berger *et al.* (1979) stellten auf der Basis von Kastenkernen aus bathyalen und abyssalen Tiefen ein allgemeines Bioturbationsmodell auf. Weitere Details wurden von Ekdale *et al.* (1984b) ergänzt. Unter einer Durchmischungsschicht von wenigen Zentimetern Mächtigkeit, in der durch vollständige Bioturbation das Sediment homogenisiert ist (Thistle *et al.* 1985), folgt eine Übergangsschicht mit heterogener Struktur, die auf einige tiefere Grabgänge zurückzuführen ist, die bis in dieses Niveau hinabreichen. In diesem heterogenen Niveau ist ein deutliches, fleckenhaftes Farbmuster ausgeprägt, das sich aber im Niveau darunter, in der historischen Schicht, die im allgemeinen unter der Zone der aktiven Bioturbation liegt, verliert (Abb. 5.15). Nach Swinbanks und Shirayama (1984) wird die farbige Eintönigkeit der Durchmischungsschicht durch die Oxidation von Mangan, und die Farbkontraste in der Übergangsschicht durch eine heterogene Manganreduktion verursacht, die die unterlagernde historische Schicht gleichmäßig erfaßte. Die Grenzen zwischen den Schichten sind – streng genommen – diagenetisch, aber die Diagenese wird durch die Bioturbation kontrolliert.

Tief grabende Organismen kommen auch in der Tiefsee vor. Thomson und Wilson (1980) sowie Weaver und Schultheiss (1983) fanden offene Grabgänge, die 2 m senkrecht in die Tiefseesedimente hineinreichen.

Abb. 5.15. Kastenkerne aus einem Foraminiferen-Nannofossil-Schlamm aus 4 km Wassertiefe des östlichen Pazifikgrabens, direkt über der Kalklösungszone. Dargestellt sind die Durchmischungs- und Übergangsschicht. Foto mit frld. Genehmigung von A. A. Ekdale

5.5
Modellierung von Bioturbationsprozessen

Viele Autoren versuchten, Modelle zu konstruieren, um die Effekte der Bioturbation zu erklären und vorherzusagen. Bei diesen Modellen lassen sich zwei Kategorien unterscheiden: beschreibende und mathematische.

5.5.1
Beschreibende Modelle

Das schon früh von Moore und Scruton (1957) beschriebene Modell basiert auf einem Schnitt durch Flachwasserablagerungen, deren Daten aus einer Serie von Kernen aus dem Golf von Mexiko stammen. Im strandnahen Bereich des Querprofils ist das Sediment grob, am meerwärtigen Ende fein. Entlang des Profils Strand-Meer ändern sich die Strukturen des Sediments von homogen über geschichtet, zunehmend gesprenkelt und gefleckt bis zu einem distalen homogenen Sediment. Als Ursache für diesen Strukturgradienten gilt die Bioturbation, die nicht nur die Homogenisierung lagiger Gefüge verursacht, sondern auch zu einer Heterogenisierung strukturloser Sedimente führt (Abb. 5.16). Hill und Hunter (1976) zeigten, daß einige der einst von Moore und Scruton als primär homogen angesehene Schichten durch Bioturbation homogenisiert wurden.

Das beschreibende Modell von Berger *et al.* (1979) operiert im wesentlichen mit zwei Stockwerken (Kap. 5.4.4). Die obere Durchmischungsschicht ist vollständig bioturbiert verändert, obwohl Berger *et al.* (1977a) diese in eine homogene obere und klumpige untere Schicht unterteilen. Diese überlagert ein unteres Stockwerk unvollständiger Aufarbeitung – die Übergangsschicht. Ein ähnliches Stockwerksystem mit zwei Etagen im Flachwasser erwähnen Aller und Cochran (1976). Unsere heutige Kenntnis der vertikalen Verbreitung der Organismen im Sediment läßt jedoch vermuten, daß bioturbierte Stockwerksysteme komplizierter aufgebaut sind als diese Modelle.

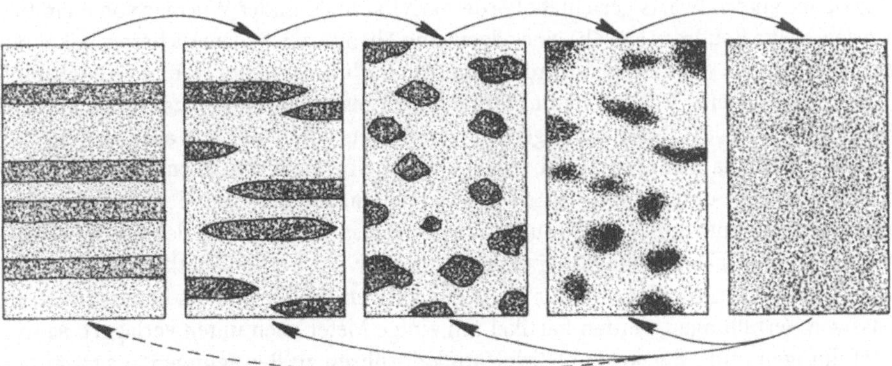

Abb. 5.16. Ein frühes Bioturbationsmodell, verändert nach Moore und Scruton (1957). Durchgehend laminiertes, nicht bioturbiertes Sediment (links) kann durch die Tätigkeit grabender Tiere zunehmend in gestörte Schichtung, Flecken, undeutliche Schlieren und ein homogenes Gefüge (obere Pfeile) übergehen. Jedoch kann Bioturbation auch ein homogenes Sediment entmischen (untere Pfeile) und sogar zu einer Bioschichtung führen (unterbrochener Pfeil). Vergleiche Abb. 4.15 und 6.8b

5.5.2
Mathematische Modelle

Impulse für die mathematische Modellierung der Bioturbation lieferte die Unschärfe, die durch diesen Prozeß bei stratigraphischen Leithorizonten auftreten kann. In Kernen von Bodensedimenten zeigen plötzliche Ereignisse, wie das Aussterben stratigraphisch bedeutender Organismen, Mikrotektite und vulkanische Aschenfälle, sowie radioaktive Niederschläge, meist fließende und nicht scharfe Übergänge. Diese Unschärfe wird auf Bioturbationsprozesse zurückgeführt (Bramlette und Bradley 1942; Ericson *et al.* 1963; Glass 1969). Man versuchte, den Prozeß der Bioturbation zu modellieren, um seine Auswirkung abschätzen zu können. Vielleicht wäre es möglich, den Prozeß zu entzerren, indem man das Modell rückwärts laufen läßt (Berger *et al.* 1977a).

Der Nachteil dieser Modelle besteht jedoch in ihrer Einfachheit im Vergleich zu der extremen Variabilität natürlicher Prozesse. Notwendige Forderungen für solche Modelle (Berger und Heath 1968) sind:

- konstante Sedimentationsraten,
- konstante Mächtigkeiten der Durchmischungsschicht,
- vollständige Homogenisierung in der Durchmischungsschicht,
- kein aktives Graben unterhalb der Durchmischungsschicht.

Wie Ruddiman und Glover (1972) betonen, sind gerade die beiden letzten Forderungen selten erfüllt. Guinasso und Schink (1975) modifizierten das Modell von Berger und Heath, um unterschiedliche Raten der Mischung und Ablagerung von Sediment sowie wechselnde Mächtigkeiten der Durchmischungsschicht berücksichtigen zu können.

Insgesamt gesehen basieren diese Modelle allerdings nicht auf ausreichenden biologischen Fakten, um für Palökologen und Ichnologen von Nutzen zu sein. Die meisten gehen von der unrealistischen Annahme aus, daß Bioturbation ausschließlich diffuse Prozesse einschließt (Boudreau 1986a). Einige Modelle berücksichtigen allerdings advektive Prozesse (Fisher *et al.* 1980; Robbins 1986). Basierend auf der Arbeit von Rhoads (1974), der eine aufwärts gerichtete Förderaktivität maldanider Würmer von 6 cm beschrieb, stellte Boudreau (1986b) eine allgemeine Theorie auf. Bedauerlicherweise kannte er noch nicht die 5 m betragende Advektion von *Callichirus major* (Kap. 5.3.1)! Robbins (1986) läßt nur eine Reichweite der Organismen bis in Tiefen von 25 cm zu, obwohl Kershaw *et al.* (1983) Bedenken gegen die Versenkung von Plutonium auf dem Meeresboden äußern, da Echiuren die Oberfläche bis in eine Tiefe von 40 cm durchwühlen.

Carney (1981) und Robbins (1986) unterstreichen, daß der Grad der Beeinflussung eines Leithorizonts durch die Bioturbationszone ausschließlich von der Art der ablaufenden Wühltätigkeit abhängt. Bei einer Förderaktivität werden Partikel aufwärts bewegt oder als Residuallage an der Basis des aktiven Wühlhorizonts konzentriert. In passiven Verfüllungen werden Partikel um einige Meter nach unten verlagert. Aktive Verfüllungen und umgekehrte Fördertätigkeit führen zu Bewegungen ausgewählter Partikel von 1 dm bis 1 m nach unten. Horizontale Stopfgefüge verursachen im allgemeinen eine völlige Bioturbation, tragen aber zu einer vertikalen Bewegung von Körnern kaum bei. Die gröbsten Körner können sogar zum Meeresboden befördert werden (Kap. 5.2.2).

Ich meine, daß ein Modell, das die Gliederung in Stockwerke berücksichtigt, für den Ichnologen wertvoller wäre.

5.5.3
Ein Stockwerkmodell

In den vorangegangen Kapiteln wurde gezeigt, daß Bioturbation nicht nur ein sehr vielschichtiger Prozeß ist, dessen Ausmaß von der Zusammensetzung der endobenthischen Gemeinschaft bestimmt wird, sondern daß sie auch zu einer vertikalen Gliederung führt. Auch wenn der Meeresboden normalerweise eine Zweiteilung in eine obere, vollständig aufgearbeitete und eine untere, unvollständig aufgearbeitete Zone aufweist, sind die in Horizonten ablaufenden biologischen Aktivitäten meist komplizierter.

Bei einem Meeresboden mit fünf Stockwerken unterschiedlicher biologischer Aktivitäten können die einzelnen Stockwerke mit *A–E* bezeichnet werden (Abb. 5.17). Im obersten Stockwerk (*A*) treten Störungen hauptsächlich durch epibenthische Tiere auf. Homogenisierungsprozesse durch mobile grabende Organismen, Eindringlinge und Aktivitäten der Meiofauna führen zu einer vollständigen Entschichtung des Sediments und löschen die primären Sedimentstrukturen aus. Die überwiegende Anzahl der endobenthischen Arten lebt in dieser Schicht, die 2–3 cm mächtig sein kann.

In Stockwerk *B* besteht die Teilgemeinschaft überwiegend aus spezialisierten, sedimentfressenden, vertikal fördernden Würmern. Bei vollständiger Bioturbation in diesem Stockwerk werden durch die Tätigkeit der relativ wenigen Tiere alle Strukturen, die vom Stockwerk *A* ausgehen, zerstört.

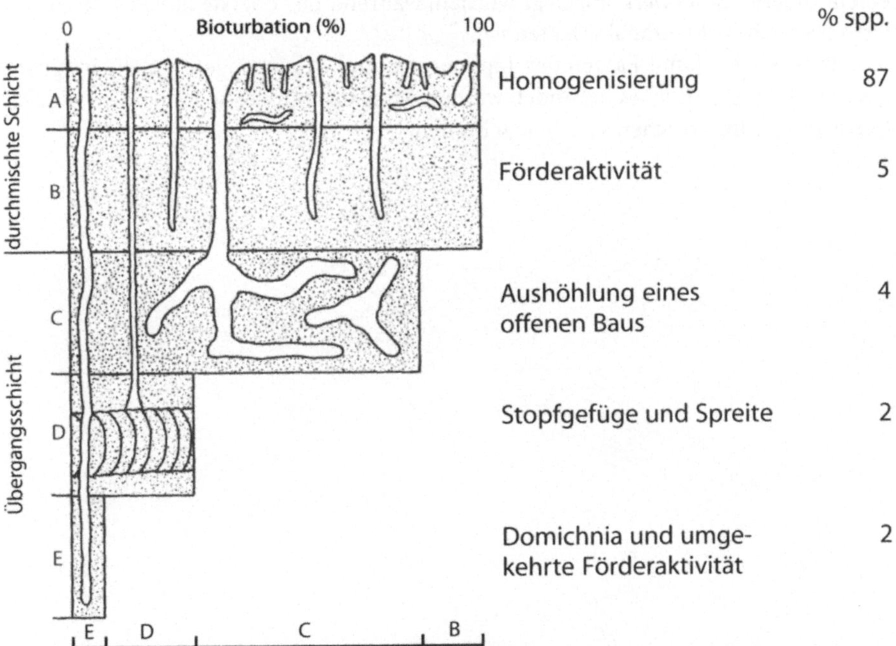

Abb. 5.17. Generalisiertes Stockwerkmodell mit fünf Bioturbationszonen. Für jedes Einzelstockwerk ist die Menge und der Typ des Sedimentumsatzes angegeben, zusammen mit dem Anteil der gesamten Gemeinschaft, die in jedem Stockwerk aktiv ist. Der Maßstab unten gibt an, in welchem Ausmaß die einzelnen Stockwerke vermutlich an dem endgültigen Spurengefüge beteiligt sind (historische Lagen)

In Stockwerk *C* können wir ein offenes Netzwerk von Grabgängen sedimentfressender Crustaceen erwarten, die vielleicht bis in eine Tiefe von 20 cm tätig sind. Wiederum wird durch die Tätigkeit dieser Organismen das Sediment stark durchgearbeitet und das Gefüge der flacheren Stockwerke zerstört.

Im Stockwerk darunter (*D*) können sedimentfressende Würmer unter der Redoxgrenze Nahrung gewinnen, möglicherweise in Symbiose mit chemolithoautotrophen Bakterien. Schließlich legen schutzsuchende, wenig mobile Suspensionsfresser Schächte an, um an ihrem distalen Ende ein Stockwerk (*E*) einzurichten, in dem Sulfid-Quellen eine Chemosymbiose ermöglichen.

Für die Bewohner der unteren Stockwerke (*C–E*) ist es schwierig, den Kontakt mit dem Meeresboden aufrechtzuerhalten, da sie durch die dicht besiedelten oberen Stockwerke häufig daran gehindert werden. Deshalb werden die tieferen Stockwerke nur lokal und zeitlich begrenzt genutzt. Allerdings bleibt das Gefüge dieser unteren Stockwerke bei der fossilen Überlieferung erhalten, und das Auftreten oder Fehlen dieser ökologischen Nischen beeinflussen die Ausbildung des endgültigen Gefüges im Gestein ganz wesentlich (Abb. 5.17; Kap. 10.3).

Durch die unterschiedliche Betrachtungsweise der Stockwerke ist eine direkte Verständigung zwischen benthischen Ökologen und Paläoichnologen kaum möglich. Man könnte sagen, die Biologen betrachten sie von oben und der Geologe von unten. In einem Kastengreifer findet der Biologe einen völlig bioturbaten Meeresboden vor, und für ihn sind die tieferen Stockwerke nur von begrenztem Interesse. Umgekehrt macht der Geologe die Erfahrung, daß in einem Gestein Spurenfossilien dominieren, die in einem tieferen Stockwerk angelegt wurden, während das oberste Stockwerk normalerweise noch nicht einmal erhalten ist.

Wir berühren damit Fragen der Taphonomie und des Ichnogefüges, die im geologischen Teil dieses Buches behandelt werden. Zunächst müssen wir aber die Fossilisationsbarriere untersuchen und überschreiten.

Teil 2
Palichnologie

Kapitel 6

Die Fossilisationsbarriere

Im allgemeinen machen Geologen bei der Analyse biogener Strukturen zu wenig Gebrauch von den aus rezenten Milieus abgeleiteten Informationen. Dies beruht teilweise darauf, daß die biologischen Informationen nicht direkt auf die Spurenfossilien und auf die Bioturbationserscheinungen angewandt werden können. Auch zwischen solchen augenscheinlich ähnlichen Strukturen, wie dem Bau von *Callichirus major* und dem Spurenfossil *Ophiomorpha nodosa*, sind direkte Vergleiche nicht möglich.

Beide Bereiche existieren ganz selbständig nebeneinander und sind durch das getrennt, was Seilacher (1967a) „Fossilisationsbarriere" nannte und Curran (1994) „modern to fossil transition". Diese Grenze bedeutet mehr als nur einen taphonomischen Filter, der die lebenden Organismen von den entsprechenden Körperfossilien trennt. Die ichnologische Fossilisationsbarriere wird durch verschiedene Prozesse kompliziert, die unabhängig von der Umwandlung eines Körpers in ein Körperfossil auftreten.

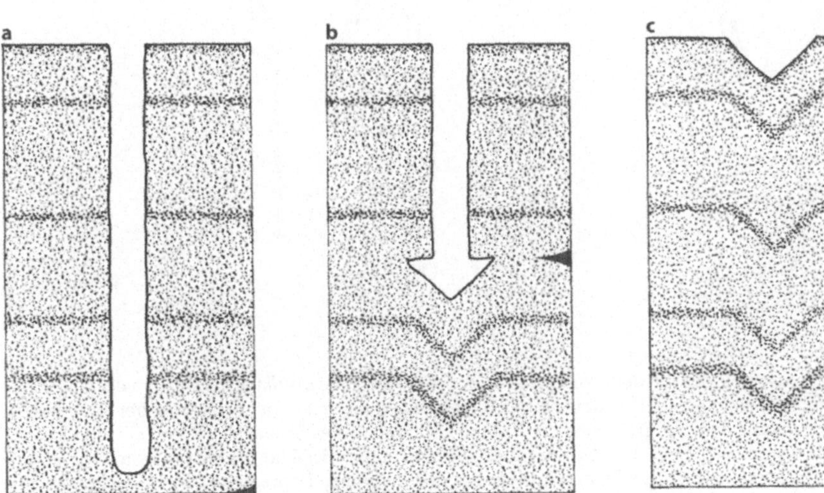

Abb. 6.1. Muster eines verstürzten Substrats, in vertikalen Schnitten in einem Gezeitenaquarium. Der dunkle Pfeil zeigt den Grundwasserspiegel an. **a** Ein einfacher, unausgekleideter Schacht wird bei Ebbe im Sand angelegt. **b** Mit der Flut steigt das Wasser. In der wassergesättigten Zone verstürzt der Sand und bildet eine konische Depression. **c** Der kontinuierlich aufwärts fortschreitende Prozeß erzeugt bei Flut eine Säule konischer Strukturen an der Stelle, an der früher der Schacht bestand. Angaben mit frdl. Genehmigung von Claus Heinberg

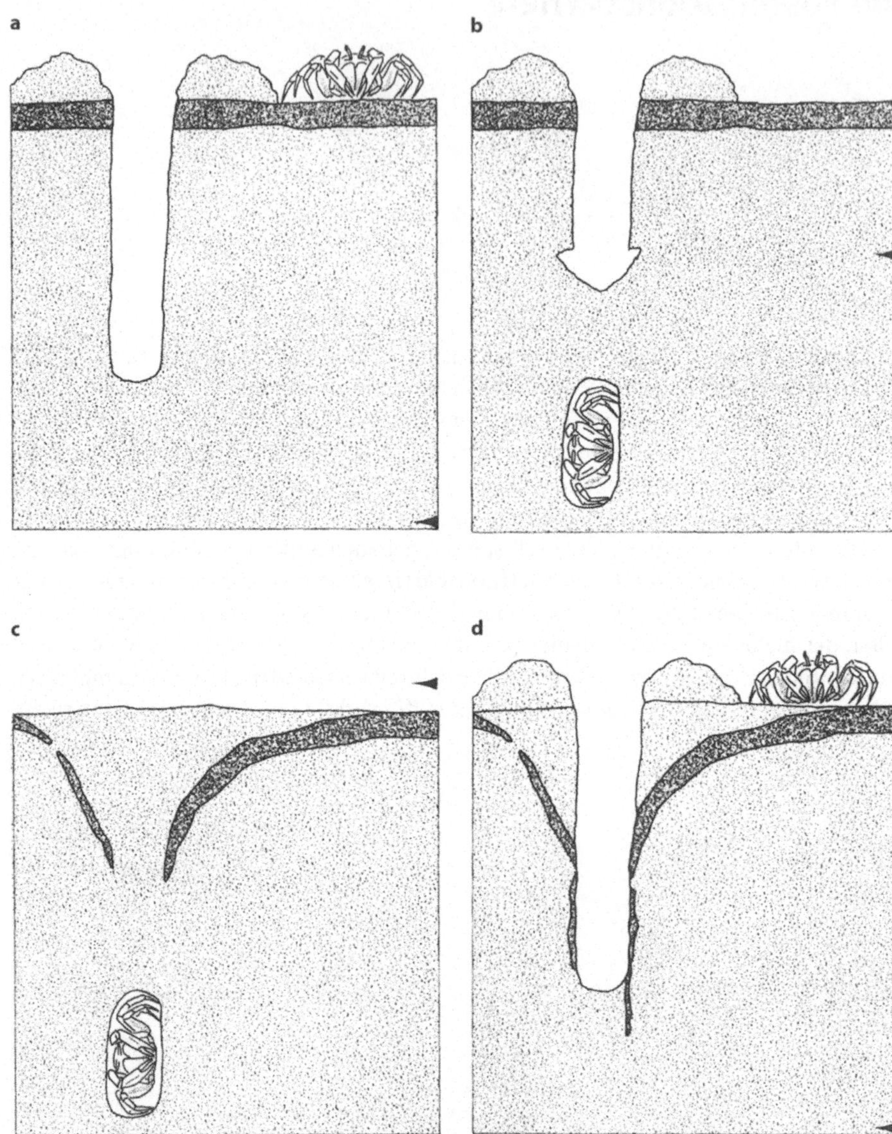

Abb. 6.2. Strukturen, die von dem Wühlprozeß der Soldatenkrabbe *Dotilla myctiroides* in der Gezeitenzone (Thailand) stammen. **a** Die kleine Krabbe frißt neben ihrem offenen Grabgang bei Ebbe Detritus. **b** Bei auflaufender Flut gräbt sich die Krabbe am Grund ihres Schachtes ein, wo sie eine kleine, luftgefüllte Kammer erzeugt. Der Bau darüber wird bei steigender Flut zerstört, wie in Abb. 6.1 gezeigt. Bei Hochwasser verstürzt die Detrituslage zu einer konischen Depression. **c** Nach mehreren Flutereignissen wird die Detrituslage immer tiefer gelegt. Sediment von unterhalb der Detrituslage wird während des wiederholten Ausgrabens des Schachts nach oben transportiert und in die Depression gefüllt. **d** Die Situation bei Ebbe nach vielen Gezeitenzyklen. Die Detrituslage ist durch das Verstürzen sowie durch die Aktivität der Krabbe nach unten verlagert und bildet eine „Auskleidung" um den Bau herum. Gezeitenaquarium. Daten mit frdl. Genehmigung von Claus Heinberg

Durch die Tätigkeit eines Tieres und die kontinuierliche Durchwühlung des Sediments wird im Laufe der Zeit eine Vielfalt von Strukturen angelegt (Kap. 6.3). Durch die Bioturbation wird ferner das Substrat in einer Weise modifiziert, daß die Diagenese direkt beeinflußt wird. Der Prozeß der Bioturbation ist außerdem sowohl destruktiv als auch konstruktiv. Die Anlage von Gängen verwischt frühere Strukturen.

In vielen Ablagerungsbereichen ist die biogene Struktur als solche nicht erhalten, trotz ihrer Vergänglichkeit hinterläßt sie aber erkennbare Gefüge in den Gesteinen. Biodeformationsstrukturen (Kap. 1.2.1) fallen in diese Kategorie, ebenso Kollapsstrukturen in Wattsanden (Abb. 6.1 und 6.2).

Allgemein ist festzustellen, daß Spurenfossilien relativ leicht nachzuweisen, aber schwer zu interpretieren sind. Rezente Gänge sind im Unterschied dazu schwierig zu erkennen, aber vergleichsweise leicht zu interpretieren. Deshalb gilt: Je besser wir die Unterschiede in der Verfügbarkeit der Daten verstehen, um so genauer sind unsere Interpretationen der fossilen biogenen Sedimentstrukturen.

6.1
Taphonomie der Spurenfossilien

Taphonomie ist die Untersuchung von Prozessen, die zum Informationsverlust führen, wenn die aktiven benthischen Grenzschichten von Sedimenten in die geologische Überlieferung übergeht. Bei Spurenfossilien kann jedoch durch diesen Übergang nicht nur Information verlorengehen sondern auch gewonnen werden. Beispielsweise können Geologen die gesamte Lebenstätigkeit eines Tieres untersuchen, die in Spurenfossilien detailliert erhalten und leicht zugänglich ist, während der Biologe nur einen Abguß eines vergänglichen Gangs machen kann. Spurenfossilien aus der Tiefsee liefern Informationen über das Verhalten der Tiere auf dem abyssalen Meeresboden, die dem Biologen nicht verfügbar sind.

Dies ist eine andere Situation als in der Körperfossilpaläontologie und führte Frey (1975) dazu, von umgekehrtem Uniformitarismus bei den Spurenfossilien oder von der Vergangenheit als Schlüssel zur Gegenwart zu sprechen (Frey und Seilacher 1980).

Es ist aber natürlich nicht immer so, daß Spurenfossilien bevorzugt erhalten bleiben. Wie bei Körperfossilien auch, wird nur ein verschwindend kleiner Teil der erzeugten biogenen Strukturen geologisch überliefert. Goldring (1965) sprach vom Erhaltungspotential solcher Strukturen, das für unterschiedliche Spurentypen sehr verschieden ist und von zahlreichen Zufällen abhängt. Die letztlich erhaltene Abfolge endobenthischer Aktivitäten ist eine grobe Verzerrung der Tätigkeit der ursprünglichen Lebensgemeinschaft. Sicher gibt sie uns nur geringe Hinweis auf die relative Biomasse der unterschiedlichen Arten. Trotzdem erhält man eine Vielzahl von Informationen über die das Sediment aufarbeitenden Organismen, über deren Aktivitäten und über die Bedingungen, unter denen sie tätig waren.

6.2
Erhaltungspotential

Von vielen Autoren wird das sehr unterschiedliche Erhaltungspotential der verschiedenen biogenen Sedimentstrukturen diskutiert. Hertweck (1972) beispielsweise beschäftigte sich, nach der Beschreibung der biogenen Sedimentstrukturen in der Küstenregion des US-Staates Georgia, mit dem Problem ihrer Erhaltung in der fossilen Abfolge.

In der Küstenregion mit turbulenten Strömungen fand Hertweck keine unbewohnten Grabgänge. Die physikalische Aufarbeitung der obersten Schichten des Sediments zerstört die Strukturen ebenso schnell, wie sie angelegt werden. Folglich haben in hochenergetischen Bereichen nur Strukturen tieferer Stockwerke ein gutes Erhaltungspotential.

Lokal sind Küstensande dicht mit *Donax variabilis* (Abb. 6.3) besiedelt, der in den obersten 3 cm aktiv ist.

Obwohl diese Muschel die endobenthische Gemeinschaft beherrschen kann, haben die von ihr im Sediment hinterlassenen Strukturen kaum eine Chance auf Überlieferung, da sie normalerweise beim nächsten Durchgang der Brecherzone zerstört werden. Im Unterschied dazu besitzen die tieferen Teile der Gänge von *Callichirus major* (Kap. 4.3.1) im selben Ablagerungsbereich ein hohes Erhaltungspotential (Weimer und Hoyt 1964), da sie stabil gebaut sind und generell unterhalb des Bereichs der biologischen oder physikalischen Sedimentumlagerung liegen.

Es wäre falsch, zu behaupten, die Strukturen von *Donax variabilis* könnten niemals überliefert werden. Daß die engen obersten Teile der Schächte von (vermutlich) *Callichirus major* in pleistozänen Sanden gefunden wurden (Abb. 4.20), zeigt, daß unter seltenen Umständen – bei plötzlich einsetzender und länger anhaltender Sedimentation – das *Donax*-Stockwerk vor der Zerstörung bewahrt bleiben kann.

Es gibt keine biogene Struktur, die überhaupt kein Erhaltungspotential besitzt. Allerdings haben Strukturen, wie die von *Donax variabilis*, Lanzettfischchen (Kap. 5.3.1) und *Paraonis fulgens* (Kap. 4.6), die in ständig umgelagerten Sanden angelegt werden, nur eine geringe Chance auf Erhaltung. Daher sollten sich Risk und Tunnicliffe (1978) auch nicht wundern, daß ungeachtet unserer großen Erfahrungen mit quartären Strandsanden die charakteristischen Spiralstrukturen von *Paraonis fulgens* fossil nicht beobachtet wurden (Kap. 10.7.2).

Anscheinend besitzen Strukturen tieferer Stockwerke ein besseres Erhaltungspotential als solche in flacheren Stockwerken. Durch die totale Bioturbation des obersten Stockwerks in der Durchmischungsschicht werden nur jene Strukturen geologisch überliefert, die bis unter dieses Niveau reichen. Folglich besagt eine Regel: „Ein Gang muß bis unter die Bioturbationszone reichen, um erhalten zu bleiben" (Berger *et al.* 1979, S. 205, 215).

6.2.1
Semirelief-Erhaltung

Diese Regel gilt bei konstanter Sedimentation am Meeresboden. Jedoch gibt es, wie bei allen Regeln, Ausnahmen. Ein plötzliches Ereignis, wie eine schlagartig einsetzende starke Sedimentation (Verschüttung) oder ein schnelles Auslöschen der Fauna – z. B. durch anaerobe Bedingungen – unterbricht den stetigen Prozeß der Zerstörung von Spuren. Savrda und Ozalas (1993) belegen, wie durch eine sauerstoffreiche Lage die Struktur der Durchmischungsschicht konserviert wird. Beispiele sind selten, nur Watling (1991) und Brodie und Kemp (1995) haben Spurengefüge aus der Durchmischungsschicht beschrieben.

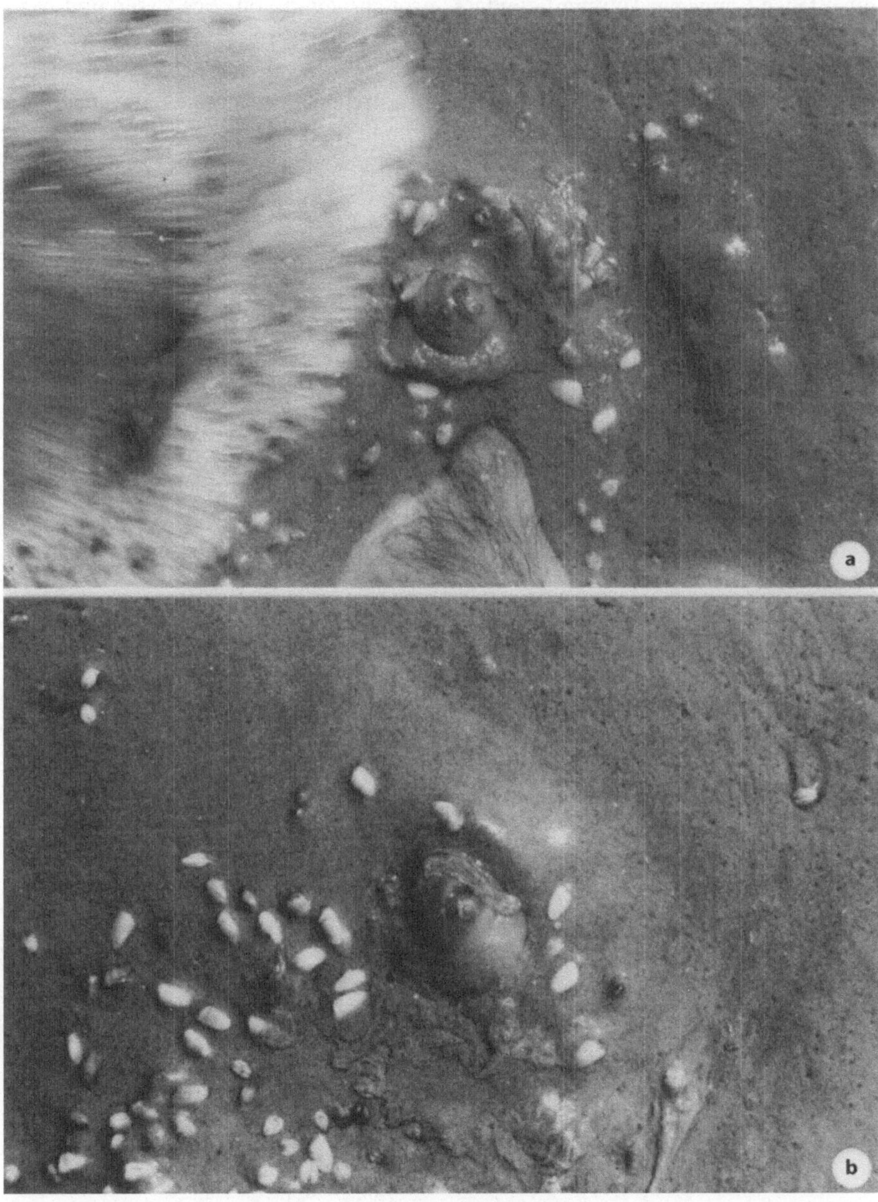

Abb. 6.3. Bioturbation im flachsten Stockwerk eines Strandes am Atlantik, Sapelo Island, Georgia, USA.
a Durch das Eindringen meines Fußes in den Sand der Schwallzone bei steigender Tide wurden zahlreiche Individuen von *Donax variabilis* und eine räuberische Schnecke, *Polinices duplicatus*, freigelegt. **b** Einige Sekunden später hat sich die Schnecke schon wieder eingegraben. Die meisten der Muscheln befinden sich schon in vertikaler Stellung, um sich ebenfalls einzugraben. Rechts ist der ungestörte Bereich mit zahlreichen kleinen Öffnungen zu sehen, die zu unmittelbar unter der Oberfläche lebenden Muscheln gehören

Bei plötzlicher Ablagerung eines Sandturbidits über tonigem Tiefseeboden werden die offenen Gänge der Durchmischungsschicht ausgefüllt und abgegossen und so die Strukturen des obersten Stockwerks hervorragend konserviert. Auf diese Weise zeigen verschiedentlich die Sohlflächen der Turbidite eine Semirelief-Erhaltung der Strukturen, wie die in vielen Flyschabfolgen häufig auftretenden dekorativen Graphoglypten (Abb. 9.6). Ekdale (1980), Ekdale *et al.* (1984b) und Gaillard (1988) wiesen diese zarten Strukturen im obersten Stockwerk der durchmischten Zone von Ozeanböden in Kastenkernen nach, in denen noch bewohnte oder gerade erst verlassene Gänge mit noch offenen Röhren angetroffen wurden. Adolf Seilacher war über diese Entdeckung besonders glücklich, hatte er sie doch auf Grund der Taphonomie von Graphoglypten vorhergesagt (Seilacher 1977)!

Natürlich muß die Turbiditbank so mächtig sein, daß die ursprüngliche Oberfläche tief begraben wird und unter der sich am neuen Meeresboden entwickelnden durchmischten Zone liegt (Abb. 10.6). Die Mächtigkeit des Turbidits bestimmt auch, ob ein und welches Stockwerk der nachfolgenden (postsedimentären) Gemeinschaft die verschüttete Sand/Ton-Grenzfläche erreicht und sich dort mit den erhaltenen präturbiditischen (präsedimentären) Strukturen mischt. Auf dieser Basis bestimmte Seilacher (1962b, 1964) die relativen Teufen im Substrat, in denen die verschiedenen Gänge der turbiditischen Spurenfossilgemeinschaften angelegt wurden (Bromley und Ekdale 1986).

Durch unterschiedliche Erosionsleistungen von Suspensionsströmen unmittelbar vor Ablagerung eines Turbidits werden verschieden tiefe Stockwerke der Gänge freigelegt und ausgegossen. Das gleiche Phänomen tritt im flachen Wasser auf. Wetzel und Aigner (1986) fanden heraus, daß als Semirelief erhaltene Spurenfossilien an den

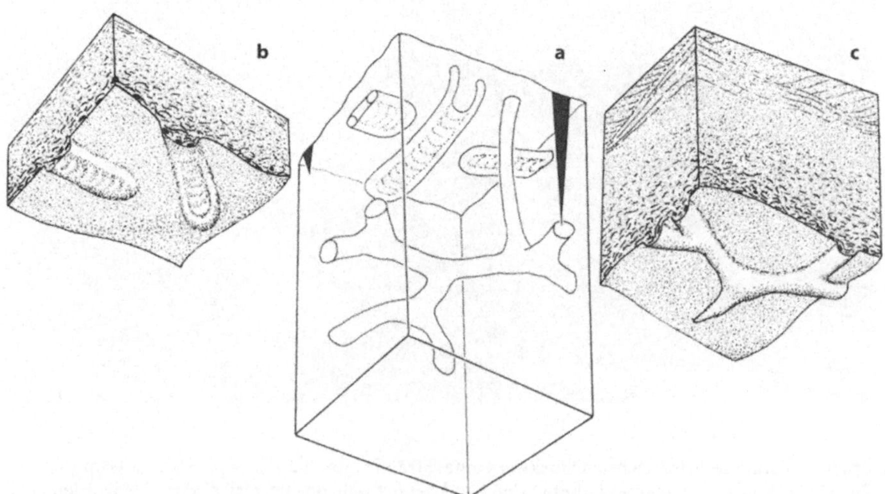

Abb. 6.4. In einem Meeresboden mit Faunengemeinschaften, die in verschiedenen Tiefen leben, werden unterschiedliche biogene Strukturen angelegt. **a** Eine Gemeinschaft von Sedimentfressern in zwei Stockwerken. **b** Sohlfläche eines Turbidits oder Tempestits mit geringer Erosion; *Rhizocorallium* isp. ist als Semirelief erhalten. **c** Tiefreichende Erosion bis in das *Thalassinoides* Stockwerk. Modifiziert nach Wetzel und Aigner (1986)

Sohlflächen von Sturmablagerungen (Tempestite) zu verschiedenen Stockwerken zählen, und daß bei bekannter Tiefe eines Stockwerks der Betrag der durch das Sturmereignis ausgelösten Erosion abgeschätzt werden kann (Abb. 6.4). Dieser Ansatz wurde kürzlich von Droser *et al.* (1994) bei der Untersuchung kambro-ordovizischer Sedimente aufgegriffen.

6.2.2
Vollrelief-Erhaltung

Im Unterschied zu Sturm- oder Turbiditereignissen besteht bei kontinuierlicher Sedimentation die Tendenz zur Vollrelief-Erhaltung. Solche Spurenfossilien sind dann deutlich sichtbar, wenn sich die Wandstruktur des früheren Baus lithologisch von dem Substrat unterscheidet oder der Grabgang mit kontrastierendem Material gefüllt ist (Abb. 8.12a).

Auch wenn kein lithologischer Kontrast besteht, können biogene Strukturen erhalten bleiben, wenn beim Anlegen der Gänge konstruktive Unterschiede bei der Kompaktion, der Kornorientierung und beim Gehalt an organischer Substanz in der Füllung

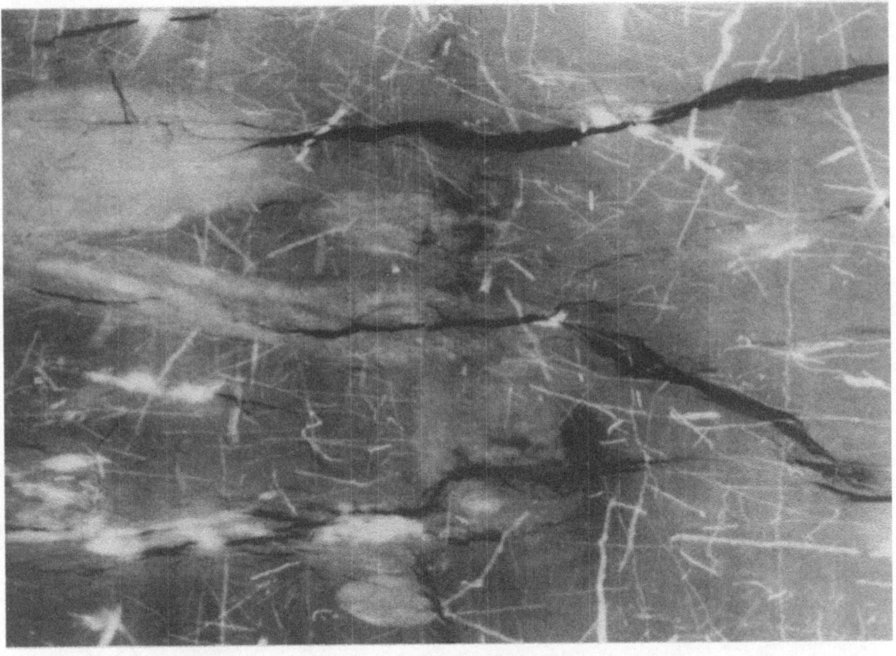

Abb. 6.5. Röntgenaufnahme einer vertikalen 1 cm dicken Scheibe des Gram-Tons (Miozän von Gram, Dänemark), leicht verkleinert. Das Gestein selbst ist fast schwarz, und Strukturen sind nur sehr schwach im reflektierenden Licht zu erkennen, während in der Röntgenaufnahme die Struktur gut sichtbar ist. Der Hintergrund ist schwach marmoriert und total bioturbiert (andere Horizonte, die nicht bioturbiert sind, sind fein laminiert). Die weißen Linien sind Pyritröhren oder Gangauskleidungen unterschiedlicher Größe von *Trichichnus* ispp. (vgl. Thomsen und Vorren 1984). Diese werden von hellen Gangfüllungen von 1–3 cm Durchmesser geschnitten. (Die schwarzen Strukturen sind Risse im Handstück.) Mit frdl. Genehmigung von Peter Laugesen

sowie den Wänden auftreten. Diese texturellen und chemischen Unterschiede können eine lokale Diagenese einleiten, wodurch die Spurenfossilien leichter erkannt werden können (Abb. 8.3 und 9.10).

In monotonen Gesteinsabfolgen ist das Erkennen biogener Sedimentstrukturen schwierig. Dies gilt insbesondere für Tone und feine Tonsteine. In vielen Fällen müssen Methoden entwickelt werden, mit denen Strukturen leichter sichtbar gemacht werden können (Farrow 1975).

Bei Kastenkernen von Schlämmen aus der Tiefsee werden die Proben routinemäßig mit einem Draht geschnitten, so daß verschmierte Oberflächen erzeugt werden, die Umrisse von Gängen nur vage erkennen lassen. Details der Bioturbationsstrukturen werden durch leichtes Besprühen der Schnittfläche mit einem Wasserstrahl besser sichtbar (Berger *et al.* 1977b). Grabgänge im Roten Tiefseeton waren auf Schnittflächen von Kernen bei Anwendung der Routinemethode kaum zu sehen, konnten unerwarteterweise jedoch durch sauberes Spalten des Sediments sichtbar gemacht werden (Thomson und Wilson 1980).

Mit Röntgenaufnahmen lassen sich in scheinbar homogenen Tongesteinen gute Resultate erzielen (Abb. 6.5; z. B. Wetzel 1984; Fu und Werner 1994). Mehr und mehr

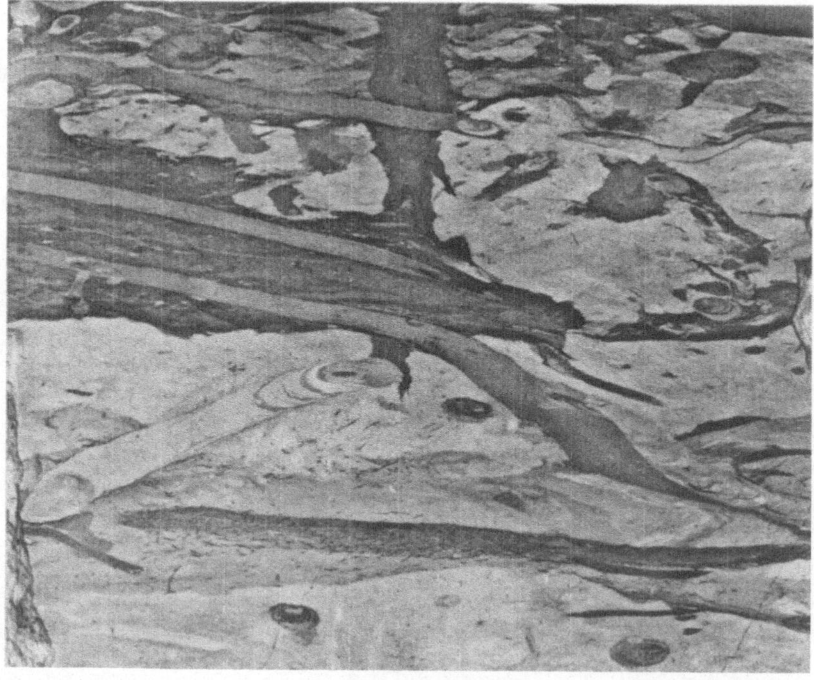

Abb. 6.6. Vertikalschnitt durch mergelige Kreide, geglättet, eingeölt und dann fotografiert (Bromley 1981a). Ein heller, durch *Planolites* gesprenkelter, Hintergrund wird von schwarzen *Thalassinoides* isp. überprägt. Diese werden teilweise von *Zoophycos*-Spreiten gekreuzt. Kleine weiße und schwarze *Chondrites* isp. zeigen das letzte biogene Ereignis an. Oberes Maastricht, Kreide, Mergel M12, Dania Steinbruch, Dänemark (natürliche Größe)

wird die Computer-Tomographie eingesetzt, um in feinkörnigen Sedimenten und anderen Substraten Vollrelief-Strukturen sichtbar zu machen (Fu *et al.* 1994; Genise und Cladera 1995). In der strukturlos erscheinenden Schreibkreide können ichnologische Details durch Auftragen von Öl auf glatte, trockene Oberflächen untersucht werden (Abb. 6.6). Obwohl sie also nicht immer sofort sichtbar sind, können Spurenfossilien und ichnologische Gefüge durchaus erhalten sein.

6.3
Kumulative Strukturen

Bezogen auf die Fossilisationsbarriere besteht eine andere Schwierigkeit darin, daß sich Spurenfossilien und heute existierende Gänge nicht entsprechen. Grabende Tiere besitzen hinsichtlich der Mobilität eine große Bandbreite; selbst als stationär bezeichnete Sediment- und Suspensionsfresser verlagern ihren Aufenthaltsort periodisch (Ronan 1977; Wilson 1981; Kap. 5.2.1). Mobile Sedimentfresser und viele Carnivoren bewegen sich mehr oder weniger kontinuierlich. Obwohl ein Bau zu jeder Zeit eine wohl definierte Form haben kann, erzeugt seine häufige oder kontinuierliche Veränderung und Verlagerung durch das Substrat eine kumulative Struktur mit einer völlig unterschiedlichen Morphologie (Abb. 3.6, 3.8a, 3.12e, 3.21, 4.2, 5.2 und 6.7; Bromley und Frey 1974).

Der J-förmige Bau des Sandpierwurms (Kap. 3.4.2) kann sich mit der Zeit zu einer ganz anderen kumulativen Struktur mit einer radialen Symmetrie entwickeln. Die vollständige Struktur kann dann als ein Spurenfossil erhalten bleiben, wie beispielsweise beim Ichnogenus *Dactyloidites* (Abb. 6.7c und 6.8). Selbst nach einer plötzlichen Aufsedimentation des Meeresbodens, bei dem die Strukturen „eingefroren" werden, ist nicht immer klar, welcher Teil des Baus während der Versenkung aktiv war. Es ist nicht einfach, solche kumulativen Strukturen mit rezenten Gegenstücken zu vergleichen.

Ein weiteres Beispiel betrifft die Spreiten. Diese kumulativen Strukturen sind in Sedimenten mit einer geringen Diagenese kaum zu erkennen. Spreiten wurden nur bei wenigen rezenten grabenden Organismen beobachtet: *Echiurus echiurus* (Kap. 3.3.3), *Corophium volutator* (Kap. 3.4.1), *Thyone briareus* (Kap. 3.4.4), *Heteromastus filiformis* (Kap. 3.5.2) und *Nereis diversicolor* (Seilacher 1957). Dagegen sind unter den Spurenfossilien Spreiten vom Kambrium bis zum Holozän reichlich vertreten. Sie sollten am heutigen Meeresboden gleichfalls häufig auftreten, was Röntgenaufnahmen von Kernen rezenter Meeresablagerungen auch belegen (Wetzel 1984).

Ein Teil des Problems besteht darin, daß Strukturen von Spreiten, wie *Zoophycos* ispp., die tieferen Stockwerke einnehmen und daher am Tiefseeboden schwierig zu beproben sind. Es ist jedoch anzunehmen, daß potentielle Erzeuger von *Zoophycos* den Taxonomen gut bekannt sind und bereits in Spirituszylindern verschiedener Sammlungen ruhen, wie der Wurm *Paraonis fulgens*, dessen Sedimentstrukturen erst einige Jahrzehnte später entdeckt wurden. Levinsen (1884) fing die schwärmenden adulten Würmer an der Meeresoberfläche und hatte keine Ahnung, daß es sich um grabende Formen handelte. Gripp (1927) fand die spiraligen Gänge, jedoch nicht die Würmer dazu. Das geschah lange bevor man erkannte, daß der Wurm und seine Spuren genetisch zusammengehören (Remane 1940).

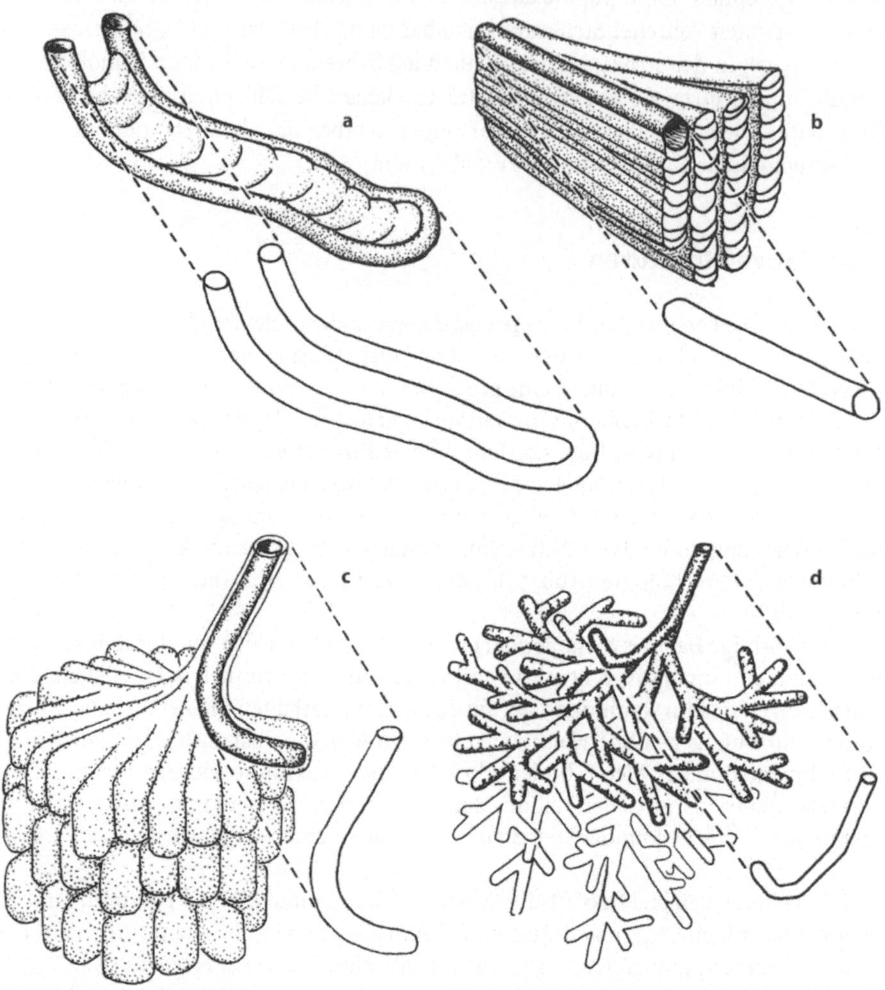

Abb. 6.7. Überschreiten der Fossilisationsbarriere. Vier kumulative Strukturen stationärer Sedimentfresser wie sie im Gestein erhalten sind. Das Grundprinzip des Baus ist herausgezeichnet und stellt
den heutigen Bau dar, wie er am Meeresboden von einem Biologen gefunden werden könnte.
a *Rhizocorallium irregulare.* **b** *Teichichnus rectus*-Bündel. **c** *Dactyloidites ottoi.* **d** *Chondrites* isp. Nach
Seilacher (1957)

6.4
Schlüssel-Bioturbatoren und Vorzugs-Spurenfossilien

Von großer Bedeutung sind mobile endobenthische Arten, die Störungen im Sediment
erzeugen, welche in keinem Verhältnis zu ihrer Größe stehen (Kap. 5.2.1). Solche Schlüssel-Bioturbatoren, wie aktiv Beute suchende Carnivoren, besiedeln normalerweise flache Stockwerke und tragen zur diffusen Entschichtung der Bioturbationszone bei. Wenn
jedoch mobile Arten in größeren Tiefen graben, wie beispielsweise verschiedene Herz-

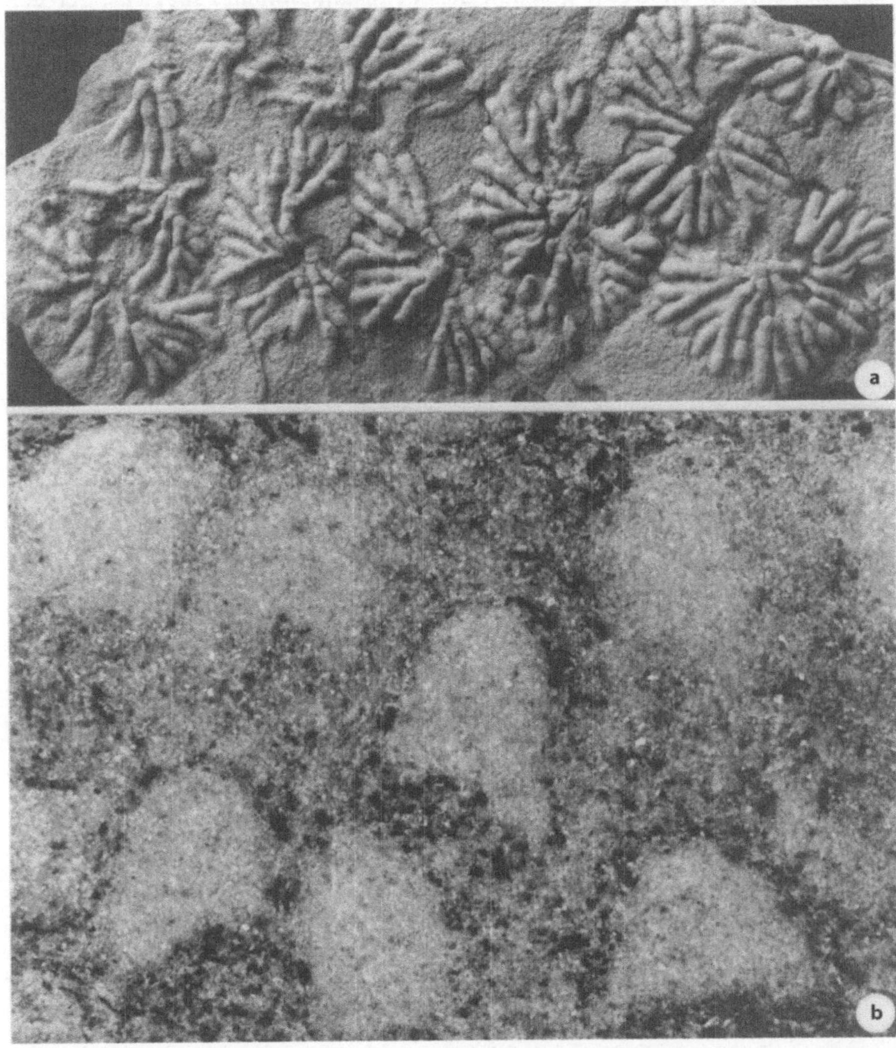

Abb. 6.8. Das rosettenförmige Spurenfossil *Dactyloidites ottoi*, Oberkreide, Nûgssuaq, Westgrönland (Abb. 6.7c). **a** Die angewitterte Oberfläche eines Sandsteinhorizonts zeigt mehrere kumulative Rosetten, die wahrscheinlich das Werk eines einzelnen Tieres sind (halbe natürliche Größe). **b** Vergrößerter Vertikalschnitt durch das Spurenfossil. Das Tier hat den schlecht sortierten Sand entmischt und dabei Pflanzenreste aus dem aufgearbeiteten Sediment seiner Spreite ausgesondert (Fürsich und Bromley 1985). Vgl. Pickerill *et al.* 1993

seeigel (Kap. 4.2), zerstören ihre Strukturen die der flacheren Stockwerke und beherrschen so die im Gestein erhaltene Struktur.

Solche Strukturen, die im fossilen Stadium im Gesteinsgefüge vorherrschen, werden Vorzugs-Spurenfossilien genannt. Besondere Diageneseabläufe können ebenfalls zu Vorzugs-Spurenfossilien führen, die dabei überproportional betont werden. In der europäischen Schreibkreide geschah dies bei *Thalassinoides suevicus*, der den Feuersteinkonkretionen als Keim diente. Vermutlich liegt die Ursache dafür in der gleichmäßigen Verteilung der Gangfüllungen, die permeable Kanäle im Sediment darstellen (Bromley und Ekdale 1984b; 1986; Zijlstra 1994). Auf diese Weise werden die *Thalassinoides suevicus*-Gangsysteme durch den schwarzen Feuerstein in vielen Niveaus der Kreide betont, während andere Spurenfossilien in dem Gestein nur wenig Beachtung finden.

Vom Runden Turm in Kopenhagen kann man das weiße Kliff aus Kalken des Dan an der schwedischen Küste sehen. Mit dem öffentlichen Fernrohr, das man für nur 2 Kronen mieten kann, sind die silifizierten Gänge von *Thalassinoides suevicus* in einer Entfernung von 13 km zu sehen. Seit der Zeit, als sie als unauffälliges Netzwerk 30 cm unter dem Meeresboden auftraten, hat sich die Möglichkeit, sie wahrzunehmen, deutlich verbessert!

Kapitel 7

Einige ichnologische Prinzipien

Biogene sedimentäre Strukturen entstehen durch bestimmte Verhaltensmuster von Tieren und repräsentieren nicht die grabenden Organismen selbst. Seilacher (1967b) definierte Spurenfossilien treffend als fossiles Verhalten. Die speziellen Eigenschaften des taphonomischen Filters, den die Struktur passieren muß, um fossil überliefert zu werden, unterstreicht ferner den Unterschied zwischen Spurenfossil und Körperfossil.

Trotzdem leben noch viele Biologen und Paläontologen in dem Glauben, daß man bei besserer Kenntnis der fossilen Welt jedes Spurenfossil seinem Erzeuger zuordnen könne, und daß eigene Namen für die Spurenfossilien damit überflüssig würden. Seit Seilacher (1953a) als erster damit begann, den biotaxonomischen Standpunkt für Spurenfossilien zu überwinden, sind ihm viele gefolgt. „Welches Tier erzeugte dieses Spurenfossil?" bleibt aber die typische erste Frage, die bei Ansicht eines Spurenfossils gestellt wird. Dies ist nicht der richtige Weg, an Spurenfossilien heranzugehen. Sie können uns viele interessante Dinge mitteilen, geben aber kaum die Herkunft ihrer Erzeuger preis.

Als die Internationalen Regeln für die Zoologische Nomenklatur (IRZN) revidiert wurden, versuchten Bromley und Fürsich (1980) die Grundkonzepte der Ichnologie als eine Reihe von Prinzipien zu formulieren, in der Hoffnung, den Standpunkt der Bearbeiter Ichnotaxa gegenüber zu beeinflussen. Diese Prinzipien wurden von Ekdale *et al.* (1984a) erweitert. Ich möchte die Prinzipien hier wiederholen und sie mit Beispielen aus dem ersten Teil dieses Buches belegen.

7.1
Das gleiche Individuum oder die gleiche Art kann unterschiedliche Strukturen anlegen, die auf unterschiedlichen Verhaltensmustern beruhen

Die verschiedenen lebensnotwendigen Aktivitäten, wie Atmung, Nahrungssuche, Fluchtverhalten und Aufzucht, können in speziellen Teilen des Baus stattfinden, und aus der Form dieser Teile kann man auf ihre Funktion zurückschließen (Kap. 8.5.1).

Beispiele dafür sind die Gänge von *Heteromastus filiformis* (Kap. 3.5.2) und *Upogebia* ssp. (Kap. 4.3.4). Außer den Gängen bestehen die Kotpillen der Sedimentfresser und der meisten Suspensionsfresser aus Sediment und besitzen ein günstiges Erhaltungspotential als Spurenfossilien.

Die wichtigste Bedeutung dieses Prinzips für die Analyse von Spurenfossilien liegt jedoch darin, daß verschiedene Tätigkeiten in Abhängigkeit von den Umweltbedingungen unterschiedlich betont werden. So erzeugt *Callianassa biformis* (Kap. 4.3.2) ein unausgekleidetes Gangsystem im Schlick, das dem Ichnogenus *Thalassinoides* ähnelt.

Im losen Sand stützt sie die Wände jedoch durch eine Schlickauskleidung und erzeugt
eine Struktur, die dem Ichnogenus *Ophiomorpha* entspricht. Der Spreitenbau von
Corophium volutator in Schlick ähnelt einem des protrusiven *Diplocraterion parallelum*.
Im Sand erzeugt dieser Amphipode allerdings einen einfachen Schacht, ähnlich dem
Ichnogenus *Skolithos* (Abb. 3.11).

Viele andere Tiere, wie *Arenicola marina* (Kap. 3.4.2), *Leptosynapta tenuis* (Kap. 3.4.3)
und vielleicht auch *Echiurus echiurus* (Kap. 3.3.4), können auf unterschiedliche Weise
Nahrung aufnehmen und erzeugen dementsprechend unterschiedliche Strukturen.
Clark und Ratcliffe (1989) beschreiben Beispiele aus der Gruppe der Insekten. Sie betonen, daß Strukturen, die durch Larven und adulte Tiere einer Art erzeugt werden,
morphologisch stark voneinander abweichen können.

7.2
Der gleiche Bau kann in verschiedenen Substraten unterschiedlich erhalten sein

Dieses Prinzip befaßt sich mit der Substratkonsistenz und der Stratinomie, und wird
am klassischen Beispiel der Ichnogenera *Nereites*, *Scalarituba* und *Neonereites* erläutert. Seilacher und Meischner (1964) zeigen, daß diese charakteristischen Formen auf
dem gleichen Tätigkeitsmuster beruhen und unter verschiedenen stratinomischen
Bedingungen erhalten blieben. Unter den Ichnologen gibt es unterschiedliche Meinun-
gen, wie dieses Problem ichnotaxonomisch zu behandeln sei – soll ein Ichnogenus oder
drei aufgestellt werden? Der menschliche Fußabdruck in verschiedenen Substraten illustriert dieses Problem sehr eindrücklich (Abb. 7.1).

Ebenso könnte ein in einem tonigen Festgrund angelegter Gang an seinen Wänden
mit Ornamenten (Bioglyphen) versehen sein, die beim Graben erzeugt wurden und
aus einem Netz von Kratzern, Ringen oder länglichen Striemen bestehen. In einem
tonigen Weichgrund werden solche Ornamente nicht erhalten bleiben, selbst wenn der
Erzeuger des Grabgangs die gleiche Grabtechnik anwendet. Das Wandornament hat
eine große Bedeutung für die Taxonomie der Spurenfossilien; wie groß sie tatsächlich
ist, ist umstritten (Kap. 8.6.1).

7.3
Verschiedene Erzeuger von Spuren können bei ähnlichem Verhalten identische Strukturen erzeugen

„Unterschiedliche Organismen entwickeln ähnliche Verhaltensweisen, um ähnliche
Probleme zu lösen" (Forbes 1989, S. 172). Verhaltenskonvergenzen dienten als Gliederung der Kap. 2–4. Ähnliche, wenn nicht gar identische Spurenfossilien, können durch
phylogenetisch weit entfernte Arten angelegt werden. Vertikale, unausgekleidete
Wohnschächte (Ichnogenus *Skolithos*) sind auf Grund ihrer Einfachheit und Häufigkeit ein gutes Beispiel. Rezent können sie durch bestimmte aalartige Fische (Klausewitz 1962; Fricke 1973), durch einige Spritzwürmer (Sipunculida) (MacGinitie und
MacGinitie 1949), durch die meisten Hufeisenwürmer (Phoronidea) (Ronan 1978),
durch zahlreiche Polychaeten (Myers 1972), durch einige Seeanemonen (Actinaria)
(Mangum 1970), durch viele Insekten und Spinnen (Ratcliffe und Fagerstrom 1980) usw.
angelegt werden. Ähnlich wird in den heutigen Ozeanen von Sipunculiden der extrem

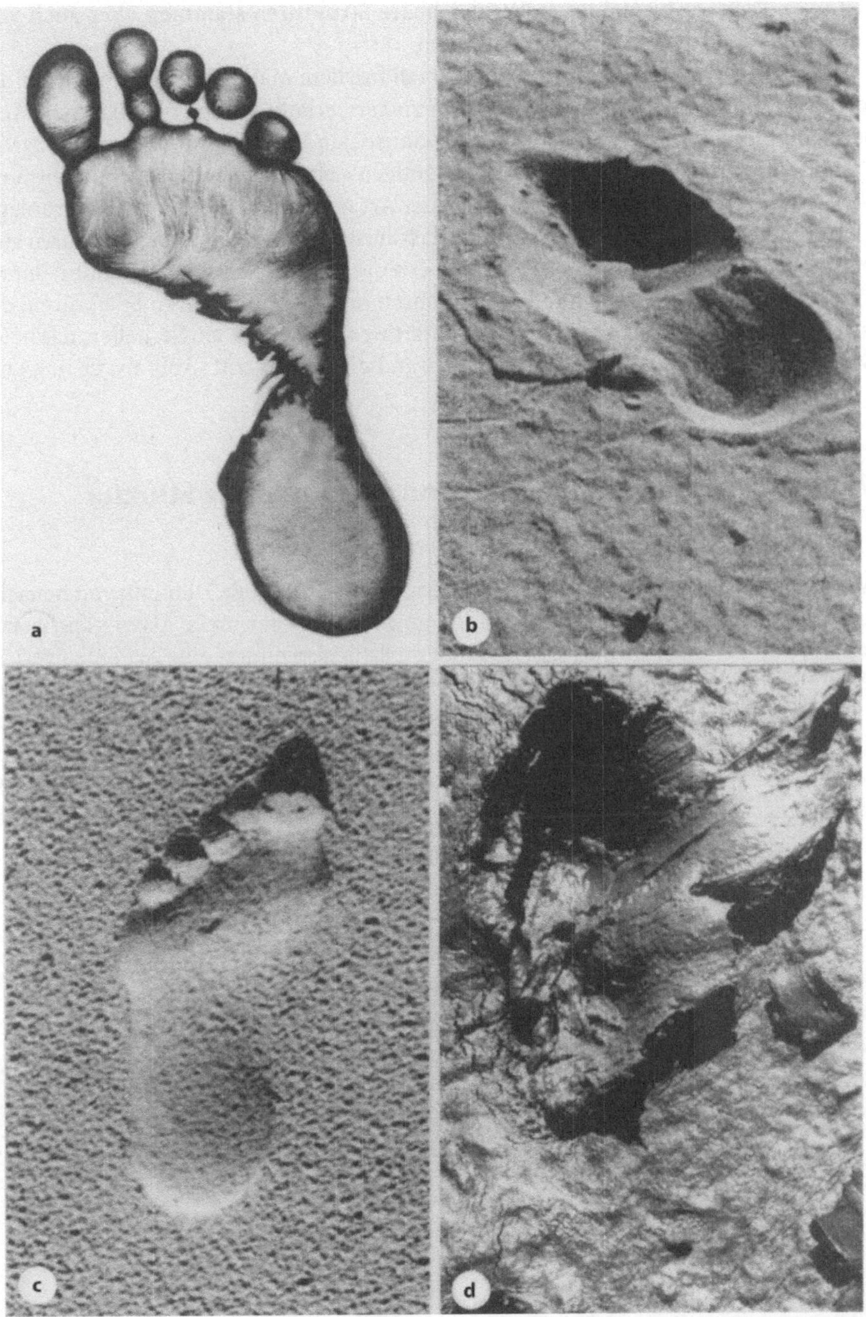

Abb. 7.1. Vier Beispiele meines Fußabdrucks, der auf eine vergleichbare Art der Bewegung zurückgeht, allerdings in unterschiedlichen Sedimenten. Die entstandenen Spuren zeigen grundsätzlich unterschiedliche Morphologien. **a** Abdruck auf Fotopapier. **b** Abdruck in trockenem Sand. **c** Abdruck in nassem Sand nach einem Regenschauer. **d** Abdruck in einem Schlickwatt

dünne, gewöhnlich tiefreichende und verzweigte, Schacht *Trichichnus* angelegt (Thompson 1980; Romero-Wetzel 1987). Vergleichbare Strukturen stammen aber auch von Polychaeten und vermutlich Pogonophoren.

Während diese Konvergenz der Bauform in fossilem Material die Hoffnung auf die Identifizierung der Erzeuger der Gänge verringert, erhöht sie den ökologischen Wert der Spurenfossilien. *Skolithos* ispp. liefert vom späten Präkambrium bis zum Quartär wichtige Informationen über Umweltbedingungen – über einen weit längeren Zeitraum also, als die stratigraphische Reichweite jeder Art beträgt, die *Skolithos*-Gänge anlegt.

Morphologische Konvergenz kann natürlich auch bei komplizierteren Strukturen auftreten. Seilacher (1953b, 1960) liefert dafür überzeugende Beispiele unter den Ruhespuren.

Man vergleiche auch die häufigen U-Röhren und die kumulativen Strukturen, die sich entwickeln, wenn sie zu einem W erweitert werden. Dies ist ein Verhalten, das beim Größenwachstum bei zahlreichen nicht verwandten Taxa auftritt (Abb. 3.5, 3.6, 3.8, 3.9c, 3.14, 4.29, 4.33 und 5.4).

7.4
Mehrere Erzeuger von Gängen können eine einzige Struktur erzeugen

Wie in Kap. 5.1 erwähnt, kann Kommensalismus oder die bloße Duldung von benachbarten Organismen dazu führen, daß Gänge von zwei oder mehr Arten gleichzeitig erzeugt werden (Abb. 5.2 und 5.3). Im anderen Falle übernimmt eine Art einen verlassenen Bau und paßt ihn ihren Bedürfnissen an (Kap. 5.1.1).

Schließlich kann ein lange aufgegebener und verfüllter Bau als Vorzugs-Struktur Sedimentfresser anziehen, wenn das darin enthaltene organische Material zersetzt ist und das Abweiden von Mikroben erlaubt. Oder es kann durch den bakteriellen Zersatz des organischen Materials in der Füllung oder in der Wandung des Baus ein geeigne-

Abb. 7.2. Die glaukonitführende Auskleidung der Spiralstruktur *Gyrolithes davreuxi* enthält fast ausnahmslos dicht gepackte *Chondrites* isp. Smektit aus dem Untercampan (Kreide) aus der Umgebung von Visé, Belgien (Bromley und Frey 1974) (× 3)

tes Milieu für Chemosymbiose geschaffen werden (Abb. 7.2). Pickerill (1994) bezeichnet solche Spurenfossilien mit zwei deutlichen und unabhängigen Ichnotaxa als „zusammengesetzte Exemplare" (vgl. Kap. 8.5).

7.5
Organismen, die Spuren erzeugen, bleiben nicht erhalten

Viele der Vorteile, die Skelette für Organismen haben, bieten auch Gänge: physischer Schutz, Schutz gegen Austrocknung, Anlegen von Kammern zum Atmen oder zur Aufzucht usw. Folglich besteht bei grabenden Organismen die Tendenz, ihre Hartteile zu reduzieren: Bei den Muscheln können sich die meisten tiefer grabenden nicht vollständig in ihre dünnen Schalen zurückziehen; Arthropoden, wie Callianassiden, haben größtenteils die Kalzifizierung ihrer Hartteile reduziert; tiefgrabende Echiniden besitzen dünne Gehäuse.

Aus den gleichen Gründen ist der endobenthische Lebensraum ein Refugium für unzählige Individuen skelettloser Stämme, so daß in dem Lebensraum der grabenden Organismen Arten mit Weichkörpern dominieren, die ein geringeres Erhaltungspotential als Körperfossilien besitzen. So bietet – anders ausgedrückt – die ichnologische Überlieferung dem Palökologen eine Vielzahl von Informationen über den Teil der Lebensgemeinschaft, der üblicherweise nicht fossil erhalten ist.

Andererseits stellen die offenen Gänge einen Mikrolebensraum dar, der ein signifikant höheres Erhaltungspotential hat, als der Rest des gesamten Meeresbodens. Jedes Hartteil, das in den Bau gelangt und in tieferen Stockwerken einsedimentiert wird, entgeht der Zerstörung durch die frühen Phasen der Diagenese.

Dafür gibt es eindrucksvolle Beispiele. Voigt (1959, 1974) beschreibt vorzüglich erhaltene Bryozoen, die nur innerhalb der Ausfüllungen von *Thalassinoides paradoxicus*-Gängen in Hartgründen des Dan und der Kreide gefunden wurden. Dort blieben sie vor der physikalischen Zerstörung oder vor der Zersetzung am Meeresboden verschont.

In kretazischen Schreibkreide-Ablagerungen besitzen die Reste nektischer Fische ein geringes Erhaltungspotential, ihre kleinen Knochen und Schuppen werden normalerweise durch Aasfresser verwertet. Jene Knochen und Schuppen jedoch, die als Material zur Wandauskleidung durch den Erzeuger von *Thalassinoides seuvicus* verwendet werden, sind hervorragend erhalten (Abb. 7.3). Es steht nicht fest, ob der Erzeuger des Baus die Schuppen am Meeresboden sammelte, das schuppentragende Tier fraß oder sich mit ihm den Bau teilte. Das Sammeln ist dabei am wahrscheinlichsten, da vereinzelt dünne, schuppenähnliche Schalen lingulider Brachiopoden mit in die Wände eigebaut wurden.

MacGinitie und MacGinitie (1949) stellten fest, daß der Igelwurm *Urechis caupo* kaum eine Chance besitzt, als erkennbares Körperfossil erhalten zu werden. In einem pliozänen U-Bau des Igelwurms fanden sie jedoch Reste der Krabbe *Scleroplax granulata*, ein häufig vorkommender Kommensale, der auch heute noch den Bau mit dem Wurm teilt (Abb. 3.7).

Trotz der allgemeinen Regel, daß Spurenerzeuger niemals in ihren Gängen erhalten bleiben, gibt es einige wenige Ausnahmen. Der sehr große Spiralschacht des Ichnogenus *Daemonelix* wurde durch ein komplettes Skelett, das in der Füllung des Baus erhalten war, als das Werk eines miozänen Bibers (*Paleocastor*) identifiziert (Voorhies 1975). (Dieser außerordentlich interessante Fund ist in der Ausstellung des

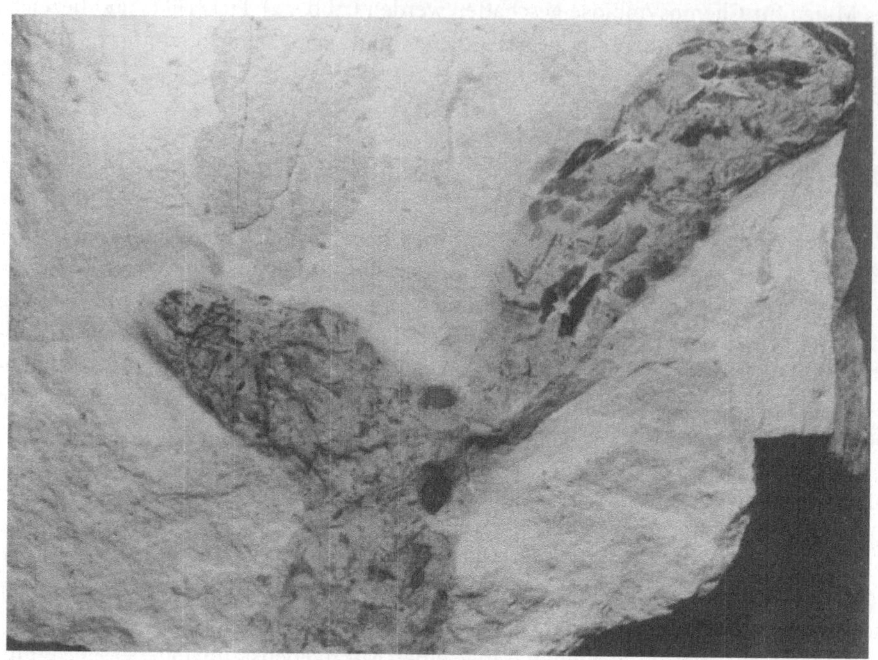

Abb. 7.3. Fischknochen und Schuppen in den Wandungen und am Boden von *Thalassinoides suevicus*. Unteres Maastricht (Kreide), Møns Klingt, Dänemark (natürliche Größe)

American Museum of Natural History in Washington, D. C. zu besichtigen.) Ähnlich fand Smith (1987, 1993) in permischen Playa-Sedimenten des Karoo-Beckens viele spiralförmige Gänge, die ein oder mehrere zusammenhängende Skelette eines therapsiden Reptils enthielten, das sich in der Endkammer zusammengerollt hatte.

Beim Durchmustern zahlreicher Exemplare der pleistozänen Spur *Scolicia* isp. konnten einige Individuen von *Echinocardium cordatum* an den Enden ihrer Stopfstrukturen gefunden werden; ihre Stacheln befinden sich noch in aktiver Grabposition (Bromley und Asgaard 1975). In seltenen Fällen enthalten auch die mesozoischen *Thalassinoides suevicus*-Gänge Reste von Krebsen der Gattung *Glyphea* – eine grabende Form, die eindeutig den Bau anlegte, in dessen Füllung sie erhalten blieb (Sellwood 1971; Bromley und Asgaard 1972b). Jenkins (1975) fand einige miozäne Gänge von *Thalassinoides suevicus*, die Exemplare der grabenden Krabbe *Ommatocarcinus corioensis* enthielten.

Mikulás (1990) und West und Ward (1990) berichten über paläozoische Ophiuren, die in ihrer Ruhespur *Asteriacites* erhalten geblieben sind; Pickerill und Forbes (1987) fanden einen paläozoischen Polychaeten am Ende seiner Fährte; und es könnten noch weitere Ausnahmen von der Regel zitiert werden. Trotzdem besteht die allgemeine Regel weiter, daß die Spurenerzeuger nicht überliefert werden und ihre Identifizierung für viele Paläontologen ein Alptraum ist.

Spurenfossilien sind in größerem Umfang biologisch anonym und nomenklatorisch unabhängig von dem zoologischen taxonomischen System. Daher erscheint es zwingend, sie separat nach ichnologischen Prinzipien zu behandeln.

Kapitel 8

Ichnotaxonomie und Klassifikation

Viele sehr alte und inzwischen fest eingebürgerte Namen von Spurenfossilien beruhen auf Fehldeutungen und Fehlbestimmungen. Mancher frühere Bearbeiter sah in Spurenfossilien von Invertebraten die Reste von Algen, Schwämmen oder anderen Organismen und klassifizierte sie entweder als botanische oder als zoologische Körperfossiltaxa. Später aufgestellte Namen basieren auf verläßlicheren Interpretationen. Nach dem Gesetz der Priorität sind aber die zuerst verwendeten Benennungen einer Taxonomie zugrunde zu legen. Solche ichnogenerischen Berühmtheiten wie *Cruziana*, *Zoophycos* und *Chondrites* wurden ursprünglich als Algen-Taxa definiert, *Nereites* als ein Wurm angesehen.

Für die Erstellung von Synonymie-Listen aus einer Unmenge von Namen mit z. T. falscher Schreibweise schulden wir Häntzschel (1962, 1965, 1975) großen Dank. Er extrahierte aus einem Dschungel von Synonymen eine benutzbare Taxonomie.

Es werden nur noch zwei Hierarchien von Ichnotaxa allgemein benutzt: Ichnogenus und Ichnospezies. Diese Begriffe kürzt man gewöhnlich mit „ichnogen." und „ichnosp." ab, die weniger umständliche Verwendung von „igen." und „isp." wird aber immer populärer. Höhere Hierarchiestufen werden von einigen Wissenschaftlern informell benutzt, z. B. Graphoglypten. Die Einführung von Ichnofamilien wird derzeit diskutiert (Kap. 8.6).

8.1
Die Entwicklung der Nomenklatur von Spurenfossilien

Die frühe Geschichte der Ichnotaxonomie wurde bereits von verschiedenen Bearbeitern beschrieben (Osgood 1975; Teichert in Häntzschel 1975; Pemberton und Frey 1982) und muß hier nicht wiederholt werden.

Auf dem 15. Internationalen Zoologischen Kongreß im Jahre 1961 fällte die Kommission für Zoologische Nomenklatur eine seltsame Entscheidung. Sie legte fest, daß Namen, die auf der Lebenstätigkeit eines Tieres basieren und nach 1930 aufgestellt wurden, eine Erklärung enthalten müssen, aus der hervorgeht, welche Merkmale das Taxon von anderen unterscheidet (Artikel 13a, i der Ausgabe von 1964 der IRZN); d. h. der Erzeuger der Struktur ist zu identifizieren. Namen, die vor 1931 aufgestellt wurden, werden weiterhin auf derselben Basis wie Körperfossilien behandelt. Da die Zuordnung eines Spurenfossiltaxons oft unmöglich ist, wurden nach 1930 kaum Namen aufgestellt.

Damit begann für die Ichnotaxonomie ein dunkles Kapitel. Die meisten Ichnologen hielten die Ordnung durch einfache Anwendung der IRZN-Regeln aufrecht, auch wenn sie nicht an diese gebunden waren. Im Spurenfossilband des Treatise on Invertebrate Paleontology behandelte Häntzschel (1962, 1975) gültige und ungültige Namen gleichberechtigt.

Keines der vor 1931 erstellten Ichnotaxa wäre nach dieser Verfahrensweise hinreichend belegt. Billigte man ihnen einen ähnlichen Status wie Körperfossilien zu, ergäbe sich daraus, daß die Namen von Spurenfossilien und die Namen der sie erzeugenden Organismen nach dem Gesetz der Priorität miteinander konkurrieren würden. Die Untauglichkeit dieser Situation illustrierte Osgood (1970), der ein Körperfossil des Trilobiten *Flexicalymene meeki* Foerste, 1910, in einer Ruhespur *Rusophycus pudica* Hall, 1852, nachwies, die der Trilobit eindeutig selbst angelegt hatte. Nun gäbe es sicherlich mehr als ein kleines Chaos in der Trilobitentaxonomie, wenn man den Spurenfossilnamen als ein älteres Synonym ansehen würde!

Als die nächste Revision der IRZN anstand, plädierten die Ichnologen für Verbesserungen, die auf zweierlei Weise zu erreichen seien. Entweder sollte man die Namen von Spurenfossilien vollständig aus den IRZN streichen, oder die zoologischen Regeln müßten entsprechend angepaßt werden.

Den ersten Weg beschritten Sarjeant und Kennedy (1973), die vollständig getrennte Regeln einer Spurenfossilnomenklatur aufstellten. Sarjeant (1979) publizierte sie nochmals, jedoch ohne rechtskräftige Grundlage. Der Entwurf stützte sich auf alte Regeln der IRZN, unter Einbeziehung einiger Abwandlungen, basierend auf den IRBN (den botanischen Regeln).

Viele Zoologen befürworteten auch die vollständige Trennung von den IRZN (z. B. Lemche 1973). Schließlich pflanzen sich Spurenfossilien nicht durch geschlechtliche oder ungeschlechtliche Reproduktion fort, wie bei den anderen Objekten, die unter diese Regeln fallen. Sie sind auch keine Parataxa im Sinne von Namen, die auf Teile von Tieren angewendet werden, das letztlich bei vollständig bekannter Anatomie rekonstruiert werden kann. Schließlich stimmten die Zoologen zu, daß ein einzelnes Tier unterschiedliche Tätigkeiten ausüben kann, die separat benannt werden können (Melville 1979). Obwohl sie gleichfalls einen biologischen Ursprung haben, sind die Spurenfossilien dann in der Tat etwas ganz anderes.

Die Regeln von Sarjeant und Kennedy (1973) hätten durchaus Zustimmung finden können. Als Alternative schlugen Häntzschel und Kraus (1972) Verbesserungen der bestehenden Regeln vor. Dieser Vorschlag stieß auf breite Zustimmung und wurde, bis auf wenige Details, in der darauffolgenden Revision der Regeln weitgehend berücksichtigt (Teichert in Häntzschel 1975; Basan 1979; Melville 1979). Das dunkle Kapitel war damit geschlossen.

8.2
Der Status der Namen von Spurenfossilien nach den IRZN

Alle Ichnotaxa sind heute in den derzeit gültigen IRZN enthalten (Ride *et al.* 1985), nachdem nun der Schnitt von 1930/31 beseitigt ist. Ichnogenus und Ichnospezies bekommen den Status von Gattungsgruppen bzw. von Artgruppen (Artikel 10d). Für ein Ichnogenus wird keine Typus-Ichnospezies mehr benötigt. Wo eine benannt worden war, sollte diese keine Berücksichtigung mehr finden (Artikel 42b, 66). Dies ist sehr unglücklich, da es wünschenswert ist, eine Ichnospezies als typisch für einen Ichnogenus zu beschreiben, wenn man andere Ichnospezies aufstellt. Andernfalls kann sich die ursprüngliche Bedeutung eines Ichnogenus verschieben, wenn neue Ichnospezies aufgestellt werden.

Besonders wichtig ist, daß Namen, die auf der Tätigkeit eines Tieres beruhen, nicht mit der Priorität von Namen konkurrieren, die für Organismen vergeben werden, die diese Tätigkeit ausüben (Artikel 23g). Den augenblicklichen Stand der Nomenklatur von Spurenfossilien haben in knappen Worten Kelly (1990) und Rindsberg (1990) dargestellt.

8.2.1
Fossil oder nicht Fossil?

Die Regeln stellen klar, daß (nach 1930) nur fossile Spuren erfaßt werden (Artikel 1a, b). Der Grund dafür ist die immer noch bestehende Annahme, daß eine Spur von nur einem Tier stammt, da: „Spuren von lebenden Tieren immer in Beziehung zu dem sie erzeugenden Organismus gesetzt werden können, und es deshalb nicht notwendig ist, sie getrennt zu benennen" (Melville 1979). Dies trifft auf einzelne Spuren, jedoch nicht auf einzelne Ichnotaxa zu. Die Ichnologen können mit dieser Einschränkung leben, obwohl sie verschiedene Probleme in sich birgt (Bromley und Fürsich 1980). Ein Problem ist die Definition der Fossilisationsbarriere.

Bezogen auf die Erzeuger von Spuren gibt es sicherlich deutliche Grenzen zwischen lebenden Organismen, toten Körpern und Körperfossilien. Solche Grenzen sind aber bei Spurenfossilien alles andere als klar. Wann wird die Tätigkeit eines Tieres fossil? In welchem Stadium wird die Stopfstruktur eines Herzseeigels zum Spurenfossil?

An Kastengreiferproben aus der Tiefsee zeigte Wetzel (1984), daß bei einigen *Zoophycos*-Gängen, etwas tiefer als ein Meter unter dem Meeresboden, der randliche Teil eines Grabgangs noch leer war und vermutlich noch von dem unbekannten Spurenerzeuger bewohnt wurde. Wetzel handelte sicher korrekt, als er diese rezente Struktur mit einem Ichnotaxon belegte; wie sonst hätte er sie auch benennen sollen? Ähnlich wendeten Ekdale (1980) und Gaillard (1988) die Ichnogenera *Paleodictyon*, *Spirorhaphe* und *Cosmorhaphe* auf anscheinend aktive Grabgänge am rezenten Ozeanboden an.

Das ist vielleicht nur ein semantisches Problem. Bromley und Fürsich (1980) regten aber an, daß bei der Revision oder bei der Neuaufstellung von Taxa Typusstücke nur aus zweifelsfrei fossilem Material ausgewählt werden sollten. Ferner schlugen sie vor, dem Namen die Vorsilbe „incipient" (*engl.*) bzw. „in Entstehung begriffen" voranzustellen, wenn das beschriebene Material nicht fossil ist, sich aber trotzdem auf ein Ichnotaxon beziehen läßt.

8.2.2
Duale Nomenklatur

Ob wir es wahrhaben wollen oder nicht, wir müssen mit einer dualen Nomenklatur leben. Sedimentstrukturen, die auf biologische Aktivität zurückgehen, werden als Ichnotaxa, die sie verursachenden Organismen als Biotaxa bezeichnet. Beide nomenklatorischen Systeme laufen parallel, aber es gibt weder einen Austausch noch ein Wiederholung. Die Verwendung der dualen Nomenklatur soll an einigen Beispielen illustriert werden.

Das von *Callichirus major* angelegte System von Gängen wird entweder „als Bau von *Callichirus major*" bezeichnet oder als „in Entstehung begriffene *Ophiomorpha nodosa*" auf ein Ichnotaxon bezogen (Frey *et al.* 1978). Die von einem Krebs erzeugten Kotpillen sind entweder „die Kotpillen von *Callichirus major*" oder werden als „in Entstehung begriffener *Palaxius* isp." auf ein Ichnotaxon bezogen (Abb. 4.21).

Ein Crustaceen-Bearbeiter würde es sicher lächerlich finden, Pellets, die noch am Darmausgang von *Callichirus major* liegen, mit einem Namen zu belegen, geschweige denn mit einen anderen Namen, als den des Krebses. Der Paläontologe sieht die Situation jedoch anders. Sobald die Kotpillen den Kontakt mit dem Organismus verlieren, von dem sie erzeugt wurden, beginnen Mutmaßungen über ihre Herkunft.

Finden sich ähnliche Kotpillen, die in pleistozänen Sedimenten erhalten sind, wachsen die Spekulationen beträchtlich. Können andere Arten der Callianassiden ähnliche Pellets erzeugen? Die Details der internen Kanalsysteme in den Pellets anomurer Crustaceen können durchaus artspezifisch sein (Abb. 4.21b), obwohl wir kaum in der Lage sein werden, dies an fossilem Material nachzuweisen. Deshalb ist ein Fossilname wünschenswert.

Sollten ähnliche Pellets im Zusammenhang mit *Ophiomorpha nodosa* in jurassischen Sedimenten gefunden werden, berechtigt das nicht dazu, sie *Callichirus major* zuzuschreiben. Die Familie der Callianassidae trat erstmals in der oberen Kreide auf, *Callichirus major* sogar noch später.

Im Mitteljura von England wiesen Kennedy *et al.* (1969) in Füllungen von *Thalassinoides* Kotpillen vom Ichnogenus *Palaxius* nach. In einer *Thalassinoides*-Füllung der gleichen Lokalität fand sich ein einzelnes Exemplar des Krebses *Glyphea udressieri* (Sellwood 1971). Dies ist ein typisches Beispiel für eine enge Verbindung von Spuren- und Körperfossilien, das einen deutlichen genetischen Zusammenhang suggeriert, der jedoch kaum oder nicht nachweisbar ist. Daß in diesem Fall *Palaxius* isp. wahrscheinlich Kotpillen von *Glyphea udressieri* sind, bedeutet nicht, daß solche Pellets nicht auch zu anderen Zeiten von anderen Arten ausgeschieden werden können. Die Struktur des Baus von *Thalassinoides suevicus* wird außerdem nicht von dieser Krebsart allein erzeugt. Dies ist vielleicht auch nicht der einzige Bautyp, den diese Art anlegen kann. Aus diesem Grunde sollten Ichnotaxa auf das gesamte fossile Material angewendet werden, unabhängig davon, wie sicher die Strukturen bestimmten Spurenerzeugern zugeordnet werden können.

8.3
Ichnotaxobasis

Überraschenderweise finden sich in der Literatur nur wenige Angaben, worauf die Benennung eines Ichnotaxons basieren soll. Viele neue Namen werden in einer völlig willkürlichen Art und Weise aufgestellt, abhängig von der Wirkung, die die Art auf ihren Autor ausübt. Die Arthropoden-Fährte *Hondichnus* isp. wurde beispielsweise von einem Motorradliebhaber aufgestellt (Ausich 1979). Letztlich sollte die Morphologie des Stückes als Ausdruck des tierischen Verhaltens zur Grundlage des Namens dienen, der aber unvermeidbar durch die Interpretation des Entdeckers der Struktur gefärbt wird.

In einem als Alge interpretierten Fossil wurden kleine runde Sedimentkörper als Sporangien gedeutet (z. B. Sternberg 1833, bei seiner Gattung *Muensteria*), von einem Ichnologen dagegen als Kotpillen. Querunterteilungen können als Zellwände einer Alge gedeutet werden (z. B. Heer 1877, bei seiner Art *Taenidium serpentinum*) oder von einem Ichnologen als meniskusförmige Stopfstruktur. Solange das Typusmaterial noch verfügbar oder hinreichend genau beschrieben bzw. abgebildet ist, können die Interpretationen noch angepaßt werden.

Wenn wir subjektiv annehmen, daß eine Struktur biogenen Ursprungs ist, werden die folgenden Merkmale am häufigsten als Basis für die Benennung von Ichnofossilien (d. h. als Ichnotaxobasis) herangezogen:

- allgemeine Form;
- Wandstruktur und -auskleidung;
- Verzweigung;
- Füllung.

8.3.1
Allgemeine Form

Die allgemeine Gestalt und die Orientierung der Struktur – wie eine senkrechte Schachtröhre, ein Netzwerk, ein spiraliger Mäander, eine Spreitenstruktur usw. – sind wichtige Merkmale. Auf dieser Grundlage werden die Hauptgruppen der Spurenfossilien unterteilt (Kap. 8.7). Der Größe wird normalerweise weniger Bedeutung beigemessen.

8.3.2
Details der Gangbegrenzung

Viele Ichnotaxa basieren auf der Struktur der Wandung. Diese kann von einem kaum merklichen Film bis zu einer massiven Struktur reichen, die einen bedeutenden Teil des Spurenfossils ausmacht. Nach dem Wandaufbau lassen sich sieben Kategorien von Wandstrukturen aufstellen.

Keine Auskleidung. Bei einigen Spurenfossilien grenzt die Füllung mit scharfer Diskontinuitätsfläche direkt an das umgebende Sediment (Abb. 8.1 und 9.10).

Staubfilm. Bei der Bewässerung eines mit Schleim ausgekleideten Baus kann suspendiertes feines Sediment eingefüllt werden, das sich an der Wandung passiv ansam-

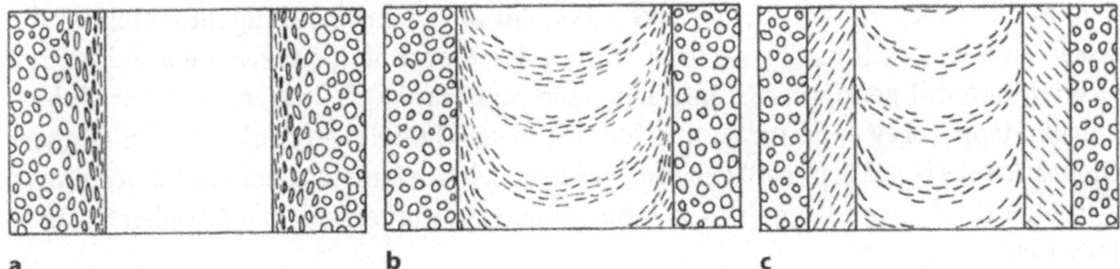

a   b   c

Abb. 8.1. Gangbegrenzungen nicht ausgekleideter, zylindrischer Strukturen, schematisiert nach Heinberg (1974). Die Spurenfossilien sind im horizontalen Längsschnitt dargestellt; die Striche stellen Glimmerschuppen dar, die flach liegen, wo sie durch Bioturbationsprozesse nicht gestört sind, und ansonsten steil geneigt sind. **a** Eine scharfe Grenze weist auf Kompaktion des angrenzenden Substrats hin. **b** Gebogene Stopfgefüge; die ineinandergesteckten uhrglasförmigen Strukturen überlappen und vereinigen sich entlang der Grenze. Dadurch wird eine Auskleidung vorgetäuscht. Dies tritt häufig bei *Taenidium serpentinum* auf. **c** Zonierte Stopfgefüge mit Mantel und uhrglasförmigem Kern bei *Ancorichnus ancorichnus*. Einige ausgekleidete Strukturen sind in Abb. 1.7 dargestellt

Abb. 8.2. Eine stark laminierte Auskleidung um einen horizontalen Bau. Wenn diese Körper Spindel-
form besitzen, werden sie gewöhnlich als Strukturen von Sedimentfressern angesehen, bei denen sich
der Grabgang konzentrisch verlagert hat. Hierbei handelt es sich um das *Asterosoma*-Modell von Chamberlain (1971). Wenn die Strukturen eine zylindrische Form besitzen, wie im vorliegenden Fall, haben
sie Ähnlichkeit mit der Konstruktion der heutigen *Amphitrite ornata* (Abb. 3.25). Jura, Schelf von Norwegen, Nordsee (× 2)

melt. Der Schleim selbst mag ein geringes Erhaltungspotential haben, aber sein
Schmutzfilm kann im Spurenfossil sichtbar sein. In feinkörnigen Gesteinen zeigen
häufig extrem dünne Filme die Existenz von Strukturen wie *Palaeophycus tubularis*
an (Abb. 11.4a und 11.14c).

Konstruktive Auskleidung. Eine organische Röhre kann während der Fossilisation
verkalken. Sediment und spezielle Partikel, die für die Gangwandung verwendet wurden, sind im Spurenfossil leichter erkennbar. Für die Unterscheidung dieser Ichnotaxa
lassen sich Unterschiede im Material und in der Morphologie verwenden. Schlammauskleidung mit genoppter Grenzfläche zum Substrat ist charakteristisch für *Ophiomorpha* ispp. (Frey *et al.* 1978); mit Schalen ausgekleidete vertikale Röhren können
Diopatrichnus isp. (Kern 1978) genannt werden, mehrere Ichnospezies von *Palaeophycus*
werden auf der Grundlage ihres Wandungsmaterials unterschieden (Pemberton und
Frey 1982).

Während der langen Besiedlung eines stationären Grabgangs können durch wiederholte Materialauskleidungen der Wandung und durch das Wachstum des Organismus konzentrische, mehrschichtige Wände überproportionaler Dicke entstehen
(Kap. 3.6). Solche Strukturen sind bei Spurenfossilien häufig und haben schon zahlreiche Ichnologen irritiert (Abb. 8.2).

Zufällig in den Grabgang gelangtes Material wird eher in die Wandung eingebaut,
als mühsam herausbefördert. Bei einigen *Thalassinoides suevicus*-Systemen aus der

Abb. 8.3. Verwitterte Schichtfläche in der mitteljurassischen Vardekløft Formation von Jameson Land (Ostgrönland) mit *Ancorichnus ancorichnus*. Der Mantel ist auf beiden Seiten des Kerns als Rille herausgewittert (natürliche Größe)

weißen Schreibkreide können Fischschuppen stützendes Wandungsmaterial darstellen, da es sich bei diesen Strukturen um Systeme von Sedimentfressern handelt (Abb. 7.3). Schuppen, die Wandungen unverzweigter Gänge dick auskleiden, können allerdings Nahrungsreste von Carnivoren, wie Stomatopoden, sein.

Zonierte Füllung. Alle vorherigen Typen von Wandungen gehören zu offenen Gangstrukturen, die über längere Zeiträume bewohnt und bewässert werden. Andere Wandstrukturen können bei der Aufarbeitung des Sediments durch mobile Sedimentfresser, die sich kontinuierlich durch das Substrat bewegen, entstehen. In diesen Fällen hat die scheinbare Wandauskleidung einen anderen Ursprung und stellt die äußerste Lage einer konzentrisch zonierten Füllung dar.

Das Spurenfossil *Ancorichnus ancorichnus* besteht aus einem zweilagigen zylindrischen Versatz (Abb. 8.3). Die Zentralzone oder Kern enthält uhrglasförmige Stopfstrukturen und wird von einer dickeren Außenschicht, auch Mantel genannt, umgeben. Kern, Mantel und umgebendes Sediment sind durch scharfe Materialgrenzen voneinander getrennt. Heinberg (1974) entwarf ein Modell, das das Entstehen dieser speziellen Struktur erklärt (Abb. 8.4) und sich konzeptionell klar von einer echten Gangwandung unterscheidet.

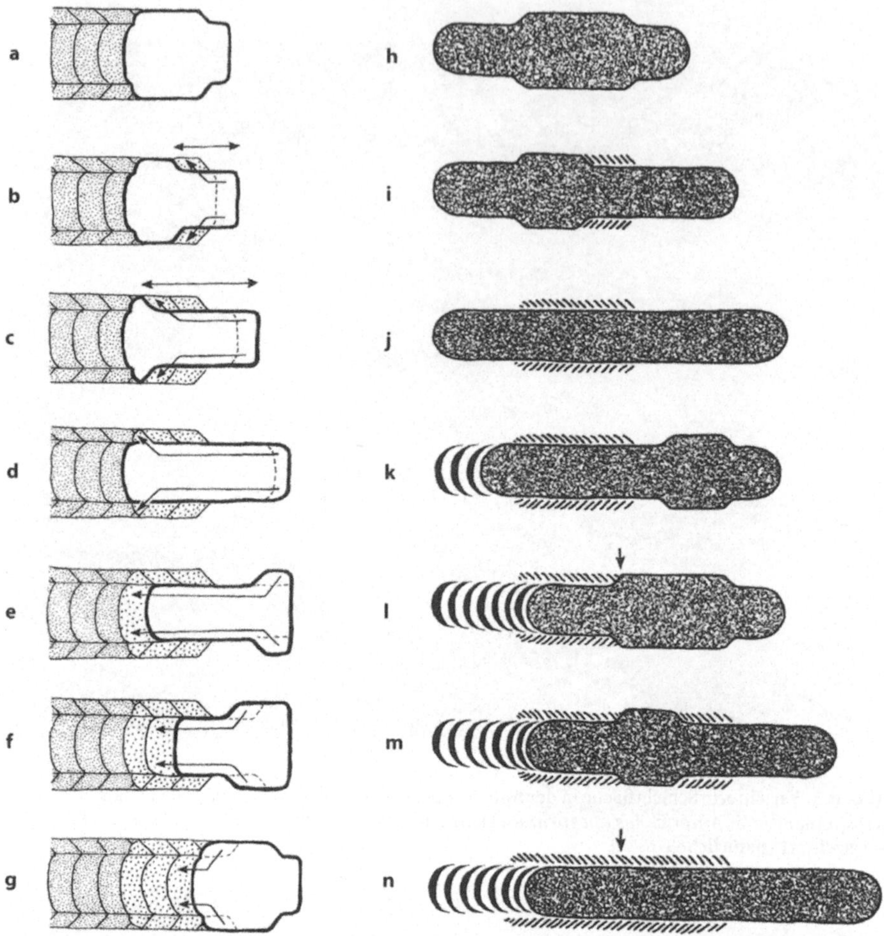

Abb. 8.4. Modelle zur Erklärung der Entstehungsweise von *Ancorichnus ancorichnus*, verändert nach
Heinberg (1974). **a–g** Dynamisches Modell, das die Art der Sedimentverlagerung im ringförmigen
Mantel und im uhrglasförmigen Kern des zonierten Stopfgefüges zeigt. Die Doppelpfeile in **b** und
c geben an, wo durch die Kontraktion der Ringmuskulatur eine Längsausdehnung entsteht. Die Funktionen des Durchdringungs- und des Endankers sind in einem einzelnen Anker kombiniert, der sich
peristaltisch entlang des Körpers bewegt. **h–n** Modell mit einem längeren Wurm, das die Beziehungen zwischen Mantel und Kern und aufeinanderfolgenden Zyklen der Verankerung darstellt. Am Pfeil
bei **l** sind durch Rückverlagerung des Ankers die Mantelsedimente wieder aufgearbeitet worden. Diese Aufarbeitung ist nachteilig, da sie die Länge des Wurms oder des Ankers einschränken kann. Der
Pfeil bei **n** zeigt den scheinbar kontinuierlichen Kontakt zwischen zwei Mantelzyklen

Eine ähnliche Struktur besitzt das Spurenfossil *Phoebichnus trochoides*, obwohl
dessen generelle Morphologie völlig anders ist (Abb. 8.5 und 8.6). Ein Modell zur Erklärung der doppellagigen Füllung, nach dem die Struktur durch einen zweimaligen
Durchgang des Spurenerzeugers zustande kam, stammt von Bromley und Asgaard
(1972c). Das Tier unternimmt von einem zentralen Schacht aus radiale Abstecher in
das umgebende Sediment und kehrt auf dem gleichen Weg wieder zurück. Die ring-
und meniskusförmige Struktur des Mantels wird bei der Bewegung des Tieres vom

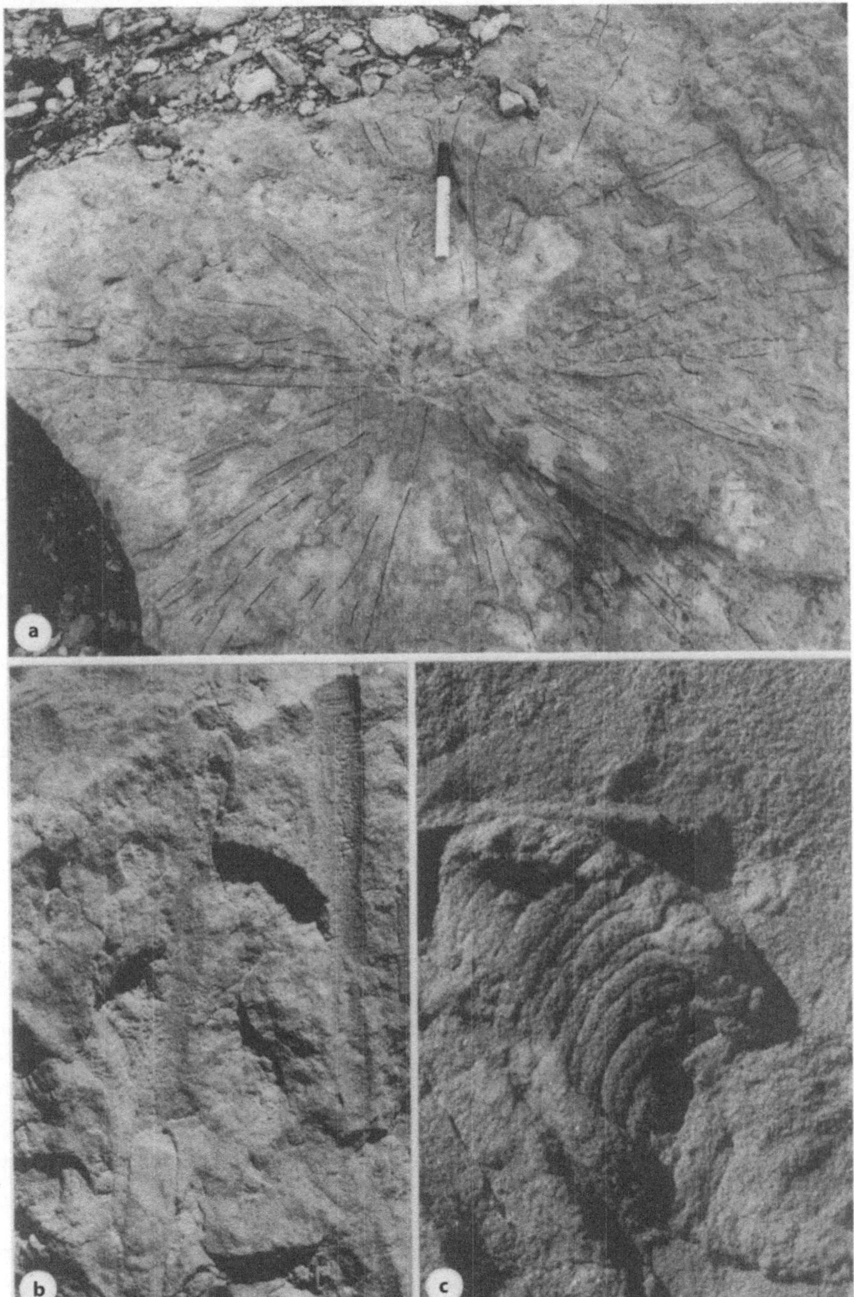

Abb. 8.5. *Phoebichnus trochoides.* **a** Ein System von *P. trochoides* in einer sehr großen Konkretion innerhalb der tonigen Vardekløft Formation (mittlerer Jura) von Jameson Land, Ostgrönland. Ein Filzstift (Maßstab) wurde zur Kennzeichnung der Umrisse der Radialgänge verwendet. **b** Zwei Radialgänge mit ringförmigen Eindrücken auf Außenfläche des Mantels. **c** Detail des Mantels auf verwitterter Oberfläche (× 2)

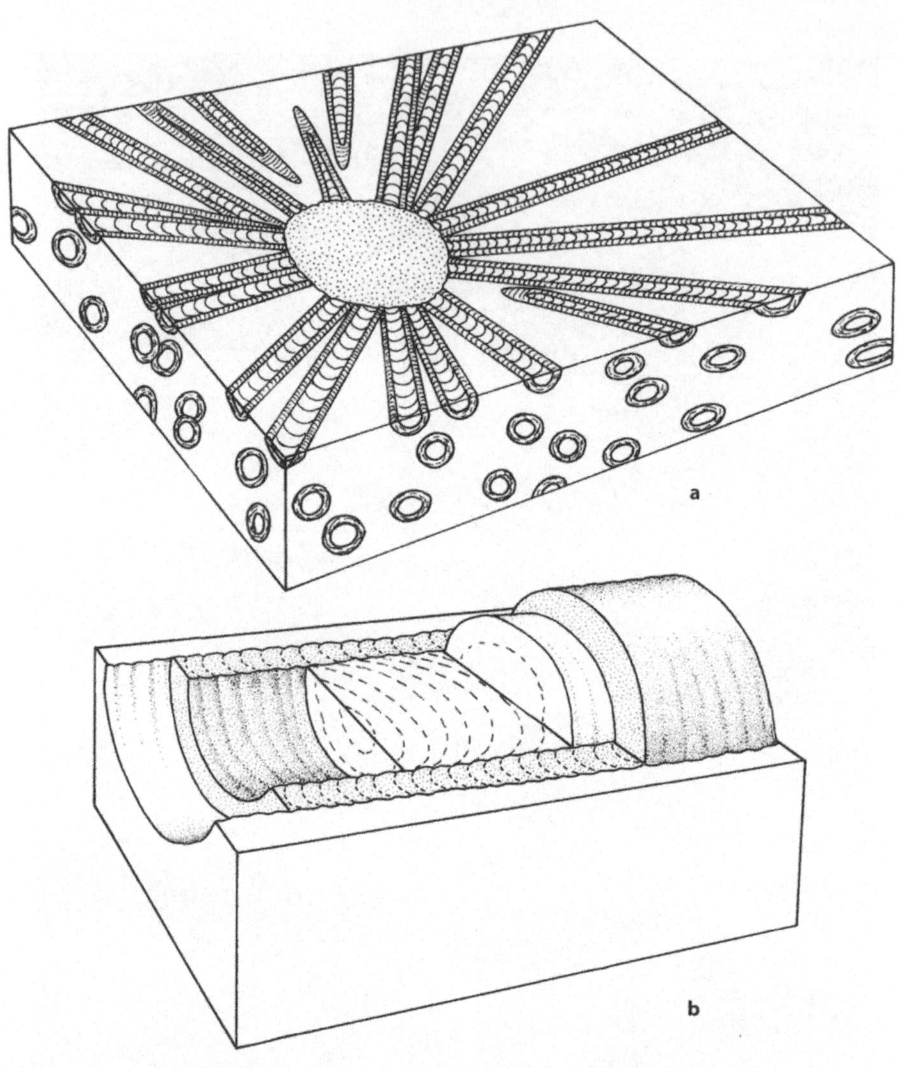

Abb. 8.6. Die Struktur des großen strahlenförmigen Spurenfossils *Phoebichnus trochoides*. **a** Der mittlere Teil der Struktur; die Radialgänge können eine Länge von 1 m erreichen. Die zentrale Röhre ist schlecht ausgebildet. **b** Konstruktionsdetails eines radialen Arms; der uhrglasförmige Versatz besteht aus einem zentralen Kern und dem umgebenden Mantel. Verändert nach Bromley und Asgaard (1972c)

Schacht nach außen angelegt. Der zentrale Kern wurde bei seiner Rückkehr angelegt. Ähnliches trifft auf *Jamesonichnites heinbergi*, eine Variante im Verhalten von *Ancorichnus ancorichnus*, zu (Abb. 12.9h). Diese beiden Spurenfossilien bilden ein zusammengesetztes Ichnotaxon (Kap. 8.5).

Undeutlichere äußere Zonen der Verfüllung können entstehen, wenn die innere Grenze gegen den Kern nicht scharf ist (Abb. 8.1b). In solchen Fällen kann der Mantel kaum mit der Wandungsauskleidung eines offenen Baus verwechselt werden. Beim Ichno-

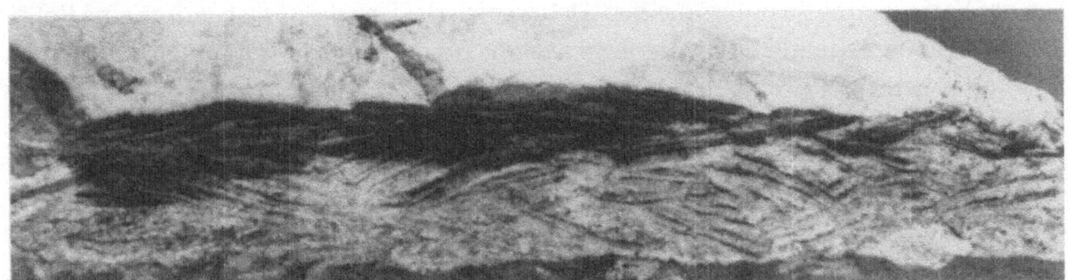

Abb. 8.7. Eine Gangwandung in fester Kreide an der Basisdiskordanz des Eozäns im Londoner Bekken. Das Spurenfossil *Glyphichnus harefieldensis* besitzt einen breiten U-Bau mit kräftigen Bioglyphen, die auf Aushöhlung durch Crustaceen hinweisen. Harefield, Mittelessex, England (× 2)

genus *Macaronichnus segregatis* ist die Grenzschicht dünn, scharf und dunkel; in *Phycosiphon incertum* ist der Mantel gewöhnlich bleich und der Kern dunkel (Abb. 11.11).

Kompaktion der Wandung. Die Sedimente unmittelbar außerhalb der Gangwandung weisen im allgemeinen leichte Störungen durch die Grabaktivität auf (Abb. 8.1a). Reineck (1958) nannte diese Zone „Wühlhof". Die Störungen des Sediments können je nach Substratkonsistenz auf Verwirbelungen, Kompaktion oder Scherung zurückgehen (Kap. 1.2.2).

Diagenesehöfe. Eine Zone der Oxidation, Schleimimprägnation und Kompaktion kann in der Wandung eine spezielle Diagenese einleiten. Durch Farbunterschiede und Mineralisationsvorgänge werden solche Strukturen überdeutlich betont und in Vorzugs-Strukturen überführt (Kap. 6.4). Chamberlain (1975, S. 1083) bezeichnete in DSDP-Kernen solche Strukturen als Gänge mit Hof (*engl.* halo burrows).

Diagenetische Bleichung oder Mineralisation kann auf unterschiedliche Weise das Wandungsmaterial verändern. Nach der diagenetischen Veränderung ist es schwer zu erkennen, ob ursprünglich eine spezielle Wandstruktur bestand. Die verbreitetsten (oder auffälligsten?) Spurenfossilien in den DSDP-Kernen sind berindete Grabgänge (Chamberlain 1975). Ekdale (1977) betrachtet diese im Querschnitt gebleicht erscheinenden Ringe als verändertes Wandungsmaterial; allerdings erstreckt sich die Entfärbung noch etwas in das Innere der Füllung hinein.

Durch diese diagenetischen Effekte treten einige Spurenfossilien auffallend deutlich hervor; als Basis für eine formale Nomenklatur sind sie jedoch ungeeignet. Eingebürgerte Begriffe wie „berindete Grabgänge" und „Gänge mit Hof" sind als Beschreibungen gut geeignet.

Ornamentierung von Wandungen. Von taxonomischer Bedeutung ist das Vorhandensein oder das Fehlen von Bioglyphen, die ein anderes und völlig unabhängiges Merkmal darstellen (Kap. 7.2 und Abb. 8.7).

8.3.3
Verzweigung

Die Verzweigung biogener Sedimentstrukturen kann in verschiedener Weise erfolgen. Bei der Untersuchung eines Spurenfossils ist es notwendig, diese verschiedenen Typen der Verzweigung zu unterscheiden. Dabei spielt die Fossilisationsbarriere eine Rolle, und es ist außerordentlich wichtig festzustellen, ob der Gang, das kumulative Spurenfossil oder beide verzweigt sind.

Ein offenes System von Gängen, das wiederholt von einem Bewohner benutzt wird, kann zu einer verzweigten Struktur ausgebaut werden (z. B. Abb. 4.22). Im Unterschied dazu kann ein mobiler Sedimentfresser, der gleichmäßig das Sediment durchdringt (z. B. Abb. 4.16), keine verzweigten Strukturen anlegen, es sei denn, er wendet und bewegt sich rückwärts, um seine Spur zurückzuverfolgen. Solche Wendemanöver hinterlassen deutliche Strukturen im Spurenfossil, wie z. B. bei *Rutichnus* ispp. (Abb. 9.9).

Es muß jedoch daran erinnert werden, daß ein unverzweigter Bau so verlagert werden kann, daß eine verzweigte kumulative Struktur entsteht (Abb. 6.7). Auch wenn die Verzweigungen also nicht die Form des ursprünglichen Gangs widerspiegeln, sind sie direkt auf das Verhalten des Erzeugers zurückzuführen und daher von größter Bedeutung für die Nomenklatur.

Bromley und Frey (1974) versuchten, die Verzweigungen von Spurenfossilien in Bezug zum ursprünglichen Grabgang zu klassifizieren. Sie unterschieden drei Typen:

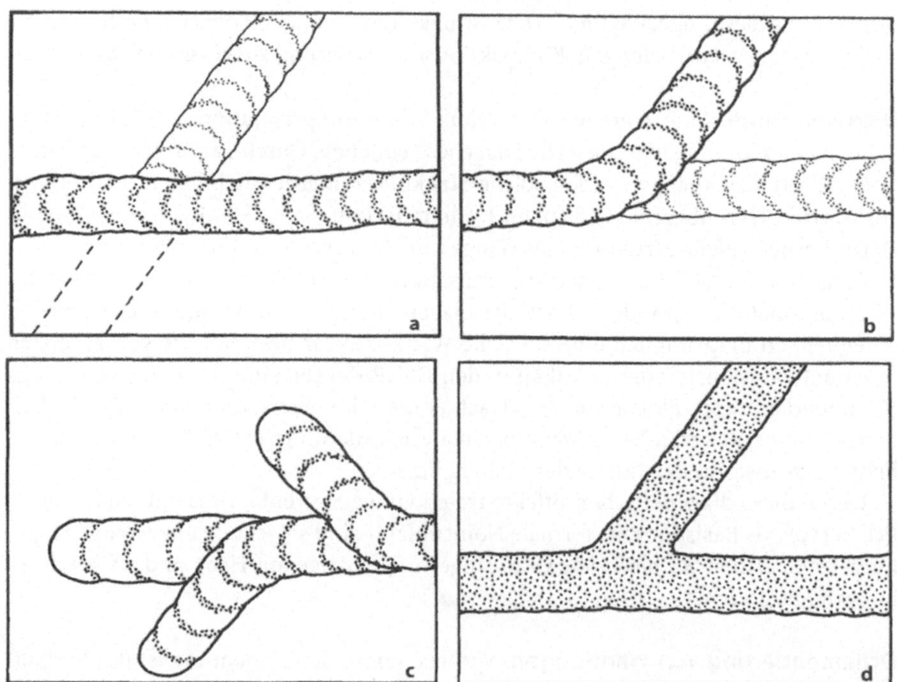

Abb. 8.8. Vier unterschiedliche Verzweigungstypen bei Spurenfossilien. **a** Falsche Verzweigung: die scheinbare Verzweigung wird durch eine zufällige Kreuzung und unvollständige Erhaltung verursacht (Abb. 9.10). **b** Sekundär aufeinander folgend: ein unverzweigter Grabgang führt zu einer verzweigten Struktur, indem ein Tier eindringt und der früheren Füllung folgt (oder später von ihr abweicht). Diese Eigenschaft ist für einige Spurenfossilien charakteristisch. **c** Primär aufeinander folgend: eine verzweigte, kumulative Struktur entsteht aus einem unverzweigten Grabgang durch wiederholte Sondierungen in das benachbarte Substrat (Abb. 6.7c und d). **d** Gleichzeitige Verzweigung: ein Netzwerk von Gängen, in denen die Zweige gleichzeitig offen sind. Verändert nach D'Alessandro und Bromley (1987)

- echte Verzweigungen, bei der der ursprünglich offene Grabgang verzweigt ist;
- falsche Verzweigungen, bei der ein Tier, das eine frühere Füllung aufarbeitet, vom früheren Verlauf des Baus abzweigt;
- Kreuzungen, die nur eine Überlagerung von zwei unverzweigten Gängen darstellen, aber in fossiler Erhaltung Verzweigungen vortäuschen können (Abb. 8.3).

D'Alessandro und Bromley (1987) verfeinerten diese Klassifikation, um auch sondierende Formen wie *Chondrites* ispp. (Abb. 8.8) einzubeziehen. Das Erkennen dieser unterschiedlichen Merkmale der Verzweigung liefert wertvolle Anhaltspunkte für das Verhalten der Bewohner und erlaubt eine präzisere Definition der Fossilnamen (Keighley und Pickerill 1995).

8.3.4
Füllmaterial und Struktur

Es ist ein wesentlicher Unterschied, ob das Material von Gangfüllungen dem umgebenden Sediment ähnelt oder nicht. Wenn es sich unterscheidet, kann das primäre oder diagenetische Ursachen haben, auch wenn die lokal ablaufende Diagenese ursprünglich bestehende Materialunterschiede betont, z. B. Unterschiede in der Permeabilität oder im Gehalt organischen Materials.

Ein Grabgang kann aktiv oder passiv verfüllt werden. Passive Füllungen, die gravitativ in den Grabgang gelangen, können entweder aus ähnlichem Material wie das umgebende Sediment bestehen oder, wenn anderes Sediment von oben eingefüllt wurde, sich von ihm unterscheiden. Im letzteren Fall spricht man von Grenzflächen-Erhaltung (Simpson 1957). Während sie für die stratinomische Klassifikation von Spurenfossilien von großer Bedeutung ist (Abb. 9.1) und die Erhaltung sowie die Erkennbarkeit verbessert, spielt sie taxonomisch keine Rolle.

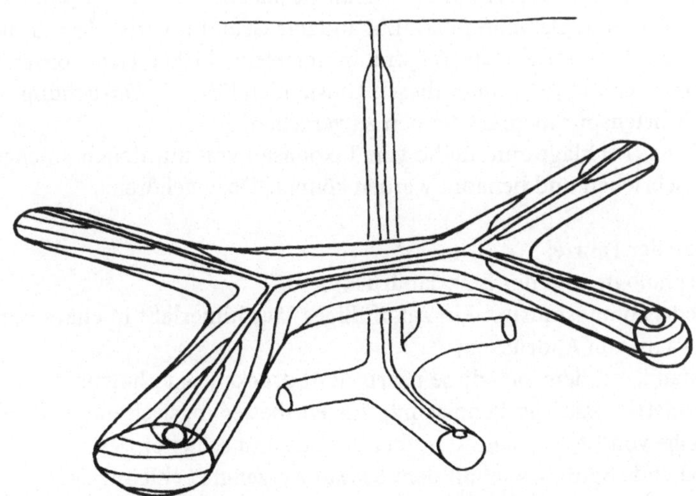

Abb. 8.9. Passive Füllung in *Thalassinoides* oder *Ophiomorpha*. Leicht geneigte Laminae stoßen an die zylindrische Wandung und können mit uhrglasförmigen Stopfgefügen verwechselt werden. Zuletzt wird der Füllkanal verfüllt, dessen Durchmesser dem der Gangöffnung am Meeresboden entspricht

Ähnlich zeigt ein verfüllter Kanal eine passive Füllung an, ist taxonomisch aber unbedeutend, außer daß er die Existenz eines offenen Baus belegt. Seilacher (1968) beschreibt, wie ein Füllkanal in jedem verfüllten Hohlraum mit einer engen Öffnung auftreten kann (Abb. 8.9). Der enge Füllkanal kann mit einem Bau verwechselt werden, der in der Füllung eines größeren angelegt ist. Es existieren Beispiele, bei denen diese rein physikalische Struktur mit dem Namen eines Spurenfossils belegt wurde, z. B. *Thalassinoides ornatus* (*pars*) durch Kennedy (1967).

Aktive Füllungen werden durch den Erzeuger des Baus selbst erzeugt. Als Produkt biologischer Aufarbeitung, das ganz oder teilweise den Darm des Tieres passierte, weicht das Material gewöhnlich von dem umgebenden Sediment ab. Aktive Füllungen besitzen daher normalerweise eine charakteristische Struktur und sind im allgemeinen an verschiedenen Bestandteilen, die im umgebenden Sediment auftreten, angereichert oder verarmt. Häufig enthalten sie Kotpillen und können aus uhrglasförmigen Versatzstrukturen bestehen (Abb. 9.10). Eine aktive Füllung kann zoniert sein (Kap. 8.3.2) oder – wie *Scolicia* ispp. – Kanäle enthalten. Die Ausbildung der Füllungen ist für die Nomenklatur der Spurenfossilien von größter Bedeutung.

8.3.5
Fährten

Von Invertebraten oder Vertebraten angelegte Fährten, d. h. sich wiederholende Fußabdrücke oder andere Zeichen der Fortbewegung, wie Kriechen oder Schwimmen in einem wäßrigen Substrat, verursachen spezifische Probleme (Abb. 9.4). Diese Gruppe von Spurenfossilien, meist als Repichnia eingestuft, stellt die Basis für eine große Anzahl von Namen dar (z. B. Walter 1983; Walker 1985).

Ein besonderes Problem sind die lateralen Unterschiede in der Morphologie. Dies kann an Änderungen in der Substratkonsistenz liegen, z. B. durch einen schwankenden Wassergehalt in randlichen lakustrischen Milieus. Wo ein Tier aus einem See auf trockenes Festland geht, muß es unterschiedliche Substrate passieren (Fuglewicz *et al.* 1990; Gradziński und Uchman 1994). Ein anderer Grund für laterale Schwankungen liegt darin, daß die Abdrücke im Substrat in unterschiedlicher Tiefe konserviert werden können (Lockley 1991). Unter diesen Umständen liegt die Versuchung nahe, entlang einer Fährtenspur mehrere Namen zu vergeben.

Trewin (1994) schlägt eine Reihe von Taxobasen vor, mit denen solche Spurenfossilien beschrieben und benannt werden können. Dazu gehören:

- Die Breite der Fährte;
- Die Morphologie und der Einzelabdruck;
- Das Wiederholungsmuster: Ein zehnfüßiges Tier hinterläßt in charakteristischer Weise 5 Paare von Abdrücken;
- Der Abstand, mit dem sich diese paarigen Abdrücke wiederholen;
- Die Symmetrie: Das Tier kann schräg zur Fortbewegungsrichtung laufen oder mit einer Reihe von Beinen seitwärts über das Substrat schleifen;
- Durchgehende Spuren, wie mit dem Schwanz erzeugte Schleifmarken.

Mit diesen Taxobasen könnte vielleicht ein maschinenlesbares Datensystem aufgebaut werden (Trewin 1994).

8.4
Ichnogenus und Ichnospezies

Da die Nomenklatur der Spurenfossilien mit der Zeit willkürlich und nicht nach einem vorgegebenen Plan wuchs, ist die Qualität und die Spannweite verschiedener Ichnogenera sehr unterschiedlich. Die Verwendung der Ichnotaxobasen ist somit bei verschiedenen Ichnotaxa nicht einheitlich. Fürsich (1974a,b) griff dieses Problem auf und versuchte die Taxobasen, abhängig von ihrer Bedeutung für das Verhalten der Spurenerzeuger, zu klassifizieren. Diejenigen Merkmale, die sich auf die wichtigsten Verhaltensmuster beziehen, sollten für die Aufstellung von Ichnogenera benutzt werden, während untergeordnete aber trotzdem deutliche Merkmale für die Untergliederung in Ichnospezies herangezogen werden sollten.

Beispielsweise wurden senkrechte, U-förmige Grabgänge mit Spreitenstrukturen unter verschiedenen Namen mit unterschiedlichem Gattungsrang beschrieben. Diese Morphologie spiegelt ein grundlegendes Verhaltensmuster wider, und deshalb stellen diese Namen für Fürsich (1974b) Synonyme dar. Der älteste Name ist *Diplocraterion* Torell 1868. Variationen in der Art der Spreitenanlage oder die generelle Form der U-Röhre, die Verwendung von Wandungsmaterial etc., die auf unterschiedlichen Verhaltensmustern beruhen, dienen zur Abgrenzung verschiedener Ichnospezies (Abb. 8.10).

Einige morphologische Merkmale von *Diplocraterion* ispp. sind als Basis für die Taxonomie ungeeignet, auch wenn sie durch das Verhalten gesteuert werden. Die beiden Haupttypen der Spreite – protrusiv und retrusiv – fallen beispielsweise in diese Kategorie. Diese augenfälligen Merkmale eines Spurenfossils sind Ausdruck der Anpassung des Erzeugers einer Spur an einen instabilen Meeresboden. Die erworbene Fähigkeit, sich an einen derartigen Lebensraum anzupassen, spiegelt sich im Vorhandensein einer Spreite wider. Der Grad der Protrusion oder Retrusion hängt dagegen von verschiedenen physikalischen Unwägbarkeiten der lokalen Sedimentationsbedingungen ab. Obwohl diese Erscheinungen für die Rekonstruktion des Paläomilieus

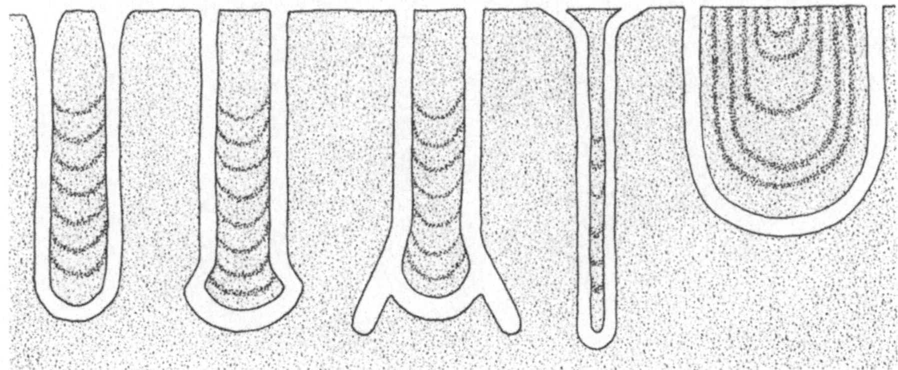

Abb. 8.10. Die Ichnospezies von *Diplocraterion*. Von links: *D. parallelum*, *D. helmerseni*, *D. biclavatum*, *D. habichi* und *D. polyupsilon*. Häufig sind nur *D. parallelum* und *D. habichi*. Den beiden bei *D. parallelum* angedeuteten Trichtern wird, obwohl darauf der Gattungsname beruht, keine ichnotaxonomische Bedeutung beigemessen, auch nicht auf der Ebene der Ichnospezies. Ebenso besitzt *D. habichi* fast niemals divergierende Öffnungen. Verändert nach Fürsich (1974b)

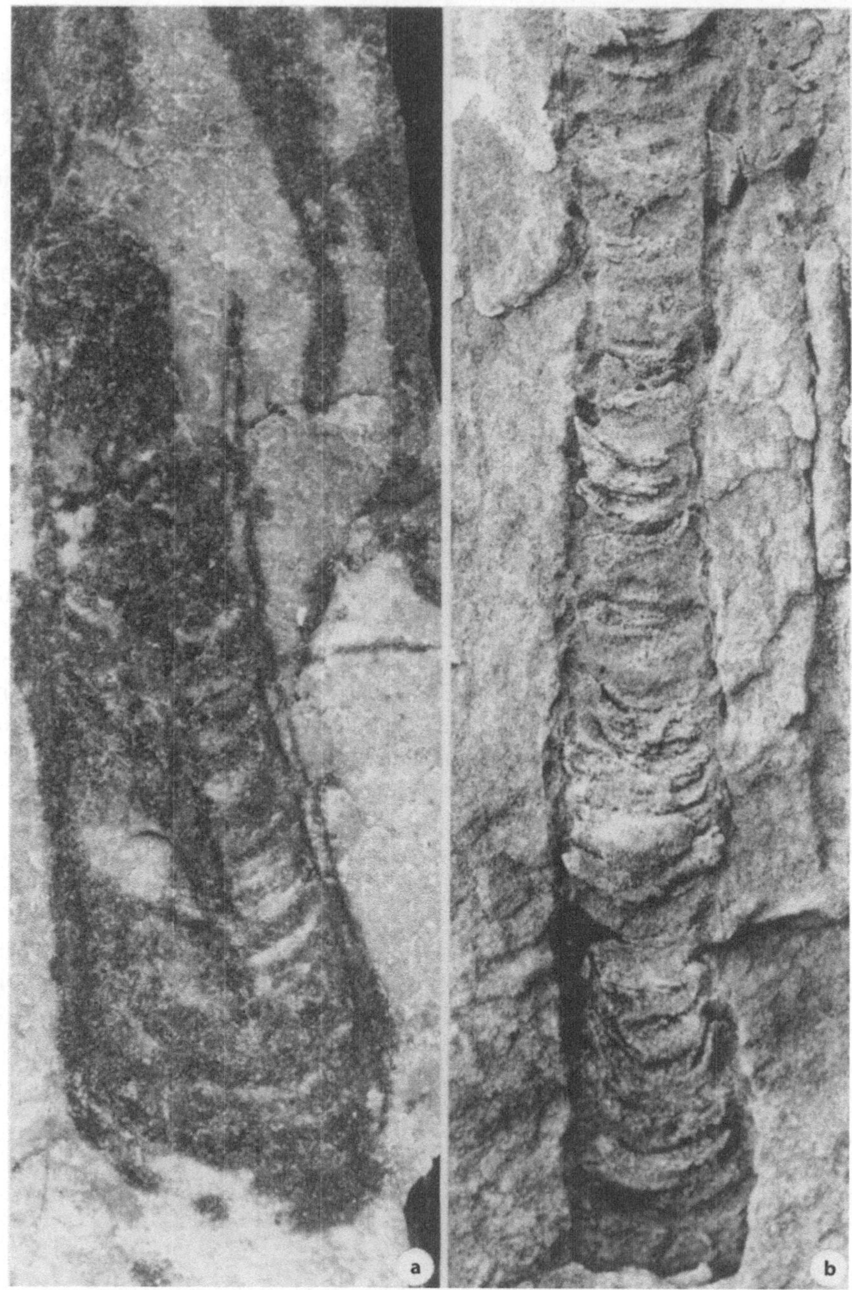

Abb. 8.11. Zwei gegensätzliche Beispiele von *Diplocraterion parallelum*. **a** Eine unterkambrische Form, protrusiv und mit einer auf Wachstum beruhenden Erweiterung nach unten. Dividal Gruppe, Finnmark, Norwegen (× 1,5); Bromley und Hanken 1991. **b** Ein großer Vertreter aus dem Oberjura des Boulonnais, Frankreich. Die lange protrusive Spreite spiegelt eine allmähliche Anpassung an eine geringe Erosion wider. Die Erosionsfläche liegt direkt über der Oberkante des Bildes (× 0,5). Siehe Ager und Wallace (1970)

von außerordentlicher Bedeutung sind (Goldring 1964), können sie keine Verwendung für die Ichnotaxonomie finden.

Wenn der Lebensraum über einen genügend langen Zeitraum stabil bleibt, spiegelt sich das Wachstum in einer Erweiterung der Struktur nach unten wider (Abb. 8.11). Dieser Vorgang kann aber durch Ausgleichsbewegungen modifiziert werden und daher nicht für die Nomenklatur von Spurenfossilien benutzt werden (Bromley und Hanken 1991).

Schließlich kann nach Fürsich (1974b) das Auftreten oder das Fehlen von Trichtern an den Öffnungen von U-Gängen auch nicht als Ichnotaxobasis benutzt werden, da diese Strukturen in den meisten Fällen davon abhängen, ob vor der Versenkung eine Zerstörung durch Erosion stattgefunden hat.

8.5
Zusammengesetzte Spurenfossilien

Durch die große Variabilität des Verhaltens von Spurenfossilien findet man immer Exemplare mit unterschiedlichem Verhalten, und ein Spurenfossil kann in der lateralen Verbreitung mehreren Ichnotaxa angehören. Pickerill (1994) und Pickerill und Narbonne (1995) bezeichnen solche Spurenfossilien als „zusammengesetzt" (vgl. Kap. 7.4).

Dafür existieren zahlreiche Beispiele. Bei *Ophiomorpha nodosa* fehlt als Reaktion auf Änderungen der Substratkonsistenz lokal die Wandauskleidung und wird zu *Thalassinoides suevicus* (Bromley und Frey 1974). *Thalassinoides paradoxicus* legt aus dem gleichen Grund Ritzornamente an und wird dann *Spongeliomorpha* isp. (Bromley 1967). Die von einem Echiniden angelegte Weidespur *Scolicia prisca* enthält lokal Elemente einer Ruhespur, die dann als *Cardioichnus planus* (Smith und Crimes 1983) bezeichnet wird. Die Weidespur mit Stopfgefügen, *Ancorichnus ancorichnus*, kann wie die Freßspur *Jamesonichnites heinbergi* abrupt primär aufeinanderfolgende Verzweigungen anlegen (Abb. 12.9h).

8.6
Einige problematische Ichnogenera

Fürsichs (1974b) Revision des Ichnogenus *Diplocraterion* wird heute allgemein akzeptiert, ebenso wie die grundlegende Theorie, die sich dahinter verbirgt (z. B. Pemberton und Frey 1982). Das Konzept läßt allerdings einen breiten Spielraum für eine subjektive Bewertung von Verhaltenseigenschaften zu. Darüber hinaus existieren in jeder Spurenfossilgruppe eine Reihe nomenklatorischer Probleme. In den folgenden Abschnitten werden zwei dieser Gruppen und die Probleme ihrer Untergliederung exemplarisch erläutert.

8.6.1
Ophiomorpha – Thalassinoides – Spongeliomorpha

Einem Vorschlag von Fürsich (1973), die strenge Benennung von Spurenfossilien zu verbessern, wird nicht uneingeschränkt gefolgt. Danach sollten diejenigen Formen Synonyme darstellen, die miteinander verwandt sind und in einem einzelnen System vorkommen (Kap. 7.1 und 8.5). Als Beispiel benutzte er die Netzwerk-Ichnogenera *Ophiomorpha*, *Thalassinoides* und *Spongeliomorpha*.

Dichotome oder T-förmig verzweigte dreidimensionale Netzwerke, Labyrinthe und Schächte, die weder ausgekleidet noch ornamentiert sind, werden zu *Thalassinoides* Ehrenberg 1944 gestellt. Gangsysteme mit vergleichbarer Morphologie aber mit einer dicken, außen genoppt wirkenden Auskleidung nennt man *Ophiomorpha* Lundgren 1891 (Abb. 8.12b). Ähnliche Grabgänge ohne Auskleidung, aber mit kräftigen Bioglyphen in Form von Graten, werden als *Spongeliomorpha* Saporta 1887 bezeichnet. Auch andere, z. B. dick ausgekleidete Variationen ohne genoppte Oberfläche, kommen vor, sind aber noch nicht benannt. Die dick ausgekleidete und ornamentierte Form, die Kennedy 1967 „*Spongeliomorpha*" *annulatum* nannte, hat keinen ichnogenerischen Namen erhalten.

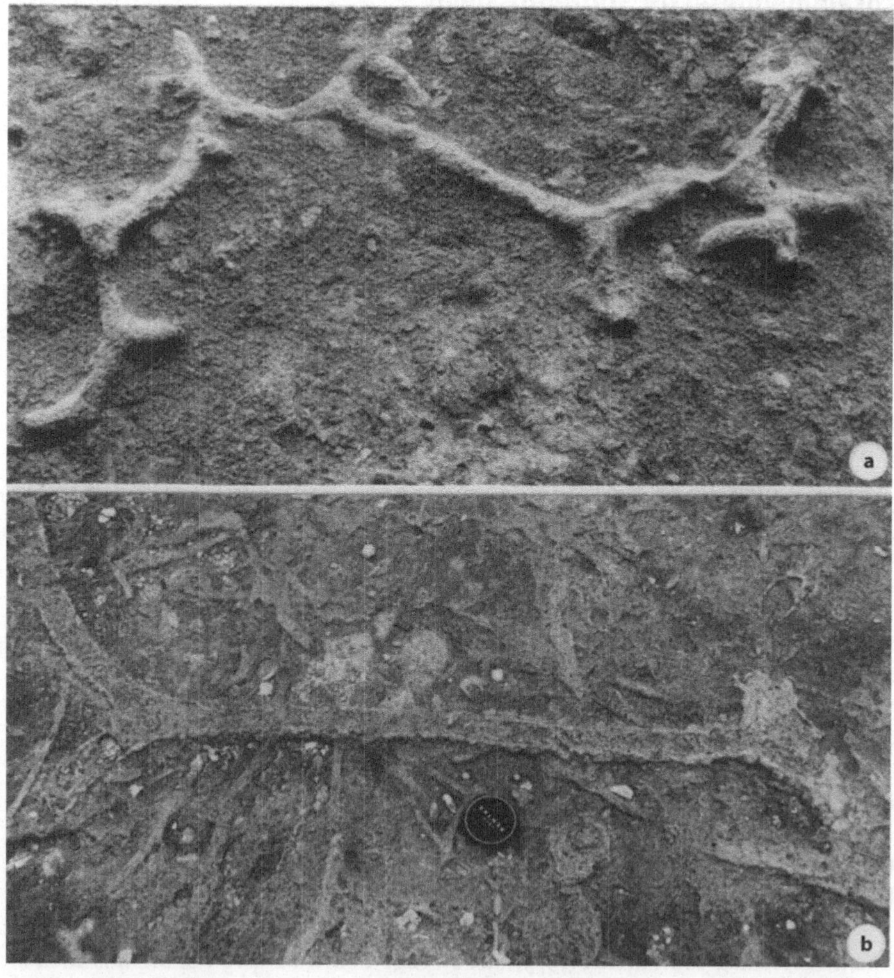

Abb. 8.12. Thalassinoide Spurenfossilien **a** *Thalassinoides suevicus*, Basis der oberkretazischen Schreibkreide bei Bruneval, Normandie, Frankreich. **b** *Ophiomorpha nodosa*, Unterer Globigerina-Kalk, Miozän, Gozo, Malta. Objektivdeckel 5 cm Durchmesser. Beide Bilder im gleichen Größenmaßstab

Alle diese Formen besitzen eine vergleichbare Morphologie, die auf einem Verhaltensmuster mit hoher Bedeutung für die Taxonomie beruhen und deshalb zu einem einzigen Ichnogenus gehören. Die Merkmale, die sie gegenwärtig unterscheiden, blieben dann als ichnospezifische Taxobasis bestehen. Fürsichs (1973) Vorschlag, diese Ichnotaxa als Synonymie des ältesten Namens (*Spongeliomorpha*) aufzufassen, stieß jedoch nicht auf Zustimmung (Bromley und Frey 1974). Dieser Name ist ein *nomen nudum* und wurde praktisch kaum verwendet, während *Ophiomorpha* und *Thalassinoides* geläufige ichnologische Begriffe sind.

Später wurde *Spongeliomorpha* auf der Grundlage von Material aus der Typuslokalität neu beschrieben und ist nun vollständig etabliert (Calzada 1981). Bevor man die vorgeschlagene Synonymie nochmals aufgreift, sollte man bedenken, daß sogar ein noch älterer Name für Netzwerkstrukturen existiert: *Granularia* Pomel 1849. Dieser Name wird gewöhnlich für Strukturen in Turbiditabfolgen verwendet, die morphologisch *Ophiomorpha* ähneln.

Einer von Fürsichs Gründen, diese Formen als Synonyme anzusehen, war, daß diese Spurenfossilien zusätzlich zu ihrer ähnlichen Morphologie häufig in enger Beziehung innerhalb eines einzigen Systems auftreten können (z. B. Kern und Warme 1974; Kap. 8.5). Kilpper (1962) und Bromley und Frey (1974) zeigten jedoch, daß in solchen Netzwerken auch spiralige Abschnitte vorkommen, die *Gyrolithes* Saporta 1884 ähneln. Hester und Pryor (1972) beschrieben retrusive Spreitenstrukturen in *Ophiomorpha nodosa*-Systemen, die Gemeinsamkeiten mit dem Ichnogenus *Teichichnus* aufweisen.

Klar ist, daß jede dieser morphologischen Entwicklungen bestimmte Verhaltensmerkmale in einem komplizierten Grabgangsystem repräsentiert und getrennt benannt werden müßte, genauso, wie wenn sie getrennt vorkommen würden. Darüber, wie sie genau benannt werden sollten, ist aber noch nicht entschieden worden. Hester und Pryor (1972) verwendeten einen abweichenden Namen für die Spreitenabschnitte eines *Ophiomorpha nodosa*-Systems, die sie *Ophiomorpha nodosa* var. *spatha* nannten.

Es existiert eine gewisse Unabhängigkeit von Namen auf der Ebene von Gattungen und Arten, die bei Körperfossiltaxa nicht vorkommt. Es wäre deshalb beinahe logisch, die Spreiten *Teichichnus nodosus* zu nennen.

Pemberton und Frey (1982) schlugen vor, daß bei solchen Übergängen ein Name nach den vorherrschenden Merkmalen im System aufgestellt werden sollte. Bei einer breiten Materialfülle könnte die Vorherrschaft eines Merkmals abgeschätzt werden, bei zerbrochenem oder anderweitig nur begrenzt verfügbarem Material – wie aus Bohrkernen – ist das jedoch kaum möglich.

8.6.2
Cruziana – Rusophycus – Isopodichnus

Cruziana und *Rusophycus* sind charakteristische paläozoische Ichnogenera, die als Repichnia bzw. Cubichnia (Kap. 9.2.1) gedeutet werden. Sie entstehen auf Grund deutlich unterschiedlicher Verhaltensmuster und sind deshalb für eine Trennung auf der Ebene von Spurengattungen geeignet. Im Hyporelief aus einem Doppelrücken bestehend, wurden sie in der Vergangenheit häufig deskriptiv auch als „Bilobiten" bezeichnet. Die meisten Autoren betrachten sie als endogen entstandene Formen, die unter einer dünnen Sandlage gebildet wurden (Seilacher 1955, Goldring 1985), obwohl der Nachweis dafür nicht in jedem Fall möglich ist. Nach Landing und Brett (1987) dürften einzelne Formen exogen auf einem schlammigen Festgrund angelegt werden. Unabhängig von ihrer Erhaltungsweise besitzen *Cruziana* und *Rusophycus* einen bemerkenswert sensiblen „Fingerabdruck" – einen feingliedrigen Bioglyphen, der aus Rükken und Rillen besteht.

Seilacher (1955, 1959, 1970) untersuchte einige Spurenfossilien, die zu diesen zwei Ichnogenera gehören, und zeigte überzeugend, daß die Spurenerzeuger in vielen Fällen Trilobiten waren. Seine Beschreibungen der Tätigkeit der Trilobiten sind so lebensnah, daß diese Ichnogenera in der Literatur häufig als „Trilobitenspuren" bezeichnet werden.

Seilachers Arbeit (neben anderen, vgl. Boucot 1990) läßt keinen Zweifel daran, daß einige Trilobiten die Spur *Cruziana* ispp. erzeugt haben könnten, und daß einige Ichnospezies von *Cruziana* durch Trilobiten angelegt wurden. Dies ist eine der bekannten Halbwahrheiten in der Ichnologie. Körperfossilien von Trilobiten sind selten *in situ* in ihren Ruhespuren erhalten (Kap. 8.1). Sogar Seilacher (1960) zeigt, daß auch andere Arthropoden und sogar Würmer und Schnecken Ruhespuren mit einer ähnlichen Morphologie wie *Rusophycus* (Kap. 7.3) anlegen.

Die biologischen Erzeuger der meisten Exemplare von *Cruziana* und *Rusophycus* sind unbekannt. Wenn Trilobiten in derselben lithologischen Einheit wie die Spurenfossilien erhalten sind, ist die Versuchung für viele Autoren recht groß, eine genetische Verbindung zwischen beiden herzustellen. Andere Autoren führen jedoch Beispiele an, in denen *Cruziana* nicht von Trilobiten angelegt wurden. Landing und Brett (1987) wiesen nach, daß die Ornamentierung von *Cruziana reticulata* auf eine Beinbewegung hinweist, die bei den außerordentlich wenigen Trilobiten, die mit Beinen erhalten sind, nicht möglich ist. Whittington (1980) hält es auf Grund der Muskulatur und Gliederung für höchst unwahrscheinlich, daß der kambrische Trilobit *Olenoides serratus* insbesondere und Trilobiten im allgemeinen fähig waren, *Cruziana* zu erzeugen. Vergleiche dazu Seilacher (1985).

Insbesondere der nordamerikanische Burgess Schiefer (Conway Morris 1979) und vergleichbare Lokalitäten (Conway Morris 1985; Conway Morris *et al.* 1987; Collins 1987) zeigen, daß unter den kambrischen Faunen nicht kalzifizierte Arthropoden dominieren. Unter diesen Formen können sich eine Reihe von Spurenerzeugern befunden haben.

Wenn man bilobate Spurenfossilien als Trilobitenspuren bezeichnet, treten Schwierigkeiten auf, da diese Strukturen außerhalb der zeitlichen und räumlichen Verbreitung von Trilobiten gefunden werden. An der Grenze Präkambrium/Kambrium erscheinen *Cruziana* und *Rusophycus* vor den ersten Körperfossilien der Trilobiten (Alpert 1977; Crimes 1994). Dieser Widerspruch kann gelöst werden, wenn man auf die nicht kalzifizierten, nicht erhaltungsfähigen Trilobiten hinweist, die vor den kalzifizierten Formen auftraten (Whittington 1985).

Trilobiten sind im Perm ausgestorben und haben niemals Süßwassergebiete besiedelt. Daher können postpermische und nichtmarine Vorkommen von *Cruziana* und *Rusophycus* nicht von Trilobiten stammen (Abb. 8.13). Kleine bilobate Spurenfossilien kommen jedoch auch in devonischen und triassischen Rotsedimenten vor, auf die traditionell der Terminus *Isopodichnus* angewandt wird (Trewin 1976; Hakes 1976; Seilacher 1978, 1985; Pollard 1981, 1985), obwohl er sowohl Kriechspuren als auch Ruhespuren umfaßt. Bromley und Asgaard (1972a, 1979) stellen diese Biolobiten auf Grund ihrer Morphologie zu den Ichnogenera *Cruziana* und *Rusophycus* und weisen nach, daß die Erzeuger der Spuren Notostraken (Crustacea) waren.

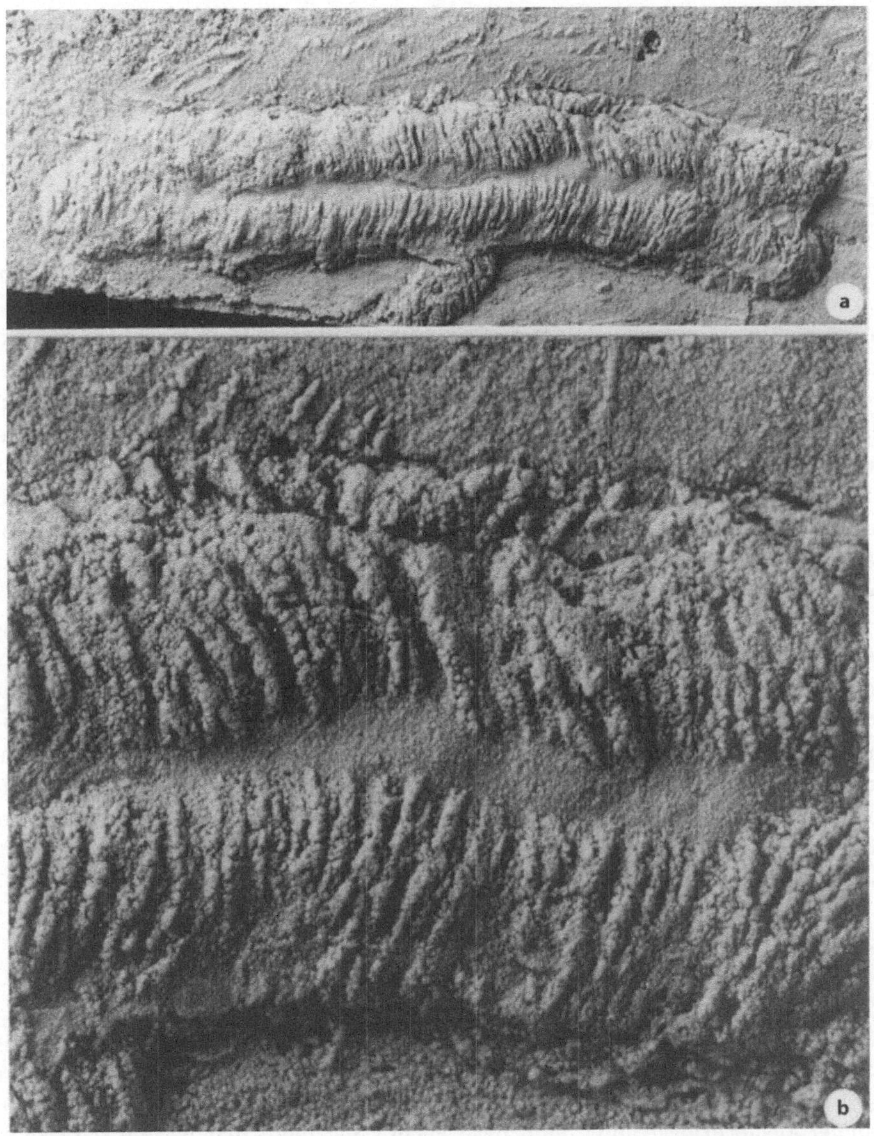

Abb. 8.13. Eine *Cruziana problematica* in konvexem Hyporelief aus der fluviatilen Ørsteddal Einheit der Fleming Fjord Formation (Trias) von Jameson Land, Ostgrönland (*a* × 2 und *b* × 8)

Viele Autoren ziehen es jedoch weiterhin vor, die traditionelle Verwendung von *Isopodichnus problematicus* beizubehalten (Trewin 1976; Hakes 1976; Seilacher 1978, 1985; Pollard 1985; Aceñolaza und Buatois 1993; Buatois und Mángano 1993). Alle diese Autoren geben Unsicherheiten bei der Abgrenzung von *Isopodichnus* gegenüber *Cruziana* und *Rusophycus* zu. Pollard (1981, S. 569) schreibt sinngemäß: „Die Größe, das geologische Alter, die Faziesvergesellschaftung und die vermutlich nicht zu den Trilobiten gehörenden Erzeuger deuten darauf hin, daß *Isopodichnus* als gültiges Ichnogenus beibehalten werden sollte". Seilacher (1985) schlägt gleichfalls eine ichnogenerische Trennung „nur für geologische Zwecke" vor. Keines dieser Kriterien stellt in meinen Augen eine Ichnotaxobasis dar; ich kann auch nicht erkennen, wie *Isopodichnus* etwas anderes als ein verstecktes jüngeres Synonym von *Cruziana* und *Rusophycus* sein sollte (Romano und Whyte 1987; Pickerill und Peel 1990, 1991; Pickerill 1994; Gradziński und Uchman 1994).

Es zeigte sich, daß, dank der sensiblen Reaktionen des Erzeugers der Gänge, *Rusophycus* in besonderem Maße für die Stratigraphie einsetzbar ist. Seilacher (1977, 1992, 1993) stellte für Sandsteine auf dem Gondwana-Kontinent, die vom Unterkambrium bis Unterkarbon reichen, eine *Cruziana*-Stratigraphie auf, indem er Gruppen von Arten zusammenfaßte, die für *Rusophycus*-förmige Ruhespuren und *Cruziana*-förmige Kriechspuren verantwortlich sind. Zur Vereinfachung wurden diese Gruppen als *Cruziana* bezeichnet, obwohl der Erzeuger der Spur eigentlich mit einem Namen belegt werden sollte. Diese Nomenklatur bricht mit der ichnologischen Tradition. Es sind aber biotaxonomische Signale, die die Aufstellung eines Schemas erlauben, mit dem die Spurenfossilien für die Biostratigraphie nutzbar gemacht werden können. Auf der gleichen Grundlage beruht die Benennung der Vertebratenfährten (Lockley 1993) und der Bohrspuren (Bromley 1994).

Crimes *et al.* (1977) trennen schließlich einige Ichnospezies-Paare Seilachers wieder in *Cruziana* und *Rusophycus* auf und entwirrten ihre Diagnose. Um es zu wiederholen: Es ist wichtig, die Ichnotaxa auf dem Verhalten aufzubauen, wie es von Seilacher (1953a) so elegant vorgeführt wurde. Wenn wir zulassen, daß die doppelte Nomenklatur miteinander in Konflikt gerät, wird die Ichnotaxologie zusammenbrechen, und die nächste Revision des Treatise on Invertebrate Paleontology, Teil W, wird mehrere Bände umfassen. Wir könnten die Revision mit *Ophiomorpha* beginnen, um festzustellen, wie viele Ichnogenera für die Tätigkeit grabender Callianassiden, Brachyuren, Flußkrebse, echter Fische, Käfer usw. aufgestellt werden müßten.

8.7
Ichnofamilien

Wenn Ichnofamilien in den IRZN (Ride *et al.* 1985) anerkannt würden, wären bereits etwa ein Dutzend gültig (Rindsberg 1990). Einige wurden von Schimper und Schenk (1890) aufgestellt, die annahmen, daß es sich um Pflanzentaxa handelte, z. B. die Gruppen der Alectorurideae und Chondriteae. Fuchs (1895, 1909), dem bewußt war, daß es sich um Spurenfossilien handelte, benutzt größere Gruppierungen einschließlich Fucoide für verzweigte Formen wie *Chondrites*, Graphoglypten für mäandrierende wie *Cosmorhaphe* und Alectoruridae für Spreiten wie *Zoophycos* (*Alectorurus* ist ein jüngeres Synonym von *Zoophycos*).

Richter (1926) benutzt für U-förmige Strukturen die Begriffe Rhizocorallidae und Arenicolitidae, je nachdem, ob sie Spreiten besitzen oder nicht. Später stellt Walter (1983), basierend auf der Anzahl der Gliedmaße der Spurenerzeuger, höhere Taxa auf, u. a. Multipodichnia, Pentapodichnia und Tetrapodichnia. Rindsberg (1994) benutzt die Familie Zapfellidae für Bohrungen von Acrothoraca (bohrende Rankenfüßer), obwohl sie für den nicht erhaltenen Spurenerzeuger aufgestellt wurde (Codez und Saint-Seine 1958). Fu (1991) unterteilt nach den vermuteten Funktionen die Ichnogenera in Fucoide und Lophocteniden. Seilacher und Seilacher (1994) schlagen vor, alle von Muscheln angelegten Spurenfossilien zu der Ichnofamilie Pelecypodichnia zu stellen.

Es gibt also drei Arten von Ichnofamilien, die entweder:

- auf dem Werk eines einzelnen Taxons von Spurenerzeugern beruhen (Rindsberg 1994; Seilacher und Seilacher 1994),
- auf der morphologischen Ähnlichkeit der Spurenerzeuger (Walter 1983),
- oder auf der morphologischen und (vermuteten) funktionalen Ähnlichkeit (Richter 1926; Fu 1991).

Die erste könnte man als Zooichnofamilie, die zweite als Paraichnofamilie und die letzte als Euichnofamilie bezeichnen.

Ich gebe zu, daß ich Zweifel an dem Wert von Zooichnofamilien hege. *Protovirgularia* wird von Muscheln mit Spaltfuß angelegt (oder durch Scaphopoden), *Solemyatuba* durch *Solemya* (ähnlich dem Y-förmigen *Upogebia*-Bau). *Lockeia* stellt die kompressive Ruhespur von Muscheln mit einem keilförmigen Fuß dar – und wird hoffentlich nicht mit der ausgehöhlten Ruhespur von zweiklappigen Conchostraken (Crustaceen) verwechselt. Wir wollen auch hoffen, daß sich *Teredolites longissimus* immer durch „Fingerabdrücke" des Schiffsbohrwurms von dem Werk einer terrestrischen holzbohrenden Käferlarve unterscheidet. Halten die Paläontologen eine Zusammenfassung dieser verschiedenen Spurenfossilien in der Zooichnofamilie Pelecypodichnia für sinnvoll?

Wie auch immer, bevor wir weitere Ichnofamilien aufstellen, sollten wir auf die Nachsilbe von Familiennamen eingehen. Vielleicht sollte die Endung -idea vermieden werden, da sie zur Verwechslung mit zoologischen Familiennamen führen kann (und -acea bei botanischen). Die Endung -ichnia wird bereits für Verhaltenskategorien (Abb. 9.2) und Martinssons (1965) stratinomische Begriffe benutzt (Abb. 9.1). Martinsson (1970) benutzt bei Spurenfossilgruppen die Umgangssprache, z. B. „teichichnians" (*engl.*). Andere Kandidaten sind -ichnidae, -ichna, -ichniae, -ichnida, und für diejenigen, die den übermäßigen Gebrauch des Griechischen vermeiden wollen (Pemberton *et al.* 1992), -vestigia.

8.8
Verwirrung und Folgerungen

Die Bestimmung der Spurenerzeuger ist ein schwieriges Geschäft, das für den Unüberlegten mit Fallstricken versehen ist. Die sicherste Methode ist das Erkennen der „Fingerabdrücke" des Erzeugers, wie Seilacher (1962a) sie bezeichnete. Dies sind Merkmale, die die Art der Anlage von Spuren oder die Umlagerung von Körnern anzeigen und dadurch Hinweise auf die Anatomie des Spurenerzeugers geben. Zum Beispiel kann eine Crustacee keinen Bau durch Vorstoßen und Zurückziehen nach der Doppelankertechnik anlegen, sie kann nur aushöhlen. *Lockeia siliquaria* entsteht durch Kompression und muß daher von Bivalven stammen und nicht von muschelähnlichen Crustaceen (Conchostraken oder Ostracoden).

Für einzelne Spurenfossilien ist die Erhaltung des Spurenerzeugers als Körperfossil ein guter, wenn nicht sogar der einzig verläßliche Hinweis (Abb. 4.7 und 9.8). Offene Gänge haben ein besonderes Problem – den „Würstchen-in-der-Teighülle"-Effekt. Die-

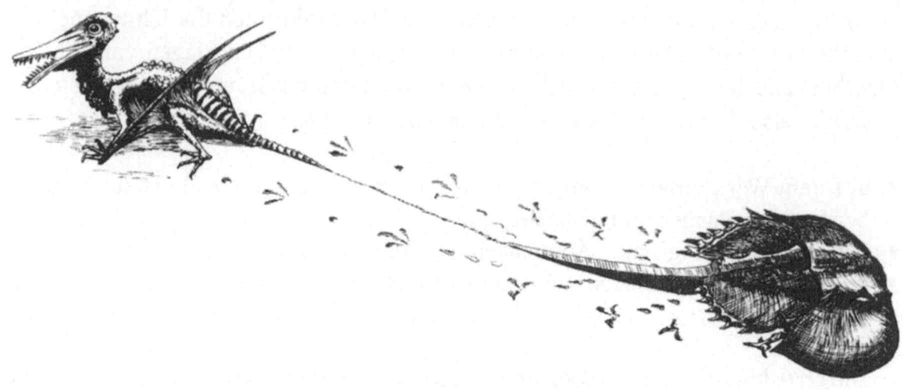

Abb. 8.14. Der Kampf um *Kouphichnium lithographicum*. Links nach Figuier (1866), rechts nach Goldring und Seilacher (1971). Die Erleuchtung kam Schritt für Schritt: für eine detaillierte Beschreibung siehe Abel (1922, 1935) und Caster (1938, 1939, 1941, 1944)

se Gänge bieten jedem Skelettelement – ob von dem Erzeuger, einem Bewohner oder einem Bioklast – ein Mikromilieu mit einem großen Erhaltungspotential (Kap. 7.5). Rasmussen (1971) fiel auf diesen Effekt herein: Er beschrieb, basierend auf einem aufgearbeiteten Spatangoiden, der in den Bau gefallen war, *Thalassinoides* als Bau eines Spatangoiden.

Ob mit oder ohne Anwesenheit eines Körperfossils – Versuche, den Spurenerzeuger zu rekonstruieren, hat zu einigen haarsträubenden Fehlern und Konfusionen geführt. Hier sind einige Beispiele.

Frühere Autoren rekonstruierten die Gangart von schreitenden Pterosauriern und selbst *Archaeopteryx* auf Grund der in den lithographischen Kalken von Solnhofen erhaltenen Fährten *Kouphichnium lithographicum*. Spätere Autoren haben sie als die Spur eines Pfeilschwanzkrebses interpretiert, die sich in die entgegengesetzte Richtung wie der Pterosaurier bewegt (Abb. 8.14). Echte Fährten von Pterosauriern treten allerdings sehr häufig auf (Lockley *et al.* 1995).

Lockley *et al.* (1994b) reinterpretierten vermeintliche fossile Spuren von Mauleseln und Pferden (mit Hufeisen) als das Invertebraten-Spurenfossil *Rhizocorallium* und in einigen Fällen als Unterspuren von Dinosauriern. Dinosaurier-Unterspuren sind gefährlich; sie können Kreationisten zu der Ansicht verleiten, daß Dinosaurier zusammen mit menschlichen Lebewesen auftraten. Roček und Rage (1994) deuten eine vermeintliche Amphibienspur als das Werk eines Seesterns um. Eine Reihe von tief eingeschnittenen sigmoidalen Kratzspuren auf einer Schichtfläche werden von King (1965) als das Werk von Pfeilschwanzkrebsen interpretiert. Heute werden diese Spurenfossilien allerdings als Undichnia bezeichnet und als Schwimmspuren benthischer Fische gedeutet (Higgs 1988).

Gänge einiger Fische und Crustaceen können sich ähneln, und um einige Süßwasserbeispiele aus der Trias wurden heftige Debatten geführt. Durch die abgelaufene Diskussion haben wir viel über die Tätigkeit des Aushöhlens bei Lungenfischen und Flußkrebsen erfahren (Dubiel *et al.* 1987, 1988, 1989; McAllister 1988; Hasiotis und Mitchell 1989; Hasiotis *et al.* 1993).

Eine weitere Konfusion entstand durch die Annahme von Swinbanks (1981b), daß das graphoglyptide Ichnogenus *Paleodictyon* morphologisch dem Xenophyophoren *Occultammina profunda* ähnelt. Beide bilden ein hexagonales Netzwerk, auch wenn *Paleodictyon* normalerweise ausgedehnter und viel regelmäßiger verzweigt ist als *Occultammina*. Ist *Paleodictyon* ein Agrichnion-Spurenfossil oder ein einzelliges Körperfossil? Spielt das eine Rolle? Beide wurden als Sedimentfresser der Tiefsee, als Fallen von Meiofauna und Bakterienkulturen gedeutet (Levin 1994). Southward und Dando (1988, Abb. 4) bilden Xenophyophoren ab, die wie Reste von Maschendraht auf und nicht unter dem Meeresboden liegen.

Andererseits kommt *Paleodictyon* als offener Bau im Ozeanboden vor und wurde in Kastenlotkernen gefunden (Ekdale 1980; Gaillard 1988). Pickerill (1990) beschreibt nichtmarine *Paleodictyon*-ähnliche Spurenfossilien; Xenophyophoren sind ausschließlich marin.

Kapitel 9

Stratinomie, Toponomie und Ethologie von Spurenfossilien

Obwohl es keine übergeordnete ichnotaxonomische Gliederung oberhalb des Ranges der Ichnogattungen gibt, können Spurenfossilien auf verschiedene Weise untergliedert werden. Im allgemeinen werden in der Ichnologie zwei Klassifikationen verwendet: die eine basiert auf der Erhaltung, die andere auf dem Verhalten.

9.1
Klassifikation nach der Erhaltung

Die Toponomie, oder der morphologische Ausdruck eines Ichnotaxons, hängt davon ab, ob ein Spurenfossil im Tonstein, Sandstein oder an der Grenze zwischen beiden erhalten ist (Kap. 7.2). Um diese stratinomische Vielfalt zu beschreiben, wurde eine Reihe von Begriffen aufgestellt, auf die einige Autoren eine Klassifikation gründeten. Dieses System wurde dann weiter modifiziert, um es speziellen Situationen anpassen zu können, zuletzt durch Ekdale *et al.* (1984a) und Frey und Pemberton (1985).

In diesem Buch wird Seilachers (1964) Klassifikation benutzt, nach der Spurenfossilien entweder im Vollrelief oder im Semirelief erhalten sind (Kap. 6.2). (Ursprünglich wurden diese Begriffe in der älteren Literatur benutzt; z. B. Maillard (1887); Fuchs (1895)). Parallel dazu existiert eine Klassifikation von Martinsson (1965, 1970) (Abb. 9.1).

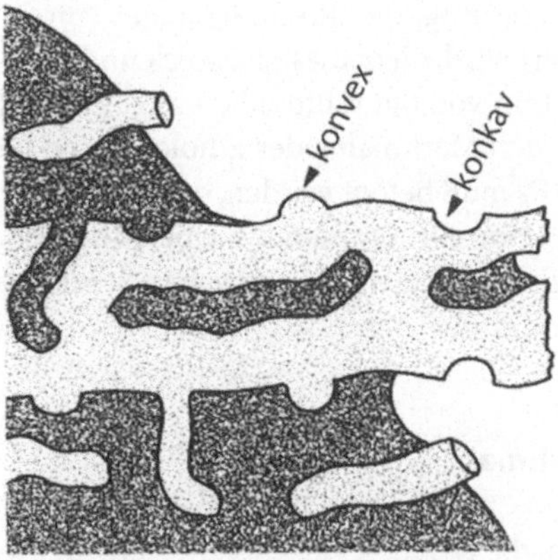

Abb. 9.1. Stratinomische Klassifikation der Spurenfossilien in einem sandigen Substrat. Vergleich der Terminologien von Seilacher (1964) und Martinsson (1965)

Beide Klassifikationen basieren auf dem Verhältnis der Struktur zu dem Substrat, in dem sie erhalten sind und das im allgemeinen ein Sandstein ist. Spektakuläre Spurenfossilerhaltungen werden in angewitterten Aufschlüssen auf der Oberseite und besonders an den Sohlflächen von Sandsteinen terrigener Wechsellagerungen gefunden, in denen die Klassifikation aufgestellt wurde.

Es ist wichtig, die stratinomische Erhaltung der verschiedenen Ichnotaxa zu beschreiben, da sie sowohl bei ihrer Identifizierung als auch bei ihrer Interpretation hilfreich ist. *Gyrochorte* kommt z. B. hauptsächlich auf den Oberseiten vor, d. h. als konvexes Epirelief in Form eines Doppelstranges. Seltener tritt es an den Sohlflächen von Sandsteinbänken in konkavem Hyporelief als Doppelrinne auf. Im Vergleich dazu kommt *Cruziana* ausschließlich als konvexes Hyporelief in Form eines Doppelstrangs vor.

Spurenfossilien werden zunehmend in lithologisch monotonen Abfolgen – wie in Tonsteinen oder in der Schreibkreide – beobachtet. Die Spuren sind normalerweise ausschließlich im Vollrelief erhalten, auch wenn sie auf Schichtflächen spaltbarer Gesteine als Spaltrelief deutlich zu erkennen sind. Im allgemeinen sind sie jedoch auf Grund der eintönigen Erhaltung für die stratinomische Klassifikationen von geringem Wert.

Diese auf der Erhaltung beruhenden Klassifikationen berücksichtigen diagenetische Besonderheiten nicht. Obwohl die Entwicklung von Konkretionen oder die fleckenhafte Verteilung des Zements, besonders in lithologisch gleichförmigen Abfolgen, von höchster Bedeutung für die Erhaltung von Spurenfossilien sind, wurden diese Phänomene bis jetzt nicht bei Klassifikationsversuchen berücksichtigt. Es war das Vorkommen von verzweigten Feuersteinkonkretionen, die als erstes die Aufmerksamkeit auf das sonst unsichtbar gebliebene Bioturbationsgefüge in der europäischen weißen Schreibkreide lenkte (Bromley 1967). Sowohl die verkieselten als auch die nicht silizifizierten Spurenfossilien treten als Vollrelief im Sinne Seilachers auf.

9.2
Eine ethologische Klassifikation

Spurenfossilien sind vor allem sichtbarer Beweis für das Verhalten von Tieren, und der natürlichste Weg, sie zu klassifizieren ist, ihren Verhaltensmustern zu folgen. Die ethologische Klassifizierung, die durch Seilacher (1953a, 1964) eingeführt und von Müller (1962) erweitert wird, dient diesem Zweck und wird allgemein bei der Beschreibung und Interpretation von Spurenfossilien angewandt. Diese Klassifikation basiert auf den fundamentalsten Merkmalen der Ethologie und besteht inzwischen aus 11 Abteilungen (Abb. 9.2). Es muß betont werden, daß natürliche Überlappungen existieren, die aber auf in der Natur vorkommenden Übergängen beruhen. Es soll auch daran erinnert werden, daß unterschiedliche Teile von Strukturen Ausdruck verschiedener Verhaltensmuster sind.

9.2.1
Ruhespuren (Cubichnia)

Dies sind Strukturen, die durch vagiles Benthos erzeugt werden, das sich für eine bestimmte Zeit eingräbt und dann auf demselben Weg das Sediment verläßt. Einige Räuber, wie Seesterne, verhalten sich so, um eingegrabene Beute zu fangen. Häufiger werden Ruhespuren endogen durch Tiere angelegt, die in einer oberflächennahen Sand-

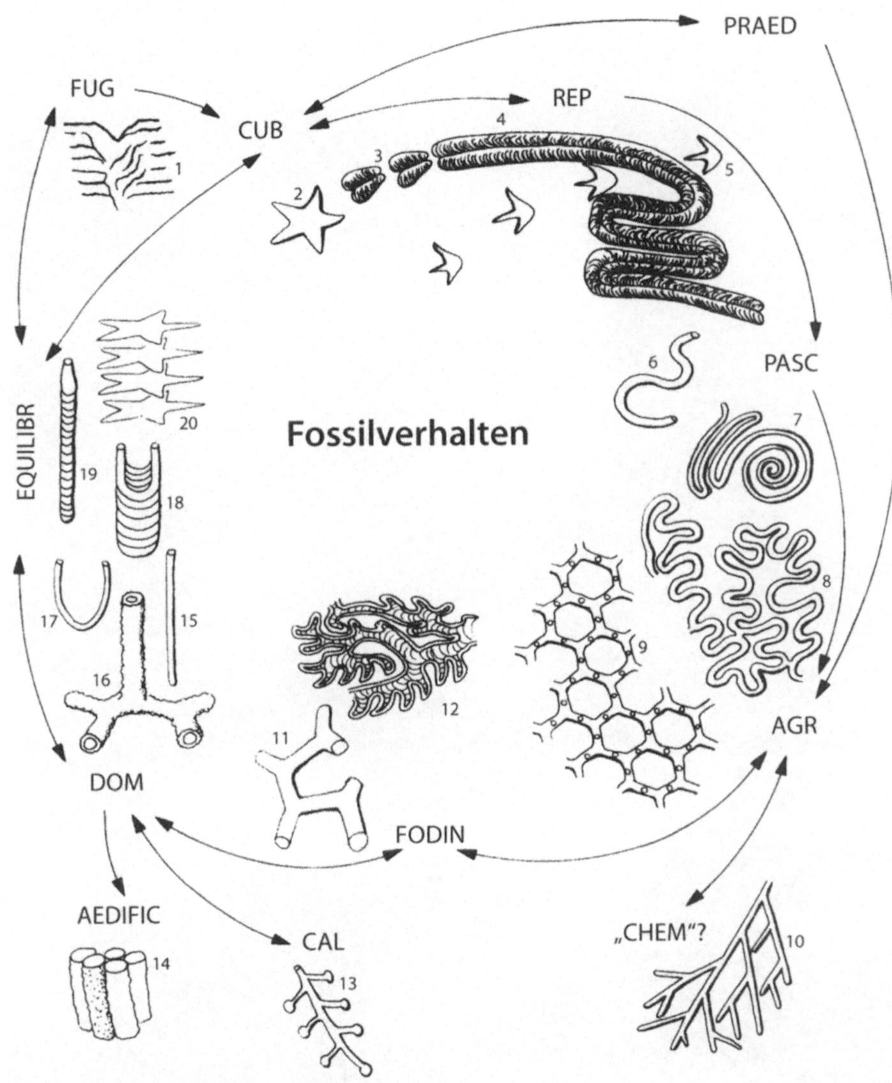

Abb. 9.2. Die ethologische Klassifikation von Spurenfossilien. Namen der 11 Gruppen sind abgekürzt (ohne Endung -ichnia). Pfeile zeigen Wechselbeziehungen an. Sollten chemosymbiontische Strukturen unter Agrichnia eingeordnet oder selbständig (Chemichnia) betrachtet werden, wie hier vorgeschlagen wird? Ichnogenera und andere dargestellte Spurenfossilien: *1* Fluchtspuren, *2 Asteriacites*, *3 Rusophycus*, *4 Cruziana*, *5* Fährtenspur eines zweifüßigen Vertebraten, *6 Helminthopsis* oder *Planolites*, *7 Helminthoida*, *8 Cosmorhaphe*, *9 Paleodictyon*, *10 Chondrites*, *11 Thalassinoides*, *12 Phycosiphon*, *13* Brutbau eines Käfers, *14* Sandröhren von Sabellariiden, *15 Skolithos*, *16 Ophiomorpha*, *17 Arenicolites*, *18 Diplocraterion*, *19* Ausgleichsspur einer Muschel, *20* sich senkrecht wiederholender *Asteriacites*

schicht leben und die Oberfläche des unterlagernden Substrats verwühlen, wenn sie sich eingraben (Abb. 6.3 und 9.3). Viele Muscheln zeigen ein solches Verhalten (Kap. 4.1.1). Nur wenige Erzeuger von Spuren ruhen tatsächlich. Ruhespuren gehen meist auf Ver-

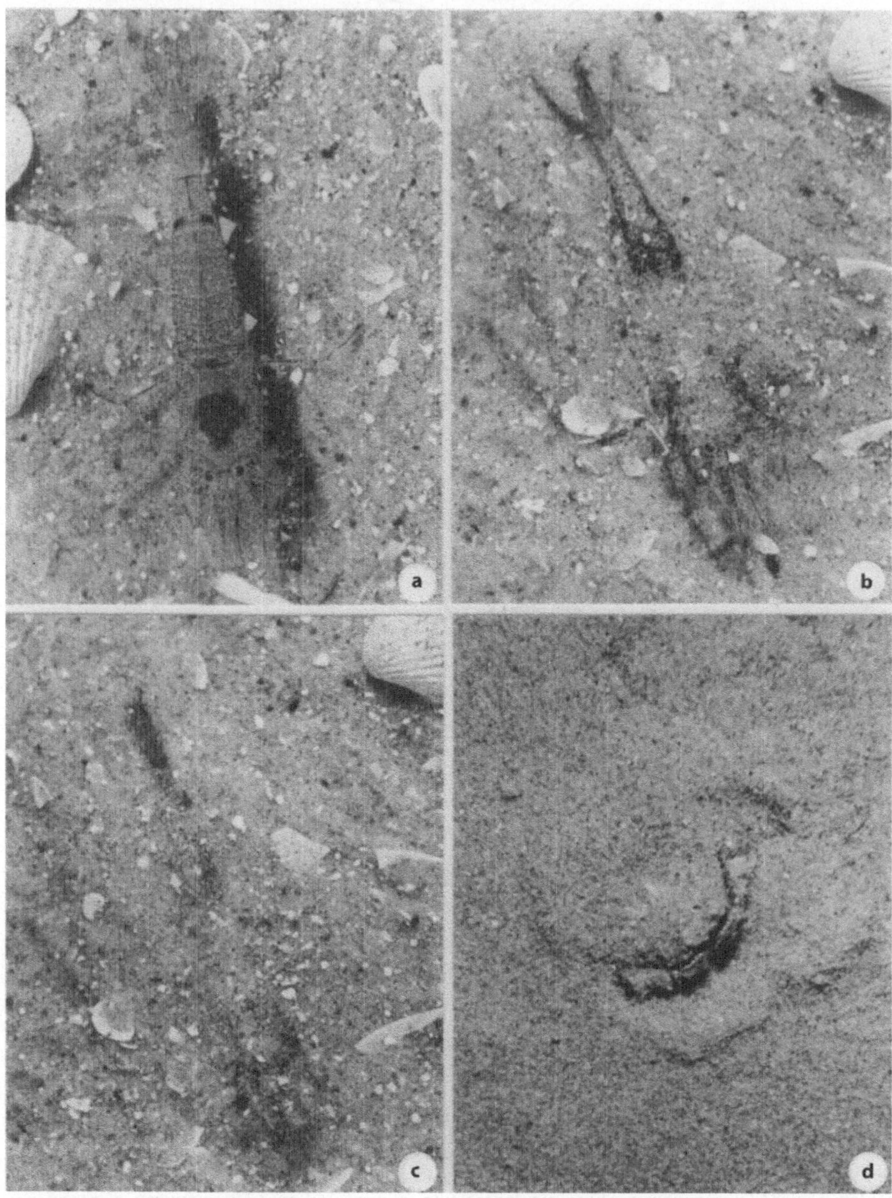

Abb. 9.3. Anlage einer Ruhespur (Cubichnia). **a–c** Eine Garnele, *Crangon crangon*, gräbt sich in den Sand ein, bis nur noch die Augen zu sehen sind. Dänische Nordseeküste; etwas vergrößert. **d** Eine eingegrabene Schamkrabbe, *Calappa* sp., in Ruheposition im Sand. Vorriffhang, Eilat, Israel (× 0,5)

stecke zurück, oder es sind Spuren von Tieren, die stationär fressen, die ihre Lage aber in Intervallen verändern. Beispiele sind die Ichnogenera *Lockeia*, *Rusophycus* und *Asteriacites*.

Abb. 9.4. Fährtenspuren **a** Anlage einer Kriechspur (Repichnia) des scalibregmiden Wurms *Gattyana cirrhosa* in subtidalen Schlammböden Dänemarks. Hier in einem Aquarium. Das Tier kriecht sowohl über die Oberfläche, als auch entlang einer Fläche im Sediment (× 2). **b** Vergleichbare Fährten aus nichtmarinen Siltsteinen der Trias, Fleming Fjord Formation, Ostgrönland. Epirelief von exogenen Spuren (× 2)

9.2.2
Kriechspuren (Repichnia)

Diese Strukturen spiegeln eine gerichtete Fortbewegung wider. Der Erzeuger scheint sich nur von einem Ort zu einem anderen bewegt zu haben (Abb. 9.4a). In typischer Weise werden diese Spuren entlang von Schichtflächen angelegt und sind entweder exogen oder endogen. Natürlich kann das Tier gefressen haben, als es sich fortbewegte, aber diese Aktivität ist nicht direkt an der Morphologie des Spurenfossils ablesbar. Einfache Fährtenspuren wie *Diplichnites* ispp. (Abb. 9.4b) und einfache Gänge wie *Cruziana* ispp. sind typische Vertreter der Repichnia.

Ich würde hier auch Spuren einschließen, die durch Schwimmen und Laufen, sogenannte „Natichnia" und „Cursichnia" (Müller 1962; Walter 1980, 1982; vgl. Trewin 1994), erzeugt wurden.

9.2.3
Weidespuren (Pascichnia)

Wenn eine Fährten- oder Fortbewegungsspur als Mäander oder Spirale angelegt ist, beutet ein Tier eine bestimmte Fläche des Substrats nach Nahrung aus. Elegante Weidespuren sind auf rezenten Ozeanböden häufig, jedoch stammen die meisten fossilen Vertreter mit ähnlichem Verhalten aus einem unterhalb des Meeresbodens gelegenen Niveau. Die meisten Weidespuren folgen Flächen, die parallel zum Meeresboden verlaufen, wie die Ichnogenera *Phycosiphon* (Abb. 11.11), *Nereites* und *Scolicia*.

9.2.4
Freßspuren (Fodinichnia)

Typisch für diese Kategorie ist eine Kombination von Sedimentfressen und Wohnen. Die Struktur ist auf Dauerhaftigkeit angelegt und spiegelt durch ihre Morphologie die Ausbeutung des Substrats nach Nahrung wider. *Thalassinoides suevicus*, *Dactyloidites ottoi* und *Rhizocorallium irregulare* (Abb. 6.8, 8.12a und 9.5) sind charakteristische Fodinichnia. Auch einige Formen von *Zoophycos* zählen dazu.

9.2.5
Wohnspuren (Domichnia)

Strukturen, die zu dieser Gruppe gestellt werden, sind halbdauerhafte Wohnungen. Der Spurenerzeuger kann ein sessiler Suspensionsfresser, ein aktiver Räuber, der im Versteck lauert, oder ein Wurm sein, der den Detritus der Umgebung frißt. Jedoch sind die Spurenfossilien Ausdruck stationären Wohnens und nicht der Ernährungsweise. Beispiele sind die Ichnogenera *Skolithos*, *Ophiomorpha* und *Arenicolites* (Abb. 8.12b, 10.3, 10.16 und 10.17a).

9.2.6
Fallen und Kultivierungs-Spuren (Agrichnia)

Strukturen mit regelmäßigen Mustern, die auf verschiedenen Verhaltensweisen beruhen, werden als Graphoglypten zusammengefaßt. Sie wurden früher zu den Pascichnia

Abb. 9.5. Ein relativ kurzes *Rhizocorallium irregulare* zeigt distal eine leichte Verbreiterung als Ausdruck des Wachstums. Ein horizontaler Freßbau (Fodinichnion) mit Spreite. Bravaisberget Formation, Mitteltrias, Isfjorden, Spitzbergen

gerechnet. Seilacher (1977) zeigt, daß einige dieser Strukturen zu kompliziert sind, um bei der Nahrungssuche erzeugte Spuren darzustellen. Diese komplizierten Formen besitzen echte Verzweigungen und müssen deshalb als offene Grabgänge, die dem Spurenerzeuger für eine mehrfache Benutzung zu Verfügung standen, existiert haben. Seilacher (1977) vermutet, daß diese Gänge zwei Funktionen erfüllen: Die einfacheren Strukturen könnten Fallen für die wandernde Meiofauna gewesen sein, ähnlich dem heutigen Bau von *Paraonis fulgens* (Kap. 4.4); die anderen besitzen zahlreiche Öffnungen zum Meeresboden, werden kräftig durchspült und erfüllen alle Bedingungen von Anbaukulturen, in denen Mikroben als Nahrung kultiviert werden.

Klassische Beispiele für solche Strukturen sind *Spirorhaphe* und *Cosmorhaphe* (Abb. 9.6) als Fallen und *Paleodictyon* und *Helicolithes* als Kulturen. Ekdale *et al.* (1984a) stellten die Kategorie Agrichnia für diese nicht auf Nahrungssuche ausgerichteten Graphoglypten auf.

Es ist wahrscheinlich sinnvoller, die vermuteten Sulfid-Pumpen wie *Chondrites* zu den Agrichnia zu stellen, als für sie eine eigene Kategorie aufzustellen (Fu 1991; Savrda *et al.* 1991). Schließlich gibt es eine natürliche Abfolge vom Einfangen der Mikroben als Nahrung, über die Kultivierung von Mikroben als Nahrung bis zu der Kultivierung von Mikroben als Symbionten. Oder sollen wir eine Kategorie Chemichnia aufstellen (Abb. 9.2)?

9.2.7
Raubspuren (Praedichnia)

Ekdale (1985) zählt Spurenfossilien, die durch räuberisches Verhalten entstanden sind, zu einer eigenen Gruppe. Diese Strukturen treten in harten Substraten (Bromley 1981b,

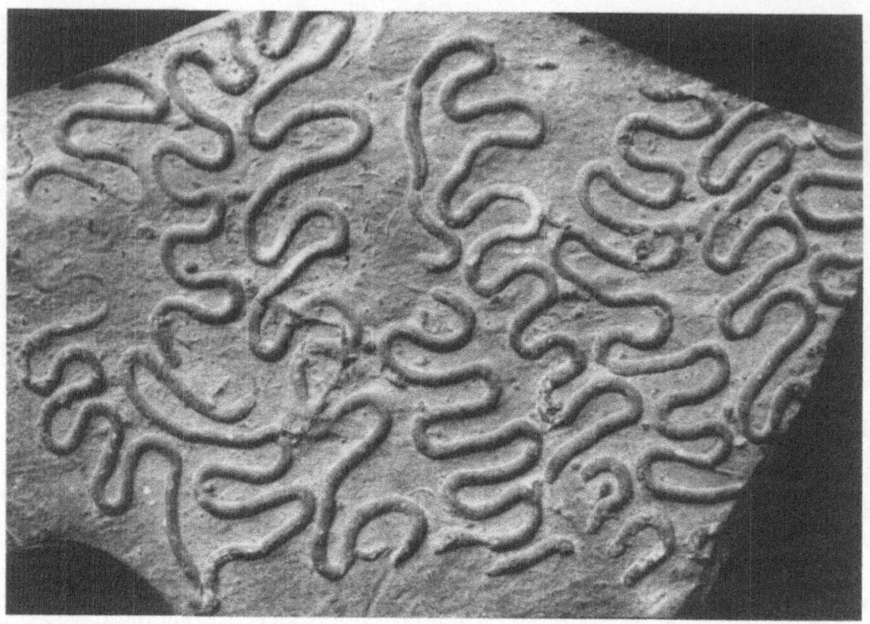

Abb. 9.6. Der Graphoglypt *Cosmorhaphe lobata* aus tertiären Turbiditen in Italien mit Mäandern in zwei Größenordnungen (mit frdl. Genehmigung von R. Colacicchi). Es gibt aber kurzgeschlossene Brücken (gleichzeitig angelegte Verzweigungen), die zeigen, daß es sich nicht um den Kotstrang eines Sedimentfressers handelt, wie früher angenommen wurde. Es muß sich dagegen um ein offenes Netzwerk handeln, das dem Bewohner wiederholte Besuche erlaubt, und das als Mikrobenkultur interpretiert wird (Seilacher 1989). Die in einem flachen Stockwerk angelegte präsedimentäre Struktur wurde durch schonende Erosion unmittelbar vor Ablagerung eines Turbidits freigelegt und anschließend abgegossen

1993) als runde Bohrlöcher in Schalen (*Oichnus* ispp.) und beim Zerbrechen der Schalen durch Räuber (Durophagie) häufig auf. Störungen im Weichsubstrat durch Räuber (Abb. 1.3 und 9.7) sind in der fossilen Überlieferung nicht einfach nachzuweisen. Bergström (1973) und Jensen (1990) beschreiben aber eine *Cruziana dispar*, die in so enger Beziehung zu *Planolites* steht, daß ein räuberisches Verhalten vermutet werden kann, wobei der *Cruziana*-Erzeuger den *Planolites*-Erzeuger erbeutete (vgl. Osgood 1970; Osgood und Drennen 1975; Rindsberg 1994).

9.2.8
Ausgleichsspuren (Equilibrichnia)

Auf einem Meeresboden mit ständigem Wechsel von Sedimentation und Erosion muß die Lage der Infauna und ihre Gänge dauernd den sich ändernden Bedingungen angepaßt werden (Kap. 3.2.2). Die meisten Tiere leben im Substrat in Tiefen, die kritisch für ihr Überleben sind, und halten Kontakt zur Oberfläche. Bei allmählichem Sedimentzuwachs muß das Endobenthos seine Gänge entsprechend nach oben verlegen. Erosion führt zu dem entgegengesetzten Effekt. Solche Spuren werden von Frey und Pemberton (1985) „Ausgleichsstrukturen" genannt, um sie von Fluchtspuren zu unterscheiden (Abb. 3.4c, 3.15c, 4.7, 4.8c und d, und 9.8a).

9.2.9
Fluchtspuren (Fugichnia)

Nur wenige endobenthische Arten vertragen ein plötzliches Begraben durch viel Sediment (Kap. 3.2.2 und 4.1.3). Dadurch werden panikartige Fluchtreaktionen ausgelöst, und die Tiere fliehen an die neue Meeresoberfläche. Anders als bei Ausgleichsspuren, die ohne Hast den neuen Ablagerungsbedingungen angepaßt werden, wird dabei das Sediment stark gestört. Beispiele bieten die Abb. 3.4e, 3.23c, 4.8e, 9.8b und 10.23. Tiere, die Räubern ausweichen, können auch zur Seite hin flüchten (Kap. 4.1.2). Ich möchte hier auch die mißglückten Fluchtversuche einschließen, die Pemberton *et al.* (1992) als „Taphichnia" bezeichnen.

9.2.10
Über dem Substrat angelegte Strukturen (Aedificichnia)

Dies sind Strukturen aus Sedimentpartikeln, die durch den Erzeuger mehr oder weniger verkittet wurden. Der Begriff wurde zuerst von Bown und Ratcliffe (1988) auf Wespennester aus Schlamm angewandt und später auf Termitenbauten (Genise und Bown 1994b). Im marinen Ablagerungsraum gehören die von sabellariiden Polychaeten angelegten „Sandriffe" in diese Kategorie (Ekdale und Lewis 1993). Donovan (1994) möchte sogar Spinnennetze und Larvenröhren der Köcherfliege als Aedificichnia bezeichnen; die Larvenröhren gehören aber wohl in die nächste Kategorie.

9.2.11
Brutstrukturen (Calichnia)

Diese Kategorie wurde von Genise und Bown (1994a) ausschließlich für Strukturen zur Aufzucht von Larven und Jungtieren aufgestellt, z. B. Bienenwaben und Blatthornkäfernester (Retallack 1984; Thackray 1994). Vielleicht gehören Dinosauriernester und Nester fossiler Spechte (Buchholz 1986) hierher, allerdings kann es sich als schwierig herausstellen, eine Trennlinie zwischen Calichnia und Aedificichnia zu ziehen. Vermutlich würde man auch Insektenlarven auf Blättern (z. B. Müller 1982) hierzu zählen, oder handelt es sich dabei um Bohrspuren in organisches Material, die als Fodinichnia bezeichnet werden sollten? Diese Klassifikation wird zu kompliziert.

9.3
Bewertung der Klassifikation nach dem Verhalten

Die obige Klassifikation beruht auf der Interpretation des Verhaltens, das sich in den Spurenfossilien abbildet. Sie wurde auch zu einer Zeit aufgestellt, als die trophische Gruppenanalyse von Lebensgemeinschaften weniger fortgeschritten war als heute. Trotzdem funktioniert das System gut. Verbesserungen dürften schwerfallen, ohne damit einen unangemessen hohen Grad an subjektiver Interpretation in Kauf zu nehmen. Ein Überlappen der Gruppen ist unvermeidlich. Für manche Spurenfossilien ist die Klassifikation besser geeignet als für andere. Sicher stimmen Ichnologen bei der Einordnung bestimmter schwieriger Ichnogenera in einzelne Kategorien der Klassifikation nicht überein. Zum Beispiel klassifizierten Frey und Pemberton (1985) *Zoophycos*

Abb. 9.7 a. Ein 2 m langer Stachelrochen auf einem algenbewachsenen Schlammgrund in Ruhe, Vorriffhang (8 m Wassertiefe), Hole Town, Barbados; man beachte das völlig bioturbierte Substrat. Vor dem Rochen ist eine alte „Rochen-Grube" zu sehen

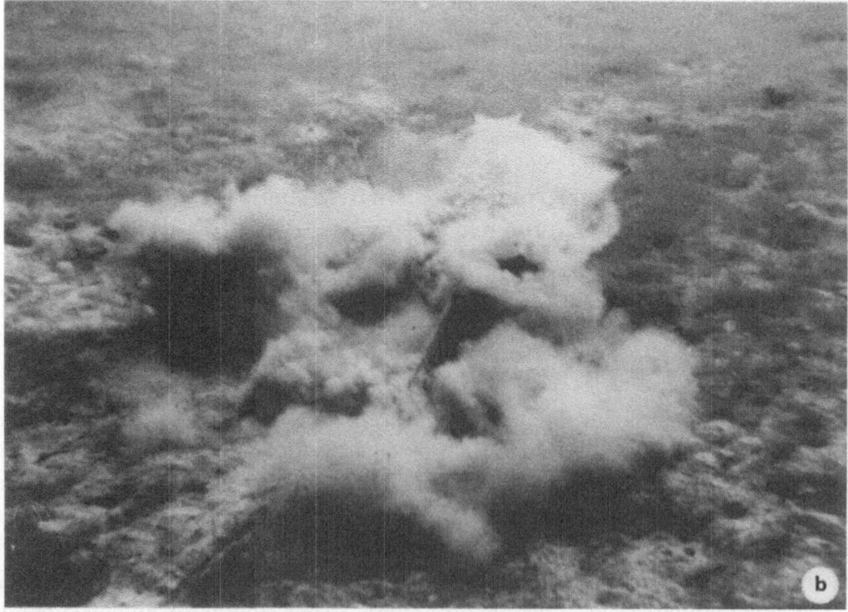

Abb. 9.7 b. Die schnelle Fluchtreaktion führt zu einer Resuspension des oberflächennahen Sediments

Abb. 9.7 c. Eine kürzlich entstandene „Rochen-Grube", wo ein Rochen einen Wasserstrahl aus seinen Kiemenspalten in das Substrat geblasen hatte und damit eine Grube erzeugte, die endobenthische Beutetiere freilegt und eine Menge Sediment aufwirbelt. Der schemenhafte Umriß des Räubers ist noch erkennbar, er wird jedoch durch die Aktivität grabender Tiere zerstört. Nur der Boden der Grube besitzt ein günstiges Erhaltungspotential (nach Gregory *et al.* 1979)

Abb. 9.8. Equilibrichnia und Fugichnia **a** Ausgleichsstrukturen von *Macoma balthica*. Die Muscheln bewegten sich in einem kontinuierlich abgelagerten Sand einer Rinnenfüllung nach oben. Watt zwischen Weser und Elbe, Deutsche Bucht. Epoxidharz, Abguß einer Stechkastenprobe, fotografiert mit frdl. Erlaubnis von H.-E. Reineck (× 0,5). **b** Fluchtspuren in einem schnell sedimentierten Sand. Athabasca Ölsande der Unterkreide, McMurray Formation, Alberta, Kanada (nach Pemberton *et al.* 1982)

und *Planolites* jeweils als Pascichnia und Fodinichnia, während Ekdale (1985) umgekehrt die gleichen Ichnogenera zu den Fodinichnia und zu den Pascichnia stellte! (Ich
bevorzuge das Vorgehen von Ekdale!)

In den meisten Kategorien treten Organismen mit verschiedenem Freßverhalten auf.
Doch die von Ökologen aufgestellten Gruppen mit unterschiedlicher Ernährungsweise, wie z. B. Sedimentfresser, Suspensionsfresser, Fleischfresser usw., kommen in allen
Abteilungen der ethologischen Klassifikation vor. Dies ist leider eine Schwierigkeit, auf
die man bei der Einordnung der Ichnotaxa oder einzelner Spurenfossilien in eng definierte trophische Gruppen stößt.

9.4
Funktionale Interpretation der Spurenfossilien

Es ist immer schwierig, fossile Gemeinschaften nach ökologischen Gesichtspunkten
zu analysieren. Dafür gibt es insbesondere drei Gründe:

- Die Transportweite und die physikalische Sortierung der Skelette muß sorgfältig
  abgeschätzt werden.
- Bestenfalls ist nur ein kleiner Teil der ursprünglichen Gemeinschaft als Körperfossil
  erhaltungsfähig.
- Eine geringe Sedimentationsrate kann dazu führen, daß verschiedene Gemeinschaften in einem Horizont gemeinsam auftreten.

Da Spurenfossilien nicht ohne weiteres transportiert werden können, ohne daß das
nicht sofort erkennbar wäre, und sie gewöhnlich dort überliefert sind, wo Skelettmaterial fehlt, haben viele Autoren versucht, palökologische Daten mit Hilfe der
Ichnologie zu gewinnen. Das dritte Problem – das Vorkommen von mehr als einer
Gemeinschaft in einem Horizont – gilt allerdings auch für Spurenfossilien (Abb. 10.3).

Es gibt verschiedene Unwägbarkeiten, wenn Vergesellschaftungen von Spurenfossilien als Gemeinschaften behandelt werden, wie im nächsten Kapitel diskutiert wird.
Zunächst soll jedoch die trophische Analyse von Spurenfossilien kurz diskutiert werden.

Frühe Versuche, die Funktion der Spurenfossilien zu analysieren, führten zu einfachen Lösungen. Suspensionsfresser errichten einfache Gänge, wie vertikale Schächte
oder U-Röhren, ohne Anzeichen einer Veränderung des Korngefüges um sie herum.
Sie werden meist passiv verfüllt. Sedimentfresser andererseits durchdringen das Sediment, und ihre Gänge sind von Sedimentpartikeln in statistischer Zufallsorientierung
umgeben. Sie werden aktiv verfüllt (z. B. Walker und Laporte 1970, Walker 1972).

Ronan (1977) hat neben anderen gezeigt, daß diese Kriterien viel zu allgemein und
irreführend sind. Ein Rückblick auf die Kap. 2–4 unterstreicht Ronans Skepsis. Viele
morphologische Merkmale von Spurenfossilien sind jedoch ökologisch informativ und
sollten bei der Bewertung der Funktion berücksichtigt werden.

9.4.1
Schächte und U-Gänge

Einfache vertikale Schächte sind durchaus nicht der einzige Lebensraum von Suspensionsfressern, wie gewöhnlich angenommen wird. So wurde bereits gezeigt, daß auch carni-

vore Crustaceen solche Strukturen erzeugen können (Kap. 4.4). Weiterhin legen viele vertikal fördernde und sedimentfressende Würmer vergängliche vertikale Gänge an (Kap. 3.5), ebenso detritusfressende Crustaceen (Kap. 3.4.1) und umgekehrt fördernde Würmer (Kap. 3.5.4). Allerdings graben Sabellariidae, Spionidae und andere Polychaeten, Seeanemonen sowie Hufeisenwürmer (Phoronoidae) vertikale Schächte als Wohngänge.

Spurenfossilmaterial ist gewöhnlich nur fragmentarisch oder unvollständig erhalten. Es ist daher unbedingt erforderlich, zwischen vertikalen isolierten Gängen (wie dem Ichnogenus *Skolithos*) und vertikalen Schächten, die dazu dienen, tiefere Strukturen mit der Oberfläche zu verbinden, zu unterscheiden. Vertikale retrusive Ausgleichsspuren müssen sorgfältig von Schächten abgegrenzt werden (Abb. 4.7 und 10.23).

Vertikale U-Gänge sind typische Strukturen von Suspensionsfressern, in denen der Bewässerungsstrom ausgenutzt werden kann. Weitere Beispiele sind die Gänge von *Chaetopterus* (Kap. 3.3.1) und *Urechis* (Kap. 3.3.2). Auch dabei ist wieder Skepsis angebracht: Während sich *Urechis caupo* aus Suspension in einer U-Röhre ernährt, wird ein anderer Echiuride, *Echiurus echiurus*, der eine ähnliche Struktur erzeugt, zu den Detritusfressern gezählt (Kap. 3.3.3). Viele U-Gänge werden heute von Detritusfressern angelegt, die den Detritus in Trichtern an der Gangmündung fangen. Sie besitzen verschiedene Freßgewohnheiten, zeigen jedoch kaum eine Tendenz zum Suspensionsfressen (Kap. 3.4.2 und 3.4.3).

Das Spurenfossil *Diplocraterion parallelum* ist hauptsächlich ein Equilibrichnion, das durch das Verschieben eines U-förmigen Gangs (Abb. 8.11) entstand. Fürsich (1974b) untersuchte die Ernährungsbedingungen, unter denen die Struktur angelegt wurde, und schrieb sie Suspensionsfressern zu. In den seltenen Fällen, in denen die Öffnungen des Gangs erhalten sind, sind sie trichterförmig. Damit besteht die Möglichkeit, daß Detritus gefangen wird, wie wir es von trichterfressenden Polychaeten, Holothurien und Hemichordaten kennen. Selbst wenn gezeigt werden kann, daß Trichter primär nicht vorhanden waren, können Vergleiche mit dem detritusfressenden Schlickwattkrebs *Corophium volutator* (Kap. 3.4) angestellt werden.

Folglich deuten Spurenfossilien, die im Vergleich mit rezenten Strukturen als Domichnia bestimmt werden, nicht zwangsläufig auf Bewohner hin, die als Suspensionsfresser leben. Taghon *et al.* (1980) beobachteten drei Arten von spioniden Polychaeten, die *Skolithos*-Röhren im Anfangsstadium bewohnten, und zwischen Sediment- und Suspensionsfressen hin und her wechselten. Dieser Wechsel beruhte auf Schwankungen der Stromgeschwindigkeit und damit verbundenem Gehalt an suspendiertem Seston. Die Würmer änderten die Morphologie ihres Baus nicht, sondern streckten ihre Tentakeln mehr oder weniger weit aus. Ein vergleichbarer Fall mit *Diopatrichnus* im Anfangsstadium ist in Abb. 3.27 dargestellt.

9.4.2
Gangbegrenzung

Selbst beim flüchtigen Durchdringen des Sediments hinterläßt ein Wurm eine Schleimspur. Wo jedoch dickere Auskleidungen auftreten, kann man vermuten, daß für längere Zeit ein Grabgang als offene Struktur bestand (Abb. 11.3 und 11.16).

Eine massiv ausgekleidete Struktur kann auf Instabilität des Substrats hinweisen, wie bei den rezenten Grabgängen von callianassiden und stomatopodiden Crustaceen im losen Sand (Kap. 4.3.1 und 4.4) und bei ihrem fossilen Äquivalent *Ophiomorpha nodosa*

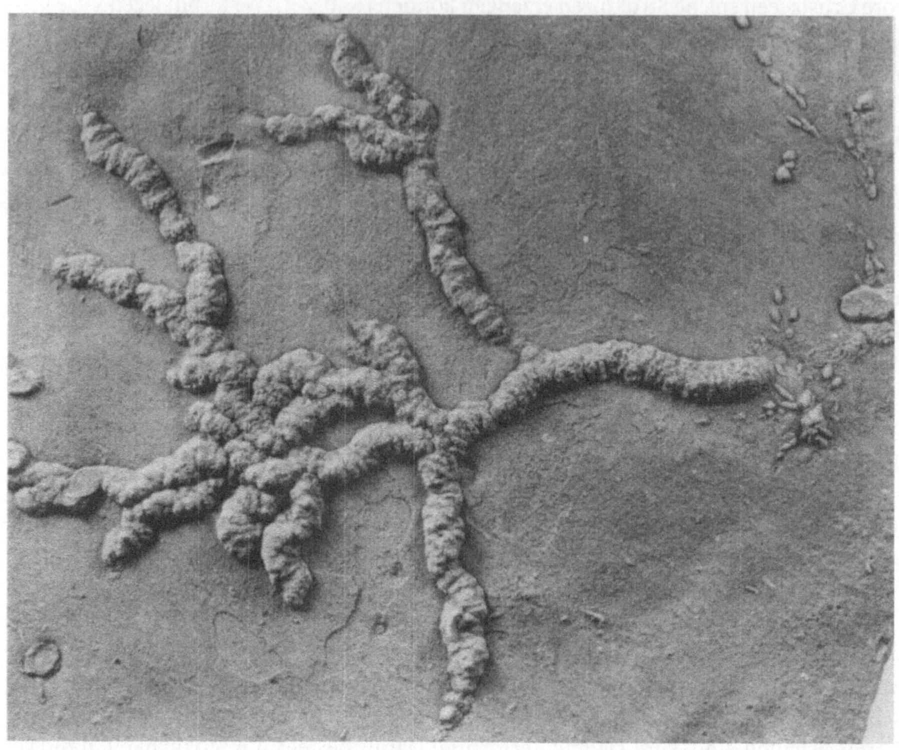

Abb. 9.9. *Rutichnus rutis* aus flachmarinen permischen Ablagerungen, Scoresby Land, Ostgrönland. Um diese verzweigte Struktur zu erzeugen, mußte das Tier im Gang wenden und sich zurück bewegen. Unter dem dicken Mantel befindet sich ein uhrglasförmig gestopfter Kern (D'Alessandro *et al.* 1987). Man beachte *Chondrites* isp. im rechten Teil (halbe natürliche Größe)

(Abb. 11.5b). In einem anderen Fall – bei *Amphitrite ornata* (Kap. 3.6) – kann eine dicke, laminierte Auskleidung (Abb. 8.2) auf wiederholte Anlagerung von Material an den Wänden von Grabgängen während einer längeren Phase der Besiedlung hinweisen.

Amphitrite ornata ist ein Detritusfresser. Wahrscheinlich werden solche beständigen und gut ausgebauten Domichnia überwiegend von Suspensionsfressern bewohnt. Natürlich müssen stabile Auskleidungen von zonierten Füllungen unterschieden werden, wie bei *Ancorichnus ancorichnus* (Abb. 8.3), das ein Repichnion, oder *Phoebichnus trochoides* (Abb. 11.6), das ein Fodinichnion darstellt.

Bei vielen Spurenfossilien wird eine zentrale Füllung von einem Mantel oder von einer gestörten Zone umgeben, die zweifellos beim Sedimentfressen entsteht. *Nereites*, *Rosselia* und *Asterosoma* sind Beispiele dafür (Kap. 11.3.2).

9.4.3
Echte Verzweigungen

Wenn bei einer Struktur gleichzeitig geöffnete Verzweigungen nachgewiesen werden können, muß der Spurenerzeuger in der Lage sein, darin zu wenden, um Teile des Gangs

Abb. 9.10. Die uhrglasförmige Versatzstruktur *Taenidium satanassi*. Es gibt keine Anzeichen für eine Auskleidung oder einen Mantel. Die dunklen uhrglasförmigen Abschnitte bestehen aus Kügelchen, deren Material wahrscheinlich den Darm des Tieres passiert hat. Die dazwischen liegenden Abschnitte stellen das umgebende Sediment dar (D'Alessandro und Bromley 1987) ($a \times 0{,}5$ und $b \times 5$)

wieder zu besuchen. Die halbdauerhaften Domichnia von Tieren mit unterschiedlicher Ernährungsweise können verzweigt sein, ebenso die Fodinichnia stationärer Sedimentfresser. Repichnia und Pascichnia besitzen keine echten Verzweigungen.

Eine verzweigte Struktur kann auch entstehen, wenn ein sondierender Sedimentfresser in seinem Grabgang wendet und hinter sich den Grabgang verfüllt (Abb. 9.9). Hierbei handelt es sich aber um eine spätere Verzweigung, die von gleichzeitig offenen Verzweigungen unterschieden werden muß. Die Verhaltensmuster und Freßgewohnheiten sind in beiden Fällen sehr unterschiedlich. Zeitlich aufeinanderfolgende Verzweigungen entstehen auch bei der Reparatur beschädigter Schachtöffnungen (Abb. 4.20).

9.4.4
Die Art der Füllung

Viele Informationen über die Funktionen eines Baus können aus der Art des Füllmaterials bezogen werden. Eine passive Verfüllung, mit oder ohne einen Füllkanal, weist auf ein offenes Gangsystem oder einen offenen Schacht hin. Ein Einsturz eines unverfüllten Grabgangs kann entweder das gleiche bedeuten (Abb. 11.7b und 11.14b) oder auf ein kompressives Durchdringen von Weichgründen hinweisen.

Eine aktive Verfüllung deutet auf Sedimentfresser hin, besonders wenn die Füllung aus Pellets besteht. Ausgesprochen typisch für Sedimentfresser ist ein uhrglasförmiger Versatz, in dem geringfügig veränderte mit stark veränderten Sedimenten, die überwiegend aus Kotmaterial bestehen, wechsellagern (Abb. 9.10).

Pemberton und Frey (1982) unterscheiden die morphologisch ähnlichen Spurenfossilien *Planolites* und *Palaeophycus* der Basis ihrer Verfüllung und ihrer Wandstruktur (Kap. 11.3.1). Die aktive Verfüllung von *Planolites* ist strukturlos und unterscheidet sich vom umgebenden Sediment. Es existiert weder eine Auskleidung noch ein Mantel. Als Spurenerzeuger wird ein mobiler Sedimentfresser angenommen, der seinen Grabgang hinter sich verfüllte. *Planolites* kann als Pascichnion eingestuft werden, da die Mobilität des Erzeugers das entscheidende Merkmal ist.

Im Unterschied dazu gleicht die Füllung von *Palaeophycus* dem umgebenden Sediment und dürfte passiv sein. Das Wandungsmaterial deutet auf einen stabilen und dauerhaft besiedelten Grabgang hin. Folglich ist *Palaeophycus* das Domichnion eines Suspensionsfressers, Detritusfressers oder Carnivoren.

Macaronichnus segregatis ist wie *Planolites* unverzweigt und wird aktiv verfüllt (Kap. 11.3.1; Clifton und Thompson 1978). Diese Spur unterscheidet sich von *Planolites* durch einen ausgeprägten Mantel, der aus während des Freßprozesses ausgesonderten unterschiedlichen Partikeln besteht. Diese sind gewöhnlich dunkler als die Füllung und das umgebende Sediment (Abb. 11.9). Bei dieser Struktur handelt es sich eindeutig um das Werk eines vagilen Sedimentfressers.

Curran (1985, Tafel 1c) bezeichnet einen ähnlichen Grabgang als *Macaronichnus segregatis*, bildet jedoch eine Y-förmige, gleichzeitig geöffnete Verzweigung ab. Folglich kann diese Struktur von der Ernährungsweise her oder ichnotaxonomisch nicht zu *Macaronichnus segregatis* gerechnet werden. In vertikalen Anschnitten (Curran 1985, Tafel 1d) und damit auch in Bohrkernen, dürften diese Strukturen jedoch kaum zu unterscheiden sein. Die Art der Verzweigung ist sehr wichtig, jedoch in vertikalen Anschnitten nicht einfach zu erkennen (Kap. 11.2.3).

9.4.5
Spreiten

Für die Entstehung der Spreiten gibt es mehrere Möglichkeiten. Die wichtigsten davon sind:

- Aktiver streifenförmiger Sedimentabbau durch einen Sedimentfresser, der einen Teil seines Grabgangs dabei seitlich durch das Sediment bewegt (Seilacher 1967a); Beispiele sind einige Ichnospezies von *Zoophycos* und *Rhizocorallium*.
- Ausgleichsbewegungen entlang einer vertikalen Fläche, um Schwankungen des Meeresbodens auszugleichen (Goldring 1964); z. B. *Diplocraterion parallelum*.
- Allmählich gravitativ herabstürzendes Material aus dem Dachbereich des Grabgangs, das sich als ein laminierter Bodensatz unten ansammelt und der Grabgang dadurch über eine retrusive Spreite nach oben verlagert wird; z. B. bei einigen *Thalassinoides* ispp. (Frey und Seilacher 1980).

Horizontale Spreiten gehören zum ersten Beispiel. Vertikale Spreiten sind etwas schwieriger zu bewerten, wie z. B. bei *Teichichnus rectus*. Dort sind die Spreiten nahezu immer retrusiv und gehen vermutlich in den meisten Fällen auf Sedimentfressen zurück oder es handelt sich um Equilibrichnia in einer instabilen Umgebung. Regelmäßiges Einarbeiten von Pellets in die Spreite würde wohl eher für eine Interpretation als Sedimentfresser, denn als Suspensionsfresser sprechen.

Hier gilt es zu berücksichtigen, daß, nachdem der Grabgang verlassen wurde, der Einsturz des Dachs drastische Änderungen der Struktur verursachen kann. Dabei kann eine interne Ablagerung entstehen, die einer biogenen Spreite ähnelt. Eine Verlagerung des Hohlraums nach oben würde diese Pseudospreite vertikal erweitern. Wallace (1987) modellierte diesen Prozeß für *Stromatactis*-Höhlen, von denen einige wohl ursprünglich Gangsysteme waren.

9.4.6
Chemosymbiose

Die Identifizierung von mit Sulfid- oder Methan-Symbiosen vergesellschafteten Spurenfossilien scheint besonders gewagt zu sein. Man muß nach Strukturen suchen, die tiefen Sulfid- oder Methan-Quellen gleichen, wie *Solemyatuba upsilon* (Kap. 4.1.4).

Seilacher (1990) führt überzeugende Gründe dafür an, daß *Chondrites* auf eine Chemosymbiose zurückgeht. Früher wurde die Struktur als Werk eines Sedimentfressers angesehen. Seilacher zeigt, daß der Erzeuger der Spur das Sediment bewußt nicht ganz aufarbeitet und Platz zwischen aufeinanderfolgenden Entnahmestellen läßt. Dieses Verhalten entspricht nicht dem Muster eines Sedimentfressers. *Chondrites* paßt besser zu einer Sulfid-Quelle, die kontinuierlich durch aufeinanderfolgende Entnahmen von Sediment verlagert wird, wobei die jeweils vorherige Entnahmestelle mit einem Stopfgefüge verschlossen wird (Kotake 1989; Fu 1991). Tatsächlich ähnelt die Struktur den Quellen, die durch einige lucinide Muscheln angelegt werden (Abb. 4.10).

Chondrites tritt nicht nur in anaeroben Sedimenten in den tiefsten Stockwerken (Bromley und Ekdale 1986) unter dem sauerstoffgesättigten Meeresboden auf (Leszczyński und Uchman 1993), sondern auch auf dysaeroben Meeresböden (Bromley und Ekdale 1984a). Lokal ist *Chondrites* an kohlenstoffreiche Vorkommen gebunden. Meistens kommt es in Füllungen flacher Stockwerke und in Auskleidungen oder direkt angrenzenden Sedimenten vor (Abb. 7.2; Bromley und Frey 1974; Frey und Bromley 1985). Außerdem findet man *Chondrites* in enger Vergesellschaftung mit Körperfossilien. Underwood (1993) berichtet, daß *Chondrites* in den Rhabdosomen von Graptolithen auftritt.

Eine ausgeprägte Vergesellschaftung von Spurenfossilien mit kohlenstoffreichen Vorkommen kann bei der Rekonstruktion chemosymbiontischer Aktivitäten wichtig sein. Eine solche Vergesellschaftung wurde von Bromley und Ekdale (in Druck) für *Thalassinoides*-artige Systeme aus ordovizischen Kalken beschrieben. Diese Spurenfossilien weisen eine enge Verbindung mit Schalen orthokoner Cephalopoden auf (Abb. 9.11). Die Gangwandungen sind stark mineralisiert und deuten auf eine lange biologische Aktivität hin. Das System besitzt eine große Anzahl von Öffnungen am Meeresboden. Die Größe und die Morphologie des Netzwerks ähneln dem Gangsystem der chemosymbiontisch lebenden Seeanemone *Cerianthus vogti* (Kap. 3.2.2).

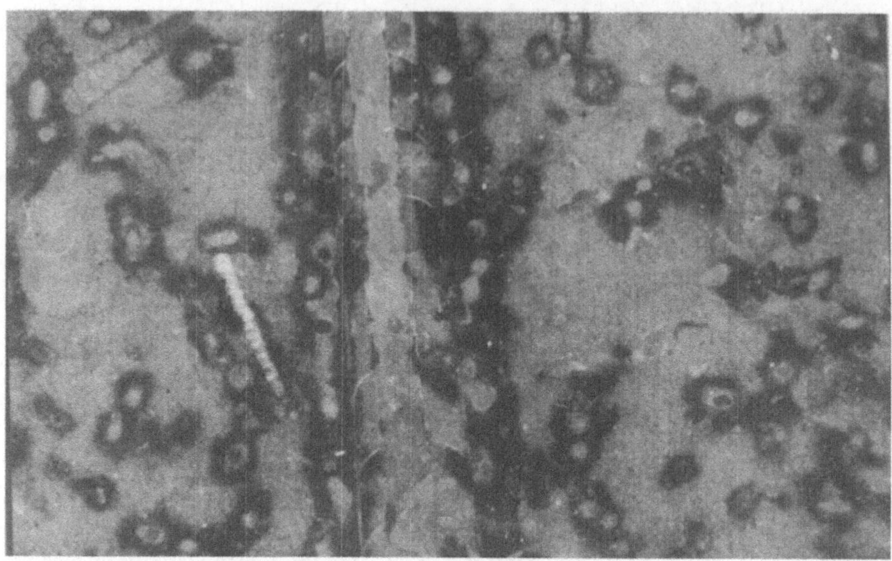

Abb. 9.11. Polierter Horizontalschnitt durch einen Orthoceren-Kalk, Ordovizium, Öland, Schweden. Die Cephalopoden-Schale wirkte anziehend auf ein Tier, das ein *Thalassinoides*-artiges Spurenfossil angelegt hat. Im Anschnittniveau sind zahlreiche Schächte von Öffnungen mit einer dicken Mineralisation der Wandung angeschnitten. 2–3 cm tiefer ist ein verzweigtes Netzwerk entwickelt (natürliche Größe)

9.5
Funktionelle Interpretation: Folgerungen

Spurenfossilien stehen im Ruf, der Schlüssel zum Verhalten fossiler Tiere zu sein. Es bestand deshalb die Tendenz, zu bereitwillig einzelne Verhaltensweisen mit bestimmten Spurenfossilien und deren morphologischen Merkmalen zu koppeln. Auch wenn frühere optimistische und vereinfachende Kriterien für die Interpretation nicht unkritisch angewandt werden können, erlauben verschiedene morphologische Merkmale von Spurenfossilien doch klare Hinweise auf deren Funktionen. Selbstverständlich kann ein einzelnes Gangsystem verschiedene Aktivitäten widerspiegeln.

Eine dicke Auskleidung des Grabgangs, insbesondere in Verbindung mit einer passiven Füllung, weist auf einen über längere Zeit besiedelten Wohngang hin. Sie belegt, daß die vorherrschende Ernährungsweise die eines Suspensionsfressers war, ganz gleich, ob sie um einen Schacht, eine U-Röhre oder um ein Gangnetz herum angelegt ist. Andererseits zeigen deutlich entwickelte Trichter um die Öffnungen von U-Röhren oder Schächten herum im allgemeinen eine Ernährung durch Detritusfressen an.

Panische Fluchtspuren und ruhige Ausgleichsspuren lassen sich im allgemeinen leicht auseinanderhalten, auch wenn Entgasungs- und Entwässerungsstrukturen biologischen Fluchtspuren sehr ähnlich sein können.

Ausgedehnte horizontale Spurenfossilien ohne Auskleidung, aber mit einer Füllung, die sich vom umgebenden Sediment unterscheidet, deuten auf Sedimentfresser (Pascichnia) hin. Wenn uhrglasförmige Versatzstrukturen und Pelletfüllungen erhalten sind, kann diese Ernährungsweise schlüssig bewiesen werden.

Horizontale Spreiten weisen im allgemeinen auf Sedimentfressen durch streifenförmigen Abbau im Sediment hin. Echte verzweigte horizontale Netze sind Anzeichen eines normalen Abbaus mit offenen Galerien und kombiniertem Wohnen und Sedimentfressen (Fodinichnia).

Als wahrscheinlichste Erklärung für ausgedehnte, komplizierte Netzwerke (Agrichnia) wird der Anbau von Mikroben angesehen, während Chemosymbiose für einige Spurenfossilien tieferer Stockwerke angenommen wird, die weder in das Muster von Sedimentfressern noch in das von Kultivierern passen. Kultivieren und Chemosymbiose können durchaus sekundäre Aktivitäten in vielen anderen Gangsystemen sein.

Alle diese trophischen und anderen Aktivitäten müssen sich an der Bilanz von Versorgung und Überleben orientieren. Ökologen verwenden die Theorie der optimalen Nahrungssuche, um Nutzen gegen Kosten aufzurechnen. Die Theorie geht davon aus, daß innerhalb biologisch möglicher Freßverhalten ein bestimmtes Freßverhalten für die Differenz zwischen Nutzen und Kosten am günstigsten ist. „Es gibt kein Mittagessen umsonst, doch stellen einige Ernährungsweisen ein günstigeres Angebot dar als andere" (Taghon 1989, S. 224). Spurenfossilien enthalten diese Informationen, wenn es uns nur gelingt, sie zu gewinnen.

Kapitel 10

Vergesellschaftungen von Spurenfossilien: Vielfalt und Fazies

Die Palichnologen benutzen ein breites Spektrum von Begriffen, um das Vorkommen und die Verbreitung von Spurenfossilien zu beschreiben. Diese Begriffe stammen meist aus der auf Körperfossilien basierenden Palökologie. Da aber Körper und Spuren keinem biologisch äquivalenten Konzept folgen, treten Probleme bei der Anwendung äquivalenter Terminologien auf. Tatsächlich wurden diese Begriffe sehr unterschiedlich benutzt, und es besteht keine Einigung über ihre Definition. Insbesondere treten Schwierigkeiten beim Maßstab oder hinsichtlich ihrer hierarchischen Ordnung auf.

10.1
Terminologie von Spurenfossilassoziationen

10.1.1
Spurenfossilvergesellschaftung

Dies ist der grundlegende gemeinsame Begriff für alle Spurenfossilien einer einzelnen Gesteinseinheit. Der Begriff entspricht einer Vergesellschaftung von Körperfossilien (Kidwell und Bosence 1991), ist aber für den Ursprung einer Ansammlung von Spurenfossilien unverbindlich. So können Spurenfossilien einer Vergesellschaftung gleichzeitig als eine einzelne, ökologisch verwandte Gruppe angelegt werden oder aus verschiedenen, sich überlagernden Bioturbationsprozessen bestehen. Da der physikalische Transport von Spurenfossilien die Ausnahme ist, sind Spurenfossiläquivalente von Taphozönosen entsprechend selten (siehe aber Belt *et al.* 1983; Baird und Brett 1986; Donselaar 1989; Fürsich *et al.* 1992; Hunt *et al.* 1994). Goldring (1991) bezeichnet aufgearbeitete Spurenfossilien als Ichnoklasten.

10.1.2
Ichnozönose

Dieser Begriff verursachte viele Probleme. Dörjes und Hertweck (1975) definieren eine Ichnozönose klar als „eine Gemeinschaft von Spuren, die zu einer definierten Biozönose gehören". So engten die Autoren den Begriff auf das neoichnologische Gebiet ein.

Viele Geologen benutzten den Begriff zur Definition fossiler Äquivalente, z. B. von Spurenfossilvergesellschaftungen, die offenbar auf eine einzelne Lebensgemeinschaft zurückgehen (z. B. Bromley und Asgaard 1979; Bottjer *et al.* 1986). Streng genommen wäre hier der Ausdruck Paläoichnozönose (oder kürzer Palichnozönose d. Ü.) als Äquivalent von Paläobiozönose lebender Gemeinschaften angebrachter.

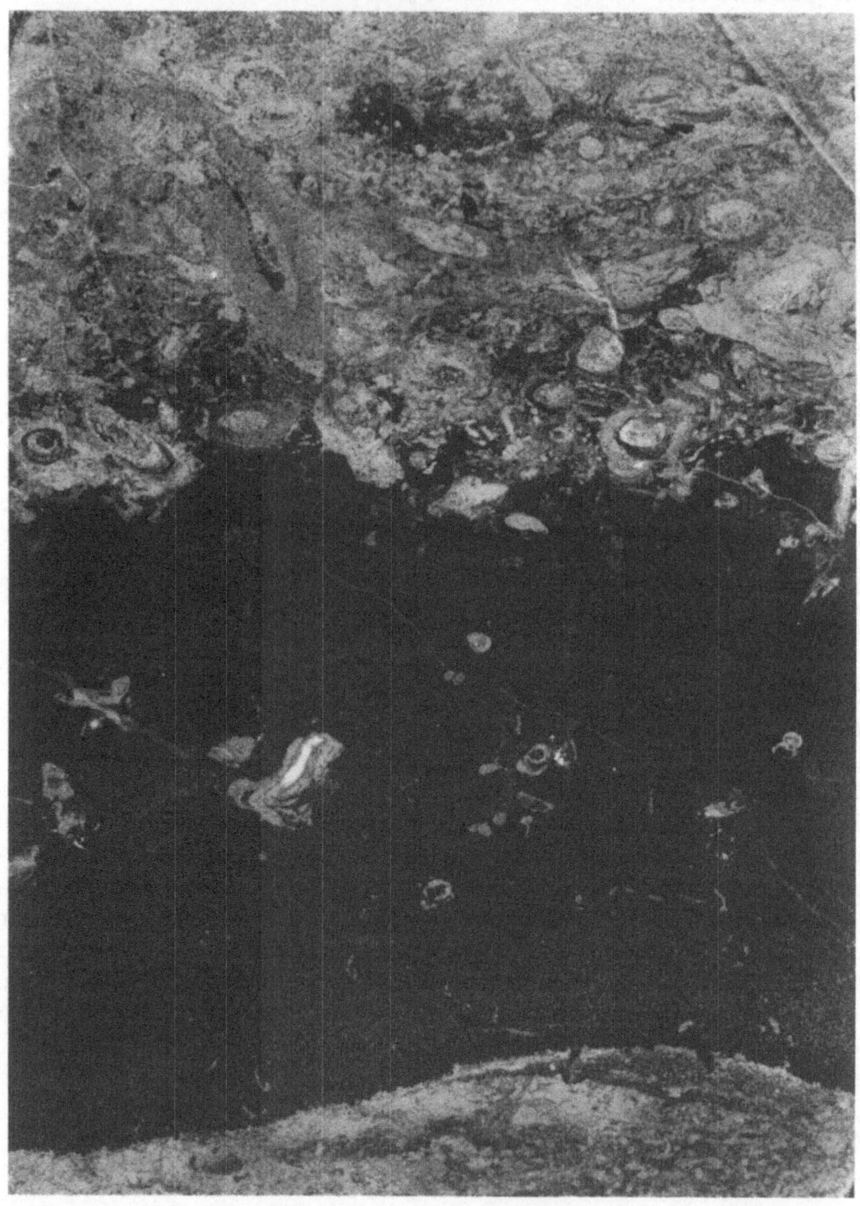

Abb. 10.1. Ein kompliziertes Ichnogefüge in einer Abfolge toniger Diatomite und vulkanischer Ascheschichten, Harwich Member der London Clay Formation (Paläozän), Essex, England (× 2). Die Stockwerkprofile und die Abfolge der Gemeinschaften lassen sich nicht deutlich voneinander abgrenzen. Die oberen Ascheniveaus sind mit Diatomit vermischt. Die ursprüngliche Tephra-Mächtigkeit ist nicht bekannt. Kleine, tief in der Aschelage auftretende Spurenfossilien können nicht die ältesten Pioniergesellschaften darstellen, die den Meeresboden rekolonisierten, sondern sind als die tieferen Stockwerke von später nachfolgenden Besiedlungsstufen anzusehen (Abb. 10.2c). Die dicken und laminierten Wände von *Palaeophycus* ispp., die das obere Spurengefüge dominieren, werden von winzigen Grabgangfüllungen der tieferen Stockwerke gekreuzt

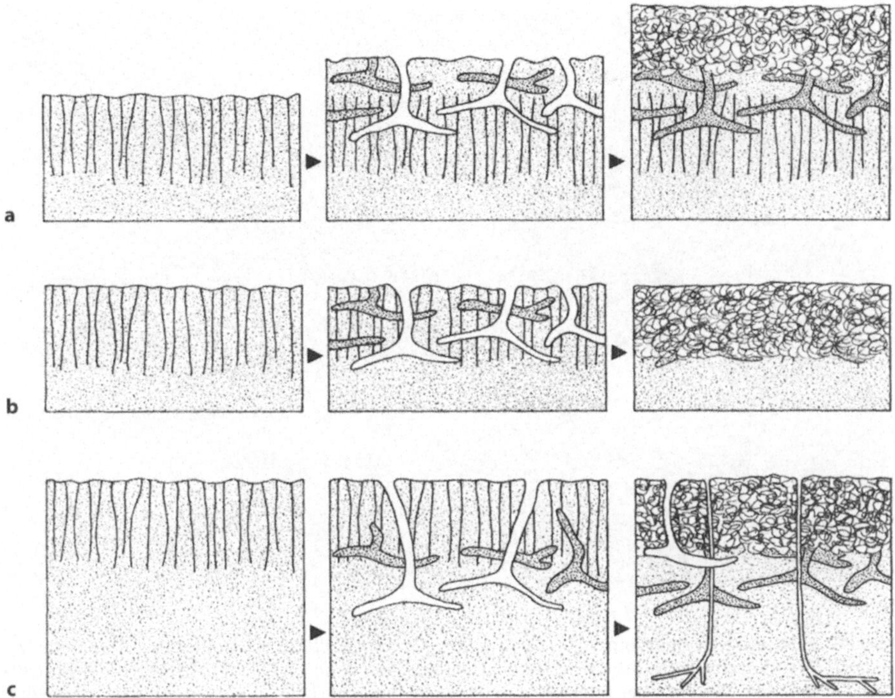

Abb. 10.2. Spurengefüge und Abfolge von Gemeinschaften. **a** Bei allmählicher Aufschüttung des Meeresbodens bleiben aufeinander folgende Gemeinschaften übereinander erhalten. **b** Schnelle Abfolgen der Besiedlung und langsame Sedimentation führen häufig zur Verwischung früherer Strukturen durch spätere. **c** Wenn sich Stockwerkgänge in späteren Sukzessionsstadien entwickeln, kann ein Profil entstehen, das oberflächlich dem von **a** ähnlich ist, aber eine vollständig andere Entstehungsgeschichte besitzt

Wie bei einer Körperfossillebensgemeinschaft ist die Identifizierung einer Palichnozönose schwierig. Trotz seltener physikalischer Umlagerungen gibt es andere Gründe, warum Spurenfossilgemeinschaften ökologisch unsaubere Gruppierungen darstellen.

Der vielleicht wichtigste Faktor ist die schnelle Abfolge von Gemeinschaften, die sich auf einem Gewässerboden entwickeln können. Eine relativ geringe Sedimentationsrate führt dazu, daß sich Strukturen, die von aufeinanderfolgenden Gemeinschaften angelegt werden, überlagern und gemeinsam in einer Schicht auftreten (Abb. 10.1). Aus der räumlichen Überlagerung läßt sich ableiten, welche Spurenfossilien zuletzt und welche zuerst angelegt wurden. Man kann diese Strukturen aber auch mit einem Stockwerkbau innerhalb einer einzigen Gemeinschaft verwechseln, in der bei Zunahme der Sedimentationsrate am Gewässerboden flachere Strukturen durch tiefere überlagert werden. Dieser Vorgang unterscheidet sich deutlich von einer zeitlichen Entwicklung aufeinanderfolgender Gemeinschaften im gleichen Substrat (Abb. 10.2; Kap. 5.3.4).

Ein weiteres Problem ist, daß beim Stockwerkbau die Tätigkeit verschiedener Mitglieder einer einzelnen endobenthischen Gemeinschaft auf verschiedene Ebenen verteilt sein kann, die mehr als einen Meter auseinander liegen (Abb. 10.3 und 11.4), so daß Strukturen, die zu verschiedenen Gemeinschaften gehören, zusammen im gleichen

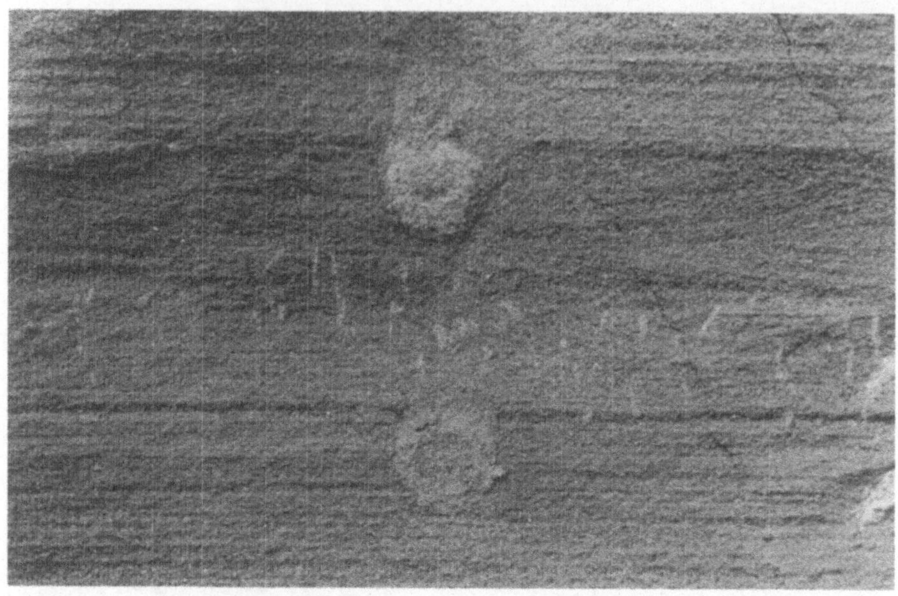

Abb. 10.3. Heterogene Spurenfossilgesellschaft mit kleinen *Skolithos* isp. und großen *Ophiomorpha nodosa*, die unterschiedliche Suiten vertreten. *Ophiomorpha nodosa* erstreckt sich von einer Schichtfläche nach unten, die 1 m höher gelegen ist als der Besiedlungshorizont von *Skolithos* isp. Unteres Pleistozän, Ladikó, Rhodos (halbe natürliche Größe)

Sediment auftreten. Dafür wird im Englischen der Begriff „palimpsesting" benutzt (z. B. Rollins *et al.* 1990).

Es gibt noch eine andere Auffassung des Begriffs Ichnozönose, die hauptsächlich auf einem anderen Maßstab beruht. Dörjes und Hertweck (1975) schlugen vor, das fossile Äquivalent der Ichnozönose als Ichnofazies zu bezeichnen. Diese Ansicht führte Frey und Pemberton (1987) dazu, die Ichnozönose als nichtfossiles Äquivalent der regelmäßig auftretenden, globalen Ichnofazies im Sinne Seilachers anzusehen (Kap. 10.1.4).

Diese Definition unterscheidet sich völlig von der ursprünglichen und leitet sich letztlich von dem unbefriedigenden Begriff Ichnofazies ab. Für die gesamten Spurengemeinschaften, die durch Fossilisation zu einer Seilacherschen Ichnofazies führt, mag ein neuer Begriff notwendig sein. Er sollte jedoch nicht mit der Tätigkeit einzelner endobenthischer Gemeinschaften verwechselt werden, die fleckenhaft und zeitweise den Gewässerboden besiedeln. Ich folge dem Konzept von Ekdale *et al.* (1984a) und benutze den Begriff Ichnozönose in einem kleineren Maßstab.

10.1.3
Suite

Eine Vergesellschaftung von Spurenfossilien kann oft aus verschiedenen Untereinheiten bestehen, die Tätigkeiten getrennter endobenthischer Vergesellschaftungen widerspiegeln. Solche ökologisch einheitlichen Untereinheiten nannte Bromley (1975) Sui-

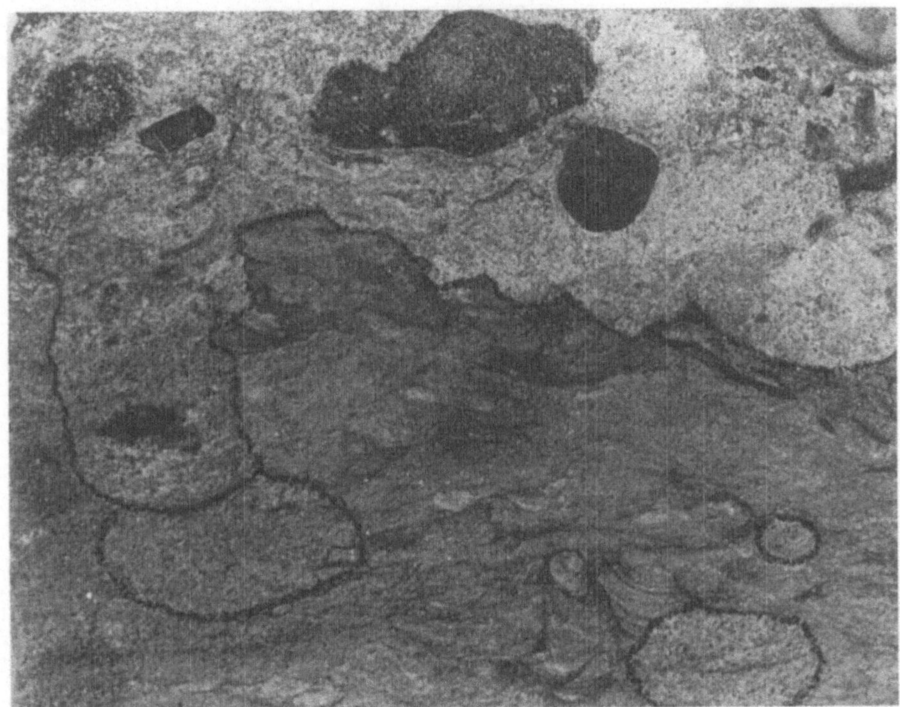

Abb. 10.4. Grenze zwischen zwei Ablagerungseinheiten in einem Bohrkern im Jura des Nordseeschelfes von Norwegen. Die Prä-Omissions-Suite aus dem feinkörnigen Sediment des inneren Schelfs wird von *Teichichnus rectus* beherrscht. Dieses Gefüge wird durch eine Erosionsfläche abgeschnitten und durch einen konglomeratischen Sandstein des flachen Subtidals überlagert, der ein *Thalassinoides*-Ichnogefüge aufweist. Die nach der Omission angelegten *Thalassinoides* isp. schneiden in die darunterliegenden *Teichichnus*-Gefüge ein. Die Grenze selbst (verstärkt durch eine Bleistiftlinie) ist biogen modifiziert, hat einen buchtigen, thalassinoiden Umriß und ist sehr scharf, was auf einen Festgrund schließen läßt (natürliche Größe)

ten. Er untersuchte derartig zusammengesetzte Gesellschaften in der Umgebung von Omissionsflächen, die bei stagnierender Sedimentation entstanden. In diesen Fällen treten aufeinanderfolgende endobenthische Lebensräume dort auf, wo durch Veränderungen der Sedimentationsbedingungen Schichtlücken entstehen. Jeder dieser Ablagerungsräume kann durch bestimmte Spurenfossilgemeinschaften charakterisiert werden, die im gleichen Sediment in der Nähe von Omissionsflächen auftreten (Abb. 10.4). Die zusammengesetzte Gemeinschaft kann unterteilt werden in: eine Prä-Omissions-Suite von Strukturen in Weichgründen, in eine Omissions-Suite von Spurenfossilien, die während der Phase der Sedimentationsunterbrechung oft in einem Festgrund angelegt wurden und in eine Post-Omissions-Suite, die aus dem späteren Sediment, das die Omissionsfläche bedeckt, nach unten reicht.

Während der Sedimentationsunterbrechung wird der Meeresboden zementiert und es entsteht ein Hartgrund. Dadurch wird der bereits bestehenden Gemeinschaft eine weitere Omissions-Suite hinzugefügt: die Prälithifikations-Suite des verfestigten Bodens wird von einer Postlithifikations-Suite von Bioerosionsstrukturen überprägt.

Abb. 10.5. Eine Schichtfläche aus der fluviatilen Trias von Jameson Land, Ostgrönland. Sie ist mit Kratzspuren (konvexes Hyporelief) bedeckt, die von einer Suite von Spurenfossilien im aquatischen Milieu, darunter *Cruziana problematica,* angelegt wurden (Abb. 8.13 und 9.4b). Dieses Gefüge wird von dem Spurenfossil *Spongeliomorpha carlsbergi* gekreuzt. Seine kräftigen und querverlaufenden Bioglyphen und die drusigen, unvollständigen Füllungen (die im Diagenesestadium zu Schwundrissen und Abflachungen führen) zeigen deutlich, daß es zu einer terrestrischen Festgrund-Suite gehört. *Spongeliomorpha carlsbergi* ist mit anderen ornamentierten Spurenfossilien und Trockenrissen vergesellschaftet und könnte durch ein Insekt erzeugt worden sein (Bromley und Asgaard 1979) – möglicherweise eine Maulwurfsgrille (Metz 1990) ($\times$ 3,5)

Bromley und Asgaard (1979) führen ein anderes Beispiel für Suiten an. In den fluviatilen Ablagerungsräumen der Trias Ostgrönlands wurden von einer Gemeinschaft von Arthropoden vielfältige Spurenfossilien auf einem subaquatischen Weichgrund angelegt. In Perioden der Austrocknung entstanden Trockenrisse, bevor das Substrat wieder überschwemmt wurde. In dem Zeitraum, in dem das Sediment als feuchter Festgrund frei lag, wurde die Oberfläche durch andere Arthropoden – vielleicht Insekten – besiedelt, deren Strukturen nun diejenigen der subaquatischen Suite kreuzen (Abb. 10.5).

Eine Suite muß nicht notwendigerweise nur eine einzelne Ichnozönose umfassen, sondern besteht meistens, gemittelt über die Zeit, aus mehreren Gruppierungen. Trotzdem ist das Konzept brauchbar, da es die Unterteilungen von Gemeinschaften erlaubt, die ökologische und Milieuanalysen ermöglichen.

10.1.4
Ichnofazies

Dieser Begriff wurde von Geologen, die unterschiedliche Anforderungen an ihn stellten, mit drei verschiedenen Maßstäben benutzt. Seilacher (1964, 1967a) führte ihn ein, um die sich wiederholenden Spurenfossilgemeinschaften des Phanerozoikums in einem globalem Maßstab darzustellen. In Seilachers Synthese wurden die Gemeinschaften sowohl auf die sedimentäre Fazies als auch auf den Ablagerungsraum bezogen (Kap. 10.7).

Wie der Begriff Ichnozönose wird auch dieser Begriff am anderen Ende der Skala für einzelne Gesteinseinheiten verwendet (z. B. Hayward 1976; D'Alessandro *et al.* 1986). In diesen Fällen ist der Begriff nützlich, um lokal wiederkehrende Gesteinseinheiten auf der Basis der in ihr vorkommenden Spurenfossilgemeinschaften zu definieren. Eine solche Ichnofazies wird normalerweise nach dem dominierenden Ichnotaxon benannt.

Beide Anwendungen sind nützlich. Für eine von ihnen sollte ein neuer Begriff geprägt werden. In diesem Buch bezeichne ich die großmaßstäbliche Ichnofazies als Seilachersche Ichnofazies. Frey und Pemberton (1987) benutzen das Beiwort archetypisch.

Ein Mittelweg zwischen diesen Extremen wurde ebenfalls begangen. Lockley *et al.* (1987) definieren eine *Curvolithus*-Ichnofazies für eine sich wiederholende Gemeinschaft von Spurenfossilien, die weltweit durch das gesamte Phanerozoikum auftritt. Sie betonten aber, daß diese Gemeinschaft eine Unterabteilung der *Cruziana*-Ichnofazies Seilachers ist.

10.2
Organismen- und Spurenvielfalt

Wie in Kap. 6 betont, sind Spurenfossilien Ausdruck einer Tätigkeit und unterscheiden sich konzeptionell von Organismen. So wie die Ichnotaxonomie von der biologischen Taxonomie getrennt werden sollte (Kap. 8.2.2), sollte die Vielfalt der Spurenfossilien nicht mit Artenvielfalt verwechselt werden. Die in einer Gesellschaft auftretende Anzahl von Spurenfossiltaxa hängt von Faktoren ab, die sich von denjenigen unterscheiden, die die Vielfalt der Körperfossilien bestimmen.

10.2.1
Fossilisationspotential

Die Fossilisationsbarriere ist ein wirksamer taphonomischer Filter zwischen der Tätigkeit der endobenthischen Gemeinschaft und dem fossil überlieferten Spurengefüge. Einige Verhaltensweisen hinterlassen dauerhaftere Strukturen als andere. Die sorgfältig konstruierten Domichnia-Röhren eines Polychaeten und das sorgfältig gestopfte Repichnion eines grabenden Echiniden bieten weit bessere Möglichkeiten zur Erhaltung eigenständiger Spurenfossilien, als die Bewegungsspur einer ins Sediment eindringenden Raubschnecke. Je tiefer die Struktur unter der Ablagerungsgrenzfläche liegt, desto geringer ist die Möglichkeit der Zerstörung durch Sedimentumlagerung (Kap. 6.2).

Diese taphonomischen Bedingungen ähneln denen von Körperfossilien, und die Unterschiede im Erhaltungspotential verzerren in gleicher Weise die im Spurengefüge erhaltenen ökologischen Informationen. Es gibt allerdings auch Faktoren, die ausschließlich auf Spurenfossilien einwirken.

10.2.2
Überschneidung von Stockwerken

Gegenseitige Zerstörung biogener Strukturen verschlechtert die Aussagekraft der erhaltenen Vergesellschaftungen weiter. Wie Seilacher (z. B. 1974) vielfach betont, besitzen Oberflächenspuren und andere exogene Strukturen ein geringes Erhaltungs-

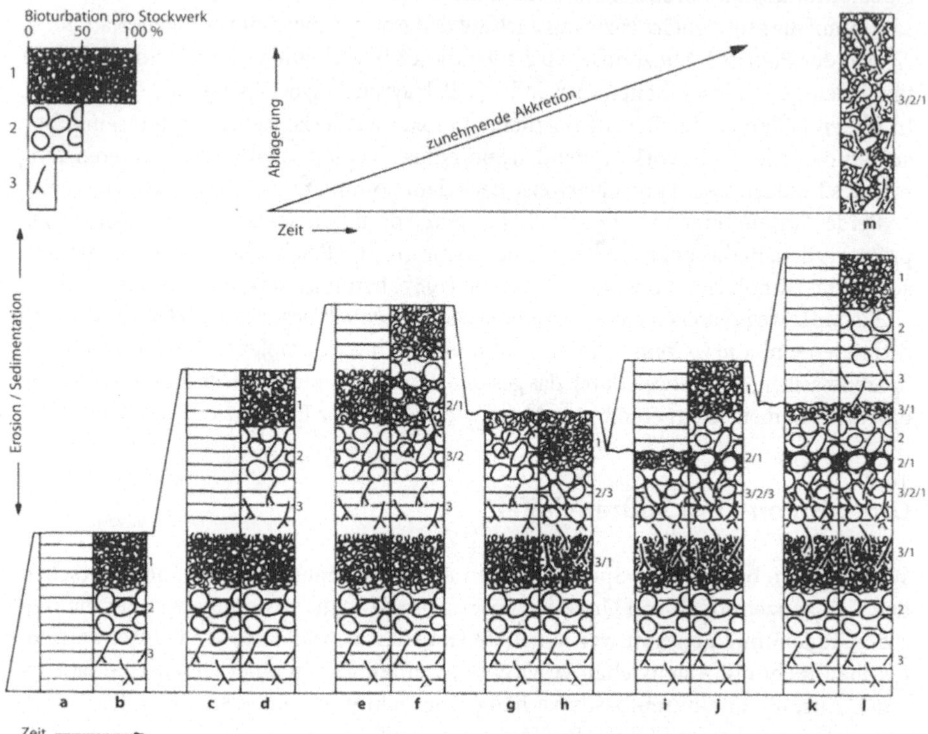

Abb. 10.6. Die Auswirkung der Bioturbation bei unterschiedlichen Ablagerungsbedingungen. Links oben: Erläuterung. Darunter: Event-Ablagerungen ergeben zahlreiche unterschiedliche Effekte. **a** Sedimentationsunterbrechung (Omission) nach rascher Sedimentation erlaubt eine Besiedlung (**b**). **c** Bei schneller Versenkung durch einen Sedimentstapel, der mächtiger als die Bioturbationszone ist, bleibt die erste bioturbierte Lage als eingefrorenes Stockwerkprofil erhalten. **d** Erneute Besiedlung. **e** Überprägung durch eine dünnere Sedimentlage (**f**) und Anlage eines ineinander verschachtelten Gefüges (Palimpsest). **g** Erosion gefolgt von einer Sedimentationsunterbrechung mit Besiedlung (**h**) der Erosionsfläche. **i** Schwache Erosion gefolgt von Sedimentation. Die Erosionsfläche ist nicht besiedelt und durch spätere Bioturbation weitgehend verwischt (**j**). Erosion gefolgt von Ablagerung einer dickeren Sedimentlage (**k, l**). Die Zahlen geben die Überprägung der Stockwerke an. Oben: **m** Spurengefüge mit charakteristischen Überlagerungen als Reaktion auf eine allmähliche Aufschüttung

potential, da die Wahrscheinlichkeit groß ist, daß sie durch Wühltätigkeit vernichtet werden. Dieser Prozeß trifft auch auf einzelne Stockwerke einer endobenthischen Gemeinschaft zu (Kap. 5.5.3). Tiefer gelegene Strukturen durchkreuzen flachere und löschen diese aus (Kap. 10.6).

Bei unvollständiger Bioturbation des Sediments werden die flacheren Strukturen durch die tieferen nicht vollständig zerstört. Aber auch hier sind die tieferen Strukturen vollständiger erhaltenen und fallen bei Betrachtung eines Ichnogefüges besonders ins Auge. In reiferen endobenthischen Gemeinschaften (Kap. 10.5.2) ist eine vollständige Bioturbation normal, und die Qualität der erhaltenen Spurengefüge hängt dann von dem Aktionsgrad innerhalb jedes Stockwerks ab (Abb. 10.7).

Im taphonomischen Vergleich der Stockwerke ist das Erhaltungspotential von flach angelegten Strukturen niedriger und führt zu einer Betonung der tieferen Strukturen.

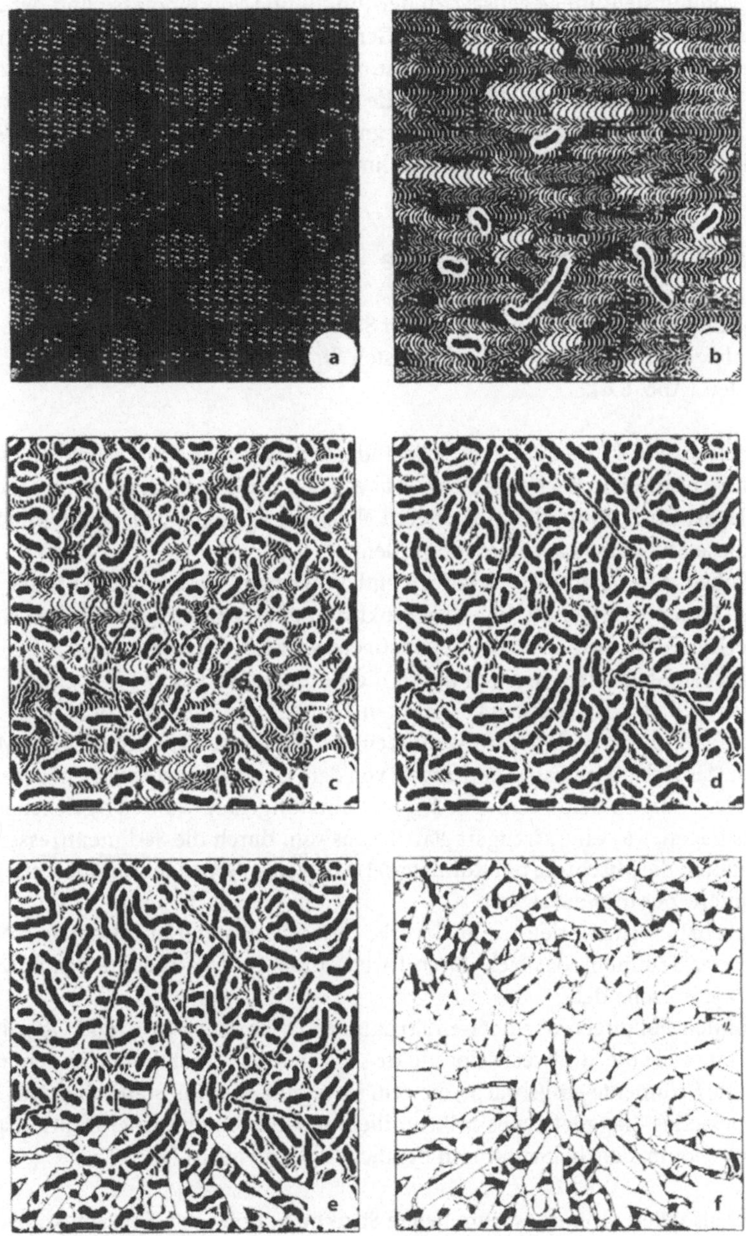

Abb. 10.7. Computermodell, das Stockwerk für Stockwerk eine nach unten zunehmende Aktivität und das daraus resultierende Spurengefüge zeigt. Es wird ein Gleichgewicht mit einer gleichförmigen und allmählichen Aufsedimentation des Meeresbodens vorausgesetzt. **a** Vollständige Bioturbation durch ein *Thalassinoides*-Stockwerk. **b** Auftreten eines tieferen Stockwerks mit Tätigkeit von *Taenidium* hat das *Thalassinoides*-Gefüge weitestgehend ausgelöscht. Umgekehrt wird das *Taenidium*-Gefüge teilweise (**c**) oder fast vollständig (**d**) durch die zunehmende Aktivität im *Phycosiphon*-Stockwerk verdeckt. Kleine *Phycosiphon* graben sich tiefer ein als große. Schließlich (**e**) überprägt ein tiefes Stockwerk mit *Chondrites* das Gefüge. **f** Vollständige Bioturbation innerhalb dieses Stockwerks reduziert teilweise die Spurenvielfalt auf 1

Diese Betonung steht im Gegensatz zu der Produktion von Biomasse und der Aktivität der ursprünglichen endobenthischen Gemeinschaft, bei der sich fast alles im oberen Bereich, in der Durchmischungsschicht, abspielt (Kap. 5.4.4). Daraus wird deutlich, daß die Vielfalt von Spurenfossilien und die biologische Diversität sehr unterschiedliche Konzepte sind und ihre Aussagen so gut wie in keinem Zusammenhang stehen. Wir sollten die Vorsilbe „Ichno-" ernst nehmen!

10.3
Stockwerkbau und Spurengefüge

Bromley und Ekdale (1986) zeigten, wie der Stockwerkbau die Taphonomie der Spurenfossilien beeinflußt und wodurch die tiefsten Strukturen am auffälligsten in Erscheinung treten (Abb. 6.6):

- Die tiefsten Strukturen sind am vollständigsten. Nur ihre oberen Bereiche werden durch Strukturen in flacheren Niveaus überlagert. Die Aktivität in jedem Stockwerk überlagert Strukturen, die in flacheren Niveaus angelegt wurden und führt dazu, daß diese Strukturen ausgelöscht werden.
- Das Substrat in tieferen Stockwerken enthält weniger Wasser und ist fester als das obere. Daher besitzen die tiefen Strukturen deutlichere und schärfere Grenzen und erfüllen für die Fossilisation günstigere Voraussetzungen.
- Die oberen Strukturen werden durch die Kompaktion stärker deformiert als die tieferen, die im bereits etwas verfestigten Sediment angelegt wurden.
- Die tieferen durch Sedimentfresser erzeugten Strukturen sind häufig mit Material gefüllt, das sich durch Farbe und Textur von dem umgebenden Sediment unterscheidet. Dies kann an dem relativ niedrigen Nährstoffgehalt des tiefer gelegenen Sediments liegen, was eine strengere Partikelauswahl durch die Sedimentfresser erfordert. Durch die Mischung mit Kotmaterial erhält eine Stopfstruktur oder Spreite eine besondere Zusammensetzung.
- Umgekehrte Förderer tieferer Stockwerke verfrachten Material aus höheren Niveaus in tieferes Sediment, das sich durch Farbkontrast und Texturunterschied von der Matrix unterscheidet.
- Das in den Füllungen der tieferen Strukturen vorhandene Kot- und Oberflächenmaterial sowie die Stoffwechselprodukte sind chemisch mobil und werden in reduzierende Sedimente eingebracht, die arm an organischer Substanz sind. Das schafft ein spezielles diagenetisches Mikromilieu, welches einen Mineralisationsprozeß auslösen kann, der die Strukturen deutlicher hervortreten läßt.

Es gibt also viele Gründe, warum tiefere Strukturen unter den Spurenfossilien dominieren. In dieser Hinsicht erinnern sie an Vorzugs-Strukturen (Kap. 5.1.2), diesseits der Fossilisationsbarriere – und viele entwickeln sich dann zu Vorzugs-Spurenfossilien (Kap. 6.4).

10.3.1
Modellierung des Spurengefüges

Das Spurengefüge kann ein breites Spektrum von Texturen umfassen, das von der in jedem Stockwerk ablaufenden Aktivität einer Gemeinschaft abhängt. In den

Abb. 10.7 und 10.8 wird dies mittels Computermodellen illustriert, die auf derselben Ausgangsgemeinschaft aufbauen. Wenn eine Gemeinschaft auf einem ruhigen Gewässerboden aktiv ist, auf dem keine Sedimentation stattfindet, bis das Substrat plötzlich unter Sediment begraben wird, könnte das in Abb. 10.6b gezeigte Gefüge erhalten bleiben. Savrda und Bottjer (1986) bezeichneten dies als „eingefrorenes Stockwerkprofil".

Die Abb. 10.6m, 10.7 und 10.8 setzen dagegen eine stetige Sedimentation auf dem Meeresboden voraus. Die Sedimentationsrate ist geringer als der Grad der biogenen Aufarbeitung. Während der allmählichen Aufwärtsbewegung zeitlich aufeinanderfolgender Stockwerke überlagern tiefere Strukturen die flacheren. Folglich verändert sich das entstehende Gefüge in Abhängigkeit vom Umfang der Aktivität in den unterschiedlichen Stockwerken.

In den meisten rezenten endobenthischen Gemeinschaften nimmt die Aktivität mit dem Abstand von der Sedimentationsfläche ab. Dieses trifft für die Durchmischungsschicht unmittelbar unter der Oberfläche zu, die die nur einige Grabgänge enthaltende Übergangsschicht überlagert (Kap. 5.4.4). Die fossile Überlieferung zeigt jedoch, daß nicht selten ein Schlüssel-Bioturbator in einem tieferen Stockwerk eine vollständige Bioturbation herbeiführen kann und dieser als ein Vorzugs-Spurenfossil im Gefüge deutlich in Erscheinung tritt. Ein solcher Schlüssel-Bioturbator ist *Echinocardium cordatum* (Reineck *et al.* 1967; Reineck und Singh 1971; Bromley und Asgaard 1975; Bromley und Ekdale 1986; Bromley *et al.* 1995).

Durch die Anwesenheit eines Schlüssel-Bioturbators in einem tieferen Stockwerk kann die Spurenvielfalt der Gemeinschaft beträchtlich reduziert werden. Bei großer Aktivität im tiefsten Stockwerk geht die Spurenvielfalt gegen 1 (Abb. 10.9).

Würde ein oberflächlicher Betrachter voreilig die Spurenvielfalt mit der biologischen Vielfalt gleichsetzen, müßte er für den Lebensraum einen Streßfaktor annehmen, der zu dieser „verarmten Ichnofauna" führt. Tatsächlich können aber bereits sehr geringe Schwankungen des Milieus Veränderungen der Aktivität in den tieferen Stockwerken bewirken, die dann als grundlegende Unterschiede in der Zusammensetzung registriert werden. Das Schicht-für-Schicht-Auftreten oder -Fehlen von Ichnotaxa mittlerer Stockwerke, die mit Vorzugs-Ichnotaxa tiefer Stockwerke wechsellagern, kann jeweils taphonomisch erklärt werden: Grabende Organismen waren möglicherweise immer anwesend, das Ergebnis ihrer Tätigkeit wird jedoch zeitweilig durch das Auftreten eines Schlüssel-Bioturbators aus einem tieferen Stockwerk ausgelöscht. In diesem Fall ist das taphonomische Milieu, das durch die Tätigkeit des am tiefsten grabenden Organismus geschaffen wird, der kontrollierende Faktor; eine externe Beeinflussung des Milieus muß daher zur Erklärung dieser Änderungen nicht herangezogen werden.

Selbst die am tiefsten grabenden Organismen müssen den Kontakt mit sauerstoffreichem Wasser aufrechterhalten (Abb. 5.14). Außerordentlich starke Störungen in oberflächennahen Stockwerken oder ein Schlüssel-Bioturbator in flachen oder mittleren Stockwerken können zeitweilig die tiefsten Stockwerke abschneiden. Andererseits könnten andere Arten der Gemeinschaft das Substrat aufarbeiten. (Kap. 5.2). Dies würde man dann als verhaltensgesteuerten Amensalismus bezeichnen, der seine Wurzeln in der Ökologie der Gemeinschafts-Sukzession hat und nicht in den physikalischen Umweltbedingungen und Nachfolge-Gemeinschaften (Kap. 5.3.3).

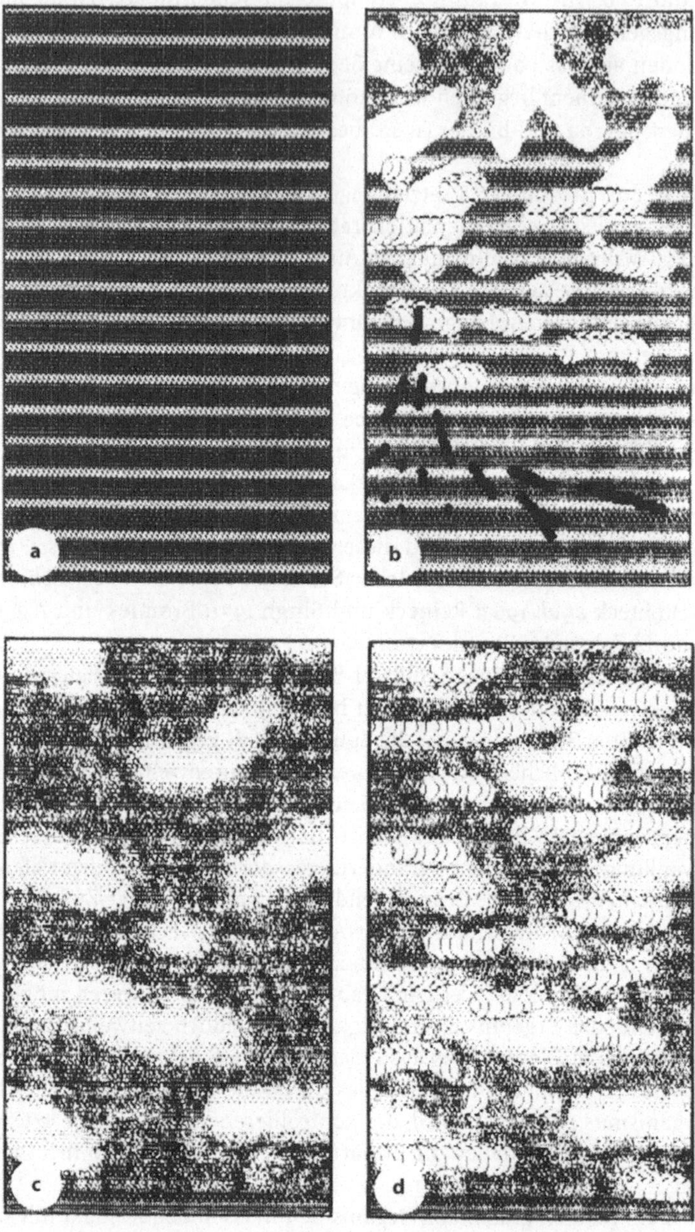

Abb. 10.8 a–d. Computermodelle zur Darstellung der Variabilität von Spurengefügen, die im Vergleich zu Abb. 10.7 von geringerer Bioturbation ausgehen. **a** Primäre Lamination ohne Bioturbation. **b** Während Sedimentationsunterbrechungen kann sich ein eingefrorenes Stockwerkprofil entwickeln; Spuren-diversität 3, sowie eine durch die Meiofauna verursachte durchmischte Zone oben. **c–f** Gleichmäßige Sedimentation. **c** Aktivität im *Thalassinoides*-Stockwerk. Die Umrisse werden unscharf, da die Strukturen in einem Flüssiggrund in geringer Tiefe angelegt werden. **d** Die tieferen *Taenidium*-Strukturen kreuzen die flacheren und heben sich deutlicher ab als diese, da das Substrat in diesem Niveau eine festere Konsistenz besitzt

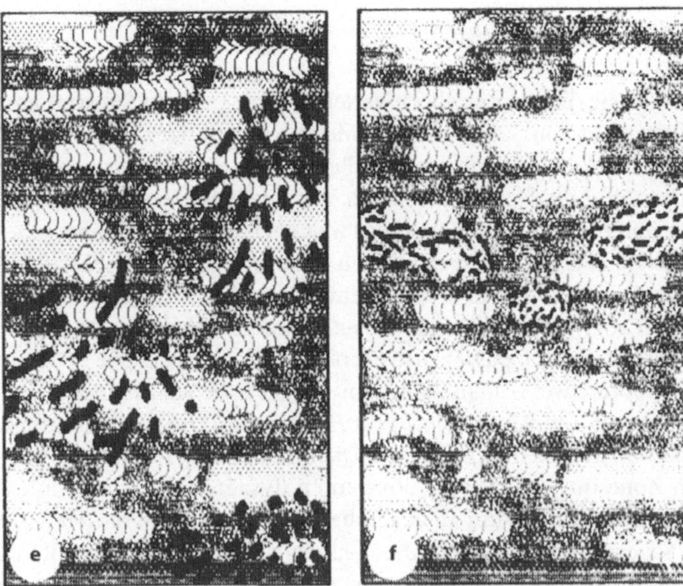

Abb. 10.8 e,f. e Auftreten von frei angelegten *Chondrites* isp. **f** Gewöhnlich beschränkt sich die Aktivität im tiefsten Stockwerk auf die Anlage von *Thalassinoides*-Füllungen

Abb. 10.9. Biogene Lamination: ein Ichnogefüge, das ausschließlich durch Bioturbation von *Teichichnus rectus* gebildet wird. Alle Merkmale von Aktivitäten in flacheren Stockwerken sind verwischt und die Spurenvielfalt ist auf 1 reduziert. Ichnogefüge-Index 5. Vardekløft Formation, mittlerer Jura, Jameson Land, Ostgrönland (etwa natürliche Größe)

10.3.2
Stockwerkbau und Sauerstoff

Einer der Faktoren, die die räumliche Verteilung der Tiere im Substrat kontrollieren, ist die Verfügbarkeit von Sauerstoff. Alle Metazoen benötigen ein bestimmtes Sauerstoffangebot. Tiere können weit unter die Redoxgrenze vordringen, wenn sie dort Zugang zu sauerstoffführendem Wasser haben. Verschiedene Tiere pumpen sauerstoffhaltiges Wasser durch die offenen Grabgänge weit nach unten, in die anaerobe Zone. Der sauerstoffhaltige Hof um einen exaeroben Grabgang stellt eine Nische für weiteres Endobenthos dar (Kap. 5.1.2 und 5.4.3). Einige Tiere leben in einem anaeroben Sediment, wandern aber periodisch zum Atmen in sauerstoffhaltiges Wasser (Kap. 3.5.2).

In der anaeroben Zone passen sich Tiere physiologisch an, wie es Thompson und Pritchard (1969) für zwei Callianassiden mit gegensätzlichen Lebensweisen (Kap. 4.3.2 und 4.3.4) und Pals und Pauptit (1979) für *Heteromastus filiformis* (Kap. 3.5.2) zeigen.

Die Böden von Becken mit einer engen Dichteschichtung reichen von der sauerstoffgesättigten Zone im Flachwasser über einen dysaeroben Bereich mit niedrigem Sauerstoffpartialdruck, bis hin zu anaeroben Milieus in größeren Tiefen. Die Zonen minimalen Sauerstoffgehalts in den Ozeanen zeigen eine ähnliche Verteilung. In durchlüfteten Profilen lassen sich bei benthischen Faunen mehrere Trends erkennen (Rhoads und Morse 1971; Byers 1977; Savrda *et al.* 1984). Mit abnehmendem Gehalt an gelösten Sauerstoff nimmt die Diversität, die Häufigkeit und die Größe des Benthos ab, die Organismen sind weniger stark verkalkt und Endobenthos herrscht vor.

In Sedimenten eines im allgemeinen anaeroben Beckens, die während dysaerober Intervalle durchwühlt werden, treten häufig die Ichnogenera *Chondrites* und *Zoophycos* auf (Sandberg und Gutschick 1984; Bromley und Ekdale 1984a; Baird und Brett 1986; Savrda und Bottjer 1987). Der Grabgang besitzt einen sehr kleinen Durchmesser.

Ähnliche Trends sind auch im Vertikalprofil einer endobenthischen Gemeinschaft in einem ausreichend mit Sauerstoff versorgten Meeresboden nachweisbar. Die ausgeprägteste Aktivität tritt normalerweise in den obersten Stockwerken auf, wo das Größenspektrum der Arten besonders breit ist. Untere Stockwerke sind gewöhnlich durch eine geringere Aktivität (geringere Dichte der Bioturbation), geringere Spurenvielfalt und einen nach unten abnehmenden maximalen Gangdurchmesser charakterisiert. Wie von Rhoads (1975) vorausgesagt, sind deshalb die am tiefsten grabenden Tiere die kleinsten und dringen am weitesten in die anaerobe Zone des Substrats vor. In den tiefen Stockwerken dominieren gewöhnlich die Ichnospezies *Chondrites* und *Zoophycos* (Abb. 6.6; Reineck und Singh 1971, Tafel 13; Ekdale 1977; Swinbanks und Shirayama 1984).

Mit allmählicher Abnahme des Sauerstoffgehalts im Bodenwasser rückt die Redoxgrenze in Richtung Sedimentoberfläche nach oben, begleitet von einer gleichsinnigen Verlagerung der endobenthischen Stockwerke (Bromley und Ekdale 1984a). Die Arten in den obersten Stockwerken, die von einem ausreichenden Angebot an Sauerstoff abhängen, werden durch weniger anspruchsvolle Tiere des mittleren Stockwerks ersetzt. Zuletzt finden, nach weiterer Verringerung des Sauerstoffpartialdrucks, auch die Bewohner der tiefsten Stockwerke unmittelbar unter der Oberfläche eine Nische, bevor völlig anaerobe Bedingungen eintreten und sie gleichfalls ausgelöscht werden (Abb. 10.10).

Man kann davon ausgehen, daß die für einzelne Stockwerke charakteristische Bioturbationsdichte konstant ist, so daß die Bioturbation im allgemeinen unvollstän-

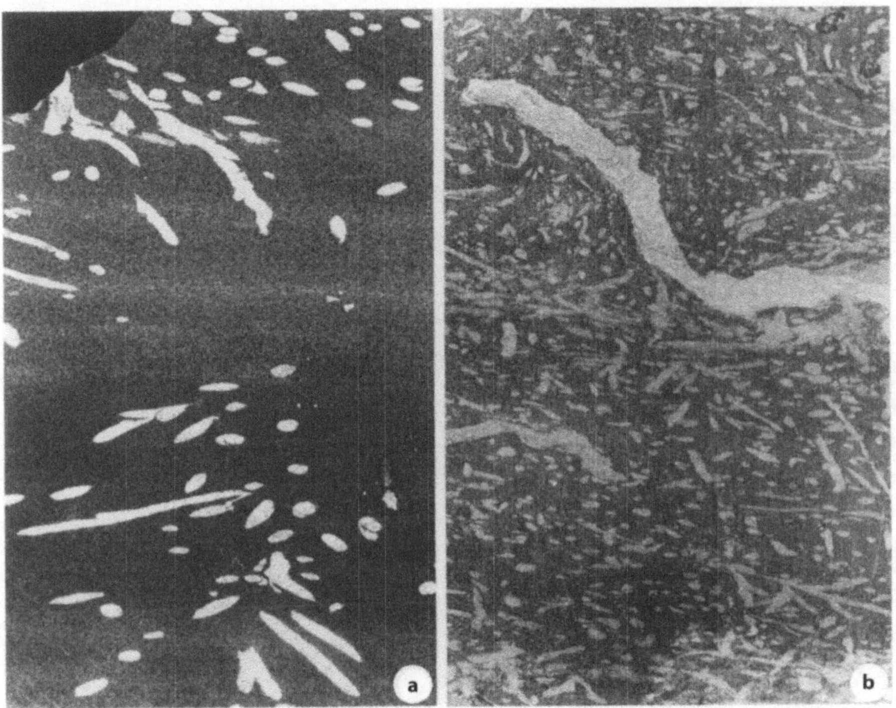

Abb. 10.10. *Chondrites* in sauerstoffarmem Milieu. **a** In einer laminierten Rinnenfüllung haben ausschließlich große *Chondrites* isp. das Sediment durchwühlt. Ichnogefüge-Index 2. Oberkreide, Austin-Chalk, bei Austin, Texas. **b** Kleine unregelmäßige *Zoophycos* isp. zusammen mit kleinen *Chondrites* isp. in undeutlich laminierter mergeliger Kreide. Ichnogefüge-Index 3. Plenus-Mergel, Kreide, Hannover, Deutschland (Belegstück wurde dankenswerterweise von Heinz Hilbrecht zur Verfügung gestellt; beide × 2)

dig ist, wenn die obersten Stockwerke fehlen. Daraus folgt, daß auf dysaerobes Bodenwasser geschlossen werden kann, wenn *Chondrites* allein auftritt, die Primärgefüge kreuzt und nur einen geringen Prozentsatz der Bioturbation ausmacht. Wenn andererseits *Chondrites*, obgleich allein auftretend, das gesamte Bioturbationsgefüge beherrscht (Abb. 10.11), sollte man mit der Interpretation vorsichtiger sein: Es könnte etwas verbergen!

Savrda (1986), Savrda und Bottjer (1986) und Bottjer *et al.* (1986) schlagen, basierend auf einer Abfolge von Ichnozönosen im Zusammenhang mit einer zunehmenden Verarmung an Sauerstoff, ein Modell zur Rekonstruktion des Paläo-Sauerstoffgehalts im Bodenwasser vor und wandten es an. Sie beschreiben eine Serie von Spurengefügen, die den unterschiedlichen Grad der Durchlüftung des Bodenwassers widerspiegelt (Abb. 10.12). Bei Anwendung dieses Models muß man deutlich zwischen historischen (Abb. 10.12) und Gleichgewichts-Modellen (Abb. 10.7) unterscheiden. Ist in einem Profil mit kontinuierlicher Sedimentation ein Trend nach oben zu erkennen, indem die verschiedenen Spurenfossilien Nachfolge-Gemeinschaften darstellen, oder handelt es sich um eingefrorene Stockwerkprofile unterhalb periodisch besiedelter Oberflächen, deren Spurenfossilien zur Gemeinschaft nur eines Stockwerks gehören? Mit anderen

Abb. 10.11. Vollständig bioturbiertes Gefüge, das von *Chondrites* isp. beherrscht wird. Bravaisberget Formation (Mittlere Trias), Svalbard (× 2)

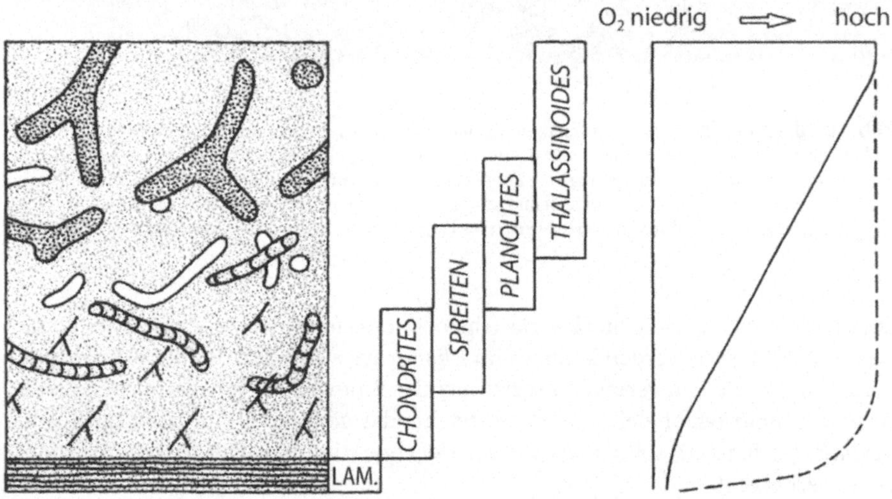

Abb. 10.12. Gleichmäßig aufgebaute Einheit im Niobrara Chalk (Kreide) von Kansas mit einer auf der Spurenfossilabfolge basierenden Interpretation des schwankenden Sauerstoffgehalts (durchgehende Kurve). Daten nach Bottjer *et al.* (1986). Wenn man die Einheit jedoch als eingefrorenes Stockwerkprofil interpretiert (Abb. 10.2c), würde sich eine andere Sauerstoffkurve (unterbrochene Linie) ergeben. Möglicherweise gibt es keinen sicheren Hinweis auf Schwankungen des Sauerstoffgehalts

Worten, gibt es in Abb. 10.12 vier aufeinanderfolgende Besiedlungsflächen oder nur eine obere? Eine Untersuchung der räumlichen Überlagerung der einzelnen Spuren kann dieses Problem lösen. Weitere Anwendungen zur Deutung des fossilen Sauerstoffgehalts werden in Kap. 12.1.1 diskutiert.

10.4
Umfang der Bioturbation

Die Gesamtdichte oder der Grad der Bioturbation ist eine Sedimenteigenschaft, der größere Beachtung beigemessen werden sollte. Eine vollständige Bioturbation des Substrats ist das natürliche Endprodukt der Tätigkeit des Endobenthos. Daß eine 100%ige Bioturbation nicht erreicht oder überliefert wird, bedarf einer Erklärung. Zunächst soll jedoch der Grad der Bioturbation festgestellt und bewertet werden.

10.4.1
Feststellung des Bioturbationsgrades

Bei detaillierten Untersuchungen rezenter flachmariner und ästuariner Sedimente mit Stechkernen und Vibrokernen durch Howard und Reineck (1972, 1981), Reineck (1976), Howard und Frey (1975), Frey und Howard (1986) und Hongguang *et al.* (1995) wurde sorgfältig der prozentuale Anteil der Bioturbation jeder Station registriert. Diesen Bearbeitern gelang eine visuelle Einteilung in sieben Abstufungen: 0 %, einzelne Spuren, 30 %, 30–60 %, 60–90 %, 90–99 % und 100 %. Howard und Reineck (1972) bilden Röntgenaufnahmen als Beispiele für diese Abstufungen ab.

Die Abschätzung dieser Bioturbationsklassen ist nicht leicht. Probleme ergeben sich aus der unterschiedlichen Deutlichkeit der Strukturen, der Spannbreite der Gefüge, z. B. bei verschiedenen Arten von Spurenfossilien, und dem unterschiedlichen Grad der Störung – von kleinräumigen Bioturbationen des Meiobenthos bis hin zum Graben von Vertebraten. Dennoch haben die Arbeiten der Autoren den Wert als allgemeines Schema mit großem Erfolg bestätigt.

Droser und Bottjer (1986, 1987) versuchen, die Bewertung der Bioturbation durch die Benutzung von Schaubildern zu vereinfachen, indem sie Vergleichsmuster von fünf Ichnogefüge-Indizes für den Feldeinsatz herstellten (Abb. 10.13). Dieses System hat jedoch die gleichen Mängel wie das vorige. Es müssen immer saubere Gesteinsoberflächen mit vergleichbarem Verwitterterungszustand oder vergleichbare Kernabschnitte für eine Ansprache verfügbar sein.

Bei einigen Versionen des Schemas bedeutet ein Index von 6 100 % Bioturbation und ist durch strukturlose Gefüge gekennzeichnet. Auch wenn die Homogenisierung das Ergebnis einer Durchmischung in den obersten Stockwerken (Kap. 5.2.2) ist, können die tieferen Stockwerke heterogen sein. Strukturlose Gesteine sind nicht das Endprodukt aller Bioturbationsprozesse (Abb. 6.6, 8.12, 10.1, 10.11, 10.17b, 10.21, 11.1, 11.3, 11.4, usw.).

Unter der Bezeichnung Bioturbationsindex (BI) wurde von Taylor und Goldring (1993) ein anders System eingeführt. Während bei dem Ichnogefüge-Index eine fehlende Bioturbation mit 1 gekennzeichnet wird, wird dies beim Bioturbationsindex mit 0 angegeben. Für einen schnellen Überblick über verschieden bioturbate Abfolgen sind diese Einteilungen nützlich (Abb. 10.9 und 10.10). Bei vollständig bioturbierten Spurengefügen ist man versucht, jedes Stockwerk mit einem Wert zu versehen (Abb. 12.11; Ekdale und Bromley 1991), obwohl nur in seltenen Fällen genügend verläßliche Daten vorliegen, die dies rechtfertigen.

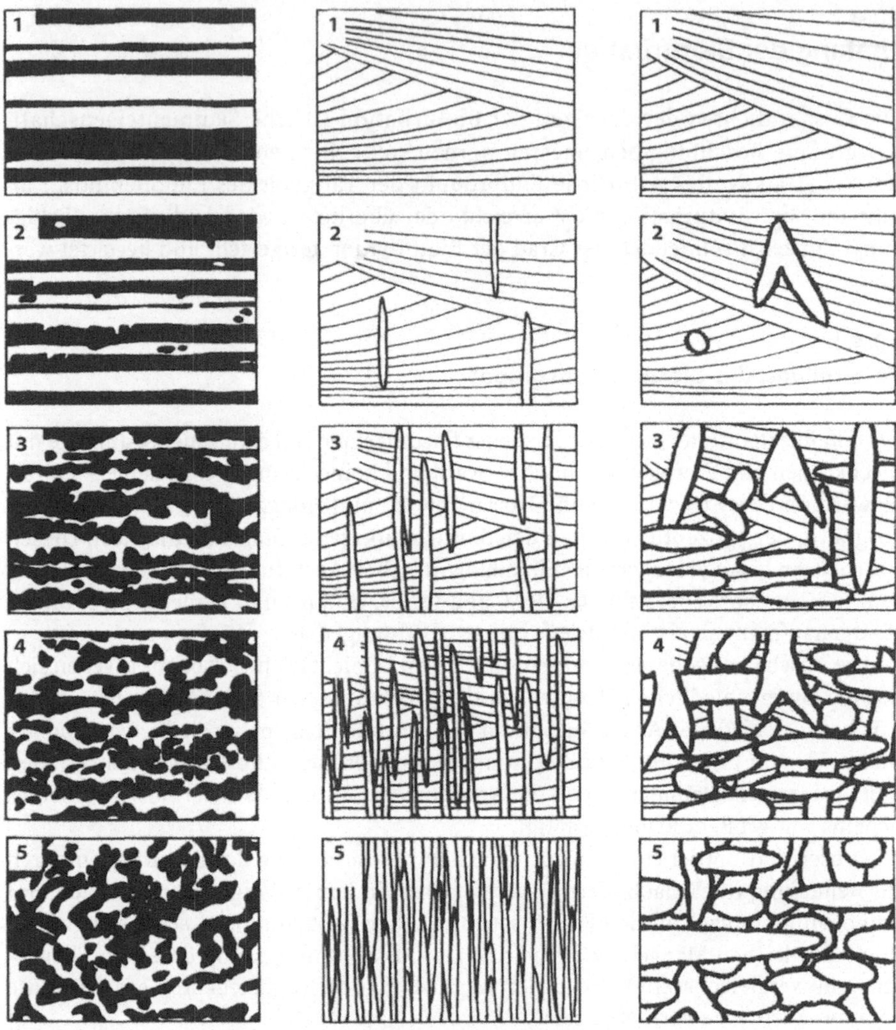

Abb. 10.13. Dichte der Bioturbation und Ichnogefüge-Index. Links: Schematische Darstellung der Indizes 1–5 für Schelfablagerungen. Mitte: Indizes für hochenergetische küstennahe Sande, mit einem Vorherrschen von *Skolithos*. Rechts: Indizes für küstennahe Sande, beherrscht durch *Ophiomorpha*. Verändert nach Droser und Bottjer (1986, 1989)

10.4.2
Bewertung von Quantitätsunterschieden

Vollständige Bioturbation. Ein vollständig bioturbiertes Gestein ist der deutliche Beweis, daß das Ausmaß der biogenen Umlagerung das der Sedimentation übersteigen kann. Die endobenthische Gemeinschaft hatte genügend Zeit, ihr Substrat vollständig zu durchmischen. Außerdem ist in solchen Fällen zu vermuten, daß der Meeresboden einen günstigen Lebensraum für die Besiedlung durch Endobenthos bietet.

Diese Aussagen enthalten zu viele variable Faktoren, um irgendwelche präzisen Festlegungen von Milieuparametern vornehmen zu können. Der Umfang der biogenen Umlagerung des Sediments hängt ab von:

- der Dichte der endobenthischen Population;
- der Wassertemperatur, die sich saisonabhängig ändern kann;
- der Anwesenheit oder dem Fehlen eines Schlüssel-Bioturbators;
- der Grabtechnik;
- dem Stockwerk.

Darüber hinaus nimmt Thayer (1979) an, daß die mittlere Sedimentationsrate während des Phanerozoikums stark zugenommen hat.

Thayer (1983) liefert eine umfassende Zusammenstellung von Umlagerungsraten unterschiedlicher endobenthischer Arten. Solche Raten sollten jedoch nur mit Vorsicht auf Paläoichnozönosen übertragen werden. Eine dichte Population von *Donax variabilis* (Kap. 6.1.2) kann in Stunden die oberen Stockwerke ihres Substrats aufarbeiten, eine Meiofauna in den Tropen ihr Sediment in Tagen homogenisieren. Vergleichbare Bewohner der oberen Stockwerke bathyaler Ablagerungsräume arbeiten jedoch weit langsamer.

Warme (1967) schätzt, daß eine Population von *Callianassa californiensis*, die Gänge vom *Thalassinoides suevicus*-Typ anlegt, die obersten 75 cm der Gezeitenzone in weniger als einem Jahr vollständig aufarbeiten kann. Es wäre nun allerdings abwegig, diesen Befund unkritisch auf die Tätigkeit eines Tieres zu übertragen, das *Thalassinoides suevicus* im mittleren Stockwerk einer kretazischen Gemeinschaft auf einem Kreideschelf angelegt hat.

Manche Spurenfossilien geben selbst Hinweise auf solche Unterschiede. Zum Beispiel nimmt der Durchmesser der randlichen Röhre von *Zoophycos* distal zu und spiegelt damit das Wachstum des Organismus wider. Ein *Zoophycos*-Bau repräsentiert also die Lebensspanne seines Erzeugers, die vielleicht Jahre beträgt. Im Vergleich dazu ist der Durchmesser von *Chondrites* in jedem Teil des Gangsystems konstant und wird daher offenbar schneller angelegt. Deshalb entspricht die Rate der Bioturbation durch *Zoophycos* nicht der von *Chondrites*.

Es ist noch nicht einmal klar, in welchem Umfang ein einzelner Organismus Sedimentstörungen verursachen kann, wenn man nur seine Lebensweise kennt. Ein suspensionfressender Polychaet kann in einem Aquarium in einer einzigen Wohnröhre unbeweglich über Monate ruhen. Auf einem dicht besiedelten Meeresboden können solche Würmer dagegen von anderen Organismen gestört werden und verlagern ihre Position häufig (Kap. 3.2.2, 5.2.1 und 6.3).

Eine vollständige Bioturbation bedeutet deshalb mehr als nur die einfache Beschreibung eines Sedimentgefüges. Verschiedene Arten von Spurenfossilien, die zu unterschiedlichen Stockwerken oder Lebensweisen gehören, können für eine vollständige Durchmischung verantwortlich sein, die jeweils eine andere Bedeutung hat (Abb. 10.7).

Unvollständige Bioturbation. Diese beruht auf einem Streßfaktor, der verhindert, daß eine endobenthische Gemeinschaft ein Sediment vollständig durchwühlt (Kap. 10.5.1). Middlemiss (1962) und Shourd und Levin (1976) interpretieren die wechselnde Bioturbationsdichte in einer Abfolge als Schwankungen der Sedimentationsrate. Savrda (1986) modellierte diesen Prozeß und stellte ihn bildhaft dar.

Natürlich können auch noch andere Streßfaktoren die vollständige Bioturbation eines Substrats verhindern. Insbesondere wird durch Schwankungen der Salinität die biologische Mannigfaltigkeit einer Fauna besonders stark reduziert, was sich auch in deren Aktivität widerspiegelt. Ein anderer wichtiger limitierender Faktor ist die Verfügbarkeit von Sauerstoff. Um zwischen den einzelnen Faktoren unterscheiden zu können, die eine Gemeinschaft negativ beeinflussen, muß man deren Zusammensetzung berücksichtigen und die einzelnen Ichnotaxa bestimmen. Wightman *et al.* (1987) und Savrda und Bottjer (1986) untersuchten unter diesem Gesichtspunkt brackige bzw. sauerstoffverarmte Ichnozönosen.

Keine Bioturbation. Dies kann auf ein ursprüngliches Fehlen endobenthischer Aktivitäten oder auf mangelnde Erhaltung organischer Strukturen zurückgehen. Im ersteren Fall kann die vollständige Erhaltung der primären Schichtung ohne Anzeichen einer

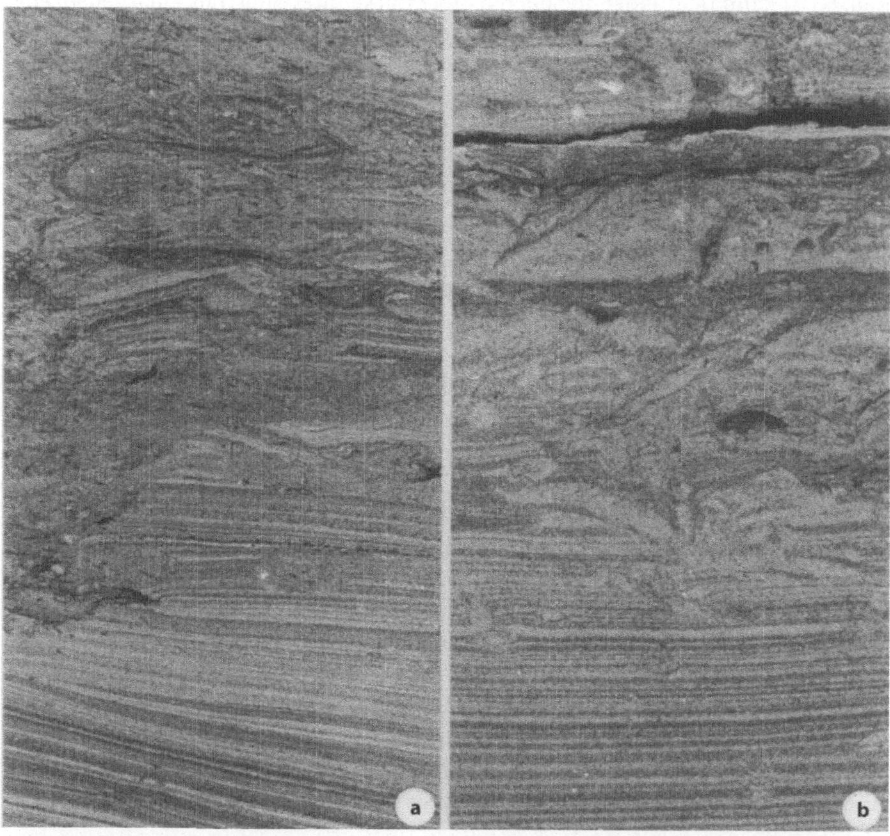

Abb. 10.14. Zwei Beispiele eines laminierten Sandes in einem Bohrkern. Die oberen Teile der Abfolgen sind bioturbiert, und zeigen eine laminierte bis verwühlte Struktur. Wie in Abb. 10.1 ist es auch hier nicht leicht, infolge der Überlagerung zeitlich aufeinanderfolgender, unterschiedlicher Gemeinschaften ein Stockwerkprofil in dem Spurengefüge zu identifizieren. (Abb. 10.2b). Wahrscheinlich enthält **b** drei miteinander verschweißte Einheiten. Jura des norwegischen Nordseeschelfs (natürliche Größe)

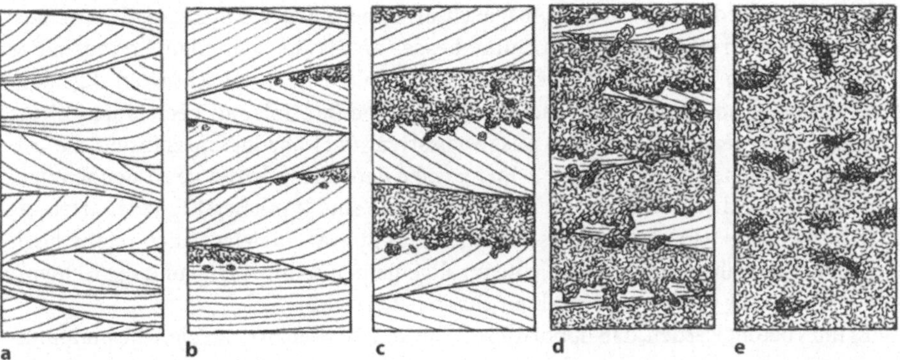

Abb. 10.15. Eine Serie von Modellen zeigt das Gleichgewicht zwischen der Erosionsrate und der Mächtigkeit der sedimentierten Einheiten, eine konstante Bioturbationsrate und -tiefe vorausgesetzt. In **c** ist ein gut ausgebildeter Zyklus abgebildet. Während der Sedimentationspausen werden die Oberflächen der Einheiten besiedelt und verwühlt. In **b** schneidet die Erosion tiefer ein und löscht die Besiedlungsflächen und einen Großteil der bioturbierten Niveaus aus (vgl. Abb. 11.14c). In **a** ist keine Bioturbation erhalten. Dennoch wäre es abwegig, daraus auf einen lebensfeindlichen Sedimentationsraum zu schließen. In **d** sind die Einheiten dünner und nur kleine Inseln laminierter Strukturen blieben erhalten (Abb. 10.14a und b, oben). In **e** ist die Abfolge schließlich vollständig bioturbiert und ihre Ablagerungssowie Erosionsgeschichte verwischt

physikalischen Aufarbeitung den Beobachter davon überzeugen, daß „kein Spurenfossil = kein endobenthisches Tier" bedeutet. Im zweiten Fall, wenn die Erosion tiefer eingreift als die biologische Aufarbeitung, bleibt keine Bioturbation erhalten. In flachmarinen Ablagerungsräumen sind die Sedimente im Sommer vollständig bioturbiert, werden aber durch Winterstürme völlig aufgearbeitet.

Wenn ausreichend mächtige Sedimentpakete sehr schnell abgelagert werden, wie bei Sturmlagen, liegt ihre Basis außerhalb der Aktionszone von Organismen, und nur die Oberfläche der neuen Schicht wird besiedelt und durchwühlt (Abb. 10.14). Wiederholte Sturmereignisse können die bioturbierte obere Lage entfernen und die biologischen Spuren verwischen, so daß der falsche Eindruck entsteht, das Sediment sei nicht besiedelt gewesen. Die Mächtigkeit jedes Pakets und der Erosionsbetrag bestimmen den Umfang und den Stil der in der Abfolge erhaltenen Bioturbation (Abb. 10.15).

10.5
Opportunistische und Ausgleichsökologie

Miller und Johnson (1981) und Ekdale (1985) waren die ersten, die die Prinzipien von opportunistischen (r-) gegenüber Ausgleichsstrategien (K-) auf Spurenfossilien anwendeten. Opportunistische Arten sind Organismen mit hohen Reproduktions- und Wachstumsraten, mit einer breiten Toleranz gegenüber Milieuänderungen und mit einem unspezialisierten Freßverhalten (Pianka 1970). Solche Arten sind in der Regel Pioniere, die nach einer großen und abrupten Veränderung des Milieus (z. B. nach einer Sturmsedimentation) den Lebensraum sehr schnell wieder besiedeln, oder es sind Organismen, die bei starkem Streß (z. B. an einem Strand) oder unter nährstoffarmen Bedingungen (z. B. in unterernährten Becken) aufblühen. Sie zeichnen sich durch hohe Individuenzahlen bei Artenarmut und kurzlebige Gemeinschaften aus.

Im Unterschied dazu besiedeln Ausgleichsarten neue Lebensräume relativ langsam, passen sich aber über lange Zeiträume besser an als die schnellen Erstbesiedler (Pianka 1970). Im Vergleich zu den Opportunisten haben die Ausgleichsarten allgemein niedrigere Reproduktions- und Wachstumsraten, und ihre Toleranz gegenüber Milieuänderungen ist gering. Die meisten Ausgleichsarten sind Nahrungsspezialisten, die sich an spezielle Nischen angepaßt haben. Im marinen Bereich tendieren sie zu stenobathen, stenohalinen und stenothermen Lebensräumen. Sie sind typische Mitglieder artenreicher, beständiger Klimax-Gemeinschaften. Wenn ihre Artenvielfalt auch relativ hoch sein kann, so ist ihre Populationsdichte im allgemeinen sehr niedrig, und die Gemeinschaft wird nicht von einem einzelnen Taxon beherrscht.

Es muß betont werden, daß opportunistische und Ausgleichsstrategien die Endpunkte eines Spektrums darstellen. Kein Organismus ist vollständig opportunistisch oder vollständig auf das Gleichgewicht hin orientiert; alle müssen einen Kompromiß zwischen beiden Extremen finden.

Bei Übertragung dieser Klassifikation auf ichnologische Gegebenheiten gibt es wenig Probleme (Ekdale 1985). Da die Möglichkeit der Verwechslung mit Ausgleichsspuren besteht, bezeichne ich das Werk von Ausgleichsarten in Klimax-Gemeinschaften als Klimax-Spurenfossilien.

10.5.1
Spurenfossilien von Opportunisten

Ichnozönosen opportunistischer Ichnotaxa sind häufig durch geringe Spurenmannigfaltigkeit bei hoher Dichte gekennzeichnet. Basierend auf sedimentologischen Daten läßt sich zeigen, daß die Grabgänge schnell angelegt werden, und daß der Ablagerungsraum für die meisten Formen lebensfeindlich ist. Dies kann mit einer Sauerstoffverarmung, einem Schwanken der Salinität, einer ungleichmäßigen Sedimentationsrate oder lediglich mit dem neu sedimentierten, biologisch unbeeinflußten Sediment zusammenhängen.

Cuomo und Rhoads (1987) beschreiben einen capitelliden Polychaeten, dessen Larven ihre Metamorphose in Substraten vornehmen, die reich an Schwefelwasserstoff sind – ein Spezialist für eine im allgemeinen lebensfeindliche Umwelt.

Vossler und Pemberton (1988b) geben einen ausgezeichneten Überblick über opportunistische Ichnozönosen in Abfolgen von Sturmablagerungen. Sie trugen aus der Literatur zahlreiche Beispiele zusammen, in denen zwei gegensätzliche Spurenzusammensetzungen in einer einzigen Abfolge nachgewiesen wurden: eine Schönwettergemeinschaft und eine Sturmgemeinschaft. Gemeinschaften im oberen Teil von Sturmlagen sind durch eine sehr niedrige Spurenvielfalt und ein deutliches Überwiegen von Domichnia gekennzeichnet (Abb. 10.16), während die Hintergrundgemeinschaften aus Klimax-Gemeinschaften mit hoher Spurenvielfalt bestehen.

Diese Ergebnisse stimmen mit rezenten Beispielen von Substraten gut überein, in denen das Endobenthos plötzlich verdrängt oder vernichtet wurde (Vossler und Pemberton 1988b). Pionierarten sind in vielen Fällen kleine Würmer, die wie *Skolithos* senkrechte Wohngänge anlegen. Viele Pionierstrukturen besitzen ein relativ hohes Erhaltungspotential, einschließlich der solide gebauten Röhren, die den Grabgang effektiv gegen schädliches Porenwasser aus dem sterilen Sediment isolieren (vgl. Aller 1980; Rhoads und Boyer 1982).

Abb. 10.16. Y-förmige *Polykladichnus* isp., I-förmige *Skolithos* isp. und U-förmige *Arenicolites* isp. Drei Strukturen von Suspensionsfressern, bestehend aus einer Pioniergemeinschaft von Opportunisten, die in zwei Horizonten einer flachmarinen, schnell sedimentierten Abfolge des Unteren Pleistozäns bei Ladikó auftreten. Rhodos (natürliche Größe)

Die Besiedlungsgeschwindigkeit des Substrats durch diese Opportunisten ist beeindruckend. McCall (1977) sterilisierte in einem Experiment die Fläche eines subtidalen Flachwasserbodens und stellte fest, daß das Sediment innerhalb von 10 Tagen durch eine Polychaetenart dicht besiedelt wurde; zwei weitere Arten traten in geringer Zahl auf. Keine dieser Arten stammte aus der Klimax-Gemeinschaft, die aus dem Gebiet entfernt worden war und die es erst später wiederbesiedelte. Rhoads *et al.* (1978) kamen zu ähnlichen Ergebnissen, als sie Sedimente nach deren Gefügezerstörungen durch Dredschen beobachteten.

Ekdale (1985) weist darauf hin, daß die charakteristischen Turbiditvergesellschaftungen ähnlich gedeutet werden können. Spurengemeinschaften im Flysch bestehen aus zwei Suiten (Seilacher 1962b; Kern 1980). Die präturbiditische Ichnozönose besitzt eine große Spurenvielfalt, bei der Agrichnia (z. B. *Paleodictyon, Desmograpton*) und regelmäßig mäandrierende Pascichnia (z. B. *Nereites, Scolicia*) überwiegen. Sie verkörpert eine Ausgleichsgemeinschaft von Ernährungsspezialisten, die den Lebensraum des schlammigen pelagischen Untergrunds besiedeln (Kap. 6.2.1). Diese Ichnozönose ist als Halbrelief an den Sohlflächen von Turbiditbänken erhalten, die eine plötzliche Einschüttung von Sand in den pelagischen Bildungsraum darstellen. Das sandige Substrat wird durch eine Gemeinschaft von Opportunisten besiedelt, die die postsedimentäre Ichnozönose (*Granularia, Phycosiphon* und unregelmäßige *Scolicia*) anlegen.

In einer Turbiditabfolge mit sehr seltenen präsedimentären Spurenfossilien und einer geringen Diversität von postsedimentären Opportunisten, wie *Chondrites, Planolites* und *Helminthoida*, fand Uchman (1992b) als begrenzenden Faktor im Sediment Lagen niedrigen Sauerstoffgehalts. Wignall (1990) stellte jedoch fest, daß durch ständig dysaerobe Bedingungen – wie in Auftriebssystemen – K-Strategen bevorzugt werden, während instabile, pulsierende Sauerstoffgehalte r-Strategen (Opportunisten) unterstützen.

Abb. 10.17. Zwei gegensätzliche Ichnozönosen aus der Fleming Fjord Formation, lakustrische Trias von Jameson Land, Ostgrönland. **a** In schnell abgelagerten Sandabfolgen enthält der obere Teil der Einheiten eine Ichnozönose von *Skolithos*, *Arenicolites* und *Polykladichnus* ispp., die suspensionsfressende Opportunisten in einer „Sturmvergesellschaftung" anzeigen. **b** Feinerkörnige Abfolgen mit langsamer Sedimentation und mit langen Unterbrechungen sind vollständig durchwühlt. Die Spurenvielfalt ist auch hier gering (was gewöhnlich für nichtmarine Ichnozönosen zutrifft), es handelt sich hier aber um eine „Schönwettervergesellschaftung". *Lockeia siliquaria* (von suspensionsfressenden Muscheln) wird lokal durch Sedimentfresser in tieferen Stockwerken ausgelöscht, hier vertreten durch *Fuersichnus communis* (Bromley und Asgaard 1979). **a** Senkrechter Schnitt, **b** Unterfläche (beide × 2)

Der Nachweis opportunistischer Gemeinschaften ist ziemlich einfach und beruht auf der sedimentologischen Deutung und der Spurenvielfalt. Einzelne Ichnotaxa als Opportunisten zu deuten, ist dagegen schwieriger. Opportunistische Ichnozönosen werden häufig von *Skolithos linearis* beherrscht (Vossler und Pemberton 1988b); die Ichnospezies *Skolithos* kommt aber auch in bereits vollständig entwickelten Ichnozönosen vor. Viele Suspensionsfresser verfolgen opportunistische Strategien, da das Nahrungsangebot für sie nicht vorhersagbar ist.

Ekdale (1985) betrachtet *Chondrites* auf Grund seiner Strategie und seines alleinigen Vorkommens in deutlich sauerstoffarmen Milieus als einen opportunistischen Ichnogenus (Bromley und Ekdale 1984a; Vossler und Pemberton 1988a). *Chondrites* wurde von Wightman *et al.* (1987) auch in Brackwasserablagerungen gefunden. Durch die kürzliche Interpretation von *Chondrites* als Chemosymbiont (Kap. 9.4.6), besonders angepaßt an sulfidreiche Sedimente, wird dem Ichnogenus die spezialisierte Ernährungsweise einer Klimax-Form zugeschrieben (Fu und Werner 1994).

Miller und Johnson (1981) interpretieren ein Massenvorkommen von *Spirophyton* in einer randlich marinen Ablagerung des Devons als opportunistisch. Obwohl *Spirophyton* oberflächlich *Zoophycos* dadurch ähnelt, daß es eine spiralförmige Spreite besitzt, ist *Spirophyton* wahrscheinlich keine Struktur, die nur einmal während der gesamten Lebenszeit des grabenden Organismus angelegt wird. Auf der anderen Seite tritt *Zoophycos* gemeinsam mit *Chondrites* in sauerstoffarmen Milieus auf und kann, wie *Chondrites*, als Klimax-Spezialist bezeichnet werden.

Die von Bromley und Asgaard (1979) aus lakustrischen Ablagerungen der Trias beschriebenen Ichnozönosen sind opportunistisch. Die vollständige Bioturbation durch *Fuersichnus communis* (Abb. 10.17b) belegt eindeutig einen flach angelegten Stockwerkbau, wobei das Spurenfossil ein relativ einfaches und schnell errichtetes Fodinichnion ist. Die Spurenvielfalt beträgt 2; das Ichnogenus *Lockeia* tritt in mehreren Horizonten auf, in denen es von *Fuersichnus communis* nicht ausgelöscht wurde.

In eingeschalteten Horizonten kommen schlanke Ichnospezies von *Arenicolites* und *Polykladichnus* gemeinsam auf Besiedlungsflächen von ineinandergreifenden Sturmablagerungen vor und markieren schnelle, kurzzeitige Besiedlungsereignisse (Abb. 10.17a).

10.5.2
Klimax-Spurenfossilien

Wenn das Substrat stabilisiert ist, folgen den Pioniergesellschaften Gemeinschaften, die in größere Tiefen vordringen (Abb. 10.2c; Rhoads *et al.* 1977; Rhoads und Boyer 1982). Bei Sedimentationsraten von 1–5 mm pro Jahr löscht die Aktivität späterer Gemeinschaften die früheren aus (McCall und Tevesz 1983). Es ist deshalb unwahrscheinlich, daß vollständige Abfolgen von Gemeinschaften, die sich vielleicht über ein oder zwei Dekaden entwickelt haben, im späteren Spurengefüge dokumentiert werden (Abb. 10.18 und 10.19). Wenn die Sedimentationsrate zunimmt und die Strukturen der unterschiedlichen Gemeinschaften räumlich auseinanderrücken (Abb. 10.2a), kann die Sedimentationsgeschwindigkeit selbst zu einem Streßfaktor werden, der die Sukzessionsrate der Gemeinschaften modifiziert. Savrda und Bottjer (1986) konnten eine Nachfolge-Gemeinschaft nachweisen, bei der die Sukzessionsrate durch gleichmäßige Veränderungen der Sauerstoffkonzentration im Bodenwasser kontrolliert wurde (Abb. 10.12).

Klimax-Formen treten in stabilen Lebensräumen auf, in denen Veränderungen allmählich und vorhersagbar ablaufen. Nach Ekdale (1985) entwickeln sich in ihnen unterschiedliche Spurenfossilassoziationen, in denen jede Verhaltensweise durch zahlreiche Ichnogenera vertreten ist. Die Strukturen der benthischen Klimax-Arten sind komplizierte, kunstvolle Grabgangsysteme, die auf eine Langzeitbesiedlung oder auf ein hochspezialisiertes Freßverhalten hindeuten.

Bestimmte einzelne Ichnotaxa können als Klimax-Formen bestimmt werden. Dazu gehören die Mehrzahl der reich verzierten Graphoglypten, ganz gleich, ob es sich um Agrichnia oder Pascichnia handelt (Ekdale 1985). Ich möchte auch *Chondrites* und *Zoophycos* hinzurechnen (Kap. 10.5.1). Relativ schnell angelegte Strukturen, wie *Planolites*, *Thalassinoides* und *Scolicia*, nehmen eine Zwischenstellung ein.

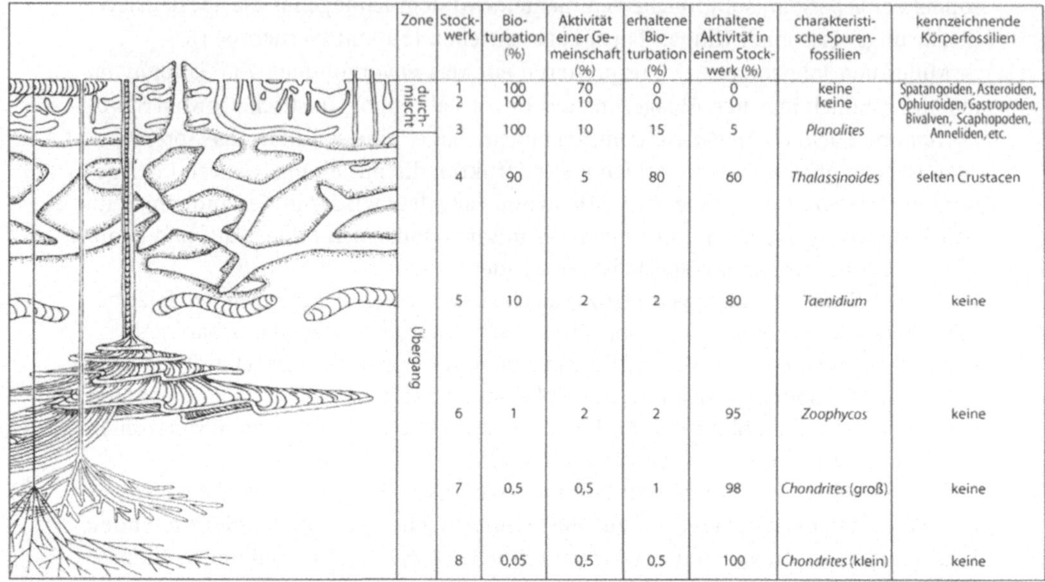

Zone	Stock-werk	Bioturbation (%)	Aktivität einer Gemeinschaft (%)	erhaltene Bioturbation (%)	erhaltene Aktivität in einem Stockwerk (%)	charakteristische Spurenfossilien	kennzeichnende Körperfossilien
durch-mischt	1	100	70	0	0	keine	Spatangoiden, Asteroiden, Ophiuroiden, Gastropoden, Bivalven, Scaphopoden, Anneliden, etc.
	2	100	10	0	0	keine	
	3	100	10	15	5	*Planolites*	
Übergang	4	90	5	80	60	*Thalassinoides*	selten Crustacen
	5	10	2	2	80	*Taenidium*	keine
	6	1	2	2	95	*Zoophycos*	keine
	7	0,5	0,5	1	98	*Chondrites* (groß)	keine
	8	0,05	0,5	0,5	100	*Chondrites* (klein)	keine

Abb. 10.18. Ein schematisiertes Stockwerkdiagramm für die Schreibkreide des Maastricht (Oberkreide) von Dänemark. Acht Stockwerke sind zu erkennen. Die obersten zwei sind hypothetisch, aber durch Körperfossilien belegt. Die Spalten zeigen von links: die Menge des umgearbeiteten Materials in jedem Stockwerk; den Prozentsatz der Tätigkeit der gesamten Gemeinschaft in jedem Stockwerk; den Prozentsatz des erhalten gebliebenen Spurengefüges in jedem Stockwerk (*Thalassinoides* dominiert das Gefüge); und wieviel Aktivität in jedem Stockwerk überliefert wird. Die Zahlen basieren auf zahllosen Beobachtungen und stellen eine vernünftige Abschätzung dar

10.6
Spurengilden

Die Analyse von Spurengefügen, die von Stockwerkgemeinschaften angelegt wurden, offenbart eine Anzahl von sich wiederholenden Verhaltensmustern wie Typ des Spurenfossils, Aktivitätsniveau im Substrat und Freßstil. Spurenfossilien mit gleichen Verhaltensmustern werden als Spurengilden zusammengefaßt.

10.6.1
Ökologische Gilden und funktionale Gruppen

Der Begriff Gilde wurde durch Root (1967, S. 335) in die ornithologische Literatur eingeführt für „eine Gruppe von Arten, die die gleichen Umweltfaktoren auf ähnliche Weise ausnutzen. Dieser Begriff umfaßt, ohne Rücksicht auf taxonomische Stellungen, Gruppen, die sich in ihren Nischenbedingungen bedeutend überlappen". Der Begriff Gilde wurde von verschiedenen Autoren in der Invertebraten-Ökologie mit Betonung auf Ernährungsgruppen benutzt, z. B. bei Fauchald und Jumars (1979).

Einen davon abweichenden Begriff – funktionale Gruppe – führen Woodin und Jackson (1979, S. 1030) ein, um „alle Organismen zu erfassen, die in annähernd gleicher Weise ihre Umwelt ausnutzen und auf diese einwirken". Sie merkten an, daß sich ihr Begriff „von dem Konzept der Gilde unterscheidet, welcher allein auf der Grundlage der Ausbeutung von Nährstoffen definiert wurde".

Bambach (1983) dehnt das Gildenkonzept aus, so daß es mehr oder weniger eine funktionale Gruppe umfaßt. Seine Definition der Gilde basiert auf drei breiten Merkmalen der Artengruppen:

- der strukturelle Bauplan; er schließt auch Physiologie und Wachstum ein und beschränkt die Spezies taxonomisch auf das Klassenniveau;
- die Nahrungsquelle;
- die Raumnutzung, ob pelagisch, epibenthisch oder endobenthisch.

Das Ziel der Analyse von Gilden ist es, die Struktur des Lebensraums einer Gemeinschaft in ihrem Raum-Zeit-Verhältnis zu untersuchen.

10.6.2
Gilden in der Ichnologie

Das Gildenkonzept ist für die Charakterisierung der komplizierten Ökologie von Ichnozönosen gut geeignet. Bei der Übertragung des Begriffs auf die Ichnologie wird der biologische Ursprung von Spurenfossilien betont. Es muß aber daran erinnert werden, daß biogene Sedimentstrukturen keine Organismen sind, und daß folglich Spurengilden nicht biologischen Gilden entsprechen. Bambachs drei Faktoren werden wie folgt angepaßt:

- *Bauplan.* Durch den Wegfall taxonomischer Einschränkungen – da es sich um Spurenfossilien und nicht um Tiere handelt – ist dieses Merkmal am unwichtigsten. Hier kann festgelegt werden, ob es sich um (a) stationäre Gänge, halbdauerhafte oder möglicherweise verzweigte, wie Fodinichnia, Domichnia und Agrichnia; oder um (b) durch vagile Organismen angelegte temporäre Grabgänge oder Spuren, wie Pascichnia, Repichnia oder Cubichnia, handelt.
- *Nahrungsquelle.* Der Ernährungsstil (Sedimentfressen, Suspensionsfressen und Kultivierung von Nahrungsorganismen) ist für die Spurenfossilanalyse wesentlich.
- *Raumnutzung.* Sie bezieht sich auf das Stockwerk.

Die Benennung einzelner Spurengilden ist notwendig, um sie als sich wiederholende Einheiten identifizieren zu können. Idealerweise sollte der Name Elemente aller drei Faktoren umfassen. Dies würde zu langen und schwerfälligen Bezeichnungen wie „mobile Sedimentfresser in einem tiefen Stockwerk" führen. Abkürzungen wie MDDF – Mobile deep-tier deposit feeders (*engl.*) – könnten benutzt werden, sind aber schwierig handhabbar und häßlich. Wenn man für eine Spurengilde eine Bezeichnung gefunden hat, verknüpft man sie heute in einer Fallstudie gewöhnlich mit Referenznummern – wie IG-I, IG-II etc. (Ekdale und Bromley 1991; Bromley und Asgaard 1993).

Die Analyse von Spurengilden steckt noch in den Kinderschuhen. Die Benennung lokaler Spurensippen mit Nummern ist eine Übergangsphase. Es besteht die Hoffnung, daß allgemeingültige Spurengilden aufgestellt werden und daß diese den Namen des sie charakterisierenden Spurenfossils erhalten. Mögliche Beispiele werden im folgenden vorgestellt.

10.6.3
Beispiele von Spurengilden

Die Strukturen einiger kretazischer Ichnozönosen aus der Schreibkreide sind einigermaßen bekannt (Ekdale *et al.* 1984a; Frey und Bromley 1985; Ekdale und Bromley 1991). Diese Vergesellschaftungen bieten einen Ausgangspunkt für die Definition bestimmter Spurengilden.

***Chondrites-Zoophycos*-Spurengilde:** Nichtvagile, tiefgrabende Sedimentfresser und chemosymbiontische Strukturen. Diese Spurengilde kommt in den tiefsten Stockwerken vor, die normalerweise in der Schreibkreide auftreten (Abb. 10.19). Als Ichnotaxa treten *Chondrites* und *Zoophycos* in verschiedenen Größenklassen und in einigen Kreideprofilen die Ichnospezies von *Teichichnus* auf. Savrda (1992) schlägt vor, *Trichichnus* in diese Spurengilde aufzunehmen. McBride und Picard (1991) beschreiben aber *Trichichnus* aus miozänen Turbiditen, die zwei- bis viermal tiefer reichen als *Chondrites*, die sie überlagern.

Die *Chondrites-Zoophycos*-Spurengilde ist in der Schreibkreide keinesfalls überall vorhanden, und die Bedeutung ihres Fehlens oder Auftretens ist nicht bekannt. Es handelt sich jedoch um eine Spurengilde enger Spezialisten, die unwirtliche Zonen am Rande der Bewohnbarkeit besiedelt. Wahrscheinlich stellt keine der Haupt-Spurengilden Sedimentfresser dar. Beide sind Strukturen, die von umgekehrten Förderern angelegt wurden. Auch Chemosymbiose und andere Ernährungsweisen wurden angenommen (Fu 1991; Bromley 1991; Savrda 1992). Geringfügige Schwankungen der sedimentären oder ökologischen Umweltbedingungen können sich auf die Verfügbarkeit solcher Nischen für das Endobenthos auswirken.

Außerhalb des Bildungsraums der Schreibkreide ist diese Spurengilde in tieferen Becken vom Kontinentalabhang bis in die Tiefseezonen weit verbreitet (Ekdale 1977, Tafel 3d; Scholle *et al.* 1983, Abb. 57 und 58; Tyszka 1994, Abb. 3c und e; Savrda 1995, Abb. 2a).

***Thalassinoides*-Spurengilde:** Strukturen semivagiler und vagiler Sedimentfresser mittlerer Stockwerke. Diese Spurengilde kommt in den meisten Kreideablagerungen in sauerstoffreichem Milieu vor, das gewöhnlich stark bioturbiert ist (Abb. 10.20). Der Erhaltungsgrad dieser Spurengilde schwankt. Sie enthält normalerweise eine oder mehrere Formen von *Thalassinoides suevicus*, lokal begleitet von *Teichichnus rectus* und *Teichichnus zigzag*.

Thalassinoides-dominierte Spurengilden anderer Ablagerungsräume sind mit denen der Schreibkreide nicht vergleichbar. In Sanden tritt *Thalassinoides suevicus* wahrscheinlich in tieferen Stockwerken auf als in der Kreide. Heinberg und Birkelund (1984) weisen *Thalassinoides suevicus* in zwei völlig verschiedenen Ichnozönosen im Jura von Grönland nach. Die Bedeutung dieser Beobachtung wird sich zeigen, wenn die Stockwerkstruktur dieser Ichnozönose analysiert ist.

***Planolites*-Spurengilde:** Vagile Sedimentfresser flacher Stockwerke. Diese Spurengilde ist normalerweise kaum zu erkennen, tritt aber überall in Schreibkreide-Sedimenten in gut durchlüfteten Meeresböden auf. Die Größe und Konsistenz des Füllmaterials von *Planolites* schwankt. *Planolites*-Spurengilden flacher Stockwerke, die

Abb. 10.19. Detail der Abb. 6.6 zeigt die Spurengilde des tiefen Stockwerks mit dunklen und hellen *Zoophycos*-Spreiten sowie dunklen und hellen winzigen *Chondrites* isp. Dicht über der Bildunterkante wurde eine *Zoophycos*-Spreite durch dunkle *Chondrites* aufgearbeitet (× 3)

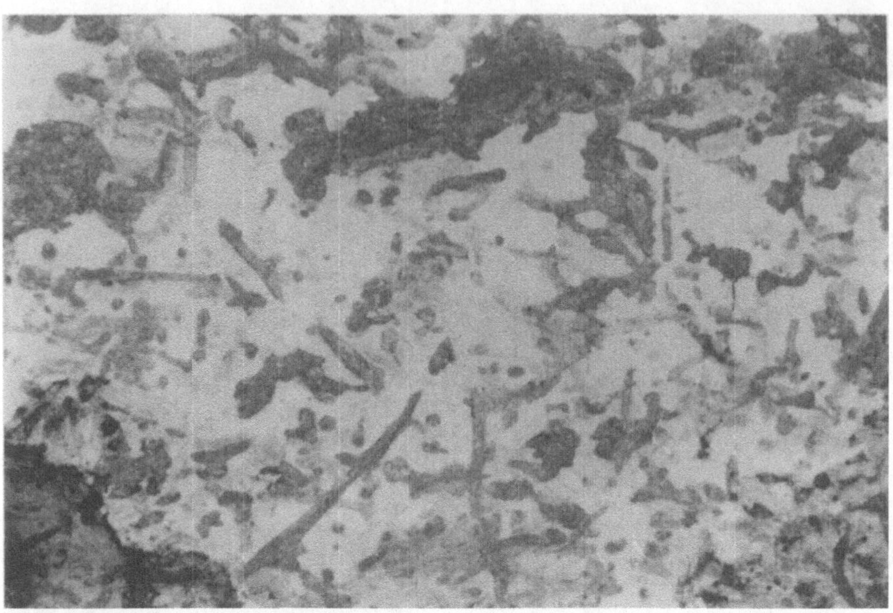

Abb. 10.20. Über 2 m unterhalb einer Rinne, die mit brauner phosphatreicher, pelletführender Kreide gefüllt ist, enthält die weiße Kreide unübersehbare Spurenfossilien. Omissions- und Post-Omissions-Suiten sind mit kontrastreichem braunem Sediment gefüllt und reichen bis mindestens 3 m nach unten, lokal bis 5 m (Jarvis 1992). Erkennbar sind senkrechte *Skolithos* ispp., schräge und senkrechte *Teichichnus rectus* und zwei Größenklassen von *Thalassinoides suevicus*. Kreide, Beauval, Piccardie, Frankreich (× 0,25). Geglätteter vertikaler Anschnitt

denen der Schreibkreide ähneln, kommen in einfacheren Ichnozönosen oder in solchen mit Mehrfachstockwerken vor (Abb. 11.7a, 11.8, 11.10, 11.13, und 11.17; Enos 1977, Abb. 19a; Hattin 1981, Abb. 22).

***Phycosiphon*-Spurengilde:** Strukturen vagiler Sedimentfresser tiefer und mittlerer Stockwerke. Vielfach werden die tieferen Stockwerke einer Ichnozönose durch *Phycosiphon incertum* beherrscht, die tiefer als *Thalassinoides*,aber weniger tief als *Zoophycos* eindringen (Abb. 10.21; Seilacher 1978). Diese Spurengilde umfaßt häufig mehr als eine Größenklasse von *Phycosiphon incertum*, die zusammen mit anderen Strukturen vagiler Sedimentfresser vorkommt (Abb. 11.1 und 11.10). Goldring *et al.* (1991) beschreiben wichtige Einzelheiten und liefern ausgezeichnete Abbildungen. Nach diesen Autoren tritt diese Spurengilde in flachen Stockwerken auf, besonders unter opportunistischen Bedingungen.

***Skolithos-Ophiomorpha*-Spurengilde:** Stationäre Strukturen von Suspensionsfressern tiefer Stockwerke. Diese Spurengilde kommt auf instabilen Sandsubstraten in hydrodynamisch hochenergetischen Milieus vor (Abb. 11.5b). *Skolithos linearis* und/ oder *Ophiomorpha nodosa* dominieren. *Ophiomorpha nodosa* besteht hauptsächlich aus Schächten. Als Spurengilde von Opportunisten darf sie weder mit *Skolithos*-Vorkommen in der Schreibkreide oder in der Tiefsee (Abb. 5.15 und 10.20) noch mit dem

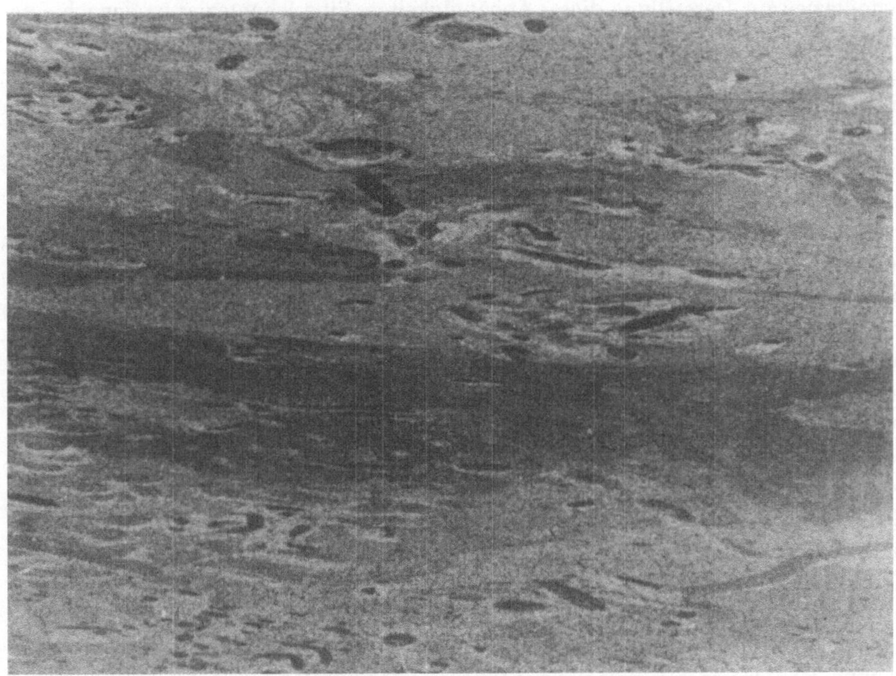

Abb. 10.21. *Phycosiphon incertum* dominiert dieses Ichnogefüge; stellenweise wurden die sonst schwach sichtbaren Füllungen von *Planolites* isp. aufgearbeitet. Karbon, Barentssee, Schelf von Norwegen (× 2)

horizontalen Netzwerk von *Ophiomorpha* in der Schreibkreide (Abb. 8.12b) oder in bathyalen Sedimentfächern verwechselt werden (Armentrout 1980).

Tiefe *Scolicia*-Spurengilde: Vagile, chemosymbionte Strukturen tiefer Stockwerke. In tonigen Sanden und Sanden des Tertiärs und Quartärs wird das tiefste Stockwerk gewöhnlich von *Scolicia* isp. eingenommen. Bromley *et al.* (1995) haben sich kürzlich für eine chemosymbionte Erklärung der tief angelegten Gänge einiger Arten spatangoider Echinoiden ausgesprochen. Unter diesem Gesichtspunkt muß das daraus resultierende Vorzugs-Spurenfossil genauer betrachtet werden.

Die Bestimmung einer Spurengilde ist nur möglich, wenn die Stockwerkstruktur einer Ichnozönose bekannt ist. Das Konzept regt daher dazu an, einzelne Gemeinschaften von Spurenfossilien sorgfältig zu analysieren. Hoffentlich erweist es sich als ein nützliches Werkzeug für die Synthese der Strukturen von Ichnozönosen in Raum und Zeit.

10.7
Seilachersche oder archetypische Ichnofazies

Seilacher (1964, 1967a) stellte fest, daß wiederholt vorkommende Vergesellschaftungen bestimmter Ichnotaxa vom Paläomilieu abhängen, und erarbeitete das Konzept der

Ichnofazies zur Darstellung dieser Abhängigkeiten. Eine Ichnofazies ist danach eine charakteristische Assoziation von Spurenfossilien, die sich in Zeit und Raum wiederholt und die ökologischen Bedingungen des Lebensraums, wie Bathymetrie, Salinität und Substrat, direkt widerspiegelt.

Ursprünglich stellte Seilacher (1967a) sechs Ichnofazies auf, die nach charakteristischen Ichnogenera benannt wurden. (Ich setze die namengebenden Ichnogenera nicht kursiv, da es sich um Faziesausdrücke und nicht um Ichnotaxa handelt, die hier diskutiert werden. Das betreffende Ichnotaxon tritt nicht unbedingt in einer Vergesellschaftung dieser Ichnofazies auf. Dies stimmt mit dem Gebrauch von Taxa in biostratigraphischen Zonen überein, z. B. Bifrons-Zone.)

Vier davon basierten eindeutig auf der Bathymetrie: die Skolithos-, die Cruziana-, die Zoophycos- und die Nereites-Ichnofazies. Eine fünfte, die Glossifungites-Ichnofazies, ist für Omissionsflächen und für Fest- und Hartgründe typisch. Eine sechste, die Scoyenia-Ichnofazies, kennzeichnet kontinentale Ablagerungen von Rotsedimenten.

Später wurden noch zwei Ichnofazies auf der Basis der Substratkonsistenz definiert: die Trypanites-Ichnofazies für lithifizierte Substrate (Hart- oder Felsgründe) (Frey und Seilacher 1980) und die Teredolites-Ichnofazies für xylitische Substrate (Holz) (Bromley *et al.* 1984).

Im letzten Jahrzehnt wurden weitere Ichnofazies mit steigender Tendenz vorgeschlagen. Lockley *et al.* (1987) stellten eine Curvolithus-Ichnofazies als eine Untergruppe der Cruziana-Ichnofazies auf (Kap. 10.1.4). Bromley und Asgaard (1991) führten eine Arenicolites-Ichnofazies für sandige Event-Ablagerungen mit opportunistischer Kolonisation ein. Buatois und Mángano (1993) regten eine Mermia-Ichnofazies für Süßwasserturbidite an. Bromley und Asgaard (1993b) unterteilten die Trypanites-Ichnofazies in Entobia- und Gnathichnus-Ichnofazies. Lockley *et al.* (1994a) betonten die Notwendigkeit für fünf Vertebraten-Ichnofazies. Hunt *et al.* (1994) schließlich schlugen sogar eine Ichnofazies basierend auf fossilen Exkrementen vor: Coprofazies.

Die Beispiele, die auf Vertebraten oder Koprolithen aufbauen, haben keinen sedimentologischen Bezug und sollten daher als Ichnozönose oder Assoziation bestehen

Tabelle 10.1. Schema, das die Beziehungen zwischen Ichnofazies und Umweltbedingungen darstellt. Mit einem Fragezeichen versehene Namen werden hier als vorläufige vorgeschlagen

Holzuntergrund	Felsgrund		Festgrund		Locker- und Weichgrund		Sedimentologie/Umwelt		
			marin	Süßwasser	Süßwasser	marin	Energie	Wassertiefe	Korngröße
Teredolites	Trypanites	Entobia	Glossifungites	Scoyenia		Psilonichnus		Strandrückseite	Sand
					Ruscophycos?	Skolithos	hoch	Strand	Sand
		Gnathichnus			Arenicolites?	Arenicolites	Event	Schelf	Sand, Schluff
					Fürsichnus?	Cruziana	mittel	Lagune/Schelf	Sand, Schluff
					Mermia	Nereites	Event	Hang bis Abyssal	Sand, Schlamm
						Zoophycos	niedrig		Schlamm

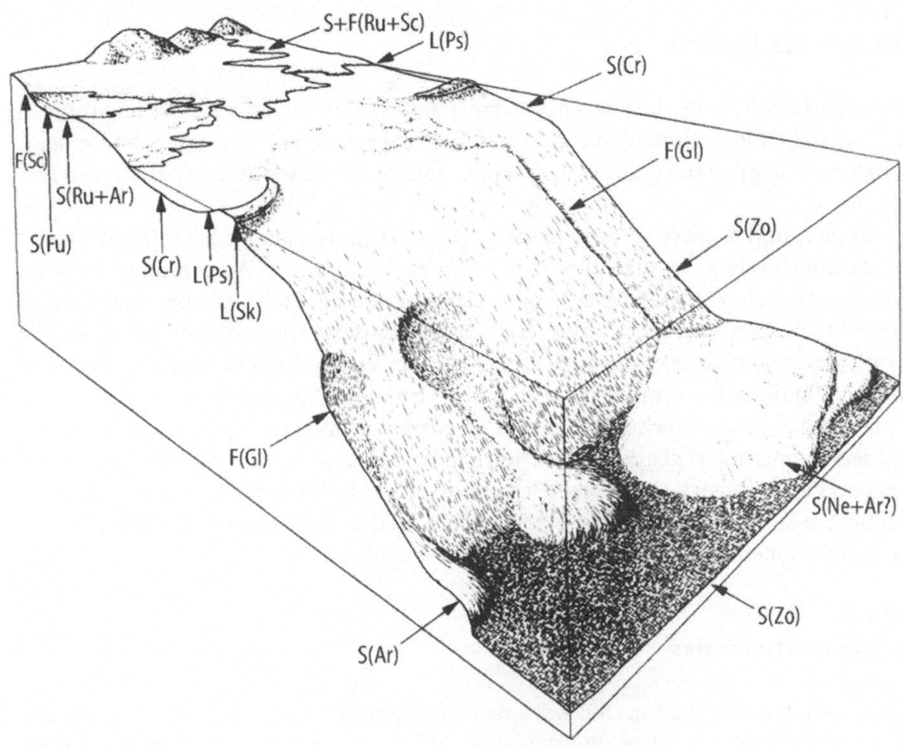

Abb. 10.22. Skizze eines passiven Kontinentalrands mit unterschiedlichen Ablagerungsräumen und angenommenen Vorkommen verschiedener Ichnofazies. Die ersten Abkürzungen beziehen sich auf die Substratkonsistenz (Fest-, Locker- oder Weichgrund), die zweiten, in Klammern, auf die Ichnofazies. Verändert nach Bromley und Asgaard (1991)

bleiben (Goldring 1995b). Trotzdem ist die Fülle verbleibender neuer Begriffe unübersichtlich genug (Tabelle 10.1).

Eine Ichnofazies stellt vor allem eine sedimentäre Fazies dar, die auf Spurenfossilien beruht (Abb. 10.22). Sie enthält zwei wichtige Komponenten: biologischer Einfluß und taphonomischer Verlust. Die relative Bedeutung dieser beiden Komponenten schwankt bei den verschiedenen Ichnofazies, die in zwei Gruppen eingeteilt werden können, beträchtlich: diejenigen, die von der Ökologie der Spurenerzeuger beherrscht werden (Biofazies) und diejenigen, die hauptsächlich auf der Basis taphonomischer Merkmale unterschieden werden (Taphofazies) (Bromley und Asgaard 1991).

Auf dieser Basis gleicht der folgende Überblick nicht den traditionellen Zusammenfassungen der letzten Jahre (Bromley *et al.* 1984; Ekdale *et al.* 1984a; Frey und Pemberton 1984, 1985; Ekdale 1985; Frey *et al.* 1990; Pemberton *et al.* 1990, 1992). Man sollte sich – mit Metz (1995) – darüber im klaren sein, daß unsere Kenntnis nichtmariner Vergesellschaftungen noch sehr spärlich ist. Obwohl terrestrische Spurenfossilien bis in das Ordovizium zurück nachgewiesen wurden (Retallack und Feakes 1987; Johnson *et al.* 1994), fehlen Details. Es wurde bisher auch kein Versuch unternommen, eine Ichnofazies für Paläoböden aufzustellen.

10.7.1
Die Salinitätsbarriere

Seilacher (1967) stellte die Scoyenia-Ichnofazies auf Grund von Vergesellschaftungen in triassischen Rotsedimenten auf. Später (Seilacher 1978) gab er zu, daß die Gemeinschaft nicht abgrenzbar ist. Frey und Pemberton (1984) kamen zu einer ähnlichen Folgerung.

Bromley und Asgaard (1991) schlugen vor, die Scoyenia-Ichnofazies aufzugeben und durch Übertragung der marinen Ichnofazies auf nichtmarine Ablagerungsräume zu ersetzen. Spurenfossilien sind bei der Rekonstruktion der Höhe und der Änderungen der Salinität sehr nützlich (Kap. 12.1.2). Die Paläosalinität wird aber auf der Basis von Größe und Vielfalt der Spurenfossilien sowie dem Vorhandensein oder der Abwesenheit von Spurenarten ermittelt und nicht auf Grund der Ichnofazies.

Die nicht herkömmliche Lösung von Bromley und Asgaard (1991) wurde nicht akzeptiert (Pemberton *et al.* 1992; Pemberton und Wightman 1992; Pickerill 1992; MacNaughton und Pickerill 1995). Daher stelle ich hier die Ichnofazies teilweise mit Äquivalenten auf beiden Seiten des Salinitätsspektrums dar. Um dies tun zu können, mußte ich einige Assoziationen in den Rang einer Ichnofazies erheben.

10.7.2
Scoyenia-Ichnofazies

Diese Ichnofazies besteht aus Süßwasserassoziationen auf Festgründen von Sanden und Tonen in flach lakustrischen und fluviatilen Ablagerungsräumen, die periodisch trokkenfallen. Die Spurenfossilien entwickelten in unterschiedlichem Ausmaß Wandstrukturen; typische Vertreter sind *Scoyenia gracilis*, *Skolithos* (*Cylindricum*) *antiquum*, *Spongeliomorpha carlsbergi* und U-förmige Spreitenstrukturen, sowohl mit Kratzern (*Glossifungites*) als auch ohne (*Rhizocorallium jenense*) (Seilacher 1967; Fürsich und Mayr 1981). Dies stellt eine engere Definition als die frühere breite, schlecht definierte Beschreibung dar (z. B. Frey und Pemberton 1984). Sie basiert auf der Anlage des namengebenden Spurenfossils in einem Festgrund und überlappt sich nicht mit den anderen hier vorgeschlagenen Ichnofazies. Es handelt sich hierbei grundsätzlich um eine Biofazies, deren Gemeinschaften durch die Konsistenz des Substrats eingeschränkt sind.

10.7.3
Glossifungites-Ichnofazies

Früher verband man mit dieser Ichnofazies keine Vorstellung eines marinen Ablagerungsraums (Seilacher 1967). *Glossifungites saxicava* wurde ursprünglich von Lomnicki (1886) aus einer nichtmarinen Abfolge beschrieben, auch wenn es möglich ist, daß die Schichten, in dem es gefunden wurde, eine marine Einschaltung darstellen (A. Radwanski, pers. Mitt. 1990). Neuere Diskussionen dieser Ichnofazies gehen davon aus, daß sie marin ist (Pemberton und Frey 1985).

Im allgemeinen wird die Glossifungites-Ichnofazies als eine Übergangsphase einer Abfolge benthischer Gemeinschaften betrachtet, die eine Omissionsfläche besiedelten, die sich von einem Weich- über einen Fest- zu einem Hartgrund entwickelte (Gruszczyński 1979, 1986; Goldring und Kazmierczak 1974; Fürsich 1978; Savrda und Bottjer

1994). Ein weiteres Merkmal dieser Ichnofazies ist die Freilegung von Festgründen durch lokale Erosion kompaktierter Sedimente (Pemberton und Frey 1985). Während langer Perioden der Nichtsedimentation, die durch feste Omissionsflächen angezeigt werden, können sich die Spurenfossilien entwickeln, was sich in einer Größenzunahme ausdrückt (Bromley und Hanken 1991). Es gibt keine bathymetrische Beschränkung: Bromley und Allouc (1992) beschreiben eine gut ausgebildete Glossifungites-Ichnofazies-Phase, die bei der Entwicklung eines Hartgrundes in 3 000 m Wassertiefe auftrat.

Charakteristische Ichnotaxa sind *Glossifungites saxicava*, *Spongeliomorpha* ispp. und *Thalassinoides paradoxicus*. Verschiedene andere durch Kratzspuren ornamentierte Formen, wie *Strophichnus xystus* und *Glyphichnus harefieldensis*, können ebenfalls auftreten (Fürsich *et al.* 1981; Bromley und Goldring 1992). Diese Ichnofazies stellt eine marine Parallelentwicklung der hier neu definierten Scoyenia-Ichnofazies dar und hat ebenfalls einen starken Biofaziesbezug.

10.7.4
Psilonichnus-Ichnofazies

Diese Ichnofazies ist auf der Strandrückseite, zwischen Vorstrand und terrestrischem Ablagerungsraum, entwickelt. Die Ichnofazies stellt eine Biofazies dar, die auf neutralen biologischen Daten beruht. Äquivalente Vergesellschaftungen dieser Ichnozönose treten im Pleistozän des US-Staates Georgia (Frey und Pemberton 1987) und den Bahamas (Curran 1994) auf und wurden auch im Jura Portugals gefunden (Fürsich 1981). Das Ichnogenus der Gespensterkrabbe *Psilonichnus* kommt in jedem dieser wenigen Beispiele vor. Außerdem können Fährten von Vertebraten auftreten (Pemberton *et al.* 1992).

10.7.5
Skolithos-Ichnofazies

Die Skolithos-Ichnofazies ist „kennzeichnend für relative hochenergetische Wellen und Strömungen" (Pemberton *et al.* 1992, S. 53). Sie ist typisch für das „tiefere Litoral bis Infralitoral und mittlere bis hochenergetische hydrodynamische Bedingungen in Verbindung mit tonigen bis reinen, gut sortierten, mobilen Sanden mit schnell wechselnden Erosions- und Ablagerungsbedingungen" (Frey *et al.* 1990, S. 57).

In den oberen Stockwerken rezenter Gemeinschaften, die in diesen mobilen Sanden leben, treten Spurenerzeuger häufig auf. Eine ausgesprochen starke Bioturbation wird durch suspensionsfressende Muscheln (Kap. 6.2; Abb. 6.3) und Fallen anlegende Würmer (Kap. 4.6; Abb. 4.39) verursacht. Vagile Sedimentfresser kommen ebenfalls in allen reinen intertidalen Sanden vor (Clifton und Thompson 1978; Ronan *et al.* 1981). Allerdings werden die meisten der von ihnen erzeugten Strukturen sofort oder zu bestimmten Jahreszeiten durch physikalische Prozesse zerstört und besitzen kaum eine Chance auf Erhaltung (Abb. 11.5; Howard und Reineck 1981).

Langsame Suspensionsfresser, die in mobilen Sandmilieus leben, suchen durch tiefes Eingraben Schutz und verharren über längere Zeiträume an einem Ort. Diese tieferen Stockwerke mit endogener Aktivität besitzen ein günstiges Erhaltungspotential, auch wenn sie für die Untersuchung im rezenten Bildungsraum weniger leicht zugänglich sind (Kap. 4.3.1).

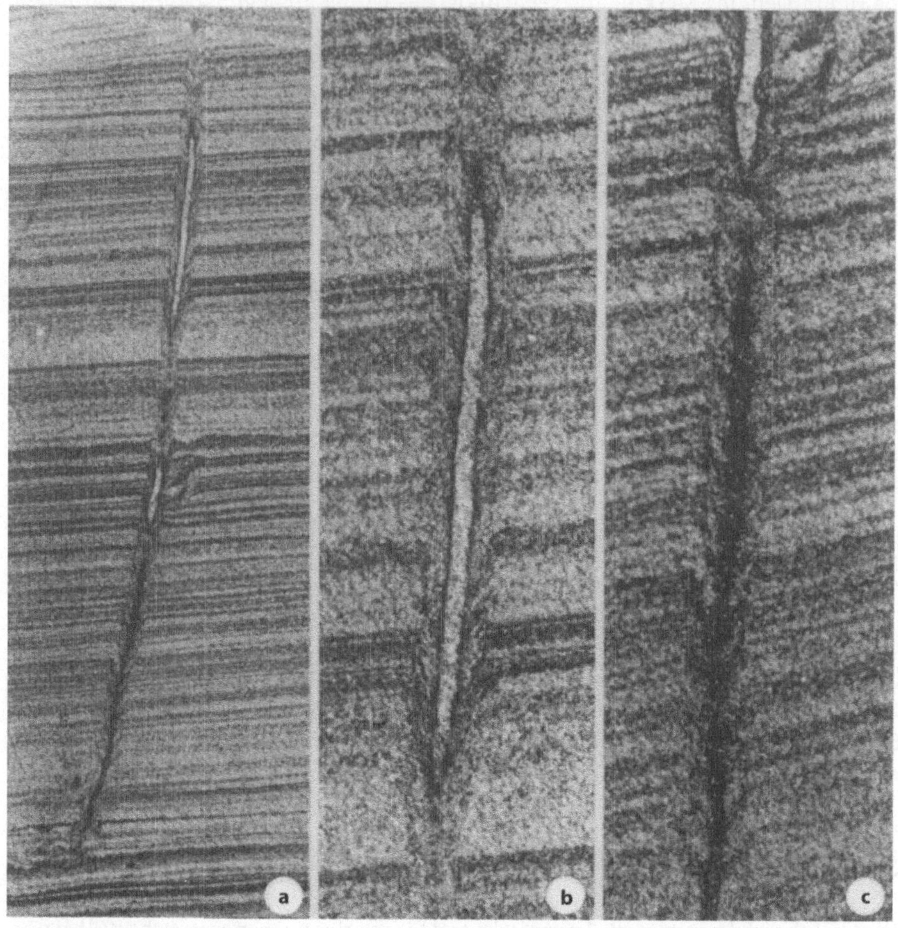

Abb. 10.23. Eine bemerkenswerte Ausgleichsstruktur. In kontinuierlich abgelagerten Sanden hält eine ummantelte Röhre mit der Sedimentation Schritt. Die die Röhre umgebende Cone-in-Cone-Struktur wird als konische Trichteröffnung am Meeresboden gedeutet, die sich mit nach oben verlagert. Deshalb kann das Spurenfossil als *Skolithos* (*Monocraterion*) *tentaculatum* bezeichnet werden. Jura, Nordseebereich von Norwegen (*a* × 0,5, *b* und *c* × 2)

Daher besitzen die für die Skolithos-Ichnofazies typischen Strukturen eine geringe Spurenvielfalt und Bioturbationsdichte sowie eine senkrechte Orientierung der in tiefen Stockwerken auftretenden Spurengilden von Suspensionsfressern. Es treten vor allem Domichnia und Equilibrichnia von *Skolithos*, *Ophiomorpha* und *Diplocraterion* auf. Wenn mittlere Stockwerke erhalten sind, werden die Sedimentfresser vor allem von *Macaronichnus* vertreten (Abb. 11.9; Saunders und Pemberton 1990).

Wie die oberen Stockwerke der Palichnozönose bleiben die oberen Teile dieser Strukturen nur ausnahmsweise erhalten (Abb. 10.23), und bei der Beschreibung einer Ichnofazies ist dies der Normalfall und nicht die Ausnahme. Die Spurenvielfalt erlaubt sicherlich kaum Vorstellungen über die hohe Artenvielfalt und große Biomasse der

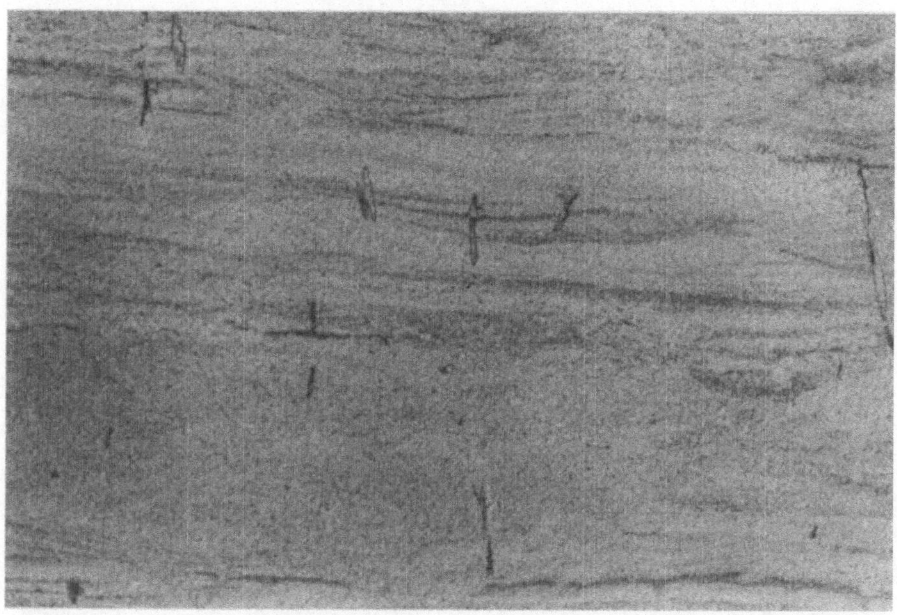

Abb. 10.24. Weitständige Vergesellschaftung von *Skolithos linearis* mit dünner Ummantelung organischen Kohlenstoffs. Irrtümlicherweise werden diese oft für Pflanzenwurzeln gehalten. Jura, Nordseebereich von Norwegen (natürliche Größe)

endobenthischen Gemeinschaft, die die mobilen Sandmilieus bevölkern. Deshalb stellt die Skolithos-Ichnofazies eine Taphofazies dar.

In benachbarten Milieus können gänzlich andere Bedingungen für die Taphonomie herrschen. In schnell sedimentierten Sanden, wie z. B. bei wandernden Großrippeln, tritt keine Erosion der oberen Stockwerke auf. In solchen Fällen kann eine schnelle Aufschüttung eine volle Entwicklung der Gemeinschaft verhindern und so nur eine temporäre Besiedlung durch eine unter Streß gesetzte Pioniergemeinschaft zulassen (Abb. 10.24 und 12.5). Dabei nähern wir uns der Arenicolites-Ichnofazies (Kap. 10.7.8).

Die einzelnen Ichnofazies entwickeln sich während des Phanerozoikums, und die Skolithos-Ichnofazies bildet da keine Ausnahme. Die spektakulären Pfeifenquarzite des Kambriums, die von *Skolithos* beherrscht werden, stellen ein kurzzeitiges Ereignis dar (Droser 1991). Bei Abwesenheit von Räubern oder Sedimentfressern erlebten die Erzeuger der *Skolithos*-Gänge eine Blüte. Sowohl die Quantität als auch die Qualität der Pfeifenquarzite nehmen im Laufe des Paläozoikums ab und werden später durch *Ophiomorpha*-Gefüge ersetzt (Bottjer und Droser 1994).

10.7.6
Cruziana-Ichnofazies

Diese Ichnofazies ist für den Bereich zwischen normaler Wellenbasis und Sturmwellenbasis typisch (Frey und Pemberton 1985). Unter taphonomischen Gesichtspunkten wird

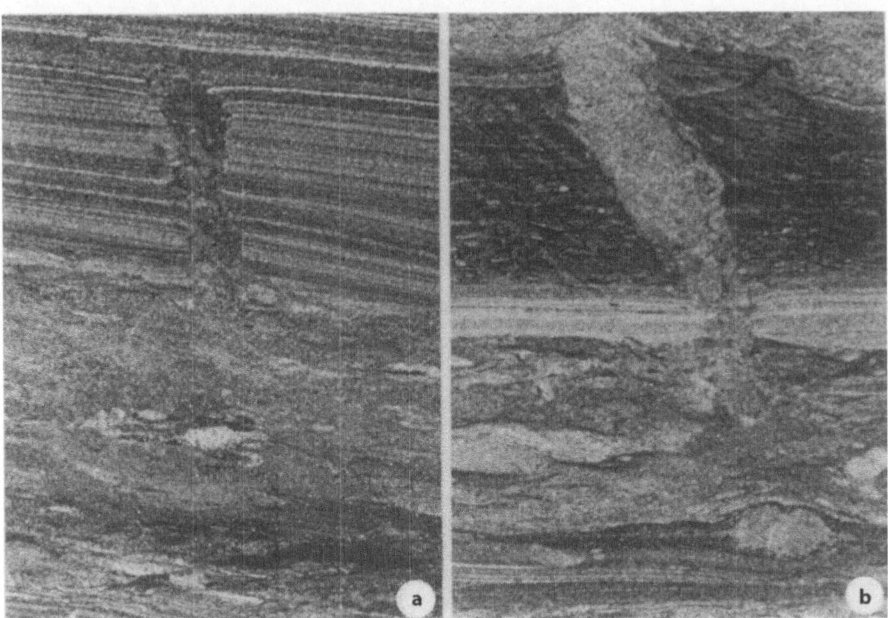

Abb. 10.25. Ruhespuren, die von der Oberfläche laminierter bis verwühlter Einheiten ausgehen. Jura, Nordseebereich von Norwegen (× 2)

das Erhaltungspotential der oberen Stockwerke von Ichnozönosen unter diesen Bedingungen wesentlich gesteigert.

Bei hohen Sedimentationsraten ist die Bioturbation ziemlich unvollständig entwikkelt (Abb. 10.25). Die in tieferen Stockwerken aktiven Organismen haben dann kaum Zeit, flachere Strukturen auszulöschen; die Spurenvielfalt kann entsprechend hoch sein. Bei hohen Sedimentationsraten wird auch eine volle Entwicklung der Gemeinschaft verhindert, tiefere Stockwerke werden nicht besiedelt, und die *Zoophycos-Chondrites*-Spurengilde fehlt im allgemeinen.

Eine große biologische Vielfalt spiegelt sich in einer hohen Verhaltensvielfalt wider, die Suspensions- und Sedimentfresser einschließt. In den obersten Stockwerken sind häufig Cubichnia erhalten (z. B. die Ichnogenera *Asteriacites*, *Rusophycus*, *Lockeia*). Die Ichnozönosen werden jedoch von Repichnia, Fodinichnia und Domichnia beherrscht (mit den Ichnogenera *Cruziana*, *Protovirgularia*, *Phycodes*, *Rhizocorallium*, *Skolithos*, *Arenicolites*). Die *Thalassinoides*-Spurengilde, die im Paläozoikum selten ist, spielt im Mesozoikum und im Känozoikum in dieser Ichnofazies eine wichtige Rolle.

10.7.7
Rusophycus-Ichnofazies?

Aus dem nichtmarinen Ablagerungsraum wurden Vergesellschaftungen von Spurenfossilien beschrieben, die der Cruziana-Ichnofazies ähneln, und in fluviatilen und flach lakustrischen Weichgründen aus Ton, Silt und Feinsand auftreten. Von Bromley und

Asgaard (1979) wurde eine solche als aquatische Suite der Rusophycus-Ichnozönose beschrieben; vergleichbare Vorkommen sind nicht ungewöhnlich (Walter 1983; Aceñolaza und Buatois 1991, 1993; Pickerill 1992; Buatois und Mángano 1993; Miller und Collison 1994). Die Ichnofazies wird beherrscht von Repichnia – *Cruziana* ispp. und vielen Fährten von Arthropoden, wie *Diplichnites* und *Multipodichnus* – und Cubichnia (*Rusophycus* ispp.).

10.7.8
Arenicolites-Ichnofazies

Wiederholt auftretende Vergesellschaftungen vertikaler Spurenfossilien, die durch eine Spurengilde mit geringer Vielfalt und opportunistischem Sedimentfressen gekennzeichnet sind, werden von Bromley und Asgaard (1991) in einer Arenicolites-Ichnofazies zusammengefaßt. Die Ichnofazies gilt für kurzzeitige Besiedlungen von Sturmablagerungen und anderen Sandkörpern, die in fremder Umgebung auftreten. Als Ichnogenera kommen gewöhnlich kleine *Skolithos* und *Arenicolites* vor, manchmal begleitet von *Polykladichnus* und *Diopatrichnus*.

Vossler und Pemberton (1988b, 1989) beschreiben Vergesellschaftungen von Spurenfossilien, die Schönwetter- und Sturmbedingungen anzeigen, und in der gleichen Abfolge auftreten. Die Klimax-Gemeinschaften der Schönwetterperiode legen Spurenfossilien an, die zu der Cruziana- und Zoophycos-Ichnofazies gestellt werden können. Sandige Sturmablagerungen, die in Tonstein-Abfolgen eingeschaltet sind, enthalten eine vollständig andere Vergesellschaftung, die als schnelle Besiedlung durch Opportunisten gedeutet und von winzigen *Skolithos* isp. dominiert wird. Diese Beobachtung ist nicht ungewöhnlich, vgl. Dam (1990b) *Arenicolites* isp. 1 Ichnozönose (Abb. 12.9a und b) und Droser *et al.* (1994).

Diese Vorkommen von *Skolithos* wurden mit in die Skolithos-Ichnofazies einbezogen, wodurch deren Verbreitung bis in die Tiefsee ausgedehnt wurde (Frey *et al.* 1990; Pemberton *et al.* 1990). Natürlich gibt es Gründe dafür, da *Skolithos* vereinzelt in Contouriten der Tiefsee auftritt (z. B. Colella und D'Alessandro 1988). Das Vorkommen von *Skolithos* in den oberen Lagen von Tempestiten und Turbiditen ist jedoch ein völlig unterschiedlicher Vorgang.

Die Skolithos-Ichnofazies enthält Gemeinschaften, die sich hochenergetischen hydrodynamischen Verhältnissen und mobilen Sandmileus angepaßt haben. Unter diesen Bedingungen können nur biogene Strukturen tieferer Stockwerke erhalten bleiben. Auch wenn die Arenicolites-Ichnofazies normalerweise in Sandablagerungen höherer Energieniveaus vorkommt, verkörpert sie eine post-Event-Besiedlung und ruhige Bedingungen, die die Erhaltung aller Stockwerke, einschließlich der flachen, zuläßt. Das Besiedlungsfenster (Kap. 12.2.3) steht nur für kurze Zeit offen, bevor die Gemeinschaft durch die feinkörnige Hintergrundsedimentation erstickt wird.

Im proximalen Bereich, in dem das Energieniveau häufig oder zeitweilig höher ist und besiedelte Einheiten mit bogiger Schrägschichtung enthält (Frey 1990; Frey und Howard 1990; Frey und Goldring 1992; Buckman 1992), geht die Arenicolites-Ichnofazies in die Skolithos-Ichnofazies über. Distal verzahnt sich die Ichnofazies mit postturbiditischen Sandgemeinschaften. Unter ruhigen Bedingungen wird ein sandiger Meeresboden für einige Zeit besiedelt und es stellt sich eine Annäherung an eine Klimax-Gemeinschaft ein, die vor allem *Ophiomorpha* isp. enthält (Crimes 1977; Uchman 1991a,b,

1992). Sturmablagerungen in Seen sind denen in marinen Ablagerungsräumen sehr ähnlich, auch wenn Oligochaeten anstelle von Polychaeten auftreten. Die Reaktion im Verhalten auf diese sedimentologischen Ereignisse ist identisch (Abb. 10.17).

10.7.9
Zoophycos-Ichnofazies

Sie ist das schwarze Schaf unter den marinen Weichgrundgemeinschaften. Einige Autoren bezweifeln ihre Gültigkeit (Osgood 1970). In vielen Fällen haben Ichnologen Schwierigkeiten, ihr einzelne charakteristische Ichnotaxa – außer *Zoophycos* selbst – zuzuordnen (Seilacher 1978, Abb. 6; Frey und Pemberton 1985, Abb. 28). Viele verweisen darauf, daß *Zoophycos* ispp. in zahlreichen unterschiedlichen Gesellschaften und Ablagerungsräumen vorkommen kann. (Aber keine namengebenden Ichnogenera sind auf die nach ihnen benannte Ichnofazies beschränkt).

Frey und Pemberton (1985) und Pemberton *et al.* (1992) charakterisierten den Bildungsraum als äußeres Sublitoral bis Bathyal, mit Stillwasserbedingungen bei mehr oder weniger sauerstoffarmen Verhältnissen. Küstenferne Vorkommen treten unter der Sturmwellenbasis bis in ziemlich tiefes Wasser auf.

Sedimente der Zoophycos-Ichnofazies sind gewöhnlich vollständig bioturbiert. Die ruhige Akkumulation von Ton erlaubt die Entwicklung von Klimax-Gemeinschaften, die sich über viele Niveaus ausbreiten. Die *Zoophycos-Chondrites*-Spurengilde nimmt davon die tiefsten Stockwerke ein.

In höheren Stockwerken kommen normalerweise *Thalassinoides*- und *Phycosiphon*-Spurengilden vor (Abb. 10.21 und 11.10). Durch die Dichte der Bioturbation werden die oberen Niveaus häufig homogenisiert, und nur die untersten Stockwerke sind deutlich ausgeprägt. Daher ist diese Ichnofazies durch eine geringe Spurenvielfalt charakterisiert. Da *Chondrites* als Faziesdurchläufer angesehen wird (Seilacher 1978), was *Zoophycos* überraschenderweise nicht ist, wird *Zoophycos* als einzig charakteristisches Ichnotaxon festgelegt!

Weil außerdem die tiefsten Stockwerke in der sauerstoffarmen Zone des Substrats liegen, wurde die Ichnofazies als charakteristisch für einen sauerstoffarmen Meeresboden beschrieben, was natürlich so nicht stimmt. Trotzdem, wo die Sauerstoffkonzentration des Meeresbodens zum limitierenden Faktor wird, verschwinden die oberen Stockwerke in der Durchmischungszone, und die *Zoophycos-Chondrites*-Spurengilde existiert in einem sonst nicht bioturbierten Substrat weiter (Abb. 10.10; Kap. 10.3.2).

Wetzel (1983b, Abb. 4) weist in einer Serie bathyaler bis abyssaler Kerne ein allmähliches Ineinanderdrängen der Stockwerkstrukturen nach. Von 1 000 m bis in eine Wassertiefe von 4 000 m werden alle Stockwerke zunehmend flacher angelegt. Während *Zoophycos* am flachen Ende des Profils vielleicht etwa 1 m unter dem Meeresboden liegt, reicht er in 4 000 m Wassertiefe etwa 20–30 cm tief in das Sediment hinein.

In noch tieferem Wasser der abyssalen Regionen sind untere Stockwerke kaum ausgebildet oder vollständig unterdrückt, wie aus rezenten Sedimenten gefolgert werden kann. Ekdale und Berger (1978) und Ekdale *et al.* (1984a) beschrieben eine abyssale oder Tiefsee-Ichnofazies, die dieser Variante entspricht.

Die größte dokumentierte Tiefe von *Thalassinoides* dürfte nach der Beschreibung von Hayward (1976) bei möglicherweise 3 000 m liegen. Wenn *Thalassinoides, Zoo-*

phycos und *Chondrites* in abyssalen und hadalen Tiefen verschwinden und nur Kryptobioturbation und *Planolites* zum Zerstören der Oberflächenspuren verbleiben, bleibt
wenig übrig, um eine Ichnofazies zu definieren!

Das Ichnogenus *Zoophycos* tritt häufig in Flachwasserablagerungen paläozoischer
Schichten auf (z. B. Osgood und Szmuc 1972; Yurewicz 1977; Marintsch und Finks 1982;
Brett *et al.* 1990). Es scheint auch flache Stockwerke zu besiedeln, woraus folgt, daß die
Zoophycos-Ichnofazies kein nützliches Konzept für das Paläozoikum ist (Miller 1991).

Im Mesozoikum wandert dieses Ichnogenus in tieferes Wasser (Ekdale 1978;
Bottjer *et al.* 1987, 1988). Es ist verlockend zu spekulieren, ob das explosive Anwachsen
der *Thalassinoides*-Spurengilde zu Beginn des Mesozoikums nicht *Zoophycos* in tiefere Ablagerungsräume verdrängt hat.

10.7.10
Nereites-Ichnofazies

Seilacher definierte diese Ichnofazies im Zusammenhang mit Turbiditablagerungen.
Ihre Merkmale leiten sich aus den speziellen sedimentologischen und taphonomischen
Rahmenbedingungen ab. Die charakteristischen Ichnotaxa sind kunstvolle und kom-
plizierte Pascichnia und Agrichnia, wie die Ichnogenera *Paleodictyon*, *Helminthoida*,
Spirorhaphe und *Cosmorhaphe*. Es sind präsedimentäre Bildungen, die durch schwa-
che Erosion und plötzliches Einsedimentieren als Ausfüllungen von Halbreliefs an der
Unterfläche der überlagernden Turbidite erhalten sind (Abb. 9.5). Dieser spezielle
Sedimentationsprozeß konserviert insbesondere die kurzlebigen oberen Stockwerke
der Schlamm-Ichnozönosen (Kap. 6.2.1; Leszczyński und Seilacher 1991).

Für eine gewisse Zeit bieten die klastischen Turbidite ein sandiges Substrat für eine
postsedimentäre Gemeinschaft. Danach wird dieses jedoch allmählich durch pelagi-
sches Sediment begraben, und die Tonsedimentation setzt sich fort. Wo tiefere, schlecht
erhaltene, postsedimentäre Stockwerke auftreten, erinnern sie an die Stockwerke der
Zoophycos-Ichnofazies (Seilacher 1987; Uchman 1991c).

Die turbiditische ichnologische Vergesellschaftung kann als dreiteiliges taphono-
misches System verstanden werden, das auf Resten zweier Gemeinschaften beruht:

- Die Hintergrundgemeinschaft, die das pelagische Sediment besiedelt, macht die
  Zoophycos-Ichnofazies aus.
- Das turbiditische Erosionsereignis konserviert das oberste Stockwerk dieser Gemeinschaft und bildet die präsedimentäre Suite ab – die Nereites-Ichnofazies.
- Das sandige Substrat, das durch den Suspensionsstrom geschaffen wurde, wird kurzzeitig durch eine postsedimentäre Sandgemeinschaft besiedelt, die normalerweise
  – aber nicht logischerweise – in die Nereites-Ichnofazies gestellt wird. Diese Suite
  hat stärkere Beziehungen zu der Arenicolites-Ichnofazies, ist aber mit den anderen
  sandigen Ichnofazies verwechselt worden, z. B. der Skolithos-Ichnofazies.

Wetzel (1983a, 1984) stellte fest, daß Tiefseeablagerungen in der Sulu-See nicht völlig bioturbiert sind und keine Kryptobioturbation stattfand. Deshalb haben die tiefen
Spurenerzeuger die flacheren Gänge nicht verwischt. Wetzel war in der Lage, zu zeigen, daß das Agrichnion *Protopaleodictyon* der Nereites-Ichnofazies und das tiefe Stockwerk *Zoophycos* in dem gleichen Kastenkern gemeinsam auftraten.

So scheint es, daß der extreme qualitative Unterschied zwischen der Zoophycos- und der Nereites-Ichnofazies größtenteils das Ergebnis einer unterschiedlichen taphonomischen Geschichte ist. Die ursprünglichen benthischen Schlammgemeinschaften waren die gleichen, während die erhaltenen Spurenfossilien stark voneinander abweichen. Die einen belegen gut durchlüftete obere Stockwerke, die anderen sauerstoffarme untere Stockwerke. Es gibt keinen Grund, daß die Nereites-Ichnofazies tieferes Wasser anzeigen soll als die Zoophycos-Ichnofazies. Der Trend der Evolution von flacherem zu tieferem Wasser wurde im Detail für fossile Graphoglypten belegt (Crimes *et al.* 1992; Crimes und Fedonkin 1994; Crimes und McCall 1995). Während des Kambriums war die Nereites-Ichnofazies auf das Flachwasser beschränkt; Sedimente tieferen Wassers wurden erst im Ordovizium besiedelt.

10.7.11
Fuersichnus-Ichnofazies?

Bromley und Asgaard (1979) stellten für eine lakustrische Spurenfossilvergesellschaftung unterhalb der Schönwetterwellenbasis eine Fuersichnus-Ichnofazies auf. Sie wurde von *Fuersichnus communis* beherrscht, der Struktur eines Sedimentfressers, die oberflächlich an eine Spreite erinnert (Abb. 10.17b). Dieses Spurenfossil wurde seither in vergleichbaren Ablagerungsräumen überall gefunden (z. B. Gierlowski-Kordesch 1991; MacNaughton und Pickerill 1995).

Mit einem Gepräge, das auf tieferes Wasser als die vorgeschlagene Rusophycus-Ichnofazies hindeutet, könnte die Fuersichnus-Ichnofazies ein Gegenstück zu der marinen Zoophycos-Ichnofazies darstellen. Die meisten größeren Seen besitzen eine geschichtete Wassersäule. Die tieferen Bereiche, in denen man nach einem Süßwasseräquivalent der Zoophycos-Ichnofazies suchen könnte, sind normalerweise anaerob.

10.7.12
Mermia-Ichnofazies?

Buatois und Mángano (1990, 1993) beschreiben ein bemerkenswertes Vorkommen von Spurenfossilien in einer karbonischen Seeabfolge mit Turbiditen. Die *Mermia*-Assoziation besteht überwiegend aus Pascichnia, meistens nichtspezialisierten Weidespuren, und ist gekennzeichnet durch das Fehlen von meniskusförmigen Stopfstrukturen und die geringe Größe der Spurenfossilien. Vielleicht handelt es sich hierbei um das nichtmarine Äquivalent der Nereites-Ichnofazies. Während wir auf weitere Details dieser Vergesellschaftung warten, haben Archer und Maples (1984) und Pickerill (1990, 1992) nichtmarine Beispiele des graphoglyptiden Ichnogenus *Paleodictyon* beschrieben.

10.8
Benötigen wir archetypische Ichnofazies?

Aus hierarchischen Gründen ist es vermutlich notwendig, daß eine größere Rangabfolge aufgestellt wird, um kleinere und lokale Gruppierungen zu erfassen. Kürzliche Anstrengungen, das archetypische System zu verbessern, haben zu keinem Ergebnis oder Konsens geführt. Für die marinen Ichnofazies existieren zwei Sichtweisen, indem sie entweder durch eine taphonomische oder eine biologische Brille gesehen werden.

Dadurch, daß die nichtmarinen Ablagerungsbereiche so verschieden sind, besteht seit langem der Eindruck, daß sie zu variabel für eine Klassifikation sind (Asgaard und Bromley 1983).

Goldring (1993, 1995a) hat in Frage gestellt, ob das Ichnofazies-Konzept die Grenze der Auflösung erreicht hat. Wir können viel mehr sedimentäre Fazies als Ichnofazies erkennen, wenn alle Aspekte der Sedimentologie, Ichnologie und Paläontologie bei einer integrierten Untersuchung zusammengefaßt werden (Kap. 12.5).

Kapitel 11

Spurengefüge und Spurenfossilien in Bohrkernen

Eine wichtige Rolle spielt die Ichnologie bei der Beschreibung von Kernmaterial. Ein Teil dieses Materials stammt aus der Erkundung des Ozeanbodens mit Kolbenloten und Kastengreifern sowie Stechrohr- und Vibrationskern-Probennehmern, einschließlich des umfangreichen Materials aus den Tiefseebohrprojekten (Deep-Sea Drilling Project und Ocean Drilling Project). Noch bedeutender ist das Material, das den Ölgesellschaften aus ihren gekernten Bohrungen zur Verfügung steht. Bei der oft hektischen Arbeitsatmosphäre in den Kernhallen der Unternehmen werden Kilometer von teuren Kernen zur Zeit äußerst oberflächlich von wenigen überarbeiteten Geologen untersucht. Bis auf zwei wurden alle anderen Fotografien dieses Kapitels von mir unter solch ungünstigen Bedingungen aufgenommen, während ich an Jura-Kernen aus dem norwegischen Sektor der Nordsee arbeitete.

11.1
Aufschluß kontra Kern

Die Informationen, die man aus einem Aufschluß oder einem gekernten Gestein erhält, sind so verschieden, daß direkte Vergleiche schwierig sind. Wir wollen damit beginnen, die beiden Datenquellen zu analysieren.

11.1.1
Vorteile des Bohrkerns

Die Vorteile der Arbeit mit Bohrkernmaterial sind vielfältig:

- Zunächst einmal sind Kerne gewöhnlich lang und enthalten eine ununterbrochene vertikale Abfolge. Dies erlaubt, einen weit vollständigeren und detaillierteren Überblick über die Faziesabfolge zu gewinnen, als es normalerweise in Aufschlüssen möglich ist.
- Das Kernmaterial zeigt im allgemeinen keine Verwitterungseinwirkungen; das Gestein ist frisch und wurde manchmal durch den Durchfluß von Kohlenwasserstoffen vor einer übermäßigen Diagenese geschützt. Bei Aufschlüssen an Land kann die Verwitterung von tonigen Gesteinen die ichnologischen Merkmale verschleiern, in Kernmaterial feinkörniger Einheiten sind dagegen viel mehr ichnologische Details sichtbar (Abb. 11.1).
- Die Position der Bohrlokation ist gezielt ausgewählt, um ein Optimum an Untertage-Informationen für die Korrelation der Fazies und für die Beckenanalyse zu erhalten.

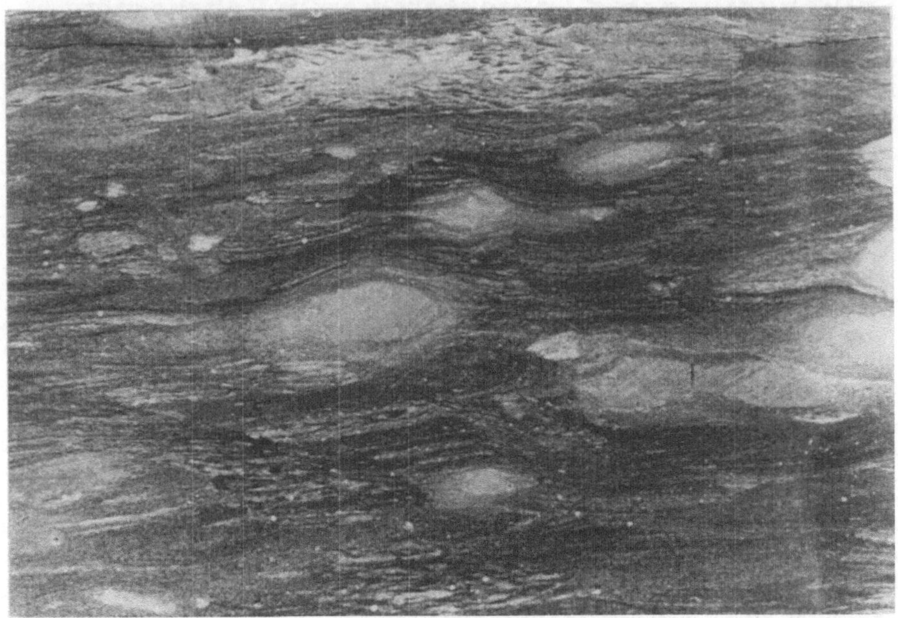

Abb. 11.1. Stark tonige Einheit des äußeren Schelfs, Unterkreide, norwegischer Sektor, Nordsee. Wahrscheinlich kompaktierte Füllungen von *Thalassinoides* im oberen Bereich wurden von *Phycosiphon incertum* aufgearbeitet. Die Lamination ist zumindest teilweise biogen: Kompaktierte *Teichichnus* Spreiten sind lokal durch *Phycosiphon incertum* aufgearbeitet (natürliche Größe)

- Ein weiterer Vorteil ist die große Menge geologischer und geophysikalischer Daten, die aus den Kernen gewonnen werden. Die ichnologischen Daten werden durch reichlich vorhandene zusätzliche Informationen aus dem gleichen Kern gestützt.
- Schließlich sind an vielen Stellen – sowohl an Land als auch in ozeanischen Becken – keine natürlichen Aufschlüsse vorhanden. Bohrkerne sind die einzige Möglichkeit, Gesteinsmaterial zu erhalten.

11.1.2
Nachteile von Bohrkernen

Bei der Arbeit mit Bohrkernmaterial gibt es zahlreiche Nachteile, von denen das lange, schmale Format mit einer geringen lateralen Ausdehnung der Probe besonders problematisch ist. Jeder Horizont läßt sich lateral nur über wenige Zentimeter verfolgen. Die seitliche Kontinuität einer Gesteinseinheit muß oft intuitiv abgeschätzt werden. Die Wahrscheinlichkeit, daß charakteristische Spurenfossilien der betreffenden Schicht in der Probe angetroffen werden, ist gering.

Weiterhin wird das gekernte Gestein dem Bearbeiter generell in Form von gesägten Scheiben zur Verfügung gestellt. Die Chancen sind gering, daß charakteristische Strukturen an der Oberfläche solcher Proben erkennbar sind; der Gebrauch des Hammers ist selten erlaubt! Horizontale Anschnitte oder Aufsichten auf Schichtflächen sind beim Kernmaterial kaum vorhanden, und dann natürlich nur mit einer sehr begrenzten räumlichen Ausdehnung. Fast die gesamte Information muß aus einer einzigen Fläche bezogen werden, die senkrecht oder geneigt zur Schichtfläche liegt.

11.2
Spurenfossilien in Bohrkernen

Die unterschiedlichen Dimensionen von Aufschlüssen und Bohrkernen zwingen uns dazu, die Bewertung ichnologischer Daten zu überdenken, wenn Kerne vorliegen. Immerhin beruhen unsere grundlegenden Prinzipien, die Ichnotaxonomie und unsere Erfahrungen, weitestgehend auf ausgedehnten Aufschlüssen von Schichtflächen. Dieser Kenntnisstand muß nun auf das Kernformat übertragen werden.

11.2.1
Untersuchungstechniken an Bohrkernen

Das Material für die Messungen wird in unterschiedlicher Weise von verschiedenen Labors vorbereitet. Manchmal wird ein halber oder ein viertel Kern zur Verfügung gestellt. In diesem Fall besteht die Möglichkeit, mehr als eine Fläche zu untersuchen und einen dreidimensionalen Eindruck der Strukturen zu erhalten, die rekonstruiert werden sollen. In den meisten Fällen ist der Kern jedoch in Scheiben geschnitten. Die Längsschnitte, 3 oder 4 cm dick, sind fest auf Brettchen oder Metallträger montiert. Dieses Vorgehen schützt den Kern und läßt ihn repräsentativ erscheinen; für den Ichnologen ist dieses Verfahren allerdings ungünstig, da eine Seite der Scheibe abgedeckt ist, die wichtige Informationen verdecken könnte. Da dreidimensionale Rekonstruktionen der Morphologie von Strukturen weitgehend von Serienschnitten oder Schnitten in zwei Ebenen abhängen, ist es oft notwendig, andere Schnittflächen des Kerns mit in die Untersuchung einzubeziehen.

Je glatter die Oberfläche des Gesteins ist, desto mehr Details kann man beobachten. Manchmal eignet sich dafür auch die rauhe Außenfläche des Kerns, die allerdings oft mit Rillen bedeckt ist, die durch den Bohrprozeß oder durch die Rotation des Kerns im Kernrohr entstehen. Trotzdem sollte man auch diese Oberflächen mit Wasser von Spülmaterial reinigen und dann untersuchen.

Gesägte Oberflächen liefern die besten Ergebnisse. Ein Befeuchten der Oberflächen läßt manchmal die Strukturen deutlicher hervortreten. Wiederholtes Befeuchten und Trocknen kann allerdings bei einigen tonreichen Gesteinen zum Aufreißen von Rissen führen. Wenn keine geochemischen Analysen von dem Gestein gemacht werden sollen, kann die Oberfläche mit einem hellen Öl behandelt werden, das die Deutlichkeit der Strukturen erhöht (Bromley 1981a). Weitere Details lassen sich fotografisch durch die Anwendung von harten monochromatischen Filmen und einer harten Entwicklung herausholen.

Bei undeutlichen Strukturen kann auch Fluoreszenz durch ultraviolette Strahlung ersetzt werden. Dieses Verfahren ist besonders effektiv, wenn noch Reste von Kohlenwasserstoffen im Gestein vorhanden sind. Schließlich ist der Gebrauch von Röntgenstrahlen empfehlenswert, wenn die Scheiben nicht auf einem Träger fixiert wurden (Abb. 6.5; Wetzel 1983a, 1984). Stereoradiographien können sehr gute Informationen liefern, ohne daß man den Kern beschädigt. Wo immer möglich, sollte die zweidimensionale Zwangsjacke durch die Untersuchung möglichst vieler horizontaler Schnitte oder Brüche erweitert werden (Abb. 11.2).

Abb. 11.2. *Diplocraterion habichi* in einem Kern (Abb. 8.10): **a** Im Vertikalschnitt (natürliche Größe). **b** Im Horizontalschnitt (× 2). Man beachte die enge Spreite

Diejenigen, die Zugang zur Computer-Tomographie haben, können „Serienschnitte" von Kern- und Gesteinsproben anfertigen, ohne die Proben zu zerstören (Fu *et al.*1994). Die Auflösung der Bilder ist allerdings normalerweise enttäuschend. Es ist aber wahrscheinlich, daß diese Technik verbessert wird.

Eine fotografische oder andere Aufnahme kann durch Manipulation an einem Computer bearbeitet werden. Durch digitale Verbesserungen, mit Hilfe von Punkt-für-Punkt-Modifikationen und der räumlichen Rotation von im Computer eingescannten Bildern, kann die ausgewählte Struktur eines Spurengefüges besser sichtbar gemacht werden (Magwood und Ekdale 1994).

11.2.2
Zweidimensional sehen – dreidimensional denken

Das Arbeiten mit Kernen verbessert die Fähigkeit, dreidimensionale Strukturen zu rekonstruieren, die auf einer Fläche angeschnitten sind. Die meisten Geologen haben damit keine Probleme, da sie Übung in der Konstruktion tektonischer Modelle auf Grund geologischer Karten besitzen, mit Dünnschliffen arbeiten und Sedimentstrukturen und Fossilien an Hand zufälliger Anschnitte in Aufschlüssen erkennen.

Abb. 11.3. Die undeutlich sichtbare Spreite im oberen Teil gehört zu *Rhizocorallium* isp. Das Gefüge darunter wird durch dickwandige *Palaeophycus heberti* beherrscht. Strukturen mit einer dünnen weißen Wand, oftmals zusammengedrückt, werden generell als *Terebellina* isp. bezeichnet. Rechts des Zentrums sind kleine schwarze *Phycosiphon incertum* zusammen mit anderen nicht identifizierbaren Formen zu sehen. In angewitterten Tagesaufschlüssen würde wahrscheinlich *Rhizocorallium* das Gefüge beherrschen, wie in Abb. 9.5. Große Spurenvielfalt von Suspensions- und Sedimentfresser-Strukturen: vollmarin, wahrscheinlich flaches Subtidal (natürliche Größe)

Chamberlain (1978, Abb. 1) beschreibt die vielen Möglichkeiten der Interpretation runder oder ovaler Umrisse in Querschnitten, und Berger *et al.* (1979, Abb. 14) entwikkeln diese konzeptionellen Modelle weiter. Für hastige Kernaufnehmer bleibt ein ovaler Fleck in kontrastreichem Sediment ein Rätsel: ist es der Querschnitt einer zylindrischen Gangfüllung oder ein runder Klast?

Ähnlich verhält es sich bei Längsschnitten zylindrischer Stopfgänge – wie z. B. von *Taenidium* ispp. –, die leicht mit Querschnitten von *Zoophycos*- oder *Rhizocorallium*-Spreiten verwechselt werden können. Die Formen dieser Gänge sind grundlegend verschieden und können im normalen Aufschluß nicht verwechselt werden, unter den eingeschränkten Untersuchungsbedingungen eines geschnittenen Kerns können sie sich jedoch sehr ähneln (Abb. 11.3 und 11.4 b).

11.2.3
Wiedererkennen von Ichnotaxa

Verläßlich aufgestellte Ichnotaxa basieren gewöhnlich auf einem Spektrum von Taxamerkmalen, wie auf der dreidimensionalen Morphologie, auf der Wandstruktur, auf Verzweigung s-Charakteristika und auf dem Füllmaterial (Kap. 8.3). Diese Merkmale sind in einem einzigen vertikalen Schnitt durch die Struktur nur sehr unvollständig auszumachen. Folglich treten bei der Identifizierung von Ichnotaxa in Bohrkernen viele Probleme auf.

In zweidimensionalen Anschnitten kann es Schwierigkeiten bereiten, die generelle Morphologie einer Struktur festzustellen, von der nur Fragmente in zufälligen Anschnitten sichtbar sind. Schächte können beispielsweise zu *Skolithos* gehören, aber auch

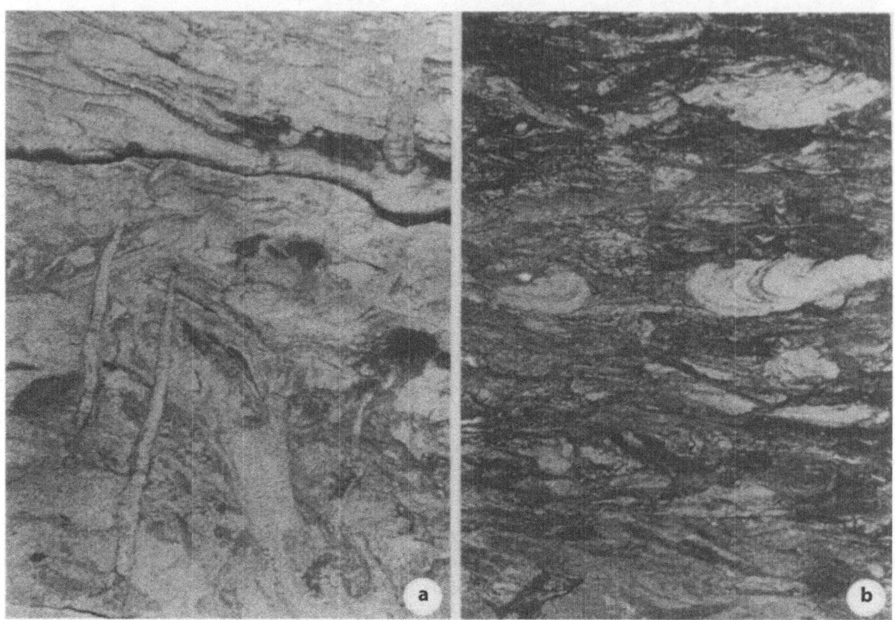

Abb. 11.4. Zwei kontrastierende Gefüge (× 0,5). **a** Die Bioturbation dieses Sandsteins ist nicht durchgreifend. Ein *Palaeophycus*-Spurengefüge wird von *Skolithos linearis* gekreuzt. Die Spurenvielfalt ist hoch, einschließlich Formen tieferer Stockwerke, wie kleine schwarze *Phycosiphon incertum* in Flecken. **b** Toniger Sandstein mit hoher Spurenvielfalt, dominiert durch *Rhizocorallium* isp. (im Zentrum) und auf das Ablagerungsmilieu eines inneren Schelfs hindeutend

Abschnitte von *Arenicolites* oder vertikale Teile anderer Strukturen sein. Es ist fast unmöglich, Merkmale von Verzweigungen zu bestimmen, es sei denn, die Struktur ist sehr klein und ihre Verzweigungsknoten treten räumlich eng benachbart auf. Schon das Auftreten bzw. das Fehlen von Verzweigungen ist ein wichtiges ichnotaxonomisches Merkmal.

Andererseits treten in Kernen die Grabgangbegrenzung oder das Wandmaterial und die Details der Füllung besonders deutlich hervor. Durch Verwitterungsprozesse in einem Übertage-Aufschluß werden dagegen vor allem die Wandauskleidungen verwischt oder gehen verloren. Selbst wenn dadurch die Strukturen der Spuren hervorgehoben und deutlich sichtbar gemacht werden, wird ein genauerer Vergleich mit unverwittertem Material behindert.

Folglich werden die verschiedenen Merkmale von Spurenfossilien im Aufschluß und im Kern völlig unterschiedlich betont. Dies führt zu Unstimmigkeiten, wenn versucht wird, Daten aus den beiden Vorkommen zu korrelieren oder zu vergleichen. Im Kern werden Vollrelief-Strukturen hervorgehoben, während in Aufschlüssen Strukturen im Semirelief oder auf den Schichtflächen und im Spaltrelief betont werden. Im Kern wird die Aufmerksamkeit auf kleine, zarte Strukturen gelenkt, die im Aufschluß übersehen oder durch die Verwitterung verwischt sind. Große Strukturen, wie die Ichnogenera *Thalassinoides* oder *Phoebichnus*, die im Gelände deutlich hervortreten, sind generell zu groß, um in Kernen wahrgenommen zu werden (Abb. 11.5a, 11.6 und 11.10).

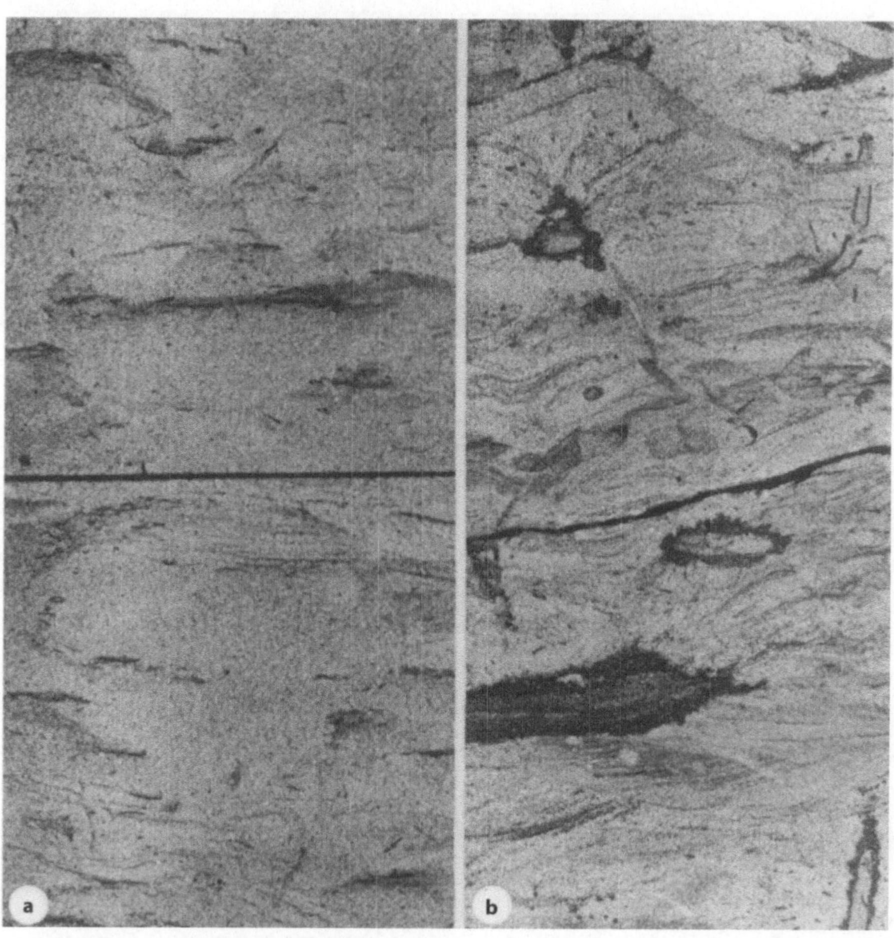

Abb. 11.5. Die Spurengattungen *Thalassinoides* und *Ophiomorpha* ähneln sich morphologisch (Abb. 8.12), sehen jedoch in Kernen völlig anders aus. **a** Ein unvollständig bioturbierter Sandstein mit großen Grabgangfüllungen, die auf *Thalassinoides* isp. hindeuten. **b** Die mit dunklen Tonpellets ausgekleideten *Ophiomorpha nodosa*-Gänge sind in einem Sandstein, der außerdem kleinere Strukturen der Spurengattungen *Planolites* und *Palaeophycus* enthält, deutlich sichtbar (× 0,5)

Dieser Unterschied in der Qualität der Daten stellt ein größeres Problem dar. Ekdale (1977) empfiehlt, Spurenfossilien in Kernen nur bis zum Ichnogenus zu bestimmen. Dies ist jedoch unhaltbar, da die Basis der Ichnotaxa sehr unterschiedlich ist. Beispielsweise kann die Ichnospezies *Ophiomorpha* auf Grund der Wandstruktur sofort im Kern bestimmt werden, während die Ichnospezies *Rhizocorallium* schwieriger zu identifizieren ist, da ihre Bestimmung auf der generellen Form der Struktur beruht. Mit Erfahrung kommt man jedoch weiter, und die Tendenz, alle Strukturen zu ?*Planolites* isp., ?*Palaeophycus* isp., ?*Teichichnus* isp. oder ?*Zoophycos* isp. zu zählen, kann vermieden werden!

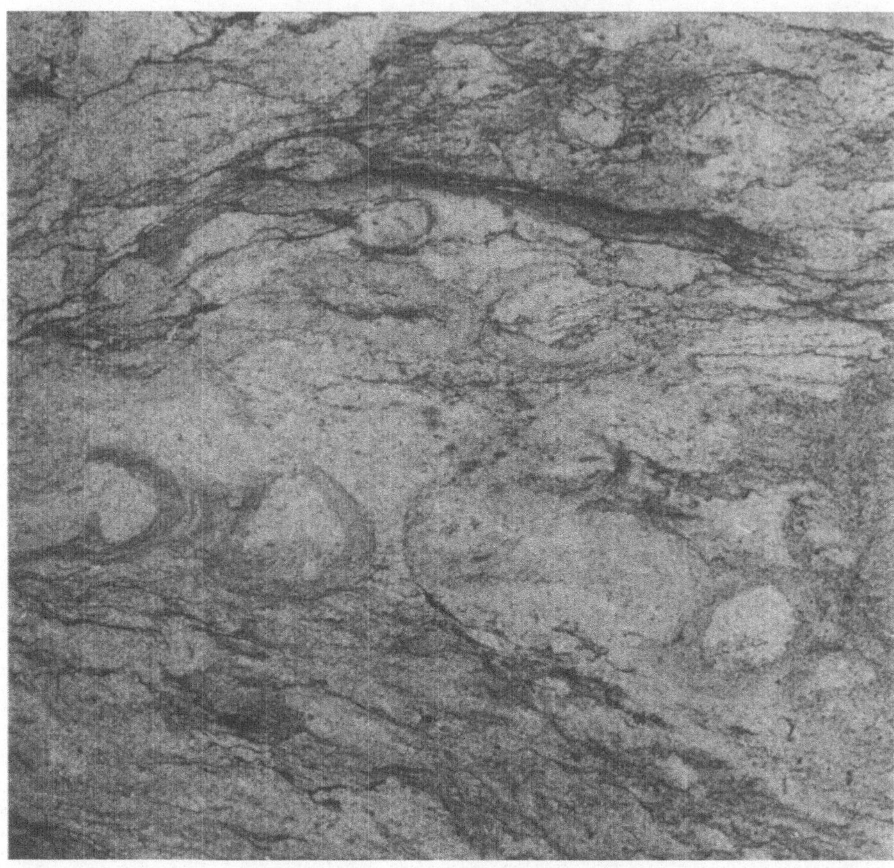

Abb. 11.6. Ein toniger Sandstein, beherrscht durch die Spurengilde stationärer Sedimentfresser in einem mittleren Stockwerk, die hier durch ungewöhnlich deutliche Anschnitte von *Phoebichnus trochoides* repräsentiert wird (Abb. 8.5 und 8.6). Innerer Schelf (natürliche Größe)

11.3
Einige Ichnotaxa in Bohrkernen

Die genaue Beschreibung von Spurenfossilien in Aufschlüssen sollte, soweit sie erhalten sind, routinemäßig interne Merkmale umfassen, die im Querschnitt zu erkennen sind. In ungeschichteten Gesteinsabfolgen oder Kalksteinen mit einer ausschließlich diagenetischen Schichtung, kann man Spurenfossilien gewöhnlich nur in Querschnitten beobachten. Das Problem der Identifizierung ist also nicht allein auf Material aus Kernen beschränkt. In solchen Fällen kann durch Benutzung des Hammers und von Serienschnitten an umfangreichem Material die dreidimensionale Form der Struktur rekonstruiert werden (z. B. Bromley und Ekdale 1984b).

Diese Art von Untersuchungen sind für Ichnologen, die an Kernmaterial arbeiten, besonders wertvoll. Einen ersten Versuch, das Verfahren auf Kernmaterial zu übertragen, machte Chamberlain (1975, 1978). Er stellte die Spurenfossilien in Blockbildern dar

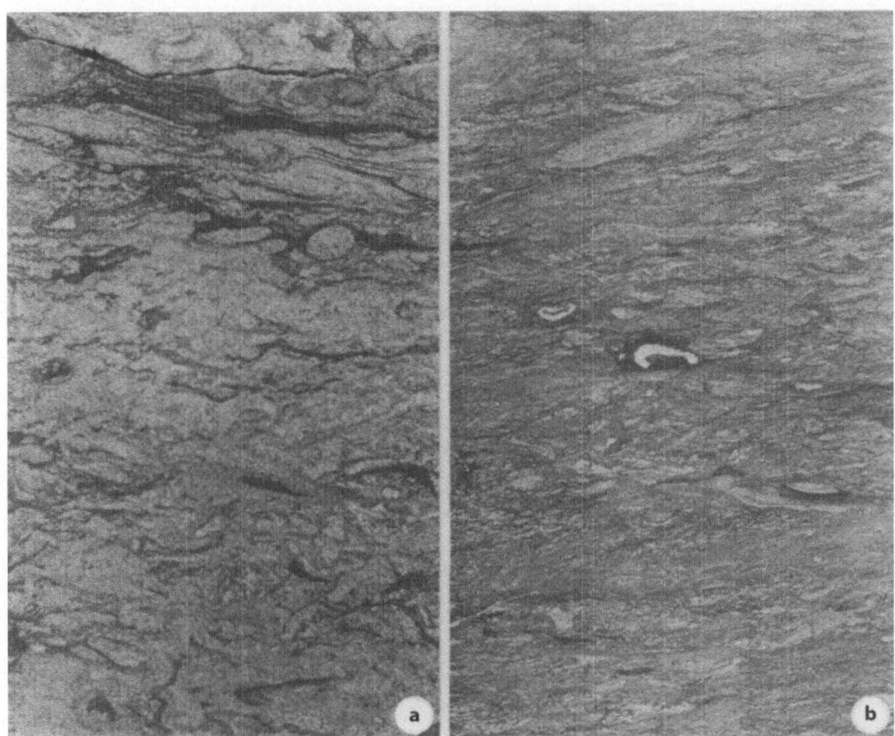

Abb. 11.7. Zwei weitere Ichnogefüge. **a** Ein kontrastreiches *Palaeophycus*-Gefüge, beherrscht von dieser Spurengattung, aus dem Ablagerungsbereich des inneren Schelfs. **b** Eine stark kompaktierte Gemeinschaft mit hoher Spurenvielfalt aus dem äußeren Schelf, die *Rhizocorallium* isp. im oberen Teil enthält. Weiterhin sind viele zusammengedrückte *Teichichnus*-Spreiten und kleine *Phycosiphon incertum* als Vertreter des tiefsten Stockwerks vorhanden. Die weißen Auskleidungen stammen von *Terebellina* isp. (natürliche Größe)

und verglich sie mit ihren Erscheinungsbildern in Kernen. Chamberlains Initiative folgten andere Autoren. Einige umstrittene Gruppen werden hier behandelt.

11.3.1
Planolites, *Palaeophycus* und *Macaronichnus*

Die Ichnogenera *Planolites* und *Palaeophycus* unterscheiden sich durch die Wandstruktur und die Füllung (Kap. 9.4.4) und lassen sich damit in Kernen gut bestimmen (Abb. 11.7a und 11.16). Für *Chondrites* ist eine fleckenhafte Verteilung und dichte Verzweigung charakteristisch, so daß meist eine Unterscheidung von *Planolites* möglich ist (Abb. 10.10).

Chamberlain (1978) benutzt den Namen *Terebellina* für sehr helle Röhren, die in tonigen Schelfablagerungen gefunden werden. Diese Strukturen sind in der Regel zerdrückt und nur unvollständig gefüllt (Abb. 11.3, 11.7b, 11.8 und 11.14b). *Terebellina* ist eine kurze, horizontale bis geneigte Röhre, die am Ende spitz geschlossen ist (Frey und Howard 1981). Nach A. K. Rindsberg (pers. Mitt. 1986) könnte der Holotyp eine agglutinierende Foraminifere (*Bathysiphon* sp.) sein. Sicherlich ähnelt diese große Foramini-

Abb. 11.8. Dieses Spurengefüge aus dem inneren Schelfbereich zeigt im oberen Stockwerk Geister-strukturen von Sedimentfressern, die durch kleine schwarze Füllungen, die wahrscheinlich zu *Phycosiphon incertum* gehören, geschnitten werden. Größere Körper könnten vielfach wiederbenutzte Überreste von *Thalassinoides* isp. und kleinere von *Planolites* isp. sein. Im unteren Teil stammen einige helle Auskleidungen von *Terebellina* isp.

fere den zerdrückten weißen *Terebellina*-Röhren (Abb. 2.2; vgl. Miller 1988; Gooday *et al.* 1992; Crimes und Uchman 1993).

Der Name wird aber gewöhnlich für spröde Strukturen mit weißen Wandungen in Kernen benutzt, auch wenn die Herkunft unsicher ist. Spurenfossilien, die als *Palaeophycus heberti* bezeichnet werden, haben normalerweise dickere Wandungen und einen weniger deutlichen Farbkontrast gegenüber der Matrix als *Terebellina* (Abb. 11.16).

Macaronichnus segregatis ähnelt oberflächlich *Palaeophycus.* Jedoch ist das äußere Sediment ein Mantel und keine Wandung. Es handelt sich nicht um ein Domichnion wie *Palaeophycus*, sondern um eine Stopfstruktur eines Sedimentfressers (Kap. 8.3.2 und 9.4.4). Die zonierte Stopfstruktur wurde durch Trennung von Partikeln, wahrscheinlich basierend auf der Größe, dem Gewicht oder der Form, während des Fressens angelegt. In einem durchmischten Sediment werden dunkle Partikel bevorzugt im Mantel konzentriert (nicht aufgenommene?) und helle im Kern (aufgenommene?). Wenn das Sediment nur wenige dunkle Partikel enthält, ist der Kontrast so schwach, daß *Macaronichnus segregatis* nur schwierig zu erkennen ist. Es neigt dazu, das Sediment zu durchdringen und ein Ichnogefüge anzulegen anstatt eines selbständigen Spurenfossils (Abb. 11.9).

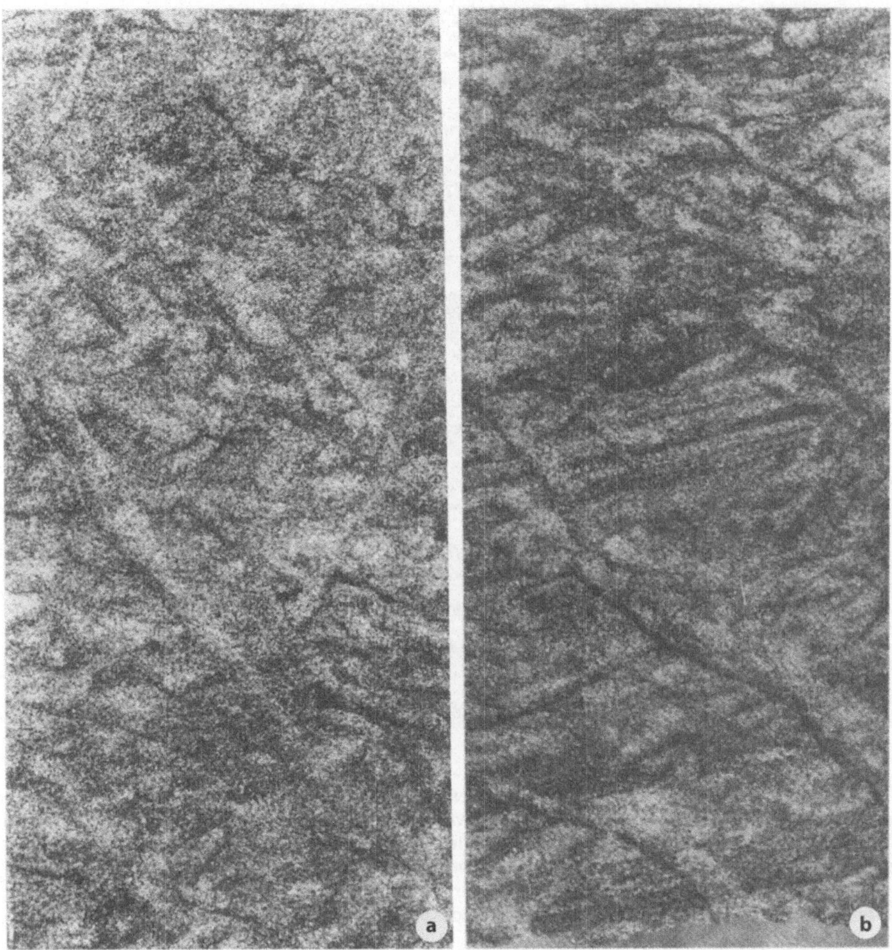

Abb. 11.9. Spurengefüge von *Macaronichnus segregatis* in permischen Strandsanden. Bohrung vor der Küste Norwegens. **a** Vollständige Bioturbation; **b** Unvollständige Bioturbation mit fleckenförmig erhaltenen Resten der ursprünglichen Schichtung. Die geneigten Gänge sind wohl auf Auf- und Abwärtsbewegungen der Tiere bei Schwankungen des Wasserspiegels im Gezeitenbereich zurückzuführen (Breite des Bohrkerns 5,4 cm)

11.3.2
Phycosiphon incertum

Diese Struktur eines Sedimentfressers erscheint auf einer Schichtfläche ganz anders als in einem Vertikalschnitt (Abb. 11.10 und 11.11) und tritt in Kernen häufig auf. Die zweidimensionale Ansicht wurde von Chamberlain (1978) als *Helminthoida* und in der ersten Auflage dieses Buches als *Helminthopsis* bezeichnet. Von Kern (1978) wurde der neue Name *Anconichnus horizontalis* eingeführt. Die Untersuchung des Typusmaterials ergab aber, daß *Anconichnus* das jüngere Synonym von *Phycosiphon* darstellt (Wetzel und Bromley 1994).

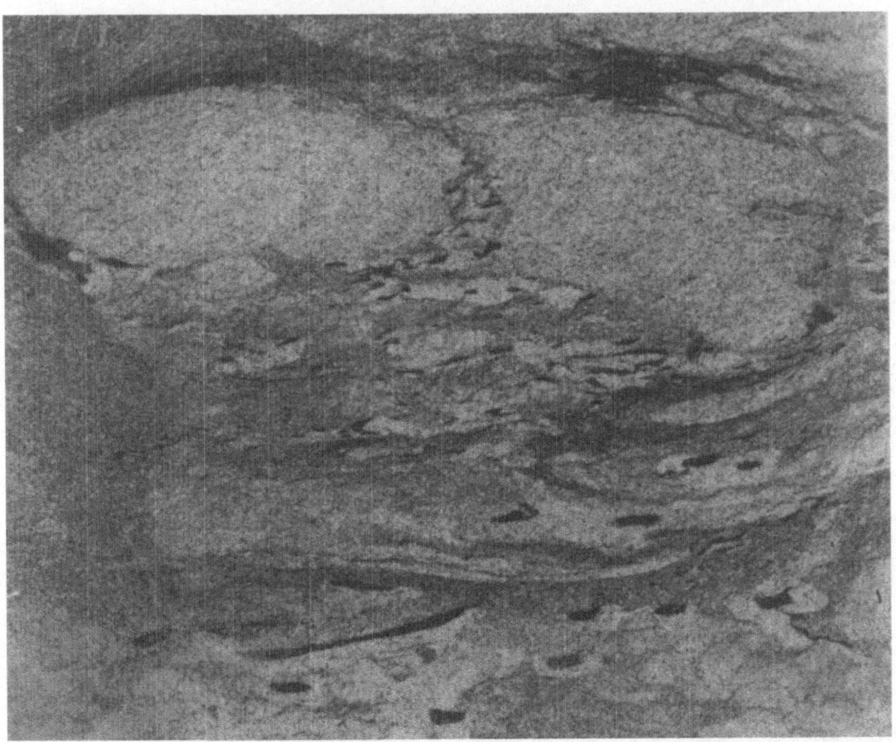

Abb. 11.10. In dieser Einheit aus dem Karbon der Barentssee, Offshore-Bereich nördlich von Norwegen (× 2), tritt eine große Spurenvielfalt auf. Zwei deutlich sichtbare runde Füllungen gehören zu *Thalassinoides* isp. Diese durchschneiden ein geflecktes Hintergrundgefüge (am besten unten rechts zu sehen), das zu *Planolites* isp. gehört. *Phycosiphon incertum* mit schwarzem Kern und hellem Mantel spart *Thalassinoides*-Füllungen aus und gehört zu einem tieferen Stockwerk. Oben rechts ist die Spreite von *Zoophycos* zu sehen, die das tiefste Stockwerk der Gemeinschaft darstellt

Phycosiphon incertum tritt als komplizierte lobenführende Spreite auf Schichtflächen auf. Diese kleine Struktur bedeckt große Flächen auf schichtparallelen Anschnitten und ist besonders deutlich auf Schieferungsflächen zu sehen. In homogeneren oder bioturbierten Sedimenten tritt das Spurenfossil nicht flächenhaft auf, sondern ist dreidimensional verästelt, wobei die kleinen Spreitenloben in der vertikalen Ebene liegen (Kern 1978; Wetzel und Bromley 1994).

Die gesamte Struktur wird von einem dünnen Mantel hellen Sediments umgeben. Der Kern besteht aus einem dunklen Stopfgefüge, während die Spreite aus dem gleichen hellen Material wie der Mantel besteht. Im Anschnitt ist die dunkle Füllung leicht zu erkennen, in der hellen Matrix sind Mantel und Spreite jedoch kaum oder überhaupt nicht auszumachen. In diesem Fall reichen die paarweisen Füllungen, wenn die Loben quer- oder „Fischerhaken", wenn sie längsgeschnitten werden, um die Anwesenheit von *Phycosiphon incertum* zu belegen (Abb. 10.21). Der helle Mantel kann leicht mit einem diagenetischen Hof verwechselt werden (z. B. Tyszka 1994).

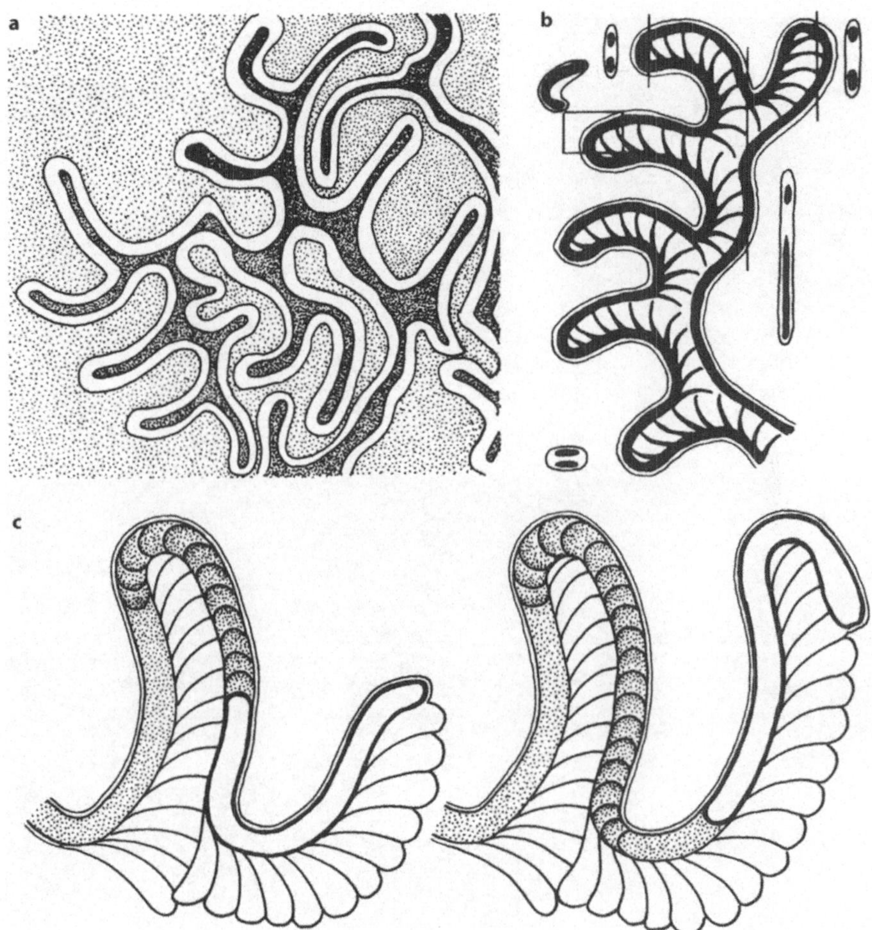

Abb. 11.11. *Phycosyphon incertum;* die Loben sind etwa 1 cm lang. **a** Beispiel auf einer Schichtfläche. Die Spreite ist dunkel, die randliche Röhre weiß dargestellt (im Unterschied zu den natürlichen Farbmustern). Man beachte das thigmophobe Verhalten: Loben überkreuzen sich niemals. Nach einer Fotografie (Häntzschel 1962). **b** Standardsegment mit Spreitenstruktur, schwarzem Kern und weißem Mantel. Einige Querschnitte: der unten links zeigt einen kompaktierten, vertikal orientierten Lobus. Solche Querschnitte treten in Abb. 10.21 auf. **c** Der Kern zeigt abwechselnd meniskusförmige und homogene Verfüllung (Wetzel und Bromley 1994). Mit beiden Skizzen wird versucht, die strukturellen Details in einem Modell zu korrelieren: 19 Sondierungen und 19 Meniskus-Pakete. Der Wurm besitzt die Länge eines Lobus

11.3.3
Thalassinoides und *Ophiomorpha*

Wenn der Durchmesser der Querschnitte von *Planolites* nur 1 cm beträgt, wird die Abgrenzung zu *Thalassinoides* schwierig. Weil die diagnostischen Verzweigungen in Bohrkernen nur selten festzustellen sind, ist es unbefriedigend, über *Thalassinoides* zu arbeiten. Große unausgekleidete und gefüllte Gänge können zu diesem Ichnogenus gezählt werden, obwohl Einzelheiten ihrer wahren Morphologie normalerweise fehlen. Ungeach-

Abb. 11.12. Ein *Thalassinoides*-Spurengefüge wird von kleinen schwarzen Füllungen gekreuzt, die wahrscheinlich zu *Phycosiphon incertum* gehören, und durch fiederförmige Spreitenstrukturen, die *Lophoctenium* isp. (oben rechts) darstellen (Abb. 11.17) (natürliche Größe)

tet der Tatsache, daß dieses Ichnogenus im Mesozoikum und Känozoikum die Schelfe und küstennahen Sedimente beherrscht, stellt es im Bohrkern eine unscheinbare Struktur dar (Abb. 11.5a, 11.10 und 11.12), die nahezu immer mit einem Fragezeichen zu versehen ist.

Das Gegenteil kann von der verwandten *Ophiomorpha* gesagt werden. Weil ihre Größe nicht in so weiten Grenzen wie bei *Thalassinoides* schwankt und ihre Wandstruktur so charakteristisch ist, ist *Ophiomorpha nodosa* sofort im Kern nachweisbar (Abb. 11.5b).

11.3.4
Teichichnus, Zoophycos und *Rhizocorallium*

Diese drei Ichnogenera können leicht im Anschnitt verwechselt werden, obwohl sie eine ganz unterschiedliche Morphologie besitzen (Abb. 11.4b und 11.13). Auf der Basis der

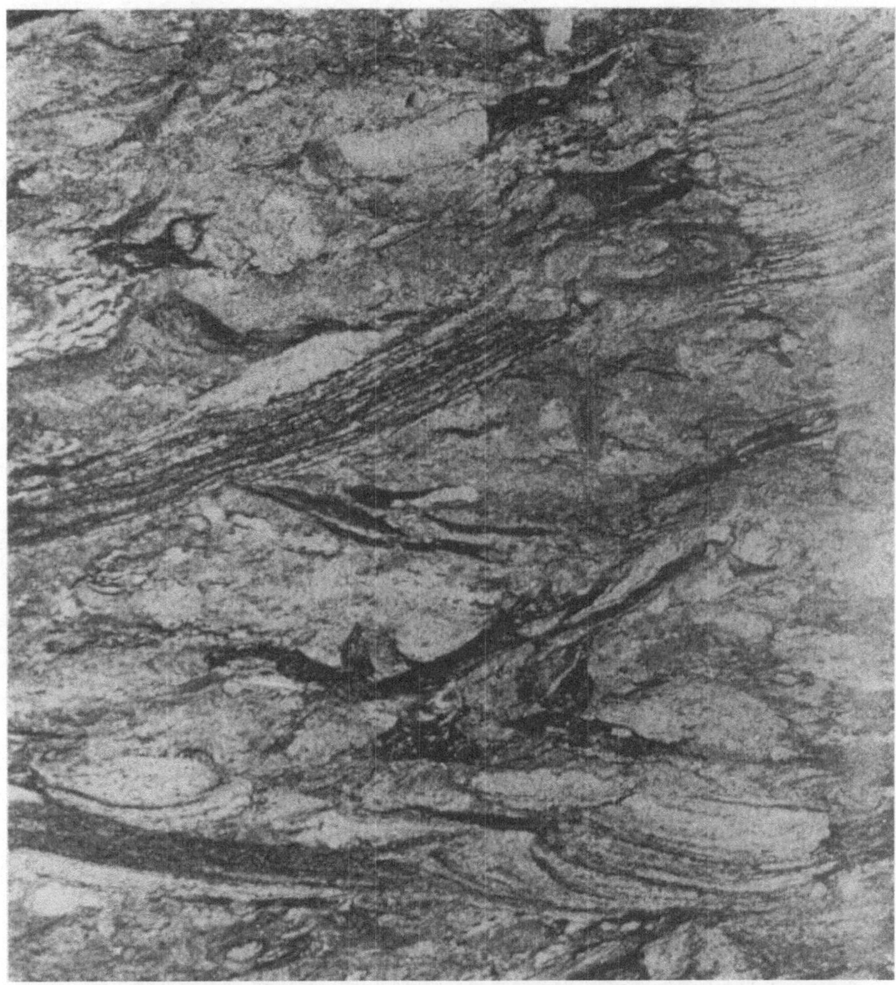

Abb. 11.13. Dieses Spurengefüge eines inneren Schelfbereichs, das durch eine Sedimentfresser-Gemeinschaft erzeugt wurde, wird durch kurze *Teichichnus*-Spreiten beherrscht. Diese, die anderen Strukturen schneidenden, Füllungen kann man zu *Thalassinoides* isp. oder großen *Planolites* isp. rechnen. Einige *Teichichnus* wurden durch *Phycosiphon incertum* aufgearbeitet (× 2)

Spreite, deren Details gewöhnlich gut zu erkennen sind, kann *Zoophycos* in verschiedene Typen unterteilt werden (Ekdale 1977), obwohl die formale Unterteilung des Ichnogenus in Ichnospezies größte Sorgfalt erfordert.

11.3.5
Verlorene Ichnotaxa

Obwohl die Bestimmung der vorigen und vieler weiterer Ichnotaxa problematisch ist, kann wenigstens ihre Struktur beobachtet und interpretiert werden. Es gibt jedoch zahlreiche

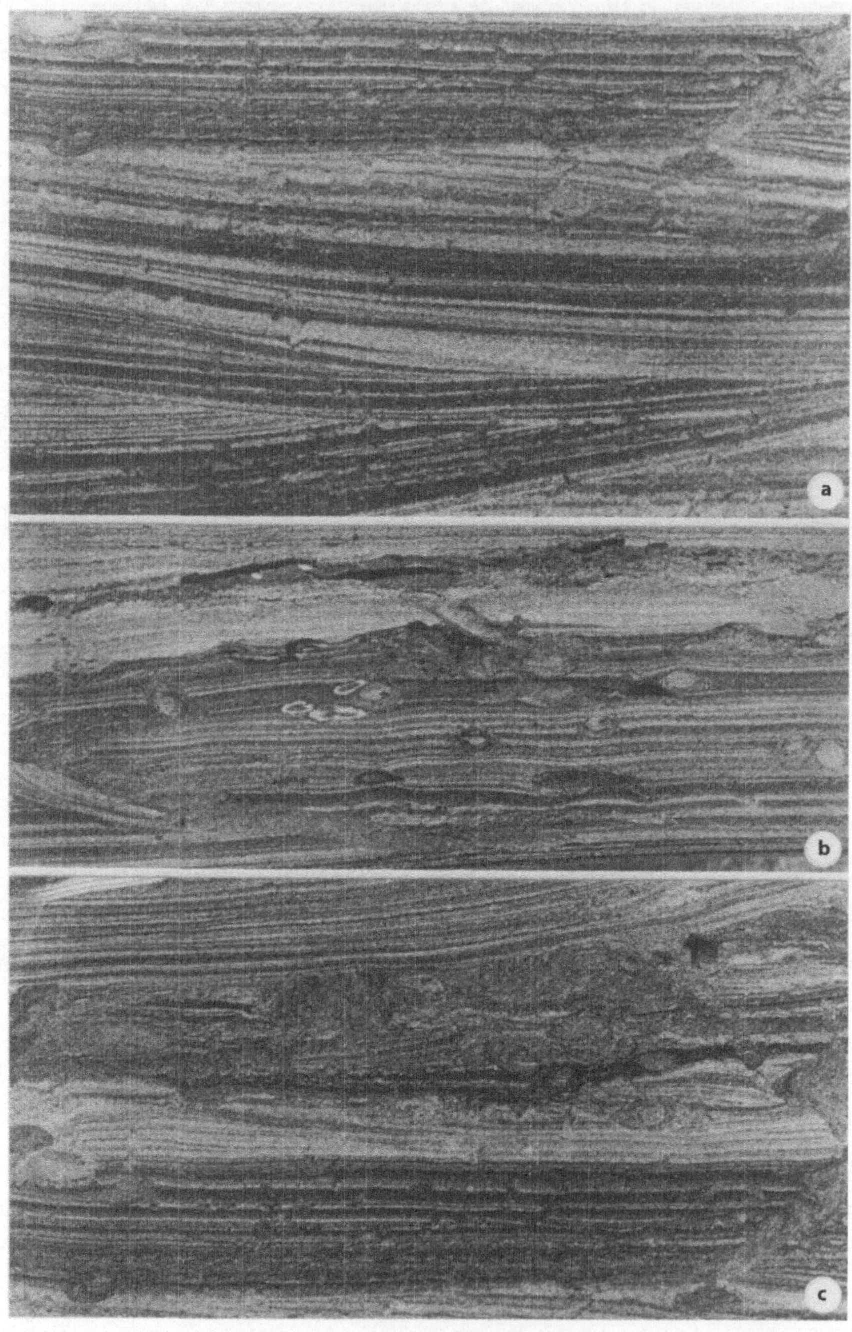

Abb. 11.14. Drei laminierte Einheiten mit minimaler bioturbater Zerstörung. **a** Wenn diese Probe entlang der Feinschichtung gespaltet würde, könnte man die Spurenfossilien bestimmen. Im Vertikalschnitt ist dies nicht möglich. **b** Die größeren Strukturen scheinen eine mehrlagige Auskleidung zu besitzen. Beachte die Anhäufung von weiß ausgekleideten *Terebellina* isp. **c** Ein Erosionsrest eines stärker bioturbierten oberen Teils einer laminierten Einheit (vgl. Abb. 11.15b) (etwa natürliche Größe)

Ichnotaxa, die im Aufschluß einen bedeutenden Anteil der Spurengemeinschaften ausmachen, die aber nur eine geringe Chance haben, erkannt, geschweige denn, im Querschnitt bestimmt zu werden. Unter diesen Strukturen sind so bekannte Ichnogenera wie die Cubichnia *Rusophycus* und *Asteriacites*, die Repichnia *Cruziana* und *Diplichnites* und die Agrichnia *Paleodictyon* und *Cosmorhaphe*. Diese Formen sind weitgehend abhängig von der Semirelief-Erhaltung an der Basis von Sandsteinbänken und treten im vertikalen Schnitt bestenfalls als nicht bestimmbare Depressionen auf (Abb. 11.14).

11.4
Spurengefüge und Spurenvielfalt

Für die Bewertung von Ichnogesellschaften in Kernen ist die Veränderung des taphonomischen Filters von Bedeutung. Das Vorherrschen vertikaler Flächen betont die Häufigkeit horizontaler Strukturen im Verhältnis zu den vertikalen. Dünne *Skolithos*-Strukturen, die parallel zur Kernachse liegen, haben nur eine geringe Chance, von dem

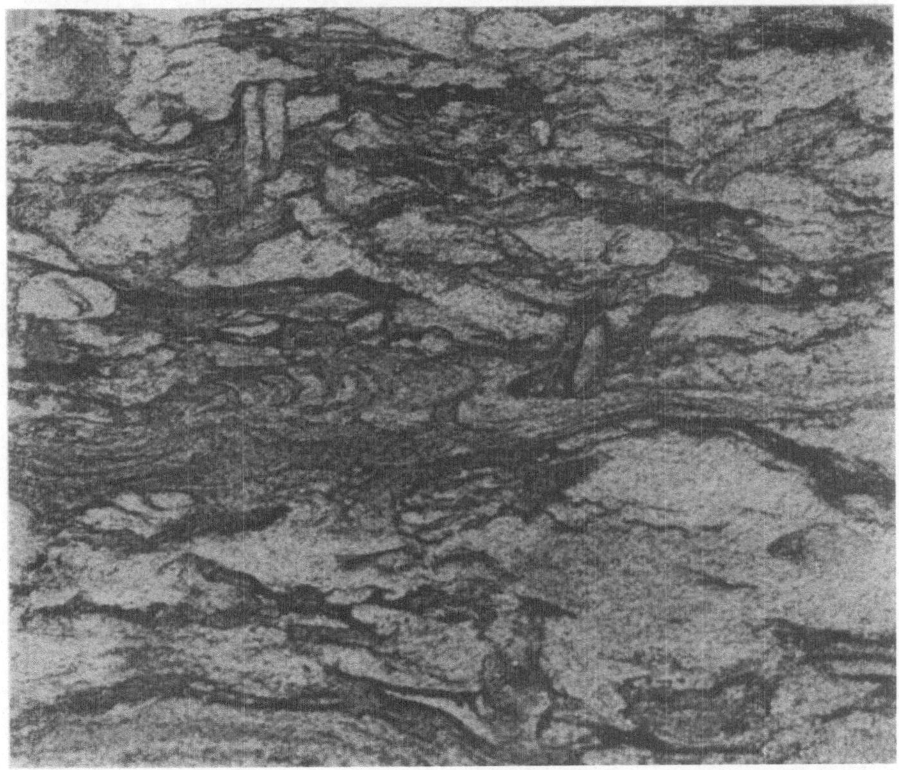

Abb. 11.15. Ein Spurengefüge, das größtenteils aus Strukturen von vermutlichen Sedimentfressern besteht. Eine Spreite von *Rhizocorallium* isp. ist links vom Zentrum zu sehen. Die anderen Strukturen könnten von *Planolites* isp. und *Thalassinoides* isp. stammen. Bei den beiden Paaren vertikaler Röhren könnte es sich um *Diplocraterion habichi* handeln. Eine vollständige Bioturbation, verbunden mit einer recht hohen Spurenvielfalt, weist auf ein unterhalb der Schönwetterwellenbasis langsam abgelagertes Sediment hin, das ursprünglich reich an organischem Material war (natürliche Größe)

Anschnitt erfaßt zu werden, während die horizontalen *Planolites*-Gänge immer auf der Anschnittsfläche sichtbar sind, wo immer sie auch vorkommen. Dieser Unterschied führt zu einer Verschiebung von Sedimentfresser- zu Suspensionsfresser-Strukturen und täuscht gleichzeitig eine geringere Spurenvielfalt vor.

Abgesehen von dieser Verschiebung zu horizontalen und kleinen Strukturen und dem Problem der präzisen Namengebung für die Spurenfossilien, gibt es bei der Be-

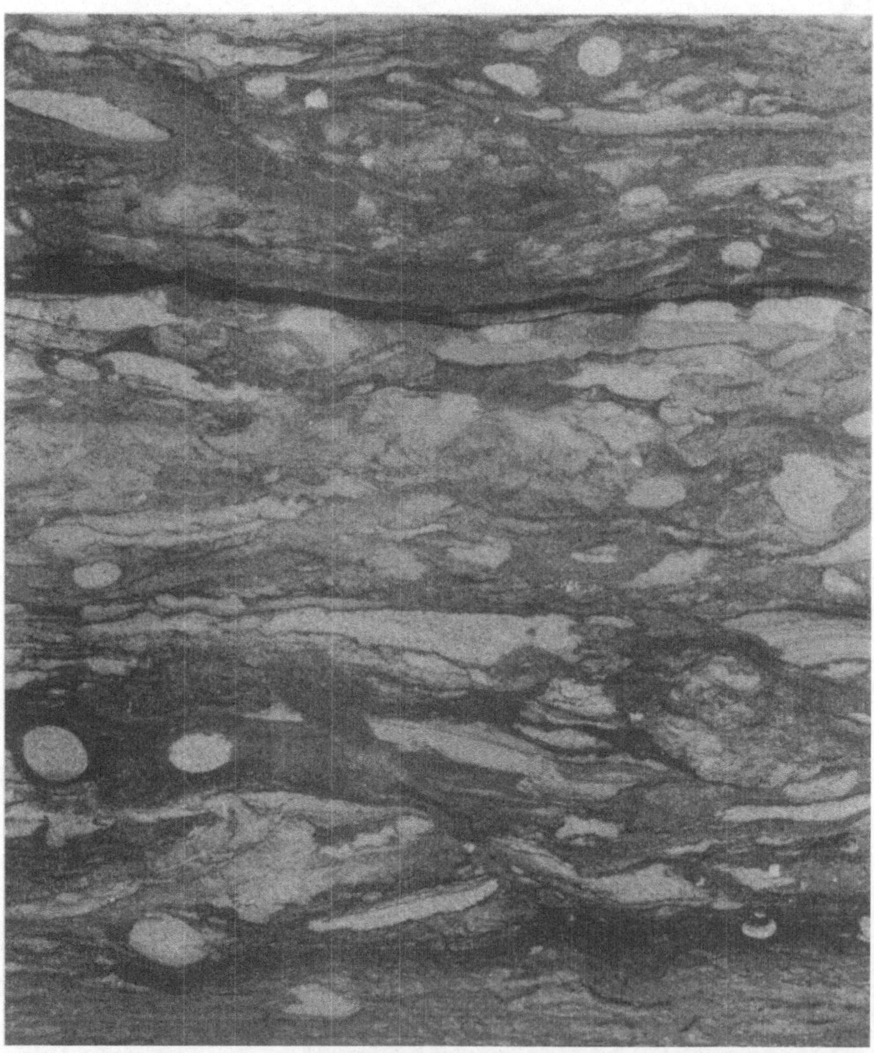

Abb. 11.16. Ein Spurengefüge, das von großen, dickwandigen *Palaeophycus heberti* beherrscht wird, und wahrscheinlich Wohngänge von Suspensionsfressern darstellt. Diese durchschneiden ein ziemlich schlecht definierbares Gefüge im Hintergrund. Die Bioturbation liegt kaum über 60 %. Obwohl die einzelnen Spurenfossilien meistens unbestimmbar sind, existiert eine große Vielfalt. Man beachte das winzige *Phycosiphon incertum* ganz unten

schaffung detaillierter ichnologischer Informationen kaum Schwierigkeiten. Die genaue Bank-für-Bank-Analyse der Spurenvielfalt von Gemeinschaften und der Dichte der Bioturbation erlaubt einen klaren Einblick in die Abfolge der Fazies und des Bildungsmilieus. Deshalb arbeiten wir mit Ichnogefügen (Kap. 12.5).

Es kommt auf das Detail an. Vergleiche die drei Beispiele von Spurengefügen in den Abb. 11.15–11.17, die alle aus dem oberen Vorstrandmilieu stammen, mit denen in Abb. 11.18 aus einem Strandbereich.

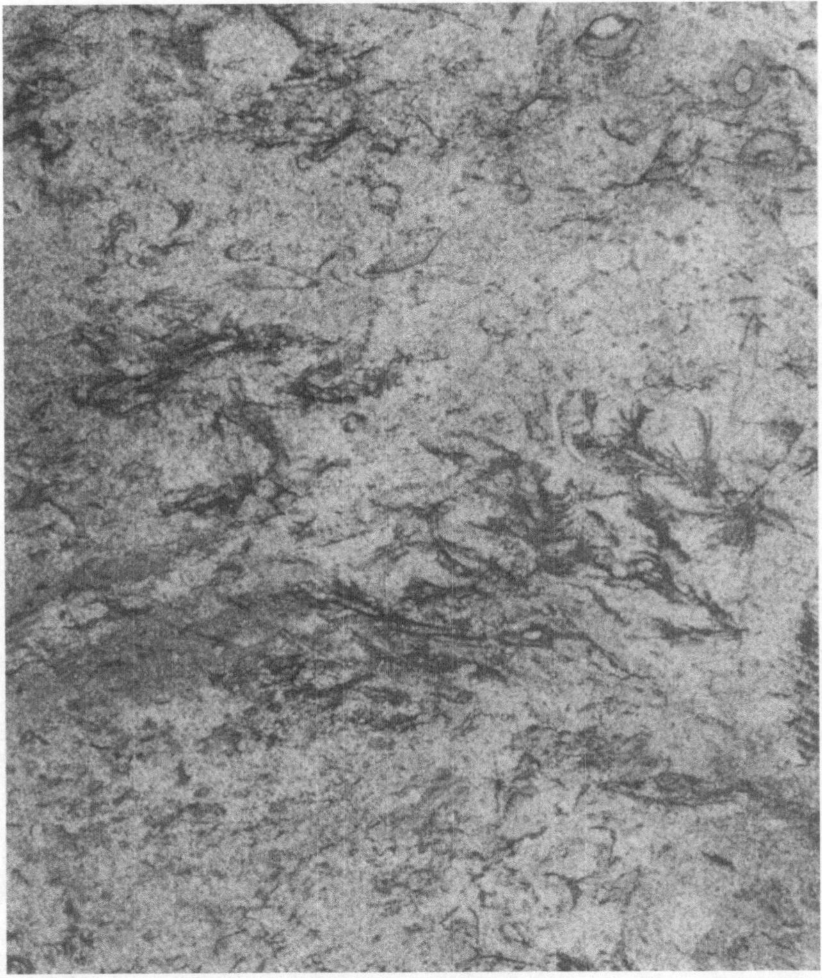

Abb. 11.17. Völlig bioturbierter Sand. Vor dem gefleckten Hintergrund, der von zentimetergroßen *Planolites* stammt, sind gut erhaltene Strukturen eines tieferen Stockwerkes erkennbar. Oben rechts eine kleine Gruppe *Palaeophycus heberti*. Im Zentrum sind lockere fiederförmige Spreiten von *Lophoctenium* isp. zu sehen. Kleine schwarze Füllungen, wahrscheinlich zu *Phycosiphon incertum* gehörend, hinterlassen ein gesprenkeltes Spurengefüge. Eine Klimax-Gemeinschaft von Sedimentfressern deutet auf ziemlich langsame Ablagerung und stabile vollmarine Bedingungen hin (natürliche Größe)

Wegen der Betonung guterhaltener kleiner Details in ungünstig geschnittenen und unbestimmbaren Anschnitten liefert die Untersuchung von Kernmaterial eher einen Beitrag zur Analyse des Ichnogefüges als zur Ichnotaxonomie. Dies gilt vor allem in völlig bioturbierten Sedimenten. Eine Gemeinschaft kann z. B. acht unterscheidbare Spurenfossiltypen umfassen, von denen nur eine bis zur Ichnospezies und drei bis zum Ichnogenus bestimmbar sind. Allerdings erlauben die Beziehungen von sowohl bestimmbaren als auch unbestimmbaren Strukturen eine Abschätzung der Stockwerkstruktur der Palichnozönose. Vergleiche zwischen benachbarten Gemeinschaften liefern – über den Kern verteilt – eher Unterschiede in der Bioturbationsdichte verschiedener Stockwerke, als gelegentliche und zufällige Entdeckung bestimmter Ichnotaxa.

Basierend auf der Erhaltung kleiner Details kann die Abfolge von Palichnozönosen, von denen jede durch ein anderes Ichnogefüge gekennzeichnet ist, ohne Schwierigkeit rekonstruiert werden. Daher sind Bohrkerne ideal, um das Auftreten verschiedener Suiten in einer Vergesellschaftung zu bestimmen, ihre chronologische Abfolge festzulegen und mögliche Milieuveränderungen abzuleiten. Diese Anwendungen werden im nächsten Kapitel besprochen.

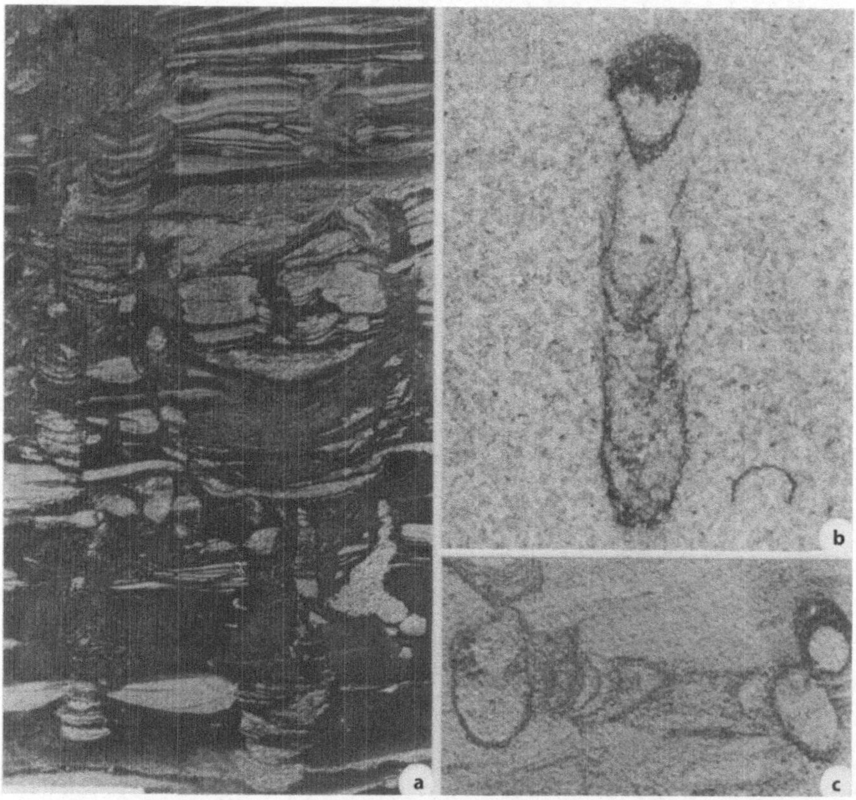

Abb. 11.18. Drei Ansichten von *Diplocraterion parallelum* in einem Bohrkern. **a** Eine dichte Population in heterogenem Material (× 0,5). **b** Vertikaler und **c** schräger Schnitt (beide natürliche Größe)

Kapitel 12

Problemlösungen mit Hilfe von Spurenfossilien

In der Frühzeit der Ichnologie wurden einige hoffnungsvolle Vorhersagen getroffen, welche Vorteile das neue Werkzeug für die Sedimentologie bringen würde. Spurenfossilien schienen einen unmittelbaren Schlüssel zur Interpretation des Paläomilieus darzustellen. Die Ichnofazies Seilachers (1967) ließ gesicherte Hinweise auf die Paläobathymetrie zu; *Ophiomorpha nodosa* war ein sicheres Anzeichen für das Litoral und flache neritische Milieus (Weimer und Hoyt 1964).

In diesen Schlüssen steckt eine Portion Wahrheit. Es stellte sich aber heraus, daß das System weit komplexer und variabler ist als angenommen, und daß solche Aussagen bestenfalls Halbwahrheiten und zu starke Verallgemeinerungen darstellen. Ich hätte das Buch gern mit einer Milieu-für-Milieu-Analyse auf der Basis von Spurenfossilien abgeschlossen, werde aber in Anbetracht der Variabilität jedes Ablagerungsraums einen anderen Weg einschlagen. Der Leser wird bei der Behandlung von Milieustudien auf Ekdale *et al.* (1984a) und Frey und Pemberton (1985) verwiesen.

Spurenfossilien sind ausgezeichnete *in situ*-Anzeiger von Milieus und Milieuänderungen, die auf Faktoren beruhen, die das Individuum und die Gemeinschaft beeinflussen. Ich werde deshalb diese Faktoren unter ökologischen Rahmenbedingungen und Störungsereignissen diskutieren, wie sie als Überlieferung im Gestein nachgewiesen werden können. In einer vorgegebenen stratigraphischen Abfolge können diese ökologischen Anzeichen zusammengefügt werden, um eine lokale Geschichte von Änderungen des Milieus und der Beckenentwicklung zu rekonstruieren.

12.1
Erkennen von Streßfaktoren

Benthische Gemeinschaften werden in ihrer Entwicklung durch eine Anzahl limitierender ökologischer Faktoren kontrolliert. Der Grad des ökologischen Streß, der durch diese Faktoren auf die Gemeinschaft ausgeübt wird, drückt sich in einer Abnahme der Artenvielfalt, der Individuengröße und dem Ausmaß an endobenthischer Aktivität aus. Alle diese Veränderungen sind im Spurengefüge und in den Spurenfossilien abgebildet.

Die wichtigsten limitierenden Faktoren im aquatischen benthischen Milieu sind die Verfügbarkeit von Sauerstoff und die Salinität. Zusätzlich übt das Ablagerungsmilieu eine wichtige Kontrolle aus auf:

- die Substratkonsistenz,
- die Turbulenz und Energie des Bodenwassers,
- den Sedimentationsstil und die Sedimentationsrate,

- die Zufuhr und Art organischer Substanzen,
- die Austrocknung (Ekdale 1985, 1988; Oschmann 1988).

Weiterhin unterliegen die benthischen Gemeinschaften verschiedenen Störungsereignissen durch Suspensionsströme, Stürme und Ascheregen. Die Deutung von Spurenfossilgesellschaften und Spurengefügen, die mit diesen limitierenden Faktoren und Störungsereignissen verknüpft sind, ermöglichen die Abschätzung der wichtigsten Milieuänderungen und damit das Erkennen von Grenzflächen, die von grundlegender Bedeutung für die Sequenz-Stratigraphie sind.

12.1.1
Sauerstoff

Ist der Meeresboden frei von Sauerstoff, können Metazoen nicht existieren, und das abgelagerte organische Material wird langsam zersetzt. Sauerstoffarmut ist daher bei der Untersuchung der Muttergesteine von Kohlenwasserstoffen von großer Bedeutung, über die eine umfangreiche Literatur existiert. Wichtige jüngere Artikel, die unter dem Gesichtspunkt von Spurenfossilien geschrieben wurden, stammen von Ekdale (1988), Oschmann (1988, 1991a,b, 1993), Savrda *et al.* (1991), Sageman *et al.* (1991), Wignall (1994), Erba und Primoli Silva (1994) und Savrda (1995).

Ein wichtiger Schlüssel zum Erkennen von Sauerstoff-Events liegt in den Details des Stockwerkbaus (Kap. 10.3.2). Eine völlig aerobe Biofazies ist durch eine stärkere Wasserturbulenz und tiefreichende Bioturbation gekennzeichnet. Die Endofauna ist vielfältig; und kalkige Skelettelemente sind gut entwickelt. Mit Abnahme des gelösten Sauerstoffs unter etwa 2,0–1,0 ml l^{-1} – die Angaben schwanken etwas (Tyson und Pearson 1991) – gelangt man in die obere dysaerobe Zone (Abb. 12.1). Auf Grund der geringen Tur-

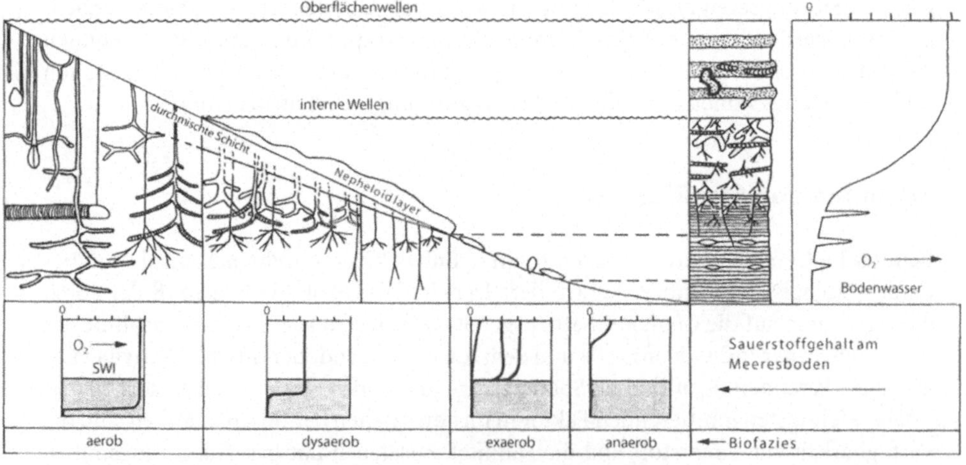

Abb. 12.1. Biofaziesschema und das zugehörige Spurengefüge in Abhängigkeit vom Sauerstoffgehalt. Dargestellt ist der vertikale Sauerstoffgradient über die Sediment/Wasser-Grenzfläche (SWG) hinweg. Spurenarten von links nach rechts: *Skolithos*, Muschelgrabgänge, Grabgangsysteme von Callianassiden, *Planolites, Scolicia, Ophiomorpha, Thalassinoides, Chondrites, Zoophycos* und *Trichichnus*. Verändert nach Savrda *et al.* (1991)

bulenz kann sich eine suspensionsreiche Grenzlage ausbilden, die großes Endobenthos und Suspensionsfresser auslöschen kann. Sedimentfresser treten noch auf, zeigen jedoch eine geringere Diversität, Organismengröße und Tiefe des Stockwerkbaus.

Unter etwa 1,0–0,5 ml l^{-1} beginnt die tiefere dysaerobe Zone. *Chondrites* und andere sondierende Organismen durchdringen die Durchmischungsschicht; die Chemosymbiose beginnt. Die Mikrolamination wird nur in geringem Umfang gestört, da die mobilen, grabenden Organismen hauptsächlich auf Nematoden beschränkt sind. Bei weiterer Sauerstoffverarmung existiert keine Bioturbation mehr, so daß der Schlamm durch Biomatten versiegelt werden kann. Dadurch kommt es zu einer scharfen Trennung in anaerobes Porenwasser mit H$_2$S und dysaerobes Bodenwasser. Der Boden kann durch eine chemosymbionte Schalenfauna besiedelt werden, die der exaeroben Biofazies von Savrda und Bottjer (1987) entspricht.

Sageman *et al.* (1991) deuten diese großen Schalenkolonien eher als Opportunisten während kurzer aerober Ereignisse denn als chemosymbiontische K-Strategen. Wenn aber die Sauerstoffkonzentration unter 0,1 ml l^{-1} sinkt, spricht man von Sauerstoffarmut. Nur Mikroben mit anaerobem Stoffwechsel können überleben und Biomatten produzieren. Die primäre Mikrolamination in den Sedimenten bleibt erhalten.

Wignall (1993) gibt zu bedenken, daß beim Übergang von einem Weichgrund zu einem Flüssiggrund eine ähnliche Abnahme der Stockwerktiefe, der endobenthischen Biodiversität und der Organismengröße auftreten kann. Von einem aerob-anaeroben Trend läßt sich dieser Fall aber dadurch unterscheiden, daß kein völliges Auslöschen in dem Flüssiggrund stattfindet, und daß Arten, die Schalen-Benthos inkrustieren, nicht betroffen werden.

Nach Oschmann (1991a,b) gilt dieses Schema nur für den Schelfhang und die Tiefseemilieus, wo keine kurzfristigen Änderungen der Milieubedingungen auftreten. Allerdings sind sauerstoffkontrollierte Milieus auch vom offenen marinen Schelf und Epikontinental-Meeren durch die gesamte Erdgeschichte bekannt, in denen die Lage der Sauerstoff-Schwefelwasserstoff-Grenzfläche schwankt und mal inner-, mal außerhalb des Sediments liegt. Diese Schwankungen können zyklisch über längere Zeiträume oder jahreszeitlich auftreten.

Unter solchen Rahmenbedingungen können in einer Biofazies wechselnde aerobe und anaerobe Bedingungen auftreten, unter denen eine kurzfristige Besiedlung von einem Ersticken der Lebewesen gefolgt wird. Oschmann (1991a) nannte dies eine poikiloaerobe Biofazies. Wenn sich anaerobe Bedingungen wieder einstellen und die Sauerstoff-Schwefelwasserstoff-Grenze sich zum Meeresboden hin verlagert, verlassen die grabenden opportunistischen Muscheln das Substrat, sterben am Meeresboden ab und werden deshalb nicht in Lebendstellung gefunden. Polychaete Würmer (Tyson und Pearson 1991) und spatangoide Echinoiden verhalten sich ebenso (Bromley *et al.* 1995). Diese opportunistische Strategie setzt voraus, daß die anaeroben Perioden kürzer als der Lebenszyklus der Muscheln sind, und daß ihre planktischen Larven im Oberflächenwasser leben, während das Bodenwasser anaerob ist (Oschmann 1993).

Savrda und Bottjer (1986) und Savrda (1992) entwickeln – basierend auf Spurengefügen in der Kreide Nordamerikas – ein Modell zur Rekonstruktion von Ichnozönosen, die vom Sauerstoffgehalt abhängen. Beispiele von sich überlagernden räumlichen Beziehungen, die mit sauerstoffabhängigen Ereignissen vergesellschaftet sind, sind in Abb. 12.2 dargestellt.

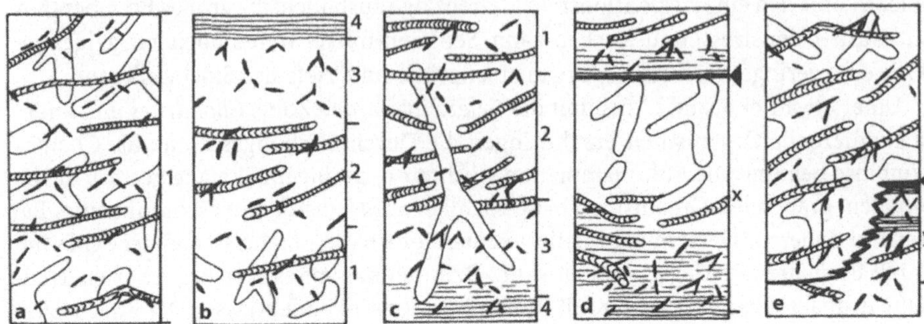

Abb. 12.2. Diagramme, die im Querschnitt Beziehungen zwischen Spurenstockwerken darstellen, wie sie in folgenden Milieus auftreten können: **a** eine ursprünglich stabile, gut durchlüftete Sedimentsäule, **b** Bedingungen bei abnehmendem Sauerstoffgehalt, **c** zunehmender Sauerstoffgehalt. Mit Zahlen versehene Intervalle kennzeichnen sauerstoffabhängige Ichnozönosen (ORI-Einheiten). Die Grenzen der Intervalle markieren Schwellen, an denen bestimmte Ichnotaxa auftreten oder verschwinden. Man beachte, daß in **c** die räumlichen Beziehungen der auftretenden Spurenfossilien nicht dem Normalfall entsprechen, da mit steigendem Sauerstoffgehalt die Wühltiefe mit der Zeit zunimmt. In **d** findet in Höhe des Pfeils eine abrupte Abnahme des Sauerstoffgehalts statt; das Stockwerkprofil wird in eingefrorenem Zustand erhalten (*x*). In **e** findet am Pfeil eine abrupte Zunahme des Sauerstoffgehalts statt. Wie schematisch gezeigt, kann bei der abwärts gerichteten Anlage eines Röhrensystems durch die nach dem Ereignis eingewanderten Gemeinschaft die unter niedrigen Sauerstoffgehalten angelegte Ichnozönose ganz oder teilweise ausgelöscht werden. Die gezeigten Spurenfossilien sind *Thalassinoides* (*weiß*), *Zoophycos* (*mit Spreitenstruktur*) und *Chondrites* (*schwarz*). Der Hintergrund ist als homogenisierte durchmischte Schicht eines Stockwerks (*weiß*) oder nicht bioturbiert (*horizontale Schraffur*) dargestellt. Verändert nach Savrda und Bottjer (1986)

Ekdale und Mason (1988) gelangen auf der Basis von Schichtflächen in einem karbonischen Becken zu einem ganz anderen Modell. Sie stellen vier Spurenfossilgemeinschaften auf, die eine zunehmende Sauerstoffversorgung anzeigen sollen: 1. keine Spuren, 2. eine Gemeinschaft von Fodinichnia oder Spuren von nicht vagilen Sedimentfressern, 3. eine Gemeinschaft von Weidespuren oder Spuren von vagilen Sedimentfressern und 4. Domichnia, vor allem von *Skolithos* (Abb. 12.3). Auf den ersten Blick scheinen die Fodinichnia fehl am Platz zu sein, bei näherer Betrachtung handelt es sich aber um die *Chondrites-Zoophycos*-Spurengilde, die vielleicht eher etwas mit Chemosymbiose als mit Sedimentfressen zu tun hat. Ein ähnlicher Trend wird von kretazischen Turbiditen beschrieben (Buatois und Mángano 1992).

Beide Modelle stammen aus Tiefwasserablagerungen und lassen sich nach Wheatcroft (1989) nicht direkt mit rezenten ozeanischen Abfolgen von Sukzessionen bei Neubesiedlung vergleichen. Diese beginnen – wenigstens im Flachwasser – mit opportunistischen Erzeugern von Domichnia (Kap. 10.5.1).

Es wurden auch völlig andere Ergebnisse erzielt. Wignall (1991) beschreibt entlang von Sauerstoffgradienten Gemeinschaften aus dem jurassischen Kimmeridge Clay, in dem *Chondrites* bei weitem nicht das letzte Ereignis darstellt und auch keine deutliche Größenabnahme zeigt. In einem anderen jurassischen Vorkommen tritt der Chemosymbiont *Solemya* sp. im tiefsten Stockwerk in der sauerstoffärmsten von sechs Biofazies auf (Wignall und Pickering 1993).

Leszczyński (1991) und Leszczyński und Uchman (1993) stellen aber viele Gemeinsamkeiten zwischen Turbiditgemeinschaften, die unter Sauerstoffarmut leiden, und

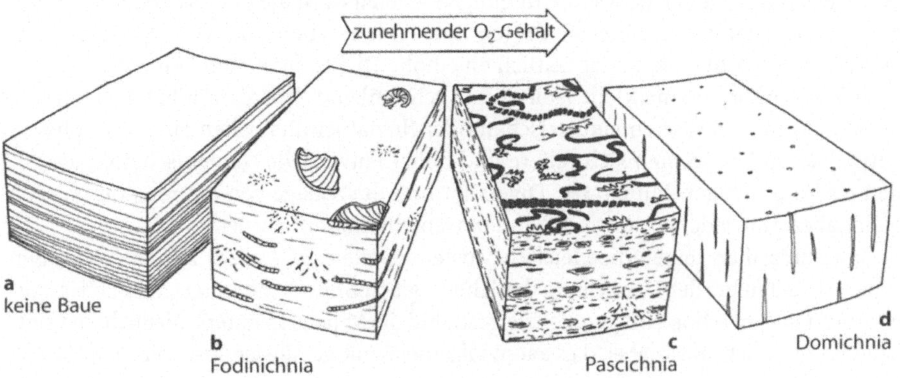

Abb. 12.3. Das Ekdale-Mason-Modell sauerstoffabhängiger Spurenfossilgemeinschaften. **a** Primäre Lamination, abiotisch. **b** Sogenannte Fodinichnia: *Zoophycos* und *Chondrites*. **c** Pascichnia, beherrscht von *Scalarituba* (groß, segmentiert). **d** Sauerstoffsättigung von Poren- und Bodenwasser, beherrscht von *Skolithos*. Verändert nach Ekdale und Mason (1988)

Schreibkreide-Gemeinschaften fest. Wir benötigen mehr Daten, bevor ein allgemein gültiges Modell aufgestellt werden kann.

12.1.2
Salinität

Salinität ist für nahezu alle Typen des benthischen Lebens ein kritischer Faktor. So gut wie keine Art kommt sowohl im marinen als im Süßwassermilieu vor. Brackige und hypersaline Milieus werden von Organismen besiedelt, die sich schwankenden Salinitätsbedingungen anpassen können, d. h. sie können sich auf unterschiedliche osmotische Drücke einstellen. Diese Organismen bezeichnet man als euryhalin im Unterschied zu stenohalinen Organismen, zu denen die meisten Süßwasser- und marinen Arten gehören. Stenohaline Organismen vertragen keine oder nur geringe Schwankungen der Salinität (vgl. Fürsich 1994). Daher sind einige höhere Taxa ganz – oder fast ganz – auf diese Bereiche beschränkt: Brachiopoden, Echinodermen, Polychaeten, Sipunculiden, Echiuren, Pogonophoren sowie prosobranche und opisthobranche Schnecken sind marine Gruppen, ebenso wie Trilobiten. Dagegen charakterisieren Insekten, pulmonate Schnecken und die meisten Oligochaeten den Süßwasserlebensraum.

Ganz anders ist die Wirkung der Salinität auf das Verhalten. Die Salinität des umgebenden Wassers hat kaum einen Einfluß auf die Probleme, die gelöst, und die Fähigkeiten, die für Sedimentfressen, Beutefang etc. erworben werden müssen. Es gibt daher viele Spurenfossilien, die in beiden Lebensbereichen auftreten, obwohl ihre Erzeuger nur ganz entfernte Verwandte sind.

In brackigen und hypersalinen Milieus sind die Bedingungen anders. In beiden existieren in den meisten Fällen steile Salinitätsgradienten und Schwankungen, die deshalb nur von wenigen euryhalinen Arten bewohnt werden können. Der brackige Raum wirkt wie ein Flaschenhals zwischen dem marinen und dem Süßwasserbereich. Brackwassergemeinschaften weisen eine geringe Diversität und kleine Individuengröße auf. Schwankungen der Umweltbedingungen – seien es tidale oder saisonale – halten die Gemeinschaften auf einer niedrigen Entwicklungsebene, die von Opportunisten beherrscht wird, die lokal oder zeitlich eine hohe Dichte aufweisen können.

Süßwasserkörper sind klein, isoliert und schwankend. Trotzdem führt die konstante Salinität in dauerhaften lakustrischen oder fluviatilen Bereichen zu einer höheren Diversität, und es können sich reifere und höher entwickelte Gemeinschaften ausbilden als im brackigen Milieu. Die Diversität und die Anlage von Spurenstockwerken bleibt aber hinter denen mariner Klimax-Gemeinschaften zurück.

Spurenfossilien zeigen die gleichen Muster. Ekdale *et al.* (1984a) zeigen die großen Schwierigkeiten bei der Darstellung der Ichnologie in Milieus mit unterschiedlicher Salinität auf. Obwohl schon einiges publiziert ist, sind die Milieus so unterschiedlich und zeitlich und räumlich so variabel, daß kaum allgemein gültige Muster auszumachen sind.

12.1.3
Brackwasser

Pemberton und Wightman (1987) stellen einige generelle Regeln auf, die zur Identifizierung brackiger Spurenfossilvergesellschaftungen beitragen sollen:

- Brackwasser ist im allgemeinen im Verhältnis zum Süßwasser und zum vollmarinen Ozeanwasser durch eine Verarmung der Artenzahl gekennzeichnet. Das Artenminimum tritt bei etwa 5 ‰ auf, andere bedeutende Faunenschnitte liegen bei 18 und 30 ‰.
- Während die Anzahl von Süßwasserarten selbst bei geringer Zunahme der Salinität schnell abnimmt, nimmt die Anzahl mariner Arten allmählich ab. Deshalb kann die Brackwasserfauna eher als eine verarmte marine Gemeinschaft denn als eine Mischung aus Süßwasser- und marinen Elementen aufgefaßt werden.
- Endobenthische Organismen treten häufiger in schwach salinarem Wasser auf als epibenthische. Der tief liegende endobenthische Lebensraum bewahrt das Tier vor schnellen und extremen Änderungen der Salinität im Bodenwasser. Daher reichen marine grabende Organismen weiter in ein Ästuar hinein als marine epibenthische Arten.
- Bei abnehmender Salinität nimmt die Anzahl von Arten mit Kalkskeletten schneller ab als diejenigen ohne.
- Viele marine Arten weisen eine Größenabnahme der Individuen mit abnehmender Salinität auf. Umgekehrt zeigen Süßwasserorganismen, die sich an eine höhere Salinität anpassen können, keine Änderungen der Körpergröße.

In ihrer klassischen Untersuchung der Ästuare im US-Staat Georgia wiesen Dörjes und Howard (1975) entlang eines Profils aus dem Süßwasser bis zum flachen Schelf fünf Organismen-Gemeinschaften nach und beschrieben die entstehenden Spurenfossilien. Bei Untersuchungen fossiler Ästuare wurden diese Gemeinschaften nicht beobachtet. Das liegt größtenteils an taphonomischen Faktoren wie der zeitlichen Mittelung über ein äußerst variables Ablagerungs- und Ökosystem. Spurenfossilvergesellschaftungen sind deshalb vielfältiger als erwartet und bestehen aus einer Mischung von Formen der Cruziana- und Skolithos-Ichnofazies (Wightman *et al.* 1987; Greb und Chesnut 1994).

Pemberton und Wightman (1992) zogen einige allgemeine Schlüsse aus Untersuchungen mehrerer kreidezeitlicher Brackwasservorkommen (Beynon *et al.* 1988; Beynon und Pemberton 1992; Pattison 1992). Sie folgerten, daß im allgemeinen die

Spurenfossilvergesellschaftungen die sich verändernden Umweltparameter widerspiegeln und durch folgende Beobachtungen gekennzeichnet sind:

- geringe Diversität;
- Formen, die typischerweise in marinen Milieus auftreten (*Skolithos*, *Arenicolites*, *Planolites*, *Teichichnus*, *Chondrites*, *Thalassinoides* und *Gyrolithes*);
- einfache Strukturen, die von Ernährungsgeneralisten stammen;
- Suiten, in denen gewöhnlich ein Ichnotaxon dominiert;
- Mischung von Spurenfossilien der Cruziana- und Skolithos-Ichnofazies;
- einige Formen treten in größerer Zahl auf.

Wenn wir weiter in die geologische Vergangenheit zurückgehen, finden wir ähnliche Muster. Im Devon wurde beispielsweise von Miller (1991) das spiralförmige Spreitenfossil *Spirophyton* in einem ästuarinen Milieu gefunden, das eine typisch opportunistische Strategie verfolgt: Die Spurenfossilien treten fleckenhaft in großer Zahl auf, aber meist oder immer allein.

12.1.4
Süßwasser

Süßwasservergesellschaftungen von Spurenfossilien werden sogar in noch unterschiedlicheren Milieus als brackige Vergesellschaftungen angelegt; außerdem ist der ökologische Übergang von nichtmarin zu marin extrem vielfältig (Abb. 12.4). Generalisierungen sind deshalb schwierig.

Lakustrische Sedimente können durch Sedimentfresser völlig bioturbiert sein (Abb. 10.17b; McCall und Tevesz 1982), und es können auf der Ebene von Gattungen Strukturen angelegt werden, die marinen Spurenfossilien ähneln. Insektenlarven bauen *Arenicolites*, und oligochaete Würmer legen neben diesem Bau kleine Netzwerke von *Thalassinoides* an; Insekten erstellen *Spongeliomorpha* (Abb. 10.5), und notostrake Crustaceen bilden *Cruziana* (Abb. 8.13). Auf der Ebene von Arten unterscheiden sie sich aber von marinen Formen, auch wenn die formale Taxonomie dieser Strukturen noch sehr unbefriedigend ist (Bromley und Asgaard 1979; Tevesz und McCall 1982; Miller 1984; Ekdale und Picard 1985).

Wie bei brackigen Gemeinschaften ist die Diversität jedoch gering, mit einer deutlichen Dominanz einzelner Ichnospezies. Die Anlage von Spurenstockwerken ist unbedeutend. Fährten von zwei- und vierbeinigen Vertebraten kommen gewöhnlich in fluviatilen und randlichen lakustrischen Gemeinschaften (Lockley 1991) gemeinsam mit häufig auftretenden Invertebraten-Fährten vor (Walter 1983; Walker 1985).

12.2
Zusammenspiel mit Ablagerungsprozessen

Drei sedimentologische Prozesse wirken zusammen, um Sedimentablagerungen zu bilden: Sedimentakkumulation, Bioturbation und Erosion. Jeder Prozeß für sich läuft unabhängig mit unterschiedlicher Umsatzrate ab, die konstant oder variabel sein kann.

Ganz allgemein gilt, daß das Erscheinungsbild jeder Ablagerung vom Verhältnis der Umsatzrate untereinander bestimmt wird. Wenn die Sedimentationsrate die Bioturbati-

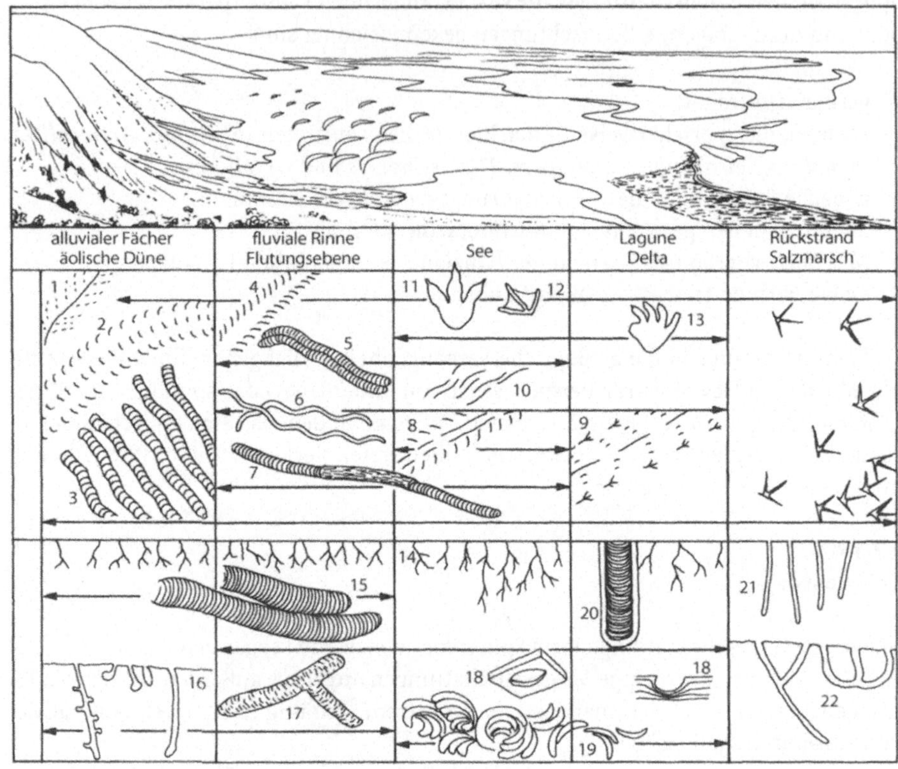

Abb. 12.4. Verteilung einiger Spurenfossilien in nichtmarinen Milieus (verändert nach Pollard in Goldring 1991). *1 Paleohelcura* (Fährte eines Skorpions); *2 Mesichnium* (Insektenfährte); *3 Entradichnus* (exogene Insektenfährten); *4 Acripes* (Crustaceen-Fährte); *5 Cruziana problematica* (Branchiopoden-Spur); *6 Cochlichnus*; *7 Scoyenia gracilis*; *8 Siskemia* (Arthropoden-Fährte); *9 Kouphichnium* (Fährte von Pfeilschwanzkrebsen); *10 Undichnus* (Schwimmspur eines Fisches), *11* Reptilien-Fährte; *12* Vogel-Fährte; *13* Amphibien-Fährte; *14* Wurzeln; *15 Beaconites*; *16* Insektenbauten; *17 Spongeliomorpha carlsbergi* (Insektenbau); *18 Lockeia siliquaria*; *19 Fuersichnus communis*; *20 Diplocraterion parallelum*; *21 Skolithos*; *22 Psilonichnus* und andere Krabben-Gänge

on bei weitem übersteigt, überwiegen die primären Schichtungsmerkmale und die physikalischen Sedimentstrukturen. Im umgekehrten Fall wird die primäre Schichtung zerstört und biogene Sedimentgefüge dominieren (z. B. Howard und Reineck 1981).

Es können im allgemeinen zwei Typen von Ablagerungen unterschieden werden: die langsame Anhäufung von Sediment, die typisch für Milieus mit niedriger Energie sind, und die Event-Ablagerungen. Unter der Annahme, daß Sauerstoff und Salinität keinen Streß auf das System ausüben, können folgende Verallgemeinerungen gemacht werden.

12.2.1
Langsam und vorhersagbar

Normalerweise überwiegt die Bioturbations- die Ablagerungsrate, was zu einer völligen Bioturbation führt. Es entwickeln sich reife Gemeinschaften, und Spurenstockwerke sind unter marinen Gemeinschaften gut entwickelt. Strukturen der tiefsten Stockwerke dominieren als Vorzugs-Spurenfossilien (Abb. 10.19).

Trotzdem kann eine Sedimentation in einem Milieu mit niedriger Energie schnell erfolgen und damit selbst einen begrenzenden Faktor darstellen. Unter Streß wird eine Gemeinschaft normalerweise die tiefsten Stockwerke der Spezialisten aufgeben; als Folge wird die Bioturbation unvollständig sein.

12.2.2
Event-Ablagerungen

Die Dynamik von Event-Ablagerungen schafft eine fast grenzenlose Vielfalt ichnologischer Gefüge. Die Ereignisse reichen von täglichen Gezeitenablagerungen bis hin zu den einmal in tausend Jahren auftretenden Suspensionsströmen. Gemeinsam ist beiden die plötzliche Ablagerung von Sediment, die manchmal mit Erosion einhergeht. Die Mächtigkeit der Sedimentdecke und der Unterschied in der Korngröße im Verhältnis zur Hintergrundsedimentation sind für die ichnologischen Reaktionen wichtig.

Bei kleineren Sedimentationsereignissen sind Teile des Endobenthos in der Lage, auf die neue Ablagerungsfläche auszuwandern. Je nach Tiefe der Aufschüttung werden Equilibrichnia (Ausgleichsspuren) oder Fugichnia angelegt (Abb. 10.25).

Bei tieferer Versenkung erstickt jedoch die benthische Gemeinschaft, und der neue Meeresboden wird wiederbesiedelt. Verschiedene Wege der Neubesiedlung sind möglich. Pioniere können sich als Larven aus dem Plankton, die ihre Metamorphose durchmachen, ansiedeln, Mitglieder der Hintergrundgemeinschaft werden durch laterale Verlagerung von adulten Exemplaren seßhaft, oder endobenthische Individuen werden mit dem Sediment eingespült (Föllmi und Grimm 1990; Frey und Goldring 1992).

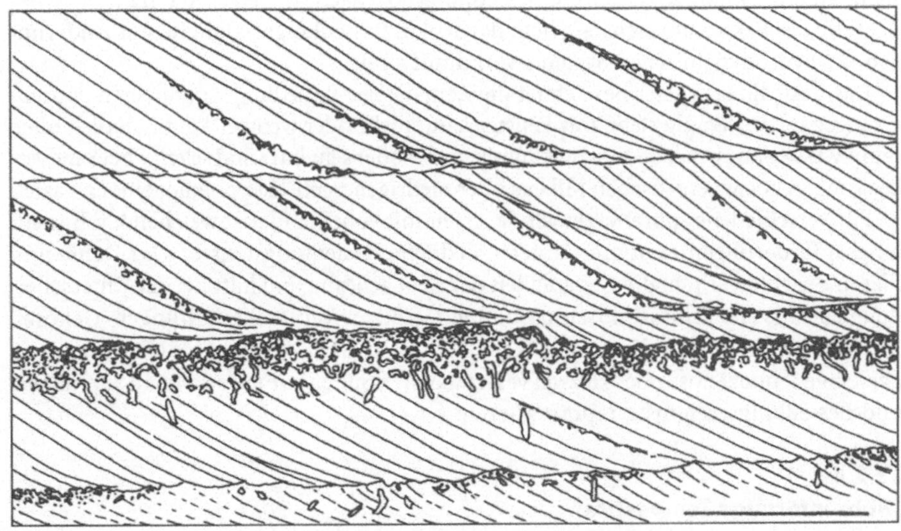

Abb. 12.5. Das Besiedlungsfenster. Langfristige Bioturbation in Basisschichten und während Stillwasserperioden in schräggeschichteten Gezeitensedimenten. Nach Goldring (1991)

In Tempestiten kann sowohl Erosion als auch Sedimentation auftreten, und mehrere Ereignisse können komplexe Strukturen liefern (Abb. 10.15). In solche Fällen ist es wichtig, zu versuchen, die Besiedlungsflächen auszumachen, von denen die Spurenfossilien ausgehen. Im einfachsten Fall ist die Besiedlungsfläche die Oberkante der laminierten bis verwühlten Einheit (Abb. 10.14 und 12.5; Orr 1994). Schwierigkeiten, die Fläche festzulegen, entstehen dann, wenn:

- tiefere Gänge einer Gemeinschaft höhere einer anderen Gemeinschaft überlagern,
- die Besiedlungsfläche durch Erosion zerstört wurde,
- die abklingende Sturmsedimentation oder die nach dem Sturm auftretende Sedimentation zu einem Abwandern der Individuen nach oben führt (Abb. 10.23, 10.25 und 12.6).

Trotzdem kann die Suche nach Besiedlungsflächen zur Klärung folgender Probleme beitragen: Festlegung der Oberkante distaler Schlammturbidite, Entwirrung amalgamierter Bänke und Abschätzung des relativen Anteils der Erosion (Aigner und Reineck 1982; Frey und Goldring 1992; Orr 1994). Bei der Aufnahme sedimentärer Abfolgen sollte versucht werden, jedem Spurenfossil eine passende Besiedlungslage zuzuordnen. Dieses Vorgehen erhöht die Schlüssigkeit des Dokumentationsprozesses.

12.2.3
Das Besiedlungsfenster

Pollard *et al.* (1993) gehen noch einen Schritt weiter. In höherenergetischen Milieus (Skolithos-Ichnofazies) ist die Besiedlung von Sanden unmöglich, die sich während energiereicher Perioden verlagern. Das Endobenthos kann das Substrat wahrscheinlich nur während kurzer Ruhepausen erobern. *Ophiomorpha nodosa* wird gewöhnlich im oberen Teil von der Erosion gekappt; wo aber Gangöffnungen erhalten sind, liegen sie in einem Tonhorizont, der die Besiedlungsoberfläche anzeigt (Abb. 12.6). Die Bedeutung des Besiedlungsfensters liegt darin, daß Besiedlungsereignisse mit Änderungen des hydrodynamischen Systems verknüpft sind.

Das Besiedlungsfenster bezeichnet die Zeit, die zur Besiedlung durch einen Spurenerzeuger zur Verfügung steht. Das Fenster kann mehr oder weniger kontinuierlich offen sein – wie bei langsamer Sedimentakkumulation – oder sehr kurz und selten – bei Sandverlagerung in hochenergetischen Milieus oder niedrigenergetischer poikiloaeroben Fazies.

Für verschiedene spurenerzeugende Arten mit voneinander abweichenden Besiedlungsanforderungen existieren unterschiedliche Besiedlungsfenster. Das Denken in diesen Begriffen erhöht die Genauigkeit der Beobachtung und hilft bei der Unterscheidung spezifischer Ichnozönosen zusammengesetzter Vergesellschaftungen. Gehören *Skolithos* und *Ophiomorpha* aus der *Skolithos-Ophiomorpha*-Spurengilde (Kap. 10.6.3) zu derselben Ichnozönose oder zu zwei verschiedenen Suiten, die etwas andere Submilieus und Besiedlungsereignisse repräsentieren?

12.2.4
„Röhrenförmige Tempestite"

Tempestite besitzen im allgemeinen ein basales Schalenpflaster. Distale Tempestite können so dünn sein, daß postsedimentäres Endobenthos die Bank durchdringen und

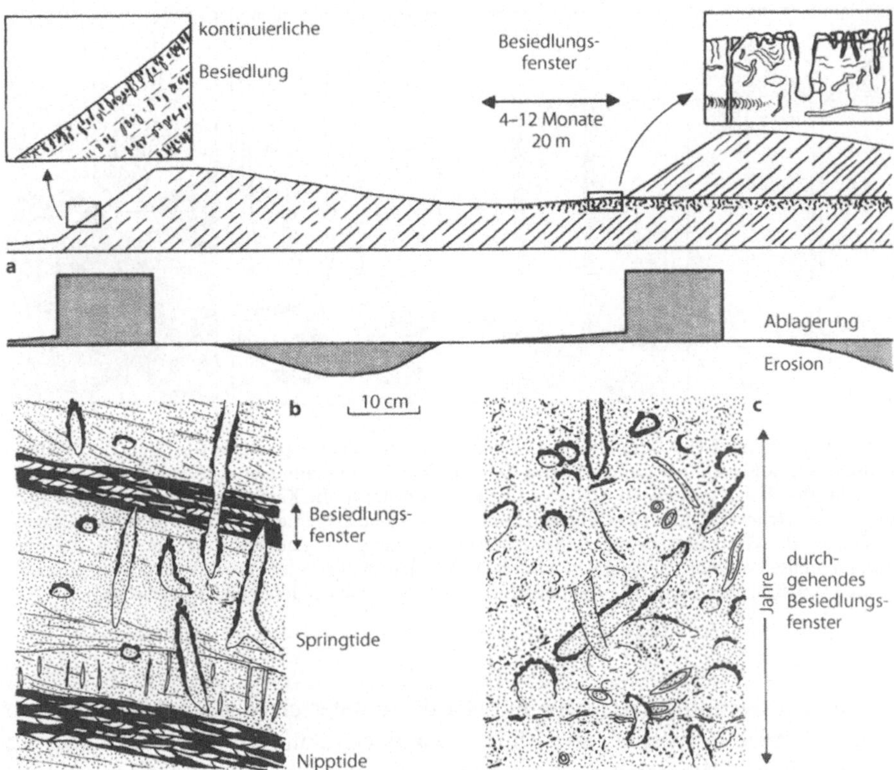

Abb. 12.6. Das Besiedlungsfenster. **a** Verlagerung von Sandwellen und Gelegenheit zur Besiedlung von Trögen und Schrägschichtungsblättern. **b** Spurengefüge eines Ästuar-Mäanders, in dem die Besiedlung durch den Erzeuger von *Ophiomorpha nodosa* nur in Phasen mit Schlammsedimentation erfolgt. Beachte die verengten Bauöffnungen im Tonhorizont, die eine Besiedlungsoberfläche anzeigen. Der *Ophiomorpha*-Erzeuger hat sich aber schnell mit der Sedimentation nach oben bewegt. Geringe Diversität und Häufigkeit. **c** Spurengefüge des Vorstrands, in der physikalische Einschränkungen für die Besiedlungen nur bei seltenen Sturmereignissen bestanden. Hohe Diversität, völlige Bioturbation. Verändert nach Pollard *et al.* (1993)

die Schalenlage zerstören kann (z. B. Fürsich *et al.* 1994). In proximalen Tempestiten können dagegen die präsedimentären Gänge auch zerstörend wirken.

Callianasside Krebse können aktiv tiefere Teile ihres Baus mit Geröllen füllen (Abb. 4.27b; Tudhope und Scoffin 1984; Scoffin 1992); dieser Prozeß kann aber auch passiv gravitativ ablaufen. Offene Systeme von *Thalassinoides* in Hartgründen sind seit langem als Falle für Skelettmaterial bekannt, das hier während Phasen der Nicht-sedimentation, die durch den Hartgrund angezeigt wird, abgelagert wurde (vgl. Voigt 1959).

Wanless *et al.* (1988) und Tedesco und Wanless (1991) beschreiben einen solchen Prozeß des Einfangens von Sediment in einem Lockersubstrat, der wiederholt auftreten kann und letztlich vollständig die Struktur und Lithofazies des ursprünglichen Substrats verändert (Abb. 12.7). Das Modell basiert auf Untersuchungen holozäner Karbonate mit Hurrikan-Ablagerungen und Gangsystemen von callianassiden Kreb-

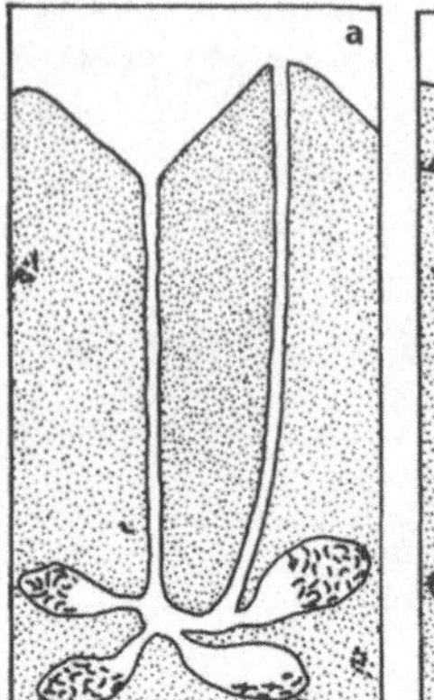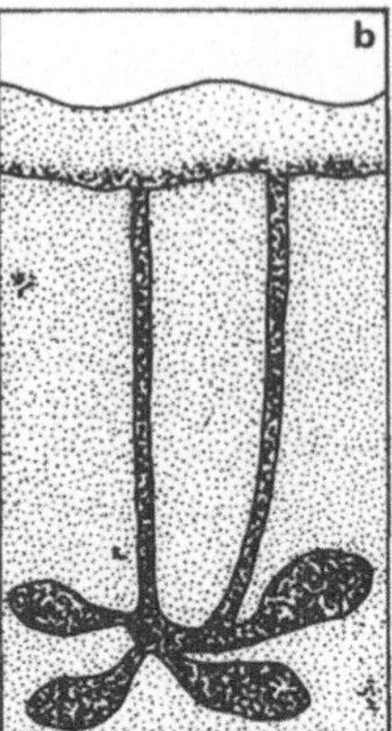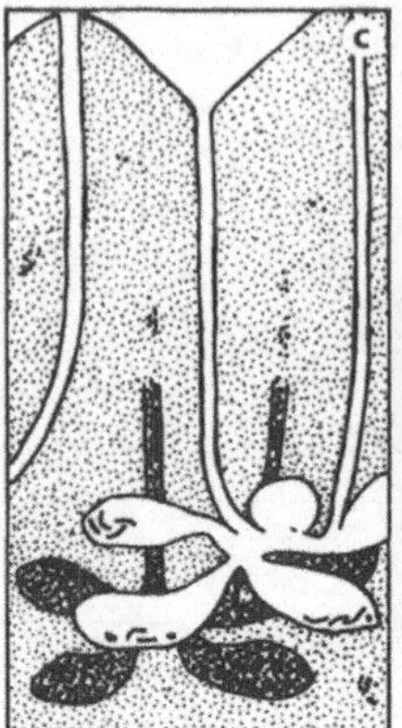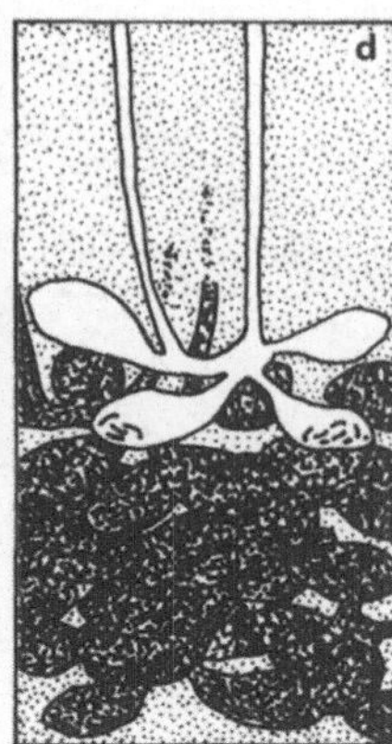

Abb. 12.7. Schematische Darstellung von Stadien „röhrenförmiger Tempestite" bei der Substratveränderung. **a** Ein offener Callianassiden-Bau vor dem Sturmereignis in Sedimenten des Gezeitenbereichs. Durch den grabenden Krebs werden grobe Körner in die Kammern eingebracht. **b** Die hügelige Oberfläche wird durch das Sturmereignis geglättet und von einer Sturmlage bedeckt. **c** Erneute Freilegung des Grabgangs, wobei feines Material bevorzugt nach außen transportiert und grobes Material in die Kammern eingebracht wird. **d** Die Wiederholung dieser Prozesse verursacht ein deutliches Anwachsen der Korngröße des Substrats. (Verändert nach Tedesco und Wanless 1991)

sen auf den Westindischen Inseln und Florida. In unterschiedlichem Maße scheinen „röhrenförmige Tempestite" ein wichtiges Charakteristikum sedimentärer Milieus des Phanerozoikums darzustellen (Tedesco und Wanless 1991).

In einem frühen Stadium des Sturms werden durch Erosion die verengten Bauöffnungen freigelegt und während der abklingenden Phase mit Sediment gefüllt. Die Aufnahmefähigkeit der Gangsysteme kann so hoch sein, daß die gesamte Sturmsedimentation in ihnen gefangen wird und keine Sturmsedimente am Meeresboden abgelagert werden. Die Kopplung von Aushöhlen tiefer Gangsysteme und anschließender Verfüllung mit Sediment ist ein allmählicher, unter der Oberfläche ablaufender Prozeß, der das ursprüngliche Sediment in ein neues überführt – mit neuer Zusammensetzung, Textur und neuem Fauneninhalt. Die biogen entstandene Lithologie ist ein internes Sediment, das unter der Oberfläche entstand und nur indirekt Beziehung zum Ablagerungsmilieu am Meeresboden hat.

12.3
Ichnologie und Sequenz-Stratigraphie

In der Sequenz-Stratigraphie wird eine Hierarchie von Schichteinheiten betrachtet, die aus genetisch verwandten Fazies bestehen und durch chronostratigraphisch bedeutende Flächen begrenzt werden. Sie beruht auf der physikalischen Beziehung der Schichten, der lateralen Kontinuität und Geometrie der die Einheiten begrenzenden Flächen und der Fazies, die auf jeder Seite der Grenzflächen angetroffen wird.

Bei der detaillierten Sequenz-Analyse sind Spurenfossilien als sensible Indikatoren von Änderungen der Umweltbedingungen ein wichtiges Hilfsmittel. Durch die Kenntnis der Bedeutung von Verhaltensweisen einzelner Spurenfossilien und der Entwicklung der Spurengefüge können wichtige Schichtflächen erkannt werden, die sonst leicht übersehen worden wären. In einigen Ablagerungsräumen – wie der tieferen Küstenebene oder dem strandnahen Schelf – sind Spurenfossilien oft die einzigen Anzeiger von Schichtflächen – wie z. B. marine Flutungsflächen. In stark oder vollständig bioturbierten, flachmarinen Sandsteinen ermöglicht die Untersuchung der Spurengefüge detaillierte Analysen der Paläo-Umweltbedingungen und der Sequenzen (Bockelie 1991; Savrda 1991, 1995; Taylor und Gawthorpe 1993).

12.3.1
Grenzflächen

Da Spurenfossilien Hinweise auf Sedimentkonsistenz, auf die Struktur von Gemeinschaften, auf Besiedlungsmuster und auf Bioturbationsgefüge geben, sind sie für den Nachweis von Milieuveränderungen an Schichtgrenzflächen äußerst nützlich (Abb. 12.8; Bromley 1975; Pemberton *et al.* 1992; MacEachern *et al.* 1992; Savrda 1995). Einige Ichnotaxa sind bei der Rekonstruktion der Art der Grenzflächen wichtig.

So ist *Diplocraterion parallelum* ein verläßlicher Anzeiger mariner Flutungsflächen und tritt in verschiedenen Substraten (Torf, Schlamm, Sand) auf, die vor der Flutung abgelagert wurden. *Diplocraterion parallelum* kommt gewöhnlich allein vor und reagiert unempfindlich gegenüber Schwankungen der Salinität (Abb. 11.18a; z. B. Dam 1990b; Taylor und Gawthorpe 1993).

In jurassischen und kretazischen Sandsteinen ist *Diplocraterion habichi* Bestandteil ausgedehnter Omissionsflächen (Heinberg und Birkelund 1984). Diese Flächen wurden als Transgressionsflächen gedeutet, die einer geringen Absenkung des Meeresspiegels folgten (Dam 1990b; Surlyk 1991; Surlyk und Noe-Nygaard 1991).

Dieses Beispiel zeigt auch die Bedeutung von Spurenfossilien für die Feststellung von Leithorizonten. Bromley und Gale (1982) benutzten die Toponomie von Spurenfossilien, um einzelne Hartgründe über große Entfernungen zu korrelieren. Die Lithologien der Hartgründe sind ähnlich, aber jeder Hartgrund ist durch eine charakteristische Spurenfossilvergesellschaftung gekennzeichnet.

Die Entwicklung von Wurzelhorizonten an Grenzflächen ist natürlich ein wichtiger Hinweis auf subaerische Exposition (Bockelie 1994). Andere Anzeichen von Auftauchen – wie Paläoböden oder Karsterscheinungen – werden oft von der folgenden marinen Überflutung beseitigt, nur Wurzelstrukturen können tief genug angelegt werden, um einer Zerstörung zu entgehen. Wenn dann noch marine Gänge diese Strukturen schneiden, ist der Fall klar.

Wenn man nach Oberflächen sucht, muß man bedenken, daß die Bioturbation mehrere Meter weit unter die Besiedlungsfläche reichen kann. Will man die Veränderungen der Umweltbedingungen, die an der Oberfläche auftraten, abschätzen, muß man die Spurenfossilien, die mit der Omissionsfläche einhergehen, von denen unterscheiden, die zur Prä-Omissions-Suite gehören. An den Grenzflächen tritt häufig ein lithologischer Wechsel auf. Die Füllung der offenen Gänge der Omissions- und der Post-Omissions-Spurenfossilien liefert Hinweise auf die Funktion dieser Fläche (Abb. 10.20; Bromley 1975).

Transgression

marine Einschaltung

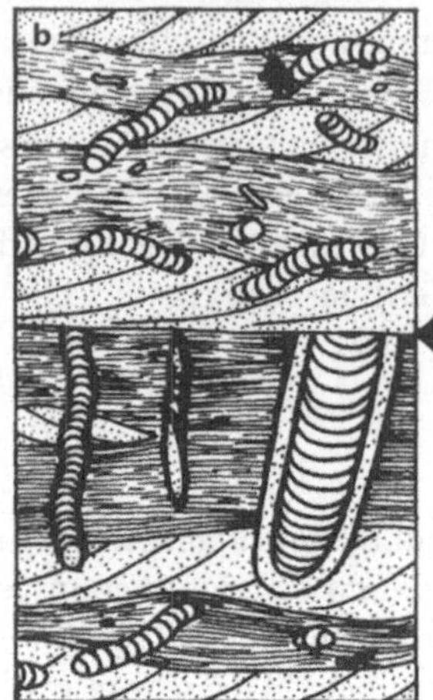

Salinitätswechsel

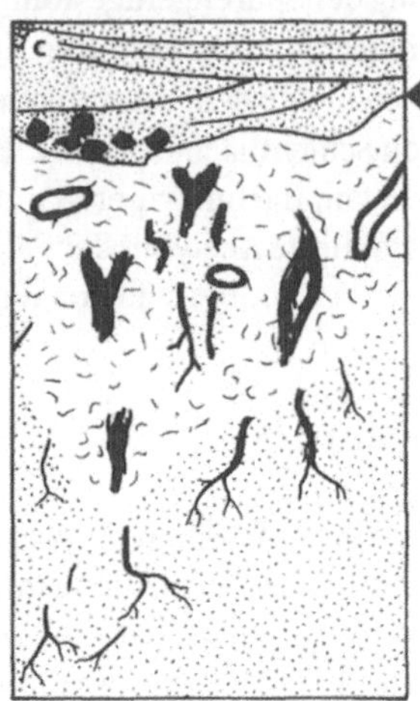

Sedimentationslücke
auf Festgrund

Sedimentationslücke
auf Hartgrund

Strandböschung mit
Wurzelröhren

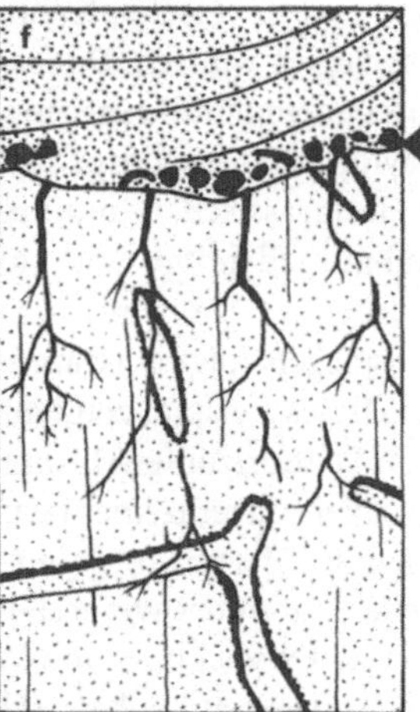

Abb. 12.8. Skizzen, die einige Möglichkeiten andeuten, wie Spurenfossilien wichtige Schichtgrenzflächen anzeigen. Man beachte die Beziehungen der sich überkreuzenden Strukturen. **a** Änderungen der Fazies: marine Überflutungsebene. Vollständig bioturbierter küstenferner Schlamm mit *Chondrites*, *Teichichnus*, *Phycosiphon*, *Planolites* und schemenhaften *Thalassinoides*, der Vorstrandsande mit wenigen *Ophiomorpha* überlagert. **b** Kurzzeitige Salinitätsänderung: Eine kurze Besiedlungsphase schneidet ein nichtmarines *Taenidium*-Gefüge in Overbank-Ablagerungen unterschiedlicher Lithologie. **c** Eine marine Ingression führt zur Besiedlung mit *Rosselia*, *Planolites* und *Palaeophycus*, die ein Pflanzenwurzel-Gefüge schneiden. Dies wird wiederum von fluviatilen Rinnensanden überlagert. **d** Während eines Hiatus ändert sich die Sedimentkonsistenz und begünstigt die Besiedlung des Festgrundes mit *Skolithos*, der eine küstenferne Weichgrund-Ichnozönose kreuzt. Die Omissionsfläche wird von flachmarinen Sanden überlagert. **e** Die Zementation der Omissionsfläche ermöglicht die Ansiedlung bohrender Organismen. Ihre Bohrlöcher durchdringen die Strukturen der Weichgrundgemeinschaft (*Thalassinoides* und große *Planolites*). Diese wird von vollständig bioturbiertem, küstenfernem Schlamm überlagert (*Chondrites*, *Zoophycos*, *Teichichnus*, *Planolites* und Schemen von *Thalassinoides*). **f** Ein unvollständig entwickeltes Bodenprofil mit Pflanzenwurzeln entsteht in Sanden des oberen Strandbereichs, die *Ophiomorpha* und *Skolithos* enthalten. Es wird von fluviatilen Sanden überlagert. Nach Taylor und Gawthorpe (1993)

12.3.2
Meeresspiegelschwankungen

Auch wenn Spurenfossilien nicht wie ein Metermaß zur Bestimmung der Bathymetrie benutzt werden können, liefern sie doch klare Hinweise auf Änderungen und Trends der Wassertiefe. Dies gilt deshalb, weil Spurenfossilien empfindlich auf Umweltveränderungen reagieren, die mit der Wassertiefe zusammenhängen. Änderungen der Turbulenz, der Ablagerung organischen Materials und des Sauerstoffgehalts werden durch Proximalitätstrends, Bioturbationsmuster und Größe der Gangsysteme angezeigt (z. B. Easthouse und Driese 1988; Szulc 1990; Rioult *et al.* 1991; Bergmann 1994; Ricketts 1994).

Einzelne Ichnotaxa oder Gruppen von Spurenfossilien können direkte Hinweise auf bestimmte Milieus geben. Gänge von Insekten deuten auf terrestrische Böden oder Süßwasserablagerungen hin (Smith und Hein 1971; Retallack 1984; Hasiotis *et al.* 1993; Thackray 1994; Dam 1990a,b). Pollard *et al.* (1993) beschreiben drei Ichnofazies mit *Ophiomorpha nodosa* und *Macaronichnus segregatis* und weisen sie küstennahen, ästuarinen und Strandmilieus zu.

Das Problem bei diesem Ansatz – wie bei Körperfossilien als Anzeiger von Paläomilieus – besteht in der Evolution der Biosphäre. Insektenbauten, *Ophiomorpha* und *Macaronichnus* sind aus dem Paläozoikum nicht bekannt, so wie *Cruziana* danach nicht mehr vorkommt. Es existieren viele Beispiele von Ichnotaxa, die auf eine Zunahme der Wassertiefe während des Phanerozoikums hindeuten (z. B. Crimes und Fedonkin 1994). Einige Autoren halten *Zoophycos* als einen Anzeiger maximaler Flutungsflächen (Rioult *et al.* 1991; Savrda 1991), aber das gilt nicht für die Zeit vor der Trias! Savrda (1995) betont, daß auf maximale Flutungsflächen und in Hochstandsystem-Bündeln sehr verschiedene Spurengefüge auftreten, und daß auf diesem Gebiet noch viel Arbeit geleistet werden muß.

12.4
Analyse von Spurenfossilien mit Hilfe von Vergesellschaftungen

Die Analyse von Spurenfossilien kann von verschiedenen Seiten angegangen werden und hängt von Faktoren wie der Art des Materials und des Projekts sowie der Erfahrung des Ichnologen ab. Bei der Analyse werden zwei Vorgehensweisen bevorzugt, die auf unterschiedlichen Ansätzen beruhen: zum einen auf der Ichnofazies, den Vergesellschaftungen und den Ichnotaxa und zum anderen auf den Ichnogefügen. Keine Vorgehensweise wird allerdings ausschließlich angewandt. Es handelt sich vielmehr um Endpunkte eines kontinuierlichen Spektrums von Analysemethoden. So haben z. B. S. G. Pemberton und Mitarbeiter erfolgreich den Ansatz der Vergesellschaftungen bei der Untersuchung von Kernen verfolgt (Pemberton 1992), während Pollard *et al.* (1993) mit Erfolg die Ichnogefüge im Gelände benutzten.

Die Benutzung von Vergesellschaftungen bei der Spurenfossilanalyse ist weit verbreitet. Als Beispiel werde ich kurz auf die Untersuchung von Dam (1990b) im Unteren Jura Ostgrönlands eingehen, nicht zuletzt deshalb, weil ich dort die Ichnologie in siliziklastischen Sedimenten lernte!

Die flachmarinen Ablagerungen der Neil-Klinter-Formation enthalten verschiedene Vergesellschaftungen von Spurenfossilien. Dam (1990b) faßt die 34 Ichnotaxa in

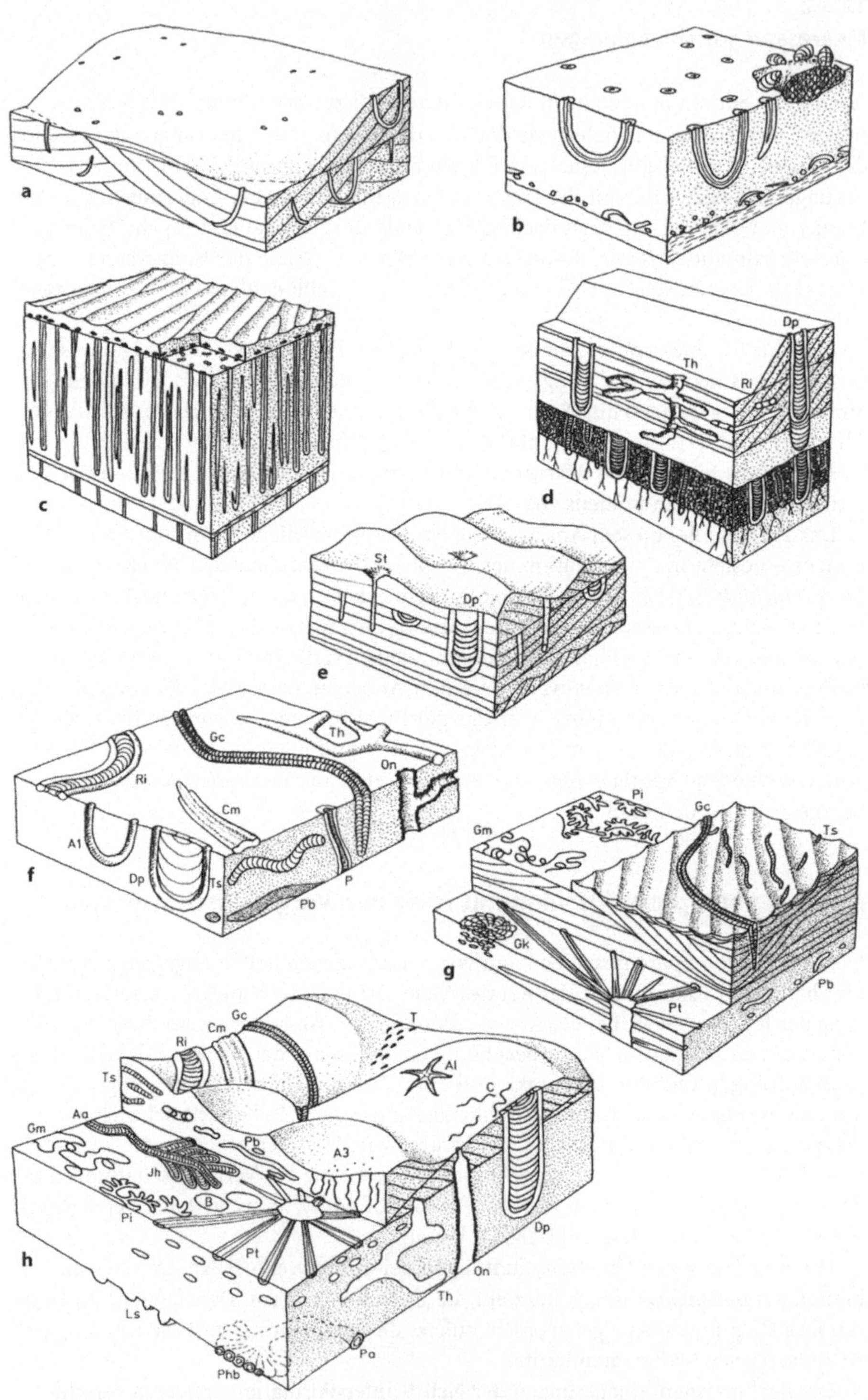

11 Ichnozönosen zusammen (Abb. 12.9). Wie es bei dieser Art von Untersuchungen üblich ist, handelt es sich bei diesen sogenannten Ichnozönosen um das zeitliche Mittel der Tätigkeit mehrerer Gemeinschaften, wie aus Dams Blockdiagramm ersichtlich ist. Man sollte deshalb eher von Assoziation als von Ichnozönose sprechen. Aber das ist ein ungelöstes Problem.

Dam (1990b) deutete die Ichnozönosen im Hinblick auf ihre Ernährungsweise und Verhaltenseigenschaften und fand heraus, daß deutliche Korrelationen mit dem sedimentären Ablagerungsraum bestehen. Die Verteilung spiegelt Änderungen von Faktoren wider, die von der Wassertiefe, dem Sauerstoffgehalt des Bodenwassers und der Stabilität der Umwelt kontrolliert werden. Die Untersuchung zeigt die Notwendigkeit, das Sammeln ichnologischer Daten mit sedimentologischen und paläontologischen Beobachtungen zu verknüpfen, um zu einer integrierten Analyse mit zuverlässigen Deutungen zu gelangen.

Es wäre wünschenswert, Dams Ichnozönosen mit Spurengefügen zu verbinden, mit denen gewöhnlich in küstenfernen jurassischen Gesteinen der Nordsee gearbeitet wird (Bockelie 1991). Aber hierbei entsteht das übliche Problem: Die Ichnozönosen basieren größtenteils auf Ichnotaxa, die kein deutliches Bild in vertikalen Abfolgen ergeben. Die Ichnogenera *Curvolithus*, *Phoebichnus*, *Gyrophyllites*, *Gyrochorte* und *Asteriacites* sind bekanntlich in Kernen schwierig zu bestimmen.

12.5
Spurenfossilanalyse mit Hilfe von Spurengefügen

Um einer genauen Untersuchung von Kernmaterial oder einer Abfolge im Aufschluß zum Erfolg zu verhelfen, müssen die Daten auf verschiedene Weise gewonnen werden, um ein möglichst vollständiges Bild zu erhalten. Das folgende Beispiel eines Schemas soll dazu anregen, die Sammlung und Handhabung verschiedener Arten ichnologischer Daten gleichzeitig durchzuführen.

Spurengefüge lassen sich am einfachsten visuell übermitteln. Ich halte es für nützlich, sie als Cartoon oder Icon darzustellen, in denen symbolisch der visuelle Ausdruck

◄ **Abb. 12.9.** Einige Spurenfossilgemeinschaften aus dem marinen Unteren Jura Ostgrönlands (Dam 1990b). **a** *Arenicolites* isp. 2-Assoziation: durchlüftetes Milieu, durchgehend hohe Energie, hohe Sedimentakkumulation; proximaler Deltafächer. **b** *Arenicolites* isp. 1-Assoziation: kurze Perioden mit guter Durchlüftung, keine Sedimentakkumulation, Dichteströme hoher Viskosität abgelagert zwischen Schönwetter- und Sturmwellenbasis. **c** *Diplocraterion habichi*-Assoziation: hochenergetisches durchlüftetes Milieu, Omissions-Suiten auf Transgressionsflächen. **d** *Diplocraterion parallelum*-Assoziation: hohe Energie, durchlüftetes flaches Subtidal oder Intertidal. Oben, in Vorstrandrücken; unten, *Diplocraterion parallelum* als Omissions-Suite in durchwurzelter Kohle auf der Transgressionsfläche. **e** Gleiche Assoziation in einem Feld von Gezeiten-Sandwellen. **f** *Curvolithus*-Assoziation: durchlüftet, niedriges bis mittleres Energieniveau, langsame Sedimentation, Schelf, distaler Deltafächer. **g** *Planolites*- und *Taenidium*-Assoziation: niedrige Energie, sauerstoffarmes Milieu; sturmbeeinflußter innerer Schelf zwischen Schönwetter- und Sturmwellenbasis. **h** *Cochlichnus*-Assoziation: durchlüftet, mittleres bis niedriges Energieniveau, flachmarines Milieu; Rippeln, Schelf im Gezeitenbereich, untermeerischer Deltafächer (vom Gilbert-Typ). *A1, A3, Arenicolites* ispp. 1 und 3; *Aa, Ancorichnus ancorichnus; A1, Asteriacites lumbricalis; B, Bergaueria* isp.; *C, Cochlichnus* isp.; *Cm, Curvolithus multiplex; Dp, Diplocraterion parallelum; Gc, Gyrochorte comosa; Gk, Gyrophyllites kwassizensis; Gm, Gordia marina; Jh, Jamesonichnites heinbergi; Ls, Lockeia siliquaria; On, Ophiomorpha nodosa; P, Palaeophycus* isp.; *Pa, Palaeophycus alternatus; Pb, Planolites beverleyensis; Phb, Phycodes bromleyi; Pi, Phycosiphon incertum; Pt, Phoebichnus trochoides; Ri, Rhizocorallium irregulare; St, Skolithos tentaculatum; T,* Fährtenspur; *Th, Thalassinoides* isp.; *Ts, Taenidium serpentinum*

jedes Spurengefüges zusammengefaßt ist. Auf diese Weise illustriert die Skizze das Gefüge, die zeitlichen und räumlichen Beziehungen der Überprägungen sowie die Dominanz und die Art der Verbreitung der anwesenden Spurenfossilien. Die Art und Abfolge der Überprägungen erlauben die Rekonstruktion eines Stockwerkdiagramms. Dann ist es möglich, die Häufigkeit der Spurenfossilien in einem Säulendiagramm Stockwerk für Stockwerk aufzutragen. Dies kann kaum mit großer Genauigkeit erfolgen, aber ein Annäherungswert ist trotzdem nützlich. Wo Schlüssel-Bioturbatoren in tieferen Stockwerken aktiv waren, läßt sich der Umfang der Aktivität in den flacheren Stockwerken nur schwer abschätzen.

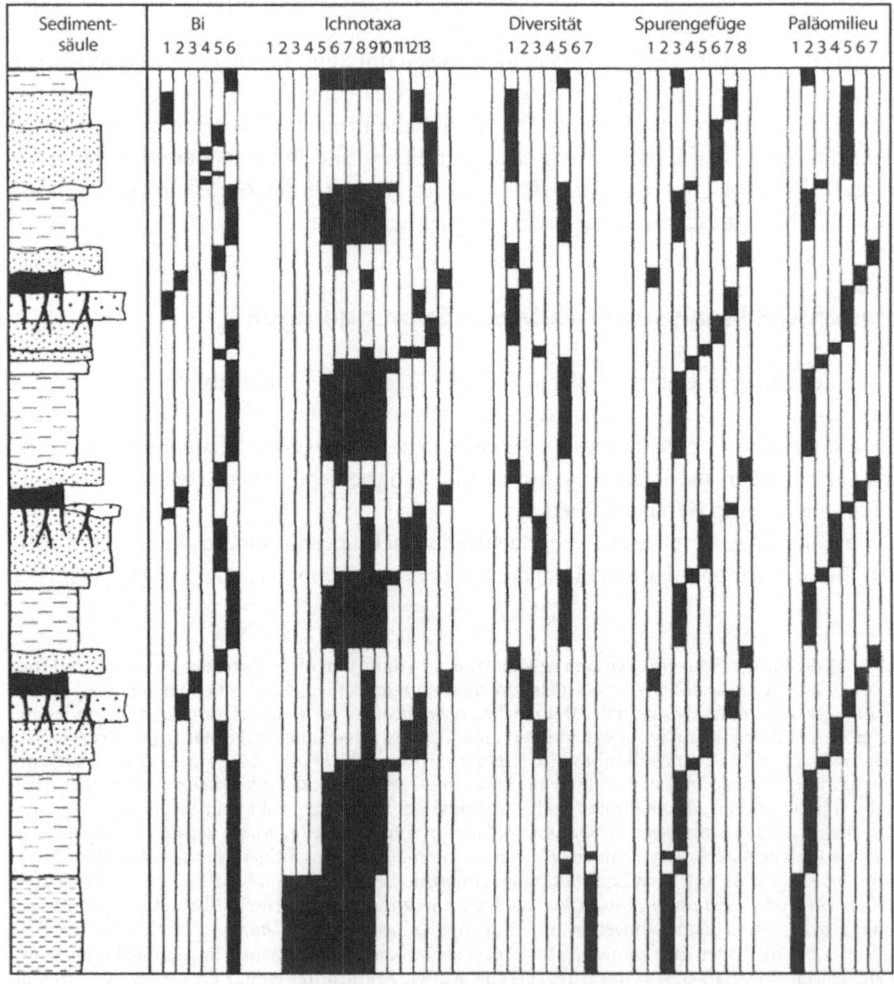

Abb. 12.10. Eine Zusammenstellung ichnologischer Daten aus einem sedimentologischen Profil, das den Bioturbationsindex, die erkannten Ichnotaxa, die Spurenfossilvielfalt, die bestimmten Spurengefüge (vgl. Abb. 12.11) und die vorgeschlagenen Paläomilieus enthält

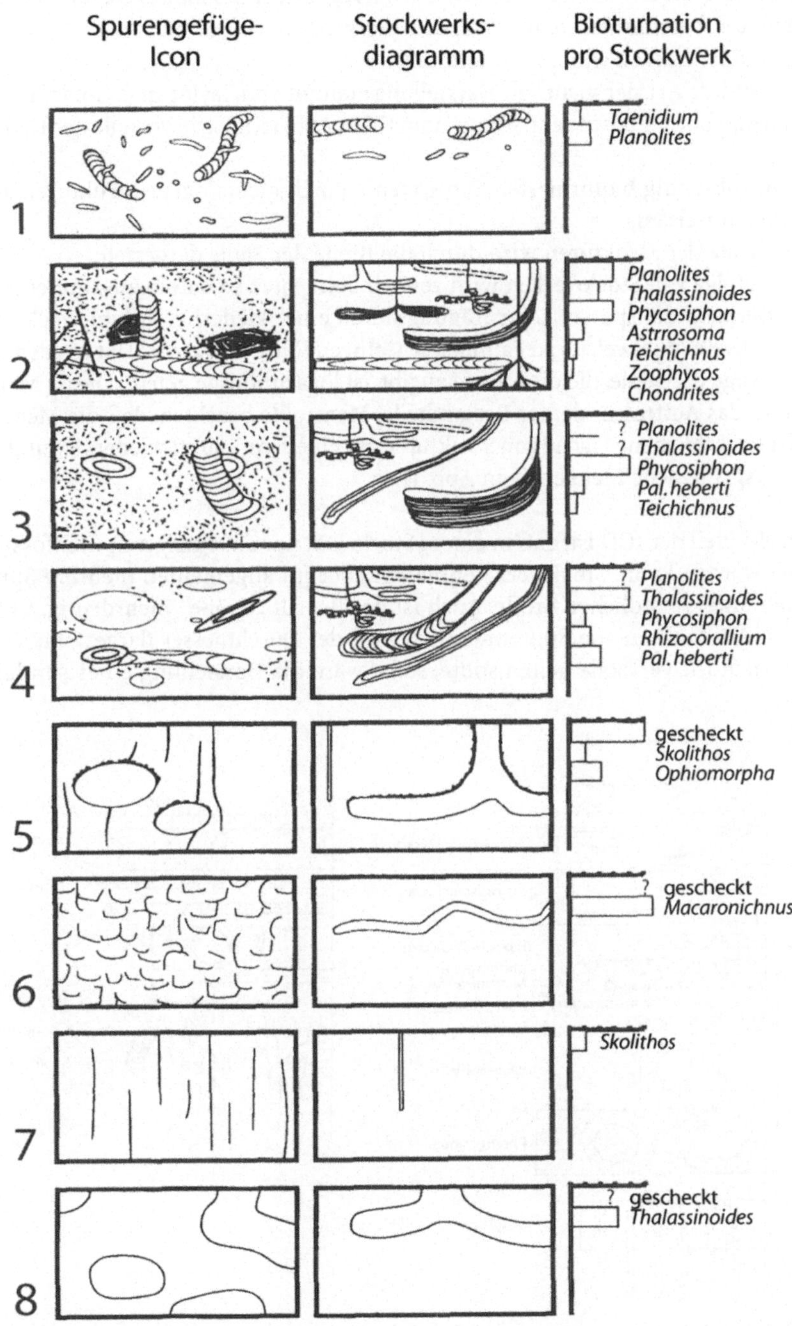

Abb. 12.11. Definition der in Abb. 12.10 benutzten Spurengefüge. Jedes Spurengefüge ist durch eine Skizze dargestellt, die die Gefügeeigenschaften, das Stockwerkdiagramm und den Versuch, den Umfang der Bioturbation in jedem Stockwerk abzuschätzen, wiedergibt

Diese Zusammenstellung kann, je nach Verfügbarkeit des Materials, durch die Verbreitung der bestimmten Ichnotaxa, den Bioturbationsindex und den Ichnogefüge-Index ergänzt werden (Abb. 12.10 und 12.11).

Eine andere Art der visuellen Darstellung stammt von Taylor und Goldring (1993) – das „Ichnofabric Constituent" Diagramm (ICD; Abb. 12.12). Die Vorteile des ICD sind:

- In unvollständig bioturbierten Substraten können nichtbiogene Strukturen aufgenommen werden.
- Die Größe der Strukturen wird durch die Breite der Säule dargestellt.
- Die Abfolge von Stockwerken wird zeitlich betrachtet, so daß in zusammengesetzten Gefügen die spätere Überprägung durch eine Wiederbesiedlung nach einem Erosionsereignis, welche zu Palimpsest-Gefügen führt, berücksichtigt werden kann.
- Die Länge der Säule, die die Menge angibt, ist logarithmisch geteilt. Dieser Maßstab betont das Auftreten kleiner Bestandteile. Man sollte beachten, daß die Menge die erhalten gebliebene Fläche von Strukturen auf einem Anschnitt wiedergibt und nicht die ursprüngliche Menge wie in Abb. 12.10.

Ein Nachteil der ICD ist, daß in einem Stockwerk nur ein einziges Spurenfossil aufgeführt werden kann. Stockwerke enthalten aber im allgemeinen mehrere Spurenfossilien unterschiedlicher Größe. Auch ist der Begriff „Größe" mehrdeutig. In horizontalen Anschnitten von Spurenfossilien wird der Durchmesser dargestellt, was am besten auch für vertikale gelten sollte, sonst wäre die Darstellung einer 5 m langen

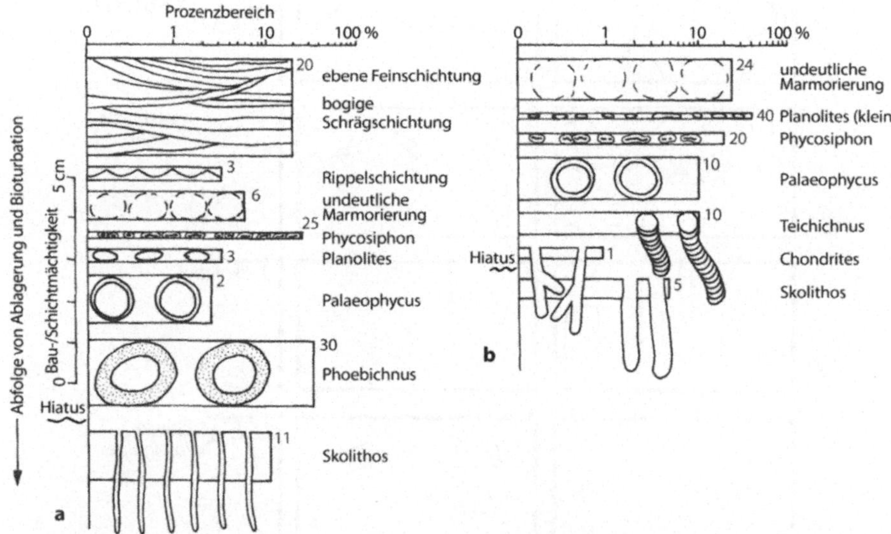

Abb. 12.12. Das „Ichnofabric Constituent" Diagramm. **a** Das ICD eines Gefüges, das dem in Abb. 11.6 ähnelt. Als erstes Ereignis wird die Anlage der Lamination angesehen. Das letzte ist die Suite von *Skolithos* gefolgt von einer Schichtlücke (in Abb. 11.6 nicht aufgeführt). *Skolithos* ist nicht maßstäblich dargestellt. *Phoebichnus* lebt im tiefsten Stockwerk, repräsentiert 30 % des Gefüges und stellt deshalb ein Vorzugs-Spurenfossil dar. Verändert nach Taylor und Goldring (1993). **b** Das ICD des in Abb. 12.8d, unten, abgebildeten Gefüges

Ophiomorpha problematisch, während für physikalische Sedimentstrukturen die Höhe benutzt wird. Diese Probleme müssen aber von jedem einzelnen Bearbeiter gelöst werden, wenn sie auftreten.

Formulare und Fragebögen, ähnlich den oben dargestellten, sind unerläßlich, um die Beobachtung zu schärfen und die strikte Anwendung der Kriterien aufrechtzuerhalten. Je nach Verfügbarkeit des Materials kann jeder Bearbeiter die Methoden ändern und kombinieren.

Folgerungen

Die Untersuchung heutiger grabender Organismen gibt nicht nur Auskunft darüber, wie sie ihr Leben durch endobenthische Lebensweise fristen. Sie liefert auch Erkenntnisse über die hochentwickelten Tier-Sediment-Beziehungen. Vielleicht erstaunt es, wie einfach Individuen von einer verfeinerten Ernährungsstrategie zu einer völlig anderen wechseln, wenn sich die Umweltbedingungen ändern. Dies bedingt einige Unsicherheiten bei der Deutung der Ernährungsweise von Spurenfossilien, hilft aber bei der Erklärung, warum zwei oder mehr Ichnotaxa zusammen als Teil einer einzigen Struktur auftreten.

Die Untersuchung grabender Organismen unterstreicht auch, wie einseitig die Aussagen von Spurenfossilvergesellschaftungen sind, da sie die extremen Unterschiede im Erhaltungspotential betonen, die verschiedene biogene Strukturen besitzen. Eine nach oben gerichtete Förderaktivität dominiert in vielen rezenten Gemeinschaften und wird von vielen Arten angewandt, die eine beträchtliche Biomasse darstellen. Eine umgekehrte Förderaktivität ist vergleichsweise selten anzutreffen – warum soll überhaupt Sediment vom Meeresboden nach unten befördert werden? Nach oben fördernde Organismen erzeugen kaum mehr als Biodeformationsstrukturen und keine frühen Spurenfossilien mit einem hohen Erhaltungspotential. Die seltenen umgekehrten Förderer auf der anderen Seite legen sofort Spurenfossilien an, die ein hohes Diagenesepotential besitzen und deshalb in der fossilen Überlieferung weit verbreitet sind.

Spreitenstrukturen zeigen die gleiche Einseitigkeit. Sie sind bedeutende Spurenfossilien, die viele Vergesellschaftungen beherrschen. Nur selten wird heute die Anlage von Spreiten beobachtet. Die Fossilisationsbarriere ist ein ernstes Problem.

Würden wir allerdings keine Kenntnisse über das lebende Endobenthos und seine Strategien, im Sediment zu leben, besitzen, würden wir Spurenfossilien immer noch als fucoide Algen bezeichnen. *Chondrites* würde immer noch als Spurenfossil eines Sedimentfressers falsch gedeutet werden, hätten wir nicht die Chemosymbiose in der heutigen Tier-Bakterien-Beziehung entdeckt. Eine gewisse Kenntnis der Neoichnologie ist für die Interpretation von Spurenfossilien unerläßlich.

Die Untersuchung der Spurenfossilvergesellschaftungen hat seit Jahren zu einer zunehmenden Kenntnis der Autökologie und Taphonomie einzelner Spurenfossilien geführt und damit ihren Wert für die Interpretation des Paläomilieus verbessert. Ursprünglich wurden die Spurenfossilien auf Schichtflächen untersucht, wo sie weit verbreitet auftreten; die Mehrheit der Spurenfossilien, die in der Matrix verborgen waren, wurden dadurch kaum wahrgenommen.

Die verborgenen Spurenfossilien wurden nicht mehr länger vernachlässigt als das Spurengefüge-Konzept entwickelt wurde; ein wichtiger Nebeneffekt stellte sich bei der

Aufnahme von Kernen ein. Die zweidimensionale Untersuchung der Spurenfossilien hat das Stockwerkkonzept gefördert, das wiederum zur Entdeckung der Spurengilden führte und die Analyse von Spurengefügen revolutionierte.

Die Ichnologie besteht inzwischen aus einer Vielzahl von Facetten, Untersuchungsschritten und Anwendungen. Viele einzelne Ichnotaxa müssen dringend revidiert werden, was ihre Nutzung als Werkzeug sedimentologischer Interpretationen verfeinern wird. Neoichnologische Untersuchungen tragen zur Interpretation der Ernährungsweisen von Spurenfossilienerzeugern bei. Ichnozönosen als Repräsentanten endobenthischer Paläogemeinschaften werden analysiert und ihre Ernährungsstruktur untersucht. Die Möglichkeiten der Anwendung von Spurengefügen steigen weiter und werden sich ändern.

Durch neue Methoden der Spurenfossilanalyse sind sie einfacher zu benutzen; neue Techniken ihrer Untersuchung versprechen in der Zukunft eine rasche Entwicklung. Der Gebrauch der Computertomographie, um Bilder zu erzeugen, und deren weitere Verbesserung durch Techniken der Bildanalyse sind Tätigkeitsfelder, die sich gerade erst eröffnet haben.

All diese Vielfalt an Möglichkeiten sollte aber nicht von dem aufregendsten Augenblick ablenken: Vier Tage im Schlamm an der Küste Griechenlands mit hingebungsvollen Kollegen zu sitzen und vorsichtig und gewissenhaft einen mehr oder weniger vollständigen *Zoophycos*, mit einem Durchmesser von 2 m und drei Windungen, aus einem bathyalen pliozänen Ton zu bergen.

Literaturverzeichnis

Abel O (1922) Lebensbilder aus der Tierwelt der Vorzeit. Fischer, Jena

Abel O (1935) Vorzeitliche Lebensspuren. Fischer, Jena

Aceñolaza FG, Buatois LA (1991) Trazas fosiles del Paleozoico superior continental Argentino. Ameghiniana 28:89–108

Aceñolaza FG, Buatois LA (1993) Nonmarine perigondwanic trace fossils from the late Paleozoic of Argentina. Ichnos 2:183–201

Ager DV, Wallace P (1970) The distribution and significance of trace fossils in the uppermost Jurassic rocks of the Boulonnais, northern France. In: Crimes TP, Harper JC (eds) Trace Fossils. Geological Journal Special Issues 3:1–18

Aigner T, Reineck H-E (1982) Proximality trends in modern storm sands from the Helgoland Bight (North Sea) and their implications for basin analysis. Senckenbergiana Maritima 14:183–215

Alexander RR, Stanton RJ, Dodd JR (1993) Influence of sediment grain size on the burrowing of bivalves: correlation with distribution and stratigraphic persistence of selected Neogen clams. Palaios 8: 289–303

Allen JA (1958) On the basic form and adaptations to habitat in the Lucinacea (Eulamellibranchia). Philosophical Transactions of the Royal Society of London B:241, 421–484

Allen JA (1983) The ecology of deep-sea molluscs. In: Russel-Hunter WD (ed) The Mollusca, 6: Ecology. Academic Press, Orlando, pp 38–75

Aller RC (1978) Experimental studies of changes produced by deposit feeders on pore water, sediment, and overlying water chemistry. American Journal of Science 278:1185–1234

Aller RC (1980) Relationships of tube-dwelling benthos with sediment and overlying water chemistry. In: Tenore KR, Coull BC (eds) Marine benthic dynamics. University of South Carolina, Chapel Hill, pp 285–301

Aller RC (1982) The effects of macrobenthos on chemical properties of marine sediment and overlying water. In: McCall PL, Tevesz MJS (eds) Animal-sediment relationships. Plenum, New York, pp 52–102

Aller RC (1983) The importance of the diffusive permeability of animal burrow linings in determining marine sediment chemistry. Journal of Marine Research 41:299–322

Aller RC, Cochran JK (1976) ^{234}Th/^{238}U disequilibrium in near-shore sediment; particle reworking and diagenetic time scales. Earth and Planetery Science Letters 29:37–50

Aller RC, Dodge RE (1974) Animal-Sediment relations in a tropical lagoon Discovery Bay, Jamaica. Journal of Marine Research 32:209–232

Aller RC, Yingst JY (1978) Biogeochemistry of tube-dwellings: a study of the sedentary polychaete *Amphitrite ornata* (Leidy). Journal of Marine Research 36:201–254

Alpert SP (1977) Trace fossils and the basal Cambrian boundary. In: Crimes TP, Harper JC (eds) Trace Fossils 2. Geological Journal Special Issues 9:1–8

Andersen FØ, Kristensen E (1991) Effects of burrowing macrofauna on organic matter decomposition in coastal marine sediments. In: Meadows PS, Meadows A (eds) The Environmental Impact of Burrowing Animals and Animal Burrows. Symposium of the Zoological Society of London 63:69–88

Anderson JG, Meadows PS (1978) Microenvironments in marine sediments. Proceedings of the Royal Society of Edinburgh 76B:1–16

Ansell AD, Trueman ER (1967) Observations on burrowing in *Glycymeris glycymeris* (L.) (Bivalvia, Arcacea). Journal of Experimental Marine Biology and Ecology 1:65–75

Ansell AD, Trueman ER (1968) The mechanism of burrowing in the anemone *Peachia hastata* Gosse. Journal of Experimental Marine Biology and Ecology 2:124–134

Archer A, Maples CG (1984) Trace-fossil distribution across a marine-tononmarine gradient in the Pennsylvanian of southwestern Indiana. Journal of Paleontology 58:448–466

Armentrout JM (1980) *Ophiomorpha* from upper bathyal Eocene subsea fan facies, northwestern Washington. Bulletin of the American Association of Petroleum Geologists 64:670–671

Armstrong LR (1965) Burrowing limitations in Pelecypoda. Veliger 7:195–200

Asgaard U, Bromley RG (1983) Palaeolimnichnology: state of the art. 1st. International Congress on Paleoecology, Lyon, Abstracts 6

Ashworth RB, Cormier MJ (1967) Isolation of 2,6-dibromophenol from the marine hemichordate *Balanoglossus biminiensis*. Science 155:1558–1559

Atkinson RJA (1974a) Spatial distribution of *Nephrops* burrows. Estuarine Coastal Marine Science 2:171–6

Atkinson RJA (1974b) Behavioural ecology of the mud-burrowing crab *Goneplax rhomboides*. Marine Biology 25:239–252

Atkinson RJA (1986) Mud-dwelling megafauna of the Clyde Sea area. Proceedings of the Royal Society of Edinburgh 90B:351–361

Atkinson RJA, Moore PG, Morgan PJ (1982) The burrows and burrowing behaviour of *Maera loveni* (Crustacea: Amphipoda). Journal of Zoology, London 198:399–416

Atkinson RJA, Nash RDM (1990) Some preliminary observations on the burrows of *Callianassa subterranea* (Montagu) (Decapoda: Thalassinidea) from the west coast of Scotland. Journal of Natural History 24:403–413

Atkinson RJA, Taylor AC (1991) Burrows and burrowing behaviour of fish. In: Meadows PS, Meadows A (eds) The Environmental Impact of Burrowing Animals and Animal Burrows. Symposium of the Zoological Society, London 63:133–155

Ausich WI (1979) *Hondichnus monroensis* n. gen. n. sp. a new Early Mississippian trace fossil. Journal of Paleontology 53:1155–1159

Baird GC, Brett CE (1986) Erosion on an anaerobic seafloor: significance of reworked pyrite deposits from the Devonian of New York State. Palaeogeography, Palaeoclimatology, Palaeoecology 57:157–193

Bambach RK (1983) Ecospace utilization and guilds in marine communities through the Phanerozoic. In: Tevesz MJS, McCall PL (eds) Biotic interactions in recent and fossil benthic communities. Plenum, New York, pp 719–746

Barnes RD (1964) Tube building and feeding in the chaetopterid polychaete, *Spiochaetopterus oculatus*. Biological Bulletin of the Marine Laboratory, Woods Hole 127:397–412

Barnes RD (1965) Tube-building and feeding in chaetopterid plychaetes. Biological Bulletin of the Marine Laboratory, Woods Hole 129:217–233

Barnes RD (1980) Invertebrate Zoology, 4th edition. Saunders College, Philadelphia

Basan PB (1979) Trace fossil nomenclature: the developing picture. Palaeogeography, Pallaeoclimatology, Palaeoecology 28:143–146

Baumfalk YA (1979) Heterogeneous grain size distribution in tidal flat sediment caused by bioturbation activity of *Arenicola marina* (Polychaeta). Netherlands Journal of Sea Research 13:428–440

Bayer UE, Altheimer E, Deutschle W (1985) Environmental evolution in shallow epicontinental seas: sedimentary cycles and bed formation. Lecture Notes in Earth Science 1:347–381

Belt ES, Frey RW, Welch JS (1983) Pleistocene coastal marine and estuarine sequences, Lee Creek Mine. Smithsonian Contributions in Paleobiology 53:229–263

Bender K, Davis WR (1984) The effect of feeding by *Yoldia limatula* on bioturbation. Ophelia 23:91–100

Berger WH, Heath GR (1968) Vertical mixing in pelagic sediments. Journal of Marine Research 26:134–143

Berger WH, Ekdale AA, Bryant PP (1979) Selective preservation of burrows in deep-sea carbonates. Marine Geology 32:205–230

Berger WH, Johnson RF, Killingley JS (1977a) „Unmixing" of the deep-sea record and the deglacial meltwater spike. Nature 269:661–663

Berger WH, Johnson TC, Hamilton EL (1977b) Sedimentation on Ontong Java Plateau: observations on a classical „carbonate monitor". In: Andersen NR, Malahoff A (eds) The fate of fossil fuel CO_2 in the oceans. Plenum Press, New York, pp 543–567

Bergmann KM (1994) Shannon Sandstone in Hartzog Draw – Heldt Draw fields (Crataceous, Wyoming, USA) reinterpreted as lowstand shoreface deposits. Journal of Sedimentary Research B64:184–201

Bergström J (1973) Organization, life, and systematics of trilobites. Fossils and Strata 2

Bett BJ, Rice AL (1993) The feeding behaviour of an abyssal echiuran revealed by *in situ* time-lapse photography. Deep-Sea Research 40:1767–1799

Beynon BM, Pemberton SG (1992) Ichnological signature of a brackish water deposit: an example from the lower Cretaceous Grand Rapids Formation, Cold Lake Oil Sands area, Alberta. In: Pemberton SG (ed) Applications of Ichnology to Petroleum Exploration. SEPM Core Workshop 17:199–221

Beynon BM, Pemberton SG, Bell DD, Logan CA (1988) Environmental implications of ichnofossils from the Lower Cretaceous Grand Rapids Formation, Cold Lake Oil Sands Deposit. Canadian Society of Petroleum Geologists, Memoirs 15:275–290

Billet DSM, Lampitt RS, Rice AL, Mantoura RFC (1983) Seasonal sedimentation of phytoplankton to the deep-sea benthos. Nature 302:520–522

Bockelie JF (1991) Ichnofabric mapping and interpretation of Jurassic reservoir rocks of the Norwegian North Sea. Palaios 6:206–215

Bockelie JF (1994) Plant roots in core. In: Donovan SK (ed) The Paleobiology of Trace Fossils. Wiley, Chichester, pp 177–199

Bottjer DJ, Arthur MA, Dean WE, Hattin DE, Savrda CE (1986) Rhythmic bedding produced in Cretaceous pelagic carbonate environments: sensitive recorders of climatic cycles. Paleoceanography 1:467–481

Bottjer DJ, Ausich WI (1982) Tiering and sampling requirements in paleocommunity reconstruction. Proceedings of the Third North American Paleontologic Convention 1:57–59

Bottjer DJ, Droser ML (1994) The history of Phanerozoic bioturbation. In: Donovan SK (ed) The Paleobiology of Trace Fossils. Wiley, Chichester, pp 155–176

Bottjer DJ, Droser ML, Jablonsky D (1987) Bathymetric trends in the history of trace fossils. In: Bottjer DJ (ed) New concepts in the use of biogenic sedimentary structures for paleoenvironmental interpretation. Pacific Section SEPM, Los Angeles, pp 57–65

Bottjer DJ, Droser ML, Jablonski D (1988) Paleoenvironmental trends in the history of trace fossils. Nature 333:252–255

Boucout AJ (1990) Evolutionary Paleobiology of Behaviour and Coevolution. Elsevier, Amsterdam

Boudreau BP (1986a) Mathematics of tracer mixing in sediments: I. Spatially-dependent, diffuse mixing. American Journal of Science 286:161–198

Boudreau BP (1986b) Mathematics of tracer mixing in sediments: II. Nonlocal mixing and biological conveyor-belt phenomena. American Journal of Science 286:199–238

Bown TR, Ratcliffe BC (1988) The origin of Chubutolithes Ihering, ichnofossils from the Eocene and Oligocene of Chubut Province, Argentina. Journal of Paleontonolgy 62:163–167

Bradley J (1973) *Zoophycos* and *Umbellula* (Pennatulacea): their synthesis and identity. Palaeogeography, Palaeoclimatology, Palaeoecology 13:103–128

Bradley J (1980) *Scolicia* and *Phycodes*, trace fossils of *Renilla* (Pennatulacea). Pacific Geology 14:73–86

Bradley J (1981) *Radionereites*, *Chondrites* and *Phycodes*; trace fossils of anthoptiloid sea pens. Pacific Geology 15:1–16

Braithwaite CJR, Talbot MR (1972) Crustacean burrows in the Seychelles, Indian Ocean. Palaeogeography, Palaeoclimatology, Palaeoecology 11:265–285

Brambell FWR, Cole HA (1939) *Saccoglossus cambrensis*, sp. n., an enteropneust occuring in Wales. Proceedings of the Zoological Society, London 109B:211–301

Brambell FWR, Goodhart CB (1941) *Saccoglossus horsti*, sp. n., an enteropneust occuring in the Solent. Journal of the Marine Biological Association, UK 24:283–301

Bramlette MN, Bradley WH (1942) Geology and biology of North Atlantic deep-sea cores between Newfoundland and Ireland. US Geological Survey Professional Papers 196:34

Branch GM, Pringle A (1987) The impact of the sand prawn Callianassa kraussi Stebbing on sediment turnover and on bacteria, meiofauna, and benthic microflora. Journal of Experimental Marine Biology and Ecology 60:17–33

Brenchley GA (1981) Disturbance and community structure: an experimental study of bioturbation in marine soft-bottom environments. Journal of Marine Research 39:767–790

Brenchley GA (1982) Mechanisms of spatial competition in marine soft-bottom communities. Journal of Experimental Marine Biology and Ecology 60:17–33

Brett CE, Miller KB, Baird GC (1990) A temporal hierarchy of paleoecologic processes within a Middle Devonian epeiric sea. In: Miller W III (ed) Paleocommunity Temporal Dynamics: the Long-Term Development of Multispecies Assemblies. Paleontological Society Special Publications 5:178–209

Bright DB, Hogue CL (1972) A synopsis of the burrowing land crabs of the world and list of their arthropod symbionts and burrow associates. Contributions in Science from the Natural History Museum, Los Angeles County, p 220

Bromley RG (1967) Some observations on burrows of thalassinidean Crustacea in chalk hardgrounds. Quarterly Journal of the Geological Society, London 123:157–182

Bromley RG (1975) Trace fossils at omission surfaces. In: Frey RW (ed) The study of trace fossils. Springer Verlag, New York, pp 399–428

Bromley RG (1981a) Enhancement of visibility of structures in maly chalk: modification of the Bushinsky oil technique. Bulletin of the Geological Society of Denmark 29:111–118

Bromley RG (1981b) Concepts in ichnotaxonomy illustrated by small round holes in shells. Acta Geològica Hispànica 16:55–64

Bromley RG (1991) *Zoophycos*: strip mine, refuse dump, cage or sewage farm? Lethaia 24:460–462

Bromley RG (1993) Predation habits of octopus past and present and a new ichnospecies, *Oichnus ovalis*. Bulletin of the Geological Society of Denmark, 40, 167–73

Bromley RG (1994) The palaeoecology of bioerosion. In: Donovan SK (ed) The Palaeobiology of Trace Fossils. Wiley, Chichester, pp 134–154

Bromley RG, Allouc J (1992) trace fossils in bathyal hardgrounds, Mediterranean Sea. Ichnos 2:43–54
Bromley RG, Asgaard U (1972a) Freshwater *Cruziana* from the Upper Triassic of Jameson Land, East Greenland. Grønlands Geologiske Undersøgelse Rapport 49:7–13
Bromley RG, Asgaard U (1972b) The burrows and microcoprolites of *Glyphea rosenkrantzi*, a Lower Jurassic palinuran crustacean from Jameson Land, East Greenland. Grønlands Geologiske Undersøgelse Rapport 49:15–21
Bromley RG, Asgaard U (1972c) A large radiating burrow-system in Jurassic micaceous sandstones of Jameson Land, East Greenland. Grønlands Geologiske Undersøgelse Rapport 49:23–30
Bromley RG, Asgaard U (1975) Sediment structures produced by a spatangoid echinoid: a problem of preservation. Bulletin of the Geological Society of Denmark 24:261–281
Bromley RG, Asgaard U (1979) Triassic freshwater ichnozönoses from Carlsberg Fjord, East Grennland. Palaeogeography, Palaeoclimatology, Palaeoecology 28:39–80
Bromley RG, Asgaard U (1990) *Solecurtus strigilatus*: a jet-propelled burrowing bivalve. In: Morton B (ed) The Bivalvia – Proceedings of a Memorial Symposium in Honour of Sir Charles Maurice Yonge, Edinburgh. Hong Kong University Press, Hong Kong, pp 313–320
Bromley RG, Asgaard U (1991) Ichnofacies: a mixture of taphofacies and biofacies. Lethaia 24:153–163
Bromley RG, Asgaard U (1993a) Endonithic community replacement on a Pliocene rocky coast. Ichnos 2:93–116
Bromley RG, Asgaard U (1993b) Two bioerosion ichnofacies produced by early and late burial associated with sea-level change. Geologische Rundschau 82:276–280
Bromley RG, Curran HA, Frey RW, Gutschick RC, Juttner DJ (1975a) Problems in interpreting unusually large burrows. In: Frey RW (ed) The Study of Trace Fossils. Springer-Verlag, New York, pp 351–76
Bromley RG, Ekdale AA (1984a) *Chondrites*: a trace fossil indicator of anoxia in sediments. Science 224:872–874
Bromley RG, Ekdale AA (1984b) Trace fossil preservation in flint in the European chalk. Journal of Paleontology 58:298–311
Bromley RG, Ekdale AA (1986) Composite ichnofabrics and tiering of burrows. Geological Magazine 123:59–65
Bromley RG, Ekdale AA (in press) Ichnofabrics in condensed carbonates, Ordovician of Sweden. In: Pollard JE, Curran HA, Bronley RG (eds) Atlas of Ichnofabrics. SPEM
Bromley RG, Frey RW (1974) Redescription of the trace fossil *Gyrolithes* and taxonomic evaluation of *Thalassinoides*, *Ophiomorpha* and *Spongeliomorpha*. Bulletin of the Geological Society of Denmark 23:311–335
Bromley RG, Fürsich FT (1980) Comments on the proposed amendments to the international Code of zoological nomenclature regarding ichnotaxa. Z.N.(S.) 1973. Bulletin of the Zoological Nomenclature 37:6–10
Bromley RG, Gale AS (1982) The lithostratigraphy of the English Chalk Rock. Cretaceous Research 3:273–306
Bromley RG, Goldring R (1992) The paleoburrows at the Cretaceous to Palaeocene firmground unconfirmity in southern England. Tertiary Research 13:95–102
Bromley RG, Hanken N-H (1991) The growth vector in trace fossils: Examples from the Lower Cambrian of Norway. Ichnos 1:261–275
Bromley RG, Jensen M, Asgaard U (1995) Spatangoid echinoids: deep-tier trace fossils and chemosymbiosis. Neues Jahrbuch der Geol. Paläont., Abh. 195:25–35
Bromley RG, Pemberton SG, Rahmani RA (1984) A Cretaceous woodground: the *Teredolites* ichnofacies. Journal of Paleontology 58:488–498
Bromley RG, Schulz M-G, Peake NB (1975) Paramoudras: giant flints, long burrows and the early diagenesis fo chalks. Kongelige Danske Videnskabernes Selskab, Biologiske Skrifter 20:10
Buatois LA, Mángano MG (1990) Una asociacion de trazas fosiles del Carbonico lacustre del area de Los Jumes, Caramarca, Argentina: su comparacion con la icnofacies de Scoyenia. 5. Congreso Argentino de Paleontologia y Bioestratigrafia, Actas 1:77–81
Buatois LA, Mángano MG (1992) La oxigenacion como factor de control en la distribution de asociaciones de trazas fosiles, formation Kotick Point, Cretacico de Antartida. Ameghiniana 29:69–84
Buatois LA, Mángano MG (1993) Trace fossils from a Carboniferous turbiditic lake: implications for the recognition of additional nonmarine ichnofacies. Ichnos 2:237–258
Buch J (1980) Muldvarpen. Rhodos, Copenhagen
Buchanan JB (1963) The biology of *Calocaris macandreae* (Crustacea: Thalassinidea). Journal of the Marine Biological Association, UK 43:729–747
Buchanan JB (1966) The biology of *Echinocardium cordatum* (Echinodermata: Spatangoidea) from different habitats. Journal of the Marine Biological Association, UK 46:97–114
Buchholz H (1986) Die Höhle eines Spechtvogels aus dem Eozän von Arizona, U.S.A. (Aves, Piciformes). Verh. naturwiss. Ver. Hamburg (N. F.) 28:5–25

Buckmann JO (1992) Palaeoenvironment of a Lower Carboniferous sandstone succession northwest Ireland: ichnological and sedimentological studies. In: Parnell J (ed) Basins on the Atlantic Seaboard: Petroleum Sedimentology and Basin Evolution. Geological Society of London Special Publications 62:217–241

Burdon-Jones C (1951) Observations on the spawning behaviour of *Saccoglossus horsti* Brambell and Goodhart, and of other Enteropneusta. Journal of the Marine Biological Association, UK 29:625–638

Burdon-Jones C (1956) Observations on the enteropneust, *Protoglossus kochleri* (Caullery and Mesnil). Proceedings of the Zoological Society, London 127:35–58

Byers CW (1977) Biofacies patterns in euxinic basins: a general model. SEPM Special Publications 25:5–17

Cadée GC (1976) Sediment reworking by *Arenicola marina* on tidal flats in the Dutch Wadden Sea. Netherlands Journal of Sea Research 10:440–460

Cadée GC (1979) Sediment reworking by the polychaete *Heteromastus filiformis* on a tidal flat in the Dutch Wadden Sea. Netherlands Journal of Sea Research 13:441–456

Cadée GC (1984) „Opportunistic feeding", a serious pitfall in trophic structure analysis of (paleo)faunas. Lethaia 17:289–292

Caldwell RL, Dingle H (1976) Stomatopods. Scientific American 234:80–89

Calzada S (1981) Revisión del icno *Spongeliomorpha iberica* Saporta, 1887 (Mioceno de Alcoy, España). Boletín de la Real Sociedad Española de Historia Natural (Geologia) 79:189–195

Campbell KA (1992) Recognition of a Mio-Pliocene cold seep setting from the northwest Pacific convergent margin, Washington, U.S.A. Palaitos 7:422–433

Carney RS (1981) Bioturbation and biodeposition. In: Boucot AJ (ed) Principles of Benthic Marine Paleoecology. Academic Press, New York, pp 357–399

Carney RS (1989) Examining relationships between organic carbon flux and deep-sea deposit feeding. In: Lopez G, Taghon G, Levinton J (eds) Ecology of Marine Deposit Feeders. Lecture Notes on Coastal and Estuarine Studies 31:24–59

Caster KE (1938) A restudy of the tracks of *Paramphibius*. Journal of Paleontology 12:3–60

Caster KE (1939) Were *Micrichnus scotti* Abel and *Artiodactylus sinclairi* Abel of the Newark Series (Triassic) made by vertebrates or limuloids? American Journal of Science 237:786–797

Caster KE (1941) Die sogenannten „Wirbeltierspuren" und die *Limulus*-Fährten der Solnhofener Plattenkalke. Paläontologische Zeitschrift 22:12–29

Caster KE (1944) Limuloid trails from the Upper Triassic (Chinle) of the Petrified Forest National Monument, Arizona. American Journal of Science 242:74–84

Chamberlain CK (1971) Morphology and ethology of trace fossils from the Quachita Mountains, southeast Oklahoma. Journal of Paleontology 45:212–246

Chamberlain CK (1975) Trace fossils in DSDP cores of the Pacific. Journal of Paleontology 49:1074–1096

Chamberlain CK (1978) Recognition of trace fossils in cores. SEPM Short Course 5:119–166

Chapman CJ, Rice AL (1971) Some direct observations on the ecology and behaviour of the Norway lobster *Nephrops norvegicus*. Marine Biology 10:321–329

Chapman G (1949) The thixotropy and dilatancy of a marine soil. Journal of the Marine Biological Association, UK 28:123–140

Chapman G, Newell GE (1947) The role of the body fluid in relation to movement in soft-bodied invertebrates. I: The burrowing of *Arenicola*. Proceedings of the Royal Society of London B134:431–455

Chesher RH (1963) The morphology and function of the frontal ambulacrum of *Moira atropos* (Echinoidea: Spatangoida). Bulletin of Marine Science of the Gulf and Caribbean 13:549–573

Chesher RH (1968) The systematics of sympatric species in West Indian spatangoids: a revision of the genera *Brissopsis*, *Plethotaenia*, *Paleopneustes*, and *Saviniaster*. Studies in Tropical Oceanography 7

Chesher RH (1969) Contributions to the biology of *Meoma ventricosa* (Echinoidea: Spatangoida). Bulletin of Marine Science 19:72–110

Christensen AM (1970) Feeding biology of the sea-star *Astropecten irregularis* Pennant. Ophelia 8:1–134

Christensen O (1971) Notes on the biology of Foraminifera. Vie et Milieu, Supplement 22:565–577

Chuang SH (1962) Feeding mechanism of the echiuroid, Ochetostoma erythrogrammon Leuckhart and Rueppell, 1828. Biological Bulletin 123:80–85

Clark GR, Ratcliffe BC (1989) Observations on the tunnel morpholgy of *Heterocerus brunneus* Melsheimer (Coleoptera: Heteroceridae) and its paleoecological significance. Journal of Paleontology 63:228–232

Clark RM (1964) Dynamics in Metazoan Evolution. The origin of the coelom and segments, Clarendon Press, Oxford

Clifton HE, Thompson JK (1978) *Macaronichnus segregatis*: a feeding structure of shallow marine polychaetes. Journal of Sedimentary Petrology 48:1293–1301

Codez J, Saint-Seine R (1958) Révision des cirripèdes acrothoraciques fossiles. Bulletin de la Société Géologiques de France (6) 7:699–719

Colella A, D'Alessandro A (1988) Sand waves, *Echinocardium* traces and their bathyal depositional setting (Monte Torre Palaeostrait, Plio-Pleistocene, southern Italy). Sedimentology 35:219–237

Colin PL, Suchanek TH, McMurtry G (1986) Water pumping and particulate resuspension by callianassids (Crustacea: Thalassinidea) at Eniwetak and Bikini Atolls, Marshall Islands. Bulletin of Marine Science 38:19–24

Collins D (1987) Life in the Cambrian seas. Nature 326:127

Conway Morris S (1977) Fossil priapulid worms. Special Papers in Palaeontology 20

Conway Morris S (1979) The Burgess Shale (Middle Cambrian) fauna. Annual Review of Ecology and Systematics 10:327–349

Conway Morris S (1985) Cambrian Lagerstätten: their distribution and significance. In: Whittington HB, Conway Morris S (eds) Extraordinary Fossil Biotas: their Ecological and Evolutionary Significance. Philosophical Transactions of the Royal Society of London B311:49–65

Conway Morris S, Peel JS, Higgins AK, Soper NJ, Davis NC (1987) A Burgess shale-like fauna from the Lower Cambrian of North Greenland. Nature 326:181–183

Cory RL, Pierce EL (1967) Distribution and ecology of lancelets (order Amphioxi) ower the continental shelf of the southeastern United States. Limnology and Oceanography 12:650–656

Crimes TP (1977) Trace fossils of an Eocene deep-sea sand fan, northern Spain. In: Crimes TP, Harper JC (eds) Trace Fossils 2. Geological Journal, Special Issues 9:71–90

Crimes TP (1994) The period of early evolution failure and the dawn of evolutionary success: the record of biotic changes across the Precambrian-Cambrian boundary. In: Donovan SK (ed) The Palaeobiology of Trace Fossils. Wiley, Chichester, pp 105–133

Crimes TP, Fedonkin MA (1994) Evolution and dispersal of deep-sea traces. Palaios 9:74–83

Crimes TP, Hildago JFG, Poire DG (1992) Trace fossils from Arenig flysch sediments of Eire and their bearing on the early colonization of the deep-seas. Ichnos 2:61–77

Crimes TP, Legg I, Marcos A, Arboleya M (1977). ?Late Precambrian – Lower Cambrian trace fossils from Spain. Geological Journal Special Issues 9:91–138

Crimes TP, McCall GJH (1995) A diverse ichnofauna from Eocene-Miocene rocks of the Makran Range (S. E. Iran). Ichnos 3:231–258

Crimes TP, Uchman A (1993) A concentration of exceptionally well-preserved large tubular formaminifera in the Eocene Zumaya flysch, nothern Spain. Geological Magazine 130:851–853

Cullen DJ (1973) Bioturbation of superficial marine sediments by interstitial meiobenthos. Nature 242:323–324

Cuomo MC, Rhoads DC (1987) Biogenic sedimentary fabrics associated with pioneering polychaete assemblages: modern and ancient. Journal of Sedimentary Petrology 57:537–543

Curran HA (1985) The trace fossil assemblage of a Cretaceous nearshore environment: Englishtown formation of Delaware, USA. SEPM Special Publications 35:261–276

Curran HA (1994) The palaeobiology of ichnocoenoses in Quaternary, Bahamian-style carbonate environments: the modern to fossil transition. In: Donovan SK (ed) The Palaeobiology of Trace Fossils. Wiley, Chichester, pp 83–104

Curran HA, Frey RW (1977) Pleistocene trace fossils from North Carolina (USA), and their Holocene analogues. Geol. Jour. Spec. Issues 9: 139–162

D'Alessandro A, Bromley RG (1987) Meniscate trace fossils and the *Muensteria-Taenidium* problem. Palaeontology 30:743–763

D'Alessandro A, Bromley RG, Stemmerik L (1987) *Rutichnus*: a new ichnogenus for branched, walled, meniscate trace fossils. Journal of Paleontolgy 61:1112–1119

D'Alessandro A, Ekdale AA, Sonnino M (1986) Sedimentologic significance of turbidite ichnofacies in the Saraceno formation (Eocene), southern Italy. Journal of Sedimentary Petrology 56:294–306

Dam G (1990a) Taxonomy of trace fossils from the shallow marine Lower Jurrasic Neill Klinter Formation, East Greenland. Bulletin of the Geological Society of Denmark 38:119–144

Dam G (1990b) Palaeoenvironmental significance of trace fossils from the shallow marine Lower Jurassic Neill Klinter Formation, East Greenland. Palaeogeography, Palaeoclimatology, Palaeoecology 79:221–248

Dando PR, Southward AJ (1986) Chemoautotrophy in bivalve molluscs of the genus *Thyasira*. Journal of the Biological Association, UK 66:915–929

Dando PR, Southward AJ, Southward EC (1986) Chemoautotrophic symbionts in the gills of the bivalve mollusc Lucinoma borealis, and the sediment chemistry of its habitat. Proceedings of the Royal Society of London B277:227–247

Dapples EC (1942) The effect of macro-organisms upon near-shore sediments. Journal of Sedimentary Petrology 12:118–126

Darwin C (1881) The formation of vegetable mould througt the action of worms, Murray, London

Davidson C (1891) On the amount of sand brought up by lobworms to the surface. Geological Magazine 8 (3):489–493

Dennell R (1933) The habits and feeding machanism of the amphipod *Haustorius arenarius* Slabber. Journal of the Linnaean Society, London 38:363–388

Dinamani P (1964) Burrowing behaviour of *Dentalium*. Biological Bulletin 126:28–32

Dodd JR, Stanton JS (1990) Paleoecology: Concepts and Applications, 2nd edn. Wiley, New York

Doering PH (1981) Observations on the behavior of *Asterias forbesi* feeding on *Mercenaria mercenaria*. Ophelia 20:169–177

Dörjes J, Hertweck G (1975) Recent biocoenoses and ichnocoe-noses in shallow water marine environments. In: Frey RW (ed) The Study of Trace Fossils. Springer-Verlag, New York, pp 459–491

Dörjes J, Howard JD (1975) Estuaries of the Georgia coast, U.S.A.: sedimentology and biology. IV. Fluvial-marine transition indicators in an estuarine environment, Ogeechee River-Ossabaw Sound. Senckenbergiana Maritima 7:137–179

Donovan SK (1994) Insects and other arthropods as tracemakers in nonmarine environments and palaeoenvironments. In: Donovan SK (ed) The Palaeobiology of Trace Fossils. Wiley, Chichester, pp 200–220

Donselaar ME (1989) The Cliff house Sandstone, San Juan Basin, New Mexico: model for the stacking of „transgressive" barrier complexes.– Jour. Sed. Petrol. 59: 13–27

Droser ML (1991) Ichnofabric of the Paleozoic Skolithos ichnofacies and the nature and distribution of Skolithos piperock. Palaios 6:316–325

Droser ML, Bottjer, DJ (1986) A semiquantitative field classification of ichnofabric. Journal of Sedimentary Petrology 56:558–559

Droser ML, Bottjer, DJ (1987) Development of ichnofabric indices for strata deposited in high-energy nearshore terrigenous clastic environments. In: Bottjer DJ (ed) New concepts in the Use of Biogenic Sedimentary Structures for Paleoenvironmental Interpretation. SEPM Pacific Section, Los Angeles, pp 29–33

Droser ML, Bottjer, DJ (1989) Ichnofabric of sandstones deposited in high energy nearshore environments: measurement and utilization. Palaios 4:598–604

Droser ML, Hughes NC, Jell PA (1994) Infaunal communities and tiering in lower Palaezoic nearshore clastic environments: trace fossil evidence from the Cambro-Ordovician of New South Wales. Lethaia 27:273–283

Dubiel RF, Blodgett RH, Bown TM (1987) Lungfish burrows in the Upper Triassic Chinle and Dolores Formations, Colorado Plateau. Journal of Sedimentary Petrology 57:512–521

Dubiel RF, Blodgett RH, Bown TM (1988) Lungfish burrows in the Upper Triassic Chinle and Dolores Formations, Colorado Plateau – a reply. Journal of Sedimentary Petrology 58:367–369

Dubiel RF, Blodgett RH, Bown TM (1989) Lungfish burrows in the Upper Triassic and Dolores Formations, Colorado Plateau – a reply. Journal of Sedimentary Petrology 59:876–878

Duncan PB (1987) Burrow structure and burrowing activity of the funnel-feeding enteropneust *Balanoglossus aurantiacus* in Bogue Sound, North Carolina, U.S.A. P.S.Z.N.I.: Marine Ecology 8:75–95

Dworschak PC (1983) The biology of *Upogebia pusilla* (Petagna) (Decapoda, Thalassinidea). 1. Burrows. Marine Ecology 4:19–43

Dworschak PC (1987a) Feeding behaviour of *Upogebia pusilla* and *Callianassa tyrrhena* (Crustacea, Decapoda, Thalassinidea). Investigación Pesquera, Barcelona 51 (1):421–429

Dworschak PC (1987b) Burrows of *Solecurtus strigilatus* (Linné) and *S. multistriatus* (Scacchi). Senckenbergiana Maritima 19:131–147

Dworschak PC, Ott, JA (1993) Decapod burrows in mangrove-channel and back-reef environments at the Atlantic Barrier Reef, Belize. Ichnos 2:277–290

Dworschak PC, Pervesler, P (1988) Burrows of *Callianassa bouvieri* Nobili 1904 from Safage (Egypt. Red Sea) with some remarks on the biology of the species. Senckenbergiana Maritima 20:1–17

Dybern BI (1973) Lobster burrows in Swedish waters. Helgoländer wissenschaftliche Meeresuntersuchungen 24:401–414

Dybern BI, Høisæter T (1965) The burrows of *Nephrops norvegicus* (L.). Sarsia 21:49–55

Easthouse KA, Driese SG (1988) Palaeobathymetry of a Silurian shelf system: applications of proximality trends and trace fossil distributions. Palaios 3:473–486

Eckman UE, Nowell ARM (1984) Boundary skin friction and sediment transport about an animal-tube mimic. Sedimentology 31:851–862

Ekdale AA (1977) Abyssal trace fossils in worldwide Deep Sea Drilling Project cores. Geology Journal Special Issues 9:163–182

Ekdale AA (1978) Trace fossils in Leg 42A cores. Initial Reports of the Deep Sea Drilling Project 42:821–827

Ekdale AA (1980) Graphoglyptid burrows in modern deep-sea sediment. Science 207:304–306

Ekdale AA (1985) Paleoecologiy of the marine endobenthos. Paleogeography, Palaeoclimatology, Palaeoecology 50:63–81

Ekdale AA (1988) Pitfalls of paleobathymetric interpretations based on trace fossil assemblages. Palaios 3:464–472

Ekdale AA, Berger WH (1978) Deep-sea ichnofacies: modern organism traces on and in pelagic carbonates of the western equatorial Pacific. Palaeogeography, Palaeoclimatology, Palaeoecology 23:263-278

Ekdale AA, Bromley RG (1991) Analysis of composite ichnofabrics: an example in uppermost Cretaceous chalk of Denmark. Palaios 6:232-249

Ekdale AA, Bromley RG, Pemberton SG (1984a) Ichnology. The use of trace fossils in sedimentology and stratigraphy. SEPM Short Course 15:317

Ekdale AA, Lewis. DW (1993) Sabellariid reefs in Ruby Bay, New Zealand: a modern analogue of *Skolithos* „piperock" that is not produced by burrowing activity. Palaios 8:614-620

Ekdale AA, Mason TR (1988) Characteristic trace fossil association in oxygen-poor sedimentary environments. Geology 16:720-723

Ekdale AA, Muller LN, Novak MT (1984) Quantitative ichnology of modern pelagic deposits in the abyssal Atlantic. Palaeogeography, Palaeoclimatology, Palaeoecology 45:189-223

Ekdale AA, Picard MD (1985) Trace fossils in a Jurassic eolianite, Entrada Sandstone, Utah, U.S.A. SEPM Special Publications 35:3-12

Elder HY (1973) Direct peristaltic progression and the functional significance of the dermal connective tissues during borrowing in the polychaete *Polyphysia crassa* (Oersted). Journal of Experimental Biology 58:637-655

Elder H Y, Hunter RD (1980) Burrowing of *Priapulus caudatus* (Vermes) and the significance of the direct peristaltic wave. Journal of Zoology, London, 191, 333-51

Elders CA (1975) Experimental approaches in neoichnology. In: Frey RW (ed) The Study of Trace Fossils. Springer-Verlag, New York, pp 513-536

Enders HE (1908) Obervations on the formation and enlargement of the tubes of the marine annelid, (*Chaetopterus variopedatus*). Proceedings of the Indiana Academy of Science (for 1907), pp 128-135

Enos P (1977) Tamabra limestone of the Poza Rica trend, Cretaceous, Mexico. SEPM Special Publications 25: 273-314

Enos P (1983) Shelf environment. American Association of Petroleum Geologists, Memoirs 33:267-295

Erba E, Primoli Silva I (1994) Orbitally driven cycles in trace-fossil distribution from the Piobbico core (late Albian, central Italy). International Association of Sedimentologists, Special Publications 19:211-225

Ericson DB, Ewing M, Wollin G (1963) Pliocene-Pleistocene boundary in deep-sea sediments. Science 139:727-737

Ewing M, Davis RA (1967) Lebensspuren photographed on the ocean floor. In: Hersey JB (ed) Deep-Sea Photography. John Hopkins Press, Baltimore, pp 259-294

Fager EW (1964) Marine Sediments: effects of a tube-building polychaete. Science 143:356-359

Farrow GE (1971) Back-reef and lagoonal environments of Aldabra Atoll distinguished by their crustacean burrows. Symposia of the Zoological Society of London 28:455-500

Farrow GE (1975) Techniques for the study of fossil and recent traces. In: Frey RW (ed) The Study of Trace Fossils. Springer-Verlag, New York, pp 537-554

Fauchald K (1974) Polychaete phylogeny: a problem in protostome evolution. Systematic Zoology 23:493-506

Fauchald K, Jumars PA (1979) The diet of worms: a study of polychaete feeding guilds. Oceanography and Marine Biology Annual Review 17:193-284

Featherstone RP, Risk MJ (1977) Effect of tube-building polychaetes on intertidal sediments of the Minas Basin. Bay of Fundy. Journal of Sedimentary Petrology 47:446-450

Felbeck H (1983) Sulfide oxidation and carbon fixation by the gutless clam *Solemya reidi*: an animal-bacteria symbiosis. Journal of Comparative Physiology B152:3-11

Felbeck H, Childress JJ, Somero GN (1984) Calvin-Benson cycle and sulphide oxidation enzymes in animals from sulphide-rich habitats. Nature 239:291-293

Fenchel T (1969) The ecology of marine microbenthos, 4. Ophelia 6:1-182

Fenchel TM, Riedl RJ (1970) The sulfide system: a new biotic community underneath the oxidized layer of marine sand bottoms. Marine Biology 7:255-268

Figuier L (1866) La Terre avant la Déluge. 5th edition, Paris. (Fide Abel 1935)

Fisher JB, Lick WJ, McCall PL, Robbins JA (1980) Vertical mixing of lake sediments by tubificed oligochaetes. Journal of Geophysical Research 85:3997-4006

Fisher MR, Hand SC (1984) Chemoautotrophic symbionts in the bivalve *Lucina floridana* from eelgrass beds. Biological Bulletin 167:445-459

Fisher WK (1946) Echiuroid worms of the north Pacific Ocean. Proceedings of the United States National Museum 96:215-292

Fisher WK, MacGinitie GE (1928) The natural history of an echiuroid worm. Annals and Magazine Natural of History (10) 1:204-213

Föllmi KB, Grimm KA (1990) Doomed pioneers: gravity-flow deposition and bioturbation in marine oxygen-deficient environments. Geology 18:1069–1072

Forbes TL (1989) The importance of size-dependent processes in the ecology of deposit-feeding benthos. In: Lopez G, Taghon G, Levinton J (eds) Ecology of Marine Deposit Feeders. Lecture Notes on Coastal and Estuarine Studies 31:171–200

Frankel. L, Mead DJ (1973) Mucilaginous matrix of some estuarine sands in Connecticut. Journal of Sedimentary Petrology 43:1090–1095

Frankenberg D, Smith KL (1968) Coprophagy in marine animals. Limnology and Oceanography, 13:443–450

Frey RW (1968) The Lebensspuren of some common marine invertebrates near Beaufort, North Carolina. 1, Pelecypod burrows. Journal of Paleontology 42:570–574

Frey RW (1970) The Lebensspuren of some common marine invertebrates near Beaufort, North Carolina. 2, Anemone burrows. Journal of Paleontology 44:308–311

Frey RW (1975) The realm of ichnology, its strengths and limitations. In: Frey RW (ed) The Study of Trace Fossils. Springer-Verlag, New York, pp 13–38

Frey RW (1990) Trace fossils and hummocky cross-stratification, Upper Cretaceous of Utah. Palaios 5:203–218

Frey RW, Bromley RG (1985) Ichnology of American chalks: the Selma Group (Upper Cretaceous), western Alabama. Canadian Journal of Earth Sciences 22:801–828

Frey RW, Goldring R (1992) Marine event beds and recolonization surfaces as revealed by trace fossil analysis. Geological Magazine 129:325–335

Frey RW, Howard JD (1969) A profile of biogenic sedimentary structures in a Holocene barrier island – salt marsh complex, Georgia. Transactions of the Gulf Coast Association of Geological Societies 19:427–444

Frey RW, Howard JD (1972) Radiographic study of sedimentary structures made by beach and offshore animals in aquaria. Senckenbergiana Maritima 4:169–182

Frey RW, Howard JD (1975) Endobenthic adaptations of juvenile thalassinidean shrimp. Bulletin of the Geological Society of Denmark 24:283–297

Frey RW, Howard JD (1981) *Conichnus* and *Schaubcylindrichnus*: redefined trace fossil from the Upper Cretaceous of the Western Interior. Journal of Paleontology 55:800–804

Frey RW, Howard JD (1986) Mesotidal estuarine sequences: a perspective from the Georgia Bight. Journal of Sedimentary Petrology 56:911–924

Frey RW, Howard JD (1990) Trace fossils and depositional sequences in a clastic shelf setting, Upper Cretaceous of Utah. Journal of Paleontology 64:803–820

Frey RW, Mayou TV (1971) Decapod burrows in holocene barrier island beaches and washover fans, Georgia. Senckenbergiana Maritima 3:53–77

Frey RW, Pemberton SG (1984) Trace fossil facies models. In: Walker RG (ed) Facies models, 2nd edn. Geoscience Canada Reprint Series, pp 189–207

Frey RW, Pemberton SG (1985) Biogenic structures in outcrops and cores. I. Approaches to ichnology. Bulletin of Canadian Petroleum Geology 33:72–115

Frey RW, Pemberton SG (1987) The *Psilonichnus* ichnozönose, and its relationship to adjacent marine and nonmarine ichnozönoses along the Georgia coast. Bulletin of Canadian Petroleum Geology 35:333–357

Frey RW, Pemberton SG, Saunders TD (1990) Ichnofacies and bathymetry: a passive relationship. Journal of Paleontology 64:155–158

Frey RW, Seilacher A (1980) Uniformity in marine invertebrate ichnology. Lethaia 13:183–207

Frey RW, Howard JD, Pryor WA (1978) *Ophiomorpha*: its morphologic, taxonomic, and environmental significance. Palaeogeography, Palaeoclimatology, Palaeoecology 23:199–229

Fricke HW (1973) Behaviour as part of ecological adaptation. *In situ* studies in the coral reef. Helgoländer wissenschaftliche Meeresuntersuchungen 24:120–144

Fricke H, Kacher H (1982) A mound-building deep water sand tilefish of the Red Sea: *Hoplolatius geo* n. sp. (Perciformes: Branchiostegidae). Observations from a research submersible. Senckenbergiana Maritima 14:245–259

Friedrich H, Langeloh H-P (1936) Untersuchungen zur Physiologie der Bewegung und des Hauptmuskelschlauches bei *Halicryptus spinulosus* und *Priapulus caudatus*. Biologisches Zentralblatt 56:249–260

Fu S (1991) Funktion, Verhalten und Einteilung fucoider und lophocteniider Lebensspuren. Courier Forschungs-Institut Senckenberg 135:1–79

Fu S, Werner F (1994) Distribution and composition of biogenic structures on the Iceland-Faeroe Ridge: relation to different environments. Palaios 9:92–101

Fu S, Werner F, Brossmann J (1994) Computed tomography: application in studying biogenic structures in sedimentary cores. Palaios 9:116–119

Fuchs T (1985) Studien über Fucoiden und Hieroglyphen. Denkschrift der kaiserlichen Akademie der Wissenschaft in Wien, mathematisch-naturwissenschaftliche Classe 62:369–448

Fuchs T (1909) Über einige neuere Arbeiten zur Aufklärung der Natur der Alectoruriden. Mitteilungen der Geologischen Gesellschaft in Wien 2:335–350

Fuglewicz R, Ptaszyński T, Rdzanek K (1990) Lower Triassic footprints from the Swietokrzyskie (Holy Cross) Mountains, Poland. Acta Palaeontologica Polonica 35.109–164

Fürsich FT (1973) A revision of the trace fossils Spongeliomorpha, Ophiomorpha and Thalassinoides. Neues Jahrbuch für Geologie und Paläontologie, Monatshefte, S 719–35

Fürsich FT (1974a) Ichnogenus *Rhizocorallium*. Paläontologische Zeitschriften 48:16–28

Fürsich FT (1974b) On *Diplocraterion* Torell 1870 and the significance of morphological features in vertical, spreite-bearing, U-shaped trace fossils. Journal of Paleontology 48:952–962

Fürsich FT (1978) The influence of faunal condensation and mixing on the preservation of fossil benthic communities. Lethaia 11:243–250

Fürsich FT (1981) Invertebrate trace fossils from the Upper Jurrasic of Portugal. Communicacöes dos Servicos Geológicos de Portugal 67:153–168

Fürsich FT (1994) Palaeoecology and evolution of Mesozoic salinity-controlled benthic macroinvertebrate associations. Lethaia 18:199–207

Fürisch FT, Bromley RG (1985) Behavioural interpretation of a rosetted spreite trace fossil: *Dactyloidites ottoi* (Geinitz). Lethaia 18:199–207

Fürsich FT, Kennedy WJ, Palmer TJ (1981) Trace fossils at a regional discontinuity surface: the Austin/Taylor (Upper Cretaceous) contact in central Texas. Journal of Paleontology 55:537–551

Fürsich FT, Mayr H (1981) Non-marine *Rhizocorallium* (trace fossil) from the Upper Freshwater Molasse (Upper Miocene) of southern Germany. Neues Jahrbuch für Geologie und Paläontologie, Monatshefte, S 321–333

Fürsich FT, Pandey DK, Oschmann W, Jaitly AK, Singh IB (1994) Ecology and adaptive strategies of corals in unfavourable environments: examples from the Middle Jurassic of the Kachchh Basin, western India. Neues Jahrbuch für Geologie und Paläontologie, Abhandlungen 194:269–303

Fürsich FT, Oschmann W, Singh IB, Jaitly AK (1992) Hardgrounds, reworked concretion levels and condensed horizons in the Jurassic of western India: their significance for basin analysis. Journal of the Geological Society, London 149:313–331

Gaillard C (1988) Bioturbation récente au large de la Nouvelle-Calédonie. Premiers résultats de la campagne Biocal. Oceanologica Acta 11:389–399

Gaillard C (1991) Recent organism traces and ichnofacies on the deep-sea floor off New Caledonia, southwestern Pacific. Palaios 6:302–315

Gans C (1960) Studies on amphisbaenids (*Amphisbaenia*, Reptilia). I. A taxonomic revision of the Trogonophinae and a functional interpretation of the amphisbaenid adaptive pattern. American Museum of Natural History, Bulletin 119:129–204

Gans C (1968) Relative success of divergent pathways in amphisbaenian specialization. American Naturalist 102:345–362

Genise JF, Bown TM (1994a) New Miocene scarabeid and hymenopterous nests and Early Miocene (Santacrucian) paleoenvironments, Patagonian Argentina. Ichnos 3:107–117

Genise JF, Bown TM (1994b) New trace fossils of termites (Insecta: Isopoda) from the late Eocene-early Miocene of Egypt, and the reconstruction of ancient isopteran social behaviour. Ichnos 3:155–183

Genise JF, Cladera G (1995) Application of computerized tomography to study unsect traces. Ichnos 4:77–81

Gierlowski-Kordesch E (1991) Ichnology of an ephemeral lacustrine/alluvial plain system: Jurassic East Berlin Formation, Hartford Basin, USA. Ichnos 1:221–232

Gislén T (1940) Investigations on the ecology of *Echiurus*. Lunds Universitets Årsskrifter, Nye Fölge 36(2), (10)

Glass BP (1969) Reworking of deep-sea sediments as indicated by the vertical dispersion of the Australasian and Ivory Coast microtektite horizons. Earth and Planetery Science Letters 6:409–415

Goldring R (1964) Trace fossils and the sedimentary surface in shallow water marine sediments. Developments in Sedimentology 1:136–143

Goldring R (1965) Sediments into rock. New Scientist, June 24:863–865

Goldring R (1985) The formation of the trace fossil Cruziana. Geological Magazine 122:65–72

Goldring R (1991) Fossils in the Field, Longman, Harlow

Goldring R (1993) Ichnofacies and facies interpretation. Palaios 8:403–405

Goldring R (1995a) Organisms and the substrate: response and effect. In: Bosence DWJ, Allison PA (eds) Marine Palaeoenvironmental Analysis from Fossils. Geological Society, London, Special Publications 83:151–180

Goldring R (1995b) Book review. In: Donovan SK (ed) The Paleobiology of Trace Fossils. Historical Biology 9:335–337

Goldring R, Kazmierczak J (1974) Ecological succession in intraformational hardground formation. Palaeontology 17:949–962

Goldring R, Pollard JE, Taylor AM (1991) Anconichnus horizontalis: a pervasive ichnofabric-forming trace fossil in post-Paleozoic offshore siliciclastic facies. Palaios 6:250–263

Goldring R, Seilacher A (1971) Limulid undertracks and their sedimentological implications. Neues Jahrbuch für Geologie und Paläontologie, Abhandlungen 137:422–442

Gooday AJ (1986) Meiofaunal foraminiferans from the bathyal Porcupine Seabight (northeast Atlantic): size structure, standing stock, taxonomic composition, species diversity and vertical distribution in the sediment. Deep-Sea Research 33:1345–1373

Gooday AJ, Levin, LA, Thomas, CL, Hecker, B (1992) The distribution and ecology of *Bathysiphon filiformis* Sars and *B. major* de Folin (Protista, Foraminifera) on the continental slope of North Carolina. Journal of Foraminiferal Research 22:129–146

Gordon DC, Jr. (1966) The effects of the deposit feeding polychaete *Pectinaria gouldii* on the intertidal sediments of Barnstable harbor. Limnology and Oceanography 11:327–332

Gradziński R, Uchman A (1994) trace fossils from interdune deposits – an example from the Lower Triassic aeolian Tumlin Sandstone, central Poland. Palaeogeography, Palaeoclimatology, Palaeoecology 108:121–138

Graf G (1989) Benthic-pelagic coupling in a deep-sea benthic community. Nature 341:437–439

Greb SF, Chesnut DR (1994) Paleoecology of an estuarine sequence in the Breathitt Formation (Pennsylvanian), central Appalachian Basin. Palaios 9:388–402

Gregory MR, Ballance PF, Gibson GW, Ayling AM (1979) On how some rays (Elasmobranchia) excavate feeding depressions by jetting water. Journal of Sedimentary Petrology 49:1125–1130

Griffis RB, Suchanek TH (1991) A model of burrow architecture and trophic modes in thalassinidean shrimp (Decapoda: Thalassinidea). Marine Ecology Progress Series 79:171–183

Griggs GB, Carey AG, Kulm LD (1969) Deep-sea sedimentation and sedimentfauna interaction in Cascadia Channel and on Cascadia Abyssal Plain. Deep-Sea Research 16:157–170

Gripp K (1927) Über einen „geführte Mäander" erzeugenden Bewohner des Ostsee-Litorals. Senckenbergiana 9:93–99

Gruszczyński M (1979) Ecological succession in Upper Jurassic hardgrounds from central Poland. Acta Palaeontologica Polonica 24:429–450

Gruszczyński M (1986) Hardgrounds and ecological succession in the light of early diagenesis (Jurassic, Holy Cross Mts., Poland). Acta Palaeontologica Polonica 31:163–212

Guinasso NL, Schink DR (1975) Quantitative estimates of biological mixing rates in abyssal sediments. Journal of Geophysical Research 80:3032–3043

Häntzschel W (1939) Die Lebensspuren von *Corophium volutator* (Pallas) und ihre paläontologische Bedeutung. Senckenbergiana 21:215–227

Häntzschel W (1962) Trace fossils and problematica. In: Moore RC (ed) Treatise on Invertebrate Paleontology. W, 177–245, Geological Society of America and Kansas University Press, New York and Lawrence

Häntzschel W (1965) Vestigia invertebratorum et problematica. Fossilium catalogus I: Animalia 108, W. Junk, s'Gravenhage

Häntzschel W (1975) Trace fossils and problematica. In: Teichert C (ed) Treatise on Invertebrate Paleontology. W, Geological Society of America and Kansas University Press, Boulder and Lawrence

Häntzschel W, Kraus O (1972) Names based on trace fossils (ichnotaxa): request for a recommendation. ZN (S.) 1973. Bulletin of Zoological Nomenclature 29:137–141

Hagmeier A, Hinrichs J (1931) Bemerkungen über die Ökologie von *Branchiostoma lanceolatum* (Pallas) und das Sediment seines Wohnortes. Senckenbergiana 13:255–267

Hakes WG (1976) Trace fossils and depositional environment of four clastic units, Upper Pennsylvanian megacyclothems, north-east Kansas. University of Kansas Paleontological Contributions 63

Hallam A (1975) Preservation of trace fossils. In: Frey RW (ed) The Study of Trace Fossils. Springer-Verlag, New York, pp 55–63

Hammond RD (1970) The burrowing of *Priapulus caudatus*. Journal of Zoology, London 162:469–480

Hand SC, Somero GN (1983) Energy metabolism pathways of hydrothermal vent animals: adaptations to a food-rich and sulfide-rich deep-sea environment. Biological Bulletin 165:167–181

Hanor JS, Marshall NF (1971) Mixing of sediment by organisms. School of GeoScience Miscellaneous Publications, Louisiana State University 71–1:127–135

Hansen JM (1977) Sedimentary history of the island Læsø, Denmark. Bulletin of the Geological Society of Denmark 26:217–236

Hasiotis ST, Aslan A, Bown TM (1993) Origin, architecture, and paleoecology of the early Eocene continental ichnofossil *Scaphichnium hamatum* – integration of ichnology and paleopedology. Ichnos 3:1–9

Hasiotis ST, Bown TM (1992) Invertebrate trace fossils: the backbone of continental ichnology. In: Maples CG, West RR (eds) Trace Fossils. Paleontological Society Short Courses in Paleontology 5:64–104

Hasiotis ST, Mitchell CE (1989) Lungfish burrows in the Upper Triassic Chinle and Dolores Formations, Colorado Plateau – discussion: new evidence suggests origin by a burrowing decapod crustacean. Journal of Sedimentary Petrology 59:871–875

Hasiotis ST, Mitchell CE, Dubiel RF (1993) Application of morphologic burrow interpretations to discern continental burrow architects: lungfish or crayfish? Ichnos 2:315–333

Hattin DE (1981) Petrology of Smoky Hill member, Niobrara Chalk (Upper Cretaceous). In: type area, western Kansas. American Association of Petroleum Geologists, Bulletin 65:831–849

Hauksson E (1979) Feeding biology of *Stichopus tremulus*, a deposit-feeding holothurian. Sarsia 64:155–160

Haven DS, Morales-Alamo R (1966) Aspects of biodeposition by oysters and other invertebrate filter feeders. Limnology and Ocenaography 11:487–498

Haven DS, Morales-Alamo R (1968) Occurrence and transport of faecal pellets in suspension in a tidal esturary. Sedimentary Geology 2:141–151

Haven DS, Morales-Alamo R (1972) Biodeposition as a factor in sedimentation of fine suspended solids in estuaries. Geological Society of America, Memoirs 133:121–130

Hayasaka I (1935) The burrowing activities of certain crabs and their geological significance. American Midland Naturalist 16:99–103

Hayward BW (1976) Lower Miocene bathyal and submarine canyon ichnozönoses from Northland, New Zealand. Lethaia 9:149–162

Heer O (1877) Die vorweltliche Flora der Schweiz. J. Wurster, Zürich

Heezen BC, Hollister CD (1971) The Face of the Deep. Oxford University Press, Oxford

Heinberg C (1970) Some Jurassic trace fossils from Jameson Land (East Greenland).– Spec. Issue Geol. Jour. 3: 227–34

Heinberg C (1974) A dynamic model for a meniscus filled tunnel (*Ancorichnus* n. ichnogen.) from the Jurassic Pecten Sandstone of Milne Land, East Greenland. Grønlands Geologiske Undersøgelse, Rapporter 62

Heinberg C, Birkelund, T (1984) Trace-fossil assemblages and basin evolution of the Vardekløft formation (Middle Jurassic, central East Greenland). Journal of Paleontology 58:362–397

Hertweck G (1970) The animal community of a muddy environment and the development of biofacies as effected by the cycle of the characteristic species. Geological Journal, Special Issues 3:235–242

Hertweck G (1972) Georgia coast region, Sapelo Island. USA: sedimentology and biology 5. Distribution and environmental significance of Lebensspuren and in-situ skeletal remains. Senckenbergiana Maritima 4:125–167

Hester NC, Pryor WA (1972) Blade-shaped crustacean burrows of Eocene age: a composite form of *Ophiomorpha*. Geological Society of America, Bulletin 83:677–688

Higgs R (1988) Fish trails in the Upper Carboniferous of south-east England. Paleontology 31:255–272

Hill GW, Hunter RE (1976) Interaction of biological and geological processes in the beach and nearshore environments, northern Padre Island, Texas. SEPM, Special Publications 24:169–187

Hogue CL, Bright DB (1971) Observations on the biology of land crabs and their burrow axxociates on the Kenya coast. Contributions in Science, Los Angeles County Museum 210

Hollister DD, Heezen BC, Nafe KE (1975) Animal traces on the deep-sea floor. In: Frey RW (ed) The Study of Trace Fossils. Springer-Verlag, New York, pp 493–510

Hongguang M, Zhiying Y, Cadée GC (1995) Macrofauna distribution and bioturbation on tidal confluences of the Dutch Wadden Sea. Netherlands Journal of Aquatic Ecology

Horst CJ Van der (1934) The burrow of an enteropneust. Nature 134:852

Hovland M, Thomsen E (1989) Hydrocarbon-based communities in the North Sea? Sarsia 74:29–42

Howard JD (1968) X-ray radiography for examination of burrowing in sediments by marine invertebrate organisms. Sedimentology 11:249–258

Howard JD (1978) Sedimentology and trace fossils. In: Basan PB (ed) Trace Fossil Concepts. SEPM Short Course no. 5:11–42

Howard JD, Elders CA (1970) Burrowing patterns of haustoriid amphipods from Sapelo Island, Georgia. Geological Journal, Special Issues 3:243–262

Howard JD, Frey RW (1975) Regional animal-sediment characteristics of Georgia estuaries. Senckenbergiana Maritima 7:33–103

Howard JD, Reineck H-E (1972) Physical and biogenic sedimentary structures of the nearshore shelf. Senckenbergiana Maritima 4:81–123

Howard JD, Reineck H-E (1981) Depositional facies of high-energy beach-to-offshore sequence: comparison with low energy sequence. American Association of Petroleum Geologists, Bulletin 65:807–830

Hughes DJ, Ansell AD, Atkinson RJA, Nickell LA (1993) Under-water television observations of surface activity of the echiuran worm *Maxmuelleria lankesteri* (Echiura: Bonelliidae). Journal of Natural History 27:219–248

Hughes RN (1969) A study of feeding in Scrobicularia plana. Journal of the Marine Biological Association, UK 49.805–823

Hughes RN, Crisp, DJ (1976) A further description of the echiuran *Prashadus pirotansis*. Journal of Zoology, London 180:233–242

Hunt AP, Chin K, Lockley MG (1994) The palaeobiology of vertebrate coprolites. In: Donovan SK (ed) The Palaeobiology of Trace Fossils. Wiley, Chichester, pp 221–240

Hunter RD, Elder HY (1967) Analysis of burrowing mechanism in Leptosynapta tenuis and Golfingia gouldi. Biological Bulletin of the Marine Biological Laboratory, Woods Hole 133:470

Hylleberg J (1975) Selective feedding by *Abarenicola pacifica* with notes on *Abarenicola vagabunda* and a concept of gardening in lugworms. Ophelia 14:113–137

Ingle RW (1966) An account of the burrowing behaviour of the amphipod *Corophium arenarium* Crawford (Amphipoda: Corophiidae). Annals and Magazine of Natural History 9 (13):309–317

Ivanov AV (1960) Embranchement des Pogonophores. In: Grassé P-P (ed) Traité de Zoologie, 5.Masson, Paris, pp 1521–1622

Jaccarini V, Schembri PJ (1977) Feeding and particle selection in the echiuran worm *Bonellia viridis* Ronaldo (Echiura, Bonelliidea). Journal of Experimental Marine Biology and Ecology 28:163–181

Jacobsen VH (1967) The feeding of the lugworm, *Arenicola marina* (L.). Quantitive studies. Ophelia 4:91–109

Jannasch HW (1984) Chemosymbiosis: the nutritional basis for life at deep-sea vents. Oceanus 27 (3):73–78

Jarvis I (1992) Sedimentology, geochemistry and origin of phosphatic chalks: the Upper Cretaceous deposits of NW Europe. Sedimentology 39:55–97

Jenkins RJF (1975) The fossil crab *Ommatocarcinus corioensis* (Cresswell) and a review of related Australasian species. National Museum of Victoria, Memoirs 36:33–62

Jensen P (1992) *Cerianthus vogti* Danielssen, 1890 (Anthozoa: Ceriantharia). A species inhabiting an extended tube system deeply buried in deep-sea sediments of Norway. Sarsia 77:75–80

Jensen P (1992) „An enteropneust's nest" : result of the burrowing traits by the deep-sea acorn worm *Stereobalanus canadensis* (Spengel). Sarsia 77:125–129

Jensen P, Emrich R, Weber K (1992) Brominated metabolites and reduced numbers of meiofauna organisms in the burrow wall lining of the deep-sea enteropneust *Stereobalanus canadensis*. Deep-Sea Research 39:1247–1253

Jensen S (1990) Predation by early Cambrian trilobites on infaunal worms – evidence from the Swedish Mickwitzia Sandstone. Lethaia 23:29–42

Jewell PA (1958) Natural history and experiment in archaeology. Advance of Science 15:165–172

Johnson EW, Briggs DEG, Suthren RJ, Wright JL, Tunnicliff SP (1994) Non-marine arthropod traces from the subaerial Ordovician Borrodale Volcanic Group, English Lake District. Geological Magazine 131:395–406

Johnson RG (1971) Animal-sediment relations in shallow water benthic communities. Marine Geology 11:93–104

Johnson RG (1972) Conceptual models of benthic marine communities. In: Schopf TJM (ed) Models in Paleobiology. Freeman, Cooper and Co., San Francisco, pp 148–159

Johnson RG (1977) Vertical variation in particulate matter in the upper twenty centimeters of marine sediments. Journal of Marine Research 35:273–282

Jones SE, Jago CF (1987) Geophysical assessment of sediment bioturbation in some Welsh estuaries. Proceedings of the Geologists' Association 98:409–412

Jumars PA (1978) Spatial autocorrelation with RUM (Remote underwater Manipulator): vertical and horizontal structure of a bathyal benthic community. Deep-Sea Research 25:589–604

Jumars PA, Nowell ARM, Self RFL (1981) A simple model of flow-sedimentorganism interaction. Marine Geology 42:155–172

Jumars PA, Self RFL, Nowell ARM (1982) Mechanics of particel selection by tentaculate deposit-feeders. Journal of Experimental Marine Biology and Ecology 64:47–70

Kanazawa K (1991) Burrowing mechanism and test profile in spatangoid echinoids. In: Yanagisawa, Yasumasu, Oguro, Suzuki, Motokawa (eds) Biology of Echinodermata. Balkema, Rotterdam, pp 147–151

Kanazawa K (1992) Adaptation of test shape for burrowing and locomotion in spatangoid echinoids. Paleontology 35:733–750

Karplus I Szlep R, Tsurnamal M (1972) Associative behavior of the fish *Cryptocentrus cryptocentrus* (Gobiidae) and the pistol shrimp *Alpheus djiboutensis* (Alpheidae) in artificial burrows. Marine Biology 15:95–104

Karplus I, Szlep R, Tsurnamal M (1974) The burrows of alpheid shrimp associated with gobiid fish in the northern Red Sea. Marine Biology 24:259–268

Keighley DG, Pickerill RK (1995) The ichnotaxa *Palaeophycus* and *Planolites*: historical perspectives and recommendations. Ichnos 3:301–309

Keller GH, Richards AF et al. (1976) Sea-floor deposition, erosion, and transportation. In: Cave IN (ed) The benthic boundary layer. Plenum Press, New York, pp 247–260

Kelly SRA (1990) Trace fossils. In: Briggs DEG, Crowther PR (eds) Palaeobiology, a Synthesis. Blackwell, Oxford, pp 423–425

Kennedy WJ (1967) Burrows and surface traces from the Lower Chalk of southern England. Bulletin of the British Museum (Natural History), Geology 15:127–167

Kennedy WJ, Jakobson, ME, Johnson, RT (1969) A *Favreina-Thalassinoides* association from the Great Oolite of Oxfordshire. Palaeontology 12:549–554

Kern JP (1978) Paleoenvironment of new trace fossils from the Eocene Mission Valley Formation, California. Journal of Paleontology 52:186–194

Kern JP (1980) Origin of trace fossils in Polish Carpathian flysch. Lethaia 13:347–362

Kern JP, Warme JE (1974) Trace fossils and bathymetry of the Upper Cretaceous Point Loma Formation. San Diego, California. Geological Society of America, Bulletin 85:893–900

Kershaw PJ, Swift DJ, Pentreath RJ, Lovett MB (1983) Plutonium redistribution by biological activity in Irish Sea sediments. Nature 306:774–775

Kidwell SM, Aigner T (1985) Sedimentary dynamics of complex shell beds: implications for ecologic and evolutionary patterns. Lecture Notes in Earth Science 1:382–395

Kidwell SM, Bosence DW (1991) Taphonomy and time averaging of marine shelly faunas. In: Allison PA, Briggs DEG (eds) Taphonomy: Releasing the Data Locked in the Fossil Record. Plenum Press, New York, pp 115–209

Kieth A (1942) A postscript to Darwin's 'Formation of vegetable mould through the action of worms'. Nature 149:716–720

Kilpper K (1962) *Xenohelix* Mansfield 1927 aus der miozänen Niederrheinischen Braunkohlenformation. Paläontologische Zeitschriften 36:55–58

King AF (1965) Xiphosurid trails from the Upper Carboniferous of Bude, north Cornwall. Proceedings of the Geological Society, London 1626:162–165

King GM (1986) Inhibition of microbial activity in marine sediments by a bromophenol from a hemichordate. Nature 323:257–259

Klausewitz W (1962) Röhrenaale im Roten Meer. Natur und Volk 92:95–98

Knight-Jones EW (1953) Feeding in *Saccoglossus* (Enteropneusta). Proceedings of the Zoological Society, London 123:637–654

Kotake N (1989) Paleoecology of the *Zoophycos* producers. Lethaia 22:327–341

Kotake N (1992) Deep-sea echiurans: prossible producers of *Zoophycos*. Lethaia 25:311–316

Kranz PM (1974) The anastrophic burial of bivalves and its paleoecological significance. Journal of Geology 82:237–265

Krüger F (1959) Zur Ernährungsphysiologie von *Arenicola marina* L. Zoologischer Anzeiger 22 (Supplement):115–120

Kudenov JD (1978) The feeding ecology of *Axiothella rubrocincta* (Johnson) (Polychaeta: Maldanidae). Journal of Experimental Marine Biology and Ecology 31:209–221

Lampitt RS (1985) Evidence for a seasonal deposition of detritus to the deep-sea floor and its subsequent resuspension. Deep-Sea Research 32:885–897

Land J Van der (1970) Systematics, zoogeography, and ecology of the Priapulida. Zoologische Verhandelingen 112

Landing E, Brett CE (1987) Trace fossils and regional significance of a Middle Devonian (Givetian) disconformity in southwestern Ontario. Journal of Paleontology 61:205–230

Lemche H (1973) Comments on the application concernig trace fossils. Bulletin of Zoological Nomenclature 30:70

Lemche H, Hansen B, Madsen FJ, Tendal OS, Wolff T (1976) Hadal life as analyzed from photographs. Videnskabelige Meddelelser af den Danske Naturhistoriske Forening, 139, 263–336

Leszczyński S (1991) Oxygen-related controls on predepositional ichnofacies in turbidites, Guipuzcoan Flysch (Albain-Lower Eocene), northern Spain. Palaios 6:271–280

Leszczyński S, Seilacher A (1991) Ichnocoenoses of a turbidite sole. Ichnos 1:293–303

Leszczyński S, Uchman A (1993) Biogenic structures of organics-poor siliciclastic sediments: examples from Paleogene variegated shales, Polish Carpathians. Ichnos 2:267–275

Levin LA (1994) Paleoecology and ecology of xenophyophores. Palaios 9:32–41

Levinsen G (1884) Systematisk-geografisk oversigt over de nordiske Annulata, Gephyrea, Chaetognathi og Balanglossi. Videnskabelige Meddelelser af den Historiske Forening, København 5 (4):92–350

Levinton JS (1972) Stability and trophic structure in deposit-feeding and suspensionfeeding communities. American Naturalist 106:472–486

Levinton JS (1977) Ecology of shallow water deposit-feeding communities Quisset Harbor, Massachusetts. In: Coull BC (ed) Ecology of marine benthos. University of South Carolina Press, Columbia, pp 191–227

Levinton JS (1979) Deposit-feeders, their resources, and the study of resource limitation. Marine Science 10:117–141

Levinton JS (1989) Deposit feeding and coastal oceanography. In: Lopez G, Taghon G, Levinton J (eds) Ecology of Marine Deposit Feeders. Lecture Notes on Coastal and Estuarine Studies 31:1–23

Levinton JS, Bambach RK (1975) A comparative study of Silurian and recent deposit-feeding bivalve communities. Paleobiology 1:97–124

Liljedahl L (1992) The Silurian *Ilionia prisca*, oldest known deep-burrowing suspension-feeding bivalve. Journal of Paleontology 66:206–210

Linke O (1939) Die Biota des Jadebusenwattes. Helgoländer wissenschaftliche Meeresuntersuchungen 1:201–348

Lipps JH (1983) Biotic interactions in benthic foraminifera. In: Tevesz MJS, McCall PL (eds) Biotic interactions in recent and fossil benthic communities. Plenum Press, New York, pp 331–376

Lockley MG (1991) Tracking Dinosaurs, Cambridge University Press, New York

Lockley MG (1993) Ichnotopia. The Paleontology Society short course on trace fossils. Ichnos 2:337–342

Lockley MG, Hunt AP, Meyer CA (1994a) Vertebrate tracks and the ichnofacies concept: implications for palaeoecology and palichnostratigraphy. In: Donovan SK (ed) The Palaeobiology of Trace Fossils. Wiley, Chichester, pp 241–68

Lockley MG, Logue TJ, Moratalla JJ, Hunt AP, Schultz RJ, Robinson JW (1995) The fossil trackway *Pteraichnus* is pterosaurian, not crocodilian: implications for the global distribution of pterosaur tracks. Ichnos 4:7–20

Lockley MG, Rindsberg AK, Zeiler RM (1987) The paleoenvironmental significance of the nearshore *Curvolithus* ichnofacies. Palaios 2:255–262

Lomnicki AM (1886) Slodkowodny utwor trzeciorzedny na Podolu galicyjskiem. Akademii Umiejetnosci w Krakowie, Sprawozdania Komisji Fizyograficznej 20 (2):48–119

Longbottom MR (1970) The distribution of *Arenicola marina* (L.) with particular reference to the effects of particle zize and organic matter of the sediment. Journal of Experimental Marine Biology and Ecology 5:138–157

Lund EJ (1957) Self-silting by the oyster and its significance for sedimentation geology. Publications of the Institute of Marine Science, Port Arkansas, Texas 4:320–327

Lutze J (1938) Über Systematik, Entwicklung und Ökologie von *Callianassa*. Helgoländer wissenschaftliche Meeresuntersuchungen 1:162–199

Mac Eachern JA, Raychaudhuri I, Pemberton SG (1992) Stratigraphic applications of the *Glossifungites* ichnofacies: delineating discontinuities in the rock record. In: Pemberton SG (ed) Applications of Ichnology to Petroleum Exploration. SEPM Core Workshop 17:169–198

MacGinitie GE (1930) The natural history of the mud shrimp *Upogebia pugettensis* (Dana). Annals and Magazine of Natural History 6 (10):36–44

MacGinitie GE (1932) The role of bacteria as food for bottom animals. Science 76:490

MacGinitie GE (1934) The natural history of *Callianassa californiensis* Dana. American Midland Naturalist 15:166–177

MacGinitie GE (1939) The method of feeding of *Chaetopterus*. Biological Bulletin of the Marine Biological Laboratory, Woods Hole 77:115–118

MacGinitie GE (1945) The size of ther mesh openings in mucous feeding nets of marine animals. Biological Bulletin of the Marine Biological Laboratory, Woods Hole 88:107–111

MacGinitie GE (1949) Natural history of marine animals. McGraw-Hill, New York

MacNaughton RB, Pickerill RK (1995) Invertebrate ichnology of the nonmarine Lepreau Formation (Triassic), southern New Brunswick, eastern Canada. Journal of Paleontology 69:160–171

Magnus DBE (1967) Zur Ökologie sedimentbewohnender *Alpheus*-Garnelen (Decapoda, Natantia) des Roten Meeres. Helgoländer wissenschaftliche Meeresuntersuchungen 15:506–522

Magwood JPA, Ekdale AA (1994) Computer-aided analysis of visually complex ichnofabrics in deep-sea sediments. Palaios 9:102–115

Manfrin G, Piccinetti C (1970) Osservazioni etologiche su *Squilla mantis* L. Note del Laboratorio di Biologia Marina de Pesca Fano 3:93–104

Mángano MG, Buatois LA (1991) Discontinuity surfaces in the Lower Cretaceous of the High Andes (Mendoza, Argentina): trace fossils and environmental implications. Journal of the South America Earth Sciences 4:215–229

Mangum CP (1964) Studies on speciation in maldanid polychaetes of the North American Atlantic coast. II. Distribution and competitive interaction of five sympatric species. Limnology and Oceanography 9:12–26

Mangum DC (1970) Burrowing behavior of the sea anemone *Phyllactis*. Biological Bulletin of the Marine Biological Laboratory, Woods Hole 138:316–325

Manning RB, Felder DL (1986) The status of the callianassid genus Callichirus Stimpson, 1866 (Crustacea: Decapoda: Thalassinidea). Proceedings of the Biological Society of Washington 99:437–443

Maples CG, West RR (eds) (1992) Trace fossils. Short Courses in Paleontology, Paleontological Society 5

Marintsch EJ, Finks RM (1982) Lower Devonian ichnofacies at High-land Mills, New York and their gradual replacement across environmental gradients. Journal of Paleontology 56:1050–1078

Mariscal RN, Conklin EJ, Bigger CH (1977) The ptychocyst, a major new category of cnida used in tube construction by a cerianthid anemone. Biological Bulletin 152:392–405

Martinsson A (1965) Aspects of a Middle Cambrian thanatotope on Öland. Geologiska Förening in Stockholm Förhandlingar 87:181–230

Martinsson A (1970) Toponomy of trace fossils. Geological Journal Special Issues 3:323–330

Mauviel A, Juniper, SK, Sibuet, M (1987) Discovery of an enteropneust associated with a mound-burrows trace in the deep-sea: ecological and geochemical implications. Deep-Sea Research 34:329–335

Mauzey KP, Birkeland C, Dayton PK (1968) Feeding behavior of asteroids and escape responses of their prey in the Puget Sound region. Ecology 49:603–619

McAllister JA (1988) Lungfish burrows in the Upper Triassic Chinle and Dolores Formations, Colorado Plateau – comments on the recognition criteria of fossil lungfish burrows. Journal of Sedimentary Petrology 58:365–367

McBride EF, Picard MD (1991) Facies implications of *Trichinus* and *Chondrites* in turbidites and hemipelagites, Marnoso-arenacea Formation (Miocene), northern Apennines, Italy. Palaios 6:281–290

McCall PL (1977) Community patterns and adaptive strategies of the infaunal benthos of Long Island Sound. Journal of Marine Research 35:221–266

McCall PL, Tevesz MJS (1982) The effects of benthos on physical properties of freshwater sediments. In: McCall PL, Tevesz MJS (eds) Animal-sediment relations. The biogenic alteration of sediments. Plenum Press, New York, pp 105–176

McCall PL, Tevesz MJS (1983) Soft-bottom succession and the fossil record. In: Tevesz MJS, McCall PL (eds) Biotic interactions in recent and fossil benthic communities. Plenum Press, New York, pp 157–194

McCave IN (1988) Bological pumping upwards of the coarse fraction of deep-sea sediments. Journal of Sedimentary Petrolology 58:148–158

McMaster RL (1962) Seasonal variability of compactness in marine sediments: a laboratory study. Geological Society of America, Bulletin 73:643–646

Meadows A, Meadows PS (1994) Bioturbation in deep-sea Pacific sediments. Journal of the Geological Society, London 151:361–375

Meadows PS, Meadows A (eds) (1991) The environmental impact of burrowing animals and animal burrows. Symposia of the Zoological Society of London 63

Meadows PS, Reichelt AC, Meadows A, Waterworth JS (1994) Microbial and meiofaunal abundance, redox potential, pH and shear strength profiles in deep sea Pacific sediments. Journal of the Geological Society, London 151:377–390

Meadows PS, Tufail A (1994) Bioturbation, microbial activity and sediment properties in an estuarine ecosystem. Proceedings of the Royal Society of Edinburgh 90B:129–142

Meldahl KH (1987) Sedimentologic and taphonomic implications of biogenic stratification. Palaios 2:350–358

Mellanby K (1971) The mole. Collins, London

Melville RV (1979) Further proposed amendments to the International Code of Zoological Nomenclature Z.N. (G.) 182. Bulletin of Zoological Nomenclature 36:11–14

Mettam C (1969) Peristaltic waves of tubicolous worms and the problem of irrigation in *Sabella pavonina*. Journal of Zoology, London 158:341–356

Metz R (1990) Tunnels formed by mole crickets (Orthoptera: Gryllotalpidae): paleoecological implications. Ichnos 1:139–141

Metz R (1995) Ichnologic study of the Lockatong Formation (Late Triassic), Newark Basin, southeastern Pennsylvania. Ichnos 4:43–51

Middlemiss FA (1962) Vermiform burrows and rate of sedimentation in the Lower Green-sand. Geological Magazine 99:33–40

Mikuláš R (1990) the ophiuroid *Taeniaster* as a tracemaker of *Asteriacites*, Ordovician of Czechoslovakia. Ichnos 1:133–137

Miller MF (1984) Distribution of biogenic structures in Paleozoic nonmarine and marine-margin sequences: an actualistic model. Journal of Paleontology 58:550–570

Miller MF (1991) Morphology and paleoenvironmental distribution of Paleozoic *Spirophyton* and *Zoophycos*: implications for the *Zoophycos* ichnofacies. Palaios 6:410–425

Miller MF, Collinson JW (1994) Trace fossils from Permian and Triassic sandy braided stream deposits, central Transantarctic Mountains. Palaios 9:605–610

Miller MF, Johnson KG (1981) *Spirophyton* in alluvial-tidal facies of the Catskill deltaic complex: possible biological control of ichnofossil distribution. Journal of Paleontology 55:1016–1027

Miller W (1988) Giant *Bathysiphon* (Foraminiferida) from Cretaceous turbidites, northern California. Lethaia 21:363–374

Miller W (1990) Community replacement pathways: what do fossil sequences reveal about marine ecosystem transitions?. In: Miller W (ed) Paleocommunity Temporal Dynamics: the Long-Term Development of Multispecies Assemblies.Paleontological Society Special Publications 5:262–272

Moore DG, Scruton PC (1957) Minor internal structures of some recent unconsolidated sediments. American Association of Petroleum Geologists, Bulletin 41:2723–2751

Moore HB (1939) Faecal pellets in relation to marine deposits. In: Trask PD (ed) Recent marine sediments. A symposium. Murby, London, pp 516–524

Mortensen T (1900) Fjordens nuværende og tidligere fauna. In: Rambusch SHA (ed) Studier over Ringkøbing Fjord. Bojesen, København, pp 49–65

Morton JE (1959) The habits and feeding organs of *Dentalium entalis*. Journal of the Marine Biological Association, UK 38:225–238

Morton JE, Miller M (1968) The New Zealand sea shore. Collins, London, Auckland

Müller AH (1962) Zur Ichnologie, Taxiologie und Ökologie fossiler Tiere. Freiberger Forschungshefte C151:5–49

Müller AH (1982) Über Hyponome fossiler und rezenter Insekten, erster Beitrag. Freiberger Forschungshefte C366:7–27

Myers AC (1970) Some paleoichnological observations on the tube of *Diopatra cuprea* (Bosc): Polychaeta, Onuphidae. In: Crimes TP, Harper JC (eds) Trace Fossils. Geological Journal Special Issues 3:331–334

Myers AC (1972) Tube-worm-sediment relationships of *Diopatra cuprea* (Polychaeta: Onuphidae). Marine Biology 17:350–354

Myers AC (1977a) Sediment processing in a marine subtidal sandy bottom community: I. Physical aspects. Journal of Marine Research 35:609–632

Myers AC (1977b) Sediment processing in a marine subtidal sandy bottom community: II. Biological consequences. Journal of Marine Research 35:633–647

Myers AC (1979) Summer and winter burrows of a mantis shrimp, *Squilla empusa*, in Narragansett Bay, Rhode Island (USA). Estuarine Coastal Marine Science 8:87–98

Nash RDM, Chapman CJ, Atkinson RJA, Morgan PJ (1984) Observations on burrows and burrowing behaviour of *Calocaris macandreae* (Crustacea: Decapoda: Thalassinoidea). Journal of Zoology, London 202:425–439

Newell RC (1979) Biology of Intertidal Animals. 3 rd edn, Marine Ecological Surveys, Faversham

Nichols D (1959) Changes in the chalk heart-urchin *Micraster* interpreted in relation to living forms. Philosophical Transactions of the Royal Society, London B242:347–437

Nichols FH (1974) Sediment turnover by a deposit-feeding polychaete. Limnology and Oceanography 19:945–950

Nicolaisen W, Kanneworff E (1969) On the burrowing and feeding habits of the amphipods *Bathyporeia pilosa* Lindström and *Bathyporeia sarski* Watkin. Ophelia 6:231–250

Nowell ARM, Jumars PA, Eckman JE (1981) Effects of biological activity on the entrainment of marine sediments. Marine Geology 42:133–153

Nowell ARM, Jumars PA, Self RFL, Southard JB (1989) The effects of sediment transport and deposition on infauna: results obtained in a specially designed flume. In: Lopez G, Taghon G, Levinton J (eds) Ecology of Marine Deposit Feeders. Lecture Notes on Coastal and Estuarine Studies 31:247–268

Nyholm K-G, Bornö C (1969) The food uptake of *Echiurus echiurus* Pallas. Zoologiska Bidrag från Uppsala 38:249–254

Ohta S (1984) Star-shaped feeding traces produced by echiuran worms on the deep-sea floor of the Bay of Bengal. Deep-Sea Research 31:1415–1432

Orr PJ (1994) Trace fossil tiering within event beds and preservation of frozen profiles: an example from the Lower Carboniferous of Menorca. Palaios 9:202–210

Oschmann W (1988) Upper Kimmeridgian and Portlandian marine macrobenthic associations from southern England and northern France. Facies 18:49–82

Oschmann W (1991a) Anaerobic-poikiloaerobic-aerobic: a new facies zonation for modern and ancient neritic redox facies. In: Einsele G, Ricken W, Seilacher A (eds) Cycles and Events in Stratigraphy. Springer-Verlag, Berlin, pp 565–571

Oschmann W (1991b) Distribution, dynamics and palaeoecology of Kimmeridgian (Upper Jurassic) shelf anoxia in western Europe. In: Tyson RV, Pearson TH (eds) Modern and Ancient Continental Shelf Anoxia. Geological Society, London, Special Publications 58:381–395

Oschmann W (1993) Environmental oxygen fluctuations and the adaptive response of marine benthic organisms. Journal of the Geological Society, London 150:187–191

Osgood RG (1970) Trace fossils of the Cincinnati area. Palaeontographica Americana 6:281–444

Osgood RG (1975) The history of invertebrate ichnology. In: Frey RW (ed) The study of Trace Fossils. Springer-Verlag, New York, pp 3–12

Osgood RG, Drennen WT (1975) Trilobite trace fossils from the Clinton Group (Silurian) of east-central New York State. Bulletins of American Paleontology 67:299–348

Osgood RG, Szmuc E (1972) The trace fossil *Zoophycos* as an indicator of water depth. Bulletins of American Paleontology 62:1–22

Ott JA (1993) A symbiosis between nematods and chemoautotrophic sulfur bacteria exploiting the chemocline of marine sands. In: Guerrero R, Pedrós-Alió C (eds) Trends in Microbial Ecology. Spanish Society for Microbiology, Barcelona, pp 231–234

Ott JA, Fuchs B, Fuchs R, Malasek A (1976) Observations on the biology of *Callianassa stebbingi* Borrodaille and *Upogebia litoralis* Risso and their effect upon the sediment. Senckenbergiana Maritima 8:61–79

Pals G, Pauptit E (1979) Oxygen binding properties of the coelomic haemoglobin of the polychaete Heteromastus filiformis relatied with some environmental factors. *Netherlands Journal of Sea Research* 13:581–592

Parkes RJ, Cragg BA, Getliff JM, Fry JC (1993) Presence and activity of bacteria in deep sediments from marine environments. In: Guerro R, Pedró-Alió C (eds) Trends in Microbiological Ecology. Spanish Society for Mincrobiology, Barcelona, pp 421–426

Pattison SAJ (1992) Recognition and interpretation of estuarine mudstones (central basin mudstones) in the tripartite valley-fill deposits of the Viking Formation, central Alberta. In: Pemberton SG (ed) Applications of Ichnology to Petroleum Exploration. SEPM Core Workshop 17:233–249

Paul AZ (1977) The effect of benthic processes on the CO_2 carbonate system. In: Andersen NR, Malahoff A (eds) The Fate of Fossil Fuel CO_2 in the Oceans. Plenum Press, New York, pp 345–354

Paul AZ, Thorndyke EM, Sullivan LG, Heezen BC, Gerard RD (1978) Observations of the deep-sea floor from 202 days of time-lapse photography. Nature 272:812–814

Paull CK, Hecker B, Commeau R, Freeman-Linde RP, Neumann C, Corso WR, Golubic S, Hook JE, Sikes JE, Curray J (1984) Biological communities at the Florida Escarpment resemble hydrothermal vent taxa. Science 226:965–967

Pearse AS (1908) Observations on the behavior of the holothurian, *Thyone briareus* (Leseur). Biological Bulletin of the Marine Biological Laboratory, Woods Hole 15:259–288

Pemberton SG (ed) (1992) Applications of ichnology to petroleum exploration – a core workshop. SEPM Core Workshops 17

Pemberton SG, Frey RW (1982) Trace fossil nomenclature and the *Planolites-Palaeophycus* dilemma. Journal of Paleontology 56:843–881

Pemberton SG, Frey RW (1985) The *Glossifungites* ichnofacies: modern examples from the Georgia coast, U.S.A. SEPM Special Publications 35:237–259

Pemberton SG, Frey RW, Saunders, TDA (1990) Trace fossils. In: Briggs DEG, Crowther PR (eds) Palaeobiology – a Synthesis. Blackwell, Oxford, pp 355–362

Pemberton SG, Flach PD, Mossop GD (1982) Trace fossils from the Athabasca Oil Sands, Alberta, Canada. Science 217:825–827

Pemberton SG, MacEachern JA, Frey RW (1992) Trace fossils facies models: environmental and allostratigraphic significance. In: Walker R, James NP (eds) Facies Models – Response to Sea Level Change. Geological Association of Canada, Ottawa, pp 47–72

Pemberton SG, Risk MJ, Buckley DE (1976) Supershrimp: deep bioturbation in the Strait of Canso, Nova Scotia. Science 192:790–791

Pemberton SG, Wightman DM (1987) Brackish water trace fossil suites: examples from the Lower Cretaceous Mannville Group. In: Currie PM, Koster EH (eds) 4th Symposium on Mesozoic Terrestrial Ecosystems, Short Papers, pp 185–192

Pemberton SG, Wightman DM (1992) Ichnological characteristics of brackish water deposits. In: Pemberton SG (ed) Applications of Ichnology to Petroleum Exploration. SEPM Core Workshop 17:141–169

Pequignat CE (1970) Biologie des *Echinocardium cordatum* (Pennant) de la Baie de Seine. Forma et Functio, 2, 121–68

Pervesler P, Dworschak PC (1985) Burows of *Jaxea nocturna* Nordo in the Gulf of Trieste. Senckenbergiana Maritima 17:33–53

Phillips PJ (1971) Observations on the biology of mudshrimps of the genus *Callianassa* (Anomura: Thalassinidae)in Mississippi Soud. Gulf Research Reports 3:165–196

Pianka ER (1970) On r- and K-selection. American Naturalist 104:592–597

Pickerill RK (1990) Nonmarine *Paleodictyon* from the Carboniferous Albert Formation of southern New Brunswick. Atlantic Geology 26:157–163

Pickerill RK (1992) Carboniferous nonmarine invertebrate ichnocoenoses from southern New Brunswick, eastern Canada. Ichnos 2:21–35

Pickerill RK (1994) Nomenclature and taxonomy of invertebrate trace fossils. In: Donovan SK (ed) The Palaeobiology of Trace Fossils. Wiley, Chichester, pp 3–42

Pickerill RK, Donovan SK, Dixon HL (1993) The trace fossil *Dactyloidites ottoi* (Geinitz, 1849) from the Neogene August Town Formation of south-central Jamaica. Journal of Paleontology 67:1070–1074

Pickerill RK, Forbes WH (1987) A trace fossil preserving ist producer (*Trentonia shegiriana*) from the Trenton Limestone of the Quebec City area. Canadian Journal of Earth Science 15:659–664

Pickerill RK, Narbonne GM (1995) Composite and compound ichnotaxa: a case example from the Ordovician of Québec, eastern Canada. Ichnos 4:53–69

Pickerill RK, Peel JS (1990) Trace fossils from the Lower Cambrian Bastion formation of North-East Greenland. Grønlands Geologiske Undersøgelse, Rapporter 147:5–43

Pickerill RK, Peel JS (1991) *Gordia nodosa* isp. nov. and other trace fossils from the Cass Fjord Formation (Cambrian) of North Greenland. Grønlands Geologiske Undersøgelse, Rapporter 150:15–28

Picton BE, Manuel RL (1985) *Arachnanthus sarsi* Carlgren, 1912: a redescription of a cerianthid anemone new to the British Isles. Zoological Journal of the Linnaean Society 83:343–349

Pohl ME (1946) Ecological observations on *Callianassa major* Sax at Beaufort, North Carolina. Ecology 27:71–80

Pollard JE (1981) A comparison between the Triassic trace fossils of Cheshire and south Germany. Palaeontology 24:555–588

Pollard JE (1985) *Isopodichnus*, related arthropod trace fossils and notostracans from Triassic fluvial sediments. Transactions of the Royal Society of Edinburgh, Earth Science 76:273–285

Pollard JE, Goldring R, Buck SG (1993) Ichnofabrics containing *Ophiomorpha*: significance in shallow-water facies interpretation. Journal of the Geological Society, London 150:149–164

Powell EN (1977) Particle size selection and sediment reworking in a funnel feeder, *Leptosynapta tenuis* (Holothuroidea, Synaptidae). Internationale Revue der gesamten Hydrobiololgie und Hydrographie 62:385–408

Powell RR (1974) The functional morphology of the fore-guts of the thalassinid crustaceans, *Callianassa californiensis* and *Upogebia pugettensis*. University of California Publication in Zoology 102:1–14

Pryor WA (1975) Biogenic sedimentation and alteration of argillaceous sediments in shallow marine environments. Geological Society of America, Bulletin 86:1244–1254

Rao KP (1954) Bionomics of *Ptychodera flava* Eschscholtz (Enteropneusta). Journal of Madras University B24:1–5

Rasmussen HW (1971) Echinoid and crustacean burrows and their diagenetic significance in the Maastrichtian-Danian of Stevns Klingt, Denmark. Lethaia 4:191–216

Ratcliffe BC, Fagerstrom JA (1980) Invertebrate lebensspuren of Holocene floodplains: their morphology, origin and paleoecological significance. Journal of Paleontology 4:614–630

Ray AJ, Aller RC (1985) Physical irrigation of relict burrows: implications for sediment chemistry. Marine Geology, 62, 371–9

Reichardt W (1987) Burial of Antarctic macroalgal debris in bioturbated deep-sea sediments. Deep-Sea Research 34:1761–1770

Reichardt W (1988) Impact of bioturbation by *Arenicola marina* on microbial parameters in intertidal sediments. Marine Ecology Progress Series 44:149–158

Reichelt AC (1991) Environmental effects of meiofaunal burrowing. In: Meadows PS, Meadows A (eds) The Environmental Impact of Burrowing Animals and Animal Burrows. Symposium of the Zoological Society of London 63:33–52

Reid DM (1938) Burrowing methods of *Talorchestia deshayesii* (Audouin) (Crustacea, Amphipoda). Annals and Magazine of Natural History 1 (11):155–157

Reid DM (1989) The unwhole organism. American Zoologist 29:1133–1140

Reid RGB (1990) Evolutionary implications of sulphide-oxidizing symbiosis in bivalves. In: Morton B (ed) The Bivalvia – Proceedings of a Memorial Symposium in Honour of Sir Charles Maurice Yonge, Edinburgh. Hong Kong University Press, Hong Kong, pp 127–140

Reid RGB, Brand DG (1986) Sulfide-oxidizing symbiosis in lucinaceans: implications for bivalve evolution. Veliger, 29, 3–24

Reineck H-E (1958) Wühlbau-Gefüge in Abhängigkeit von Sediment-Umlagerungen. Senckenbergiana Letheia 39:1–56

Reineck H-E (1963) Sedimentgefüge im Bereich der südlichen Nordsee. Senckenbergische naturforschende Gesellschaft, Abhandlungen, S 505

Reineck H-E (1970) Das Watt. Ablagerungs- und Lebensraum. Kramer, Frankfurt am Main

Reineck H-E (1976) Zonierung von Primärgefügen und Bioturbation. Senckenbergiana Maritima 8:155–169

Reineck H-E, Dörjes J, Gadow S, Hertweck G (1968) Sedimentologie, Faunenzonierung und Faziesabfolge vor der Ostküste der inneren Deutschen Bucht. Senckenbergiana Letheia 49:261–309

Reineck H-E, Gutmann WF, Hertweck G (1967) Das Schlickgebiet südlich Helgoland als Beispiel rezenter Schelfablagerungen. Senckenbergiana Letheia 48:219–275

Reineck H-E, Singh IB (1971) Der Golf von Gaeta (Tyrrhenisches Meer). III. Die Gefüge von Vorstrand- und Schelfsedimenten. Senckenbergiana Maritima 3:185–201

Reise K (1979) Spatial configurations generated by motile benthic polychaetes. Helgoländer wissenschaftliche Meeresuntersuchungen 32:55–72

Reise K (1981) High abundance of small zoobenthos around biogenic structures in tidal sediments of the Wadden Sea. Helgoländer wissenschaftliche Meeresuntersuchungen 34:413–425

Reise K, Ax P (1979) A meiofaunal 'thiobios' limited to the anaerobic sulfide system of marine sand does not exist. Marine Biology 54:225–237

Remane A (1940) Einführung in die zoologische Ökologie. In: Grimpe, Wagler (eds) Tierwelt Nord- und Ostsee. Leipzig. (Fide Schäfer 1962)

Retallack GJ (1984) Trace fossils of burrowing beetles and bees in an Oligocene paleosol, Badlands National Park, South Dakota. Journal of Paleontology 58:571–592

Retallack GJ, Feakes CR (1987) Trace fossil evidence for Late Ordovician animals on land. Science 235:61–63

Rhoads DC (1963) Rates of sediment reworking by *Yoldia limatula* in Buzzards Bay. Massachusetts, and Long Island Sound. Journal of Sedimentary Petrology 33:723–727

Rhoads CC (1967) Biogenic reworking of intertidal and subtidal sediments in Barnstable Harbor and Buzzards Bay, Massachusetts. Journal of Geology 75:461–476

Rhoads DC (1974) Organism-sediment relations on the muddy sea floor. Oceanography and Marine Biology Annual Review 12:263–300

Rhoads DC (1975) The paleoecological and environmental significance of trace fossils. In: Frey RW (ed) The Study of Trace Fossils. Springer-Verlag, New York, pp 147–160

Rhoads DC, Aller RC, Goldhaber MB (1977) The influence of colonizing benthos on physical proper- ties and chemical diagenesis of the estuarine seafloor. In: Coull BC (ed) Ecology of Marine Benthos. University of South Carolina Press, Columbia, pp 113–138

Rhoads DC, Boyer LF (1982) The effect of marine benthos on physical properties of sediments. A suc- cessional perspective. In: McCall PL, Tevesz MJS (eds) Animal-sediment Relations. The biogenic alteration of sediments. Plenum Press, New York, pp 3–52

Rhoads DC, McCall PL, Yingst JY (1978) Disturbance and production on the estuarine seafloor. Ameri- can Scientist 66:577–586

Rhoads DC, Morse J (1971) Evolutionary and ecologic significance of oxygen deficient marine basins. Lethaia 4:413–428

Rhoads DC, Stanley DJ (1965) Biogenic graded bedding. Journal of Sedimentary Petrology 35:956–963

Rhoads DC, Webb JE *et al.* (1976) Organism-sediment relationships. In: McCave IN (ed) The Benthic Boundary Layer. Plenum Press, New York, pp 273–295

Rhoads DC, Young DK (1970) The influence of deposit feeding organisms on sediment stability and community trophic structure. Journal of Marine Research 28:150–178

Rhoads DC, Young DK (1971) Animal-sediment relations in Cape Cod Bay, Massachusetts. II. Rework- ing by *Molpadia oolitica* (Holothuroidea). Marine Biology 11:255–261

Rice AL, Billett DSM, Fry J, John AWG, Lampitt RS, Mantoura RFC, Morris RJ (1986) Seasonal depositi- on of phytodetritus to the deep-sea floor. Proceedings of the Royal Society of Edinburgh 88B:265–279

Rice AL, Billett DSM, Thurston MH, Lampitt RS (1971) The Institute of Oceanographic Sciences Biol- ogy Programme in the Porcupine Seabight: background and general introduction. Journal of the Marine Biological Association, United Kingdom 71:281–310

Rice AL, Chapman CJ (1971) Observations on the burrows and burrowing behaviour of two mud-dwell- ing decapod crustaceans, *Nephrops norvegicus* and *Goneplax rhomboides*. Marine Biology 10:330–342

Rice AL, Johnstone ADF (1972) The burrowing behaviour of the gobiid fish *Lesueurigobius friesii* (Collett). Zeitschrift für Tierpsychologie 30:431–438

Rice AL, Rhoads DC (1989) Early diagenesis of organic matter and the nutritional value of sediment. In: Lopez G, Taghon G, Levinton J (eds) Ecology of Marine Deposit Feeders. Lecture Notes on Coastal and Estuarine Studies 31:59–97

Richards AF, Parks JM (1976) Marine geotechnology. In: McCave IN (ed) The Benthic Boundary Layer. Plenum Press, New York, pp 157–181

Richter R (1926) Flachseebeobachtungen zur Paläontologie und Geologie, XII. Bau, Begriff und paläogeographische Bedeutung von Corophioides luniformis (Blankenhorn, 1917). Senckenbergiana 8:200–219

Richter R (1952) Fluidal-Textur in Sediment-Gesteinen und über Sedifluktion überhaupt. Notizblatt des Hessischen Landesamtes für Bodenforschung zu Wiesbaden 3 (6):67–81

Ricketts EF (1994) Mud-flat cycles, incised channels, and relative sea-level changes on a Paleocene mud-dominated coast, Ellesmere Island, arctic Canada. Journal of Sedimentary Research B64:211–218

Ricketts EF, Calvin J (1962) Between Pacific tides, 3rd. edn, revised by JW Hedgpeth, Stanford University Press, Stanford

Ride WDI, Sabrosky CW, Bernardi G, Melville RV (1985) International Code of Zoological Nomenclature, 3rd edn, International Trust for Zoological Nomenclature, London

Ridder C De, Jangoux M (1993) The digestive tract of the spatangoid echinoid *Echinocardium cordatum* (Echninodermata): morphofunctional study. Acta Zoologica 74:337–351

Ridder C De, Jongoux M, v. Impe E (1985) Food selection and absorption efficiency in the spatangoid echinoid *Echinocardium cordatum* (Echinodermata). Proceedings of the 5th International Echinoderm Conference, Galway, pp 245–251

Rijken M (1979) Food and food uptake in *Arenicola marina*. Netherlands Journal of Sea Research 13:406–421

Rindsberg AK (1990) Ichnological consequences of the 1985 International Code of Zoological Nomenclature. Ichnos 1:59–63

Rindsberg AK (1994) Ichnology of the Upper Mississippian Hartselle Sandstone of Alabama, with notes on other Carboniferous Formations. Geological Survey of Alabama Bulletin 158:1–107

Rioult M, Dugué O, Jan du Chêne R, Ponsot C, Fily G, Moron J-M, Vail PR (1991) Outcrop sequence stratigraphy of the Anglo-Paris Basin, Middle to Upper Jurassic (Normandy, Maine, Dorset). Bulletin des Centres de Recherches, Exploration-Production, Elf-Aquitaine 15:101–194

Risk MJ (1973) Silurian echiuroids: possible feeding traces in the Thorold Sandstone. Science 180:1285–1287

Risk MJ, Tunnicliffe VJ (1978) Intertidal spiral burrows: *Paraonis fulgens* and *Spiophydes wigleyi* in the Minas Basin, Bay of Fundy. Journal of Sedimentary Petrology 48:1287–1292

Robbins JA (1986) A model for particle-selective transport of tracers in sediments with conveyor belt deposit feeders. Journal of Geophysical Research 91:8542–8558

Roberts HH, Wiseman WJ, Suchanek TH (1981) Lagoon sediment transport: the significant effect of *Callianassa* bioturbation. Proceedings of the 4th International Coral Reef Symposium, Manila 1:459–465

Rocek Z, Rage J-C (1994) The presumed amphibian footprint Notopus petri from the Devonian: a probable starfish trace fossil. Lethaia 27:241–344

Röder H (1971) Gangsysteme von *Paraonis fulgens* Levinsen 1883 (Polychaeta) in ökologischer, ethologischer und aktuopaläontologischer Sicht. Senckenbergiana Maritima 3:3–51

Rollins HB, West RR, Busch RM (1990) Hierarchical genetic stratigraphy and marine paleoecology. In: Miller W (ed) Paleocommunity Temporal Dynamics: the Long-Term Development of Multispecies Assemblies. Paleontological Society Special Publications 5:273–308

Romano M, Whyte MA (1987) A limulid trace fossil from the Scarborough fromation (Jurassic) of Yorkshire; its occurence, taxonomy and interpretation. Proceedings of the Yorkshire Geological Society 46:85–95

Romero-Wetzel MB (1987) Sipunculans as habitants of very deep, narrow burrows in deep-sea sediments. Marine Biology 96:87–91

Romero-Wetzel MB (1989) Branched burrow-systems of the enteropneust *Stereobalanus canadensis* (Spengel) in deep-sea sediments of the Vöring-Plateau, Norwegian Sea. Sarsia 74:85–89

Ronan TE (1977) Formation and paleontologic recognition of structures caused by marine annelids. Paleobiology 3:389–403

Ronan TE (1978). Food-resources and the influence of spatial pattern on feeding in the phoronid *Phoronopsis viridis*. Biological Bulletin of the Marine Biological Laboratory, Woods Hole 154:472–484

Ronan TE, Miller MF, Farmer JD (1981) Organism-sediment relationships on a modern tidal flat, Bodega Harbor, California. Annual Meeting, Pacific Section of the SEPM, Field Trip 3:15–31

Root RB (1967) The niche exploitation pattern of the blue-grey gnatcatcher. Ecological Monographs 37:317–350

Ruddiman WF, Glover LK (1972) Vertical mixing of ice-rafted volcanic ash in North Atlantic sediments. Geological Society of America, Bulletin 83:2817–2836

Sageman BB, Wignall PB, Kauffman EG (1991) Biofacies models for oxygen-deficient facies in epicontinental seas: tool for paleoenvironmental analysis, in Cycles and Events in Stratigraphy, Springer-Verlag, Berlin, pp 542–564

Sandberg CA, Gutschick RC (1984) Distribution, microfauna and source-rock potential of Mississippian Delta Phosphatic member of Woodman formation and equivalents, Utah and adjacent states. In: Woodward J, Meissner FF, Clayton JL (eds) Hydrocarbon Source Rocks of the Greater Rocky Mountain Region. Rocky Mountain Association of Geologists, Denver, pp 135–178

Sanders HL (1958) Benthic studies in Buzzards Bay. I. Animal-sediment relationships. Limnology and Oceanography 3:245–258

Sarjeant WAS (1979) Code for trace fossil nomenclature. Palaeogeography, Palaeoclimatology, Palaeoecology 28:147–166

Sarjeant WAS, Kennedy WJ (1973) Proposal for a code for the nomenclature of trace fossils. Canadian Journal of Earth Science 10:460–475

Sassaman C, Mangum CP (1972) Adaptations to environmental oxygen levels in infaunal and epifaunal sea anemones. Biological Bulletin 143:657–678

Saunders TDA, Pemberton SG (1990) On the palaeoecological significance of the trace fossil Macaronichnus. Abstracts, Papers, International Sedimentological Congress, Nottingham 13:416

Savrda CE (1986) Development and evaluation of a trace fossil model for the reconstruction of paleo-oxygenation in marine environments. PhD thesis, University of Southern California, Los Angeles

Savrda CE (1991) Ichnology in sequence stratigraphic studies: example from the Lower Paleocene of Alabama. Palaios 6:39–53

Savrda CE (1992) Trace fossils and benthic oxygenation. In: Maples CG, West RR (eds) Trace Fossils. Short Courses in Paleontology 5:172–196, Paleontological Society, Knoxville

Savrda CE (1995) Ichnologic applications in paleoceanographic , paleoclimatic and sea-level studies. Palaios 10:565–577

Savrda CE, Bottjer DJ (1986) Trace-fossil model for reconstruction of paleooxygenation in bottom waters. Geology 14:3–6

Savrda CE, Bottjer DJ (1987) The exaerobic zone, a new oxygen-deficient marine biofacies. Nature 327:54–6

Savrda CE, Bottjer DJ (1994) Ichnofossils and ichnofabrics in rhythmically bedded pelagic/hemi-pelagic carbonates: recognition and evaluation of benthic redox and scour cycles. International Association of Sedimentologists, Special Publications 19:195–210

Savrda CE, Bottjer DJ, Gorsline DS (1984) Development of a comprehensive oxygen-deficient marine biofacies model: evidence from Santa Monica, San Pedro, and Santa Barbara Basins, California continental borderland. American Association of Petroleum Geologists, Bulletin 68:1179–1192

Savrda CE, Bottjer DJ, Seilacher A (1991) Redox-related benthic events. In: Einsele G, Ricken W, Seilacher A (eds) Cycles and Events in Stratigraphy. Springer-Verlag, Berlin, Heidelberg, pp 524–541

Savrda CE, Ozalas K (1993) Preservation of mixed-layer ichnofabrics in oxygenation-event beds. Palaios 8:609–613

Schäfer W (1956) Wirkungen der Benthos-Organismen auf den jungen Schichtverband. Senckenbergiana Letheia 37:183–263

Schäfer W (1962) Aktuo-Paläontologie nach Studien in der Nordsee, Kramer, Frankfurt am Main

Schembri PJ, Jaccarini V (1977) Locomotry and other movements of the trunk of *Bonellia viridis* (Echiura, Bonelliidae). Journal of Zoology, London 182:477–494

Schimper WP, Schenk A (1890) Paleophytologie. In: Zittel KA von (ed) Handbuch der Palaeontologie, Teil II. Oldenbourg, München, Leipzig

Schink DR, Guinasso NL (1977) Modelling the influence of bioturbation and other processes on calcium carbonate dessolution at the sea floor. In: Andersen NR, Malhoff A (eds) The Fate of Fossil Fuel CO_2 in the Oceans. Plenum Press, New York, pp 375–399

Scholle PA, Arthur MA, Edkdale AA (1983) Pelagic environment. American Association of Petroleum Geology, Memoirs 33:619–691

Scoffin TP (1992) Taphonomy of coral reefs: a review. Coral Reefs 11:57–77

Seilacher A (1951) Der Röhrenbau von *Lanice conchilega* (Polychaeta). Ein Beitrag zur Deutung fossiler Lebensspuren. Senckenbergiana 32:267–280

Seilacher A (1953a) Studien zur Palichnologie. I. Über die Methoden der Palichnologie. Neues Jahrbuch für Geologie und Paläontologie, Abhandlungen 96:421–452

Seilacher A (1953b) Studien zur Palichnologie. II. Die fossilen Ruhespuren (Cubichnia). Neues Jahrbuch für Geologie und Paläontologie, Abhandlungen 98:87–124

Seilacher A (1955) Spuren und Lebensweise der Trilobiten. Abhandlungen der Akademie der Wissenschaften und der Literatur, Mainz, mathematisch-naturwissenschaftliche Klasse, Jahrgang 1955:342–372

Seilacher A (1957) An-aktualistisches Wattenmeer? Paläontologische Zeitschrift 31:198–206

Seilacher A (1959) Vom Leben der Trilobiten. Naturwissenschaften 46:389–393

Seilacher A (1960) Lebensspuren als Leitfossilien. Geologische Rundschau 49:41–50

Seilacher A (1962a) Form und Funktion des Trilobiten-Daktylus. Paläontologische Zeitschrift, Sonderausgabe, Festband Hermann Schmidt, pp 218–227

Seilacher A (1962b) Paleontological studies on turbitite sedimentation and erosion. Journal of Geology 70:227–234

Seilacher A (1964) Biogenic sedimentary structures. In: Imbrie J, Newell N (eds) Approaches to Paleoecology. Wiley, New York, pp 296–316

Seilacher A (1967a) Bathymetry of trace fossils. Marine Geology 5:413–428
Seilacher A (1967b) Fossil behaviour. Scientific America 217:72–80
Seilacher A (1968) Sedimentationsprozesse in Ammonitenhäusern. Akademie der Wissenschaften und der Literatur, Abhandlungen der mathematisch-naturwissenschaftlichen Klasse, Jahrgang 1967:191–203
Seilacher A (1970) *Cruziana* stratigraphy of 'non-fossiliferous' Palaeozoic sandstones. In: Crimes TP, Harper JC (eds) Trace Fossils. Geological Journal Special issues 3:447–476
Seilacher A (1972) Divaricate patterns in pelecypod shells. Lethaia 5:325–343
Seilacher A (1974) Flysch trace fossils: evolution of behavioural diversity in the deep-sea. Neues Jahrbuch für Geologie und Paläontologie, Monatshefte, pp 233–245
Seilacher A (1977) Pattern analysis of *Paleodictyon* and related trace fossils. In: Crimes TP, Harper JC (eds) Trace Fossils 2. Geological Journal Special Issues 9:289–334
Seilacher A (1978) Use of trace fossil assemblages for recognizing depositional environments. In: Basan PB (ed) Trace Fossil Concepts. SEPM Short Courses 5:167–181
Seilacher A (1985) Trilobite palaeobiology and substrate relationships. Transactions of the Royal Society of Edinburgh 76:231–237
Seilacher A (1989) *Spirocosmorhaphe*, a new graphoglyptid trace fossil. Journal of Paleontology 63:116–117
Seilacher A (1990) Aberrations in bivalve evolution related to photo- and chemosymbiosis. Historical biology 3:289–311
Seilacher A (1992) An updated *Cruziana* stratigraphy of Gondwanian Palaeozoic sandstones. In: Salem MJ (ed) The Geology of Libya, Part 8. Elsevier, Amsterdam, pp 1565–1180
Seilacher A (1993) Problems of correlation in the Nubian Sandstone facies. In: Thorweihe U, Schandelmeier H (eds) Geoscientific Research in Northwest Africa. Balkema, Rotterdam, pp 329–333
Seilacher A, Meischner D (1964) Fazies-Analyse im Paläozoikum des Oslo-Gebietes. Geologische Rundschau 54:596–619
Seilacher A, Seilacher E (1994) Bivalvian trace fossils: a lesson from actuopaleontology. Courier Forschungsinstitut Senckenberg 169:5–15
Sellwood BW (1971) A *Thalassinoides* burrow containing the crustacean *Glyphaea udressieri* (Meyer) from the Bathonian of Oxfordshire. Palaeontology 14:589–591
Shick JM, Edwards KC, Dearborn JH (1981) Physiological ecology of the deposit-feeding sea star *Ctenodiscus crispatus*: ciliated surfaces and animal-sediment interactions. Marine Ecology – Progress Series 5:165–184
Shinn EA (1968) Burrowing in recent time sediments of Florida and the Bahamas. Journal of Paleontology 42:879–894
Shourd ML, Levin HL (1976) *Chondrites* in the Upper Plattin subgroup (Middle Ordovician) of eastern Missouri. Journal of Paleontology 50:260–268
Silva AJ (1974) Marine geomechanics: overview and projections. In: Inderbitzen AL (ed) Deep-Sea Sediments: Physical and Mechanical Properties. Plenum Press, New York, pp 45–76
Simpson S (1957) On the trace fossil *Chondrites*. Quarterly Journal of the Geological Society, London 107:475–499
Skoog SY, Venn C, Simpson EL (1994) Distribution of Diopatra cuprea across modern tidal flats: implications for Skolithos. Palaios 9:188–201
Smith AB, Crimes TP (1983) Trace fossils formed by heart urchins – a study of *Scolicia* and related traces. Lethaia 16:79–92
Smith CR, Jumars PA, DeMaster DJ (1986) *In situ* studies of megafaunal mounds indicate rapid sediment turnover and community response at the deep-sea floor. Nature 323:251–253
Smith LS (1961) Clam-digging behavior in the starfish, *Pisaster brevispinus* (Stimpson 1857). Behaviour 18:148–151
Smith ND, Hein FJ (1971) Biogenic reworking of fluvial sediments by staphylinid beetles. Journal of Sedimentary Petrology 41:598–602
Smith RM H (1987) Helical burrow casts of therapsid origin from the Beaufort Group (Permian) of South Africa. Palaeogeography, Palaeoclimatology, Palaeoecology 60:155–170
Smith RM H (1993) Vertebrate taphonomy of Late Permian floodplain deposits in the southwestern Karoo Basin of South Africa. Palaios 8:45–67
Southward AJ, Dando PR (1988) Distribution of Pogonophora in canyons of the Bay of Biscay: factors controlling abundance and depth range. Journal of the Marine Biological Association, UK 68:627–638
Southward AJ, Southward EC, Dando PR, Barrett RL, Ling R (1986) Chemoautotrophic function of bacterial symbionts in small Pogonophora. Journal of the Marine Biological Association, UK 66:415–437
Southward EC (1979) Horizontal and vertical distribution of Pogonophora in the Atlantic Ocean. Sarsia 64:51–55
Stanley SM (1970) Relation of shell form to life habits of the Bivalvia (Mollusca). Geological Society of America, Memoirs 125:296

Stanley SM (1972) Functional morphology and evolution of byssally attached bivalve mollusks. Journal of Paleontology 46:165–212

Sternberg KM von (1833) Versuch einer geognostisch-botanischen Darstellung der Flora der Vorwelt, 5–6, Fleischer, Leipzig, Prague

Stevens BA (1929) Ecological observations on Callianassidae of Puget Sound. Ecology 10:399–405

Stiasny G (1910) Zur Kenntnis der Lebensweise von *Balanoglossus clavigerus* Delle Chiaje. Zoologischer Anzeiger 35:561–565, 633

Straaten LM JU van (1952) Biogene textures and the formation of shell beds in the Dutch Wadden Sea. Koninklijke Nederlandse Akademie van Wetenschappen, Proceedings B55:500–516

Straaten LM JU van (1956) Composition of shell beds formed in tidal flat environment in the Netherlands and in the Bay of Arcachon (France). Geologie en Mijnbouw (N. S.) 18:209–226

Suchanek TH (1983) Control of seagrass communities and sediment distribution by *Callianassa* (Crustacea, Thalassinidea) bioturbation. Journal of Marine Research 41:281–298

Suchanek TH (1985) Thalassinid shrimp burrows: ecological significance of species-specific architecture. Proceedings of the 5th International Coral Reef Congress 5:205–210

Suchanek TH, Colin PL (1986) Rates and effects of bioturbation by invertebrates and fishes at Enewetak and Bikini Atolls. Bulletin of Marine Science 38:25–34

Suchanek TH, Colin PL, McMurtry GM, Suchanek CS (1986) Bioturbation and redistribution of sediment radionuclides in Enewetak Atoll lagoon by callianassid shrimp: biological aspects. Bulletin of Marine Science 38:144–154

Suchanek TH, Williams SL, Ogden JC, Hubbard DK, Gill IP (1985) Utilization of shallow-water seagrass detritus by Carribean deep-sea macrofauna: delta-^{13}C evidence. Deep-Sea Research 32:201–214

Surlyk F (1991) Sequence stratigraphy of the Jurassic-Lowermost Cretaceous of East Greenland. American Association of Petroleum Geologists, Bulletin 75:1468–1488

Surlyk F, Noe-Nygaard N (1991) Sand bank and dune facies architecture of a wide intercratonic seaway: Late Jurassic-Early Cretaceous Raukelv Formation, Jameson Land, East Greenland. In: Miall AD, Tyler N (eds) The Three-Dimensional Facies Architecture of Terrigeneous Clastic Sediments and its Implication for Hydrocarbon Discovery and Recovery. SEPM, Concepts in Sedimentology and Paleontology 3:261–276

Swedmark B (1964) The interstitial fauna of marine sand. Biological Review 39:1–42

Swinbanks DD (1981a) Sediment reworking and the biogenic formation of clay laminae by *Abarenicola pacifica*. Journal of Sedimentary Petrology 51:1137–1145

Swinbanks DD (1981b) Sedimentology photo. Journal of Sedimentary Petrology 51:1146

Swinbanks DD, Luternauer JL (1987) Burrow distribution of thalassinidean shrimp on a Fraser Delta tidal flat, British Columbia. Journal of Paleontology 61:315–332

Swinbanks DD, Murray JW (1981) Biosedimentological zonation of Boundary Bay tidal flats, Fraser River delta, British Columbia. Sedimentology, 28, 201–37

Swinbanks DD, Shirayama Y (1984) Burrow stratigraphy in relation to mangenese diagenesis in modern deepsea carbonates. Deep-Sea Research 31:1197–1223

Szulc J (1990) Ichnological indicators of the sedimentary environment fluctuation. In: Szulc J *et al.* (eds) International Workshop – Field Seminar: the Muschelkalk – Sedimentary Environments, Facies and Diagenesis. International Association of Sedimentologists, Krakow, Opole, pp 23–25

Taghon GL (1989) Modeling deposit feeding. In: Lopez G, Taghon G, Levinton J (eds) Ecology of Marine Deposit Feeders. Lecture Notes on Coastal and Estuarine Studies 31:223–246

Taghon GL, Nowell ARM, Jumars PA (1980) Induction of suspension feeding in spionid polychaetes by high particualte fluxes. Science 210:562–564

Taghon GL, Self RFL, Jumars PA (1978) Predicting particle selection by deposit feeders: a model and its implications. Limnology and Oceanography 23:752–759

Tamaki A (1988) Effects of the bioturbating activity of the ghost shrimp *Callianassa japonica* Ortmann on migration of a mobile polychaete. Journal of Experimental Marine Biology and Ecology 120:81–95

Taylor AM, Gawthorpe RL (1993) Application of sequence stratigraphy and trace fossil analysis to reservoir description: examples from the Jurassic of the North Sea. In: Parker JR (ed) Petroleum Geology of Northwest Europe: Proceedings of the 4th Conference. Geological Society, London, pp 317–35

Taylor AM, Goldring R (1993) Description and analysis of bioturbation and ichnofabric. Journal of the Geological Society, London 150:141–148

Tedesco LP, Wanless HR (1991) Generation of sedimentary fabrics and facies by repetitive excavation and storm infilling of burrow networks, Holocene of south Florida and Caicos Platform, BWI Palaios 6:326–343

Tendal OS (1972) A monograph of the Xenophyophoria (Rhizopodea, Protozoa). Galathea Reports, p 12

Tendal OS (1980) Xenophyophores from the French expeditions „INCAL“ and „BIOVEMA“ in the Atlantic Ocean. Cahiers de Biologie Marine 21:303–306

Tendal OS, Hessler RR (1977) An introduction to the biology and systematics of Komokiacea (Textulariina, Foraminiferida). Galathea Reports 14:165–194

Tevesz MJS, McCall PL (1982) Geological significance of aquatic nonmarine trace fossils. In: McCall PL, Tevesz MJS (eds) Animal-Sediment Relations. The Biogenic Alteration of Sediments. Plenum Press, New York, pp 257–285

Thackray GD (1994) Fossil nest of sweat bees (Halictinae) from a Miocene paleosol, Rusinga Island, western Kenya. Journal of Paleontology 68:795–800

Thamdrup HM (1935) Beiträge zur Ökologie der Wattenfauna auf experimenteller Grundlage. Meddelelser fra Kommissionen for Danmarks Fiskeri og Havundersøgelse, Serie Fiskeri 10 (2)

Thayer CW (1979) Biological bulldozers and the evolution of marine benthic communities. Science 203:458–461

Thayer CW (1983) Sediment-mediated biological disturbance and the evolution of marine benthos. In: Tevesz MJS, McCall PL (eds) Biotic interactions in recent and fossil benthic communities. Plenum Press, New York, pp 475–625

Thistle D (1981) Natural physical disturbances and communities of marine soft bottoms. Marine Ecology Progress Series 6:223–228

Thistle D, Yingst JY, Fauchald K (1985) A deep-sea benthic community exposed to strong near-bottom currents on the Scotian Rise (western Atlantic). Marine Geology 66:91–112

Thompson BE (1980) A new bathyal sipunculan from southern California, with ecological notes. Deep-Sea Research 27A:951–957

Thompson LC, Pritchard AW (1969) Osmoregulatory capacities of *Callianassa* and *Upogebia* (Crustacea: Thalassinidea).– Biol. Bull. Mar. Biol. Lab., Woods Hole 136: 114–129

Thompson RK (1972) Functional morphology of the hind-gut gland of *Upogebia pugettensis* (Crustacea, Thalassinidea) and its role in burrow construction. PhD thesis, University of California, Berkeley

Thompson RK, Pritchard AW (1969) Respiratory adaptations of two burrowing crustaceans, *Callianassa californiensis* and *Upogebia pugettensis* (Decapoda, Thalassinidea). Biological Bulletin of the Marine Biological Laboratory, Woods Hole 136:274–287

Thomsen E, Vorren TO (1984) Pyritization of tubes and burrows from Late Pleistocene continental shelf sediments of north Norway. Sedimentology 31:481–492

Thomson J, Wilson TRS (1980) Burrow-like structures at depth in a Cape Basin red clay core. Deep-Sea Research 27A:197–202

Thorson G (1968) Havbundens dyreliv. Infaunaen, den jævne havbunds dyresamfund. In: Böcher TW, Nielsen CO, Schou A (eds) Danmarks Natur 3, Havet. Politikens Forlag, København, pp 82–166

Trewin NH (1976) *Isopodichnus* in a trace fossil assemblage from the Old Red Sandstone. Lethaia 9:29–37

Trewin NH (1994) A draft system for the identification and description of arthropod trackways. Palaeontology 37:811–823

Trewin NH, Welsh, W (1976) Formation and composition of a graded estuarine shell bed. Palaeogeography, Palaeclimatology, Palaeoecology 19:219–230

Trueman ER (1968a) Burrowing habit and the early evolution of body cavities.– Nature 218: 96–98

Trueman ER (1968b) The burrowing process of *Dentalium* (Scaphopoda). Journal of Zoology, London 154:19–27

Trueman ER (1968c) The mechanism of burrowing of some naticid gastropods in comparison with that of other molluscs. Journal of Experimental Biology 48:663–678

Trueman ER (1971) The control of burrowing and the migratory behaviour of *Donax denticulatus* (Bivalvia: Tellinacea). Journal of Zoology, London 165:453–469

Trueman ER (1975) The Locomotion of Soft-Bodied Animals. Arnold, London

Trueman ER, Ansell AD (1969) The mechanisms of burrowing into soft substrata by marine animals. Marine Biology Annual Review 7:315–366

Tuck ID, Atkinson RJA, Chapman CJ (1994) The structure and seasonal variability in the spatial distribution of *Nephrops norvegicus* burrows. Ophelia 40:13–25

Tudhope AW, Scoffin TP (1984) The effects of *Callianassa* bioturbation on the preservation of carbonate grains in Davis Reef Lagoon, Great Barrier Reef, Australia. Journal of Sedimentary Petrology 54:1091–1096

Tyler JC, Smith CL (1992) Systematic significance of the burrow form of seven species of garden eels (Congridae: Heterocongrinae). American Museum Novitates 3037

Tyson RV, Pearson TH (1991) Modern and ancient continental shelf anoxia: an overview. In: Tyson RV, Pearson TH (eds) Modern and Ancient Continental Shelf Anoxia. Geological Society, London, Special Publications 58:1–24

Tyszka J (1994) Paleoenvironmental implications from ichnological and microfaunal analysis of Bajocian spotty carbonates, Pieniny Klippen Belt, Polish Carpathians. Palaios 9:175–187

Uchman A (1991a) Zróznicowanie batymetryczne i facjalne skamienialosci sladowych w poludniowej czesci plaszczowiny magurskiej (polskie Karpaty zewnetrzne). Kwartaknik Geologiczny 35:437–448

Uchman A (1991b) „Shallow water" trace fossils in Paleogene flysch of the southern part of the Magura Nappe, Polish Outer Carpathians. Annales Societatis geologorum Poloniae 61:61–75

Uchman A (1991c) Diverse tiering patterns in Paleogene flysch trace fossils, Magura nappe, Carpathian Mountains, Poland. Ichnos 1:287–292

Uchman A (1992) Ichnogenus *Rhizocorallium* in the Paleogene flysch (outer Western Carpathians, Poland). Geologica Carpathica 43:57–59

Underwood CJ (1993) The position of graptolites within Lower Palaezoic planktic systems. Lethaia 26:189–202

Vaugelas J de (1989) Deep-sea lebensspuren: remarks on some echiuran traces in the Porcupine Seabight, northeast Atlantic. Deep-Sea Research 36:975–982

Veldhuizen HD van, Phillips DW (1978) Prey capture by *Pisaster brevispinus* (Asteroidea: Echinodermata) on soft substrate. Marine Biology 48:89–97

Vogel S (1978) Organisms that capture currents. Scientific American 239 (2):108–117

Voigt E (1959) Die ökologische Bedeutung der Hartgründe ('Hardgrounds') in der oberen Kreide. Paläontologische Zeitschrift 33:129–147

Voigt E (1974) Über die Bedeutung der Hartgründe ('Hardgrounds') für die Evertebratenfauna der Maastrichter Tuffkreide. Natuurhistorisch Maandblad 63:32–39

Voorhies MR (1975) Vertebrate burrows. In: Frey RW (ed) The Study of Trace Fossils. Springer-Verlag, New York, pp 325–350

Vossler SM, Pemberton SG (1988a) Superabundant *Chondrites*: a response to storm buried organic material? Lethaia 21:94

Vossler SM, Pemberton SG (1988b) *Skolithos* in the Upper Cretaceous *Cardium* formation: an ichnofossil example of opportunistic ecology. Lethaia 21:351–362

Vossler SM, Pemberton SG(1989) Ichnology and paleoecology of off-shore siliciclastic deposits in the Cardium Formation (Turonian, Alberta, Canada). Palaeogeography, Palaeoclimatology, Palaeoecology 74:217–239

Walker EF (1985) Arthropod ichnofauna of the Old Red Sandstone at Dunure and Montrose, Scotland. Transactions of the Royal Society of Edinburgh: Earth Sciences 76:287–297

Walker KR (1972) Trophic analysis: a method for studying the function of ancient communities. Journal of Paleontology 46:82–93

Walker KR, Diehl WW (1986) The effect of synsedimentary substrate modification on the composition of paleocommunities: paleoecologic succession revisited. Palaios 1:65–74

Walker KR, Laporte LF (1970) Congruent fossil communities from Ordovician and Devonian carbonates of New York. Journal of Paleontology 44:928–944

Wallace MW (1987) The role of internal erosion and sedimentation in the formation of stromatactis mudstones and associated lithologies. Journal of Sedimentary Petrology 57:695–700

Walter H (1980) Zur Kenntnis der Ichnia limnisch terrestrischer Arthropoden des Rotliegenden. Freiberger Forschungsheft C357:61–68

Walter H (1982) Zur Ichnologie der Oberen Hornburger Schichten des östlichen Harzvorlandes. Freiberger Forschungsheft C366:45–63

Walter H (1983) Zur Taxonomie, Ökologie und Biostratigraphie der Ichnia limnisch-terrestrischer Arthropoden des mitteleuropäischen Jungpaläozoikums. Freiberger Forschungsheft C382:146–193

Wanless HR, Tedesco LP, Tyrell KM (1988) Production of subtidal tubular and surficial tempestites by Hurricane Kate, Caicos Platform, British West Indies. Journal of Sedimentary Petrology 58:739–750

Warme JE (1967) Graded bedding in the recent sediment of Mugu Lagoon, California. Journal of Sedimentary Petrology 37:540–547

Watkin EE (1939) The swimming and burrowing habits of some species of the amphipod genus *Bathyporeia*. Journal of the Marine Biological Association, UK 23:457–465

Watkin EE (1940) The swimming and burrowing habits of the amphipod *Urothoë marina* (Bate). Proceedings of the Royal Society of Edinburgh 60:271–280

Watling L (1991) The sedimentary milieu and its consequences for resident organisms. American Zoologist 31:789–796

Watson. AT (1927) Observations on the habits and life-history of *Pectinaria* (*Lagis*) *koreni*, Mgr. Proceedings and Transactions of the Liverpool Biological Society 42:25–59

Weaver PPE, Schultheiss, PJ (1983) Vertical open burrows in deep-sea sediments 2 m length. Nature 301:329–331

Webb JE (1969) Biologically significant properties of submerged marine sands. Proceedings of the Royal Society of London B174:355–402

Webb JE, Hill MB (1958) The ecology of Lagos Lagoon IV. On the reactions of *Branchiostoma nigeriense* Webb to its environment. Philosophical Transactions of the Royal Society of London B241:355–391

Weimer RJ, Hoyt JH (1964) Burrows of *Callianassa major* Say, geologic indicators of littoral and shallow neritic environments. Journal of Paleontology 38:761–767

Wells GP (1944) Mechanism of burrowing in *Arenicola marina* L. Nature 154:396

Wells GP (1945) The mode of life of *Arenicola marina* L. Journal of the Marine Biological Association, UK 26:170–207

Wells GP (1948) Thixotropy, and the mechanics of burrowing in the lugworm (*Arenicola marina* L.). Nature 162:652–653

Werner F, Wetzel A (1982) Interpretation of biogenic structures in oceanic sediments. Actes Colloque International CNRS, Bordeaux, Sept. 1981. Bulletin de l'Institute Géologique du Bassin d'Aquitaine 1982 31:275–288

West RR, Ward EL (1990) Asteriacites lumbricalis and a protasterid ophiuroid. In: Boucout AJ (ed) Evolutionary Paleobiology of Behaviour and Coevolution. Elsevier, Amsterdam, pp 321–327

Westall F, Rincé Y (1994) Biofilms, microbial mats and microbe-particle interactions: electron microscope observations from diatomaceous sediments. Sedimentology 41:147–162

Wetzel A (1981) Ökologische und stratigraphische Bedeutung biogener Gefüge in quartären Sedimenten am NW-afrikanischen Kontinentrand. „Meteor" Forschungs-Ergebnisse C34:1–47

Wetzel A (1983a) Biogenic structures in modern slope to deep-sea sediments in the Sulu Sea Basin (Philippines). Palaeogeography, Palaeoclimatology, Palaeoecology 42:285–304

Wetzel A (1983b) Biogenic sedimentary structures in a modern upwelling region: northwest African continental margin. In: Thiede J, Suess E (eds) Coastal upwelling and its Sediment record: Part B, Sedimentary Records of Ancient Coastal Upwelling. Plenum Press, New York, pp 123–144

Wetzel A (1984) Bioturbation in deep-sea fine-grained sediments: influence of sediment texture, turbidite frequency and rates of environmental change. In: Stow DAV, Piper DJW (eds) Fine-Grained Sediments: Deep Water Processes and Facies. Geological Society, London, pp 595–608

Wetzel A, Aigner T (1986) Stratigraphic completeness: tiered trace fossils provide a measuring stick. Geology 14:234–237

Wetzel A, Bromley RG (1994) *Phycosiphon incertum* revisited: *Anconichnus horizontalis* is its junior subjective synonym. Journal of Paleontology 68:1396–1402

Wheatcroft RA (1989) Comment and reply on „Characteristic trace-fossil associations in oxygen-poor sedimentary environments". Geology 17:674–675

Wheatcroft RA, Jumars, PA (1987) Statistical re-analysis for size dependency in deep-sea mixing. Marine Geology 77:157–163

Whitlatch RB (1974) Food-resource partitioning in the deposit feeding polychaete *Pectinaria gouldii*. Biological Bulletin of the Marine Biological Laboratory, Woods Hole 147:227–235

Whitlatch RB (1977) Seasonal changes in the community structure of the macrobenthos inhabiting the intertidal sand and mud flats of Barnstable Harbor, Massachusetts. Biological Bulletin of the Marine Biological Laboratory, Woods Hole 152:275–294

Whitlatch RB (1980) Pattern of resource utilization and coexistence in marine intertidal deposit-feeding communities. Journal of the Marine Research 38:743–765

Whitlatch RB (1981) Animal-sediment relationships in intertidal marine benthic habitats: some determinants of deposit-feeding species diversity. Journal of the Experimental Marine Biology and Ecology 53:31–45

Whittington HB (1980) Exoskeleton, moult stage, appendage morphology, and habits of the Middle Cambrian trilobite *Olenoides serratus*. Palaeontology 23:171–204

Whittington HB (1985) *Tegopelte gigas*, a second soft-bodied trilobite from the Burgess Shale, Middle Cambrian, British Columbia. Journal of Paleontology 59:1251–1274

Wightman DM, Pemberton SG, Singh C (1987) Depositional modelling of the Upper Mannville (Lower Cretaceous), east central Alberta: implications for the recognition of brackish water deposits. SEPM Special Publications 40:189–220

Wignall PB (1990) Observations on the evolution and classification of dysaerobic communities. In: Miller W (ed) Paleocommunity Temporal Dynamics: the Long-Term Development of Multispecies Assemblies. Paleontological Society Special Publications 5:99–111

Wignall PB (1991) Dysaerobic trace fossils and ichnofabrics in the Upper Jurassic Kimmeridge Clay of southern England. Palaios 6:264–270

Wignall PB (1993) Distinguishing between oxygen and substrate control in fossil benthic assemblages. Journal of the Geological Society, London 150:193–196

Wignall PB (1994) Black Shales, Clarendon Press, Oxford

Wignall PB, Pickering KT (1993) Paleoecology and sedimentology across a Jurassic fault scarp, NE Scotland. Journal of the Geological Society, London 150:323–340

Wilcke DE (1952) Beobachtungen über den Bau und die Funktion des Röhren- und Kammersystems der *Pectinaria koreni* Malmgren. Helgoländer wissenschaftliche Meeresuntersuchungen 4:130–137

Wilde PA WJ de (1976) The benthic boundary layer from the point of view of a biologist. In: McCave IN (ed) The Benthic Boundary Layer. Plenum Press, New York, pp 81–94

Wilde PA WJ de (1991) Interactions in burrowing communities and their effects on the structure of marine benthic ecosystems. In: Meadows PS, Meadows A (eds) The Environmental Impact of Burrowing Animals and Animal Burrows. Symposium of the Zoological Society of London 63:107–117

Williams DD, Williams NE, Hynes HBN (1974) Observations on the life history and burrow construction of the crayfish *Cambarus fodiens* (Cottle) in a temporary stream in southern Ontario. Canadian Journal of Zoology 52:365–370

Wilson MA, Palmer TJ (1992) Hardgrounds and hardground faunas. Publications of the Institute of Earth Studies, University of Wales, Aberystwyth 9

Wilson WH (1980) A laboratory investigation of the effect of a terebellid polychaete on the survivorship of nereid polychaete larvae. Journal of Experimental Marine Biology and Ecology 46:73–80

Wilson WH (1981) Sediment-mediated interactions in a densely populated infaunal assemblage: the effects of the polychaete *Abarenicola pacifica*. Journal of Marine Research 39:735–748

Wikander PB (1980) Biometry and behaviour in *Abra nitida* (Müller) and *A. longicallus* (Scacchi) (Bivalvia: Tellinacea). Sarsia 65:255–268

Wohlenberg E (1939) Die Wattenmeer-Lebensgemeinschaften im Königshafen von Sylt. Helgoländer wissenschaftliche Meeresuntersuchungen 1:1–92

Woodin SA (1977) Algal 'gardening' behavior by nereid polychaetes: effects on soft-bottom community structure. Marine Biology 44:39–42

Woodin SA (1978) Refuges, disturbace, and community structure: a marine soft-bottom example. Ecology 59:274–284

Woodin SA (1982) Browsing: important in marine sedimentary environments? Spionid polychaete examples. Journal of Experimental Marine Biology and Ecology 60:35–45

Woodin SA (1991) Recruitment of infauna: positive or negative cues? American Zoologist 31:797–807

Woodin SA, Jackson JBC (1979) Interphyletic competition among marine benthos. American Zoologist 19:1029–1043

Woodin SA, Martinelli R (1991) Biogenic habitat modification in marine sediments: the importance of species composition and activity. In: Meadows PS, Meadows A (eds) The Environmental Impact of Burrowing Animals and Animal Burrows. Symposium of the Zoological Society of London 63:231–250

Woodin SA, Walla MD, Lincoln DE (1987) Occurrence of brominated compounds in soft-bottom benthic organisms. Journal of Experimental Marine Biology and Ecology 107:209–217

Yeo RK, Risk MJ (1981) The sedimentology, stratigraphy, and preservation of intertidal deposits in the Minas Basin system, Bay of Fundy. Journal of Sedimentary Petrology 51:245–260

Yingst JY, Aller RC (1982) Biological activity and associated sedimentary structures in HEBBLE-area deposits, western North Atlantic. Marine Geology 48:M7–M15

Yingst JY, Rhoads DC (1980) The role of bioturbation in the enhancement of bacterial growth rates in marine sediments. In: Tenore KR, Coull BC (eds) Marine Benthic Dynamics. University of South Carolina Press, Durham, pp 407–421

Yonge CM (1939) The protobranchiate Mollusca: a functional interpretation of their structure and evolution. Philosophical Transactions of the Royal Society of London B230:79–147

Yonge CM (1949) On the structure and adaptations of the Tellinacea, deposit-feeding Eulamellibranchia. Philosophical Transactions of the Royal Society of London B234:29–76

Yonge CM, Thompson TE (1976) Living Marine Molluscs, Collins, London

Young DK (1971) Effects of infauna on the sediment and seston of a subtidal environment. Vie et Milieu, Supplement 22:557–571

Young DK, Jahn WH, Richardson MD, Lohanick AW (1985) Photographs of deep-sea Lebensspuren: a comparison of sedimentary provinces in the Venezuela Basin, Caribbean Sea. Marine Geology 68:269–301

Young DK, Thoads EC (1971) Animal-sediment relations in Cape Cod Bay, Massachusetts. I. A Transect study. Marine Biology 11:242–254

Yurewicz DA (1977) Sedimentology of Mississippian basin-facies carbonates, New Mexico and Texas – the Rancheria formation. SEPM Special Publications 25:203–219

Ziegelmeier E (1952) Beobachtungen über den Röhrenbau von Lanice conchilega (Pallas) im Experiment und am natürlichen Standort. Helgoländer wissenschaftliche Meeresuntersuchungen 4:107–129

Ziegelmeier E (1969) Neue Untersuchungen über die Wohnröhren-Bauweise von *Lanice conchilega* (Polychaeta, Sedentaria), Helgoländer wissenschaftliche Meeresuntersuchungen 19:216–229

Zijlstra JJP (1994) Sedimentology of the late Cretaceous and early Tertiary (tuffaceous) chalk of northwest Europe. Geologica Ultraiectina. Mededelingen van de Faculteit Aardwetenschappen Universiteit Utrecht 119

Weitere Literatur

Dahmer G (1937) Lebensspuren aus dem Taunusquarzit und aus den Siegener Schichten (Unterdevon). Jahrb. preuß. geol. Landesanst. 57 (1936):524–539

Darwin H (1901) On the small vertical movements of a stone laid on the surface of the ground. Proc. Roy. Soc. 68:253–261

Ekdale AA, Bromley RG (1983) Trace fossils and ichnofabric in the Kjølby Gaard Marl, uppermost Cretaceous, Denmark. Bulletin of the Geological Society of Denmark 31:107–119

Frey RW (1973) Concepts in the study of biogenic sedimentary structures. Journal of Sedimentary Petrology 43:6–19

Freyer G (1981) Die Cruzianen von Hainichen bei Borna und das Alter ihrer Fundschichten. Freiberger Forschungsheft C 363:51–55

Häntzschel W (1931) *Spongia ottoi* Geinitz, ein sternförmiger Problematikum aus dem sächsischen Cenoman. Senckenbergiana 12, 261–274

Häntzschel W (1952) Die Lebenspur *Ophiomorpha* Lundgren im Miozän bei Hamburg, ihre weltweite Verbreitung und Synonymie. Mitt. geol. Staatsinst. Hamburg 21:142–153

Häntzschel W (1955) Lebenspuren als Kennzeichen des Sedimentationsraumes. Geol. Rdsch. 43:551–562

Häntzschel W (1955) Rezente und fossile Lebensspuren, ihre Deutung und geologische Auswertung. Experientia XI:373–382

Häntzschel W, Reineck HE (1968) Fazies-Untersuchungen im Hettangium von Helmstedt (Niedersachsen). Mitt. Geol. Staatsinst. Hamburg 37:5–39

Holub V, Kozur H (1983) Arthropodenfährten aus dem Rotliegenden der CSSR. Geol. Paläont. Abh. Innsbruck 11 (1981) 3:95–148, (Ichnotaxonomie siehe Walter 1983b)

Keighley DG, Pickerill RK (1994) The ichnogenus *Beaconites* and its distinction from *Ancorichnus* and *Taenidium*. Paleontology 37:305–337

Linck O (1948) Lebensspuren aus dem Schilfsandstein (Mittl. Keuper, km²) Nordwest-Württembergs und ihre Bedeutung für die Bildungsgeschichte der Stufe. Jahresh. Verein vaterl. Naturk. Württemberg 97–101:1–100

Lützner H, Mann M (1988) Arthropodenfährten aus der Phycoden-Folge (Ordovizium) des Schwarzburger Antiklinoriums. Zeitschr. geol. Wiss. 16:493–501

Mägdefrau K (1932) Über einige Bohrgänge aus dem unteren Muschelkalk von Jena. Paläont. Zeitschr. 14:150–160

Mägdefrau K (1934) Über *Phycodes circinatum* Reinh. Richter aus dem thüringischen Ordovizium. Neues. Jahrb. Mineral., Geol. etc., Abt. B, Beil.-Bd. 72:259–281

Martens T (1975) Zur Taxonomie, Ökologie und Biostratigraphie des Oberrotliegenden (Saxon) der Tambacher Mulde in Thüringen. Freiberger Forschungsheft C 309:115–133

Martens T (1976) Über problematische Lebensspuren aus dem Permosiles des Kyffhäusers. Abh. Ber. Mus. Natur Gotha (1976):3–10

Martens T (1979) Arthropodenfährten aus dem Rotliegenden der Eisenacher Mulde (Thüringer Wald). Zeitschr. geol. Wiss. 7, 12:1457–1462

Martens T (1980) Beitrag zur Taxonomie und Ökologie des Oberrotliegenden im Elgersburger Becken in Thüringen. Abh. Ber. Mus. Natur Gotha (1980):21–32

Martens T (1982) Zur Stratigraphie, Ökologie und Klimaentwicklung des Oberrotliegenden (Unteres Perm) im Thüringer Wald (DDR). Abh. Ber. Mus. Natur Gotha (1982):33–57

Müller AH (1954) Zur Ichnologie und Stratonomie des Oberrotliegenden von Tambach (Thüringen). Paläont. Zeitschr. 28, 3/4:179–203

Müller AH (1955) „Helminthoide" Lebensspuren aus der Trias von Thüringen. - Geologie 4:407–415

Müller AH (1955) Das erste Benthos (*Planolites? vermiculare* n. sp.) aus dem Stinkschiefer Mitteldeutschlands (Zechstein, Staßfurtserie). Geologie 4, 7/8:655–659

Müller AH (1955, 1959) Weitere Beiträge zur Ichnologie, Stratinomie und Ökologie der germanischen Trias. Teil I. Geologie 5, 405–423, Berlin; Teil II. Geologie 8:239–261

Müller AH (1962) Zur Ichnologie, Taxiologie und Ökologie fossiler Tiere, Teil 1. Freiberger Forschungsheft C 151:5–49

Müller AH (1966) Neue Lebensspuren (Vestigia invertebratorum) aus dem Karbon und der Trias Mitteldeutschlands. Geologie 15:712–725

Müller AH (1967) Zur Ichnologie von Perm und Trias in Mitteldeutschland. Geologie 16:1061–1071

Müller AH (1969) Zur Kenntnis von *Ophiomorpha*. Geologie 18:1102–1109

Müller AH (1969) Über ein neues Ichnogenus (*Tambia* n. g.) und andere Problematica aus dem Rotliegenden (Unterperm) von Thüringen. Mber. Dtsch. Akad. Wiss. Berlin 11:922–931

Müller AH (1970) Über Ichnia vom Typ *Ophiomorpha* und *Thalassinoides* (Vestigia invertebratorum, Crustacea). Mber. Dtsch. Akad. Wiss. Berlin 12:775–787

Müller AH (1971a) Über Ichnia vom Typ *Helicoraphe* und *Helicodromites* aus Gegenwart und geologischer Vergangenheit. Mber. Dtsch. Akad. Wiss. Berlin 13:72–79

Müller AH (1971b) Über *Dictyodora liebeana* (Ichnia invertebratorum), ein Beitrag zur Taxiologie und Ökologie fossiler Endobionten. Mber. Dtsch. Akad. Wiss. Berlin 13:136–151

Müller AH (1972) Bioturbation durch Decapoda (Crustacea) in Sandsteinen der sächsischen Oberkreide. Mber. Dtsch. Akad. Wiss. Berlin 13 (1971):696–707

Müller AH (1972) Miscellanea aus dem limnisch-terrestrischen Unterperm (Rotliegenden) von Mitteleuropa, Teil 1. Mber. Dtsch. Akad. Wiss. Berlin 13 (1971):937–948

Müller AH (1975) Zur Ichnologie limnisch-terrestrischer Sedimentationsräume, mit Bemerkungen über Ichnia landbewohnender Arthropoden aus Gegenwart und geologischer Vergangenheit. Freiberger Forschungsheft C 304:79–87

Müller AH (1976) Zur Taphonomie, Ichnologie und Ökologie triadischer Ophiuroidea (Echinodermata). Zeitschr. geol. Wiss. 4:1399–1411

Müller AH (1977) Über rezente und fossile Ichnia vom Typ *Helicorphaphe* und *Belorhaphe* sowie ihre Erzeuger auf Flugsanddünen der Gegenwart. Freiberger Forschungsheft C 319:55–63

Müller AH (1980, 1982) Zur genaueren Kenntnis der Ichnocoenose des Nereitenquarzits (Unterdevon) von Thüringen, Teil 1. Freiberger Forschungsheft C 357, 7–24, Teil 2. Freiberger Forschungsheft C 375:7–25

Müller AH (1981) Zur Taxiologie und Ökologie fossiler und rezenter Tiefsee-Benthonten. Biol. Rdsch. 19, 1:1–22

Müller AH (1982) Über Hyponome fossiler und rezenter Insekten, erster Beitrag. Freiberger Forschungsheft C 366:7–27

Müller AH (1989) Zur Ichnologie der Invertebraten. In Lehrbuch der Paläozoologie 2, 3, 3. Aufl.:659–729

Pfeiffer H (1959) Über *Dictyodora liebeana* (Weiss). Geologie 8:425–439

Pfeiffer H (1960) Über Lebensspuren im allgemeinen und aus dem Ostthüringer Schiefergebirge. Aufschluß 11:33–42

Pfeiffer H (1965). *Volkichnium volcki* n. gen., n. sp. (Lebens-Spuren) aus den Phycoden-Schichten. Geologie 14:1266–1268

Pfeiffer H (1968) Die Spurenfossilien des Kulms (Dinants) und Devons der Frankenwälder Querzone. Jahrb. Geol. 2 (1966):651–717

Reineck HE (1951) Fährten als Zeugnisse des Lebens auf dem Meeresgrunde. Senckenbergiana 32:218–260

Reineck HE (1955) Marken, Spuren und Fährten in den Waderner Schichten (ro) bei Martinstein/Nahe. Neues. Jahrb. Geol. Paläont., Abh. 101, 1:75–90

Reineck HE (1957) Über Wühlgänge im Watt und deren Abänderung durch ihre Bewohner. Paläont. Zeitschr. 31, 1/2:32–34

Richter Rud (1926) Flachseebeobachtungen zur Paläontologie und Geologie, XV–XVI. Senckenbergiana 8:297–315

Richter Rud (1928) Die fossilen Fährten und Bauten der Würmer, ein Überblick über ihre biologischen Grundformen und deren geologische Bedeutung. Paläont. Zeitschr. 9 (1927):193–235

Richter Rud (1928) Psychische Reaktionen fossiler Tiere. Helminthoiden und Nereiten als Fragen der Fährtenkunde in der Tierpsychologie. Palaeobiol. 1:225–244

Richter Rud (1936) Marken und Spuren aus dem Hunsrückschiefer. II. Schichtung und Grundleben. Senckenbergiana 18:215–244

Richter Rud (1937) Marken und Spuren aus alten Zeiten. I. Wühlgefüge durch kotgefüllte Tunnel (*Planolithes montanus* n. sp.) aus dem Ober-Karbon der Ruhr. Senckenbergiana 19:150–163

Richter Rud, Richter E (1941) Fährten als Zeugnis auf dem Meeresgrunde. Senckenbergiana 23:218–260

Richter Rud (1954) Fährte eines „Riesenkrebses" im Rheinischen Schiefergebirge. Natur und Volk 84:261–269

Richter Rud (1955) Taxiologie und Paläotaxiologie zwischen Psychologie und Physilogie. Senckenbergiana leth. 36:401–407

Seilacher A (1954) Die geologische Bedeutung fossiler Lebensspuren. Zeitschr. dtsch. geol. Ges. 105:214–227

Seilacher A (1958) Zur ökologischen Charakteristik von Flysch und Molasse. Eclog. geol. Helvet. 51:1062–1078

Seilacher A, Häntzschel W (1956) Die grauen Bänder in der Schreibkreide Nordwestdeutschlands und ihre Deutung als Lebensspuren. Mitt. geol. Staatsinst. 25:104–122

Suhr P (1982) *Ophiomorpha nodosa* Lundgren 1891 im Miozän der Lausitz. Abh. Staatl. Museum Min. Geol. Dresden 31:173–176

Suhr P (1988) Taxonomie und Ichnologie fossiler Wohnröhren terebelloider Würmer. Freiberger Forschungsheft C 419:81–88

Suhr P (1989) Beiträge zur Ichnologie des Niederlausitzer Miozäns. Freiberger Forschungsheft C 436:93–101

Suhr P (1991) Allochthone phosphoritisierte Ichnofossilien aus den Böhlener Schichten der Weißelstersenke. Mauritiana 13, 1/2:225–232

Volk M (1960) *Bifasciculus radiatus* n. g., n. sp., eine Lebensspur aus dem Griffelschiefer des thüringischen Ordoviziums. Geol. Bl. NO-Bayern 10, 4:152–156

Volk M (1964) Die Spurengemeinschaft im Paläozoikum am Schwarzburger Sattel (Thüringen). Abh. dtsch. Akad. Wiss., Klasse Bergb., Hüttenw., Montangeol. 2 (Deubel-Festschr.):163–179

Walter H (1983a) Über neue Arthropodenfährten aus den Oberhofer Schichten (Rotliegendes, Thüringer Wald) mit Bemerkungen zu Ichnia limnisch-terrestrischer Tuffite innerhalb der varistischen Molasse. Freiberger Forschungsheft C 375:87–100

Walter H (1983b) Zur Taxonomie, Ökologie und Biostratigraphie der Ichnia limnisch-terrestrischer Arthropoden des mitteleuropäischen Jungpaläozoikums. Freiberger Forschungsheft C 382:146–193

Walter H (1984) Zur Ichnologie der Arthropoda. Freiberger Forschungsheft C 391:85–94

Walter H (1985) Zur Ichnologie des Pleistozäns von Liebegast. Freiberger Forschungsheft C 400:101–116

Walter H (1986) Beiträge zur Ichnologie limnisch-terrestrischer Sedimentationsräume, Teil I: Zur Verbreitung von *Acripes* Matthew 1910 und Assoziationen von Arthropodenfährten im Oberkarbon und Perm. Freiberger Forschungsheft C 410:5–14

Walter H (1986) Arthropodenfährten in eiszeitlichen Bändertonen bei Liebegast, Kreis Hoyerswerda. Natur und Landschaft im Bezirk Cottbus NLBC 8:51–58

Walter H, Werneburg R (1988) Über Liegespuren (Cubichnia) aquatischer Tetrapoden (?Diplocauliden, Nectridea) aus den Rotteroder Schichten (Rotliegendes, Thüringer Wald/DDR). Freiberger Forschungsheft C 419:96–106

Walter H, Gaitzsch B (1988) Beiträge zur Ichnologie limnisch-terrestrischer Sedimentationsräume, Teil II: *Diplichnites minimus* n. ichnosp. aus dem Permosiles des Flechtinger Höhenzuges. Freiberger Forschungsheft C 427:73–84

Walter H, Tondera D, Jäkel M (1989) *Rhizocorallium* im Miozän der Niederlausitz (DDR). Freiberger Forschungsheft C 436:102–113

Wetzel A, Werner F (1981) Morphology and ecological significance of Zoophycos in deep-sea sediments off NW Africa. Palaeogeogr., Palaeoclimatol., Palaeoecol. 32:185–212

Zwenger W (1986) Invertebratenspuren als Faziesfossilien im Muschelkalk. Veröff. Naturkundemus. Erfurt (1986):34–42

Zwenger W (1987) Zu einigen Erhaltungsformen tertiärer Bohrmuschelspuren. Hercynia N.F. 24, 2:249–255

Glossar

Abgußmedium (*engl.* casting medium). Das widerstandsfähigere Material, in welchem Spurenfossilien in einer lithologisch heterogenen Ablagerung erhalten sind (z. B. Sand in einer Sand-Schlamm-Wechselfolge) (Abb. 9.1).

Advektion (*engl.* advection). Materialtransport durch Fluid- oder Partikelfluß (im Unterschied zur *Diffusion*).

Aedificichnia (auch engl.). Auf dem Substrat – im Unterschied zu im Substrat – angelegte Spurenfossilstrukturen (Kap. 9.2.10; Brown und Ratcliffe 1988).

aerobe Biofazies (*engl.* aerobic biofacies). Biofazies eines durchlüfteten Milieus (Tyson und Pearson 1991).

aerobes Milieu (*engl.* aerobic environment). Ablagerungsmilieu mit ausreichend freiem Sauerstoff (Abb. 12.1; Tyson u Pearson 1991).

Agrichnion (auch engl.; *pl.* Agrichnia). Dauerhafter Wohnbau, um Organismen als Nahrungsquelle zu fangen, zu kultivieren oder zur Chemosymbiose zu nutzen (Ekdale *et al.* 1984a).

aktive Füllung (*engl.* active fill). Grabgangfüllung, die vom grabenden Tier selbst erzeugt wurde.

Amensalismus (*engl.* amensalism). Der Ausschluß einer Art oder einer Gruppe von Arten durch die Lebensaktivität einer anderen Art.

anaerobe Biofazies (*engl.* anaerobic biofacies). Biofazies eines *anaeroben Milieus* (Tyson und Pearson 1991).

anaerobes Milieu (*engl.* anaerobic environment). Milieu ohne freien Sauerstoff.

Ausgleichsarten (*engl.* equilibrium species). Eine Art, die eine *Ausgleichsstrategie* betreibt.

Ausgleichsstrategie (*engl.* equilibrium strategy). Strategie von Organismen in reifen Populationen und *Klimax-Gemeinschaften*, die auch enge Spezialisierungen auf Nischen einschließt.

Ausgleichsstruktur (*engl.* equilibrium structure). Strukturen, die von Tieren erzeugt werden, die ihre Position relativ zum Gewässerboden in Abhängigkeit von allmählichen oder geringen Aufschüttungen oder Abtragungen der Sedimentoberfläche anpassen. Vgl. *Fluchtspur*.

Aushöhlung (*engl.* excavation). Grabtechnik mit Lockern des Substrats und dessen Abtransport aus dem System, entweder zum Gewässerboden oder zu einem anderen Teil des Grabgangs, so daß ein offener Raum zurückbleibt.

Auskleidung (*engl.* lining). Material, das vom Bewohner als Grabgangwandung verwendet wird. Dabei wird passiv gesammeltes Material im offenen Grabgang auf die Wandung aufgetragen.

benthische Grenzschicht (*engl.* benthic boundary layer). Die biologisch aktive Zone an der Sediment/Wasser-Grenzfläche.

Benthos (auch engl.). Flora und Fauna eines See- und Meeresbodens.

berindeter Grabgang (*engl.* rind burrow). Grabgang, dessen Wandungsmaterial durch chemische Veränderungen betont wird (Chamberlain 1975; Ekdale 1977). Vgl. *Vorzugs-Spurenfossil.*

Besiedlungsfenster (*engl.* colonization window). Zeit, die zur Besiedlung eines Substrats zur Verfügung steht (Kap. 12.2.3; Pollard *et al.* 1993).

Biodeformationsgefüge (*engl.* biodeformation structure). Sedimentgefüge, verursacht durch die *Verwirbelung,* die ein Organismus bei der Bewegung in sehr weichem oder unverfestigtem Sediment erzeugt (Schäfer 1956).

Bioglyph (auch engl.). Ornamentierung einer Grabgangwandung, die durch die Lebenstätigkeit des Bewohners verursacht wird (Bromley *et al.* 1984, S. 494).

biologische Resuspension (*engl.* biowinnowing). Resuspension von feinkörnigen Sedimentfraktionen durch biologische Aktivitäten. Strömungen können dieses Material aus dem Gebiet wegführen.

Biosedimentation (*engl.* biodeposition). Einfangen von feinen, suspendierten Partikeln beim Suspensionsfressen und ihr Einbau sowie ihre Ablagerung als psephitische Pellets.

Bioturbation (auch engl.). Prozeß, bei dem die primäre Konsistenz und Struktur eines Sediments durch die Lebenstätigkeit von darin lebenden Organismen verändert worden ist. Sedimententschichtung durch Organismen.

Calichnia (auch engl.). Spurenfossilien, die zu Zuchtzwecken angelegt werden (Kap. 9.2.11; Genise und Brown 1994a).

Chemosymbiose (*engl.* chemosymbiosis). Eine kommensale Vergesellschaftung zwischen einem Wirtstier und lithotrophen Bakterien. Die Bakterien oxidieren verschiedene Substanzen, indem sie den Sauerstoff benutzen, der von dem Wirtsorganismus bereitgestellt wird. Dadurch werden Kohlenstoff gebunden sowie Kohlehydrate und Enzyme produziert (Reid 1989).

Cubichnion (auch engl., *pl.* Cubichnia). Spur eines zeitweilig am Boden ruhenden Tieres (Seilacher 1953b). *Deutsch* auch Ruhespur.

Detritusfresser (*engl.* detritus feeder). Ein Sedimentfresser, der die nährstoffreiche oberste Schicht des Substrats als Nahrungsquelle nutzt.

Diffusion (auch engl.). Bei der Bioturbation spricht man bei der Verlagerung von Einzelpartikeln von Partikeldiffusion, im Unterschied zum Massentransport durch *Advektion.*

dilatant (auch engl.). Eigenschaft eines Sediments, das unter Krafteinwirkung verfestigt wird. Im Unterschied zu *thixotrop.*

Domichnion (auch engl., *pl.* Domichnia). In einem Substrat angelegter dauerhafter Wohnbau (Seilacher 1953a). Vgl. *Aedificichnia.*

Doppelankertechnik (*engl.* double anchor technique). Eine Methode der Sedimentdurchdringung durch abwechselnde Verankerung an zwei Punkten (Trueman 1968a). Ein endständiger Anker sichert das vordere Ende des Tieres, während das Hinterende nachgezogen wird; dann setzt ein Durchdringungsanker das hintere Ende fest, während das vordere Ende in das Substrat eindringt. Erzeugt push-and-pull-Strukturen (Seilacher und Seilacher 1994).

dreidimensionales Netzwerk (*engl.* boxwork). Schächte und Galerien, die dreidimensional miteinander verbunden sind (Ekdale *et al.*1984a). Vgl. *Labyrinth*.

Durchdringungsanker (*engl.* penetration anchor). Siehe *Doppelankertechnik*.

Durchmischungsschicht (*engl.* mixed layer). Oberste Schicht des Substrats, die vollständig bioturbat aufgearbeitet und homogenisiert wird (Berger *et al.* 1979). Vergleiche *Übergangs-* und *unbeeinflußte Schicht*.

dysaerob (auch engl.). Bedingungen mit sehr geringem Sauerstoffgehalt (Kap. 12.1.1; Abb. 12.1; Tyson und Pearson 1991)

echte Verzweigung (*engl.* true branching). Verzweigung eines Spurenfossils, das das Verzweigen des ursprünglichen Grabgangs andeutet. Vgl. *unechte Verzweigung*.

Eindringen (*engl.* intrusion). Grabtechnik mit zeitweiliger Verdrängung der Sedimentpartikel durch Verwirbelung, um die Fortbewegung des Tieres durch ein wäßriges Substrat zu ermöglichen. Die Partikel fließen hinter dem Tier wieder zusammen, wobei sie eine *Biodeformationsstruktur* bilden und keinen Hohlraum hinterlassen.

Endanker (*engl.* terminal anchor). Siehe *Doppelankertechnik*.

endobenthisch (*engl.* endobenthic). Das Endobenthos betreffend. Organismen, die im Sediment eines Sees oder Meeres leben.

Endobiont (auch engl.). Ein Tier, das in einem See- oder Meeresboden lebt. Ein Vertreter einer endobenthischen Gemeinschaft.

epibenthisch (*engl.* epibenthic). Das Epibenthos betreffend. Organismen, die auf dem Substrat leben. Vergleiche *endobenthisch*.

Epirelief (auch engl.). Seilachers (1953a, 1964) Bezeichnung für ein Spurenfossil, welches entweder als „konkaves" oder „konvexes" Semirelief auf der Oberfläche eines *Abgußmediums* (gewöhnlich Sandstein; Abb. 9.1) erhalten ist.

Equilibrichnion (auch engl., *pl.* Equilibrichnia). Siehe *Ausgleichsstruktur*.

exaerobe Biofazies (*engl.* exaerobic biofacies). Lokal durchlüftete Regionen eines generell anaeroben Substrats, die von einer schalentragenden chemosymbiontischen Fauna besiedelt werden (Abb. 12.1; Savrda und Bottjer 1987).

exogen (*engl.* exogenic). Biogene Strukturen, die auf der Sedimentoberfläche angelegt werden.

Festgrund (*engl.* firmground). Substrat, das aus festem, aber unzementiertem Sediment besteht. Vergleiche *Flüssiggrund* und *Weichgrund* (Fürsich 1978).

Fluchtspur (*engl.* escape trace). Struktur, die durch ein Tier erzeugt wird, das vor der Bedrohung durch Verschütten, vor Erosion oder vor einem Räuber flüchtet.

Flüssiggrund (*engl.* soupground). Substrat, welches aus wassergesättigtem Sediment besteht und eine flüssige Konsistenz besitzt (Ekdale *et al.* 1984a).

Fodinichnion (auch engl., *pl.* Fodinichnia). Spur, die durch einen nicht vagilen Sedimentfresser erzeugt wird (Seilacher 1953a).

Förderer (*engl.* conveyor). Ein Tier, welches bei seinem Freßprozeß einen stetigen Aufwärtsstrom von Partikeln verursacht, d. h. von einem tieferen Niveau im Substrat zur Oberfläche. Vergleiche *umgekehrter Förderer*. (Der engl. Begriff ist die Abkürzung von „conveyor-belt feeder" (Rhoads 1974)).

Fossilisationsbarriere (*engl.* fossilization barrier). Der Schnitt zwischen der Aktivität lebender *endobenthischer* Tiere und der Überlieferung als *Spurenfossilien*.

Fugichnion (auch engl., *pl.* Fugichnia). Siehe *Fluchtspur* (Frey 1973).

Galerie (*engl.* gallery). Mehr oder weniger horizontale Gänge oder Teile von Gangsystemen. Vgl. *Schacht*.

Gilde (*engl.* guild). Eine Gruppe von Arten, welche die gleichen Nahrungsquellen eines Sedimentationsraumes auf ähnliche Weise ausnutzten. Arten, die benachbarte ökologische Nischen bewohnen. (Root 1967).

Grabgang (*engl.* burrow). Raum im Sediment, der durch ein Tier eingenommen und aufrechterhalten wird.

Grabgangbegrenzung (*engl.* burrow boundary). Die Grenzfläche zwischen der *Grabgangfüllung* oder der *Auskleidung* und dem Substrat. Vgl. *Wandung*.

Grabgänge mit Hof (*engl.* halo burrows). Grabgänge, die deutlich hervortreten, da durch chemische Diagenese im umgebenden Sediment ein entfärbter Hof entsteht (Chamberlain 1975).

Grabgangfüllung (*engl.* burrow fill). Material, welches den Grabgang ausfüllt. Die Verfüllung kann aktiv (*Versatz*) oder passiv durch Sedimentation erfolgen.

Grabgangstruktur (*engl.* burrow structure). Biogene Sedimentstruktur, die durch die Tätigkeit eines grabenden Tieres im Sediment erzeugt wird.

Graphoglypten (*engl.* graphoglyptids). Komplizierte schichtparallele Gangsysteme, die sowohl dem dauerhaften Wohnen als auch zur Kultivierung von Mikroorganismen oder als Falle zur Nahrungsgewinnung dienen. Vgl. *Agrichnion*.

Grenzflächen-Erhaltung (*engl.* bed junction preservation). Grabgangfüllungen, deren Material von dem der Matrix abweicht. Entstanden durch Verfüllung mit Sediment von einer oberen Grenzfläche her, an der das Sediment gewechselt hat (Simpson 1957).

Hartgrund (*engl.* hardground). Synsedimentär zementierter Meeresboden. Intergranularer Zement erzeugt ein hartes Substrat, das für grabende Tiere undurchdringbar ist (Voigt 1959).

Hyporelief (auch engl.). Seilachers (1953a) Bezeichnung für ein Spurenfossil, welches entweder als „konkaves" oder „konvexes" Semirelief an der Unterfläche (Sohlfläche) einer Schicht erhalten ist.

Ichnogenus (auch. engl.). Gattungsname, mit dem formal Spurenfossilien bezeichnet werden. Der Name wird immer kursiv und mit Großbuchstaben geschrieben. Normalerweise abgekürzt als „ichnogen." oder *„igen."*

Ichnoklast (*engl.* ichnoclast). Aufgearbeitetes Spurenfossil (Goldring 1991).

Ichnospezies (*engl.* ichnospecies). Artname, der formal auf Spurenfossilien angewendet wird. Der Name wird immer kursiv geschrieben. Normalerweise abgekürzt als „ichnosp.", hier als *„isp."* (Mehrzahl „ichnospp." bzw. „ispp.").

Ichnotaxobasis (*engl.* ichnotaxobase). Morphologische Merkmale eines Spurenfossils als gültige Grundlage für die Ichnotaxonomie.

Ichnozönose (*engl.* ichnoceonosis). Eine unverfälschte Gesellschaft von Spurenfossilien, die sich aus der Tätigkeit einer *endobenthischen* Lebensgemeinschaft ableitet. Für fossiles Material muß es korrekt „Paläoichnozönose" heißen.

igen. Abkürzung von *Ichnogenus.*

IRZN (*engl.* ICZN International Code of Zoological Nomenclature). Internationale Regeln für die zoologische Nomenklatur (Ride *et al.* 1985); Regeln für die Benennung lebender und fossiler Tiere.

isp. Abkürzung für *Ichnospezies.*

Kamin (*engl.* chimney). Ausdehnung einer Grabgangauskleidung oder einer Grabgangröhre nach oben über die Substratoberfläche hinaus.

Kern (*engl.* core). Die Zentralregion einer *zonierten Füllung.* Vgl. *Mantel.*

Klimax-Gemeinschaft (*engl.* climax community). Eine Gemeinschaft, die aufgrund konstanter Umweltbedingungen eine ausgereifte Populationsstruktur entwickelte. Besteht normalerweise aus einer großen Vielfalt von Ausgleichsarten, die zahlreiche Nischen besetzen (siehe *Ausgleichsstrategie*).

Klimax-Spurenfossil (*engl.* climax trace fossil). Ichnotaxon, das für Ichnozönosen charakteristisch ist, die durch *Klimax-Gemeinschaften* erzeugt wurden.

Kompaktion (*engl.* compaction, compression). Grabvorgang mit Verdichtung des Substrats, um die Fortbewegung eines Tieres im Sediment zu ermöglichen. Hinterläßt einen offenen Raum.

Koprolith (*engl.* coprolite). Fossiles Exkrement. Bei einem Durchmesser um 1 mm oder geringer werden Koprolithen als „Mikrokoprolithen" oder „Kotpillen" (Fäkalpellets) bezeichnet.

Körperfossil (*engl.* body fossil, three-dimensional fossil). Fossile Körperreste von Skelett- oder Weichteilen eines Organismus. Vgl. *Spurenfossil.*

Kryptobioturbation (*engl.* cryptobioturbation). Bioturbation der Meiofauna und kleinwüchsigen Makrofauna in den Kornzwischenräumen, die zu einer Verlagerung der Körner über kurze Entfernungen führt. Die Kryptobioturbation führt zur Aufweichung oder Verwischung des Gefüges bis zur Homogenität (Howard und Frey 1975).

Kultivierung (*engl.* gardening). Anbau von Mikroben als Nahrungsquelle.

Labyrinth (*engl.* maze). *Netzwerk* von Gängen, das auf einen Horizont beschränkt ist (s. *dreidimensionales Netzwerk*).

Lockergrund (*engl.* looseground). Nicht verfestigtes sandiges Substrat, gröberes Äquivalent von *Weichgrund* (Goldring 1995a).

Mantel (*engl.* mantle). Äußere Zone eines mehrlagigen Stopfgefüges. Vgl. *Kern* (Heinberg 1970).

Meiofauna (*engl.* meiofauna). In der Größe zwischen Makro- und Mikrofauna liegend. Eine endobenthische Meiofauna lebt im Intergranularraum des Sediments.

Mesofauna Siehe *Meiofauna.*

Netzwerk (*engl.* network). System von Gängen mit untereinander verbundenen *Schächten* und *Galerien.* Siehe auch *dreidimensionales Netzwerk* und *Labyrinth.*

Omissions-Suite (*engl.* omission suite). Spurenfossilien, die sich im Sediment unter einer Omissionsfläche ansiedeln und aus der Zeit der Sedimentationsunterbrechung stammen (Bromley 1975).

opportunistische Arten (*engl.* opportunistic species). Arten, die eine *opportunistische Strategie* verfolgen.

opportunistische Strategie (*engl.* opportunistic strategy). Populationsstrategie von Organismen, welche sehr schnell freie Nischen besiedeln können, d. h. einen Lebensraum, der zeitweilig auf Grund von Umweltveränderungen keine Besiedlung zuläßt.

Palimpsest (*engl.* palimpsesting). Überprägung der Aktivität einer endobenthischen Gemeinschaft durch eine andere (Kap. 11.1.2). Vgl. *zeitliche Kondensation.*

Pascichnion (auch engl., *pl.* Pascichnia). Durch vagile *Detritus-* und *Sedimentfresser* erzeugte Weidestrukturen.

passive Füllung (*engl.* passive fill). Material, das gravitativ in einem offenen Grabgang abgelagert wurde. Vgl. *aktive Füllung.*

Pionierarten (*engl.* pioneer species). *Opportunistische Arten,* welche als erste neu verfügbare Lebensräume besiedeln.

postdiagenetische Suite (*engl.* postlithification suite). Spurenfossilien (Bohrspuren), die auf einer Omissionsfläche nach deren Zementation zum *Hartgrund* angelegt werden (Bromley 1975).

Post-Omissions-Suite (*engl.* post-omissions suite). Spurenfossilien, die im Sediment unter einer Omissionsfläche nach Wiedereinsetzen der Sedimentation angelegt werden.

postsedimentäre Spurenfossilien (*engl.* post-depositional trace fossils). Wird vor allem für Vergesellschaftungen benutzt, die in Turbiditen und Sturmablagerungen vorkommen. Es handelt sich um Strukturen, die nach Erosion oder Ablagerung angelegt wurden und die Unterseite einer Bank durchdringen. Siehe *präsedimentäre Spurenfossilien*.

prädiagenetische Suite (*engl.* pre-lithification suite). Spurenfossilien der *Omissions-Suite* in Hartgründen, welche unter einer Omissionsfläche und vor deren Verfestigung angelegt wurden (Bromley 1975).

Praedichnion (auch engl.). Spur räuberischer Aktivitäten (Ekdale 1985).

Prä-Omissions-Suite (*engl.* pre-omission suite). Spurenfossilien unmittelbar unter einer Omissionsfläche, die aber aus der Zeit vor dem sedimentären Hiatus stammen (Bromley 1975). (Vgl. *Omissions-Suite* und *Post-Omissions-Suite*).

präsedimentäres Spurenfossil (*engl.* pre-depositional trace fossil). Vor allem Semirelief-Suiten an der Unterseite von Turbiditen und Sturmablagerungen. Spurenfossilien, die vor der plötzlichen Erosion und Sedimentation angelegt werden. Die Gänge treten an der Sohlfläche der Sandbänke als Abgüsse auf (Abb. 6.4).

protrusiv (*engl.* protrusive). Durch Bewegung in distaler Richtung erzeugte *Spreite*, d. h. von den Gangöffnungen weg.

räuberisches Abweiden (*engl.* browsing predation). Auch als Ernten bzw. Abernten bezeichnet: Das Abfressen tierischer Körperteile, ohne die Beute zu töten, welches ein Nachwachsen der verlorenen Teile ermöglicht.

Redoxgrenze (*engl.* redox-potential-discontinuity, RPD). Die Grenzfläche innerhalb eines aquatischen Substrats, an der oxidierende durch reduzierende Prozesse abgelöst werden (Fenchel und Riedel 1970). Grenze zwischen aerobem „gelbem" Sediment darüber und anaerobem „schwarzem", chemisch reduzierendem Sediment darunter (Abb. 5.7).

Repichnion (auch engl., *pl.* Repichnia). Ein aus der Bewegung resultierendes Spurenfossil, einschließlich *Stopfgefüge*, Spur oder Fährte.

retrusiv (*engl.* retrusive). Bei einer Bewegung in proximaler Richtung erzeugte Spreite, d. h. auf die Gangöffnungen zu.

Röhre (*engl.* tube). Mit gut ausgebildeter *Grabgangauskleidung*.

Schacht (*engl.* shaft). Senkrechter Grabgang oder senkrechtes Element eines Grabgangsystems.

Scherung (*engl.* shear). Mischung oder Deformation von Sedimenten durch laminares Fließen (Abb. 1.1b).

Schlüssel-Bioturbator (*engl.* key bioturbator). Eine Tierart mit einem besonders hohen Anteil an Sedimentumlagerungen, so daß ihr Gefüge im Sediment vorherrscht.

Sedimentfresser (*engl.* deposit feeder). Ein Tier, das auf dem Substrat abgelagerte oder in diesem enthaltene Nahrung aufnimmt.

Semirelief (auch engl.). Seilachers (1953a) ursprüngliche Bezeichnung für ein Spurenfossil, das an einer Schichtfläche durch Erosions- und Abgußprozesse erhalten ist.

So enthält der Abguß der unteren Hälfte der Spur keine internen biogenen Strukturen und ist ein *präsedimentäres Spurenfossil*. Häufig auch für Spurenfossilien verwendet, die entlang einer Schichfläche angelegt sind; diese *postsedimentäre Spurenfossilien* enthalten interne Strukturen und sind, obwohl sie als Semirelief-Strukturen auftreten, als Vollrelief-Strukturen erhalten.

Seston (*engl.* seston). Organische (lebende oder abgestorbene) Partikel und anorganischer Detritus als Suspension in der Wassersäule.

Spaltrelief (*engl.* cleavage relief). Seilachers (1964) Begriff für eine Spurenfossilerhaltung als Semirelief, welches auf der Spaltfläche eines Gesteins erscheint.

Spreite (*engl.* spreite). Laminierte biogene Struktur aus dicht aufeinanderfolgenden Tunnelwandungen, die durch einen sich seitlich im Sediment verlagernden Grabgang (mit der Breitseite voran) erzeugt wurden. Vgl. *Stopfgefüge*.

Spurenerzeuger (*engl.* tracemaker). Das Tier, das für das jeweilige Spurenfossil verantwortlich ist.

Spurenfossil (*engl.* trace fossil). Fossilisierte Struktur, die in unverfestigtem Sediment, in Sedimentgesteinen oder in anderen Substraten durch die Aktivität oder das Wachstum von Organismen angelegt wird.

Spurengefüge (*engl.* ichnofabric). Textur und Internstruktur eines Sediments durch Bioturbation unterschiedlichen Ausmaßes.

Spurengilde (*engl.* ichnoguild). Eine Gruppe von *Ichnospezies*, die gleiches Verhalten zeigen und zur gleichen *trophischen Gruppe* gehören bzw. ein ähnliches Stockwerk und eine ähnliche Position innerhalb des Substrats einnehmen.

Spurenvielfalt (*engl.* ichnodiversity). Die Zahl der Ichnotaxa in einer Ichnozönose. Entspricht der Vielfalt von Taxa in einer Biozönose.

Stockwerkbau (*engl.* tiering). Vertikale Unterteilung einer Gemeinschaft. In endobenthischen Gemeinschaften kommen verschiedene Arten biogener Umlagerungsprozesse in unterschiedlichen Niveaus unter der Sedimentoberfläche vor (Bottcher und Ausich 1982).

Stopfgefüge (Versatz) (*engl.* backfill). Entsteht, wenn ein Tier beim Durchdringen des Sediments Material aktiv hinter sich ablagert.

Suite (*engl.* suite). Untergruppe einer heterogenen Spurenfossilgemeinschaft, die eine Annäherung an ökologisch reine Ichnozönosen darstellt (Bromley 1975).

Suspensionsfresser (*engl.* suspension feeder). Ein Tier, das *Seston* fängt und frißt (Levinton 1972).

thixotrop (*engl.* thixotropic). Eigenschaft eines Sediments, das unter einer Krafteinwirkung seine Festigkeit vermindert und flüssig wird. Vgl. *dilatant*.

Trichterfallenfressen (*engl.* funnel feeding). Das Einfangen von Detritus in einer Trichterfalle, welche an einer oder an beiden Öffnungen eines Grabgangs angelegt wird.

trophische Gruppe (*engl.* trophic group). Übergeordnete Bezeichnung, die sich auf Arten mit ähnlichem Freßverhalten bezieht, z. B. *Sedimentfresser, Suspensionsfresser* etc.

Übergangsschicht (*engl.* transition layer). Zone direkt unter der *durchmischten Schicht* des Substrats, in der durch die Aktivität tiefer grabender Tiere eine heterogene Sedimententmischung stattfindet (Berger *et al.* 1979).

uhrglasförmige Stopfgefüge (*engl.* meniscus structure). Eine Form des *Stopfgefüges*, das sich aus uhrglasförmigen Sedimentlagen (konvex-konkav) zusammensetzt (sichelförmig im Längsschnitt).

umgekehrter Förderer (*engl.* inverted conveyor). Ein Tier, dessen Freßaktivität Material von der Sedimentoberfläche nach unten transportiert und es tief im Substrat ablagert. Vgl. *Förderer.*

unbeeinflußte Schicht (*engl.* historical layer). Zone unter dem tiefsten Stockwerk der grabenden Organismen (Berger *et al.* 1979).

unechte Verzweigung (*engl.* false branching). Verzweigung oder scheinbare Verzweigung in einem Spurenfossil, die durch Verlagerung aus ursprünglich unverzweigten Grabgängen hervorgeht (Abb. 8.8; Bromley und Frey 1974).

Verwirbelung (*engl.* eddy diffusion). Sedimententmischung durch eine turbulente Strömung des Substrats, bei der die mittlere Bewegung kleinerer Partien über einen gewissen Zeitraum gleich bleibt (Hanor und Marshall 1971).

Vollrelief (*engl.* full relief). Seilachers (1953a) Bezeichnung für ein Spurenfossil, welches dreidimensional in einer Gesteinseinheit erhalten ist, d. h. nicht entlang einer Schichtfläche. Vgl. *Semirelief.*

Vorzugs-Spurenfossil (*engl.* elite trace fossil). Ein Ichnotaxon, dessen Struktur während der Diagenese eine Verstärkung erfährt (z. B. Farbverstärkung, konkretionäre Entwicklung) und dadurch deutlicher überliefert wird als andere Ichnotaxa in derselben Gesellschaft.

Vorzugs-Struktur (*engl.* elite structure). Biogene Strukturen im Sediment, das, bedingt durch einen hohen Sauerstoffgehalt und Gehalt an organischem Material, eine größere Aktivität auslöst als ihrem räumlichen Anteil entspricht (Reise 1981).

Wandung (*engl.* wall). Konstruktionsmerkmal an der *Gangbegrenzung* einschließlich Verdichtungs- und Störungszonen im angrenzenden Substrat. Vgl. *Auskleidung* (Abb. 1.7 und 8.1). Die Wandung kann eine Skulpturierung und Ornamentierung aufweisen, die beim Kratzen und Graben des Spurenerzeugers entstehen (Vgl. Keighley und Pickerill 1994).

Weichgrund (*engl.* softground). Weiches, unverfestigtes Substrat, welches zwischen *Festgrund* und *Flüssiggrund* vermittelt.

Wurm (*engl.* worm). Hier umgangssprachlich in funktionellem Sinne für weiche, längliche Tiere verwendet. Ohne taxonomische Stellung.

zeitliche Mittelung (*engl.* time-averaging). Scharung von Zeitlinien, wodurch mehrere aufeinanderfolgende Gemeinschaften als eine einzige Vergesellschaftung erscheinen (Kap. 5.3.3; Abb. 10.2b). Vgl. *Palimpsest.*

zonierte Füllung (*engl.* zoned fill). Grabgangfüllung, die aus zwei oder mehreren, unterschiedlichen Sedimenttypen besteht, welche konzentrisch angeordnet sind; ein *Mantel* der einen *Kern* umgibt.

Sachverzeichnis

A

Aasfresser 157
Abarenicola
  -, *pacifica* 47, 48, 124
  -, *vagabunda* 47
Abbauaktivität 14
Abflußröhre 85
Ablagerung
  -, Bedingung 193, 212, 239
  -, Grenzfläche 211
  -, Milieu 7
  -, Prozeß 275, 277, 279, 281
  -, Raum 103, 193, 209, 211, 223, 226, 232, 239, 242, 245
Abra
  -, *longicallus* 60, 69
  -, *nitida* 69
Abraum 37, 39, 49, 52, 91, 97
Absonderung 36
Abteilung 186, 196
Acripes 276
Actinaria 31, 154
Advektion 60, 115, 122, 136, 325, 326
Aedificichnia 193, 325, 326
Agrichnia 183, 187, 190, 191, 203, 227, 229, 231, 245, 265, 325, 328
Akkumulation 74, 244
  -, Phase 33
Aktionsgrad 212
Aktionszone 225
Aktivitätsniveau 122, 230
Aktivitätszone 15, 69
Akzeptor 116
Alectorurus 180
Algen 96, 99, 107, 124, 159, 291
  -, -fresser 26
Alpheide 111
Alpheus
  -, *crassimanus* 111
  -, *djiboutensis* 111
  -, *heterochaelis* 93
Ambulacral-
  -, -feld 83, 84
  -, -füßchen 79, 82
Amensalismus 123–127, 215, 325
Amphibienspur 182

Amphipoden 25, 26, 44, 45, 61, 98, 104, 114, 118, 124, 129, 154
Amphitrite ornata 61, 62, 64, 114, 118, 122, 164, 198
Amphiura 130
  -, *filiformis* 130
Analyse 7, 141, 153, 196, 230, 231, 267–269, 280, 283, 285, 292
  -, -methoden 283
  -, Becken- 249
  -, Milieu-für-Milieu- 269
  -, Sequenz- 280
  -, trophische 196
Anatomie 77, 160, 181
Anbaukulturen 191
Anconichnus horizontalis 259
Ancorichnus ancorichnus 163–166, 168, 175, 285
Ankerpunkt 26
Anneliden 7, 39
anoxisch 78
Ansiedlung 125, 282
Anthozoen 33
Apikalscheibe 84
Apoditen 48
Aporrhais pespelicani 130
Aquarium 12, 24, 27, 49, 52, 68, 79, 96, 116, 189, 223
  -, Gezeiten- 141, 142
Arachnanthus sarsi 34
Archaeopteryx 182
Archianneliden 23
Arenicola 45–49, 54, 129, 154
  -, *marina* 45–49, 54, 129, 154
Arenicoliden 47
Arenicolites 79, 187, 190, 227–229, 236, 241–245, 254, 275, 285
  -, *curvatus* 79
  -, isp. 227, 243, 285
Arenicolitidae 180
Arten
  -, -gruppen 78, 231
  -, -minimum 274
  -, -vielfalt 211, 226, 240, 269
  -, opportunistische 329
Arthropoden 19, 157, 178, 210, 243, 276
Ascheregen 270
Assoziationen 238
Asteriacites 158, 187, 188, 265, 285
  -, *lumbricalis* 285

Asterias forbesi 76
Asterosoma 164, 198
Astropecten 76, 130
    –, *irregularis* 76
    –, sp. 76, 130
Ästuar 274, 279
Atemluft 77
Atemsipho 68
Atemwasser 83
Atlantik 87, 98, 101, 107, 145
Atmung 5, 39, 106, 153
    –, Kanäle 92
Atoll 94, 96, 101, 104
Ätzspuren 1
Aufarbeitungsphase 107
Aufarbeitungszone 106
Aufschlüsse 186, 249, 250–254, 256
Aufsedimentation 50, 149, 213
Auftriebssystem 227
Aufwärtstransport 55, 60
Ausfällung 122
Ausgleichs-
    –, -art 226, 325, 329
    –, -bewegung 175, 200
    –, -gemeinschaft 227
    –, -ökologie 225–229, 231, 233
    –, -spreite 50
    –, -spur 75, 187, 192, 193, 197, 202, 226, 277
    –, -strategie 225, 226, 325, 329
    –, -struktur 33, 50, 74, 75, 192, 195, 240, 325,
      327
Aushöhlung 9, 10, 13, 17, 19, 37, 39, 49, 58, 121, 169,
    280, 325
Auskleidung 20, 43, 62–64, 74, 83, 92, 97, 122, 142,
    156, 163, 164, 176, 197–202, 257, 258, 264, 325,
    328, 332
    –, Schicht 62
Auslöschung 25
Austrittsströmung 39
Austrocknung 157, 210, 270
Autökologie 109, 291
Axius serratus 99, 100

B

Bahamas 94, 101, 239
Bakterien 6–8, 23, 47, 54, 60, 61, 64–66, 77–79, 83,
    91, 98–101, 119, 123, 129, 132, 138, 291, 326
    –, -kulturen 183
    –, -wachstum 49
Balanoglossus 51, 52
    –, *aurantiacus* 52
    –, *clavigerus* 51
    –, *gigas* 51
Barentssee 235, 260
Bartwürmer 8
Basalscheibe 32
Basisdiskordanz 169
Basisschicht 277
Bathichnus paramoudrae 66
Bathymetrie 236, 283
Bathyporeia 25, 26

    –, *pilosa* 25
    –, *sarsi* 25
Bathysiphon 24, 257
    –, *filiformis* 24
    –, sp. 24, 257
Bau, L-förmiger 41–43
Bausystem 9
Bauwandung 8, 40, 43, 105, 116
Beaconites 276
Beckenentwicklung 269
Benthos 127, 186, 218, 271, 326
Bergaueria 285
    –, isp. 285
Besiedlung 15
    –, Anforderungen 278
    –, Ereigniss 229, 278
    –, Fenster 128, 243, 277–279, 326
    –, Fläche 127, 225, 229, 278, 281
    –, Geschwindigkeit 227
    –, Horizont 208
    –, Lage 278
    –, Muster 281
    –, Oberfläche 278, 279
    –, Periode 37
    –, Phase 282
    –, Stufen 206
Beutefang 273
Beutetiere 8, 61, 195
Bewässerungsstrom 18, 20, 39, 49, 96, 197
Bewegungsspur 211
Bildanalyse 292
Bildungsmilieu 267
Bildungsraum 227, 232, 239, 244
Biodeformation 30
    –, Gefüge 10, 26, 326
    –, Struktur 58, 327
Biodiversität 271
Bioerosion
    –, Prozeß 19
    –, Struktur 209
Biofazies 132, 237–239, 270–272, 325, 327
    –, exaerobe 132, 327
Bioglyph 154, 169, 176, 178, 210, 326
Bioklast 182
Biolobite 178
Biomasse 119, 143, 214, 240, 291
Biomatte 271
Bioschichtung 135
Biosedimentation 119, 326
Biosphäre 283
Biostratigraphie 180
Biotaxa 161
Bioturbation 14, 15, 18, 22, 48, 49, 70, 81, 109, 115–
    124, 127, 128, 134–138, 143–145, 212–225, 229, 239,
    242, 244, 254, 259, 264–267, 270, 271, 275–279,
    281, 287, 326, 327, 329, 331
    –, Dichte 218, 223, 268
    –, Eigenschaft 66
    –, Erscheinung 141
    –, Gefüge 186, 219, 281
    –, Gemeinschaft 118
    –, Grad 221

-, Index 221, 286, 288
-, Klasse 221
-, Modell 134, 135
-, Prozeß 9, 19, 109, 135–137, 163, 205, 221
-, Rate 225
-, Struktur 148
-, Tätigkeit 117
-, Zone 136, 144, 150, 212
Bivalve 67–69, 76–78, 99, 181
Blatthornkäfernester 193
Blattschneiderameisen 7
Boden 11, 20, 39, 45, 121, 124, 127, 158, 195, 218, 271, 283, 326
-, -milieu 123
-, -profil 282
-, -satz 200
-, -sediment 118
-, -strom 21
-, -wasser 122, 218, 219, 229, 271, 273, 274
Bohrkern 177, 200, 209, 224, 249–253, 255–257, 259, 261–263, 265, 267
-, -material 249, 250
Bohrloch 192, 282
Bohrlokation 249
Bohrprozeß 251
Bohrspuren 180, 193, 330
Borstenwürmer 10
Brachyuren 180
Brackwasser 274
-, -ablagerung 228
-, -arten 25
-, -fauna 274
-, -gemeinschaft 273
Branchiostoma 27, 124
-, *lanceolatum* 27
-, *nigeriense* 124
Brissopsis
-, *alta* 79
-, *lyrifera* 130
Bromphenole 54
Brückenwürmer 22
Brutbau 187
Brutstrukturen 193
Byssusfaden 130

C

Calappa 188
-, sp. 188
Calichnia 193, 326
Callianassa 87, 90–97, 104, 109, 110, 112, 119, 127, 153, 223
-, *biformis* 92, 153
-, *californiensis* 90–93, 109, 110, 112, 223
-, *jamaicense* 90, 92, 110
-, *jamaicense louisianensis* 90
-, *kraussi* 91
-, *rathbunae* 95, 96
-, sp. 92, 94
-, *subterranea* 93, 127
-, *tyrrhena* 94
Callianassidae 87, 92, 94–96, 101, 157, 162, 180, 218,

270, 280
Callichirus 87–90, 97, 110, 136, 141, 144, 161, 162
-, *islagrande* 90, 95, 96, 110
-, *major* 87–90, 136, 141, 144, 161, 162
Calocaris macandreae 100
Cambarus fodiens 105
Capitelliden 57
Cardioichnus planus 175
Cardisoma carnifex 105
Caridea 93
Carnivoren 29, 149, 150, 165, 200
Cephalochordaten 27
Cephalopoden 201, 202
Cerastoderma edule 129
Cerianthria 33
Ceriantheopsis
-, *aestuari* 34
-, *americanus* 34
Cerianthiden 33, 34, 35
Cerianthus 33–35, 201
-, *lloydii* 33, 34
-, *membranaceus* 33
-, sp. 34
-, *vogti* 34, 35, 201
Chaetopterus 35–41, 49, 197
-, sp. 36, 37
-, *variopedatus* 35–41, 49
Chemichnia 187
chemolithoautotroph 101, 138
chemolithotroph 66
Chemosymbiont 8, 78, 99, 201, 228, 235, 271, 272
Chemosymbiose 8, 64, 67, 79, 84, 99, 138, 157, 201, 203, 271, 272, 291, 325, 326
Chondriteae 180
Chondrites 8, 66, 148, 150, 156, 159, 171, 180, 187, 191, 198, 201, 213, 217–220, 223, 227–229, 232, 233, 242–245, 257, 270–275, 282, 291
-, isp. 148, 150, 156, 171, 198, 217, 219, 220, 233
Cistenides gouldii 58
Clymenella torquata 55, 57, 116, 118
Cnidarier 31, 33, 35, 37, 39, 41, 43, 45, 47, 49, 51, 53
Cochlichnus 276, 285
-, isp. 285
Computermodell 213, 215
Conchostraken 181
Copepoden 23, 109
Coprofazies 236
Corallianassa longiventris 99
Corbula gibba 130
Corophium 44, 45, 61, 114, 124, 129, 149, 154, 197
-, *arenarium* 44, 45, 114
-, sp. 61
-, *spinicornis* 124
-, *volutator* 44, 45, 129, 149, 154, 197
Cosmorhaphe 161, 180, 187, 191, 192, 245, 265
-, *lobata* 192
Crangon crangon 188
Crustaceen 5–7, 13, 23, 78, 85, 87–103, 110, 118, 119, 138, 162, 169, 178, 181, 182, 197, 275, 276
-, anomure 85, 87, 89, 91, 93, 95, 97, 99, 101
-, notostrake 275
Cruziana 159, 177–180, 186, 187, 190, 192, 210, 211,

236, 241–243, 265, 274–276, 283
–, *dispar* 192
–, isp. 178, 190, 243
–, *problematica* 179, 210, 276
–, *reticulata* 178
Cryptocentrus sungami 111
Cryptomya 109, 110, 112
–, *californica* 109, 112
–, sp. 110
Cubichnia 177, 186, 188, 231, 243, 265, 326
Cultellus 76, 130
–, *pellucidus* 130
–, sp. 76
Cumella vulgaris 124
Cursichnia 190
Curvolithus 211, 236, 285
–, *multiplex* 285

D

Dactyloidites 149–151
–, *ottoi* 150, 151
Daemonelix 157
Dänemark 74, 107, 120, 147, 148, 158, 230
Decapoden 94
Deformationsstruktur 27
Deltafächer 285
Dentalium entalis 59
Depression 141, 142, 265
Desmograpton 227
Detritus 7, 20, 31, 40–42, 45, 47, 49, 51, 58, 60, 61,
    68, 70, 83, 87, 91, 111, 119, 142, 190, 197, 329, 331
–, -fressen 7, 202
–, -fresser 7, 45, 64, 69, 130, 197, 198, 326
–, -lage 142
Devon 79, 275
Diagenese 54, 134, 143, 148, 149, 157, 171, 249, 291,
    328, 332
–, -ablauf 151
–, -hof 169
–, -potential 291
–, -stadium 210
Diatomeen 23, 91, 106, 107
Diatomit 206
Dichteschichtung 218
Dichteströme 285
Dilatanz 16, 17
Dinosaurier 1, 182
–, -nest 193
Diopatra cuprea 62, 63, 64
Diopatrichnus 64, 164, 197, 243
–, isp. 164
Diplichnites 190, 243, 265
–, isp. 190
Diplocraterion 45, 154, 173–175, 187, 197, 200, 252,
    265, 276, 281, 285
–, *habichi* 252, 265, 281, 285
–, isp. 173
–, *parallelum* 45, 154, 174, 197, 200, 276, 281,
    285
Diskontinuitätsfläche 163
Diversität 125, 132, 214, 218, 227, 271–275, 279

Domichnia 34, 190, 197–200, 211, 226, 231, 258, 272,
    326
Donax 67, 144, 145, 223
–, *variabilis* 144, 145, 223
Doppelanker 45
–, -bewegung 39
–, -technik 26, 27, 29, 31, 32, 48, 67, 72, 181, 326,
    327
Doppelöffnung 52
Doppelrücken 177
Dotilla myctiroides 142
Drainage 81, 82
–, -röhre 83
Dünnschliff 252
Durchdringung 10, 31, 75, 124
–, Anker 29–31, 59, 326, 327
–, Phase 45
Durchmischung
–, Schicht 134–136, 144, 215, 271, 327
–, Zone 123
Durophagie 192

E

Echiniden 157, 175, 211
Echinocardium
–, *cordatum* 79–85, 119, 125, 127, 130, 158, 215
–, *mediterraneum* 14, 33, 84, 85, 116
Echinodermen 273
Echiuren 41–44, 54, 127, 128, 136, 273
Echiurida 7, 197
Echiurus echiurus 39–44, 112, 127, 149, 154, 197
Edwardsia tricolor 32
Edwardsiella californica 32
Eichelwurm 52
Eindringanker 26, 68, 74
Eindringen 6, 9, 11, 16, 26, 32, 34, 145, 327
Eindringstrukturen 10
Eindringtechniken 17
Einschleimen 26
Einschüttung 227
Einsedimentation 76
Einsiedlerkrebs 24, 25
Einzelstockwerk 137
Eisen 122
–, -hydroxid 54
Elbe 195
Endanker 26, 39, 72, 166, 327
Endobenthos 8, 16, 19, 117, 122, 123, 192, 218, 221,
    222, 226, 232, 271, 277, 278, 291, 327
–, vagiles 8
Endobiont 5, 6, 8, 19, 37, 327
Endofauna 270
Endosymbiose 77
Energieaufwand 6
England 162, 169, 206
Enteropneusten 8, 50–52, 54, 62, 122
Entmischungseffekt 48
Entradichnus 276
Entschichtung 14, 137, 150
Entwässerung 16, 19, 37, 47, 128
Eozän 64, 169

Epibenthos 132, 327
Epirelief 186, 189, 327
Epithel 82
Equilibrichnia 34, 192, 195, 197, 201, 277, 327
Erhaltungspotential 41, 79, 119, 143–147, 149, 153,
   157, 164, 182, 195, 211, 212, 226, 239, 242, 291
Ernährung
   –, Generalist 275
   –, Gruppen 230
   –, Spezialist 227
   –, Strategie 291
   –, Struktur 292
Ernährungsweise 7, 38, 41, 47, 48, 101, 132, 190, 196,
   199, 200, 202, 229, 285, 291
Erosion 19, 64, 146, 147, 174, 175, 192, 212, 225, 239,
   241, 245, 275, 277, 278, 280, 327, 330
   –, Betrag 225
   –, Ereignis 245, 288
   –, Fläche 174, 209, 212
   –, Geschichte 225
   –, Leistungen 146
   –, Rate 225
   –, Schaden 34
Ethologie 185, 186
Euichnofamilie 181
Eupolymnia heterobranchia 61, 123
euryhalin 273
Evolution 246, 283
exogen 24, 178, 189, 190, 211, 276, 327
Experiment 15, 75, 227
Exposition 281

F

Facetten 292
Fährte 1, 24, 25, 158, 172, 182, 189, 190, 239, 243, 275,
   276, 330
Fährtenspur 172, 187, 189, 190, 285
Fäkalpellet 329
Falle 47, 105, 107, 126, 156, 183, 190, 191, 239, 279, 328
Familie 38, 70, 77, 162, 180, 181
Fangarm 76
Fangeinrichtung 6
Fasziolen 79, 83
Faunen 8, 133, 178, 218
   –, -gemeinschaften 146
   –, -inhalt 280
   –, -schnitte 274
Fazies 205, 211, 237, 247, 249, 267, 278, 280, 282
   –, -abfolge 249
   –, -ausdruck 236
   –, -bereich 126
   –, -durchläufer 244
   –, -vergesellschaftung 180
Feinmaterial 95
Feinschichtung 264
Festgesteinen 1
Festgrund 19, 117, 125, 128, 154, 178, 209, 210, 238,
   327, 332
Feuerstein 152, 186
Filter, taphonomischer 211
Filterausrüstung 6

Filtermechanismus 125
Fingerabdruck 101, 178, 181
Fisch 5, 6, 13, 102, 103, 109, 111, 157, 180, 182
   –, -arten 103
   –, -schuppen 165
Flächenvergrößerung 122
Flachmeer 66
Flachwasser
   –, -ablagerungen 135, 245
   –, -art 43
Fleischfresser 61, 101, 196
Flexicalymene meeki 160
Flohkrebse 25, 26
Florida 89, 280
Flucht
   –, -gang 60
   –, -potential 76
   –, -reaktion 194
   –, -spur 10, 33, 50, 75, 187, 192, 193, 195, 202,
      325, 327
   –, -struktur 59, 75
   –, -verhalten 153
Fluide 115, 122
Fluoreszenz 251
Flüssiggrund 19, 31, 115, 117, 216, 271, 327, 332
Flußkrebse 105, 180, 182
Flut 35, 45, 60, 69, 92, 106, 107, 141, 142
   –, -ereignisse 142
Flutungsflächen 281, 283
Flysch 146
Fodinichnia 190, 193, 196, 199, 203, 229, 231, 272,
   273, 327
Foraminifere 23, 24, 54, 134, 257
Förder-
   –, -aktivität 55, 57, 58, 60, 114, 136, 291
      –, umgekehrte 114, 291
   –, -prozeß 56
   –, -strategie 60
   –, -tätigkeit 136
Förderer 54, 55, 57, 59, 214, 291, 327, 332
   –, umgekehrter 327, 332
Fortbewegungsspur 190
Fossilien 39, 44, 252
Fossilisation 164, 208, 214
   –, Barriere 2, 138, 141, 149, 150, 161, 170, 211,
      214, 291, 327
   –, Potential 57
Freßaktivität 55, 57, 58, 332
Freßbau 190
Freßgalerien 92, 94
Freßgang 57
Freßgewohnheiten 40, 197, 199
Freßniveau 56, 58, 69, 91
Freßposition 36, 68, 88
Freßprozeß 57, 327
Freßschacht 42
Freßspur 45, 175, 190
Freßstruktur 56
Freßsystem 107
Freßtechnik 40
Frischwasser 6
Frühdiagenese 123

Fuersichnus 228, 229, 246, 276
–, *communis* 228, 229, 246, 276
Fugichnia 34, 193, 195, 277, 327
Fühlertentakel 68
Füllung
–, aktive 12, 172, 325, 329
–, passive 12, 172, 329
Fußabdruck 1, 5, 154, 172

G

Gang 11, 42, 51, 54, 78, 94, 115, 118, 129, 132, 144, 154, 170, 198
–, -abschnitt 133
–, -art 182
–, -auskleidung 62, 147
–, -begrenzung 20, 163, 197, 332
–, -bereich 96
–, -durchmesser 55, 88, 89, 105, 218
–, -form 38
–, -füllung 147, 152, 171, 253
–, -labyrinth 91
–, -öffnung 13, 87–90, 171
–, -struktur 165
–, -system 8, 13, 23, 51, 53, 55, 77, 88, 92, 98, 103, 105, 106, 176, 199, 202, 280, 328
–, -typ 90
–, -wand 18, 20, 35, 39, 41, 47, 54, 60, 74, 82, 89, 97, 99, 100, 112, 122, 164, 165, 169, 201
Garnele 93, 188
Gas 35
Gattung 29, 38, 51, 79, 81, 83, 85, 87, 89, 91, 93, 95–97, 99, 114, 158, 162, 177
–, Gruppen 160
Gattyana cirrhosa 189
Gefüge 11, 15, 58, 115, 121, 135, 138, 143, 149, 209, 210, 213, 215, 220, 221, 230, 241, 253, 254, 257, 266, 277, 282, 330
–, -eigenschaften 287
Geisterstrukturen 258
Gemeinschaften 8, 16, 117, 121–133, 196, 205–208, 211, 212, 215, 219, 224–229, 235, 238, 239, 243–245, 267–276, 281, 285, 291, 325, 329, 331, 332
Gespensterkrabben 104, 239
Gesteinsoberflächen 221
Gesteinsproben 252
Gewässerboden 9, 114, 207, 208, 215, 325
Gezeiten
–, -ablagerung 277
–, -bereich 124, 131, 285
–, -rinne 93
–, -sediment 124, 277
–, -zone 37, 142, 223
–, -zyklus 142
Giftstoffe 8, 54
Gilden 123, 125, 230, 231, 328
–, -konzept 231
Gipsausguß 96
Glaukonit 123
Gliedmaßen 6, 13, 25, 44, 180
–, -paare 39
Glimmerschuppe 163

Glossifungites 236, 238, 239
–, *saxicava* 238, 239
Glyphea 158, 162
–, *udressieri* 162
Glyphichnus harefieldensis 169, 239
Glypturus acanthochirus 101
Gobiiden 110, 111
Goneplax rhomboides 103, 111
Gordia marina 285
Grab-
–, -aktivität 59, 169
–, -organ 65
–, -prozeß 67
–, -strategie 11, 16
–, -technik 17, 19, 31
–, -verhalten 18, 29
–, -zyklus 59, 72
Graben 9, 11, 13, 31, 34, 44, 49, 67, 75, 76, 91, 98, 115, 132, 136, 154, 221, 332
Grabgang 7, 8, 11, 20, 33–45, 49, 51, 52, 54, 61, 62, 76, 78, 92–98, 103, 128, 132, 134, 142, 144, 147, 148, 161, 164, 169, 170–173, 176, 191, 197–201, 215, 218, 226, 231, 325, 326, 328, 329–331
–, -auskleidung 328, 330
–, -begrenzung 328
–, -erweiterung 39
–, -füllung 206, 255, 325, 328, 332
–, -struktur 26, 328
–, -system 177, 229, 270
Granularia 177, 227
Graphoglypten 146, 159, 180, 190–192, 229, 246, 328
Graptolithen 201
Gravitation 119
Grenzfläche 7, 19, 117, 122, 146, 164, 171, 270, 271, 280, 281, 326, 328, 330
Grenzschicht, benthische 326
Griechenland 12, 14, 36, 57, 71, 73, 76
Größenwachstum 156
Großrippel 241
Grünalgen 124
Grundwasserspiegel 105, 141
Gruppe, trophische 123, 193, 196
Gruppenamensalismus 124
Gyrochorte 186, 285
–, *comosa* 285
Gyrolithes 156, 177, 275
–, *davreuxi* 156
Gyrophyllites 285
–, *kwassizensis* 285

H

Halbrelief 227, 245
Halicryptus spinulosus 29
Hämoglobin 56
Haploops 26, 130
–, *tubicola* 26
Harenactis attenuata 32, 33
Hartgrund 19, 128, 209, 236, 238, 279, 281, 328, 330
Haustorius 25, 26
–, *arenarius* 26

-, sp. 25
Helgoland 127
Helicolithes 191
Helminthoida 187, 227, 245, 259
Helminthopsis 187, 259
Hemichordaten 22, 197
Herzseeigel 79, 81, 83, 84, 119, 130, 151
Heterogenisierung 96, 121, 135
Heteromastus filiformis 55–57, 114, 133, 149, 153, 218
Heuschreckenkrebse 1, 101
Hiatella arctica 74
Hiatus 282, 330
Hierarchiestufen 159
Hintergrund
    -, -gefüge 260
    -, -gemeinschaft 226
    -, -sedimentation 243, 277
Hinterschacht 42, 46, 47, 49, 54
Hochwasser 142
Holothurie 48–50, 55, 56, 114, 117, 197
Holotyp 257
Holozän 149, 279
Homarus
    -, *americanus* 102, 114
    -, *vulgaris* 102
Homogenisierung 10, 14, 115, 121, 135, 136, 221
    -, Effekt 24
Hufeisenwürmer 154, 197
Hummer 9, 102, 104, 111, 114
Hydrobia ulvae 120, 129
Hydrogensulfid 8
Hyperammina 24
    -, sp. 24
Hyporelief 177, 179, 186, 210, 328

I

Ichnofamilie 159, 180, 181
Ichnofauna 215
Ichnofazies 208, 210, 211, 235–247, 269, 274, 275, 278, 283
    -, Arenicolites- 236, 241, 243, 245
    -, Cruziana- 211, 236, 241, 242
    -, Curvolithus- 211, 236
    -, Fuersichnus- 246
    -, Glossifungites- 236, 238
    -, Gnathichnus- 236
    -, Mermia- 236, 246
    -, Nereites- 236, 245, 246
    -, Psilonichnus- 239
    -, Rusophycus- 242
    -, Scoyenia- 236, 238, 239
    -, Skolithos- 239–241, 243, 245, 274, 275, 278
    -, Tiefsee- 244
    -, Trypanites- 236
    -, Vertebraten- 236
    -, Zoophycos- 243–246
Ichnofossil 163
Ichnogattung 185
Ichnogefüge 121, 206, 209, 217–222, 235, 257, 258, 268, 283, 288

Ichnogenera 64, 74, 85, 149, 154, 157, 159, 160, 162, 169, 173–183, 187–190, 193, 197, 218, 228, 229, 236, 239, 243–246, 254–257, 262, 265, 268, 285, 328
Ichnogesellschaft 265
Ichnoklast 205, 328
Ichnologie 1, 2, 33, 67, 121, 153, 178, 185, 196, 231, 249, 269, 274, 280–283, 292
Ichnospezies 159, 160, 164, 173–180, 200, 218, 228, 229, 232, 255, 263, 268, 275, 328, 331
Ichnotaxa 153, 157–164, 173, 175, 180, 186, 196, 215, 224–229, 232, 235, 236, 239, 244, 245, 253–257, 259, 261, 263, 268, 272, 281–288, 291, 292, 331, 332
Ichnotaxobasis 162–169, 171, 173, 175, 180, 328
Ichnotaxon 161, 168, 211, 236, 244, 275, 329, 332
Ichnotaxonomie 159, 175, 211, 251, 268, 328
Ichnozönose 205, 208, 210, 211, 219, 224–236, 239, 242–245, 271, 272, 278, 282, 285, 292, 328–331
ICZN 328
Igelwürmer 7, 157
Ilionia prisca 78
Infauna 67, 115, 122, 128, 192
Insekten 9, 10, 154, 210, 273, 275, 283
    -, -bau 276, 283
    -, -fährte 276
    -, -larve 193
Intergranular-
    -, -kräfte 18
    -, -raum 23, 329
Intertidal 34, 43, 69, 285
Invertebraten 8, 12, 87, 159, 172, 180, 182, 230, 275
Island 101, 145
Isopodichnus 177–179
    -, *problematicus* 179
Israel 188
Italien 192

J

Jamesonichnites heinbergi 168, 175, 285
Jaxea nocturna 95
Jura 101, 162, 164, 167, 209, 217, 224, 232, 239–242, 249, 272, 281, 283, 285

K

Kalifornien 34, 131
Kalklösungszone 134
Kalkskelett 274
Kalzifizierung 157
Kalziumkarbonat 122
Kambrium 149, 178, 241, 246
Kamin 20, 21, 37, 57, 62, 63, 115, 117, 328
Kammer 78, 84, 98, 142
    -, -labyrinth 92
Kanada 105, 195
Känozoikum 242, 262
Karbon 235, 260
Karbonat 79, 123, 279
    -, -lösung 122
Karsterscheinung 281
Kastengreifer 133, 138, 249
    -, -probe 161

Kastenkern 53, 65, 133, 134, 146, 148, 245
-, -probe 53
Kastenlotkernen 183
Kefallinia 12, 14, 36, 57, 71, 73, 76
Kern 64, 133–136, 148, 149, 163–169, 177, 198, 227, 244, 249–262, 265, 268, 283, 285, 328, 329, 332
-, -abschnitt 221
-, -material 249, 250, 256, 268, 285
-, -rohr 251
Kiemen 6, 70, 78, 79
-, -schlauch 28
-, -spalt 28, 195
Klassifikation 19, 90, 159, 171, 185–187, 189, 191, 193, 195, 196, 226, 247
-, ethologische 186–189, 191, 193, 195
Klast 121, 253
Kloake 39
Köcherfliege 193
Kohäsion 117, 119
Kohlehydrat 8, 326
Kohlenstoff 8, 326
Kolonie 35
Kolonisation 236
Kolumbien 48
Kombinationsstruktur 109
Kommensalismus 109, 111, 113, 156
Komokiidae 23
Kompression 34, 45, 49, 60, 181
Komprimierung 9, 11, 19, 119, 121
Konkretion 167, 186
Konsistenz 11, 14, 16, 18, 19, 27, 28, 47, 114, 119, 126, 128, 216, 232, 238, 326, 327
Kontinentalabhang 232
Kopfniveau 55
Kopfschacht 46–48, 51, 54
Koprolith 329
Koprophagie 109
Korallen 54
Korngröße 16, 56, 115, 277, 280
Korngrößenanalyse 16
Kornorientierung 147
Kornzwischenräume 329
Körperfossil 1, 74, 119, 141, 143, 153, 157, 159, 161, 162, 178, 181, 183, 196, 201, 205, 211, 230, 283, 329
-, -lebensgemeinschaft 207
-, -paläontologie 143
-, -taxa 159, 177
Kot 34, 41, 43, 47, 49, 52, 55, 56, 109, 114, 200, 214
-, -haufen 49, 51, 56
-, -pille 1, 39, 41, 45, 47, 49, 52, 56, 60, 68, 69, 87–90, 115, 119, 120, 153, 161, 162, 172, 329
-, -schnur 46–48
-, -strang 108, 192
Kouphichnium 182, 276
-, *lithographicum* 182
Krabben 5, 25, 61, 69, 103, 104, 109–112, 142, 157, 158
Krebse 87, 97, 109–111, 161
Kreide 148, 152, 156–158, 162, 169, 219, 220, 223, 232, 234, 271, 272, 274, 281
-, -ablagerung 232
-, -geröll 15
-, -profil 232

-, -schelf 223
Kriechen 172
Kriechspur 180, 189, 190
Kryptobioturbation 245, 329
Kultivierung 41, 47, 123, 191, 231, 328, 329

L

Labyrinth 87, 93, 104, 176, 327, 329
Lagerungsstörungen 10
Lagis 58, 114, 130
-, *koreni* 58, 114, 130
Laminae 171
Lamination 26, 216, 217, 250, 273, 288
Landkrabben 105
Lanice 36, 62, 73, 125
-, *conchilega* 36, 62, 125
-, sp. 73
Lanzettfische 27, 28, 124, 144
Larven 37, 61, 123, 125, 128, 154, 193, 226, 271, 277
-, -röhre 193
Lebensgemeinschaft 7, 8, 14, 117, 129, 132, 143, 157, 193, 205, 328
Lebensweise, endobenthische 1, 5, 7–9, 14, 23, 27, 32, 41, 48, 65, 76, 79, 119, 124, 144, 150, 157, 193, 195, 209, 222, 223, 231, 274, 277, 291, 327, 329
Lehm 15
Leithorizont 136, 281
Leptosynapta 48, 49, 117, 118, 154
-, sp. 49
-, *tenuis* 48, 49, 117, 118, 154
Lesueurigobius friesii 103, 104, 111
Lingula 39
Listriolobus pelodes 44
Lithofazies 279
Lithologie 280–282
Litoral 239, 269
Lobus 59, 260, 261
Lockeia 181, 188, 228, 229, 276, 285
-, *siliquaria* 181, 228, 276, 285
Lockergrund 19, 329
Lockersediment 1, 10
Lockersubstrat 279
Lophocteniden 181
Lophoctenium 262, 267
-, isp. 262, 267
Lösungsdiffusion 115
Lovenia elongata 80
Lucinaceen 8, 77, 78
Luciniden 77, 78
Lunatia nitida 26
Lungenfische 1, 103, 182

M

Mäander 105, 107, 163, 190, 192
Maastricht 148, 158, 230
Macaronichnus 169, 200, 257–259, 283
-, *segregatis* 169, 200, 258, 259, 283
Macoma balthica 129, 195
Maera loveni 104, 113
Magen 76, 100

-, -inhalt 92
Makrobenthos 23, 114
Makrofauna 10, 25, 329
Maldanus sp. 57
Malta 176
Mangan 122, 134
-, -knolle 121
-, -reduktion 134
Mantel 33, 81, 163, 165, 166, 168, 198–200, 258, 260, 261, 328, 329, 332
-, -sediment 166
-, -zyklus 166
Marsipella arenaria 24
Massachusetts 55
Massentransport 10, 115, 326
Massenverlagerung 10
Maulesel 182
Maulwürfe 8, 10, 11, 15
Maulwurfsgrille 114, 210
Maxillipeden 88
Maxmuelleria lankesteri 43
Meeraale 103
Meeressediment 117, 134, 149
Meiobenthos 114, 221
Meiofauna 10, 47, 54, 83, 114, 119, 121, 123, 137, 183, 191, 216, 223, 329
Meoma ventricosa 79, 81
Mercenaria mercenaria 17, 76
Mermia 236, 246
Mesichnium 276
Mesofauna 23–25, 329
Mesopodium 26
Mesozoikum 87, 242, 245, 262
Metallanreicherung 122
Metamorphose 226, 277
Metazoen 218, 270
Methan 8, 35, 101, 201
Mexiko 87, 135
Migration 122
Migrationsfähigkeit 122
Mikroalgen 6
Mikroben 6, 8, 25, 47, 77, 91, 109, 133, 156, 191, 192, 203, 271, 329
-, -gemeinschaft 129
-, -kultur 91, 192
Mikrofauna 23, 329
Mikrokoprolith 119, 329
Mikrolamination 271
Mikromilieu 64, 182, 214
Mikrotektit 136
Milieu 5, 47, 84, 107, 122, 132, 157, 210, 215, 219, 232, 269, 274, 275, 277, 285, 325
-, -änderung 225, 226, 269, 270
Milieustudie 269
Mineralisation 169, 202
-, Prozeß 214
Miozän 79, 103, 147, 157, 158, 176, 232
Mittelessex 169
Mitteljura 162
Mittelmeer 51, 70, 101
Mittelsand 70
Mitteltrias 190

Modellierung 135, 136, 137, 214
Moira atropus 79
Mollusken 22, 23, 59, 67
Molpadia oolitica 55, 56, 114
Monocraterion tentaculatum 240
Muensteria 162
Multipodichnus 243
Mund 28, 41, 61, 68, 83, 84, 88
-, -öffnung 38
Muschelarten 125, 127
Muschelgrabgänge 270
Muscheln 7, 8, 12, 16, 17, 67–83, 109–112, 120, 125, 129–132, 144, 145, 181, 187, 195, 201, 228, 239, 271
Muskel 32
-, -sack 70
Mya
-, *arenaria* 75, 76, 129
-, *truncata* 130
Mytilus edulis 120
Myxicola infundibulum 116

N

Nachfallgrube 47
Nahrung
-, Angebot 228
-, Aufnahme 38, 41, 61, 83
-, Beschaffung 51
-, Grundlage 66
-, Kette 109
-, Organismus 7, 62, 100, 101, 107, 123, 231
-, Quelle 6–8, 60, 109, 123, 124, 325, 326, 329
-, Spezialist 226
Natica
-, *catena* 130
-, *nitida* 130
Natichnia 190
Naticiden 26
Neaxius sp. 101
Nematoden 23, 54, 114, 271
Neoichnologie 2, 3, 291
Neonereites 154
Nephasoma sp. 122
Nephrops norvegicus 88, 102, 103, 111, 113
Nephthys
-, *ciliata* 130
Nereis 114, 123, 149
-, *diversicolor* 149
-, *vexillosa* 123
Nereites 154, 159, 190, 198, 227, 236, 245, 246
Nesselfäden 33
Nesselkapseln 33, 34
Netzmaterial 38
Netzsekretion 38
Neubesiedlung 128, 272, 277
Neuengland 124
Neuseeland 56
Nische 6, 109, 138, 218, 226, 232, 325, 328, 329
Nischenbedingungen 230
Nomenklatur 1, 153, 159–161, 169–173, 175, 180, 328
Nordamerika 271
Nordatlantik 48, 62, 131

Nordmeer 35
Nordostpazifik 90, 96
Nordsee 44, 105, 127, 129, 164, 249, 250, 285
Nordwestafrika 133
Norwegen 164, 174, 209, 235, 240–242, 260
Notomastus latericeus 112, 127
Notopodien 37
Notostraken 178
Nucula tenuis 130

O

Oberflächendetritus 6, 7, 68, 69, 91
Oberflächenmaterial 60, 214
Oberflächenöffnungen 87
Oberflächensediment 41, 43, 49, 96
Oberflächenspuren 133, 211, 245
Oberflächenwasser 271
Oberjura 174
Oberkreide 79, 151, 219, 230
Occultammina 183
Ochetostoma erythrogrammon 41
Octokorallen 35
Octopus 10, 12, 76
  –, *vulgaris* 12, 76
Ocypode quadrata 104
Oichnus isp. 192
Ökologie 21, 215, 230, 231, 237
Olenoides serratus 178
Oligochaeten 124, 244, 273
Ölsand 195
Ommatocarcinus corioensis 103, 158
Ophiomorpha 85–89, 141, 154, 161, 162, 164, 171,
  175–177, 180, 187, 190, 197, 208, 222, 234, 241, 243,
  255, 261, 262, 269, 270, 278, 279, 282, 283, 289
  –, isp. 164, 243
  –, *nodosa* 87, 89, 141, 161, 162, 175–177, 197, 208,
    234, 255, 262, 269, 279, 283, 285
    –, var. *spatha* 177
Ophiuren 158
opisthobranche 273
Opportunisten 226–228, 234, 243, 271, 274
Ordovizium 79, 202, 237, 246
Organismen, epibenthische 1, 5–8, 74, 119, 137, 231,
  274, 327
Ornamente 154
Ostgrönland 37, 165, 167, 179, 189, 198, 210, 217, 228
Ostracoden 1, 23, 181
Owenia fusiformis 62
Oxidation 8, 54, 116, 134, 169
Oxidationszone 54, 116
Ozeanboden 133, 146, 161, 183, 190
Ozeanwasser 274

P

Palaeophycus 164, 200, 206, 253–258, 266, 267, 282,
  285
  –, *alternatus* 285
  –, *heberti* 253, 258, 266, 267
  –, isp. 206, 255, 285
  –, *tubularis* 164

Paläobathymetrie 269
Paläobiozönose 205
Paläoboden 237, 281
Paläogemeinschaften 292
Paläoichnozönose 205, 223, 328
Paläomilieu 101, 173, 235, 269, 283, 286, 291
Paläozän 206
Paläozoikum 29, 39, 241, 242, 245, 283
Palaxius 161, 162
  –, isp. 161, 162
Paleocastor 157
Paleodictyon 133, 161, 183, 187, 191, 227, 245, 246,
  265
  –, sp. 133
Paleohelcura 276
Palichnologie 1, 2, 139
Palichnozönose 205, 207, 240, 268
Palimpsest 212, 288, 329, 332
Palökologie 205
Panikstruktur 9
Panopea generosa 67
Paraichnofamilie 181
Paraonis fulgens 60, 105–108, 126, 144, 149, 191
Parapodien 31, 37
Parasitismus 109
Parataxa 160
Partikel
  –, -advektion 55, 56, 59, 122
  –, -diffusion 326
  –, -fluß 325
Pascichnia 190, 196, 199, 200, 202, 227, 229, 231,
  245, 246, 273, 329
Pazifik 35, 134
Pectinaria californiensis 59
Pectinariide 58
Pellet 16, 20, 43, 56, 69, 89, 115–124, 162, 200, 201,
  326
  –, psephitisches 326
Pelosina arborescens 24
Pennatula 35, 130
  –, *aculeata* 35
  –, *phosphorea* 130
Pennatulaceen 35
Pennatuliden 35
Pentapodichnia 180
Perm 158, 178, 198, 259
Pfeifenquarzit 241
Pfeilschwanzkrebse 182, 276
Pferde 182
Pflanzen
  –, -häcksel 97
  –, -material 98, 99
  –, -reste 151
  –, -taxa 180
  –, -wurzel 1, 241, 282
Phanerozoikum 67, 210, 211, 223, 241, 280, 283
Pharynx 46
Phoebichnus 166–168, 254, 256, 285, 288
  –, *trochoides* 166–168, 256, 285
Phoronoidae 197
Phosphat 123
Phycodes bromleyi 285

Phycosiphon 169, 187, 190, 213, 227, 234, 235, 244, 250, 253, 254, 258–263, 266, 267, 282, 285
  –, *incertum* 169, 234, 235, 250, 253, 254, 258–263, 266, 267, 285
Phylum 29
Physa 32, 33
Phytoplankton 7, 122
Pilulina sp. 24
Pilze 7
Pionier 125, 225, 277
  –, -arten 125, 226, 329
  –, -gesellschaft 127, 206, 227, 229, 241
  –, -struktur 226
Pistolenkrebse 110
Plankton 277
Planolites 148, 187, 192, 196, 200, 227, 229, 232, 235, 245, 255–267, 270, 275, 282, 285
  –, *beverleyensis* 285
  –, isp. 235, 255, 258, 260, 263, 265
Plattwurm 118
Pleistozän 74, 89, 144, 158, 162, 208, 227, 239
Plenus-Mergel 219
Pleopoden 87
Plutonium 136
Podien 55, 83, 84
Pogonophoren 8, 22, 35, 64–66, 156, 273
Polinices
  –, *duplicatus* 145
  –, *josephinus* 27
Polychaeten 5, 10, 23, 31, 35–37, 54, 57–60, 62, 64, 73, 109, 110, 114, 116, 118, 123–125, 129–131, 154, 158, 193, 197, 211, 223, 226, 227, 244, 271, 273
  –, scalibregmiatiden 31
Polycirrus eximus 60
Polykladichnus 227–229, 243
  –, isp. 227, 228
Polyphysia crassa 31
Population 27, 35, 48, 115, 117, 124, 325
  –, Dichte 226
  –, Strategie 329
  –, Struktur 329
Porenraum 16, 18, 23
Porenwasser 79, 92, 98, 132, 226, 271
Portugal 239
Praedichnia 191, 330
Präkambrium 156, 178
Prashadus pirotansis 43
Priapulida 8, 29
Priapuliden (Brückenwürmer) 22, 29, 31
Priapulus caudatus 29, 30
Prionospio sp. 118
Propodium 26
Prosoma 29
Prostomium 31
Protobranchia 68
Protopaleodictyon 245
Protovirgularia 181
Protrusion 173, 174, 330
Pseudokot 1, 69
  –, -material 69
  –, -pillen 58, 69
Pseudopolydora kempi 64, 124

Pseudosquilla ciliata 104
Psilonichnus 239, 276
Pterosaurier 182
Pygospio elegans 60, 114, 124, 129
Pyritröhre 147

Q

Quartär 156, 235

R

Radialgang 167, 168
Radiolarien 23
Rankenfüßer 180
Ranzenkrebse 124
Raspelspuren 1
Räuber 5, 8, 9, 54, 62, 72, 76, 118, 128, 186, 190–193, 241, 327
Raubschnecke 211
Raubspuren 191
Raumkonkurrenz 132
Reaktionszone 115, 116
Redoxgrenze 6, 8, 35, 51, 56, 78, 106, 122, 123, 132, 138, 218, 330
Reduktion 54, 116
  –, Zone 105, 114
Regenwürmer 8, 15
Reibungsteppich 83
Rekonstruktion 101, 173, 201, 219, 251, 271, 281
Reliktsediment 19
Repichnia 172, 177, 189, 190, 199, 231, 243, 265, 330
Reptilien 10, 11, 158, 276
Residuallage 136
Residualschicht 56
Respirationskammer 26
Respirationswasser 44
Resuspension 48, 69, 96, 119, 194, 326
  –, biologische 119, 326
Retrusion 173
retrusiv 173, 201, 330
Rhabdosomen 201
Rhachis 35
Rhizocorallidae 180
Rhizocorallium 146, 150, 182, 190, 200, 238, 253–255, 262, 265, 285
  –, *irregulare* 150, 190, 285
  –, isp. 146, 253, 254, 265
  –, *jenense* 238
Rhodos 208, 227
Rippel 64, 285
  –, -tröge 64
Ritzornamente 175
Rochen 8, 194
Röhren 19, 26, 33, 34, 37, 45, 58, 64, 66, 69, 73, 93, 114, 117, 118, 122, 124, 125, 146, 156, 164, 196, 197, 202, 211, 226, 257, 265
  –, -abschnitt 64
  –, -fuß 83
  –, -system 35, 272
  –, -wandung 35, 66
Röhrenwürmer 37, 58, 64, 115, 124

Röntgenaufnahme 25, 26, 50, 68, 76, 147–149, 221
Rosselia 198, 282
Rotsedimente 178, 236, 238
Ruderfußkrebse 23
Ruhespuren (Cubichnia) 5, 156, 158, 160, 175, 178,
    180, 181, 186, 188, 242, 326
Rusophycus 160, 177–180, 187, 188, 242, 243, 265
    –, isp. 243
    –, *pudica* 160
Rüsselspuren 44
Rüsselwürmer 8
Rutichnus 170, 198
    –, isp. 170
    –, *rutis* 198

S

Sabellariiden 187, 197
Saccammina sphaerica 24
Saccoglossus 51, 54
    –, *inhacensis* 51
    –, *kowalewskii* 54
Salinität 127, 224, 226, 236, 269, 273–276, 281
    –, Barriere 238
    –, Gadient 273
Sand
    –, -gemeinschaft 243, 245
    –, -milieu 239, 241
    –, -röhren 55, 187
Sandpierwürmer 124
Sandwürmer 45, 47, 48
Sauerstoff 54, 56, 66, 106, 218, 219, 224, 269–271,
    276, 325, 326
    –, -armut 270–272
    –, -gehalt 6, 66, 78, 79, 227, 270–272, 285, 327,
      332
    –, -gradient 270, 272
    –, -konzentration 229, 271
    –, -partialdruck 129, 218
    –, -verarmung 226, 271
    –, -zirkulation 114
Scalarituba 154, 273
Scalibregma inflatum 112
Scaphopoden 59, 60, 181
Schacht 33, 45, 56, 58, 78–85, 93, 94, 97–99, 101, 133,
    141, 154, 156, 166, 199, 202, 327, 330
Schalenfauna 271
Schalenornament 72
Schalenschließmuskel 72, 74
Schamkrabbe 188
Scheidenmuscheln 76
Schelf 164, 235, 256, 271, 274, 281, 285
    –, -ablagerungen 222, 257
    –, -bereich 258
Scherfestigkeit 17, 18, 31, 117, 121, 128
Schicht, historische 134
Schiffsbohrwürmer 181
Schildkröten 1
Schlamm 16, 19, 24, 28, 29, 31, 44, 55, 56, 58, 80, 87,
    89, 92, 97, 100, 120, 122, 130, 134, 193, 245, 271,
    281, 282, 292, 325
    –, -boden 35, 126, 189

    –, -gemeinschaft 246
    –, -turbidit 278
Schlammkrebse 1, 96
Schlangenstern 130
Schleifmarken 172
Schleim 18–20, 25–27, 31–34, 38, 39, 45, 48–56, 62,
    64, 73, 74, 78, 83, 84, 89, 93, 97, 105, 115–119, 122,
    163
    –, -auskleidung 54, 83
    –, -imprägnation 19, 74, 169
    –, -netz 6, 37, 38, 107
    –, -polysaccharide 18
    –, -röhre 116
    –, -sekretion 115
    –, -spuren 197
    –, -wand 82
Schlickboden 124
Schlickwattkrebse 44, 197
Schock 9
Schönwettergemeinschaft 226
Schönwettervergesellschaftung 228
Schrägschichtung, bogige 243, 288
Schreibkreide 149, 152, 157, 165, 176, 186, 230, 232,
    234, 273
Schwallzone 145
Schwefelbakterien 132
Schwefelwasserstoff 35, 54, 226, 271
Schwermineralkörner 121
Schwimmspuren 182, 276
Scleroplax granulata 157
Scolecolepis squamata 60, 105, 126
Scolicia 158, 172, 175, 190, 227, 235, 270
    –, isp. 158, 172, 235
    –, *prisca* 175
Scoloplos robustus 110, 118
Scoyenia 236, 238, 239, 276
    –, *gracilis* 238, 276
Scrobicularia 69, 129
    –, *plana* 69, 129
Sediment
    –, -ablagerung 275
    –, -akkumulation 275, 278, 285
    –, -aufarbeitung 2, 35, 40, 49, 95, 118, 119
    –, -bewohner 10
    –, -durchdringung 9, 326
    –, -kompaktion 115
    –, -konditionierung 117
    –, -konsistenz 18, 117, 281, 282
    –, -oberfläche 5–7, 10, 12, 19, 23, 24, 28, 33, 37,
      40, 45, 52, 56–58, 62, 64, 67, 69, 87, 93, 128,
      132, 218, 325, 327, 331, 332
    –, -verlagerung 166
Sedimentation 10, 33, 34, 64, 75, 123, 144, 147, 192,
    207, 209, 212, 215, 216, 219, 222, 228, 240,
    277–279, 285, 328, 330
    –, Ereignis 63
    –, Fläche 215
    –, Geschwindigkeit 119, 229
    –, Unterbrechung 216
Sedimentfressen 6, 45, 47, 51, 58, 101, 110, 119, 124,
    198, 201, 203, 231, 243, 272, 273
Sedimentfresser 6, 7, 41, 55, 67–70, 85, 90, 92, 96,

98, 100, 105, 106, 109, 114, 117, 119–124, 129, 132,
   149, 150, 153, 156, 165, 170, 183, 196, 199–202, 214,
   228, 231–234, 239, 253, 256, 263, 266, 271, 326,
   327, 329–331
Seeanemonen (Actinaria) 32, 33, 154, 201
Seefedern 35, 130
Seegras 101
Seeigel 80–84, 127
Seesediment 57
Seesterne 8, 76, 119, 130, 186
Seewasser 122
Semirelief 144, 146, 185, 254, 265, 327, 328, 330, 331,
   332
Seston 6, 18, 36–41, 47, 88, 96, 118, 197, 331
Seychellen 94, 101
Silizium 122
Silt 242
   –, -stein 189
Silur 78
Sipho 68–72, 74, 78, 112
Siphonalschacht 73
Sipunculiden 7, 122, 154, 273
Siskemia 276
Skelett 23, 29, 157, 196, 329
   –, -element 182
   –, -fragment 20
Skolithos 64, 154, 156, 187, 190, 197, 208, 222,
   226–228, 234, 236, 238–245, 253, 254, 265,
   270–278, 282, 285, 288
   –, *antiquum* 238
   –, isp. 156, 208, 227, 234, 243
   –, *linearis* 228, 241, 254
   –, *tentaculatum* 285
Skulpturierung 17, 332
Soldatenkrabben 142
Solecurtidea 70
Solecurtus strigilatus 70–73, 76
Solemya 78, 79, 99, 132, 181, 272
   –, sp. 272
   –, *velum* 78, 132
Solemyaceen 78, 79
Solemyatuba 79, 181, 201
   –, *curvatus* 79
   –, *upsilon* 201
Solnhofen 182
Sondierung 170, 261
Spaltrelief 186, 254, 331
Spatangoida 79, 84
Spatangus purpureus 79
Spechte 193
Speichenspur 43
Spinnen 154
Spinnennetze 193
Spio sp. 110
Spioniden 60, 124, 197
Spiralen 51, 90, 105, 106, 107
Spirophyton 229, 275
Spirorhaphe 161, 191, 245
Spisula subtruncata 130
Spitzbergen 190
Spongeliomorpha 175–177, 210, 238, 239, 275, 276
   –, *carlsbergi* 210, 238, 276

   –, isp. 175, 239
Sporangien 162
Spreite 13, 39, 41, 45, 50, 56, 57, 62, 73, 74, 127,
   148–151, 173, 174, 177, 180, 190, 200–203, 214, 229,
   233, 250–253, 260–263, 265, 267, 291, 330, 331
   –, Fossil 275
   –, Laminae 41
   –, protrusive 39, 45
   –, retrusive 39, 45, 50, 177, 200
Spritzwürmer (Sipunculida) 7
Spülmaterial 251
Spülstrom 13
Spuren
   –, -art 238, 270
   –, -diversität 216
   –, -erzeuger 53, 87, 102, 157, 173, 178, 180–182,
      190, 191, 198, 200, 237, 239, 245, 278, 331
   –, -gattung 177, 255, 257
   –, -gefüge 137, 206, 207, 211–224, 229, 249, 254,
      258, 259, 262–270, 279, 281, 283, 285–287,
      291, 331
   –, -gemeinschaft 208, 265
   –, -stockwerk 276
Spurenfossil
   –, -abfolge 220
   –, -analyse 231, 283, 285, 287, 289, 292
   –, -assoziation 205, 207, 209, 211, 213, 215, 217,
      219, 229
   –, -gemeinschaft 331
   –, -gruppe 175, 181
   –, -nomenklatur 160
   –, -vergesellschaftung 205, 281
Spurengilde 230–245, 256, 272, 278, 292, 331
   –, *Chondrites-* 242, 244
   –, *Chondrites-Zoophycos-* 232, 272
   –, *Phycosiphon-* 234, 244
   –, *Planolites-* 232
   –, *Skolithos-Ophiomorpha-* 278
   –, *Thalassinoides-* 232, 242, 245
   –, *Zoophycos-Chondrites-* 242, 244
Squilla 101, 102, 114
   –, *empusa* 101, 102, 114
   –, *mantis* 101
   –, sp. 101
Stachelrochen 194
Stechkastenprobe 195
Stereobalanus canadensis 52, 53, 122
Stereoradiographien 251
Stockwerk 62, 135, 137, 138, 144–146, 192, 213–216,
   221, 223, 230, 231, 235, 245, 256, 258, 272, 287,
   288, 331, 332
   –, -bau 128, 129, 131, 133, 207, 214–219, 229, 331
   –, -diagramm 129, 133, 230, 287
   –, -gang 125, 207
   –, -gemeinschaft 130, 230
   –, -konzept 292
   –, -modell 137
   –, -struktur 134, 232, 235, 268
   –, -system 135
Stomatopoden 101, 165
Stopfgänge 253
Stopfgefüge 10, 13, 57, 84, 85, 127, 136, 163, 201, 260,

330, 331
Stopfstrukturen 85, 108, 165, 246
Strand 5, 90, 135, 225, 239
    –, -bereich 89, 104, 267
    –, -milieu 283
    –, -rückseite 239
Strategie, opportunistische 228, 271, 275, 329
Strömung 6, 21, 35, 70, 88, 332
Strophichnus xystus 239
Struktur
    –, kumulative 150
    –, uhrglasförmige 13
Sturmablagerung 147, 226, 229, 243, 244, 330
Sturmgemeinschaft 226
Sturmwellenbasis 241, 244, 285
Stylatula elongata 35
Sublitoral 130, 244
Substrat 1, 6, 9, 10, 14–19, 26–40, 44–46, 51–55, 58,
    62, 67, 68, 71, 72, 75, 79–84, 92, 93, 109–125, 132,
    143, 146, 147, 149, 164, 165, 170, 172, 185, 186,
    192–194, 207, 210, 214–218, 222, 227–230, 236,
    244, 245, 271, 278, 325–332
Subtidal 253, 285
Suite 208–210, 227, 234, 243, 245, 268, 275, 278, 281,
    285, 288, 329–331
Sukzession 123–127, 215
Sulfid 8, 23, 35, 77, 79, 99, 101, 138, 191, 201
Suspension 6, 7, 35, 37, 39, 41, 43, 45, 50, 64, 69, 70,
    87, 89, 95, 109, 115, 119, 124, 132, 138, 149, 153, 190,
    196, 197, 201, 228, 239, 266, 271, 331
Suspensionsfressen 6, 40, 47, 62, 67, 87, 92, 130, 132,
    197, 231, 326
Suspensionsfresser 6, 7, 35, 37, 39, 41–61, 64, 69, 70,
    87, 109, 115, 119, 124, 132, 138, 149, 153, 190, 196,
    197, 201, 228, 239, 266, 271, 331
Süßwasser 273–275
    –, -ablagerung 283
    –, -assoziation 238
    –, -milieu 273
    –, -organismus 274
    –, -turbidit 236
Symbionten 35, 38, 84
Symbiose 8, 77, 83, 109, 110, 132, 138, 201
Syndosmya alba 130
Synökologie 109

T

Taenidium 162, 163, 199, 213, 216, 253, 282, 285
    –, isp. 253
    –, *satanassi* 199
    –, *serpentinum* 162, 163, 285
Talitrus salator 26
Talorchestia deshayesii 26
Taphichnia 193
Taphofazies 237, 241
Taphonomie 138, 143, 146, 214, 241, 291
Taphozönosen 205
Taxa 156, 159, 161, 180, 236, 273, 331
    –, -merkmale 253
Taxobasis 172, 173

Taxon 159, 226
Taxonomie 154, 159, 173, 177, 211, 275
Teichichnus 74, 150, 177, 201, 209, 217, 232, 234, 250,
    255, 262, 263, 275, 282
    –, isp. 255
    –, *nodosus* 177
    –, *rectus* 150, 201, 209, 217, 232, 234
Tellina fabula 76, 130
Tellinacea 70
Telliniden 69, 70, 78
Tempestit 146, 147, 278, 280
Tentakel 6, 33, 48, 55, 58, 61, 65, 66, 123, 197
Terebellina isp. 253, 257, 258, 264
Teredolites longissimus 181
Terminologie 1, 9, 19, 205, 207, 209
Termiten 9
Tertiär 235
Textur 214
Thailand 142
Thalassinoides 52, 85, 103, 146, 148, 152, 157, 158,
    162, 164, 171–177, 182, 187, 200–202, 209, 213, 216,
    223, 229, 230, 232, 234, 239, 242, 244, 245, 250,
    254, 255, 258, 260–263, 265, 270, 272, 275, 279,
    282, 285
    –, isp. 148, 200, 209, 255, 258, 260, 263, 265,
    285
    –, *ornatus* 172
    –, *paradoxicus* 157, 175, 239
    –, *seuvicus* 157
Tharyx acutus 60
Thixotropie 16
Thyasira 77, 78
    –, *flexuosa* 77
Thyone briareus 50, 149
Tiefsee 41, 42, 64, 66, 119, 122, 133, 134, 143, 148, 161,
    183, 234, 243, 244
    –, -ablagerung 245
    –, -milieu 271
    –, -sediment 24, 134
Tintenfische 12
Ton
    –, -mineral 122
    –, -pellet 255
Torf 281
Transgressionsfläche 285
Trias 178, 179, 182, 189, 210, 220, 228, 229, 238, 283
Trichichnus 66, 147, 156, 232, 270
    –, ispp. 147
Trichter 7, 49, 51–53, 197, 202
    –, -falle 49, 331
    –, -fallenfraß 50
    –, -fallenfresser 48, 50
    –, -öffnung 48, 49, 52, 240
Trilobiten 160, 178, 180, 273
    –, -spuren 178
    –, -taxonomie 160
Trochodonta sp. 56
Trypanites 236
Tunikaten 119
Turbellarien 23
Turbidit 146, 245

–, -gemeinschaft 272
Turritella communis 130
Typuslokalität 177

U

Übergangsschicht 134, 135, 215, 331
Ulvaceen 124
Ummantelung 60, 62, 241
Umweltparameter 275
Undichnia 182
Undichnus 276
Uniformitarismus 143
Unterkambrium 174, 180
Unterkarbon 180
Unterkreide 195, 250
Untersuchungstechnik 251
Upogebia 87, 93, 96–100, 109, 112, 132, 153, 181
   –, *affinis* 97, 98
   –, *pugettensis* 96–98, 109, 112
   –, *pusilla* 97, 98
   –, sp. 87
Urechis 38–41, 109, 110, 112, 157, 197
   –, *caupo* 38–41, 109, 110, 112, 157, 197
Urothoe marina 26
USA 48, 87, 90, 98, 101, 145

V

Venus gallina 130
Verfrachtung 121
Verhaltensmuster 16, 153, 173, 177, 186, 199
Versatz 10, 13, 17, 19, 73, 83, 165, 168, 200, 328, 331
   –, -strukturen 14, 25, 83, 172, 202
Versetzen 9
Versuchsröhren 47
Vertebraten 10, 172, 187, 221, 236, 239, 275
   –, -fährte 180
Verzweigung 163, 169–171, 199, 200, 253, 257, 327, 332
   –, echte 171, 191
   –, falsche 171
Vestimentifera 65
Vierfüßler 5
Viskosität 285
Vollrelief 147, 149, 185, 186, 254, 331, 332
Vorstrand 60, 87, 104, 239
   –, -bereich 92, 105
   –, -milieu 267
   –, -profil 126
   –, -sand 282

W

Wachstumsbedingung 123
Wachstumsperiode 62
Wachstumsphase 62
Wandauskleidung 49, 89, 157, 165, 175
Wandornament 154
Wandung 8, 19, 21, 31, 61, 74, 78, 97, 110, 114, 122, 158, 165, 169, 258

Washington 158
Wasser
   –, -gehalt 16–18, 115, 117, 172
   –, -spiegel 104, 106
   –, -tiefe 12, 14, 71, 73, 80, 81, 127, 130, 133, 134, 194, 244, 283, 285
Watt 44, 195
   –, -sand 107
Wattengemeinschaften 129
Weichgrund 19, 20, 50, 67, 125, 154, 210, 237, 271, 282, 327, 329, 332
   –, -gang 128
   –, -gemeinschaft 123, 125, 128, 282
Weidespur 175, 190, 246, 272
Wespennest 193
Westafrika 134
Westatlantik 51
Westgrönland 151
Winkerkrabben 114
Wirtsorganismus 8
Wirtstier 326
Wohngang 197, 202, 226, 266
Wohnhöhle 105
Wohnröhre 223
Wohnschacht 154
Wohnspur 190
Wühlhof 169
Wühlhorizont 83
Wühlstrategie 1
Wühlverhalten 85
Wühlzyklus 29, 30
Wurmarten 15
Würmer 5, 10, 15, 29, 35, 38, 47–50, 54, 57, 58, 61–65, 116, 121–125, 136, 138, 149, 178, 197, 223, 226, 239, 271
Wurmröhren 115

X

Xenophyophoren 23, 41, 183

Y

Yoldia limatula 67–69

Z

Zapfellidae 180
Zementation 19, 117, 282, 330
Zersetzungsprozeß 122
Ziegelbarsche 103
Zink 122
Zooichnofamilie 181
Zoophycos 35, 41, 66, 148, 149, 159, 161, 180, 190, 193, 200, 218, 219, 223, 229, 232–236, 242–246, 253, 255, 260, 262, 263, 270–273, 282, 283, 292
   –, isp. 149, 219, 244, 255
Züchter 87, 96, 100

Springer und Umwelt

Als internationaler wissenschaftlicher Verlag sind wir uns unserer besonderen Verpflichtung der Umwelt gegenüber bewußt und beziehen umweltorientierte Grundsätze in Unternehmensentscheidungen mit ein. Von unseren Geschäftspartnern (Druckereien, Papierfabriken, Verpackungsherstellern usw.) verlangen wir, daß sie sowohl beim Herstellungsprozess selbst als auch beim Einsatz der zur Verwendung kommenden Materialien ökologische Gesichtspunkte berücksichtigen.
Das für dieses Buch verwendete Papier ist aus chlorfrei bzw. chlorarm hergestelltem Zellstoff gefertigt und im pH-Wert neutral.